应用型本科系列规划教材

空调工程理论与应用

主　编　杜芳莉
副主编　申慧渊

西北工业大学出版社
西　安

【内容简介】 本书以培养学生工程应用能力为目的，将空调技术的最新知识、成果与目前的实际工程案例紧密结合为一体，特聘请企业技术人员参与编写，书中配有大量的例题和习题。

本书以空调工程设计思路为主线，紧密结合空调工程应用。全书共分为11章，系统介绍湿空气的焓湿学基础、空调负荷计算、空调区风量确定、空气调节系统、空气处理设备、空调区气流组织设计、空调管路系统设计、空调系统的安全环保、空调系统的运行调节、空调工程设计案例以及空调工程实践等。

本书可作为高等学校制冷、空调及相近专业培养工程技术型、应用型人才的教学用书，也可供从事制冷与空调、建筑环境与设备相关的科研、设计、生产、运行和维护等工作的技术人员阅读参考。

图书在版编目(CIP)数据

空调工程理论与应用/杜芳莉主编．—西安：西北工业大学出版社，2020.5

ISBN 978-7-5612-7064-6

Ⅰ．①空… Ⅱ．①杜… Ⅲ．①空调技术-高等学校-教材 Ⅳ．TB657.2

中国版本图书馆CIP数据核字(2020)第065457号

KONGTIAO GONGCHENG LILUN YU YINGYONG

空调工程理论与应用

责任编辑： 孙　倩　　**策划编辑：** 蒋民昌
责任校对： 王少龙　　**装帧设计：** 李　飞
出版发行： 西北工业大学出版社
通信地址： 西安市友谊西路127号　　邮编：710072
电　　话： (029)88491757，88493844
网　　址： www.nwpup.com
印 刷 者： 陕西向阳印务有限公司
开　　本： 787 mm×1 092 mm　1/16
印　　张： 28.625　插页12
字　　数： 770千字
版　　次： 2020年5月第1版　2020年5月第1次印刷
定　　价： 85.00元

如有印装问题请与出版社联系调换

前　言

为进一步提高应用型本科高等教育的教学水平，促进应用型人才的培养工作，提升学生的实践能力和创新能力，提高应用型本科教材的建设和管理水平，西安航空学院与国内其他高校、科研院所、企业进行深入探讨和研究，编写了"应用型本科系列规划教材"用书，包括《空调工程理论与应用》共计 30 种。本系列教材的出版，将对基于生产实际，符合市场人才的培养工作具有积极的促进作用。

健康、能源和环境是当今社会备受关注的三大课题，而建筑环境与能源应用工程专业与这三大主题密切相关，其中空调技术的发展与人们的生活水平息息相关。本书以空调工程应用为主线，以培养学生工程实践能力为目的。本书突出实践性和应用性两大特点，重在培养学生的专业技术应用能力，在编写过程中，遵循教学与应用相结合的原则，理论部分力求深入浅出，通俗易懂，便于学生掌握，同时本书注重学生工程应用能力的培养，考虑内容的先进性和实用性，加入目前空调工程实际应用中的典型工程案例。

本书立足暖通空调行业和专业发展前沿，系统介绍湿空气的焓湿学基础、空调负荷计算、空调区风量确定、空气调节系统、空气处理设备、空调区气流组织设计、空调管路系统设计、空调系统的安全环保、空调系统的运行调节、空调工程设计案例及空调工程实践。通过本书的学习，学生可以系统掌握空调工程的基本理论知识，掌握对一般民用和工业建筑空调系统进行设计和运行调节所需要的基本知识，并对空调技术方面的新理论、新技术和新设备有所了解，为今后走上工作岗位打下良好的基础。本书主要特点如下：

(1)本书的编写紧紧围绕应用型特点，以培养学生空调工程基本理论知识、专业技能及动手能力为主线。本书内容清晰展示空调工程的设计方法和步骤、空调工程的实践内容和典型的应用案例、空调系统的运行管理等多方面内容，充分体现本门课程的实践性、应用性和开放性要求。

(2)本书内容精练、实用，能满足空调行业对高技术应用型人才的需求。本书的编写始终坚持以空调行业、产业需求知识为向导，以空调工作岗位任职要求为依据精选与工程实际结合紧密的相关内容，并对空调的经典理论及系统进行全面介绍和较为深入的分析，对空调热湿处理设备中常用的表面换热器及净化处理设备进行详细介绍，同时，增加空调工程中最常用的户式中央空调的设计、安装及调测及相关工程软件等知识模块，而对不常用的喷水室及其他热湿处理设备仅做简要叙述。

(3)本书章前配有教学目标及要求、教学重点与难点、工程案例导入等；章后配有小结，能帮助学生更好地自学及掌握重、难点，且章后配置有思考与练习题，它对引导学生自学、启发思维、检验学习效果起到积极作用，同时为开展翻转课堂及讨论式教学创造条件。

(4)本书在内容上体现了“应用”特点，注重对学生基本工程应用能力的训练，以空调工程实际案例及空调行业对空调技术要求为导向，紧密围绕“空调工程”的知识内涵，为学生提供空调工程设计及运行管理等方面的必备知识。

本书由西安航空学院杜芳莉任主编，申慧渊任副主编。西安航空学院杜芳莉编写前言、绪论、第4章和第10章中的10.1节及10.2节和第11章；申慧渊编写第6章和第8章；王巧宁编写第1章；宋祥龙编写第2章和第7章；卢攀编写第3章和第9章；何文博编写第5章；陕西融盛机电科技有限公司的项目经理杨清编写第10章中的10.3节。在本书编写过程中得到了陕西志臻机电科技有限公司总经理孔唯斌的大力协助，并参阅了一些作者的相关文献资料，在此一并表示衷心感谢。

由于水平有限，书中难免有不足之处，恳请读者批评指正。

编　者

2020年1月

目　录

绪　论

0.1.1　空气调节的概念

空气调节简称空调。空调是指人们利用专用设备对一定区域内空气的温度、湿度、气流速度和洁净度进行调节，使其成为一个新鲜而舒适的环境，从而给人们创造一个良好的科研、生产、学习和生活条件，此处的一定区域称为空调房间。

有人也把空气的温度、湿度、气流速度和洁净度称为空气调节的“四度”，这里的湿度是指空气的相对湿度，而不是绝对湿度。空调的类型较多，根据空气处理设备的位置不同，可分为集中式、半集中式和全分散式三种，工程上通常将集中式和半集中式空调系统称为中央空调；根据送入空调房间的风量不同，空调可分为定风量系统和变风量系统；根据空调服务的对象不同，空调可分为舒适性空调和工艺性空调两大类。舒适性空调是以室内人员为对象，着眼于制造满足人体的卫生要求，使人感到舒适的微气候环境。用于民用建筑和公共建筑的空调多属于舒适性空调。工艺性空调则主要以生产工艺过程为对象，着眼于制造满足工艺过程所要求的微气候环境，同时尽量兼顾人体的卫生要求。用于工厂车间、仓库和电子计算机房等的空调属于工艺性空调。

0.1.2　空气调节的任务

空气调节的任务，就是在任何自然环境下，采用人工的方法，对室内空气参数进行调节并维持在一定的温度、湿度、气流速度以及一定的洁净度，从而使室内空气各项参数达到满足人体舒适或生产工艺过程的要求，这是所有空气调节系统的一般要求。具体要求的数值和允许波动范围，则要视各种工业建筑和民用建筑的类别和性质而有所不同。

一般情况，对一个特定空间内的微气候环境来说，会受到两方面的干扰：一是来自空间内部生产过程和人所产生的热、湿及其他有害物的干扰；二是来自空间外部太阳辐射和气候变化所产生的热作用及外界有害物的干扰。排除干扰的方法主要是向空间内输送并分配一定的按要求处理的空气，与内部环境的空气之间进行热、湿交换，然后将完成调节作用的空气排出至室外。因此，空调不仅要研究空气自身的物理性质，研究并解决空气的各种处理方法（如加热、加湿、干燥、冷却、净化等），而且还要研究和解决空间内、外干扰量（即空调负荷）的计算、空气的输送和分配、处理空气所需的冷热源以及在干扰变化情况下的运行调节等问题。

采暖、通风和空调三者的关系非常密切。在工程上，将只要求控制内部环境空气温度的调节技术称为供暖或降温；将为保持工业环境有害物浓度在一定卫生要求范围内的技术称为工业通风；只有对空气能进行全面处理，即具有对空气进行加热、加湿、冷却、去湿和净化的技术称为空气调节。实质上，供暖、降温及通风都是调节内部空气环境的技术手段，只是在调节的要求及调节空气环境参数的全面性方面与空调有区别。可以说空气调节是供暖和通风技术的发展，空调是更高级、更全面的供暖、通风方式。此外，空气调节所需的冷热源是为调节空气的温湿度服务的，它可以是人工的，也可以是自然的。

0.1.3 空气调节的历史

空气调节技术的形成是在20世纪初开始的，它随着工业的发展和科学技术水平的提高而日趋完善，空调机的发明被列为20世纪全球十大发明之一。

19世纪末，发达国家纺织工业的发展，促进了空气调节技术的发展。当时，一位叫克勒谋(Stuart W. Cramer)的工程师负责设计和安装了美国南部1/3的纺织厂的空气调节系统。该系统开始采用了集中处理空气的喷水室，装置了洁净空气的过滤设备等，共申请了60项专利。为了描述他所做的工作，克勒谋在1906年5月美国棉业协会的会议上正式提出“空气调节”(Air Conditioning)的术语，从而为空调命名。

在美国，开利(Willis H. Carrier)对空调事业的进步和发展所做的贡献，是超过了当代其他人的。1901年，他创建了第一所暖通空调方面的实验研究室，提出了好几个实践验证理论的计算方程式。1902年，他通过实验结果，设计和安装了彩色印刷厂的全年性空气调节系统，这是世界公认的第一套科学空调系统，它首次向世界证明了人类对环境温度、湿度和空气品质的控制能力。在1906年，开利获得了“空气处理装置”的专利权。这是世界上第一台喷水室，同时他还将喷嘴和挡水板设置在喷水室内，改善了温、湿度控制的效果，使全年性空调系统能够应用于200种以上不同类型的工厂。1911年12月，他得出了空气干球、湿球和露点温度间的关系，以及空气显热、潜热和焓值间关系的计算公式，绘制了湿空气的焓湿图，这是空气调节史上的一个重要里程碑。美国人称他为“空调之父”。事实上，开利的成功，既离不开前人的功绩，也离不开他的同事们的努力。

在空气调节用制冷设备方面，压缩式制冷机由往复式发展到离心式，制冷剂由氨发展到无毒的氟利昂，是一项重大的改革。离心式制冷机的结构较为紧凑，节省了不少材料，费用大为降低，特别适用于采用低压制冷剂。而离心式制冷机，则是由开利在1922年发明的。在空调系统方面，由全空气系统发展到空气-水系统，是空气调节又一次重大改革。由于空气-水系统由水管来代替大部分的大截面风道，既节约了许多金属材料，又节省了风道所占建筑物的空间，获得了很好的经济效益。在1937年，开利又发明了空气-水系统的诱导器装置，它在以后的20多年中，风行于旅馆、医院和办公楼等公共建筑。在20世纪60年代，由于风机盘管的出现，消除了诱导器噪声大和不易调节等主要缺点，所以风机盘管系统逐渐取代了诱导器系统，直到今天，世界各国仍然盛行。全空气系统的进一步发展则是变风量系统，它可以按负荷变化来改变送风量，起到了节能作用。因此近20年来，各国采用变风量系统日渐增多。

除了集中式的空调系统外，在20世纪20年代末期出现了整体式的空调机组。它是将制冷机、通风机、空气处理装置等组合在一起的成套空调设备。从此以后，空调机组发展迅速，目前常用有整体式、分体式和单元柜式等几类机组，并发展了利用制冷剂的逆向循环在冬季供热的热泵型机组。

在我国，空气调节技术的发展并不太迟，工艺性空调和舒适性空调几乎同时起步。1931年，首先在上海纺织厂安装了带喷水室的空气调节系统，其冷源为深井水。随后，也在一些电影院和银行实现了空气调节。多座高层建筑的大酒店也先后设置了全空气式的空调系统。当时，在高层建筑装有空调，上海居亚洲之首。但到1937年，空气调节事业的发展被迫中断。

新中国成立后，在党的领导下，我国人民奋起直追，空调事业逐步发展壮大。我国第一台风机盘管机组是1966年研制成功的，组合式空调机组在20世纪50年代已应用于纺织工业。现在我国已能独立设计、制造和装配多种空调系统，如高精度的恒温恒湿洁净室、地下除湿、人工气候室以及大型公共建筑和高层建筑的空调系统。一些专门生产空调设备的工厂，已可以定型化、系列化生产各种空气处理设备和不同规格空调机组。配用在空调系统上的测量和控制仪表以及控制机构的生产，也有了一定的基础。20世纪60—70年代，电子工业发展迅速，促进了洁净空调系统的发展，舒适性空调也有一些应用，主要用在高级酒店、会堂、体育馆和剧场等公共建筑中；采暖通风与空调设备的制造也有相应的发展，我国独立开发了自主设计的系列产品，如4－72－11通风机、SRL型空气加热器、各种类型除尘器等；开发了一些空调产品，如JW型组合式空调机、恒温恒湿式空调机、热泵型恒温恒湿式空调机、除湿机、专门为空调用的活塞式冷水机组等。我国于1975年颁布了《工业企业采暖通风和空气调节设计规范》，从而结束了采暖通风与空调工程设计无章可循的历史。同时在全国范围内，从事暖通空调专业的设计、研究和施工管理队伍逐渐壮大，且已具有相当规模。不少大、中、专院校都设有供热、通风及空气调节专业，以培养专门技术人才。

近年来，户式中央空调发展迅速，为了解决一台室外机能带动若干房间的室内机，开发了变制冷剂的空调系统即VRV系统，为了使一拖一及一拖多的空调系统更好地满足室温要求，并随着负荷的变化，改变压缩机马达转动频率达到节约电能的目的，开发了变频空调系统，且配有谷轮数码涡旋压缩机新技术，很好地解决了压缩机回油不畅等问题，不再有电磁干扰，负荷可达到10%～100%之间的无级调节，室内外机的系统连接可达到100m的超长距离与30m的高度落差，真正达到了一拖多理想的空调效果与节能的目的。

21世纪“节约能源、保护环境和获取趋于自然条件的舒适性健康环境”必将是空调技术发展的总目标。节约能源是空调发展的核心，而充分利用信息技术和自动控制技术，促进空调系统与设备的变革以及品质的提高，则是深入发展的方向。改革开放40多年来，我国经济取得了飞速发展，经济建设和社会发展带动了空调技术的应用和发展，空调工程项目显著增多。目前我国各类空调设备的提供厂商众多，用户在进行空调设备选择时，有着极大的挑选空间。国内空调设备厂家包括自主品牌厂家和国际品牌厂家两大类。自主品牌厂家主要有海尔、美的、格力、海信、志高、奥克斯、科龙、双良、远大、清华同方和天加等。进入我国的国际品牌包括约克、特灵、麦克维尔、霍尼韦尔、艾默生、三菱、大金、松下、日立和三洋等。

在空调设备的生产方面，我国已成为位居世界第三的制冷空调设备生产大国，仅次于美国和日本。目前，我国房间空调器产量居世界第一，海尔等品牌的房间空调器已走向世界。同时我国也是世界上最大的冷水机组市场，其中吸收式冷（热）水机组总产量居世界第二位（若按352kW以上机组的产量计算，我国为第一位）。在我国，风机盘管和空气处理机组的产量仅低于房间空调器，而位于其他空调设备产量之上。由于这两种产品与国际同类产品性能和质量相差不远，所以国内绝大多数工程中都是使用国产品牌。在户式中央空调方面，我国推出的热泵冷热水系统（水管机），与日本的制冷剂系统（VRV系统）及美国的空气系统（风管机）已形成三足鼎立之势。此外，我国相关企业和工程技术人员已经掌握了包括转轮式、静止板式、热管式、闭路盘管式在内的各种空气-空气热回收设备的生产和设计使用技术。

随着我国社会经济的高速发展，科学技术的不断进步，生活水平的不断提高，对空调设备的要求日益提高，空调技术应用普及率也日益提高，这些都使得空调技术的发展前景越来越广阔。

0.1.4 空气调节的应用

空气调节对国民经济各部门的发展和人民物质文化生活水平的提高具有重要意义，这不仅意味着受控的空气环境对工业生产过程的稳定操作和保证产品质量有重要作用，而且对提高劳动生产率、保证安全操作、保护人体健康、创造舒适的工作和生活环境有重要意义。实践证明，合理应用空气调节来改善人们的工作和生活环境条件不是一种奢侈手段，而是现代化生产和社会生活中不可缺少的保证条件。目前，随着工业的发展和人们生活水平的不断提高，空气调节技术得到了广泛的应用，表现在以下几方面。

在工业发展中，如纺织工业、印刷工业、钟表工业、胶片工业、食品工业、烟草工业、仪表工业、电子工业、造纸工业、橡胶工业、药品工业、精密机械工业和合成纤维工业等各行业，都不可缺少空气调节系统。就电子工业而言，它除了对空气的温度、湿度有一定要求外，还对室内空气的洁净度有严格要求。如超大规模集成电路的某些工艺过程，空气中悬浮粒子的控制粒径已降低到 0.1μm，并规定每升空气中粒径大于等于 0.1μm 的粒子总数不得超过一定的数量，如3.5 粒、0.35 粒等。在纺织、印刷等工业部门中，对空气的相对湿度要求较高。如在合成纤维工业中，锦纶长丝的多数工艺过程要求相对湿度的控制精度在±2%。

在公共和民用建筑中，大会堂、会议厅、图书馆、展览馆、影剧院、体育馆、办公楼、商场、医院、火车站、机场、酒店和游乐场所、家庭等都有空调的应用。在人们居住的房间内，对实现空气调节的要求也与日俱增。我国家用中央空调的装备率也在逐年高速上升。

农业的发展也与空气调节密切相关，如大型温室、禽畜养殖和粮种储存等农业领域，都需要对内部空气环境进行调节。

在交通运输行业中，交通运输工具如汽车、火车、飞机及船舶等，有的必须设置空气调节系统，且空气调节的装备率也在逐年上升。

在其他行业中，如宇航、核能、地下与水下设施以及军事领域，空气调节也都发挥着重要的作用。

总之，空气调节的主要用途可以归纳为以下几点：

(1)营造合适的室内气候，以利于工业生产及其科学研究。保证各种需要特定气候的工业产品得以顺利地进行生产，保证各项需要特定环境的科学实验得以理想地进行。

(2)创造舒适的环境，以利于人们的工作、学习和休息。增进人们的健康，保证人们的工作和学习效率的提高。

(3)形成适用于特殊医疗的环境，以利于病人的有效治疗，使一些需要特定气候环境的手术和治疗得以安全进行。

(4)保障适宜的室内环境，以利于建筑物抵抗自然侵蚀，使建筑物免遭干裂、潮损、虫蚀等各种侵袭，延长其使用寿命。

(5)为妥善保存珍贵物品、博物馆藏、图书馆藏等创造条件，以利于它们的珍藏。保护它们不受霉潮的侵害，使其保存长久。

因此可以概括地说，现代化发展需要空气调节，空气调节技术的提高与发展则依赖于现代技术。

0.1.5 空气调节系统的组成

为了达到空气调节目的，发挥空调的作用，就必须有空调的措施和方法。通常一个空气调节系统包含以下几个部分。

1. 进风部分

空气调节系统必须有部分取自室外的空气，常称“新风”。需要多少新风量，主要由系统的服务对象和卫生要求决定。在要求严格的场合，例如有大量毒害物或放射性物质的车间或实验室，不允许室内空气再循环时，应全部采用新风。新风的进入口，应设置在周围不受污染影响的建筑物的部位。这种进风口，连同新风进入的通道与阻止外来异物的结构等，就是空气调节系统的进风部分。

2. 空气过滤部分

进入空气调节系统的新风后，首先应经过一次预过滤，清除掉较大的尘粒。过滤到何种程度，视系统所送调节空气的清洁程度而定。通常空气调节系统设有两级空气过滤装置(即预过滤器和主过滤器)，过滤器的种类较多，类型不一。根据过滤能力的大小、过滤效率的高低，过滤器可分为初效过滤器、中效过滤器和高效过滤器。预过滤器一般用的是低效的初效过滤器。

3. 空气热湿处理部分

将空气加热和加湿、降温和减湿等有关处理过程综合在一起，总称为空气调节系统的空气处理部分。这个部分采用表面式换热器，或者采用喷水室来起到降温、减湿或加热、加湿的作用。过去大多数空气调节系统采用喷水室作为空气处理部分，现在采用表面式换热器的设备越来越多。

4. 空气输送部分

通风机和通风管道，统称为空气的输送部分。通风机是空调系统的主要噪声源，工程设计中常须采用消声器。有的空气调节系统设有两台通风机：一台送风机和一台回风机，被称为“双风机”系统。空气调节系统的通风机都要保温，防止冷、热量损失。通风管道多采用矩形风道。由于空调风速一般较低，矩形风道截面较大，占去建筑空间势必较多，这正是普通空调系统的缺点。在高速空调系统中，则多用圆形风道。

5. 冷热源部分

空调装置的冷源可分为自然冷源和人工冷源两种。自然冷源主要指深井水，由于城市大量利用深井水对地层下沉等有影响，一般已被禁止使用。而人工冷源基本上都是以液体气化制冷法来获得的。其中包括蒸汽压缩式制冷、吸收式制冷以及蒸汽喷射制冷等多种方式。

空调装置的热源也可分为自然热源和人工热源两种。自然热源指太阳能和地热，但目前受到技术上的限制，使用并不普遍。人工热源指以煤、石油和天然气作燃料的锅炉所产生的蒸汽或热水。

0.1.6 空气调节的发展趋势

空气调节的发展使人类人工控制内部空间环境不受外界自然环境的影响成为可能，这是人类社会发展过程中一项重要的技术进步。然而，空气调节除在各领域显示出其重要作用外，也面临着诸多问题，这也是目前空调发展中亟须解决的问题，归纳起来主要就是能源问题和环境问题。

首先，是空调的能耗问题。空调设备是一种能耗较大的设备，在某些企业（如电子工业）中空调能耗约占全部能耗的40％，民用建筑的空调能耗也在建筑能耗中占很大比例。因此在空调节能上可以有很多改进，除设备性能的改进和自动控制系统的发展外，还有多种节能系统和新设备的开发，冰蓄冷技术、温湿度独立控制等节能型空调系统是当前人们感兴趣的方面。目前空调所耗能量大多来自矿物燃料的燃烧，燃烧过程所产生的排放物（CO_2等）不仅会造成严重的空气污染，而且是大气层温室效应的主要原因。因此节约能耗，提高系统能量综合利用效果不仅关系到能量资源的合理利用，也关系到对地球保护的问题。

其次，是卤代烃（CFCs）制冷剂的替代问题。空调常用的人工冷源的制冷剂多为卤代烃物质，会对臭氧层破坏严重，尤其是氟利昂R12，寻求更好的过渡性或永久性替代物已经非常紧迫了。

最后，是室内空气品质问题。长期生活在与多变的自然环境隔离的空调环境中，会使人的新陈代谢机能弱化，抵抗力下降。再加上现代建筑的密封性越来越好，使室内污染物的浓度上升，带来了“空调病”。另外由于科技进步，室内各种装饰材料与新型建筑材料带来的甲醛、石棉、玻璃纤维和铝等污染物，以及空气、水源和空调系统本身的尘埃、微生物和氡等污染物的浓度大大超过了人所能承受的浓度。这些污染物的综合作用不能简单地根据各种成分的浓度大小而定，使得现有空调系统的设计和维护等方面亟待改进。

综上所述，空调技术的发展不仅要在能源利用、能量节约和回收、能量转换和传递设备性能的改进，系统的技术经济分析和优化，以及自动控制等方面继续改进，而且要进一步研究创造有利于健康的、适宜于人类工作和生活的内部环境。可以预料，空气调节技术将由目前主要解决室内空气热湿环境的控制发展到室内空气环境品质及质量的全面调节和控制，即所谓的内部空间的人工环境工程。

总之，随着我国社会经济的高速发展、科学技术的不断进步和生活水平的不断提高，对空调设备的要求日益提高，空调技术应用的普及率也日益提高，这些都使得空气调节有着广阔的发展前途，需要我们不断地开拓进取。

第1章　湿空气的焓湿学基础

教学目标与要求

空气调节的目的是处理空气到合适的温度和湿度。首先要对空气的基本性质有所了解，熟练掌握空气的压力、温度、焓、含湿量、相对湿度、热湿比等概念和计算方法，能准确运用焓湿图表示各种状态和变化过程，为后面的内容做准备。通过本章的学习，学生应达到以下目标：

(1)了解湿空气的各种状态参数；

(2)会灵活应用焓湿图确定状态点；

(3)空气变化过程在焓湿图上的表示。

教学重点与难点

(1)湿空气物理性质的描述和特殊状态参数，如含湿量、相对湿度、焓、湿球温度和露点温度的物理意义；

(2)焓湿图的组成及绘制方法；

(3)空气各种处理过程在焓湿图上的表示；

(4)湿空气特殊状态参数的物理意义和确定方法；

(5)应用焓湿图确定空气状态；

(6)两种状态空气混合过程。

工程案例导入

在日常生活中，常常会看到物体表面的结露现象(见图1.1)。那么物体的表面为什么会结露？一般在什么情况下会发生结露现象？这就要用本章所研究的湿空气的物理性质来解释。

图1.1　物体表面的结露现象

1.1 湿空气的热力性质

1.1.1 湿空气的组成

在空调过程中，研究与改造的对象是空气，所使用的媒介往往也是空气，因此需要对空气的组成有所了解。

在空调过程中，把空气看作是由干空气和水蒸气两部分所组成的混合物，即

湿空气＝干空气＋水蒸气

这是因为在正常情况下，大气中干空气的组成比例基本上是不变的，见表 1.1。虽然在某些局部范围内，可能因为某些因素(如人的呼吸使氧气减少，二氧化碳的含量增加，或在生产过程中，产生了某些有害气体污染了空气)，使空气的组成比例有所改变，但这种改变可以认为对空气的热工特性影响很小。这样，在研究空气的物理性质时，可以把干空气作为一个整体来看待，以便分析讨论。

表 1.1　干空气的组成成分

主要组成成分	分子量	体积百分比/(%)
氧气	32.000	20.946
氮气	28.016	78.084
惰性气体	—	0.934
二氧化碳	44.000	0.033

相对来说，湿空气中的水蒸气的数量虽然很少，但却常随着气象条件的变化和水蒸气的来源情况而改变，而且它对空气性质的影响也很大。例如，在南方多雨地区，空气就比较湿潮，湿衣服就不容易干。夏天，会感到身上的汗老不干，很不舒服。而在北方的兰州、乌鲁木齐等地，空气干燥，在同样的温度下，感觉就要舒服得多。

空气中水蒸气的多少，除了对人们的日常生活有影响外，对生产也十分重要。例如，在纺织车间，相对湿度小时，纺线变粗变脆，容易产生飞花和断头；空气太潮湿，纺线会黏结，不易加工。

因此，从空气调节的角度来说，空气的潮湿程度是我们十分关心的问题。

热力学中把常温常压下的干空气视为理想气体，就是假设气体分子是一些弹性的、不占有空间的质点，分子相互之间没有作用力。因为空调过程中所涉及的压力和温度都可以看作属于这个范畴，所以空调工程中的干空气可被看作是理想气体。此外，湿空气中的水蒸气由于数量很少，而且处于过热状态，压力小，比容大，也可近似看作理想气体。这样，水蒸气状态参数之间的关系也可用理想气体状态方程来表示，即

$$PV = mRT \tag{1.1}$$

式中　P—— 气体的压力，Pa；

V—— 气体的总体积，m^3；

m—— 气体的总质量，kg；

T—— 气体的热力学温标，K；

R—— 气体常数，J/(kg·K)，取决于气体的性质。其中干空气和水蒸气的气体常数分别为 $R_g = 287J/(kg \cdot K)$，$R_q = 461J/(kg \cdot K)$，下标 g 表示干空气，q 表示水蒸气。

1.1.2　湿空气的状态参数

空气有许多物理性质，通常用一些称为状态参数的指标来衡量。下面介绍几个与空气调节最密切的状态参数。

1. 压力类参数

(1)大气压力。气体的压力是指单位面积上所受到的气体的作用力，在国际单位制(SI)中，压力的单位是帕(Pa)，$1Pa=1N/m^2$。

地球表面单位面积上所受到的大气的压力称为大气压力或大气压。大气压力不是一个定值，它随着海拔高度的增加而减小，如图 1.2 所示是大气压力与海拔高度的关系。

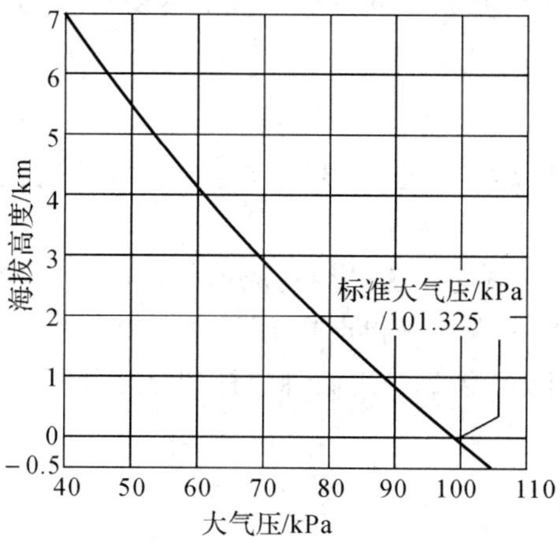

图 1.2　大气压力与海拔高度的关系

即使在同一个海拔高度，在不同的季节和不同的天气状况下，大气压力也有变化。通常在 0℃下，北纬 45°处海平面上作用的大气压力作为一个标准大气压(atm)，其数值为

$$1atm=101\ 325Pa=1.013\ 25bar$$

在空调系统中，空气的压力常用压力表来测定，仪表指示的压力是所测量空气的绝对压力与当地大气压力的差值，称为工作压力(或表压力)，工作压力与绝对压力的关系为

(空气的)绝对压力＝当地大气压＋工作压力(表压力)

如果没有特别指出，空气的压力都是指绝对压力。由于大气压力不是定值，因地而异，所以在设计和运行中应当考虑由于当地大气压的不同所引起的误差修正。由于工作压力是空气压力与当地大气压力的差值，它并不代表空气压力的真正大小，所以只有绝对压力才是空气的一个基本状态参数。

(2)水蒸气分压力。湿空气中水蒸气的分压力，是指湿空气中的水蒸气单独占有湿空气的体积，并具有与湿空气相同温度时所具有的压力。根据气体分子运动论的学说，气体分子越多，撞击容器壁面的机会越多，表现出的压力也就越大。因而，水蒸气分压力的大小也就反映了水蒸气含量的多少。

根据道尔顿分压力定律：混合气体的总压力等于各组成气体的分压力之和。湿空气的总压力就等于水蒸气分压力与干空气分压力之和，即

$$B = P_g + P_q \tag{1.2}$$

式中　B—— 湿空气的总压力，即当地大气压，Pa；

P_g—— 干空气分压力，Pa；

P_q—— 水蒸气分压力，Pa。

(3)饱和水蒸气分压力。由水蒸气分压力可知，水蒸气含量越多，其分压力也越大。反之亦然。未饱和空气中，水蒸气含量和水蒸气分压力都没有达到最大值，还具有吸收水气的能力。一般情况下，周围的大气通常属于未饱和空气。然而，在一定温度条件下，一定量的湿空气中能吸纳水蒸气的数量是有限度的。当空气中水蒸气含量超过某一限量时，多余的水气会以水珠形式析出，此时水蒸气处于饱和状态，将干空气和饱和水蒸气的混合物称为饱和空气，此状态下的水蒸气分压力，称为该温度时的饱和水蒸气分压力。湿空气温度越高，空气中饱和水蒸气分压力就越大，说明该空气能容纳的水气数量越多；反之亦然。因此，饱和水蒸气分压力是温度的单值函数，即 $P_{q,b} = f(t)$。

2. 温度类参数

温度是分子热运动的宏观表现。空气温度的高低，通常用表示热力学温度的开尔文温标 T(K) 和摄氏温标 t(℃) 来表示。

开尔文温标是以气体分子热运动的平均动能趋于零时的温度 0K 为起点，以水的三相点为定点，定为 273.16K。1K 就是水的三相点热力学温度的 1/273.16。摄氏温标是以水的冰点(即 273.16K) 为零点，水的沸点为 100℃。两种温标的分度间隔是相等的，换算关系为

$$t = T - 273.16 \tag{1.3}$$

工程中可近似的采用 $t = T - 273$(℃)。

3. 湿度类参数

(1) 含湿量。在空气加湿和减湿处理的过程中，常用含湿量这个参数来衡量空气中水蒸气的变化情况。含湿量用 d 表示，其定义为每千克干空气中所含有的水蒸气量，即

$$d = m_q / m_g \quad (\text{kg 水蒸气 /kg 干空气}) \tag{1.4}$$

式中　m_q—— 水蒸气的质量，kg；

m_g—— 干空气的质量，kg。

为什么要这样定义呢?先来试看其他的定义方法就不难理解了。假如把含湿量定义为单位质量的湿空气所含有的水蒸气量，即

$$d = m_q / (m_g + m_q) \tag{1.5}$$

此时由于空气中含有水蒸气，当空气中的水蒸气量发生变化时，分子、分母都在变化，就无法反映水蒸气量的多少，使用起来不方便。而在空气调节中，我们认为空气中干空气的量是采用单位质量的干空气作基准，能直观反映空气中湿量的变化。因此，空调工程中采用每千克干空气中所含有的水蒸气量来表示空气中的含湿量。

应当注意的是：如果湿空气中含有 1kg 干空气和 $d$kg 水蒸气，那么，湿空气的质量应当是

$(1+d)$kg。

如果对于湿空气中的干空气和水蒸气分别应用气体状态方程式，则由道尔顿分压力定律有

$$P_q V = m_q R_q T \tag{1.6a}$$

$$P_g V = m_g R_g T \tag{1.6b}$$

则有

$$d = \frac{R_g P_q}{R_q P_g} = \frac{287}{461}\frac{P_q}{B - P_q} = 0.622\frac{P_q}{B - P_q} \quad (\text{kg/kg}) \tag{1.6c}$$

空气中的水蒸气含量很少，d 的单位也可用 g 来表示，即

$$d = 622\frac{P_q}{B - P_q} \quad (\text{g/kg}) \tag{1.7}$$

(2) 相对湿度。从含湿量的定义可知，其大小只表明空气中水蒸气含量的多少，而看不出空气的潮湿程度。而且，从 d 的表达式还会造成这样一个错觉：空气中的含湿量是随着水蒸气分压力的增加而增加。但是，实际上 d 和 P_q 的这种关系，只是在一定的范围内是正确的，因为在一定的温度下，湿空气中所能容纳的水蒸气量有一个最大限度，超过了这个限度，多余的水蒸气就会从湿空气中凝结出来。

饱和空气所具有的水蒸气分压力和含湿量分别称为该温度下饱和水蒸气分压力和饱和含湿量。表 1.2 中所列的数据说明了 $P_{q,b}$，d_b 和温度 t 之间的关系。

表 1.2　空气温度与饱和水蒸气分压力、饱和焓湿量的关系($B = 101\ 325$Pa)

空气温度 t/℃	饱和水蒸气分压力 $P_{q,b}$/Pa	饱和含湿量 d/(g/kg 干空气)
10	1 225	7.63
20	2 331	14.70
30	4 232	27.20

从表 1.2 中可以看出，当温度增加时，湿空气的饱和水蒸气分压力和饱和含湿量也随之增加。那么，怎样才能判断空气的潮湿程度呢？下面引入的相对湿度这个参数可以解决这个问题。相对湿度定义为

$$\varphi = P_q / P_{q,b} \tag{1.8}$$

式中　P_q—— 湿空气中的水蒸气分压力，Pa；

$P_{q,b}$—— 相同温度下湿空气的饱和水蒸气分压力，Pa。

从上面含湿量 d 的计算式可以看出：当大气压力不变时，空气的水蒸气分压力 P_q 增加时，d 也随之增大。因此，当温度 t 不变时，空气的潮湿程度增大。因此，湿空气中的水蒸气分压力 P_q 与同温度下饱和水蒸气分压力 $P_{q,b}$ 的接近程度就反映了空气的潮湿程度。相对湿度 $\varphi = 0$，是干空气，$\varphi = 100\%$ 时为饱和湿空气。

φ 和 d 的区别和联系如下：φ 表示空气接近饱和的程度，也就是空气在一定温度下吸收水分的能力，但并不反映空气中水蒸气含量的多少：而 d 可表示空气中水蒸气的含量，但却无法直观地反映出空气的潮湿程度和吸收水分的能力。

例如：温度为 $t = 10$℃，$d = 7.63$g/kg 干空气和 $t = 30$℃，$d = 15$g/kg 干空气两种状态的空气。从表面上看，似乎第一种状态的空气要干燥一些，其实并非如此。从表 1.2 中可知，第一

种状态的空气已是饱和空气，而第二种状态的空气距离饱和状态的含湿量 $d_b = 27.2$g/kg 干空气还很远。这时，$\varphi = 55\%$ 左右，还有很大的吸湿能力。

4.能量类参数

由热力学理论可以知道，在定压过程中，空气变化时初、终状态的焓差，就反映了状态变化过程中热量的变化。因为在空调工程中，湿空气的状态变化过程可以看作是定压过程，所以，湿空气状态变化前后的热量变化就可以用它们的焓差来计算。

湿空气的焓也是以1kg干空气作为计算基础，即1 kg干空气的焓加 d kg水蒸气的焓的总和，称为$(1+d)$kg湿空气的焓。如果取0℃的干空气和0℃的水的焓为零，则湿空气的焓可用下式表示为

$$h = h_g + dh_q \tag{1.9}$$

式中　h—— 含有1kg干空气的湿空气所具有的焓，kJ/kg；

h_g——1kg干空气的焓，kJ/kg；干空气可用下式计算：

$$h_g = c_{p,g}t = 1.01t \tag{1.10a}$$

h_q——1kg水蒸气的焓，kJ/kg；水蒸气可用下式计算：

$$h_q = 2\,500 + c_{p,q}t = 2\,500 + 1.84t \tag{1.10b}$$

式中　2 500——0℃时水的汽化潜热，kJ/kg；

$c_{p,g}$—— 干空气的定压比热，为1.01kJ/(kg·℃)；

$c_{p,q}$—— 水蒸气的定压比热，为1.84kJ/(kg·℃)。

把 h_g 和 h_q 的表达式代入湿空气焓的计算式中整理可得

$$h = (1.01 + 1.84t)d + 2\,500d \tag{1.10c}$$

从式(1.10c)可以看到：①$(1.01+1.84\text{d})t$ 是随温度而变化的量，通常称为“显热”。2 500d 是0℃时 d kg水的汽化潜热，仅与含湿量 d 有关，称为“潜热”。②湿空气的焓值随着温度和含湿量的变化而变化。当温度和含湿量升高时，焓值增加；反之，焓值降低。而在温度升高、含湿量减少时，由于2 500比1.84和1.01大得多，焓值不一定增加。

5.容积类参数

单位容积的气体所具有的质量称为密度，即

$$\rho = m/V \tag{1.11}$$

式中　ρ——气体的密度，kg/m³；

m——气体的质量，kg；

V——气体所占有的容积，m³。

单位质量的气体所具有的容积称为比容。比容和密度实际上是两个相关的参数。两者呈倒数关系，即

$$\upsilon = V/m = 1/\rho \tag{1.12}$$

式中　υ——气体的比容，m³/kg。

湿空气是由干空气和水蒸气组成的混合物，两者具有相同的温度并占有相同的容积，即

$$m = m_g + m_q \tag{1.13}$$

式(1.13)各项同除以容积 V，则湿空气的密度等于干空气的密度加水蒸气的密度，即

$$\rho = \rho_g + \rho_q \tag{1.14}$$

将理想气体状态方程代入式(1.14)有

$$\rho = P_g/R_g T + P_q/R_q T$$

且 $P_g = B - P_q$，$P_q = P_{q,b}\varphi$，$R_g = 287\text{J}/(\text{kg}\cdot\text{K})$，$R_q = 461\ \text{J}/(\text{kg}\cdot\text{K})$代入上式整理可得湿空气密度的计算式为

$$\rho = 0.003\ 49B/T - 0.001\ 34P_{q,b}/T\ \text{kg/m}^3 \tag{1.15}$$

从式(1.15)中结果可知：在大气压力和温度相同的情况下，湿空气的密度比干空气小，即湿空气比干空气轻。

例 1.1　已知当地大气压力 $P_a = 101\ 325\text{Pa}$，温度 $t = 20℃$，试计算：

(1)干空气的密度；

(2)相对湿度为 70%的湿空气密度。

解：(1)已知干空气的气体常数 $R_g = 287\text{J}/(\text{kg}\cdot\text{K})$，干空气的压力为大气压力 P_a，故干空气的密度为

$$\rho_g = \frac{P_g}{R_g T} = \frac{101\ 325}{287\times(273+20)} = 1.205\ \text{kg/m}^3$$

(2)由表 1.2 查得，20℃时的饱和水蒸气压力为 $P_{q,b} = 2\ 331\text{Pa}$，代入式(1.15)得湿空气的密度为

$$\begin{aligned}\rho_g &= 0.003\ 484\frac{P_a}{T} - 0.001\ 34\frac{P_q}{T} = 0.003\ 484\frac{P_a}{T} - 0.001\ 34\frac{\varphi P_{q,b}}{T} \\ &= 0.003\ 484\times\frac{101\ 325}{293} - 0.001\ 34\times\frac{0.7\times 2\ 331}{293} \\ &= 1.197\text{kg/m}^3\end{aligned}$$

可见，湿空气的密度比完全干燥空气的密度在压力相同时要小一些。

1.1.3　湿球温度与露点温度

1. 干、湿球温度

(1)热力学湿球温度。在理论上，湿球温度是在定压绝热条件下，空气与水直接接触达到稳定热湿平衡时的绝热饱和温度，也称热力学湿球温度。以图 1.3 说明如下：

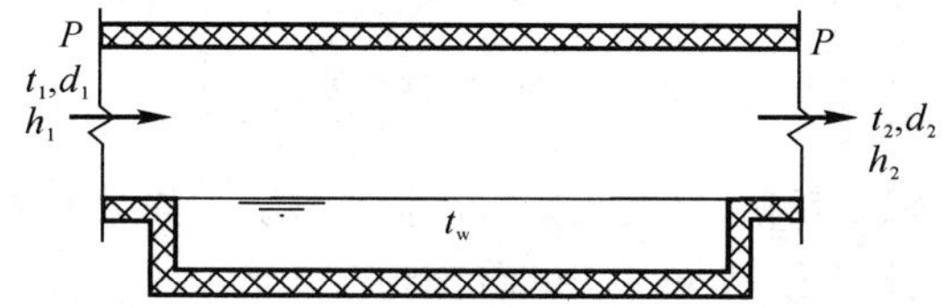

图 1.3　绝热加湿小室

设有一空气与水直接接触的小室，保证二者有充分的接触表面和时间，空气以 P，t_1，d_1，h_1 状态流入，以饱和状态 P，t_2，d_2，h_2 流出，由于小室为绝热的，所以对应于每千克干空气的湿空气，其稳定流动能量方程为

$$h_1 + \frac{(d_2 - d_1)}{1\ 000}h_w = h_2 \tag{1.16}$$

式中　h_w——液态水的焓，$h_w = 4.19t_w$，kJ/kg；

由式(1.16)可见，空气焓的增量就等于蒸发的水量所具有的焓。利用热湿比的定义可以

导出

$$\varepsilon=\frac{h_2-h_1}{\frac{d_2-d_1}{1\ 000}}=4.19t_w \tag{1.17}$$

显然,在小室内空气状态的变化过程是水温的单值函数。由于在前述条件下,空气的进口状态是稳定的,水温也是稳定不变的,所以空气达到饱和时的空气温度即等于水温($t_2=t_w$),则有

$$h_1+\frac{(d_2-d_1)}{1\ 000}\times 4.19t_2=1.01t_2+(2\ 500+1.84t_2)\frac{d_2}{1\ 000} \tag{1.18}$$

满足式(1.18)的 t_2 即为出口空气状态的绝热饱和温度,也称为热力学湿球温度。

(2)工程应用中的干、湿球温度。在工程应用中,要测量空气的绝热饱和温度是不可能的,因此常用干、湿球温度计中湿球温度计的读数来代替热力学湿球温度。

图 1.4 中是两只测量空气温度的温度计,其中一支温度计的感温包上裹有纱布,纱布的下端浸在盛有水的容器中,在毛细现象的作用下,纱布处于湿润状态,这支温度计称为湿球温度计,所测量的温度称为空气的湿球温度。另一支没有包纱布的温度计称为干球温度计,所测量的温度称为空气的干球温度,也就是空气的实际温度。

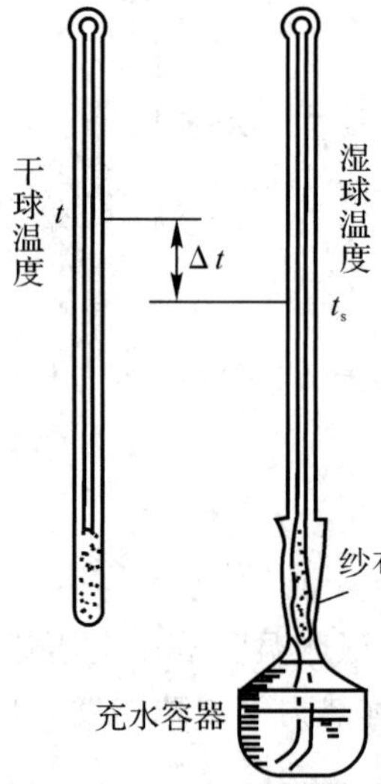

图 1.4　干、湿球温度计

湿球温度计的读数实际上反映了湿球纱布中水的温度。如果开始时纱布上的水温和空气温度一样,那么湿球温度计的读数和干球温度计的读数一样,这时空气的相对湿度达到100%。但是,当空气的相对湿度 $\varphi<100\%$时,湿球纱布上的水分就会蒸发,吸收汽化潜热,使湿球纱布的水温下降。一旦湿球纱布的温度低于空气的温度时,热量就会从温度高的空气传给温度低的纱布,当湿球纱布上的水温降低到某一温度时,空气对纱布的传热量正好等于蒸发一定水分所需要的汽化潜热,这时,湿球纱布上的水温不再继续下降,这一热湿平衡下的水温就称为该状态空气的湿球温度。

(3)湿球温度的确定。根据传热原理,湿球温度计的读数达到稳定时,空气对湿球纱布的传热量 Q_1 应当等于湿球纱布上水分蒸发所吸收的汽化潜热 Q_2,即

$$Q_1=Q_2 \tag{1.19}$$

其中,空气对湿球纱布的传热量为

$$Q_1 = \alpha(t - t_s)F \tag{1.20}$$

式中　α——空气对湿球纱布水表面的热交换系数,W/(m^2·℃);

t——空气的干球温度,℃;

t_s——空气的湿球温度,℃;

F——湿球温度计的湿球表面积,m^2。

湿球纱布上水分蒸发所吸收的汽化潜热为

$$Q_2 = Wr \tag{1.21}$$

式中　r——汽化潜热,J/kg;

W——湿球纱布上的水分蒸发量,kg/s。

空气与水的湿交换过程中水分的蒸发量 W 可用下式计算:

$$W = \beta(P'_{q,b} - P_q) \cdot F \times 101\,325/B \quad \text{kg/s} \tag{1.22}$$

式中　β——湿交换系数,kg/(m^2·s·Pa);

$P'_{q,b}$——湿球表面水温下的饱和水蒸气分压力,即在热湿平衡的湿球温度下,湿球纱布水表面饱和空气层的水蒸气分压力,N/m^2;

P_q——周围空气在干球温度下的水蒸气分压力,N/m^2;

F——湿球温度计的湿球表面积,m^2;

B——当地大气压力,N/m^2。

把式(1.22)代入式(1.21)有

$$Q_2 = \beta r(P'_{q,b} - P_q)F \times 101\,325/B \tag{1.23}$$

把式(1.20)和式(1.23)代入式(1.19)有

$$\alpha(t - t_s)F = \beta r(P'_{q,b} - P_q)F \times 101\,325/B \tag{1.24}$$

整理可得

$$P_q = P'_{q,b} - A(t - t_s)B \tag{1.25}$$

其中

$$A = \alpha/(101\,325\beta r) \tag{1.26}$$

A 值的计算通常用实验确定。因为热交换系数 α 和湿交换系数 β 都与流过湿球的风速 v 有关。通常用下面的经验公式计算:

$$A = 0.000\,01(65 + 6.75/v) \tag{1.27}$$

从 P_q 的表达式可以看到,对于一定温度的空气,干、湿球温度的差值就反映了水蒸气分压力的大小。温差$(t - t_s)$越大,P_q 越小。把 P_q 代入相对湿度 φ 的表达式,可以得到 φ 的另一个计算式为

$$\varphi = P_q/P_{q,b} = [P'_{q,b} - A(t - t_s)B]/P_{q,b} \tag{1.28}$$

式中　$P_{q,b}$——干球温度下空气的饱和水蒸气分压力,N/m^2。

从式(1.28)可以看到,对于一定状态的空气,干、湿球温度的差值就反映了空气相对湿度的大小。但是在应用上式时,A 和 t 是与风速有关的量,当空气不流动或流速很小时,由于热湿交换不充分会产生较大的误差。一般来说,v 越大,传热和蒸发进行得越充分,湿球温度越精确。实验表明:当空气流速 $\geqslant 2.5 \sim 4$m/s 时,速度对热湿交换的影响已经很小,湿球温度趋于稳定。因而,要准确地计算空气的相对湿度,湿球周围的空气流速应当保持在 2.5m/s 以上。为此,在精确测定时,均采用通风干、湿球温度计,以便在湿球周围形成较大的空气流速。

2. 露点温度

在冬天的玻璃窗上或夏季的自来水管上常常可以看到有凝结水或露水存在的现象。为什么会出现这种情况呢？可以从前述空气的饱和含湿量的概念来理解。在前面的讨论中已经得知，空气的饱和含湿量是随着温度的下降而减少的。某一状态的未饱和空气，当在含湿量保持不变的条件下，把空气的温度下降到某一临界温度 t_1 时，空气达到饱和。如果使空气的温度继续下降，就会把超过该温度下空气所能容纳的最大水蒸气量以上的那些水分凝结出来。这个临界温度就是该状态空气的露点温度。前面所说的冬天玻璃窗上和夏天在自来水管表面出现凝结水的现象，就是因为玻璃和水管表面的温度低于周围空气的露点温度，使空气中的水分凝结出来所形成的。

露点温度可以定义为，某一状态的空气在含湿量不变的情况下，冷却到饱和状态（$\varphi=100\%$）时所具有的温度。

1.2 湿空气的焓湿图

1.2.1 焓湿图的组成

前面介绍了空气的 7 个状态参数，t，d，B，φ，h，P_q 和 ρ，其中只有 t，d 和 B 三个是独立的状态参数，其余的状态参数都可以由这三个状态参数计算出来。但是在工程计算中，用公式计算和用查表方法来确定空气状态和参数是比较烦琐的，而且对空气的状态变化过程的分析也缺乏直观的感性认识。因此，为了便于工程应用，通常把一定大气压力下，各种参数之间的相互关系做成线算图来进行计算。根据所取坐标系的不同，线算图也有多种。国内常用的是焓湿图，简称 $h-d$ 图，见附录 1.2。

$h-d$ 图是取两个独立参数 h 和 d 作为坐标轴。另一个独立状态参数 B 取为定值。为了使各种参数在坐标图上的反映清晰明了，两坐标轴之间的夹角取为 135°，如图 1.5 所示。图中 d 为横坐标，h 为纵坐标。与 d 轴平行的各条线是等焓线。与 h 轴平行的直线是等含湿量线。此外，图上还表示出了以下几条线。

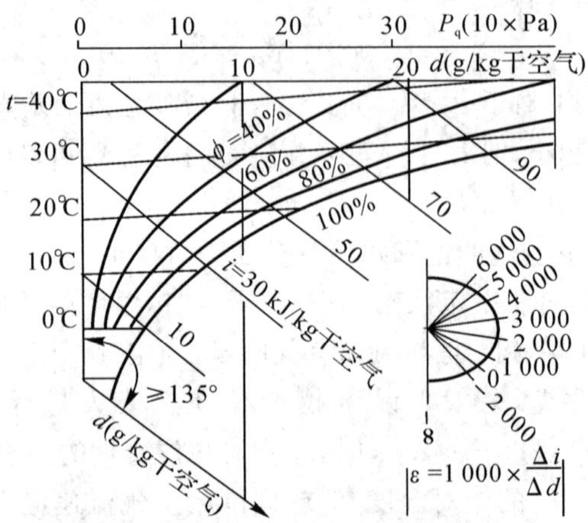

图 1.5　湿空气的焓湿图

1. 等温线

等温线是根据 $h = 1.01t + (2\,500 + 1.84t)d$ 绘制的。当 t 为常数时，上式是一个直线方程。其中 $1.01t$ 是截距，$(2\,500 + 1.84t)$ 是斜率。当温度取某一定值时，根据过两点可作一条直线的原理，任选 d_1 和 d_2，由上式算出 h_1 和 h_2，则可由(h_1, d_1) 和(h_2, d_2) 在 $h-d$ 图上作出该条等温线。

下面简要说明等温线的绘制过程。

如绘制 $t = 0$℃ 时，任取 $d_1 = 0$ 和 $d_2 = d_x$，则可计算出 $h_1 = 0$ 和 $h_2 = 2\,500d_x$，由$(0,0)$ 和$(2\,500d_x, d_x)$ 在 $h-d$ 图上可定出两个状态点 O 和 A，则 OA 直线就是 $t = 0$℃ 的等温线，如图 1.6 所示。

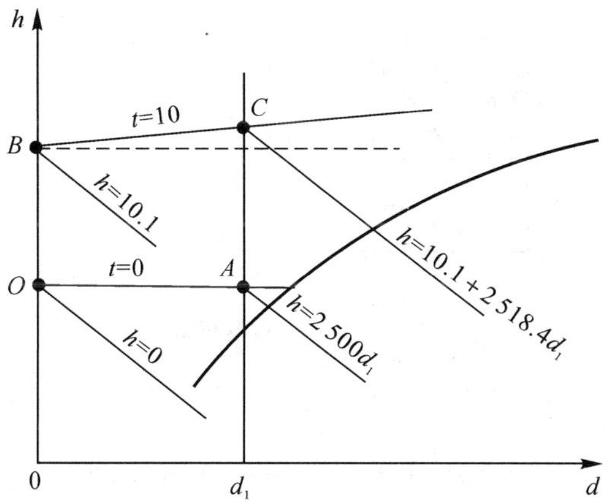

图 1.6　等温线的绘制

如须绘制 $t = 10$℃ 的等温线，则当 $t = 10$℃ 时，取 $d_1 = 0$，可计算出 $h_1 = 10.1$，取 $d_2 = d_x$，$h_2 = 10.1 + 2\,518.4d_x$，因为$(10.1, 0)$ 在纵轴上，即可由 O 点向上截取 OB 段(截距等于 10.1)得到 B 点，又根据$(10.1 + 2\,518.4d_x, d_x)$ 可在 $h-d$ 图上定出状态点 C，则 BC 直线就是 $t = 10$℃ 的等温线。

当 t 取 1℃，2℃，3℃，…… 一系列的常数时，用上面同样的方法可绘出一组不同的等温线。因为等温线的斜率$(2\,500 + 1.84t)$ 随着 t 值的不同有微小变化，所以各条等温线是不平行的。但由于 $1.84t$ 的数值比 2 500 小得多，t 值变化对等温线斜率的影响很小，所以，在工程中各条等温线可近似看作是平行的。

2. 等相对湿度线

等相对湿度线是根据 $d = 622\varphi P_{q,b}/(B - \varphi p_{q,b})$ g/kg 绘制的。从该公式可知，含湿量是大气压 B、相对湿度 φ 和饱和水蒸气分压力 $P_{q,b}$ 的函数，即 $d = f(B, \varphi, P_{q,b})$。但是，因为大气压力 B 在作图时已取为定值，在本式中作为一常数，饱和水蒸气分压力 $P_{q,b}$ 是温度的单值函数，可根据空气温度 t 从水蒸气性质表中查取，所以实际上有

$$d = f(\varphi, t) \tag{1.29}$$

这样当 φ 取一系列的常数时，即可根据 d 与 t 的关系在 $h-d$ 图上绘出等 φ 线。例如，当 $\varphi = 90\%$ 时有

$$d = 622 \times 0.9P_{q,b}/(B - 0.9P_{q,b}) \tag{1.30}$$

任取温度 t 查取 $P_{q,b}$，然后由式(1.30)计算出含湿量 d。当 t 取不同的值 $t_i$$(i = 1, 2, \cdots, n)$

时，可从水蒸气性质表中查取 $P_{q,b}$，h，计算出相应的 d_i。由于每一对(t_i, d_i)可在 $h-d$ 图上定出一个状态点。把 n 个状态点连接起来，就得出了 $\varphi = 90\%$ 的等相对湿度线，如图 1.7 所示。当 φ 取不同的值重复上面的过程时，就可作出不同的等相对湿度线。其中，$\varphi = 100\%$ 的是饱和湿度线，其下方是过饱和区。上方是湿空气区（未饱和区）。在过饱和区中的水蒸气处于过热状态。

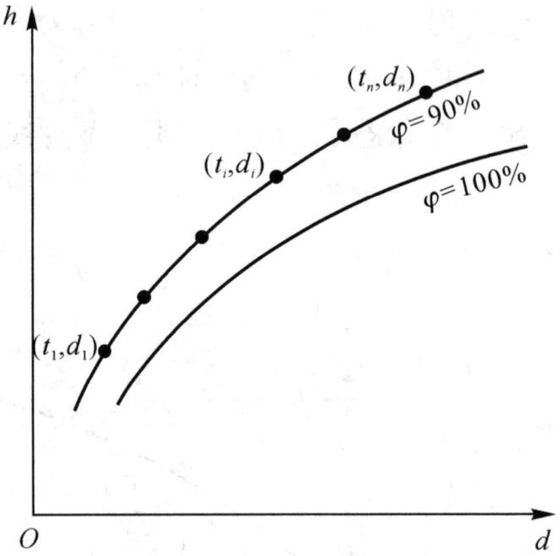

图 1.7　等相对湿度线

3. 水蒸气分压力线

由含湿量的计算式 $d = 622 \times P_q/(B - P_q)$（g/kg）可知：当大气压力 B 等于常数时，$P_q = f(d)$，即水蒸气的分压力 P_q 和含湿量 d 是一一对应的。有一个 d 就可确定出一个 P_q。因此，在 d 轴的上方设了一条水平线，标出了与 d 所对应的 P_q 值。

1.2.2　湿空气的状态变化线 —— 热湿比线

为了说明空气状态变化的方向和特征，常用空气状态变化前后的焓差和含湿量差的比值来表征。这个比值称为热湿比 ε，也称为角系数或状态变化过程线，表示为

$$\varepsilon = (h_B - h_A)/(d_B - d_A) = \Delta h/\Delta d \tag{1.31}$$

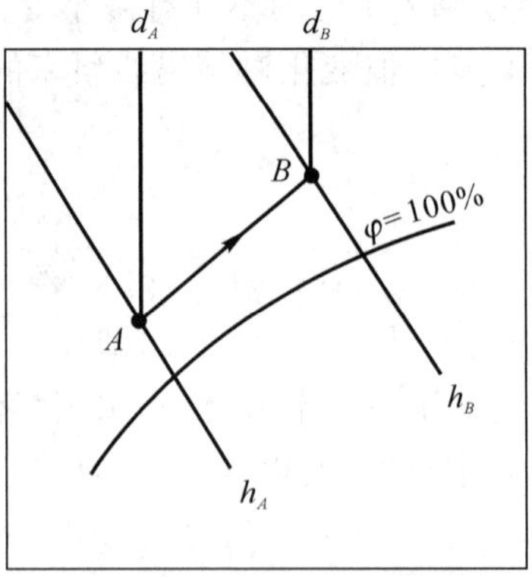

图 1.8　热湿比线的表示

从热湿比的定义可知，ε 实际上是直线 AB 的斜率（见图 1.8）。因为直线的斜率与起始位置无关，两条斜率相同的直线必然平行，所以在 $h-d$ 图的右下方作出一簇射线（ε 线），供在图上

分析空气状态变化过程时使用。

实际工程中，除了用平行法作热湿比线外，还采用在图上直接绘制 ε 线的方法。这种方法要准确些。例如，设有

$$\varepsilon = \Delta h/(\Delta d) = 5\ 000$$

则由 $\Delta h/\Delta d = 5/1$，任取 $\Delta d = 4$，有 $\Delta h = 20$。如取空气初状态 A 的值为(h_1, d_1)，则可计算出另一状态点(h_2, d_2)。过这两点的直线就是所求的热湿比线。

例 1.2　已知大气压力 $B = 101\ 325\text{Pa}$，空气初状态 A 的温度 $t_A = 20℃$，相对湿度 $\varphi_A = 60\%$。当空气吸收 $Q = 10\ 000\text{kJ/h}$ 的热量和 $W = 2\text{kg/h}$ 的湿量后，空气的焓值为 $h_B = 59\text{kJ/kg}$，求终状态 B。

解：(1) 平行线法。在大气压力 $B = 101\ 325\text{Pa}$ 的 $h-d$ 图上，由 $t_A = 20℃$，$\varphi_A = 60\%$ 确定出空气的初状态 A。求出热湿比 $\varepsilon = Q/W = (10\ 000/2)\text{kJ/kg} = 5\ 000\text{kJ/kg}$。

根据 ε 值，在 $h-d$ 图的 ε 标尺上找出 $\varepsilon = 5\ 000\text{kJ/kg}$ 的线。然后过 A 点作 $\varepsilon = 5\ 000\text{kJ/kg}$ 线的平行线。此过程线与 $h = 59\text{kJ/kg}$ 的等焓线的交点，就是所求的终状态点 B，如图 1.9 所示。

由图中可查得：$t_B = 28℃$，$\varphi_B = 51\%$，$d_B = 12\text{g/kg}$。

(2) 辅助点法。

由　$$\varepsilon = \Delta h/\Delta d = (10\ 000/2)\text{kJ/kg} = 5\ 000\text{kJ/kg}$$

任取　$$\Delta d = 4\text{g/kg}$$

则有　$$\Delta h = (5\ 000 \times 0.004)\text{kJ/kg} = 20\text{kJ/kg}$$

现分别作过初状态点 A，$\Delta h = 20\text{kJ/kg}$ 的等焓线和 $\Delta d = 4\text{g/kg}$ 的等含湿量线。设两线的交点为 B' 则 AB' 连线就是 $\varepsilon = 5\ 000\text{kJ/kg}$ 的空气状态变化过程线。此过程与 $h = 59\text{kJ/kg}$ 干空气的等焓线的交点 B，就是所求的终状态点，如图 1.10 所示。图中 B' 点称为辅助点。

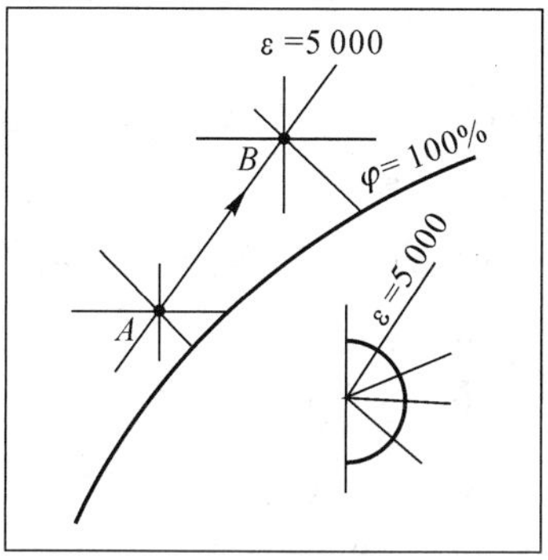

图 1.9　平行法绘制热湿比线图

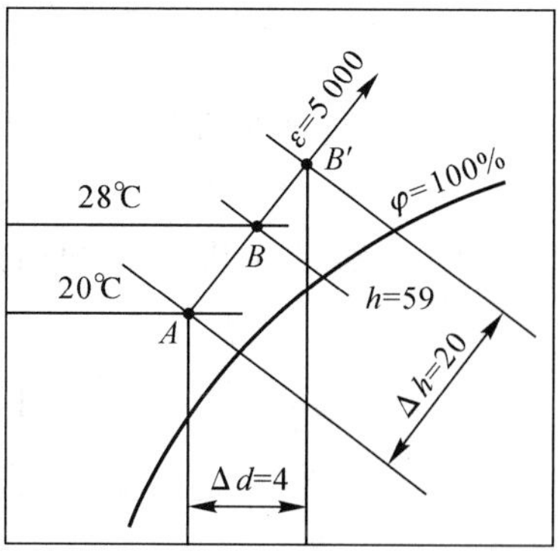

图 1.10　辅助点法绘制热湿比线

1.2.3　大气压力对焓湿图的影响

需要注意的是，以上 $h-d$ 图的绘制是在大气压力 B 等于某个定值的情况下得出的。如果大气压力不同，所求出的参数也不同。例如，温度 t 和相对湿度 φ 相同的两种湿空气，如果所处的大气压力 B 不同，则该两种空气所具有的含湿量 d 是不同的。由含湿量 d 的计算式(1.6) 可知：含湿量 d 随着大气压力 B 的增加而减少，反之亦然。因此，如果大气压力 B 有变化，等相对

湿度线必将会产生相应的变化，如图 1.11 所示。因此，在实际应用中，应采用符合当地大气压力的 $h-d$ 图。当大气压力的差值小于 2 kPa 时，相对湿度 φ 值的差别一般小于 2%，这时，大气压力不同的地区可近似采用同一个 $h-d$ 图。

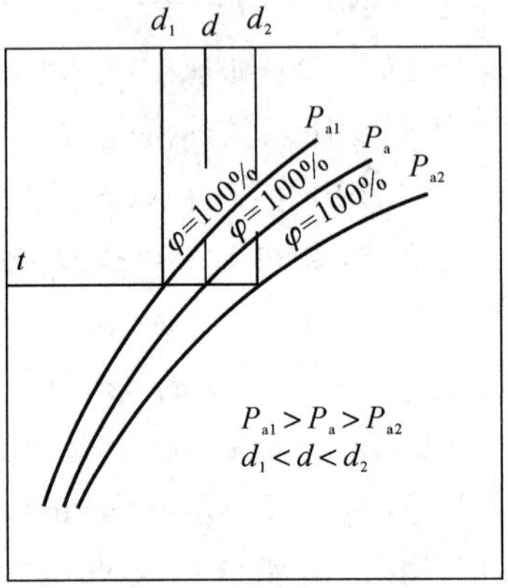

图 1.11　相对压力随大气压力变化

1.3　焓湿图的应用

通过焓湿图，可以确定空气状态定点及相应其他状态参数，也可以表示出空气状态的变化过程，如等湿加热、冷却过程、等焓减湿、加湿过程、等温加湿过程和冷却干燥过程等，同时也能确定两种不同状态空气的混合过程。

1.3.1　确定空气状态定点及相应其他状态参数

在 t,d,φ,h,P_q,t_s 中，只要已知任意两个独立参数，都可以确定空气的状态点及其他参数。

例 1.3　已知 A 状态空气的两个独立参数 $t=20℃$，$\varphi=50\%$，在焓湿图上确定状态点，并确定出其他参数。

解：如图 1.12 所示，确定 A 状态点，再由点 A 沿箭头方向即可确定出其他的状态参数。

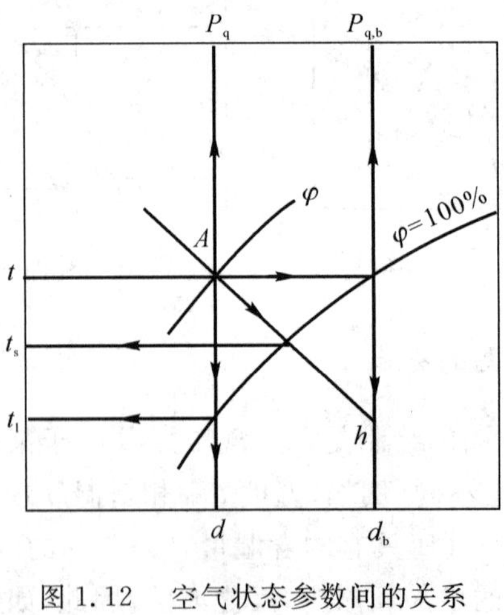

图 1.12　空气状态参数间的关系

由焓湿图查得 A 点参数为 $d=7.3\text{g/kg}$，$d_b=9.8\text{g/kg}$，$h=38.9\text{kJ/kg}$，$t_s=13.8$℃，$t_l=9.3$℃，$P_q=1\ 185\text{Pa}$，$P_{q,b}=1\ 575\text{Pa}$。

1.3.2　状态变化过程在焓湿图上的表示

h-d 图上的每一点都表示空气的某一状态，根据空气的热湿变化，可以在图上作出空气状态变化的过程线。几种典型的变化过程如图 1.13 所示，现分述如下：

1. 等湿加热过程 $A\rightarrow B$

在此过程中，空气通过表面式空气加热器（或电加热器）加热，温度升高，但含湿量没有变化。状态变化的热湿比为

$$\begin{aligned}\varepsilon &= \Delta h/\Delta d=(h_B-h_A)/(d_B-d_A)\\ &=(h_B-h_A)/0=\infty\end{aligned}$$

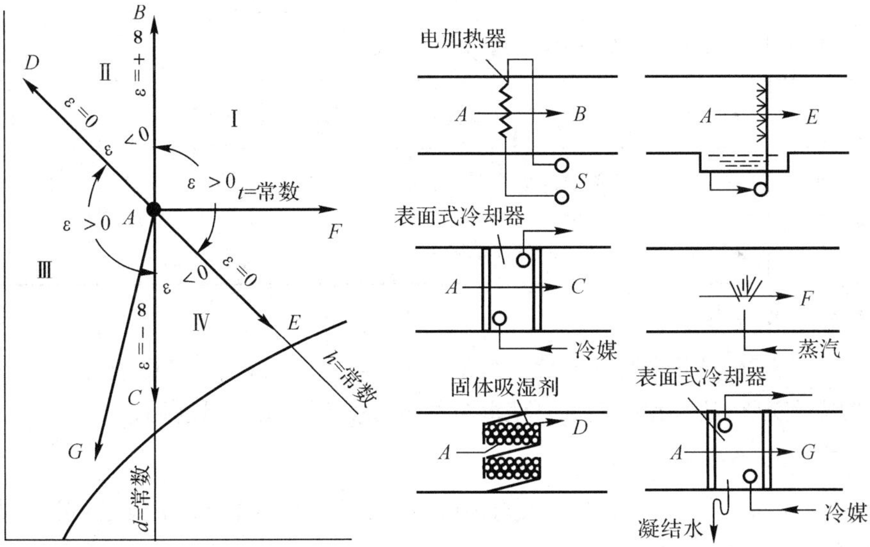

图 1.13　几种典型的空气状态变化过程

2. 等湿冷却过程 $A\rightarrow C$

当空气通过表面式空气冷却器时，如果冷却器的表面温度低于空气的干球温度但高于空气的露点温度时可实现这一过程。这时空气被等湿减焓冷却，状态变化的热湿比为

$$\begin{aligned}\varepsilon &= \Delta h/\Delta d=(h_c-h_A)/(d_C-d_A)\\ &=(h_C-h_A)/0=-\infty\end{aligned}$$

3. 等焓减湿过程 $A\rightarrow D$

当用固体吸湿剂（如硅胶、铝胶等）处理空气时，水蒸气被吸附，空气中的含湿量减少，水蒸气凝结时将所具有的汽化潜热释放出来以显热的形式返还给空气，使空气的温度升高。同时空气减少了凝结水带走的一部分液体热。因为这部分液体热很小，所以空气状态变化过程可近似地看作等焓减湿升温过程，状态变化的热湿比为

$$\varepsilon=\Delta h/\Delta d=(h_D-h_A)/(d_D-d_A)$$

$$= 0/(d_D - d_A) = 0$$

4. 等焓加湿过程 $A \rightarrow E$

当用湿球温度的水(循环水)喷淋空气时,空气的温度降低,相对湿度增加,空气传给水的热量由蒸发到空气中的水分以潜热的形式带回空气,同时还带给空气一部分蒸发到空气中的水分所具有的液体热。由于带给空气的水分的液体热部分很少,空气的状态变化可近似看作等焓加湿过程,状态变化的热湿比为

$$\varepsilon = \Delta h/\Delta d = (h_E - h_A)/(d_E - d_A)$$
$$= 0/(d_E - d_A) = 0$$

代表以上 4 个过程的热湿比线 $\varepsilon = \pm\infty$ 和 $\varepsilon = 0$ 把 h-d 图分成了 4 个象限(见图 1.13),空气状态在各个象限中的变化特征见表 1.3。

表 1.3　空气状态变化的四个象限及其特征

象限	热湿比	状态变化特征	h	d	t
Ⅰ	$\varepsilon > 0$	增焓加湿升温(等温或降温)	+	+	±
Ⅱ	$\varepsilon < 0$	增焓减湿升温	+	-	+
Ⅲ	$\varepsilon > 0$	减焓减湿降温(等温或升温)	-	-	±
Ⅳ	$\varepsilon < 0$	减焓加湿降温	-	+	-

5. 等温加湿 $A \rightarrow F$

向空气中喷蒸汽,其热湿比等于水蒸气的焓值,如蒸汽温度为 100℃,则 $\varepsilon = 2\ 684$,该过程近似于沿等温线变化,故常称喷蒸汽可使湿空气近似实现等温加湿过程。

6. 冷却干燥 $A \rightarrow G$

如使湿空气与低于其露点温度的表面接触,则湿空气不仅降温而且还会减湿,因而可以实现冷却干燥过程,即降温减湿。

1.3.3　两种不同状态空气混合点的确定

1. 混合状态点的确定

空调工程的设计计算中,经常碰到两种不同状态的空气相混合的情况。因此需要了解两种不同状态的空气混合时在 h-d 图上的表示。

设有两种状态分别为 A 和 B 的空气混合,根据能量和质量守恒原理,有

$$G_A h_A + G_B h_B = (G_A + G_B) h_C \tag{1.32}$$

$$G_A h_A + G_B h_B = (G_A + G_B) d_C \tag{1.33}$$

混合后空气的状态点即可从式(1.32)和(1.33)中解出,即

$$h_C = (G_A h_A + G_B h_B)/(G_A + G_B) \tag{1.34}$$

$$d_C = (G_A d_A + G_B d_B)/(G_A + G_B) \tag{1.35}$$

注意:G 的单位应该是 kg,但是由于空气中的水蒸气量是很少的,所以,用湿空气的质量代

替干空气的质量计算时，所造成的误差处于工程计算所允许的范围。因此，在本书后面的讨论中，都是用湿空气的质量代替干空气的质量进行。

2. 混合定律

由式(1.32)和式(1.33)可以分别解得

$$G_A/G_B=(h_B-h_C)/(h_C-h_A)$$
$$G_A/G_B=(d_B-d_C)/(d_C-d_A)$$

由上式可得

$$(h_B-h_C)/(d_B-d_C)=(h_C-h_A)/(d_C-d_A)$$

上式中的左边是直线$\overline{BC}$斜率，右边是直线$\overline{CA}$的斜率。两条直线的斜率相等，说明直线$\overline{BC}$与直线$\overline{CA}$平行。又因为混合点 C 是两条直线的交点，说明状态点 A,B,C 是在一条直线上，如图 1.14 所示。

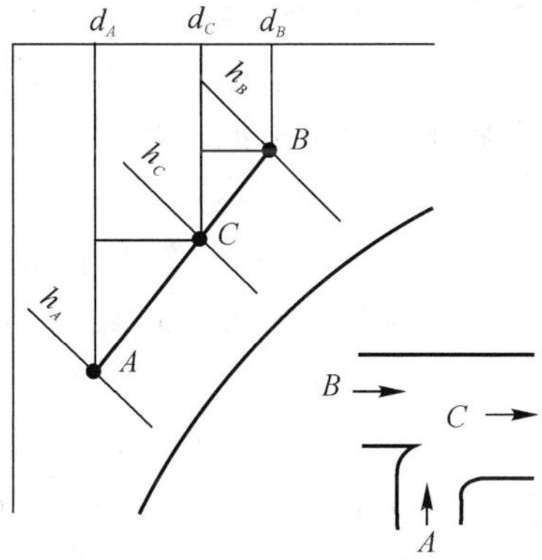

图 1.14　两种状态空气的混合在 $h-d$ 图上的表示

从图中可知，由平行切割定理：

$$\overline{BC}/\overline{CA}=(d_B-d_C)/(d_C-d_A)$$

又因为

$$(d_B-d_C)/(d_C-d_A)=(h_B-h_C)/(h_C-h_A)=G_A/G_B \tag{1.36}$$

所以

$$\overline{BC}/\overline{CA}=G_A/G_B \tag{1.37}$$

此结果表明：当两种不同状态的空气混合时，混合点在过两种空气状态点的连线上，并将过两状态点的连线分为两段。所分两段直线的长度之比与参与混合的两种状态空气质量成反比，且混合点靠近质量大的空气状态点一端。

如果混合点 C 出现在过饱和区，这种空气状态的存在只是暂时的，多余的水蒸气会立即凝结，从空气中分离出来，空气将恢复到饱和状态。多余的水蒸气凝结时，会带走水的显热。因此，空气的焓略有减少。空气状态变化如图 1.15 所示，并存在如下关系：

$$h_D=h_C-\Delta d\times 4.19\times t_D$$

式中，h_D，Δd 和 t_D 是三个互相有关的未知数，要确定 h_D 的值，需要用试算法。实际上，由于水分带走的湿热很少，空气的变化过程线也可近似看作是等焓过程。

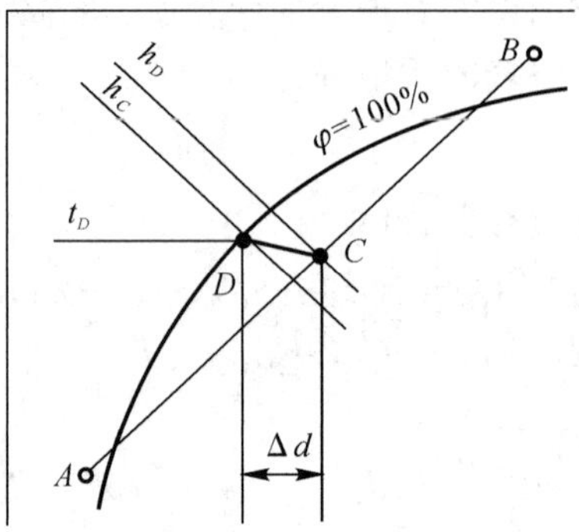

图 1.15　过饱和区空气状态的变化过程

例 1.4　某空调系统采用新风和部分室内回风混合处理后送入空调房间。已知大气压力 B = 101 325Pa，回风量 G_A = 10 000kg/h，回风状态的 t_A = 20℃，φ = 60%。新风量 G_B = 2 500kg/h，新风状态 t_B = 35℃，φ = 80%。试确定出空气的混合状态点 C。

解：两种不同状态空气的混合状态点可根据混合规律用作图法确定，也可以用计算方法得出，这里采用公式计算法求解。

在大气压力 B = 101 325Pa 的 $h-d$ 图上，由已知条件确定出 A，B 两种空气的状态点，并查得：h_A = 42.5kJ/kg，d_A = 8.8g/kg，h_B = 109.4kJ/kg，d_B = 29.0g/kg，将上述值代入式(1.34)和式(1.35)计算可得

$$h_C = (10\ 000 \times 42.5 + 2\ 500 \times 109.4)/(10\ 000 + 2\ 500)\mathrm{kJ/kg} = 55.9\mathrm{kJ/kg}$$

$$d_C = (10\ 000 \times 8.8 + 2\ 500 \times 29.0)/(10\ 000 + 2\ 500)\mathrm{kJ/kg} = 12.8\mathrm{g/kg}$$

由求出的 h_C，d_C 即可在 $h-d$ 图上确定出空气的混合状态点 C 及其余参数。

实际上，根据混合定律，空气的混合状态点 C 必定在过 AB 直线上的某个中间位置，因此，只需计算出 h_C，d_C 中的一个，即可在 $h-d$ 图上由 h_C 或 d_C 线与 AB 直线的交点确定出空气的混合状态点 C 及其余参数，如图 1.16 所示。

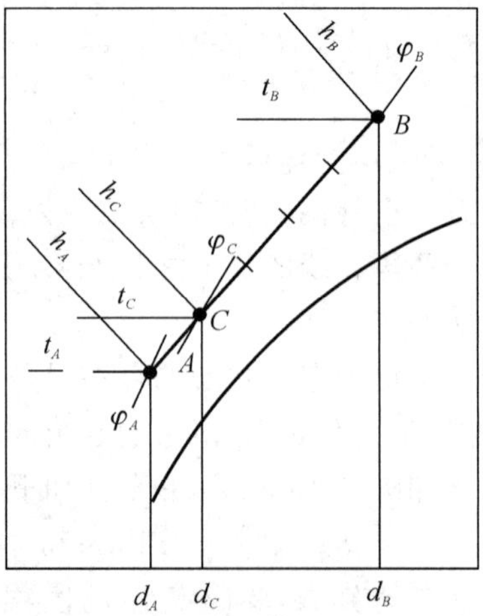

图 1.16　例 1.4 图

本章小结

本章主要介绍了湿空气的热力性质和焓湿图的应用。在空气调节过程中，常用焓湿图来表示各种状态及变化过程，因此可以说焓湿图是空调技术应用的基础。要熟练应用焓湿图，为后面的空气各种热湿处理过程做准备。

思考与练习题

1. 湿空气中的水蒸气分压力和水蒸气压力有什么不同？

2. 相对湿度和含湿量有什么区别和联系？

3. 在冬季，窗户玻璃和有些外墙的内表面常会出现凝结水，试分析凝水产生的原因并提出改进的办法。

4. 热湿比的物理意义是什么？

5. 已知某一状态湿空气的温度为 30℃，相对湿度为 50%，当地大气压力为 101 325Pa，试求该状态湿空气的密度、含湿量、水蒸气分压力和露点温度。

6. 已知某房间体积为 $100m^3$，室内温度为 20℃，压力为 101 325Pa，现测得水蒸气分压力为 1 600Pa，试求：

(1) 相对湿度和含湿量；

(2) 房间中湿空气、干空气和水蒸气的质量；

(3) 空气的露点温度。

7. 100kg 温度为 22℃、含湿量为 5.5g/kg 干空气的空气中加入 1kg 的水蒸气，试求加湿后空气的含湿量、相对湿度和焓。设当地大气压力为 101 325Pa。

8. 一空调冷水管通过空气温度为 20℃ 的房间，如果管道内的冷水温度为 10℃，且没有保温。为了防止水管表面结露，房间内所允许的最大相对湿度是多少？

9. 2kg 压力为 101 325Pa、温度为 32℃、相对湿度为 50% 的湿空气，处理后的温度为 22℃，相对湿度为 85%。试求：

(1) 状态变化过程的热湿比；

(2) 空气处理过程中的热交换量和湿交换量。

10. 以 0℃ 水的焓为零，则 t℃ 下水的焓怎样计算？t℃ 水蒸气的焓呢？

11. 对 1 000kg 温度为 22℃，相对湿度为 60% 的空气中加入 1 700kJ 的热量和 2kg 的水汽，试求空气的终状态。

12. 已知空气的干球温度为 30℃，湿球温度为 20℃，大气压力为 101 325Pa，试用计算法求空气的相对湿度、水蒸气分压力、含湿量和焓。

13. 用表面式空气冷却器冷却干燥压力为 101 325Pa，含湿量为 8.5g/kg 干空气的空气，试确定冷却器表面所需要的温度。

14. 试用辅助点法做出起始状态温度为 18℃，相对湿度为 45%，热湿比为 5 000 和 −2 200kJ/kg 的空气状态变化过程线。

15. 已知空调系统的新风量及其状态参数为 $G_W = 200kg/h$，$t_W = 31℃$，$\varphi_W = 80\%$。回风量

及其状态参数为$G_N = 1\ 400$kg/h，$t_N = 22$℃，$\varphi_N = 60\%$，试求新、回风混合后空气的温度、含湿量和焓。

16. 状态为$t_1 = 24$℃，$\varphi_1 = 55\%$，$t_2 = 14$℃，$\varphi_2 = 95\%$的两种空气混合，已知混合空气的温度为$t_3 = 20$℃，总回风量为11 000kg/h，试求所需要的两种不同状态的空气量。

第 2 章　空调负荷计算

教学目标与要求

负荷计算是建筑环境与能源应用工程专业设计中最基本又最考验计算和分析能力的重要一环，是整个设计的“地基”。可以说如果负荷计算错误，那么设计就无从谈起。通过本章的学习，学生应达到以下目标：

(1)理解负荷的定义；

(2)理解室内外计算参数的选取根据；

(3)掌握负荷计算的过程；

(4)了解并应用负荷计算辅助软件。

教学重点与难点

(1)得热量与冷负荷的关系；

(2)不保证率；

(3)热湿负荷来源；

(4)负荷计算过程。

工程案例导入

为什么北方有采暖而南方却很少？为什么炎热地区的空调要选大一些的？为什么不同朝向的房间，暖气片数不一样？这些都是由房间夏天产生的热量或冬天进入的冷量不同而决定的。产生的热量或冷量叫作负荷(负担)。因此，在进行空调设计或者采暖设计的前提，是进行负荷的计算。

目前建筑环境与能源应用工程开始转型，重点逐步转向节能与环保，因此为了避免使建筑造成不必要的能源消耗，应进行合理的节能考虑，“负荷计算”被提到一个更重要的位置。

2.1　室内空气计算参数的确定

空调房间的热、湿负荷来源于外部和内部两个方面，主要包括以下几部分：温差传热；太阳辐射热；设备散热散湿；人体散热散湿；照明灯具的散热等。其中，由外部干扰源所造成的热、湿负荷与室内外空气的状态参数有关，因此，在讨论热、湿负荷计算之前，首先要了解一下确定空调设计计算用的室内外空气计算参数的原则和方法。

2.1.1 室内空气参数的表示方法

与负荷计算有关的室内空气计算参数通常用空调基数和空调精度两组指标来规定。空调基数是指室内空气所要求的基准温度和基准相对湿度;空调精度是指在空调区内温度和相对湿度允许的波动范围。

例如,$t_n=(22\pm1)$℃和$\varphi_n=(50\pm10)\%$中,22℃和50%是空调基数,±1℃和±10%是空调精度。

工艺性空调的室内空气计算参数主要是根据生产工艺对温度、湿度的特殊要求来确定的,同时兼顾人体的卫生要求。而用于民用建筑的舒适性空调,则主要是从满足人体热舒适要求的方面来确定室内空气的计算参数,对精度无严格的要求。

2.1.2 人体热舒适

1.人体热平衡和舒适感

我们知道,人体是靠食物的化学能来补偿肌体活动所消耗的能量。人体新陈代谢过程所消耗的能量是以热量的形式释放给环境,使体温维持在36.5℃左右。人体的热平衡可用下式来表示

$$q_{ch}=q_M-q_d-q_z-q_f-q_w$$

式中 q_M——人体新陈代谢过程所产生的热量,W/m^2;

q_w——人体用于做功所消耗的能量,W/m^2;

q_d——人体的对流散热量,当空气温度低于人体表面平均温度时,q_d为正;反之,q_d为负,W/m^2;

q_z——人体由汗液蒸发和呼出的水蒸气带走的热量,W/m^2;

q_f——人体与周围物体表面之间的辐射换热量,W/m^2;

q_{ch}——蓄存在人体内的热量,W/m^2。

在正常的情况下,$q_{ch}=0$,这时人体因为保持了热平衡而感到舒适。如果$q_{ch}\neq0$,且周围环境的温度很高,则人体为了保持热平衡,会运用自身的自动调节机能来加强汗液分泌以散发出多余的热量。这时人体虽然也维持了热平衡,但并不一定感到舒适。

影响人体热舒适的主要因素有室内空气温度、室内空气相对湿度、人体皮肤表面的空气流速、围护结构内表面及其他物体表面的温度。此外,舒适感还与人的生活习惯,人体的活动量、衣着和年龄等因素有关。比如南方人和北方人的耐寒能力就不一样。

图2.1所示是美国暖通、空调、制冷工程师学会(ASHRAE)根据以上几种影响因素的综合作用,用等效温度的概念提出的舒适图。等效温度是干球温度、相对湿度和空气流速对人体冷热感的一个综合指标,该数值是通过对身着0.6clo热阻服装、静坐在流速0.15m/s空气中的人进行热感觉实验,并采用相对湿度为50%的空气温度作为与其冷热感相同环境的等效温度而得出的。即同样着装和活动的人,在某环境中的冷热感与在相对湿度50%空气环境中的冷热感相同,则后者所处的环境空气干球温度就是前者的等效温度。图中斜画的一组虚线称为等效温度线,其数值标注在$\varphi=50\%$的相对湿度上。例如,通过$t=25$℃,$\varphi=50\%$两条等值线交点的虚线就称为25℃等效温度,虽然在这条等效温度线上各点所表示的空气状态及其干球温

度和相对湿度都不相同，但是各个点的空气状态给人体的冷热感觉是相同的，都相当于 $t=25℃$，$\varphi=50\%$ 条件下给人体的冷热感。

所谓 clo，即衣服的热阻单位，$1clo=0.155m^2 \cdot ℃/W$。通常内穿衬衣，外穿普通外衣或西装时，其热阻为 1clo；正常在室外穿的冬服，热阻为 1.5～2.0clo，在北极地区穿的服装，热阻为 4.0clo。

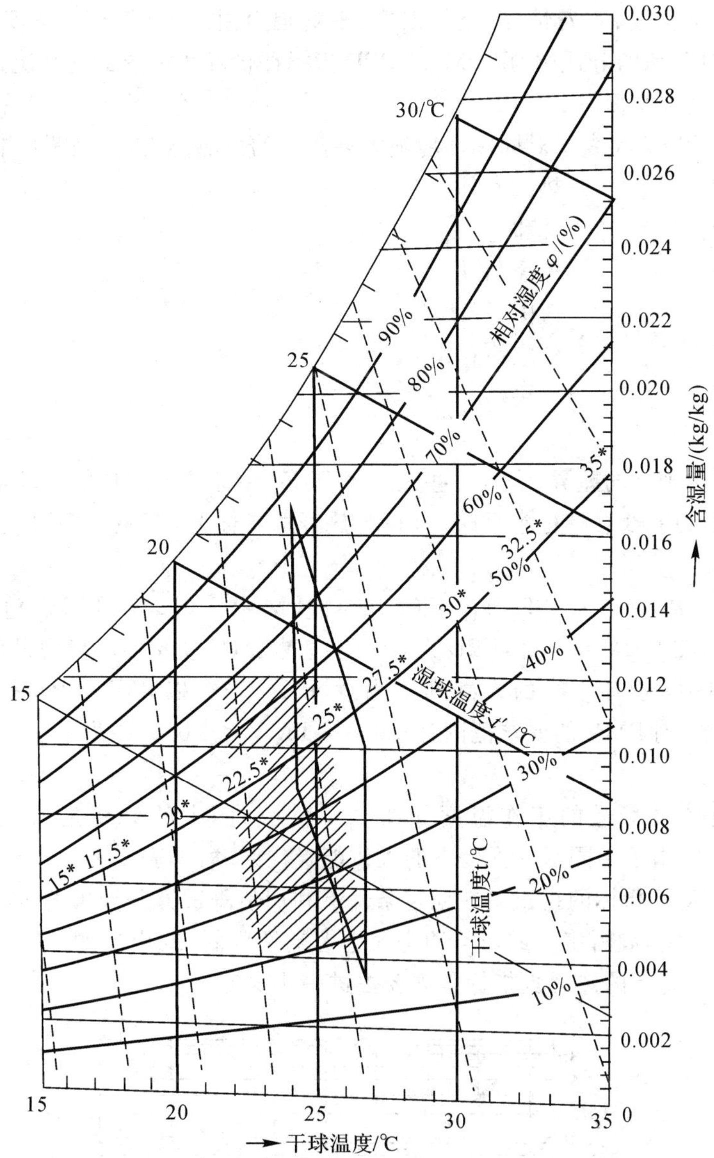

图 2.1 ASHRAE 舒适区与等效温度图

等效温度图中画出了两块舒适区，其中的菱形部分是由美国堪萨斯州立大学给出的实验结果；另一块平行四边形部分是 ASHRAE 推荐的舒适标准(55～75)。两块舒适区的实验条件不同，前者适用于身着 0.6～0.8clo 服装坐着的人，后者适用于身着 0.8～1.0clo 服装也是坐着的人，但活动量稍大些。两块舒适区的重叠部分是所推荐的室内空气设计条件，25℃ 等效温度线正好穿过该重叠区的中心。须注意的是，由于不同地区的居民在生活习惯等方面的差异，以上研究推荐的舒适区及设计条件只作为参考，不宜直接套用。

2. 热舒适环境评价指标

国际标准化组织在1984年提出了评价和测量室内热湿环境的新标准化方法(ISO 7730标准)，即采用PMV(Predicted Mean Vote)-PPD(Predicted Percentage of Dissatisfied)指标，综合考虑人体的活动程度、衣着情况、空气温度、平均辐射温度、空气流动速度和空气湿度等因素，来评价人体对环境的舒适感。用PMV-PPD指标评价环境的热舒适状况，要比用等效温度法所考虑的因素更加全面。

热舒适指标PMV代表了对同一环境绝大多数人的冷热感觉，其判断标准如下：

PMV =+3　　热；

PMV =+2　　暖和；

PMV =+1　　稍暖和；

PMV = 0　　适中、舒适；

PMV =−1　　稍凉快；

PMV =−2　　凉快；

PMV =−3　　冷。

由于人们在生理上的差异，会有一些人对用PMV指标预测的热舒适环境不满意，其不满意程度的百分比可用PPD指标来反映，PPD与热舒适指标PMV的关系可用下式和图2.2来反映：

$$PPD = 100 - 95\exp[-(0.033\,53PMV^4 + 0.217\,9PMV^2)]$$

在图2.2中，在PMV = 0处，PPD为5%。这意味着，即使室内环境为最佳热舒适状态，由于人们的生理差别，还有5%的人感到不满意。ISO 7730对PMV-PPD指标的推荐值为：PPD＜10%。因此，对PMV的要求范围是−0.5＜PMV＜+0.5，相当于在人群中允许有10%的人感觉不满意。

与上式对应的最舒适的工作温度如图2.3所示，图中的met是人体的能量代谢率。ISO 7730标准中给出了不同活动强度下的人体能量代谢率，见表2.1。

另外，由于PMV指标的提出是在稳定条件下利用热舒适方程导出的，而对于人们在不稳定情况下的多变环境，如由室外或非空调房间进入空调房间，或由空调房间走出，人的热感觉不同。因此，动态环境下的热感觉指标也需要去进一步探究。

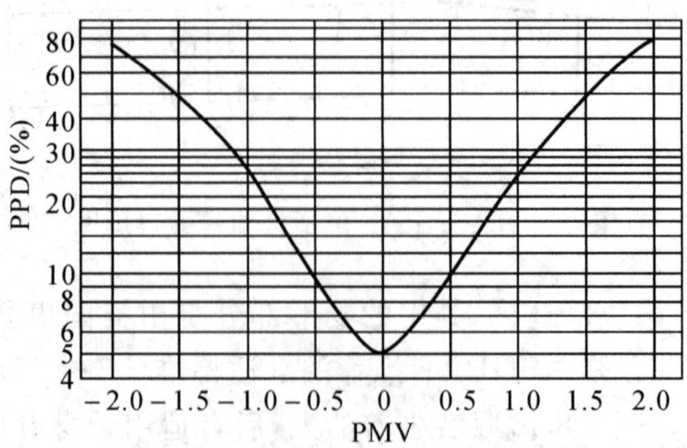

图2.2　PPD与PMV的关系

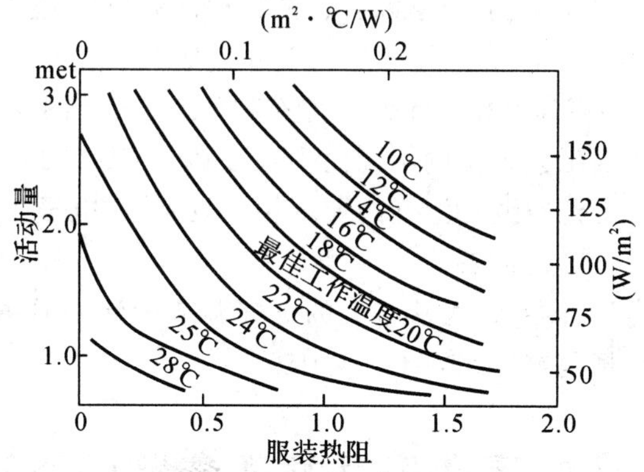

图 2.3　最舒适的工作温度

表 2.1　人体能量代谢率(ISO 7703)

活动强度	能量代谢率	
	(W/m²)	(met)
躺着	46	0.8
坐着休息	58	1.0
站着休息	70	1.2
坐着活动(办公室、学校、实验室、住房)	70	1.2
站着活动(实验室、轻劳动、买东西)	93	1.6
站着活动(营业员、机械加工、家务劳动)	116	2.0
中等活动(修理汽车、重机械加工)	165	2.8

2.1.3　室内空气计算参数的确定

1. 舒适性空调

室内空调设计参数的确定，除了须考虑人体的热舒适外，还应根据室外空气参数、冷热源情况、建筑的使用特点及经济和节能等方面的因素综合考虑。根据我国国家标准《民用建筑供暖通风与空气调节设计规范》(GB 50736—2012) 的规定，对于舒适性空调，人员长期逗留区域空调室内计算参数可按下述参数选用：

(1) 室内空气温度和室内相对湿度。

夏季：$t_n = 24 \sim 28$℃，$\varphi_n = 40\% \sim 65\%$(根据新的节能标准，民用空调室内温度不得低于 26℃)；

冬季：$t_n = 18 \sim 22$℃，$\varphi_n = 40\% \sim 60\%$。

(2) 室内空气平均流速。

夏季 $\leqslant 0.3$m/s，冬季 $\leqslant 0.2$m/s。

民用建筑中的一些特殊房间对室内空气参数的要求应根据设计规范的要求确定。

2. 工艺性空调

工艺性空调的室内空气计算参数是由生产工艺过程的特殊要求决定。在可能的情况下，应尽量兼顾考虑人体对舒适度的要求，因为在夏季大多数的工艺空调房间的温度对人体舒适感是偏低的，此时应尽量使室内空气流速小些，一般应不大于 0.25m/s。如果工艺条件允许，应当尽量提高夏季室内设计温度，这样不仅可以节省投资和运行费，而且有利于工作人员的身体健康。

工艺空调的温度基数因工艺种类的不同而千差万别，一般为 20 ～ 25℃，温度精度一般为 ±1 ～±0.5℃，甚至更高。工艺空调对湿度的要求相对较高，如电子工业要求 φ 不小于 60%，棉纺工业要求 φ 在 50% ～ 75% 之间等。

各种建筑详细的室内设计参数，可从有关的空气调节设计手册中查取，或详见《工业建筑供暖通风与空气调节设计规范》(GB 50019—2015)。

2.2 室外空气计算参数的确定

计算通过围护结构的传热量及处理新风所需要的冷热量都与室外空气的干、湿球温度有关。由于室外空气的干、湿球温度是不断在变化的量，在确定应当采取什么样的空气参数作为设计计算参数之前，需要对室外空气温、湿度的变化规律有所了解。

2.2.1 室外空气温度和湿度的变化规律

1. 室外温度的日变化

室外空气温度在一昼夜的日变化是以 24h 为周期的周期性波动。一般是早晨 4 ～ 5 点最低。随着地面上吸收的太阳辐射热的增加，并以对流方式把热量传给地面的空气层，使气温逐渐升高，到下午 2 ～ 3 点达到最高，如图 2.4 所示。工程计算上，把气温的日变化近似看作正弦或余弦规律变化。

2. 室外空气湿度的变化

空气的相对湿度与干球温度和含湿量有关，在含湿量不变的情况下(一昼夜中大气含湿量变化不大可近似看作定值)，相对湿度的日变化规律与干球温度的日变化规律刚好相反，即中午的相对湿度较低，早晚的相对湿度较大，如图 2.4 所示。

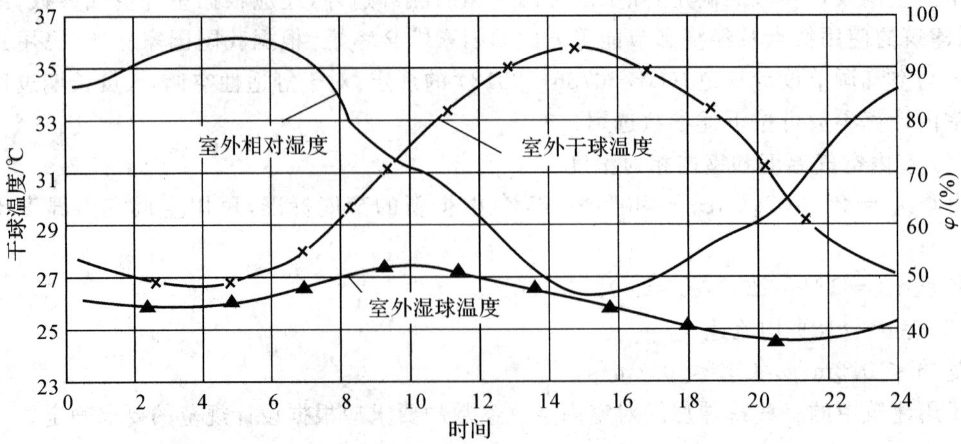

图 2.4 室外气温的日变化

此外，从图 2.4 中还可看到，室外湿球温度的变化规律与干球温度的变化规律相似，只是峰值出现的时间不同。

3. 室外气温的季节性变化

室外气温的季节性变化也是呈周期性的，最热月一般在七、八月份，最冷月在一月，图 2.5 是北京、西安和上海地区各月平均气温的变化曲线。

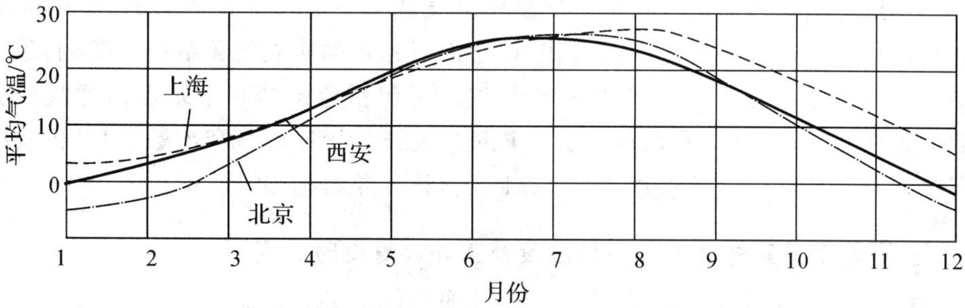

图 2.5　室外气温的季节性变化

2.2.2　夏季空调室外计算参数的确定

为了保证夏季室内空气温湿度的设计值，可以采用当地室外最高干、湿球温度作为计算依据。但是这种做法并不合理。因为最高温度出现的时间是极少的，而且持续时间很短，用这样的气温资料所确定的空调设备，其容量(制冷量) 必然很大，会造成不必要的浪费，所以应合理地选取夏季空调室外计算干球温度和湿球温度。而对于出现概率很小的一部分高温时间不予保证；对于不予保证的高温时间，可采用某些临时措施来保证室内的温、湿度要求，如利用围护结构的蓄热性能；短时间减少新风负荷；临时调整生产班次等。

1. 夏季空调室外计算干球温度的确定

我国《民用建筑供暖通风与空气调节设计规范》(GB 50736—2012) 规定，应采用历年平均不保证 50h 的干球温度，作为当地夏季空调室外计算干球温度，即每年中存在一个干球温度，超出这一温度的时间有 50h，然后取近若干年中每年这一温度值的平均值。另外注意，统计干球温度时，宜采用当地气象台站每天 4 次的定时温度记录，并以每次记录值代表 6h 的温度核算值。例如，某地 1962—1970 年的气象资料，各年夏季高于(见表 2.2) 各温度的累计小时数均为 50h，则夏季空调室外计算干球温度为

$$(32+31+33+32+30+31+33+32)℃/8 \approx 32℃$$

表 2.2　某地各年夏季累计小时数高于 50h 的临界气温

年份	1963 年	1964 年	1965 年	1966 年	1967 年	1968 年	1969 年	1970 年
当地气温 /℃	32	31	33	32	30	31	33	32

夏季空调室外计算干球温度的作用：

(1) 作为新风负荷的计算温度；

(2) 作为围护结构传热用的最高计算温度；

(3) 与夏季空调室外计算湿球温度一起，确定室外的新风状态点。

2.夏季空调室外计算湿球温度的确定

对于空气处理所需要的制冷量来说，室外计算湿球温度比干球温度更为重要。这是因为湿球温度与焓是对应的。在相同的干球温度下，湿球温度不同则焓值也不同。《民用建筑供暖通风与空气调节设计规范》(GB 50736—2012) 对于确定夏季空调室外计算湿球温度的方法，与夏季空调室外计算干球温度的确定方法相同，也是采用历年平均不保证 50h 的湿球温度。

附录 2.1 给出了我国部分主要城市的夏季空气调节室外设计计算参数。中国气象局气象信息中心和清华大学建筑技术科学系合作，以全面气象台站实测气象数据为基础，建立了一整套全国主要地面气象站的全年逐时气象资料，建立了包括全国 270 个站点的建筑环境分析专用气象数据集。该数据集包括根据观测资料整理出的设计用室外气象参数，以及由实测数据生成的动态模拟分析用逐时气象参数。附录 2.1 取自该气象数据集。

2.2.3　夏季空调室外计算日平均温度及室外计算逐时温度

计算围护结构传热所采用的室外空气温度和计算新风负荷所用的室外温度是不同的。因为计算围护结构传热只需要用干球温度，而与室外的湿球温度无关；计算围护结构传热应考虑室外温度波动的影响以及围护结构对温度的衰减和延迟作用，应按不稳定传热计算。这时，除了空调室外计算干球温度外，还需要知道设计日的室外日平均温度和逐时温度。

1.夏季空调室外计算日平均温度

《民用建筑供暖通风与空气调节设计规范》(GB 50736—2012) 规定，应采用历年平均不保证 5 天的日平均温度，作为夏季空调室外计算日平均温度，详见附录 2.1。

2.夏季空调室外计算逐时温度

任一时刻的夏季空调室外计算逐时温度可用下式计算：

$$t_{w,\tau} = t_{w,p} + \beta_\tau \Delta t_w \tag{2.1}$$

式中　$t_{w,\tau}$—— 室外计算逐时温度，℃；

$t_{w,p}$—— 室外计算日平均温度，℃；

β_τ—— 室外温度逐时变化系数，按表 2.3 采用；

Δt_w—— 夏季空调室外计算平均日较差，应按下式计算：

$$\Delta t = (t_w - t_{w,p})/0.52 \tag{2.2}$$

t_w—— 夏季空调室外计算干球温度，℃。

表 2.3　室外温度逐时变化系数

时刻	1	2	3	4	5	6	7	8
β_τ	−0.35	−0.38	−0.42	−0.45	−0.47	−0.41	−0.28	−0.12
时刻	9	10	11	12	13	14	15	16
β_τ	0.03	0.16	0.29	0.40	0.48	0.52	0.51	0.43
时刻	17	18	19	20	21	22	23	24
β_τ	0.39	0.28	0.14	0.00	−0.10	−0.17	−0.23	−0.29

例 2.1　试求夏季北京 13 时的室外计算温度。

解：由式(2.1)

$$t_{w,\tau} = t_{w,p} + \beta_\tau \cdot \Delta t_w$$

由附录 2.1 查得北京市的 $t_{w,p} = 28.6℃$，$t_w = 33.2℃$

$$\Delta t_w = (33.2 - 28.6)/0.52 = 8.8℃$$

由表 2.3 查得 $\beta_\tau = 0.48$，则夏季北京 13 时的室外计算温度为

$$\Delta t_w = 28.6 + 0.48 \times 8.8 = 32.8℃$$

2.2.4　冬季空调室外计算参数的确定

1. 冬季空调室外计算干球温度的确定

考虑到围护结构的热惯性，冬季室外温度经围护结构衰减后，其波动值远远小于室内外温差，为了便于计算，围护结构的传热可采用稳定传热方法计算。这样，可以只给出一个冬季空调室外计算干球温度来计算新风负荷和围护结构传热。

《民用建筑供暖通风与空气调节设计规范》(GB 50736—2012) 规定，应采用历年平均不保证 1 天的日平均温度，作为冬季空调室外计算温度，详见附录 2.1。

2. 冬季空调室外计算相对湿度的确定

冬季由于室外空气的含湿量远较夏天小，而且变化很小。因而，不是采用湿球温度确定室外新风计算状态，而是采用室外计算相对湿度。

《民用建筑供暖通风与空气调节设计规范》(GB 50736—2012) 规定，应采用累年最冷月平均相对湿度作为冬季空调室外计算相对湿度。

2.3　空调房间冷(热)、湿负荷的计算

2.3.1　得热量与冷负荷

在进行空调房间的冷负荷计算时，首先需要对得热量和冷负荷这两个含义虽然不同，但又互相关联的术语概念有清醒的了解。

得热量是指某一时刻由外界进入空调房间和在空调房间内部所产生的热量的总和；冷负荷是指为了维持室内温度恒定，在某一时刻需要供给房间的冷量。

两者的关系是，得热量和冷负荷有时相等，有时不等。围护结构的蓄热特性决定了两者的关系。

由前面可知，得热量包括了外围结构的传入热量，经门窗进入的太阳辐射，热空气渗透携带的热量，人体散热，照明散热，机器设备散热等。其中以对流形式传递的显热和潜热得热部分，直接放散到房间的空气中，立刻构成房间的冷负荷。而显热得热的另一部分是先以辐射热的形式投射到室内物体的表面上，在成为冷负荷之前，先被物体所吸收。物体在吸收了辐射热后，温度升高，一部分以对流的形式传给周围空气，成为瞬时冷负荷，另一部分热量则流入物体内部蓄存起来，这时得热量不等于冷负荷。但是物体的蓄热能力达到饱和后，即不能再蓄存更多的热量时，这时所接受的辐射热就全部以对流传热的方式传给周围的空气，全部变为瞬时冷负荷，这时得热量等于冷负荷。它们的关系如下：

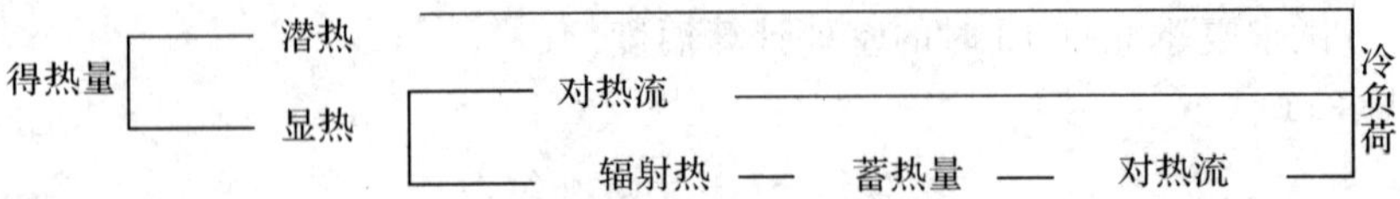

图 2.6 所示是经围护结构进入空调房间的太阳辐射热与空调房间实际冷负荷的关系。由图中的结果可知，空调房间实际冷负荷的峰值比瞬时太阳辐射热的峰值要低 40% 左右。因此，要是按照瞬时太阳辐射热的峰值来选择设备，势必会造成很大的浪费。

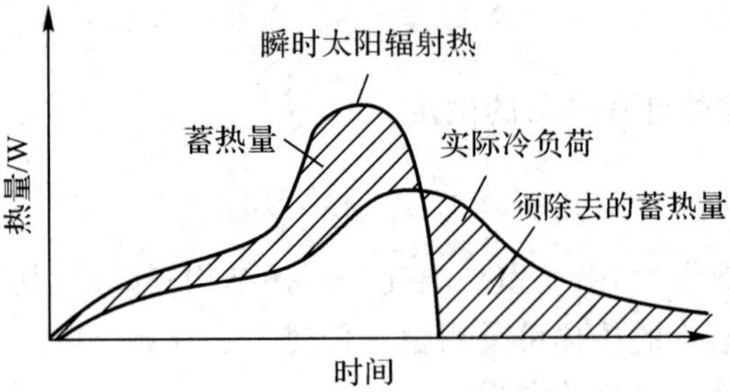

图 2.6　空调房间的太阳辐射得热与房间实际冷负荷的关系

此外，由于冷负荷的大小与围护结构的蓄热特性有关，所以，当围护结构材料的蓄热能力（即材料的热容量）不同时，冷负荷也会有所不同。图 2.7 所示是不同热容量（热容量 = 质量 × 比热）的围护结构对实际冷负荷的影响。从图上可以看到，轻型结构（即材料的质量小）的蓄热能力比重型结构的蓄热能力小，它的冷负荷的峰值就比较高，峰值来得比较早。

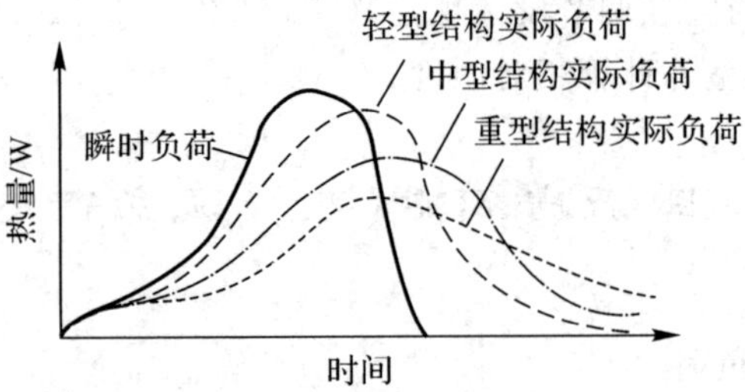

图 2.7　不同质量围护结构的蓄热能力对冷负荷的影响

由上面的分析结果不难得知，在计算空调房间实际冷负荷时应当考虑围护结构的吸热、蓄热和放热效应，根据不同类型的得热量，分别计算其形成的冷负荷。

2.3.2　冷负荷系数法计算空调冷负荷

围护结构的冷负荷计算有许多方法，目前国内采用较多的是谐波反映法和冷负荷系数法。这里只介绍冷负荷系数法。

冷负荷系数法是在传递函数法的基础上，为方便在工程中手算而建立起来的一种简化计算方法。由于传递函数法在计算由墙体、屋顶、窗户、照明、人体和设备的得热量或冷负荷时需要知道计算时刻 τ 以前的得热量或冷负荷，是一个递推的计算过程，需要用计算机计算。为了便于手工计算，通过引入瞬时冷负荷计算温度和冷负荷系数的方法来简化，这样，当计算某建筑物空调冷负荷时，可按照相应条件查出冷负荷系数与冷负荷温度，用一维稳定热传导公式即可计算出日射得热形成的冷负荷和经维护结构传入热所形成的冷负荷。

1. 冷负荷计算温度

瞬时冷负荷计算温度是用于计算外墙、屋顶和窗户的传导得热引起的瞬时冷负荷。冷负荷计算温度的定义为

$$t_{L,\tau} = L_{q0,\tau}/K \tag{2.3}$$

式中　$t_{L,\tau}$—— 墙体、屋顶、玻璃窗的逐时冷负荷计算温度，℃，详见附录 2.2、附录 2.3 及附录 2.4；

$L_{q0,\tau}$—— 室内温度为零时单位面积外墙、屋顶或窗户传热引起的瞬时冷负荷，W/m²；

K—— 相应结构的传热系数，W/(m² · ℃)；

这样，任一时刻的瞬时冷负荷可按照稳定传热的公式进行计算，即

$$L_{q,\tau} = K(t_{L,\tau} - t_n) \tag{2.4}$$

(1) 外墙、屋顶的传热引起的瞬时冷负荷。

1) 墙体和屋面的分类。前面的冷负荷计算温度 $t_{L,\tau}$ 是针对某一特定的墙体和屋面而言的，因为不同材料构成的墙体或屋面，它们的 Z 传递函数系数 b_i，d_i 是不同的。为了简化计算，现把墙体或屋面的构造分为六类，按不同结构确定出它们的逐时瞬时冷负荷计算温度，见附录 2.5、附录 2.6，供设计时选用。

2) 对冷负荷计算温度 $t_{L,\tau}$ 的修正。附录 2.2、附录 2.3 及附录 2.4 中的瞬时冷负荷计算温度 $t_{L,\tau}$ 是在下列特定条件下编制出的：

地区：北京市，北纬 39°48′；

时间：七月份，日平均温度 29℃，最高气温 33.5℃；

日气温波幅 9.6℃；

外表面换热系数：$\alpha_w = 18.6\text{W/m}^2$；

内表面换热系数：$\alpha_n = 8.72\text{W/m}^2$；

围护结构外表面吸收系数：$\rho = 0.9$；

房间的 Z 传递函数系数：$V_0 = 0.618$，$W_1 = -0.87$。

为了使上述的瞬时冷负荷计算温度适用于其他地区和条件，需要对它们进行修正，可用下式计算：

$$t'_{L,\tau} = (t_{L,\tau} + t_d)K_\alpha K_\rho$$

式中　t_d—— 地点修正正值，℃，详见附录 2.7；

K_α—— 外表面换热系数修正值，见表 2.4：

K_ρ—— 外表面吸收系数修正值。计算墙体时，中色 $K_\rho = 0.97$，浅色 $K_\rho = 0.94$；计算屋面时：中色 $K_\rho = 0.94$，浅色 $K_\rho = 0.88$。

表 2.4　外表面换热系数修正值

a_w/[W/(m² · ℃)]	14	16.3	18.6	20.9	23.3	25.6	27.9	30.2
K_α	1.06	1.03	1.0	0.98	0.97	0.95	0.94	0.93

采用修正后的瞬时冷负荷计算温度时，冷负荷计算用下式进行：

$$L_{q,\tau} = K(t'_{L,\tau} - t_n) \tag{2.5}$$

式中 $t'_{L,\tau}$—— 修正后的墙体，屋顶的瞬时冷负荷计算温度，℃；

t_n—— 室内温度，℃；

K—— 相应结构体的传热系数，W/(m^2·℃)。

(2) 玻璃窗的传热引起的瞬时冷负荷。由玻璃窗传热引起的瞬时冷负荷计算式与式(2.5)相同，即

$$L_{q,\tau} = K(t'_{L,\tau} - t_n) \tag{2.6}$$

式中 $L_{q,\tau}$—— 单位面积窗户传热引起的瞬时冷负荷，总瞬时冷负荷应按窗口面积 F 计算；

$t'_{L,\tau}$—— 修正后的玻璃窗的瞬时冷负荷计算温度，℃，用下式计算：

$$t'_{L,\tau} = (t_{L,\tau} + t_d)K_\alpha \tag{2.7}$$

$t_{L,\tau}$—— 玻璃窗的瞬时冷负荷计算温度，℃，见表 2.5 或附录 2.4；

K—— 玻璃窗的传热系数，W/(m^2·℃)，见附录 2.8 和附录 2.9，当窗框情况不同时，按表 2.6 修正，有内遮阳时，单层玻璃窗的传热系数 K 应减小 25%，双层玻璃窗的传热系数 K 应减小 15%；

t_d—— 玻璃窗的地点修正系数，℃，见附录 2.10；

K_α—— 外表面换热系数修正值，见表 2.4。

表 2.5 玻璃窗的瞬时冷负荷计算温度 $t_{L,\tau}$ 单位：℃

时间	0	1	2	3	4	5	6	7
$t_{L,\tau}$	27.2	26.7	26.2	25.8	25.5	25.3	25.4	26.0
时间	8	9	10	11	12	13	14	15
$t_{L,\tau}$	26.9	27.9	29.0	29.9	30.8	31.5	31.9	32.2
时间	16	17	18	19	20	21	22	23
$t_{L,\tau}$	32.2	32.0	31.6	30.8	29.9	29.1	28.4	27.8

表 2.6 玻璃窗的传热系数修正值

窗框类型	单层窗	双层窗
全部玻璃	1.00	1.00
木窗框，80% 玻璃	0.90	0.95
木窗框，60% 玻璃	0.80	0.85
金属窗框，80% 玻璃	1.00	1.20

2. 冷负荷系数

冷负荷系数是用于计算由窗户日射得热、照明、人体和设备得热引起的瞬时冷负荷。冷负荷系数的定义为

$$C_L = L_q / D_{j,\max} \tag{2.8}$$

式中 C_L—— 冷负荷系数；

L_q—— 某月通过单位面积标准玻璃日射得热引起的瞬时冷负荷，W/m^2；

$D_{j,max}$—— 不同纬度各朝向七月份日射得热因素的最大值，W/m^2，见表 2.7。

表 2.7　夏季各纬度带的日射得热因素最大值

	S	SE	E	NE	N	NW	W	SW	水平
20°	130	311	541	465	130	465	541	311	876
25°	146	332	509	421	134	421	509	332	834
30°	174	374	539	415	115	415	539	374	833
35°	251	436	575	430	122	430	575	436	844
40°	302	477	599	442	114	442	599	477	842
45°	368	508	598	432	109	432	598	508	811
拉萨	174	462	727	592	133	693	727	462	991

根据事先算出的冷负荷系数，则可按下面的简化公式计算出瞬时的冷负荷。

(1) 日射得热引起的瞬时冷负荷。

1) 无外遮阳。

$$LQ_{f,\tau} = FC_aC_sC_nD_{j,max}C_L \tag{2.9}$$

式中　F—— 玻璃窗的面积，m^2；

C_a—— 窗的有效面积系数，见表 2.8；

C_s—— 窗玻璃的遮阳系数，见表 2.9；

C_n—— 窗内遮阳系数，见表 2.10；

C_L—— 冷负荷系数，以北纬 27°30′ 为界，分为南北两区，详见附录 2.11、附录 2.12、附录 2.13 及附录 2.14。

表 2.8　窗的有效面积系数 C_a

窗类别	单层钢窗	单层木窗	双层钢窗	双层木窗
C_a	0.85	0.7	0.75	0.6

表 2.9　窗玻璃的遮阳系数 C_s

玻璃类型	C_s
标准玻璃(3mm)	1.00
5mm 普通玻璃	0.93
6mm 普通玻璃	0.89
3mm 吸热玻璃	0.96
5mm 吸热玻璃	0.88
6mm 吸热玻璃	0.83
双层 3mm 普通玻璃	0.86
双层 5mm 普通玻璃	0.78
双层 6mm 普通玻璃	0.74

表 2.10 窗内遮阳设施的遮阳系数 C_n

窗内遮阳类型	颜色	C_n
白布帘	浅色	0.50
浅蓝布帘	中间色	0.60
浅黄、紫红、深绿布帘	深色	0.65
活动百叶帘	中间色	0.60

2) 有外遮阳。

有外遮阳时的日射得热引起的瞬时冷负荷由两部分组成，即

$$LQ_{f,\tau} = LQ_{f,s,\tau} + LQ_{f,r,\tau} \tag{2.10}$$

其中，$LQ_{f,s,\tau}$ 是阴影部分的日射冷负荷，大小为

$$LQ_{f,s,\tau} + F_s C_s C_n [D_{j,max}]_n [C_L]_n \tag{2.11}$$

$LQ_{f,r,\tau}$ 是阳光照射部分的日射冷负荷，大小为

$$LQ_{f,r,\tau} = F_r C_s C_n D_{j,max} \tag{2.12}$$

式中 F_s—— 窗户的阴影面积，m^2；

F_r—— 窗户的阳光面积，m^2；

$[D_{j,max}]_n$—— 北向的日射得热因素最大值，W/m^2；

$[C_L]_n$—— 北向玻璃窗的冷负荷系数，详见附录 2.11、附录 2.12、附录 2.13 及附录 2.14。

(2) 照明得热引起的瞬时冷负荷。

1) 照明得热量。照明设备消耗的电能，一部分转化为光能，另一部分直接转化为热能，以对流和辐射的方式传给空气。其中的辐射热部分不能直接被空气所吸收，而是先被室内的围护结构、家具等物体吸收，这些物体吸收热量，表面温度升高后，通过表面的对流等方式再将所吸收的辐射热量传给空气或其他物体。

根据照明灯具类型和安装方式的不同，得热量为

白炽灯：
$$Q = N \tag{2.13}$$

荧光灯：
$$Q = n_1 n_2 N \tag{2.14}$$

式中 N—— 照明灯具的功率，W；

n_1—— 镇流器消耗功率系数，明装时 $n_1 = 1.2$，暗装荧光灯的镇流器在顶棚内时，$n_1 = 1.0$；

n_2—— 灯罩隔热系数，当荧光灯罩上部穿有小孔，可自然通风散热至顶棚，$n_2 = 0.5 \sim 0.6$；荧光灯罩无通风孔时，视顶棚内通风情况，$n_2 = 0.6 \sim 0.8$。

2) 照明得热引起的瞬时冷负荷。照明得热引起的瞬时冷负荷用下式计算：

$$LQ_\tau = Q_\tau C_L \tag{2.15}$$

式中 Q_τ—— 照明得热量，W；

C_L—— 照明冷负荷系数，见附录 2.15。

(3) 人体散热量及引起的瞬时冷负荷。

1) 人体散热量。人体散热量与性别、年龄、衣着、劳动强度和环境条件等因素有关。在人体散热量中，辐射部分约占 40%，对流散热约占 20%，潜热约占 40%。潜热和对流散热可视为瞬时冷负荷，辐射散热与日射等辐射传热情况类似，也是不能直接被空气所吸收，而先被室内围护结构、家具等物体吸收。这些物体吸收能量，表面温度升高后，通过表面的对流等方式再将所

吸收的辐射热量传给空气或其他物体。

表 2.11 中给出了成年男子在不同情况下的散热量，成年女子和儿童可分别按男子的 85% 和 75% 计算。考虑到人体散热量还与人员群集的场所等因素有关，常用下式计算：

$$Q_n = n_1 n_2 q_s \tag{2.16}$$

$$Q_r = n_1 n_2 q_r \tag{2.17}$$

式中　n_1—— 室内人数；

n_2—— 群集系数，见表 2.12；

q_s—— 不同室温和活动强度下，成年男子的显热散热量，见表 2.11；

q_r—— 不同室温和活动强度下，成年男子的潜热散热量，见表 2.11。

表 2.11　不同温度和活动强度情况下成年男子的散热散湿量

体力活动性质		热湿量 /W (g/h)	室内温度 /℃										
			20	21	22	23	24	25	26	27	28	29	30
静坐	影剧院 会堂 阅览室	显热	84	81	78	74	71	67	63	58	53	48	43
		潜热	26	27	30	34	37	41	45	50	55	60	65
		全热	110	108	108	108	108	108	108	108	108	108	108
		湿量	38	40	45	45	50	61	68	75	82	90	97
轻度劳动	旅馆	显热	90	85	79	75	70	65	61	57	51	45	41
	体育馆	潜热	47	51	56	59	64	69	73	77	83	89	93
	手表装配	全热	137	135	135	134	134	134	134	134	134	134	134
	电子元件	湿量	69	76	83	89	96	102	109	115	123	132	139
轻度劳动	百货商店 化学实验室 计算机房	显热	93	87	81	76	70	64	58	51	47	40	35
		潜热	90	94	100	106	112	117	123	130	135	142	147
		全热	183	181	181	182	182	181	181	181	182	182	182
		湿量	134	140	150	158	167	175	184	194	203	212	220
中等劳动	纺织车间 印刷车间 机加工车间	显热	117	112	104	97	88	83	74	67	61	52	45
		潜热	118	123	131	138	147	152	161	168	174	183	190
		全热	235	235	235	235	235	235	235	235	235	235	235
		湿量	175	184	.196	207	219	227	240	250	260	273	283
重度劳动	炼钢车间	显热	169	163	157	151	145	140	134	128	122	116	110
	铸造车间	潜热	238	244	250	256	262	267	273	279	285	291	297
	排练厅	全热	407	407	407	407	407	407	407	407	407	407	407
	室内运动场	湿量	356	365	373	382	391	400	408	417	425	434	443

表 2.12　空调房间的群集系数 n_2

工作场所	群集系数 n_2	工作场所	群集系数 n_2
影剧院	0.89	图书阅览室	0.96
百货商店(售货)	0.89	工厂轻劳动	0.90
旅馆	0.93	银行	1.00
体育馆	0.92	工厂重劳动	1.00

2）人体散热引起的瞬时冷负荷

$$LQ_{\tau} = Q_{s} \cdot C_{L} + Q_{r} \tag{2.18}$$

式中　Q_s—— 人体的显热散热量，W；

Q_r—— 人体的潜热散热量，W；

C_L—— 人体的冷负荷系数，见附录 2.16。人体的冷负荷系数与人员在室内的停留时间以及从室外进入室内时刻到计算时刻的时间长短有关。

(4) 设备散热得热量及引起的瞬时冷负荷。

1）设备散热得热量。

a. 工艺设备散热得热量。当电动机和工艺设备均在室内的得热量为

$$Q = 1\,000 n_1 n_2 n_3 N/\eta \tag{2.19}$$

式中　N—— 电动机额定功率(安装功率)，kW；

η—— 电动机效率，按表 2.13 选取；

n_1—— 电动机容量利用系数(安装系数)，最大实耗功率与安装功率之比反映了电动机额定功率的利用程度，一般为 0.7 ～ 0.9；

n_2—— 同时使用系数，即室内电动机同时使用的安装功率与总安装功率之比，一般为 0.5 ～ 0.8；

n_3—— 负荷系数，每小时的平均实耗功率之比，反映了平均负荷达到最大负荷的程度，一般为 0.5，精密机床可取 0.15 ～ 0.4。

表 2.13　电动机效率

N/kW	0.25 ～ 1.1	1.5 ～ 2.2	3.0 ～ 4.0	5.5 ～ 7.5	10 ～ 13	17 ～ 22
η/(%)	76	80	83	85	87	88

b. 电热设备散热得热量。对于无保温密闭罩的电热设备散热得热量为

$$Q = n_1 n_2 n_3 n_4 N \tag{2.20}$$

式中　n_4—— 考虑排风带走的热量的系数，一般为 0.5，式中其他系数的意义同上。

c. 电子散热得热量。

$$Q = n_1 n_2 n_3 N \tag{2.21}$$

式中　n_3—— 对于计算机取 1.0，一般仪表取 0.5 ～ 0.9。

2）设备得热引起的瞬时冷负荷

$$LQ_{\tau} = QC_{L} \tag{2.22}$$

式中　Q—— 设备的得热量，W；

C_L—— 设备的冷负荷系数，见附录 2.17、附录 2.18。设备的冷负荷系数大小取决于与设备的连续使用的小时数以及从开始使用时刻到计算时刻的时间。

3. 通过内墙，楼板等室内维护结构传热形成的瞬时冷负荷

当空调房间的温度与相邻非空调房间的温度差大于 3℃ 时，需要考虑由内维护结构的温差传热对空调房间形成的瞬时冷负荷。可按如下的稳定传热公式计算：

$$LQ = KF(t_{ls} - t_{n}) \tag{2.23}$$

式中　LQ—— 内墙、楼板等内围护结构传热形成的瞬时冷负荷，W；

K—— 内围护结构的传热系数，W/(m²·℃)；

F—— 内围护结构的传热面积，m²；

t_n—— 夏季空调室内计算温度，℃；

t_{ls}—— 相邻非空调房间的平均计算温度，℃，可用下式计算：

$$t_{ls} = t_{wp} + \Delta t_{ls}$$

式中　t_{wp}—— 夏季空调室外计算日平均温度，℃；

Δt_{ls}—— 相邻非空调房间的平均计算温度与夏季空调室外计算日平均温度的差值，℃，可按表 2.14 选取。

表 2.14　温度的差值

邻室散热量 /(W/m³)	Δt_{ls}/℃
很少(如办公室、走廊等)	2 ～ 3
＜ 23W/m³	3
23 ～ 116W/m³	5

2.3.3　空调冷负荷的估算指标

当冷热负荷计算条件不具备时(例如在建筑设计尚未定局，没有详尽的建筑结构和房间用途资料做参考)，或者为了预先估计空调工程的设备费用，而时间上又不允许做详细的负荷计算时，可以采用简化算法。《民用建筑供暖通风与空气调节设计规范》(GB 50736—2012) 规定，除方案设计或初步设计阶段可使用冷负荷指标进行必要的估算之外，应对空调区进行逐项、逐时的冷负荷计算。也就是说，简化计算法仅限于做方案设计或初步设计时应用，在做施工图设计时必须进行逐时、逐项的冷负荷计算。否则，负荷估算偏大，必然导致装机容量偏大、水泵配置偏大、末端设备偏大和管道直径偏大的“四大”现象。结果是工程初投资增高，运行费用和能源消耗量增大。

冷热负荷的简化计算法分为两种。一种是把整个建筑物看成一个大空间，进行简约计算。另一种是根据在实际工作中积累的空调负荷概算指标做粗略估算。

1. 简单计算法

估算时，以围护结构和室内人员的负荷为基础，将整个建筑物看成一个大空间，按各面朝向计算负荷。室内人员散热量按 116.3W/ 人计算，最后将各项数量的和乘以新风负荷系数 1.5 即为估算结果，即

$$Q = (Q_w + 116.3n) \times 1.5 \qquad (2.24)$$

$$Q_w = KA\Delta t \qquad (2.25)$$

式中　Q—— 空调系统的总负荷；W；

Q_w—— 围护结构引起的总冷负荷，W；

n—— 室内人员数；

K—— 围护结构的传热系数，W/(m²·℃)；

A—— 围护结构的传热面积，m²；

Δt—— 室内外侧空气温差，℃。

2.空调冷负荷的设计指标

空调房间的设计冷负荷与空调房间的使用特点、建筑物的热工性能、空调系统的形式、空气处理过程的方式、新风量的大小等因素有关,应通过认真的设计计算确定。但在初步设计或规划设计时,为了初选设备等方面的要求,往往需要大致了解空调系统的供冷量、供热量、用电量和用水量,以及空调机房、制冷机房、锅炉房等设备用房的面积。但是,由于受到各种具体计算条件的限制,这时还无法进行详细的计算,只能根据已经运行的同类型空调建筑的设计负荷指标来估算所需要的空调冷负荷。表 2.15 是国内部分建筑空调冷负荷设计指标的统计表,可供估算空调系统的冷负荷时参考。

表 2.15　国内部分建筑空调冷负荷指标的统计值

建筑类型及房间名称		冷负荷指标(W/m^2)
旅馆、餐饮、娱乐类	客房(标准层)	80 ~ 110
	酒吧、咖啡厅	100 ~ 180
	西餐厅	160 ~ 200
	中餐厅、宴会厅	180 ~ 350
	商店、小卖部	100 ~ 160
	中庭、接待室	90 ~ 120
	小会议室(少量吸烟)	200 ~ 300
	大会议室(无吸烟)	180 ~ 280
	理发、美容室	120 ~ 180
	健身房、保龄球馆	100 ~ 200
	室内游泳池	200 ~ 350
	舞厅(交谊舞)	200 ~ 250
	舞厅(迪厅)	250 ~ 350
	办公室	90 ~ 120
医院	高级病房	80 ~ 110
	一般手术室	100 ~ 150
	洁净手术室	300 ~ 500
	X光、CT、B超诊断室	120 ~ 150
商场、百货大楼、营业厅		150 ~ 250
影剧院	观众席	180 ~ 350
	休息厅(允许吸烟)	300 ~ 400
	化妆室	90 ~ 120
体育馆	比赛厅	120 ~ 150
	观众休息厅(允许吸烟)	300 ~ 400
	贵宾室	100 ~ 120
展览厅、陈列室		130 ~ 200
会堂、报告厅		150 ~ 200
图书阅览室		75 ~ 100
科研、办公		90 ~ 140

续表

建筑类型及房间名称	冷负荷指标(W/m^2)
公寓、住宅	80 ~ 90
餐馆、饭店	200 ~ 350

注:(1) 上述指标为总建筑面积的冷负荷指标,建筑物的总建筑面积小于 5 000m^2 时,取上限值,大于 10 000m^2 时,取下限值。

(2) 按上述指标确定的冷负荷即是制冷剂容量,不必再加系数。

(3) 由于地区差异较大,上述指标供参考,设计时应以本地区主管部门和设计部门推荐指标为准。

2.3.4　空调房间的湿负荷

1. 人体散湿量

人体散湿量与性别、年龄、衣着、劳动强度和环境条件等因素有关。表 2.11 给出了成年男子在不同情况下的散湿量,成年女子和儿童可分别按成年男子散湿量的 85% 和 75% 进行计算有

$$W = n_1 n_2 w \tag{2.26}$$

2. 敞开水槽表面散湿量

敞开水槽表面的散湿量可按下式计算:

$$W = \beta(P_{q,b} - P_q)F \cdot B/B' \tag{2.27}$$

式中　$P_{q,b}$—— 相应于水表面温度下的饱和空气的水蒸气分压力,Pa;

P_q—— 空气的水蒸气分压力,Pa;

F—— 蒸发水槽表面积,m^2;

β—— 蒸发系数(湿交换系数),kg/(N · s),用下式计算:

$$\beta = (a + 0.003\ 63v)10^{-5}$$

B—— 标准大气压力,101 325Pa;

B'—— 当地大气压力,Pa;

a—— 周围空气温度为 15 ~ 30℃ 时,不同水温下的扩散系数,kg/(N · s),见表 2.16;

v—— 水面上的空气流速,m/s。

表 2.16　不同水温下的扩散系数 a

水温 /℃	< 30	40	50	60	70	80	90	100
a/(kg/N · s)	0.004 6	0.005 8	0.006 9	0.007 7	0.008 8	0.009 6	0.010 6	0.012 5

例 2.2　试计算广州市某手表装配车间夏季的空调设计负荷。已知条件:

(1) 屋顶:结构同附录 2.6 中序号 1,属 Ⅲ 型,$K = 0.93W/(m^2 \cdot ℃)$,$F = 40m^2$;

(2) 南墙:双层玻璃钢窗,挂浅色窗帘,$F = 16m^2$;

(3) 南墙:红砖墙,$K = 1.50W/(m^2 \cdot ℃)$,附录 2.5 序号 2,属 Ⅱ 型,$F = 22m^2$;

(4) 内墙:临室包括走廊,温度与车间相同;

(5) 室内设计温度：$t_n = 27℃$；

(6) 室内有 8 人工作，从上午 8 时到下午 6 时；

(7) 室内压力稍高于室外大气压；

(8) 其余未注明条件，均按冷负荷系数法中的基本条件计算。

解：根据题意由于室内压力高于室外大气压，可不考虑因室外空气渗透所引起的冷负荷。现分项计算各项冷负荷。

(1) 屋顶冷负荷。屋顶冷负荷的计算式为

$$LQ_\tau = KF(t'_{L,\tau} - t_n)$$

其中
$$t'_{L,\tau} = (t_{L,\tau} + t_d)K_\alpha K_\rho$$

由题意，α_w，α_n，ρ 都采用北京市特定条件，则有

$$K_\alpha = 1.0, \quad K_\rho = 1.0$$

查附录 2.7 广州地区屋顶的地点修正 $t_d = -0.5℃$。

查附录 2.3 可得 8:00—18:00 时的冷负荷计算温度 $t_{L,\tau}$ 值，代入上式即可计算出修正后的屋顶瞬时冷负荷计算温度 $t'_{L,\tau}$ 和屋顶的瞬时冷负荷 LQ_τ，计算结果见表 2.17。

表 2.17　屋顶冷负荷

时间	8:00	9:00	10:00	11:00	12:00	13:00	14:00	15:00	16:00	17:00	18:00
$t_{L,\tau}$	34.1	33.1	32.7	33.0	34.0	35.8	38.1	40.7	43.5	46.1	48.3
t_d	−0.5	−0.5	−0.5	−0.5	−0.5	−0.5	−0.5	−0.5	−0.5	−0.5	−0.5
$t'_{L,\tau}$	33.6	32.6	32.2	32.5	33.5	35.3	37.6	40.2	43.0	45.6	47.8
$t'_{L,\tau} - t_n$	6.6	5.6	5.2	5.5	6.5	8.3	10.6	13.2	16.0	18.6	20.8
K	0.93	0.93	0.93	0.93	0.93	0.93	0.93	0.93	0.93	0.93	0.93
F	40	40	40	40	40	40	40	40	40	40	40
LQ_τ	246	208	193	205	242	309	394	491	595	692	774

(2) 南外墙冷负荷。

计算公式同上，查附录 2.7 广州地区南外墙的地点修正 $t_d = -1.9℃$。

查附录 2.2Ⅱ 型外墙 8:00 的冷负荷计算温度 $t_{L,\tau}$ 值，代入上式即可计算出修正后的南外墙瞬时冷负荷计算温度 $t'_{L,\tau}$ 和南外墙的瞬时冷负荷 LQ_τ，计算结果见表 2.18。

表 2.18　南外墙冷负荷

时间	8:00	9:00	10:00	11:00	12:00	13:00	14:00	15:00	16:00	17:00	18:00
$t_{L,\tau}$	34.6	34.2	33.9	33.5	33.2	32.9	32.8	32.9	33.1	33.4	33.9
t_d	−1.9	−1.9	−1.9	−1.9	−1.9	−1.9	−1.9	−1.9	−1.9	−1.9	−1.9
$t'_{L,\tau}$	32.7	32.3	32.0	31.6	31.3	31.0	30.9	31.0	31.2	31.5	32.0
$t'_{L,\tau} - t_n$	5.7	5.3	5.0	4.6	4.3	4.0	3.9	4.0	4.2	4.5	5.0
K	1.50	1.50	1.50	1.50	1.50	1.50	1.50	1.50	1.50	1.50	1.50
F	22	22	22	22	22	22	22	22	22	22	22
LQ_τ	188	175	165	152	142	132	129	132	139	149	165

(3) 南外窗温差传热引起的冷负荷。玻璃窗由温差传热引起的冷负荷计算公式为

$$LQ_\tau = K \cdot F(t'_{L,\tau} - t_n)$$

式中　$t'_{L,\tau}$—— 是修正后的玻璃窗的瞬时冷负荷计算温度，用下式计算：

$$t'_{L,\tau} = (t_{L,\tau} + t_d)K_\alpha$$

查附录 2.4 及附录 2.9，在基准条件 $\alpha_w = 18.6W/(m^2 \cdot ℃)$，$\alpha_n = 8.72W/(m^2 \cdot ℃)$ 下，双层钢窗的传热系数 $K = 3.01W/(m^2 \cdot ℃)$。

由表 2.6 知，双层金属窗框的传热系数修正值为 1.2，则有

$$K = 3.01 \times 1.2 = 3.61$$

由表 2.4 知，$\alpha_w = 18.6W/(m^2 \cdot ℃)$ 时，外表面换热系数修正值 $K_\alpha = 1.0$。

由附录 2.10，广州地区玻璃窗冷负荷的地点修正值 $t_d = 1.0℃$。

查表 2.5，可得 8:00—18:00 玻璃窗的逐时冷负荷计算温度 $t_{L,\tau}$ 值，代入上式即可计算出修正后的玻璃窗逐时冷负荷计算温度 $t'_{L,\tau}$ 和玻璃窗的逐时冷负荷 LQ_τ，计算结果见表 2.19。

(4) 南外窗日射得热引起的冷负荷。玻璃窗由日射得热引起的冷负荷计算公式为

$$LQ_{f,\tau} = FC_aC_sC_nD_{j,max}C_L$$

根据标准条件下是采用 3mm 厚的平板玻璃，由表 2.8 中查得双层钢窗的有效面积系数 $C_a = 0.75$；

由表 2.7 查得玻璃窗挂浅色窗帘的内遮阳系数 $C_n = 0.6$。

表 2.19　南外窗温差传热引起的冷负荷

时间	8:00	9:00	10:00	11:00	12:00	13:00	14:00	15:00	16:00	17:00	18:00
$t_{L,\tau}$	26.9	27.9	29.0	29.9	30.8	31.5	31.9	32.2	32.2	32.0	31.6
t_d	1.0	1.0	1.0	1.0	1.0	1.0	1.0	1.0	1.0	1.0	1.0
$t'_{L,\tau}$	27.9	28.9	30.0	30.9	31.8	32.5	32.9	33.2	33.2	33.0	32.6
$t'_{L,\tau} - t_n$	0.9	1.9	3.0	3.9	4.8	5.5	5.9	6.2	6.2	6.0	5.6
K	3.61	3.61	3.61	3.61	3.61	3.61	3.61	3.61	3.61	3.61	3.61
F	16	16	16	16	16	16	16	16	16	16	16
LQ_τ	52	110	173	225	277	318	341	358	358	347	323

由广州地区的纬度 23°8′ 查表 2.7 得南向七月份日射得热因素的最大值为

$$D_{j,max} = 146$$

由于广州地区位于 27°30′ 以南，属于南区，则可由附录 2.14 查取南区有内遮阳的玻璃窗逐时冷负荷系数 C_L，将各项代入上式即可计算出玻璃窗日射得热引起的逐时冷负荷 $LQ_{f,\tau}$，计算结果见表 2.20。

表 2.20　南外窗日射得热引起的冷负荷

时间	8:00	9:00	10:00	11:00	12:00	13:00	14:00	15:00	16:00	17:00	18:00
$C_{L,\tau}$	0.47	0.60	0.69	0.77	0.87	0.84	0.74	0.66	0.54	0.38	0.20
$F \cdot C_a$	12	12	12	12	12	12	12	12	12	12	12
C_s	0.86	0.86	0.86	0.86	0.86	0.86	0.86	0.86	0.86	0.86	0.86
C_n	0.60	0.60	0.60	0.60	0.60	0.60	0.60	0.60	0.60	0.60	0.60
$D_{j,max}$	146	146	146	146	146	146	146	146	146	146	146
LQ_τ	425	542	624	696	787	759	669	597	488	344	181

(5) 人体散热引起的冷负荷。人体散热引起的冷负荷计算公式为

$$LQ_{\tau} = Q_s C_{L,\tau} + Q_r$$

其中

$$Q_n = n_1 n_2 q_s$$

$$Q_{r=} n_1 n_2 q_r$$

手表装配属轻度劳动，查表2.12，当室温为27℃时，成年男子散发的显热和潜热分别为 $q_s = 57W$，$q_r = 77W/$ 人。

查表2.11，取群集系数 $n_2 = 0.90$，且已知 $n_1 = 8$ 人，则有

$$Q_s = 8 \times 0.90 \times 57 = 410$$

$$Q_r = 8 \times 0.90 \times 77 = 554$$

查附录2.16可得人体散热冷负荷系数 C_L 的逐时值。其中，8:00－18:00工作人员在室内的总小时数为10h，对于8:00的冷负荷系数，室内人员的停留小时数，按前一天8:00上班对第二天8:00的影响考虑，即按24h的停留时间考虑。

将各项代入人体散热引起的冷负荷 LQ_{τ} 计算式，即可计算出人体散热的逐时冷负荷 LQ_{τ}，计算结果见表2.21。

表2.21　人体散热引起的冷负荷

时间	8:00	9:00	10:00	11:00	12:00	13:00	14:00	15:00	16:00	17:00	18:00
$C_{L,\tau}$	0.06	0.53	0.62	0.69	0.74	0.77	0.80	0.83	0.85	0.87	0.89
Q_s	410	410	410	410	410	410	410	410	410	410	410
$Q_s \cdot C_{L,\tau}$	24.6	217.3	254	283	303	316	328	340	349	358	365
Q_r	554	554	554	554	554	554	554	554	554	554	554
LQ_{τ}	579	771	808	837	857	870	882	894	903	911	

把1～5项中的逐时冷负荷汇总并相加，列入表2.22中。

表2.22　各项冷负荷汇总表

时间	8:00	9:00	10:00	11:00	12:00	13:00	14:00	15:00	16:00	17:00	18:00
屋顶	246	208	193	205	242	309	394	491	595	692	774
南外墙	188	175	165	152	142	132	129	132	139	149	165
南窗传热	52	110	173	225	277	318	341	358	358	347	323
南窗日射	425	542	624	696	787	759	669	597	488	344	181
人体	579	771	808	837	857	870	882	894	903	911	919
总冷负荷	1 490	1 806	1 963	2 115	2 305	2 388	2 415	2 472	2 483	2 443	2 362

从冷负荷汇总表中可看出，该空调车间最大冷负荷出现的时间是16:00，其冷负荷为2 483W，此即为空调车间的夏季室内设计冷负荷。

2.4　软件辅助法负荷计算

随着计算机技术的普及发展，建筑类行业涌现出诸多便捷、高效的辅助设计软件，其中建筑环境与能源应用工程(暖通空调)专业的辅助设计软件有天正暖通、鸿业暖通、浩辰暖通等。辅助设计软件大大提高了专业设计计算、施工图设计绘制等设计全过程的效率，是从事建筑设计行业人员所必须掌握的辅助工具。本书重点介绍应用较为广泛的天正暖通。

2.4.1　软件负荷计算设置

天正软件是基于 AutoCAD 绘图软件的基础上的二次开发，旨在为建筑设计者提供实用高效的设计工具，研发了天正建筑、天正暖通、天正给排水和天正电气等专业性辅助设计软件。天正暖通集负荷计算、风管系统设计、水管系统设计、供暖系统设计、多联机和焓湿图计算等于一体，大大提高了暖通空调系统的设计效率。

天正暖通负荷计算的条件设置，为便于理解，按手算过程相对应的顺序进行介绍。

1. 界面启动

如图 2.8 所示，打开天正暖通，在“计算”菜单栏下，点击“负荷计算”即可启动，界面如图 2.9 所示。

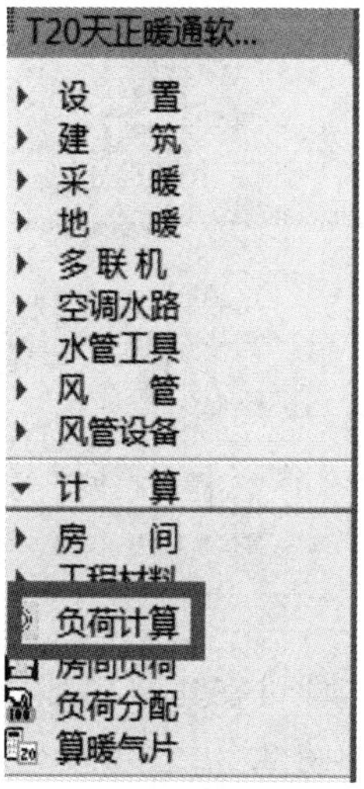

图 2.8　启动“负荷计算”

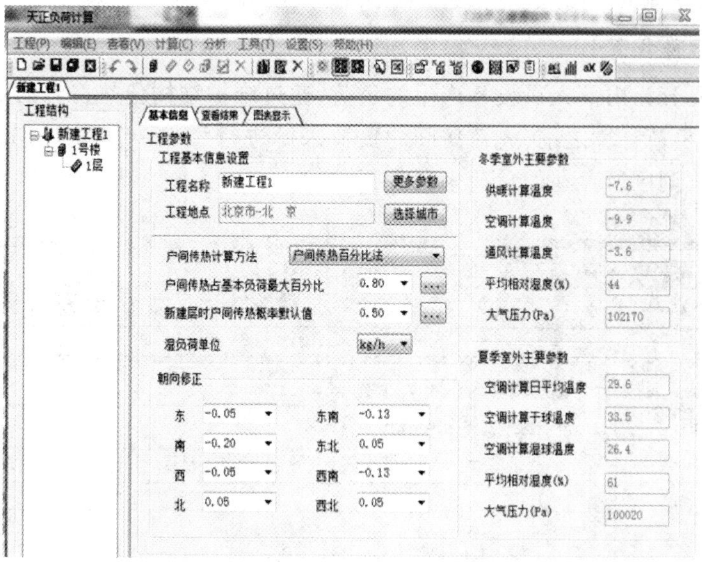

图 2.9　“负荷计算”界面

2. 工程设置及建筑设置

如图 2.9 所示,在"基本信息"中可对工程所在地、建筑朝向、建筑层高等信息进行设置。其中软件已经根据最新规范,将全国近 200 个城市的气象设计参数及逐时温度导入,设置好工程所在城市后,即可对应出该城市的冬夏季空调或采暖室外设计参数,从而为后期负荷计算提供重要的数据,如图 2.10 所示。

图 2.10　工程所在城市选择

3. 添加房间及房间设置

在设定好工程信息及建筑信息后,即可在建筑内部添加空调区房间,并对房间的面积、名称、高度、室内设计参数等进行设置,如图 2.11、图 2.12 所示。

值得一提的是,对于对称性建筑或多层建筑,部分房间信息完全相同,则可通过右击房间的形式,对房间进行批量复制,以缩短重复的设置工作。

4. 房间负荷来源设置

房间负荷主要分为内部人员设备产生的负荷、通过维护结构传热房间的负荷、以及新风负荷等,因此在进行负荷计算之前,先对房间的负荷来源进行添加。如图 2.13 所示,点击"添加负荷",即可对该空调区所存在的负荷来源进行添加。

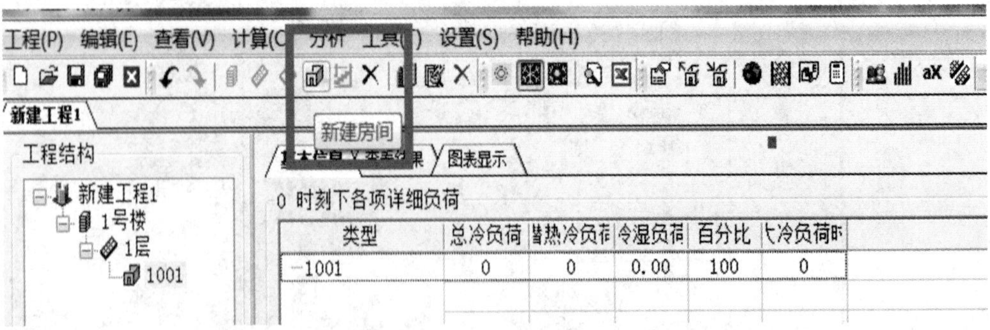

图 2.11　新建房间

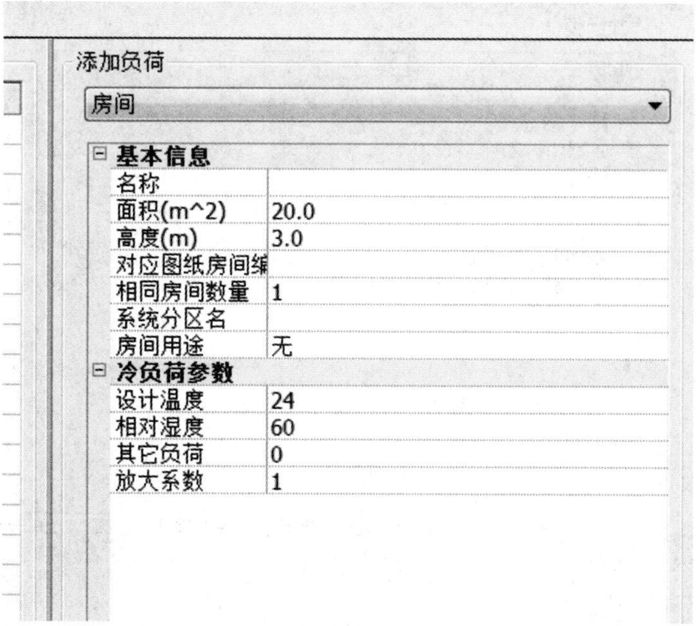

图 2.12　设置房间信息

图 2.13　添加房间负荷来源

以外墙的负荷为例，可对外墙的面积、朝向、墙体类型（材料）及传热系数等进行综合设置，如图 2.14 所示。其中对于墙体传热系数，可从软件中的墙体材料库中选取，如图 2.15 所示。

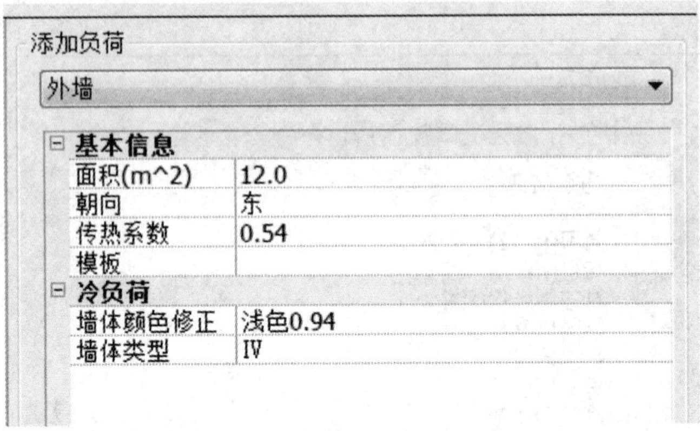

图 2.14　外墙信息设置

次目录\名称	传热系数	热惰性指标	热阻	日射吸收	备注	厂商信息
陶粒混凝土空心砌块(聚苯板)	0.550	3.285	1.65	0.7		
陶粒混凝土空心砌块(钢丝网架聚苯板)	0.566	3.266	1.60	0.7		
陶粒混凝土空心砌块(挤塑聚苯板)	0.543	3.177	1.68	0.7		
陶粒混凝土空心砌块(聚氨酯)	0.549	3.323	1.66	0.7		
蒸压粉煤灰砖(预制复合保温板)	0.506	4.429	1.81	0.7		
混凝土多孔砖(钢丝网架聚苯板)	0.539	3.157	1.69	0.7		
实心粘土砖370(水泥聚苯板)				0.7		
实心粘土砖240(聚苯板)	0.661	4.061	1.35	0.7		
混凝土空心砌块(钢丝网架聚苯板)	0.552	2.632	1.65	0.7		
陶粒空心砌块三排孔(水泥聚苯板)	0.643	4.824	1.39	0.7		
页岩烧结多孔砖(挤塑聚苯板)	0.544	4.014	1.67	0.7		
混凝土空心砌块二排孔(水泥聚苯板)	0.890	3.687	0.96	0.7		
混凝土空心砌块二排孔(聚苯板)	0.728	2.741	1.21	0.7		
钢筋砼(水泥聚苯板)	0.963	3.444	0.87	0.7		
钢筋砼(聚苯板)	0.776	2.498	1.12	0.7		
实心粘土砖240(水泥聚苯板)	0.792	5.007	1.10	0.7		
加气混凝土砌块(聚苯板)	0.520	4.180	1.76	0.7		
实心粘土砖370(聚苯板)	0.594	5.765	1.52	0.7		
陶粒空心砌块三排孔(聚苯板)	0.554	3.878	1.64	0.7		
多孔砖370(水泥聚苯板)	0.631	6.885	1.42	0.7		
多孔砖370(聚苯板)	0.545	5.939	1.67	0.7		

材料名称	厚度	导热系	修正系
专用饰面砂浆与	20	0.930	1.00
玻璃纤维网格布	0	1.000	1.00
水泥聚苯板	80	0.090	1.20
轻砂浆粘土砖砌	370	0.760	1.00
石灰,水泥,砂,	20	0.870	1.00

图 2.15　墙体材料及传热系数的选取

2.4.2　软件负荷计算结果查看及导出

1. 负荷计算结果查看

在对房间所有的负荷来源添加完毕并完成设置后,在"基本信息"区即自动显示计算的总负荷及各分项来源的负荷,如图 2.16 所示。工具栏中,点击"热负荷"即可完成冬季热负荷计算、点击"冷负荷"即可完成夏季冷负荷计算,点击"冷热负荷同时计算",即可同时完成冬夏季的负荷计算。

图 2.16　负荷结果的查看

2. 负荷计算结果的导出

对信息设置、负荷计算的结果均检查无误后，为便于计算结果的携带及查看，软件提供了结果导出功能，如图 2.17 所示。点击“出计算书”，即可将结果导出为 Excel 表格。

图 2.17　负荷计算的导出

计算表分为三部分：

(1)工程信息及计算依据。主要体现工程信息、建筑信息及负荷计算中软件所依据的计算公示，如图 2.18 所示。

(2)负荷计算简略表。对各个房间的总热负荷、湿负荷、负荷指标等进行体现，如图 2.19 所示。

(3)负荷计算详尽表。对每个房间的各个负荷来源进行汇总，便于检查及详细分析，如图 2.20 所示。

冷负荷计算书_工程信息及计算依据

一. 工程概况

工程名称	新建工程1
工程编号	XJGC001
建设单位	房地产开发公司
设计单位	设计院
工程地点	北京市-北 京
工程总面积(m2)	20.00
工程总冷负荷(KW)	5.16
工程冷指标(w/m2)	257.86
日期	2012年3月18日

二. 室外参数

夏季空调室外干球温度 ℃	夏季空调室外湿球温度 ℃	夏季空调日平均温度
33.50	26.40	29.60
夏季室外平均风速(m/s)	夏季空调大气透明度等级	夏季大气压(Pa)
2.10	4	100020

三. 建筑信息

楼号	总层数	总高度(m)	总面积(m²)	冷负荷(KW)	新风冷负荷	总冷负荷(KW)	冷指标(w/m²)
1号楼	1	3	20	4.69	0.46	5.16	257.86

四. 计算依据

1. 外墙、屋顶传热形成的逐时冷负荷 (冷负荷系数法)

$Q = K_o \cdot F_o \cdot [(t_{1o} - t_{d1}) \cdot C_a \cdot C_p - t_n]$

K_o 传热系数, W/(m²·℃)

图 2.18　工程信息及计算依据

冷负荷计算书_简略表

楼号	楼层	房间	房间面积	工程负荷最大值时刻(9点)的各项负荷值								房间最大负荷
				总冷负荷	新风冷负荷	总湿负荷	新风湿负荷	总冷指标	新风冷指标	总湿指标	新风量	
			m2	W	W	kg/h	kg/h	W/m2	W/m2	kg/hm2	m3/h	W
1号楼	1层	1001	20	5157.2	464.9	1.12	0.4	257.9	23.2	0.06	50	5157.15
1号楼小计			20	5157.2	464.9	1.12	0.4	257.9	23.2	0.06	50	5157.2
工程合计			20	5157.2	464.9	1.12	0.4	257.9	23.2	0.06	50	5157.2

图 2.19　负荷计算简略表

冷负荷计算书_详尽表

楼号	楼层	房间	负荷源		逐时负荷值												
					8	9	10	11	12	13	14	15	16	17	18	19	20
1号楼	1号楼1层	1001	房间参数		面积	20.0m2	高度	3.0m	室内温度	24.0℃	相对湿度	60%					
					人体	4人	照明	100W	设备	2000W	新风	50.00m3/h					
			东外墙	基本信息	长	13.33m	高(宽)	3.00m	面积	40-12.0m2	传热系数	0.54(W/m²·K)					
				负荷值	65.8	68.6	85.4	112	144.2	176.4	201.6	217	224	226.8	225.4	221.2	215.6
			东外窗_嵌	基本信息	长	3.00m	高(宽)	2.00m	面积	6.0m2	传热系数	2.600(W/m²·K)					
				负荷值	1489.7	1719.4	1233.7	527.2	304.3	302.6	294	270.7	238.1	199.7	160.2	106.1	92
			东外门_嵌	基本信息	长	3.00m	高(宽)	2.00m	面积	6.0m2	传热系数	2.500(W/m²·K)					
				负荷值	1487.9	1717	1230.7	523.6	300.2	298.1	289.2	265.8	233.2	194.8	155.7	102	88.5
			人体	显热	5.3	205.7	218.9	226.8	232.1	234.7	240	242.6	129.2	44.8	34.3	29	23.7
				全热	143.7	344.1	357.3	365.2	370.5	373.1	378.4	381	267.6	183.2	172.7	167.4	162.1
				湿负荷	0.21	0.21	0.21	0.21	0.21	0.21	0.21	0.21	0.21	0.21	0.21	0.21	0.21
			楼板	基本信息	长	5.0m	高(宽)	4.00m	面积	20.0m2	传热系数	0.59(W/m²·K)					
				负荷值	101.5	101.5	101.5	101.5	101.5	101.5	101.5	101.5	101.5	101.5	101.5	101.5	101.5
			新风	显热	148.1	148.1	148.1	148.1	148.1	148.1	148.1	148.1	148.1	148.1	148.1	148.1	148.1
				全热	464.9	464.9	464.9	464.9	464.9	464.9	464.9	464.9	464.9	464.9	464.9	464.9	464.9
				湿负荷	0.44	0.44	0.44	0.44	0.44	0.44	0.44	0.44	0.44	0.44	0.44	0.44	0.44
			地面	基本信息	长	4.0m	高(宽)	5.00m	面积	20.0m2	传热系数	0.35(W/m²·K)					
				负荷值	0	0	0	0	0	0	0	0	0	0	0	0	0
			渗透	显热	124.4	124.4	124.4	124.4	124.4	124.4	124.4	124.4	124.4	124.4	124.4	124.4	124.4
				全热	390.5	390.5	390.5	390.5	390.5	390.5	390.5	390.5	390.5	390.5	390.5	390.5	390.5
				湿负荷	0.37	0.37	0.37	0.37	0.37	0.37	0.37	0.37	0.37	0.37	0.37	0.37	0.37
			设备	负荷值	32	132	184	220	248	272	288	304	316	324	240	192	156
			[illegible]	显热	77.4	77.4	77.4	77.4	77.4	77.4	77.4	77.4	77.4	77.4	77.4	77.4	77.4

图 2.20　负荷计算详尽表

关于软件的详细应用,读者可自学《天正暖通使用手册》,并进行软件的实操。

本 章 小 结

本章主要介绍了空气调节工程中室内外空气计算参数的确定和冷热负荷的计算方法。根据人体热平衡和热舒适的要求确定室内的空调计算参数；根据室外气象参数的变化规律，结合空调负荷的特点并考虑了节能要求确定室外计算参数。针对以往学生对得热量和冷负荷概念不易理解的情况，用比较浅显的方式介绍了两者的区别和联系；在空调冷负荷计算中，结合例题介绍了适于手算的冷负荷系数法计算冷负荷，介绍了为便于前期制作方案的工程简化算法、空气调节冷负荷的估算指标和湿负荷的计算方法。最后，对行业中广泛应用的辅助负荷计算的软件功能及整体应用进行了简单介绍。

思考与练习题

1. 什么是空调房间的得热量和冷负荷？两者有什么区别和联系？

2. 试述温度和冷负荷系数的意义和作用。

3. 夏季空调室外计算参数有哪些？它们的作用是什么？

4. 冬季空调室外计算参数是否与夏季相同？为什么？

5. 什么是空调区域、空调基数和空调精度？

6. 工艺性空调和舒适性空调有什么区别和联系？

7. 不同质量的围护结构对空调冷负荷有什么影响，为什么？

8. 屋顶、外墙、外窗、内墙和楼板的冷负荷计算方法是否相同？试分别加以说明。

9. 将例题 2－1 改为北京市，屋顶结构采用附录 2.5 中序号 2，属Ⅲ型，$K=1.163\mathrm{W/(m^2\cdot ℃)}$，序号 1，属Ⅱ型，其余条件不变，试计算该手表装配车间夏季的空调设计符合。

第3章　空调区风量确定

教学目标与要求

第2章已经介绍了室内热湿负荷的计算，下面要解决的问题是，究竟送入什么样的风、多少量的风才能消除室内的多余的热、湿负荷，来维持空调房间所要求的空气参数。这就是本章主要解决的问题。通过本章的学习，学生应达到以下目标：

(1)掌握空调房间送风状态及送风量的确定方法；

(2)掌握新风量的确定原则；

(3)掌握室内空气品质及其评价标准。

教学重点与难点

(1)室内送风状态点和送风量的确定；

(2)新风量的确定和空气平衡；

(3)室内空气品质及其评价。

工程案例导入

在已知某建筑各空调区域冷(热)、湿负荷的基础上，如何确定消除室内余热、余湿来维持空调房间所要求的空气参数所需要的送风状态及送风量，是空调系统保证室内所需温度、湿度环境以及满足节能要求的关键，同时也是选择空调设备的主要依据。充足的新风量是确保室内空气品质的关键，同时，新风量的多少也是影响空调负荷的重要因素之一，因此，在送风量的计算中还应明确送入房间新风量的多少。目前，空调系统的目的不仅仅是满足被调房间的温湿度，还要保障人员健康及节能要求，因而空调的作用以保障人员健康体现以人为本，实现建筑节能以体现节能减排，是当前以及将来研究的热点问题。因此，如何合理地确定空调区的送风状态、送风量以及最小新风量是本章主要讨论的问题(见图3.1)。

图3.1

3.1　空调房间送风状态与送风量的确定

在空气调节过程中,需要将不同来源、不同状态的定量空气进行相应热湿处理及其他过程的处理,使其达到一定的送风状态,以满足空调房间的要求。

3.1.1　夏季送风状态及送风量的确定方法

下面以某一空调房间的夏季空气调节系统为例,说明送入房间的空气状态变化过程。

图 3.2 所示为一个空调房间送风示意图。如图 3.3 所示,房间的室内状态点为 $N(h_N,d_N)_{,室内冷}$,室内冷负荷(室内余热量)为 Q(kW),湿负荷(余湿量)为 W(kg/s),送入房间的空气状态点为 $O(h_O,d_O)$,送风量为 G(kg/s),当送入房间的空气吸收房间的余热和余湿后,由状态 $O(h_O,d_O)$变为状态 $N(h_N,d_N)$而排出房间,从而满足了室内温、湿度的要求。

根据总热平衡可得

$$\left.\begin{aligned} Gh_O + Q &= Gh_N \\ h_N - h_O &= \frac{Q}{G} \end{aligned}\right\} \tag{3.1}$$

根据湿平衡可得

$$\left.\begin{aligned} G\frac{d_O}{1\,000} + W &= G\frac{d_N}{1\,000} \\ \frac{d_N - d_O}{1\,000} &= \frac{W}{G} \end{aligned}\right\} \tag{3.2}$$

将两式整理可得

$$G = \frac{Q}{h_N - h_O} \tag{3.3}$$

或

$$G = \frac{W}{d_N - d_O} \tag{3.4}$$

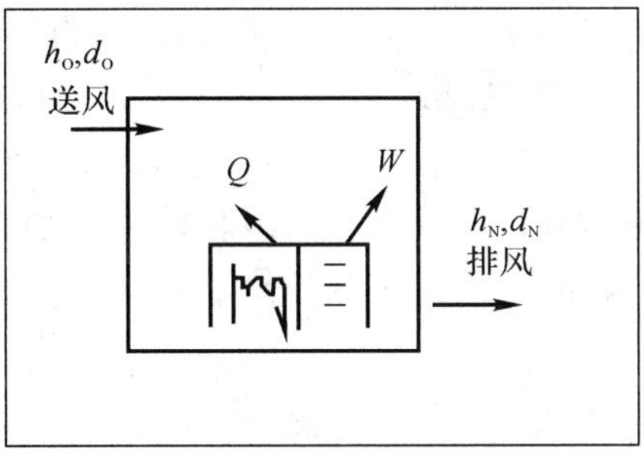

图 3.2　空调房间送风示意图

式(3.2)中除以 1 000 是将 g/kg 的单位转换为 kg/kg,该式说明 1kg 送入空气量吸收了 W/G 的湿量后,送风含湿量由 d_O 变为 d_N。

由于送入空气同时吸收了余热量 Q 和余湿量 W,其状态则由 $O(h_O,d_O)$ 变为 $N(h_N,d_N)$。显然将式(3.2)和式(3.1)相除,即得送入空气由 O 点变为 N 点时的状态变化过程(或方向)的热湿比(或角系数)ε,有

$$\varepsilon = \frac{Q}{W} = \frac{h_N - h_O}{\frac{d_N - d_O}{1\,000}} \tag{3.5}$$

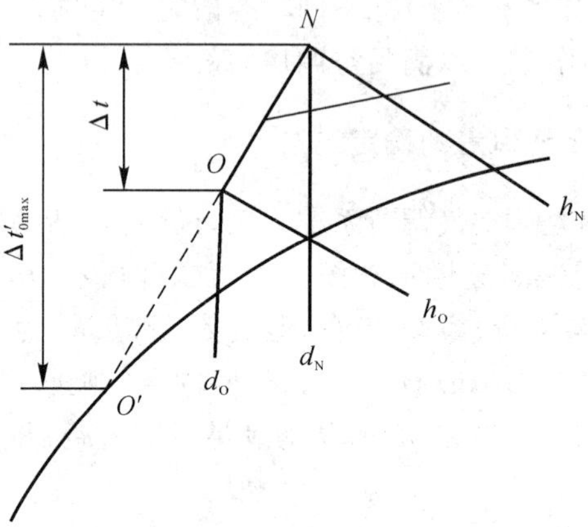

图 3.3　夏季送风状态点的确定

这样，在 h-d 图上就可利用热湿比ε的过程线来表示送入空气状态变换过程的方向。这就是说，只要送风状态点 O 位于通过室内空气状态点 N 的热湿比线上，那么将一定量具有这种状态的空气送入室内，就能同时吸收余热和余湿，从而保证室内要求的状态 $N(h_N, d_N)$。

由此，在过室内状态点 N 的热湿比线上确定出一个送风状态点 O，即可根据式(3.3) 或式(3.4) 求出所需要的送风量。但从式(3.1) 的关系上看，凡是位于 N 点以下该过程线上的诸点直到 O 点(见图 3.3) 均可作为送风状态点，只不过 O 点距 N 点愈近，送风量愈大，距 N 点愈远则风量愈小。送风量小一些，则处理空气和输送空气所需设备可相应地小一些，从而初投资和运行费用均可小些。但要注意的是，如送风温度过低，送风量过小时，可能使人感受冷气流的作用，且室内温度和湿度分布的均匀性和稳定性会受到影响。

在保证生产工艺和生活舒适的技术要求的前提下，加大送风温差有突出的经济意义。送风温差加大一倍，系统送风量可减少一半，系统的材料消耗和投资(不包括制冷系统) 约减少 40%，而动力消耗则可减少 50%；送风温差在 4 ～ 8℃ 之间，每增加 1℃，风量可减少 10% ～ 15%。因此，在空调设计中，正确地确定送风温差是一个相当重要的问题。但是送风温度过低，送风量过小则会使室内空气温度和湿度分布均匀性和稳定性受到影响。因此，对于室内温、湿度控制严格的场合，送风温差应小一些。对于舒适性空调和室内温、湿度控制要求不严格的工艺性空调，可以选用较大的送风温差。

暖通空调规范规定了夏季送风温差的建议值，该值和恒温精度有关(见表 3.1)。表 3.1 还推荐了换气次数。换气次数是空调工程中常用的衡量送风量的指标，它的定义为房间通风量 $L(\mathrm{m}^3)$ 和房间体积 $V(\mathrm{m}^3)$ 的比值，即换气次数 $n = L/V$(次 /h)。

在工程设计中采用表 3.1 推荐的送风温差所算得的送风量折合成换气次数应大于表 3.1 中推荐的 n。对于洁净度要求较高的洁净室，换气次数可能高达每小时数百次，不在此限。

表 3.1　送风温差与换气次数

室温允许波动范围 /℃	送风温差 Δt/℃	换气次数 n/(次 /h)
±0.1 ~ 0.2	2 ~ 3	20 ~ 150
±0.5	3 ~ 6	> 8
±1.0	6 ~ 10	⩾ 5
>±1.0	人工冷源：⩽ 15	⩾ 5
	天然冷源：可能的最大值	⩾ 5

选定送风温差之后，即可按以下步骤确定送风状态和送风量：

(1) 在 $h-d$ 图上找出室内空气状态点 N。

(2) 根据算出的余热 Q 和余湿 W 求出热湿比 $\varepsilon = \dfrac{Q}{W}$，并过 N 点画出过程线 ε。

(3) 根据所选定的送风温差 Δt，求出送风温度 t_O，过 t_O 的等温线与热湿比线 ε 的交点 O 即为送风状态点。

(4) 按式(3.3) 或式(3.4) 计算送风量。

(5) 对于有精度要求的房间应根据换气次数 $n = L/V$(次 /h) 并查表 3.1 校核送风量是否满足要求。

3.1.2　夏季送风状态及送风量的确定实例

例 3.1　某空调房间总余热量 $Q = 3\ 314\text{W}$，余湿量 $W = 0.264\text{g/s}$，要求全年室内保持的空气参数为 $t_N = 22 \pm 1℃$，$\varphi_N = 55 \pm 5\%$，当地大气压为 101 325Pa，房间体积为 150m^3，求送风状态和送风量。

解：(1) 求热湿比 $\varepsilon = \dfrac{Q}{W} = \dfrac{3\ 314}{0.264} = 12\ 600$。

(2) 在 $h-d$ 图上确定室内空气状态点 N，通过该点画出 $\varepsilon = 12\ 600$ 的过程线。取送风温差为 $\Delta t = 8℃$，则送风温度 $t_O = 22 - 8 = 14℃$。如图 3.4 所示，从而得出：

$h_O = 36\text{kJ/kg}$，$h_N = 46\text{kJ/kg}$，$d_O = 8.5\text{g/kg}$，$d_N = 9.3\text{g/kg}$

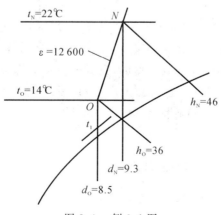

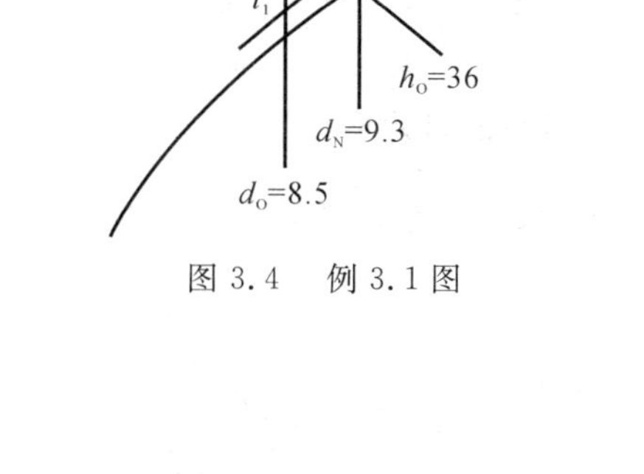

图 3.4　例 3.1 图

(3) 计算送风量。按消除余热：

$$G=\frac{Q}{h_N-h_O}=\left(\frac{3.314}{46-36}\right)\text{kg/s}=0.33\text{kg/s}$$

按消除余湿：

$$G=\frac{Q}{d_N-d_O}=\left(\frac{0.264}{9.3-8.5}\right)\text{kg/s}=0.33\text{kg/s}$$

按消除余热和余湿所求通风量相同，说明计算无误。

(4) 校核送风量。

$$L=(0.33/1.2\times3\,600)\text{m}^3/\text{h}=990\text{m}^3/\text{h}$$

换气次数 $n=990/150=6.6$(次 /h)，符合要求。

顺便指出，计算送风量和确定送风状态也可利用余热量中的显热部分和送风温差来计算，因为在总余热中既包括引起空气温度变化的显热部分，也包括引起空气含湿量变化的潜热部分，即

$$Q=Q_x-Q_q \tag{3.6}$$

式中 Q_x—— 只对空气温度有影响的显热量；

Q_q—— 由于人体等散发水汽所带给空气的潜热量。由于显热部分只对空气温度起作用，则 Gkg/s 空气送入室内后温度由 t_s 变为 t_N，它就吸收了余热量中显热部分 Q_x，可近似用下式表示。

$$Q_x=G\times1.01(t_N-t_O) \tag{3.7}$$

$$G=\frac{Q_x}{1.01(t_N-t_O)} \tag{3.8}$$

式中 1.01—— 干空气定压比热，kJ/(kg・K)。

用此式所求出的送风量是近似的，但误差不大。根据所求送风量，利用式(3.3) 或式(3.4)求出 d_O，于是得出送风状态点。

3.1.3 冬季送风状态及送风量的确定方法

在冬季，通过围护结构的温差传热往往是由内向外传递，只有室内热源向室内散热，因此冬季室内余热量往往比夏季少很多，有时甚至为负值。而余湿量则冬夏一般相同。这样，冬季房间的热湿比值常小于夏季，也可能是负值。因而空调送风温度 t'_O 往往接近或高于室温 t_N，$h'_O>h_N$(见图 3.5)。由于送热风时送风温差值可比送冷风时的送风温差值大，所以冬季送风可以比夏季小，故空调送风量一般是先确定夏季送风量，在冬季可采取与夏季相同风量，也可少于夏季。全年采取固定送风量是比较方便的，只调送风参数即可。而冬季用提高送风温度减少送风量的做法，则可以节约电能，尤其对较大的空调系统减少风量的经济意义更为突出。当然减少风量也是有所限制的，它必须满足最少换气次数的要求，同时送风温度也不宜过高，一般以不超出 45℃ 为宜。

3.1.4 冬季送风状态及送风量的确定实例

例 3.2 按例题 3.1 基本条件，冬季余热量 $Q=-1.105$kW，余湿量 $W=0.264$g/s，试确定冬季送风状态及送风量。

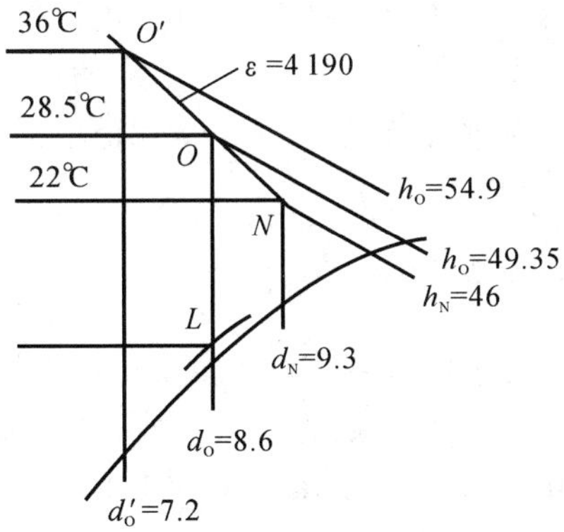

图 3.5　例 3.2 图

解:(1) 求冬季热湿比。

$$\varepsilon = \frac{-1.105}{\frac{0.264}{1\ 000}} = -4\ 190$$

(2) 根据全年送风量不变,计算送风参数。由于冬夏室内散湿量相同,所以冬季送风含湿量与夏季相同,即

$$d_O = d_O{}' = 8.6\text{g/kg}$$

过 N 点作 $\varepsilon = -4\ 190$ 之过程线,如图 3.5 所示。它与 8.6g/kg 等含湿量线的交点即为冬季送风状态 O'。

$$h_O{}' = 49.35\text{kJ/kg}, \quad t_O{}' = 28.5℃$$

其实,在全年送风量不变的条件下,送风量是已知数,因而可算出送风状态,即

$$h_O{}' = h_N + \frac{Q}{G} = \left(46 + \frac{1.105}{0.33}\right)\text{kJ/kg} = 49.35\text{kJ/kg}$$

由 $h-d$ 图查得 $t_O{}' = 28.5℃$。

如冬季送风量减少,送风温度上升,例如 $t_O{}'' = 36℃$,则在 $\varepsilon = -4\ 190$ 过程线上可得到 O'' 点:

$$t_O{}'' = 36℃, \quad h_O{}'' = 54.9\text{kJ/kg}, \quad d_O{}'' = 7.2\text{g/kg}$$

则送风量为

$$G = \left(\frac{-1.105}{46 - 54.9}\right)\text{kg/h} = 0.125\text{kg/s} = 450\text{kg/h}$$

3.2　新风量的确定和空气平衡

新风量的多少是影响空调负荷的重要因素之一,同时也是影响空调房间室内空气品质好坏的重要因素。新风量少了,会使室内卫生条件恶化,甚至成为“病态建筑”;新风量多了,会使空调负荷加大,造成能量浪费。

长期以来,人们普遍认为人是室内仅有的污染源。因此,新风量的确定一直沿用每人每小时所需最小新风量[m^3/(h・人)]这个概念。

近年来人们发现建筑物内还有其他污染源。因为随着化学工业的飞速发展,越来越多的新

型化学建材、装潢材料和家具等进入了建筑物内,并在室内散发大量的污染物,所以,确定新风量的观念应该有所改变,即再也不能单一地只考虑人造成的污染,而必须同时考虑室内其他污染源带来的污染。也就是说,室内所需新风量,应该是稀释人员污染和建筑物污染的两部分之和。

3.2.1 室内空气品质及其评价

随着人们生活水平的提高,与生活环境美化程度要求相应的室内装饰、装修的范围也越来越广,其中有些新型的装饰材料会散发大量的污染物质,是造成室内环境污染的主要因素之一。根据调查统计,世界上30%的新建和重建的建筑物中所发现的有害于健康的污染,已被列入对公众健康危害最大的五种环境因素之一。建筑物是人们工作与生活的场所,人们在室内的时间占总时间的80%以上,长期生活和工作在现代建筑物内的人们表现出越来越严重的病态反应,这一问题引起了专家学者们的广泛重视,并提出了病态建筑(Sick Building,SB)和病态建筑综合征(Sick Building Syndrome,SBS)的概念。因此,人们对室内空气品质(Indoor Air Quality,IAQ)的要求越来越高。空调房间的IAQ问题也日益得到重视和研究。20世纪80年代以来,空调技术正步入一个新的发展阶段,其标志之一就是由舒适型向健康型的变革。

1. 室内空气品质

随着生活水平的提高,人们对室内环境的要求已经不能只停留在过去的温度和湿度的基本条件上了,室内的热舒适性、光线、噪声、视觉环境和空气品质等因素也综合影响着人们的身体健康,这些因素中空气品质是一个极为重要的因素,它与人们身体健康有直接关系。

随着人们对室内空气质量的要求越来越高,对室内空气品质的定义也在不断地发展,以一系列室内污染物含量指标来纯客观地定义室内空气品质已经不能完全涵盖室内空气品质的内容。ASHRAE-1989标准首次提出了可接受的室内空气品质(Acceptable Indoor Air Quality)和感受到的可接受的室内空气品质(Acceptable Perceived Indoor Air Quality)等概念,最明显的变化是它涵盖了客观指标和人的主观感受两个方面的内容,比较科学和全面。感受到的可接受的室内空气品质定义为,通风空调空间中绝大多数人没有因为气味或刺激性而表示不满。可接受的室内空气品质定义为,合格的空气品质应当是空气中没有含量达到有关权威机构确定的有害程度指标的已知污染物,并且在这种环境中人群的绝大多数没有对室内空气表示不满意,并且空气中没有已知的污染物达到了可能对人体健康产生严重威胁的浓度。

目前,室内空气品质评价一般采用量化检测和主观调查相结合的方法进行。其中量化检测是指直接测量室内污染物浓度来客观了解、评价空气品质,而主观评价是利用人们的感受器官进行描述与评判。2002年12月18日,由国家质检总局、环保局和卫生部联合制定并发布了我国第一部《室内空气质量标准》GB/T 18883—2002,并于2003年3月1日正式实施,它是客观评价室内空气品质的主要依据,见表3.2。针对用于民用建筑工程和室内装修工程环境质量验收检测,住房和城乡建设部制定了《民用建筑工程室内环境污染控制规范》GB 50325—2010。该规范规定了民用建筑工程室内环境控制的基本技术要求,对甲醛、苯、氨、TVOC和氡等5项指标进行了限定,见表3.3。

表 3.2　室内空气质量标准

序　号	参数类别	参　数	单　位	标准值	备　注
1	物理性	温度	℃	22 ～ 28	夏季空调
				16 ～ 24	冬季空调
2		相对湿度	%	40 ～ 80	夏季空调
				30 ～ 60	冬季空调
3		空气流速	m/s	0.3	夏季空调
				0.2	冬季空调
4		新风量	$m^3/(h \cdot p)$	30	
5	化学性	二氧化硫	mg/m^3	0.5	1h 均值
6		二氧化氮	mg/m^3	0.24	1h 均值
7		一氧化碳	mg/m^3	10	1h 均值
8		二氧化碳	%	0.10	日均值
9		氨	mg/m^3	0.2	1h 均值
10		臭氧	mg/m^3	0.16	1h 均值
11		甲醛	mg/m^3	0.10	1h 均值
12		苯	mg/m^3	0.11	1h 均值
13		甲苯	mg/m^3	0.20	1h 均值
14		二甲苯	mg/m^3	0.20	1h 均值
15		苯并[a]芘	ng/m^3	1.0	1h 均值
16		可吸入颗粒	mg/m^3	0.15	1h 均值
17		总挥发性有机物	mg/m^3	0.60	8h 均值
18	生物性	细菌总数	Cfu/m^3	2 500	依据仪器定
19	放射性	氡	Bq/m^3	400	年平均值(行动水平)

表 3.3　《民用建筑工程室内环境污染控制规范》主要指标

污染物	Ⅰ类民用建筑工程	Ⅱ类民用建筑工程
氡/(Bq/m^3)	≤200	≤400
游离甲醛/(mg/m^3)	≤0.080	≤0.10
苯/(mg/m^3)	≤0.090	≤0.090
氨/(mg/m^3)	≤0.20	≤0.20
TVOC/(mg/m^3)	≤0.50	≤0.60

2. 室内空气品质的评价标准

目前国内对室内空气品质的评价方法没有建立完全统一的标准，缺乏国外集中医学、建筑技术、环境监测、建筑设备工程、环境心理学和居住心理学等多学科综合的研究模式和科学方法，难以得到真正有用的信息，其结果也缺乏公正性、权威性、科学性、合理性和可比性。一些成熟的综合评价和单项评价方法与指标如下：

(1)当量评价指标(EEI)。当量评价指标是评价室内空气环境的综合指标。最佳的室内环境并非是由一个环境参数和某个确定的设计或控制点决定的。最狭义的 IAQ 意味着空间空气免受烟、灰尘和化学物质污染的程度；广义地说，它包括温度、湿度、洁净度和空气流速，热环境还需包括视觉因素。从实用的观点来看，最佳的环境决定于 IAQ 推荐值或允许范围的客观标准加上居住者的期望或主观看法，下限称为节能允许值或推荐值，上限是 IAQ 所能达到的极限。

常用 olf(污染源强度)和 decipol(空气品质感知值)来评价可感受的空气品质。olf 表示在办公室或类似的非工业场合工作区工作的普通人，从事静坐并在卫生标准热舒适环境中单人所散发的空气污染物的散发率。decipol 表示具有 1olf 污染源的地方可感受的空气污染物用未污染的空气以 10L/s 的速率在充分混合达到稳定状态条件下的通风稀释。两者之间存在如下关系：

$$1\text{decipol}=0.1\text{olf}$$

(2)通风效率和换气效率评价指标。这两个指标是从发挥通风空调设备和系统的效应，进行有效通风换气，提高室内空气品质出发提出的。换气效率是指可能最短的空气龄与平均空气龄之比，是衡量室内某点或全室空气更换效率优劣的指标，也是气流本身的特性参数，与气流组织分布有关，但它并不能代表排除污染物的能力。通风效率是指排风口处污染物浓度与室内污染物平均浓度之比，是送风排除污染物的能力指标，是室内污染物以多大速度被消除的量度，也是考查气流组织分布方式和能量利用有效性的指标。工程上多用换气效率和通风效率作为综合评价指标，具体参阅有关文献。

(3)IAQ 等级的模糊综合评价。该方法考虑了室内空气品质等级的分级界限的内在模糊性，评价结果可显示出对不同等级的隶属程度，比较符合人们的思维习惯。同时，该方法的关键是建立 IAQ 等级评价的模糊数学模型，确定各类健康影响因素对可能出现的评判结果的隶属度。国际标准化组织在 1984 年提出了评价和测量室内热湿环境的新标准化方法(ISO 7730 标准)，即采用 PMV(Predicted Mean Vote)-PPD(Predicted Percentage of Dissatisfied)指标，综合考虑人体的活动程度、衣着情况、空气温度、平均辐射温度、空气流动速度和空气湿度等因素，来评价人体对环境的舒适感。用 PMV-PPD 指标评价环境的热舒适状况要比用等效温度法所考虑的因素全面些。

(4)空气耗氧量(Chemical Oxygen Demand，COD)。空气耗氧量是通过反应方法测定室内 VOCs 被氧化的空气耗氧量，表征室内 VOCs 的总浓度。COD 与室内空气品质的其他指标，如 CO_2、CO、甲醛和微生物等有显著的相关性，说明它是综合性比较强的室内空气污染指标。

(5)综合评价方法。客观评价就是直接用室内污染物指标来评价室内空气品质的方法，通常选用 CO_2、CO、甲醛、可吸入性微粒、SO_2、室内细菌总数、温度、相对湿度、空气流速以及噪声等 12 个指标来定量地反映室内空气品质。这些指标可以根据具体对象适当增减，并且客观评价需要测定背景指标。主观评价主要是通过对室内人员的询问得到的，是利用人体的感觉器官对环境进行描述和评价。对室内空气品质的评价实现主观评价与客观评价相结合的综合评价方法，较好地说明了合格的空气品质应当既符合客观评价指标，又符合主观评价指标的可接受的室内空气品质定义。

3. 室内空气品质的改善措施

对于室内空气品质的改善，主要是减少污染物的产生，从根本上杜绝或抑制污染物的产生。在改革工艺时，应尽量使生产过程自动化、机械化、密闭化，避免污染物与人体直接接触。在民用建筑中，建筑设计人员应尽量选择挥发性低的建筑材料、装饰材料。加强通风与空调系统的管理，加强新风和回风的处理手段，加强气流组织的优化，提高通风效率，避免建筑物内部交叉污染，系统运行时加强设备的保养与维护，防止微生物污染，建立严格的检查管理制度，定期测定室内污染物的浓度，作为污染物控制工作的主要依据。注意引入新风的品质，室外采风口应尽量选在空气质量好的位置，当室外污染物浓度高时，应在系统中装设相应的空气处理设备。

同时，在减少带菌交叉二次污染方面，首先是转变设计理念，通风空调机组设计的出发点不能局限于如何提高热湿处理效率，仅仅依靠增加空气过滤的方法来消除细菌的危害，而应采用工程学和卫生学相结合的综合措施、强化现代全过程控制的质量意识，在保障体系中强调区域控制的概念。其次，正确认识通风空调系统的形式。对于风机盘管加新风系统，由于风机盘管机经常处于湿工况，为盘管内滋生细菌提供了条件，从而形成二次污染，据实测，新风管直接入室和新风管直接插入风机盘管机组送风管这两种方式对改善室内空气品质的效果最好。对于全空气系统，应根据系统各个房间的特点，合理地划分系统，要求系统覆盖的房间不宜太多。对于医院的传染病房，为了防止污染其他区域，房间必须保持负压。再次，要有良好的净化保证体系，要求系统能够控制相应等级用房的室内温度、湿度、尘埃、细菌、有害气体浓度以及气流组织分布，保证室内人员所需的新风量。

3.2.2　空调区新风量的确定依据

1. 单房间空调系统最小新风量的确定

一个完善的空调系统，除了满足对空调区温、湿度控制以外，还必须给房间提供足够的室外新鲜空气（简称新风）以保证房间的空气品质，因此一般情况下，送风空气由新风和回风组成，以改善室内空气品质。从改善室内空气品质角度考虑，新风量越多越好；由于空调系统中新风的热、湿处理消耗的能量很多，所以，使用的新风量越少，就越经济。但是不能无限制地减少新风量，因而在系统设计时，必须确定最小新风量，通常应满足以下三个要求：

（1）室内卫生要求。在人们长期停留的空调房间内，新鲜空气的多少对健康有直接影响。人体总要不断地吸入氧气，呼出二氧化碳，如果新风量不足，就不能供给人体足够的氧气，影响人体健康。新风量主要根据室内卫生要求、人员的活动和工作性质，以及在室内的停留时间等因素确定。如果长时间不给空调房间供给新风，则二氧化碳浓度会超标，人体会感到不适。按室内卫生要求的最小新风量，民用建筑主要是对降低二氧化碳的浓度来确定的。计算式为

$$G_{W1} = \rho_W X/(Y_n - Y_o) \tag{3.9}$$

式中　G_{W1}——空调房间所需要的新风量，kg/h；

X——室内产生的 CO_2 含量，L/h；

Y_n——室内 CO_2 允许的含量，L/m^3，可按表3.4选取；

Y_o——室外新风中的 CO_2 含量，L/m^3，对于一般的农村和城市，Y_o 在 0.33～0.5L/m^3（0.5～0.75g/kg）的范围内；

ρ_W——新风的密度，kg/m^3。

表 3.4　室内二氧化碳(CO_2)的最高允许浓度

房间性质	CO_2 允许含量	
	L/m^3	g/kg
人长期停留的地方	1	1.5
儿童和病人停留的地方	0.7	1.0
人周期性停留的地方(机关)	1.15	1.75
人短期停留的地方	2.0	3.0

在实际工程中,工业建筑一般可按规范确定:不论每人占房间体积多少,新风量均按大于等于 30m^3/(h·p) 采用;节能设计标准关于公共建筑空调新风量的规定参见表 3.5。

表 3.5　公共建筑新风量标准

建筑类型与房间名称			新风量/[m^3/(h·p)]
旅游旅馆	客房	5 星级	50
		4 星级	40
		3 星级	30
	餐厅、宴会厅、多功能厅	5 星级	30
		4 星级	25
		3 星级	20
		2 星级	15
	大堂、四季厅	4～5 星级	10
	商业、服务中心	4～5 星级	20
		2～3 星级	10
	美容、美发、康乐设施		30
旅店	客房	1～3 级	30
		4 级	20
文化娱乐	影剧院、音乐厅、录像厅		20
	游艺厅、舞厅(包括卡拉 OK 歌厅)		30
	酒吧、茶座、咖啡厅		10
体育馆			20
商场(店)、书店			20
饭馆(餐厅)			20
办公室			30
学校	教室	小学	11
		初中	14
		高中	17

(2)补充局部排风量。如果建筑物内有燃气热水器、燃气灶、火锅等燃烧设备时，系统必须给空调区补充新风，以弥补燃烧所耗的空气，保证燃烧设备的正常工作。燃烧所需的空气量可从燃烧设备的产品样本中获得，也可以根据相关公式计算而得。如果空调房间有排风设备，为了不使房间产生负压，至少应补充与局部排风量相等的室外新风。计算式为

$$G_{W2} = G_P \tag{3.10}$$

式中　G_P—— 空调房间的局部排风量，kg/h。

(3) 保持室内正压所需的新风量。为了防止外界未经处理的环境空气渗入空调房间，干扰室内控制参数，有利于保证房间清洁度和室内参数少受外界干扰，需在空调系统中用一定的新风来保持房间的正压，即用增加一部分新风量的办法，使室内空气压力高于外界压力，然后再让这部分多余的空气从房间门缝隙等不严密处渗透出去。

舒适性空调室内正压值不宜过小，也不宜过大，一般采用 5Pa 的正压值就可以了。当室内正压值为 10Pa 时，保持室内正压所需的风量，每小时为 1.0 ～ 1.5 次换气，舒适性空调的新风量一般都能满足此要求。

室内正压值超过 50Pa 时会使人感到不舒适，而且须加大新风量，增加能耗，同时开门也较困难，因此规定不应大于 50Pa。对于工艺性空调，因与其相通房间的压力差有特殊要求，其压差值应按工艺要求确定。

不同窗缝结构情况下内外压差为 ΔH 时，经窗缝的渗透风量，可参考图 3.6 确定。因此，可以根据室内需要保持的正压值，确定系统新风量。

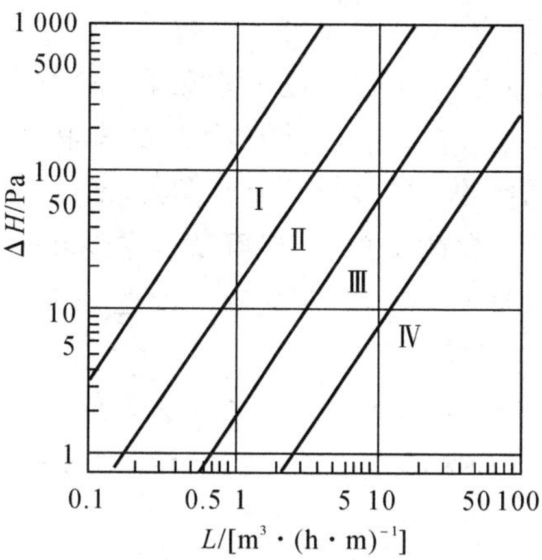

图 3.6　内外压差作用下，每米窗缝的渗透风量

Ⅰ— 窗缝有气密设施，平均缝宽 0.1mm；Ⅱ— 有气密压条，可开启的木窗户，缝宽 0.2 ～ 0.3mm；Ⅲ— 气密压条安装不良，优质木窗框，缝宽 0.5mm；Ⅳ— 无气密压条，中等质量以下的木窗框，缝宽 1 ～ 1.5mm

(4) 新风除湿所需新风量。随着空调技术的发展，温湿度独立控制系统等新型空调系统形式越来越广泛应用到实际工程中。对于这些空调系统，新风需承担全部或部分室内湿负荷，如温、湿度独立控制系统中的新风就需承担空调房间的全部湿负荷。在这些空调系统中，新风除了需满足室内卫生要求及风量平衡原则外，还须满足除湿的要求。

空调区除湿需要的新风量可按下式进行计算：

$$G_{W3} = 3\,600W/\rho(d_N - d_X) \tag{3.11}$$

式中　W—— 新风须承担的空调区湿负荷，g/s；

ρ—— 新风密度，kg/m^3；

G_{W3}—— 空调区除湿所需新风量，m^3/h；

d_N—— 空调区空气的含湿量，g/kg；

d_X—— 新风送风含湿量，g/kg。

根据上述空调房间最小新风量需满足的条件，其确定流程可由图 3.7 确定。

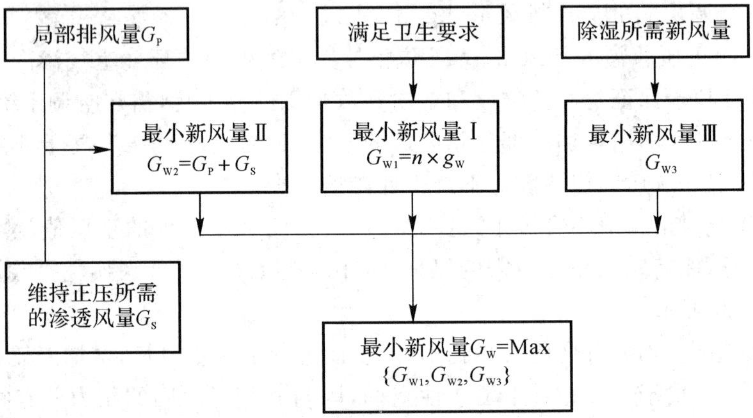

图 3.7　空调房间最小新风量的确定方法

在全空气系统中，通常按照上述三条要求确定出新风量中的最大值作为系统的最小新风量。但是计算出来的值有时会过小，因此若计算出来的新风量不足系统的 10%，则取送风量的 10% 确定新风量。

但温、湿度波动范围要求很小或净化程度要求很高，房间换气次数特别大的系统不在此列。这是因为通常温、湿度波动范围要求很小或洁净度要求很高的空调区送风量一般都很大，如果要求最小新风量达到送风量的 10%，新风量也很大，不仅不节能，大量室外空气还影响了室内温、湿度的稳定，增加了过滤器的负担；一般舒适性空调系统，按人员和正压要求确定的新风量达不到 10% 时，由于人员较少，室内二氧化碳浓度也较低（氧气含量相对较高），也没必要加大新风量。

值得指出的是，对于舒适性空调和条件允许的工艺性空调，当可用室外新风作冷源时，应最大限度地使用新风，以提高空调区的空气品质（如过渡季节）。另外，有以下情况存在时，应采用全新风空调系统：

1）夏季空调系统的回风比焓值高于室外空气比焓值。

2）系统各空调区排风量大于按负荷计算出的送风量。

3）室内散发有害物质，以及防火防爆等要求不允许空气循环使用。

4）采用风机盘管或循环风空气处理机组的空调区，应设有集中处理新风的系统。

2. 多房间空调系统最小新风量的确定

当一个集中式空调系统包括多个房间时，由于同一个集中空气处理系统中所有空调房间的新风比都相同，所以，各个空调房间按比例实际分配得到的新风量就不一定符合前面讨论的最小新风量的确定原则。因此，对于一个空调系统为多个房间服务的场合，为了较合理地确定空调系统的最小新风量，做到保证人体健康的卫生要求，又尽可能地减少空调系统的能耗，需要根据空调房间和相同的风量平衡来确定空调系统的最小新风量。

当一个空调系统负担多个使用房间时，系统的新风量应按式(3.12) ~ 式(3.15) 确定，有

$$Y = \frac{X}{1+X-Z} \tag{3.12}$$

式中　Y—— 修正后的系统新风量在送风量中的比例；

X—— 未修正的系统新风量在送风量中的比例；

Z—— 需求最大的房间的新风比。

$$Y = \frac{\sum q'_{m,w}}{\sum q_m} \tag{3.13}$$

$$X = \frac{\sum q_{m,w}}{\sum q_m} \tag{3.14}$$

$$Z = \frac{\sum q_{m,w,max}}{\sum q_{m,max}} \tag{3.15}$$

式中　Y—— 修正后的系统新风量在送风量中的比例；

$\sum q'_{m,W}$—— 修正后的总新风量，m^3/h；

$\sum q_m$—— 总送风量，即系统中所有房间送风量之和，m^3/h；

X—— 未修正的系统新风量在送风量中的比例；

$\sum q_{m,W}$—— 系统中所有房间的新风量之和，m^3/h；

Z—— 需求最大的房间的新风比；

$q_{m,W,max}$—— 需求最大的房间的新风量，m^3/h；

$q_{m,max}$—— 需求最大的房间的送风量，m^3/h。

在全空气系统的设计中，在不降低人员卫生条件的前提下，应根据实际情况尽量减少系统的设计新风比以利于节能。在一个空调风系统负担多个空调房间时，由于每个房间人员数量与负荷条件的不同，新风比会有很大的差别。为了保证每个房间都能获得足够的新风，有些设计人员会将各个房间新风比值中的最大值作为整个空调系统的新风比取值，从原理上看，对于系统内其他新风比要求小的房间，这样的做法会导致其新风量过大，因而造成能源浪费。如果采用式(3.11) 计算，将使得各房间在满足要求的新风量的前提下，系统的新风比最小，因此可以节约空调风系统的能耗。

每人实际使用的新风量就是相关规范规定的最小新风量，如果某个房间在送风过程中新风量有多余(人员少、新风量过大)，则多余的新风必将通过回风重新回到系统中，再通过空调机重新送至所有房间。经过一定时间和一定量的系统风循环之后，新风量将重新趋于均匀，由此可使原来新风量不足的房间得到更多的新风。因此，如果按照以上要求来计算，在考虑上述因素的前提下，各房间人均新风量可以满足要求。

由于部分新风是经过一次甚至多次循环后才“被利用”，因此某些房间的新风“年龄”会“长”一些。如果设计中要考虑新风“年龄”问题，就需要针对系统的实际情况进行更为详细的计算。

按以上方法确定出的新风量是最小新风量。对于全年允许变新风量的系统，在过渡季节，可增大新风量，利用新风冷量节约运行费用，同时也可得到较好的卫生条件。

在全年变风量的空调系统，为了在过渡季节多用新风量，应当设置可调风量的排风系统，以保证室内的正压恒定。如果不设置排风系统，室内正压将随新风量的变化波动，甚至会造成回风排不掉，新风抽不进的情况。系统排风量的大小等丁各空调房间的回风量与空气处理室的回风量的差值。

3.2.3 空调区的风量平衡

空调设计的新风量是指在夏季设计工况下，应向空调房间提供的室外新鲜空气量，是出于经济和节约能源考虑所采用的最小新风量。在春秋过渡季节可以加大新风量，提高新风百分比，甚至可以全新风运行，以便最大限度地利用自然冷源，进行免费供冷。因此无论在空调设计时，还是在空调系统运行时，都应十分注意空调系统风量平衡的问题。

例如，设计风管时，要考虑各种情况下的风量平衡，按其风量最大时考虑风管的断面尺寸，并要设置必要的调节阀，以便能在各种工况下实现各种风量平衡的可能性。

对于全年新风量可变的系统，和在室内要求正压并借助门窗缝隙渗透排风的情况下，空气平衡关系如图 3.8 所示。设房间总送风量为 G，门窗的渗透风量为 G_s，从回风口吸走的风量为 G_x，进入空调箱的回风量为 G_h，排风量为 G_p，新风补充风量为 G_w，则

对空调房间　　$G = G_x + G_s$

对空调箱　　$G = G_h + G_w$

对空调系统　　$G_w = G_s + G_p$

当过渡季节采用的新风量比设计工况下的新风量大，且要求室内正压恒定时，必然有 $G_w > G_h$ 及 $G_w > G_s$。而 $G_x - G_h = G_p$，G_p 即为系统要求的机械排风量。通常在回风管上装回风机和排风管进行排风，根据新风的多少来调节排风量（新风阀门和回风阀门连接控制），这就可以保持室内恒定的正压，这一系统称为全新风系统。

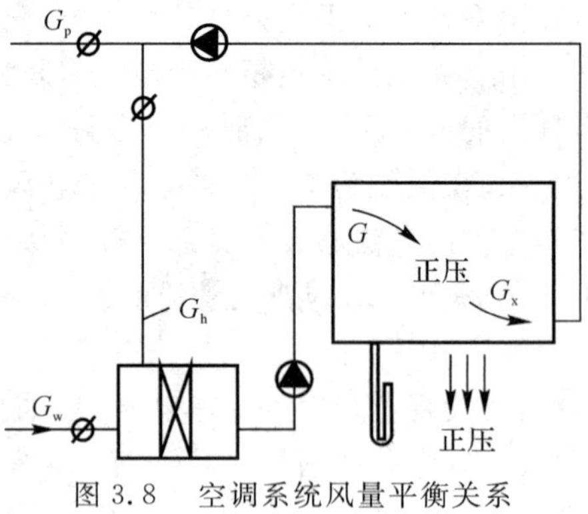

图 3.8　空调系统风量平衡关系

3.2.4 空调区新风量的确定实例

以下例 3.3 和例 3.4 为空调区新风量确定的实例。

例 3.3　某空调室内有工作人员 20 名[新风量为 $30m^3/(h \cdot p)$]，室内体积 $250m^3$，室内有局部排风 $200m^3/h$，维持室内正压需要换气次数为 1.5 次 /h，求该空调房间的最小新风量。

解：(1) 保证室内卫生要求需要新风量为

$$L_1 = 20 \times 30 = 600m^3/h$$

(2) 补偿局部排风要求需要新风量为

$$L_2 = 200\text{m}^3/\text{h}$$

(3) 维持室内正压要求需要新风量为

$$L_3 = 1.5 \times 250 = 375\text{m}^3/\text{h}$$

(4) 该空调房间最小新风量为

$$L = \max\{L_1, L_2 + L_3\} = \max\{600, 575\} = 600\text{m}^3/\text{h}$$

例 3.4　空调室内有工作人员15名[新风量为 $12\text{m}^3/(\text{h}\cdot\text{p})$]，空调房间为 $7.2\text{m}\times7.2\text{m}\times3\text{m}$，室内有局部排风为 $200\text{m}^3/\text{h}$，维持室内正压需要换气次数为1.2次/h，空调冷负荷为12kW，送风温差为8℃，求该空调房间的最小新风量。

解：(1) 保证人员所需要新风量为

$$L_1 = 15 \times 12 = 180\text{m}^3/\text{h}$$

(2) 补偿局部排风要求需要新风量为

$$L_2 = 200\text{m}^3/\text{h}$$

(3) 维持室内正压要求需要新风量为

$$L_3 = 1.2 \times 7.2 \times 7.2 \times 3 = 186.6\text{m}^3/\text{h}$$

(4) 空调总送风量的10%为

$$L_4 = 12 \div 8 \div 1.2 \div 1.01 \times 3\,600 \times 10\% = 445.5\text{m}^3/\text{h}$$

(5) 该空调房间最小新风量为

$$L = \max\{L_1, L_2 + L_3, L_4\} = \text{Max}\{180, 386.6, 445.5\} = 445.5\text{m}^3/\text{h}$$

本章小结

本章首先介绍了空调房间在夏季和冬季的送风状态及送风量的确定方法，求得了具有一定送风状态及送风量的空气以满足空调房间的需要；同时，介绍了室内空气品质的指标要求及其评价标准，并在此基础上，确定了单个房间及多个房间的空调系统最小新风量的影响因素及计算方法；最后，介绍了在空调系统设计和运行时都应该特别注意的空调系统的风量平衡问题。

思考与练习题

1. 什么是室内空气品质?室内空气品质的评价指标有哪些?

2. 室内空气品质改善措施有哪些?

3. 为什么送风温差不能太大?送风温差和换气次数的关系如何?

4. 夏季送风状态点如何确定?如果夏季允许送风温差可以很大，试分析有没有别的因素限制送风状态点取得过低?

5. 确定房间最小新风量的依据是什么?多个房间的最小新风量如何确定?

6. 某空调房间室内全热冷负荷为85kW，湿负荷为9.7g/s。已知送风状态点 O：$h_o = 42\text{kJ/kg}$，$t_O = 16℃$，$d_O = 10.25\text{g/kg}$，室内状态点 N：$h_N = 55.5\text{kJ/kg}$，$t_N = 25℃$，$d_N = 11.8\text{g/kg}$，新风百分比为20%。试求：(1) 热湿比；(2) 送风量；(3) 新风量。

7.某工艺用空调房间共有10名工作人员，人均最小新风量要求不少于$30m^3/(h\cdot p)$，该房间设置了工艺要求的局部排风系统，其排风量为$250m^3/h$，保证房间正压所要求的风量为$200m^3/h$。问：该房间空调系统最小设计新风量应为多少？

第 4 章　空气调节系统

教学目标与要求

空调系统是实现空调目的的“硬件”保证，它是由空气处理设备和空气输送管道以及空气分配装置组成的，虽然空调系统的组成只有三大部分，但是却可以根据需要组成许多不同形式的系统。本章主要讲述空调系统的分类、集中式空调系统、半集中式空调系统和分散式空调系统。通过本章的学习，学生应达到以下目标：

(1)了解空调系统的不同分类方法；

(2)掌握一次回风空调系统的夏季处理方案；

(3)掌握风机盘管加新风系统的处理方案；

(4)掌握 VRV 多联机空调系统处理方案。

教学重点与难点

(1)机器露点的概念；

(2)一次回风系统空气处理方案；

(3)一次回风系统的冷量分析；

(4)二次回风系统处理方案；

(3)风机盘管加新风系统处理方案；

(4)分散式空调型号的表示方法；

(5)VRV 户式中央空调系统设计。

工程案例导入

进入夏季，烈日炎炎，室外气温不断攀升，有时刚进入 7 月中旬，室外最高气温就上升到 40℃左右。随着社会的不断进步和人们生活水平的提高，空调设备已从办公大楼、宾馆、文化娱乐场所逐步进入普通家庭。空调系统确实给人们的工作和生活提供了良好的环境，提高了人们的工作效率和生活质量，但同时也给人们带来了一系列健康问题，这就是人们所说的空调综合征。另外，在 2003 年春季及 2020 年，肆虐全球的 SARS 及新冠肺炎疫情中，要做到室内通风良好，同时为保持室内空气品质良好，同样需要选择合适的空调系统。那么如何选择合适的空调系统使人们在享受舒适环境的同时还能保证身体的健康呢？这就需要明确各种空调系统的优缺点、适用范围以及各空调系统的设计方案。

4.1 空气调节系统的分类

由空气处理设备、通风机、风道及送、回风口等组成的系统称空气调节系统。空气调节系统的任务是对将要送入各房间的空气进行加热、冷却、加湿、减湿和过滤等处理，以保证经处理后送入各空调房间的空气的温度、湿度、气流速度及洁净度能达到设计规定的指标，满足生产和生活的需要。空调系统是空气调节系统的简称。系统的主要组成部件不同及其负担室内负荷所用介质种类的不同，使得空调系统的类型很多，但各种空调均有不同的适用场合，只有全面深入地了解各种空调系统的构成与特点，并掌握其设计方法，才能为室内建筑或房间设计出最合适的空调系统。空调系统可按不同的方法进行分类。

4.1.1 按空气处理设备的位置情况划分

1. 集中式空调系统

该系统的所有空气处理设备，如过滤器、加湿器、加热器、冷却器和风机等设备全部设置在一个集中的空调机房内，空气经过集中处理后通过风道送入各房间。它又可以分为单风管系统、双风管系统和变风量系统。此系统处理空气量大，有集中的冷、热源，运行可靠，便于管理和维修，但机房占地面积大，风管占空间多。此类系统空调设备处理空气所需的冷热量由专门配备的冷热源(如冷水机组或锅炉房)供给。

2. 半集中式空调系统

该系统又称为混合式空调系统。它是集中式和分散式空调系统的组合。它除了需要设置集中的空调机房外，还在空调房间设有末端装置，末端装置大多数属于冷热交换设备(亦称二次盘管)，它的功能主要是处理室内循环空气以减少集中式新风机组的负担。诱导式空调系统就属于混合式空调系统。半集中式空调系统的空气处理设备所需的冷热量也由专门配备的冷热源(如冷水机组或锅炉房)供给。

集中式和半集中式空调系统统称为中央空调系统。

3. 全分散式空调系统

该系统又称局部式空调系统。这种系统是把冷、热源、空气处理设备及输送设备等集中设置在一个箱体中，形成一个紧凑的空调系统即空调机组，并根据需要将其设置在空调室内或空调室相邻的房间里直接负担室内负荷。这种局部机组不需要设置集中的机房。

4.1.2 按负担室内负荷所用的介质划分

1. 全空气系统

在这种系统中，负担室内负荷所用的介质全部是空气。如果空调房间内的热湿负荷均为正值，可将低于室内空气焓值的空气送入房间，吸收余热余湿后再排出房间。全空气系统由于空气的比热容较小，需要较多的空气才能达到消除余热余湿的目的，因此该系统要求有较大断面的风道，占用建筑空间较多，但室内卫生条件好，它适用于层高较高的建筑。低速集中式空调系统及双管高速空调系统均属于这一类，如图 4.1(a)所示。

2. 全水系统

在这种系统中，负担房间热湿负荷的介质全部是经过处理后的水来负担。由于水的比热容比空气大得多，所以在相同条件下只需较小的水量就能满足要求。因此与全空气系统相比，其管道所占的空间将减少许多。但是，仅靠水来消除余热余湿，显然并不能解决房间的通风换气问题，室内空气质量无法保障，因此通常并不单独使用这种方法，如图4.1(b)所示。

3. 空气-水系统

这种系统实际上是综合上述两种系统的优点而组合的系统。由于空调装置的广泛应用，需要设置空调系统的大型建筑物越来越多，如果仅靠空气来负担热湿负荷，将占用较大的空间，并造成初投资的增加。但如果仅靠水来负担室内热湿负荷，又会造成室内空气品质无法保证，因此可以同时使用水和空气来负担空调室内的热湿负荷。此种系统根据房间内的末端设备形式不同可分为三种系统，即空气-水风机盘管系统、空气-水诱导器系统以及空气-水辐射板系统。目前，广泛采用的空气-水系统是风机盘管系统。此系统是用盘管处理室内回风，而室内卫生则依靠新风机组集中处理后由新风管网统一供给，如图4.1(c)所示。

4. 制冷剂系统

此系统是将制冷装置的蒸发器放置在空调房间内，吸收室内产生的余热余湿。由于制冷剂管道不能长距离输送，所以这种系统只适用于分散安装的小型空调机组，如图4.1(d)所示。

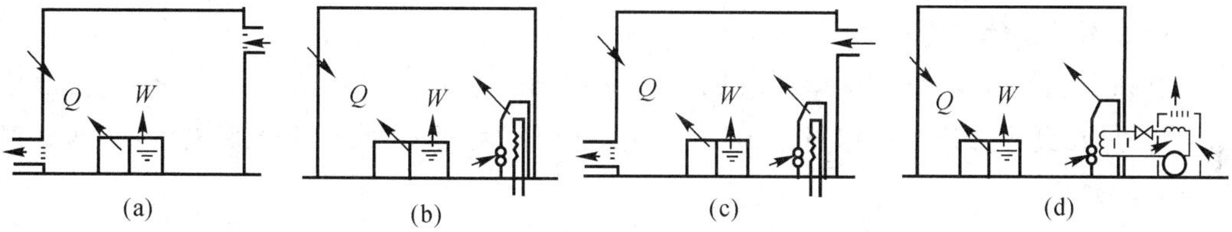

图4.1　按负担室内热、湿负荷所用介质不同划分的空调系统示意图

(a)全空气系统；(b)全水系统；(c)空气-水系统；(d)制冷剂系统

4.1.3　按系统处理的空气来源划分

1. 全新风系统(又称直流式系统)

由室外吸入空调机进行处理的空气称为新风，当空调系统使用的空气全部由室外新风组成，该新风经空调机处理后，进入空调房间消除室内的热、湿负荷后，再由排风口全部排出室外的空调系统称为直流式空调系统即全新风系统，如图4.2(a)所示。这种系统适用于不允许采集回风的场所，如放射性实验室或生产过程中散发大量有害气体的车间等。为了回收排出空气的热量或冷量用来加热或冷却新风，可以在这种系统中设置热回收设备。

2. 全回风系统(又称封闭式系统)

该空调机处理的空气全部来自空调房间本身，而不用新风补充，即室内空气经处理后，再送回室内消除室内的热、湿负荷。因此，空调房间和空调机之间形成了一个全封闭式环路，如图4.2(b)所示。这种系统节省能源，运行费用低，但卫生条件差，工作人员不宜于长时间在这种环境中工作，且系统自身也应该考虑空气的再生问题。因此，此系统适用于战时的地下庇护所等战备工程以及很少有人进出的仓库工程等。

3. 混合式系统

从上述两种系统可见，全新风系统经济不合理，而全回风系统不能满足卫生要求，它们只能在特定的情况下使用，对于大多数场合则需要综合上两种系统的利弊，采用新回风混合式系统。该系统在处理一部分新风进入空调房间的同时，又按设计规定，抽取部分回风，使二者混合后再经空调机的处理送入空调房间。这种系统既能满足卫生要求，又能节约冷量或热量，因此经济合理，为空调系统广泛采用的一种方式，如图 4.2(c)所示。

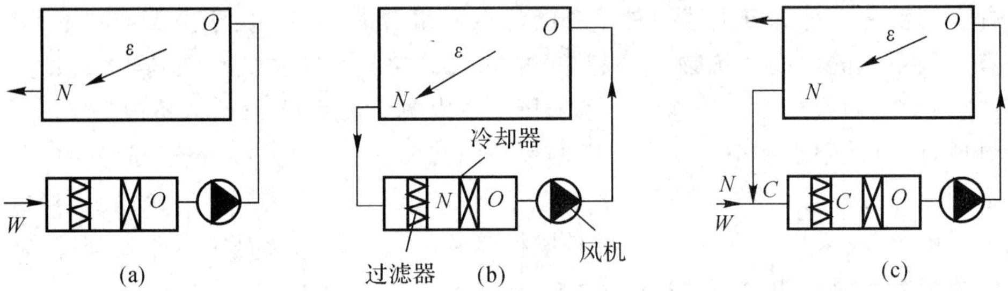

图 4.2　普通集中式空调系统的三种形式

(a)直流式系统；(b)封闭式系统；(c)混合式系统

4.1.4　按风道中空气流速划分

1. 高速空调系统

在高速空调系统中，干管的空气流速一般均在 20～30m/s 范围内，这样可以大大减小风道断面尺寸，由此也会产生耗电量增加以及运行噪声等问题，因此可用于层高受限，布置风道困难的建筑物中。

2. 低速空调系统

此系统风管中的空气流速一般控制在 8～12m/s 范围内，最高风速也不会超过 14m/s，风道断面较大，需要占较大的建筑空间，一般的空调系统均属于这种类型。

除了以上列举的分类外，空调系统还有以下几种分类方式：据系统的用途不同，可分为舒适性和工艺性空调系统；据系统的送风量是否可调，可分为定风量和变风量空调系统。

4.2　集中式空调系统的处理方案

在工程上应考虑建筑物的用途和性质，热、湿负荷特点，温、湿度调节和控制的要求，空调机房的面积和位置，以及初投资和运行维修费用等多方面因素来选择合理的空调系统。因为空调系统的确定将直接影响到工程造价、运行管理及维修费用等经济指标，所以根据用户需求确定合理的空调系统方案非常重要。

普通集中式空调系统是低速、单风道、全空气系统，它是出现最早、至今仍在广泛使用的一种空调系统。集中式空调系统作为定风量式空调系统的典型代表，全年的送风量不变，为适应室内负荷的变化，它主要是通过改变其送风温度来满足要求，并利用空调设备对空气进行较完善的集中处理后，通过风道系统将具有一定品质的空气送入空调区或大型工业厂房，实现其环境控制的目的。该系统配套的冷、热源需集中布置在专用机房。

4.2.1　集中式空调系统的概念及组成

1. 概念及组成

集中式空调系统又称中央空调，是指对送入空调区域的空气进行集中处理，达到需要的送风状态，然后经风机、风管及风口送入室内。它由冷热源、空气处理设备、风系统、水系统及自控调节装置等组成。其中冷热源包括制冷机组、锅炉、热泵机组和水泵等都集中设置在专门的机房里；空气处理设备包括过滤器、加热器、冷却器、加湿器和减湿器等设备，它们集中设在空调机房中；风系统包括送风管、排(回)风管、风机和风口等；水系统包括冷(热)水、冷却水和冷凝水等；自控调节装置包括各种阀门、仪表等。集中式空调系统组成如图 4.3 所示。

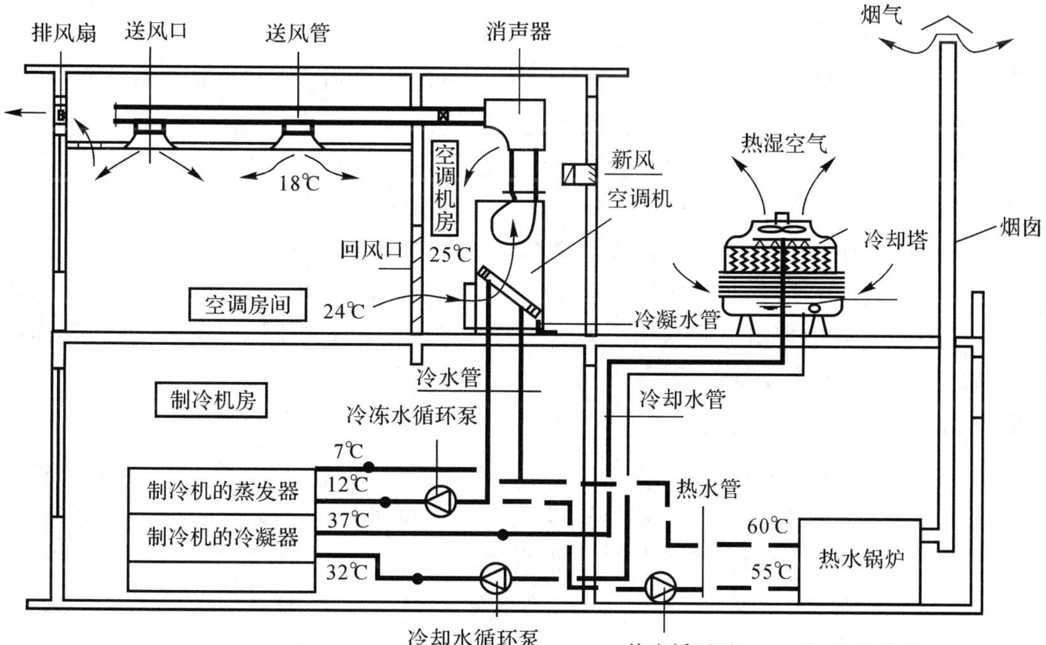

图 4.3　集中式空调系统组成

2. 特点

集中式空调系统的优点是空调设备集中设置在专门的机房内，便于集中调节和维护；室内空气质量容易得到保证；能满足对空气的各种处理要求；使用寿命长，初投资和运行费用较小；消声隔振效果好。

其缺点是风道断面大，占用空间多，适用于民用与工业建筑中有较大空间布置设备和管路的场所；难以满足不同房间或区域负荷有变化的空调送风，并会造成一定的能量浪费；各房间之间有风管连通，不利于防火排烟。

集中式空调系统除了少数全部采用室外新风和无法或无须使用室外新风的特殊工程采用直流式和封闭式外，通常大都采用新风和回风混合的方式。而新回风混合式根据回风引用次数的不同又可分为一次回风和二次回风两种形式。

在空调机组处理空气时，为了最大可能地节能及满足室内卫生要求，大多数场合均须利用相当量的回风，而采用少量的新风，从而满足空调系统经济性要求。但事实上，并不能无限制地减少新风量，它要受到室内卫生条件的制约。

3. 适用范围

集中式空调系统(即全空气系统)一般用于房间面积大，层高较高，热、湿负荷变化类似，新风量变化大及对温、湿度和洁净度等要求严格的场所，如体育馆、影剧院、会展中心、厂房和超市等。

4.2.2 全新风系统

全新风系统又称为直流式系统，它处理的空气全部来自室外，经过设在机房的新风机组进行集中热湿处理，到达送风状态要求后，经过风系统送入室内吸收余热、余湿后又全部排出，因而室内空气得到100%的置换，卫生效果好，但能耗较大。

《采暖通风与空气调节设计规范》(GB 50019—2003)中增加全新风空调系统是考虑节能、卫生、安全而规定的，下列情况应采用全新风空调系统：

(1)夏季空调系统的回风比焓值高于室外空气比焓值。

(2)系统服务的各空气调节区排风量大于按负荷计算出的送风量。

(3)室内散发有害物质，及防火防爆等要求不允许空气循环使用。

目前，对于放射性实验室，产生有毒有爆炸性危险气体的车间，医院里的烧伤病房和传染病房等，是不允许采用回风的，应采用全新风系统。在公共建筑中，室内游泳馆(池)、宾馆的厨房等，也必须采用全新风系统。

1. 夏季空气处理过程与设计

(1)系统图示及空气处理过程。从图4.4可知，全新风空调系统是将室外的新风 W 经新风机组集中处理到机器露点 L(L 点称为机器露点，一般位于 $\varphi=90\%\sim95\%$ 线上)，经表面加热器或电加热器等湿加热到送风状态点 O，然后通过送风系统将处理好的新风送到室内，吸收室内余热和余湿，达到室内状态点，然后全部排至室外，从而使室内保持舒适健康的环境。其处理过程的字母流程为

$$W \xrightarrow{\text{冷却减湿}} L \xrightarrow{\text{再热}} O \xrightarrow[\sim\sim]{\varepsilon} N$$

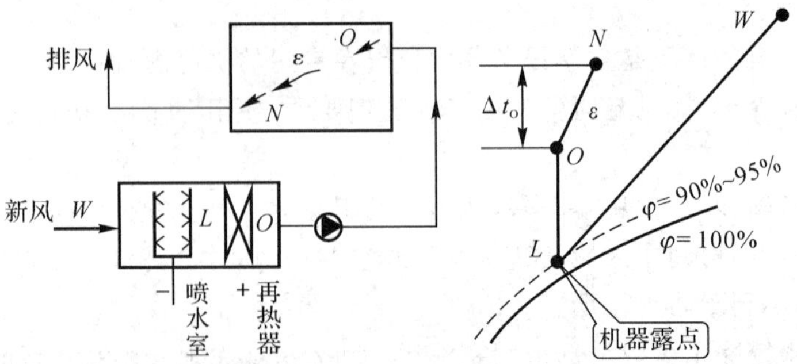

图4.4 全新风空调系统夏季处理方案

系统处理过程所需的冷量

$$Q_O = G(h_W - h_L) \tag{4.1}$$

系统处理过程所需的再热量

$$Q_{再热} = G(h_O - H_L) \tag{4.2}$$

2. 冬季空气处理过程与设计

设冬季室内状态点与夏季相同，热湿比为 ε'，因房间有热损失而减小(也可能成为负值)，对于全新风系统来说，一般均为定风量式系统，所以冬夏季均采用相等的风量。冬季由于室外空气比较干燥，所以须对送入房间的新风进行加热和加湿，对于加湿而言，除了用喷水室绝热加湿方法达到增加含湿量外，还可以采用喷蒸汽的方法实现等温加湿。下面分别进行介绍。

方案 1：直流式喷水加湿系统。设冬季室内状态点为 N，室外新风状态点为 W'，预热后状态点为 W_1，机器露点为 L'，冬季送风状态点为 O'，其处理过程如图 4.5 所示。

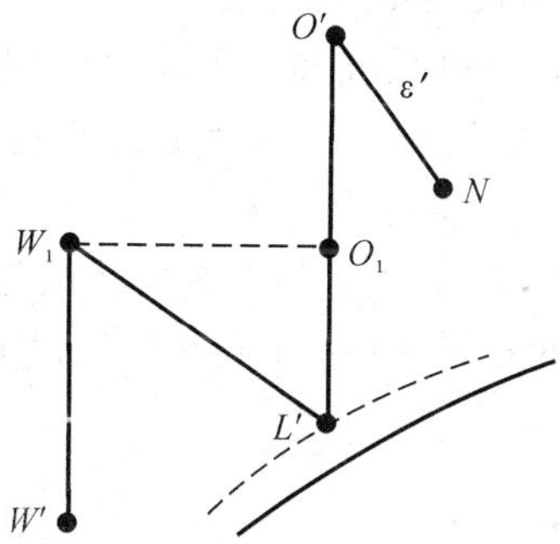

图 4.5　直流式冬季加湿处理方案

冬季喷水加湿处理方案字母流程为

$$W' \xrightarrow{预热} W_1 \xrightarrow{喷水绝热加湿} L' \xrightarrow{再热} O' \xrightarrow{\varepsilon'} N$$

预热量
$$Q_1 = G(h_{W1} - h_{W'}) \tag{4.3}$$

再热量
$$Q_2 = G(h_{O'} - h_{L'}) \tag{4.4}$$

加湿量
$$W_{湿} = G(d_{L'} - d_{W1}) \tag{4.5}$$

方案 2：直流式蒸汽加湿系统。设冬季室内状态点为 N，室外新风状态点为 W'，预热后状态点为 W_1，喷蒸汽等温加湿后的状态点为 O_1，冬季送风状态点为 O'，其处理过程如图 4.5 所示。

冬季喷蒸汽处理方案字母流程为

$$W' \xrightarrow{预热} W_1 \xrightarrow{喷蒸汽等温加湿} O_1 \xrightarrow{再热} O' \xrightarrow{\varepsilon'} N$$

预热量
$$Q_1 = G(h_{W1} - h_{W'}) \tag{4.6}$$

再热量
$$Q_2 = G(h_{O'} - h_{O1}) \tag{4.7}$$

加湿量
$$W_{湿} = G(d_{O1} - d_{W1}) \tag{4.8}$$

3. 特点及适用场合

(1) 优点。

1) 提供新鲜空气。一年 365 天，每天 24h 源源不断为室内提供新鲜空气，不用开窗也能享受大自然的新鲜空气，满足人体的健康需求。

2) 驱除有害气体及物质。能有效驱除室内油烟异味、CO_2、香烟味、细菌和病毒等各种不健康物质或有害气体。

3）防霉除异味。全新风系统能将室内潮湿污浊空气全部排出，根除异味，防止发霉和滋生细菌，有利于延长建筑及家具的使用寿命。

4）可以减少噪声污染。无须忍受开窗带来的纷扰，使室内更安静、更舒适。

5）防尘。避免开窗带来大量的灰尘，有效过滤室外空气，保证进入室内的空气洁净。

（2）缺点。

1）损耗室内冷（热）量。新风系统通过不断排气送风来清洁室内空气，夏季同时使用空调时会对室内冷气造成一定损耗，冬季亦然。不过全热交换器（新风系统的一种）可以减少室内能量损耗，非常节能。

2）有一定的费用。购买新风系统的价格与多个因素有关。价格便宜的，性能差，耗能高，舒适度不够好，而好的新风系统，费用投入相对高点。

3）需要定期维护更换过滤网。新风系统如果不及时清理过滤网，很可能成为室内的污染源，因此需要经常对新风系统或新风器的滤网和机芯进行更换。常规 2 ～ 3 个月更换一次即可，在空气质量不好时，建议一个月更换一次。

（3）全新风系统的适用范围。鉴于以上新风系统的优缺点，可以看出全新风系统适用于空调房间卫生要求特别高、空调房间污染较大及不宜采用回风的特殊场合。

4.2.3　一次回风系统

一次回风系统是在夏、冬两季尽可能使用部分室内回风，而春、秋两季均可充分利用室外空气的自然调节能力，以减少人工冷源的使用，从而降低运行费用，有利于节能。该系统的主要设备是组合式空调机组，室外空气采集进入新风段后，经过滤器过滤，去除空气中的大颗粒尘埃后与一次回风混合，经热湿设备处理，使之达到空调房间对空气指标的要求后，经风道和送风口送入空调房间。

1. 夏季空气处理过程与设计

（1）系统图示及空气处理过程（见图 4.6）。其处理过程也可用字母流程形式表示为

$$\left.\begin{matrix}W\\N\end{matrix}\right\rangle \xrightarrow{\text{混合}} C \xrightarrow{\text{冷却减湿}} L \xrightarrow{\text{再加热}} O \overset{\varepsilon}{\rightsquigarrow} N$$

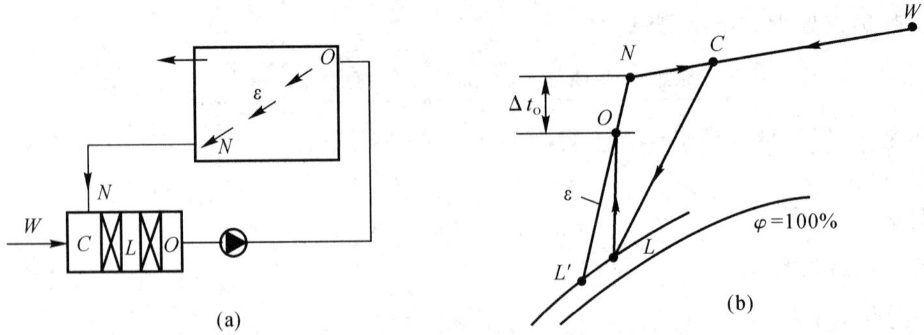

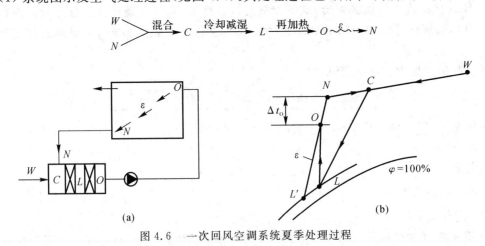

图 4.6　一次回风空调系统夏季处理过程

（a）系统图示；（b）$h-d$ 图示

从图 4.6(a) 可看出，在夏季，空调设备先将室外新风 W 与部分室内回风 N 混合后再处理到机器露点，然后根据室内精度要求加热到送风状态点 O，最后由风机提供动力，将其通过送

风管道及送风口送入空调房间，同时吸收室内余热余湿后到达室内状态点 N，再由回风口经回风道返回一部分到空调设备重复使用，另外一部分回风则排到室外。具体的确定方法为，首先根据前面章节介绍的送风状态点和送风量的确定方法，可在 $h-d$ 图上标出室内状态点 N[见图 4.6(b)]，过 N 点作室内的热湿比线（ε 线），再根据精度确定的送风温差 Δt_O，画出 t_O 线，该线与 ε 线的交点 O 即为送风状态点。为了获得 O 点状态的空气，通常将室内外空气混合到 C 点，经表面式空气冷却器冷却减湿到 L 点（L 点称为机器露点，一般位于 $\varphi = 90\% \sim 95\%$ 线上），再从 L 点加热到 O 点，然后送入房间。整个处理流程如图 4.6(b) 所示。

由两种不同状态空气的混合定律可知，新回风混合的比例关系为 $NC/NW = G_W/G$，即新风量与总送风量之比为新风百分比。从 $h-d$ 图上可以看出，在空调设备处理风量相同的条件下，混合点 C 越接近室内状态点 N，说明室内回风采用量越大，新风量越小，系统越节能，运行费用也越小。根据上述 $h-d$ 图的分析，为了将 Gkg/s 的空气从 C 点冷却减湿到 L 点，则该设备夏季处理空气所需要的冷量为

$$Q_O = G(h_C - h_L) \tag{4.9}$$

(2) 夏季一次回风空调系统的设计步骤。该空气处理过程在焓湿图上表示如图 4.6(b) 所示。具体确定步骤是：

1) 确定空调室内状态点 N 和室外状态点 W。

2) 确定室内送风状态点 O。

3) 确定机器露点 L。

4) 确定一次回风混合状态点 C。

对于一次回风混合状态点 C 的确定可按 $\dfrac{NC}{NW} = \dfrac{G_W}{G}$ 公式求出，这样 C 点的位置就确定了。

(3) 系统冷量 Q_O 的分析。系统冷量也就是应由冷源系统通过制冷剂或载冷剂提供给空气处理设备的总冷量。为深入理解 Q_O 的概念，可通过系统热量平衡与风量平衡分析（见图 4.7）来认识，系统总冷量反映了如下三部分负荷：

室内冷负荷　　$Q = G(h_N - h_O)$　　(4.10)

新风负荷　　$Q_W = G_W(h_w - h_N)$　　(4.11)

再热负荷　　$Q_{Zr} = G(h_O - h_L)$　　(4.12)

注意到混合过程中 $G_w/G = (h_C - h_N)/(h_W - h_N)$ 这一关系，则可得

$$Q_O = Q + Q_W + Q_{Zr} = G(h_C - h_L) \tag{4.13}$$

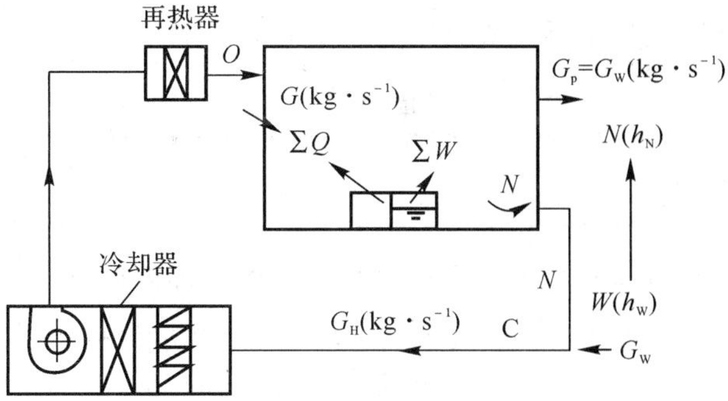

图 4.7　一次回风系统的冷量分析

上述转换揭示了几种负荷之间的内在关系，也进一步证明了系统制冷量在 $h-d$ 图上的计

算方法与余热平衡概念之间的一致性。

需要注意的是对于空调精度不高的舒适性空调系统可以采用露点送风，而不需再加热送入室内，这样一方面可以省去再热量，另一方面也可减少抵消这部分再热的冷量，有利于节能。

2.冬季空气处理过程

设冬季室内状态点与夏季相同，热湿比为 ε'，因房间有热损失而减小(也可能成为负值)，对于集中式空调系统来说，一般均为定风量式系统，所以冬夏季均采用相等的风量。采用一次回风系统向室内进行供暖的空调过程，在 h-d 图上的表示如图 4.8 所示。它与夏季的空调处理过程相同，即室内外空气首先按一定的比例与室内回风混合到 C' 点，然后从 C' 经相应设备处理到 L 点，此过程可以采用绝热加湿法达到。除了用绝热加湿方法达到增加含湿量外，还可以采用喷蒸汽的方法，实现等温加湿。下面分别进行介绍。

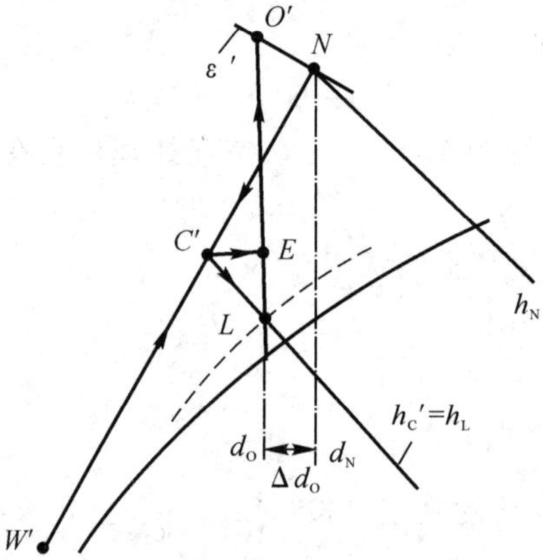

图 4.8　一次回风系统冬季处理过程

(1) 采用喷水室绝热加湿的处理过程。

1) 设计工况下的处理过程。图 4.8 为该空气处理过程在 h-d 图上的表示，图中的室外空气状态点 W' 是由当地冬季空调室外计算干球温度线和相对湿度线的交点确定。在全年送风量相同的空调系统里，如果冬季工况与夏季工况的室内状态点 N 一样，而且冬季和夏季的余湿量也相同，则冬、夏季工况的送风状态点将位于同一条等含湿量线 d_O 上(若冬、夏季机器露点 L 相同)，这时 d_O 线与室内的热湿比线 ε' 的交点 O' 即为冬季的送风状态点。将 h_L 与 NW' 线的交点 C' 作为冬季一次回风的混合点。处理过程为，新回风先混合，然后绝热加湿到机器露点，再加热到送风状态点 O'。具体字母流程为

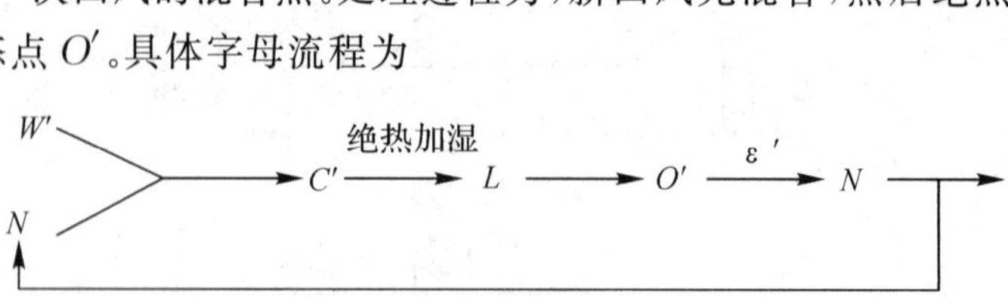

2) 实际工况下的处理过程。当冬季采用喷循环水绝热加湿的处理方案时，新风和一次回风的混合点 C' 应当落在 h_L 线上即 $h_C' = h_L$。而实际工况在最小新风比的情况下，新风和一次回风的混合点不一定正巧落在 h_L 线上，它可能落在 h_L 线的上方或下方，如图 4.9 所示。

当新风和回风的混合点 C' 落在 h_L 线的上方即 $h_{C'} > h_L$ 时，如图 4.9(a) 所示，为了保证机器露点 L 不变，缩短制冷系统运行的时间，可通过加大新风量和减少一次回风量，即通过调整

新风和一次回风混合比的方法使混合点落在 h_L 线上，然后绝热加湿将空气处理到 L 点。

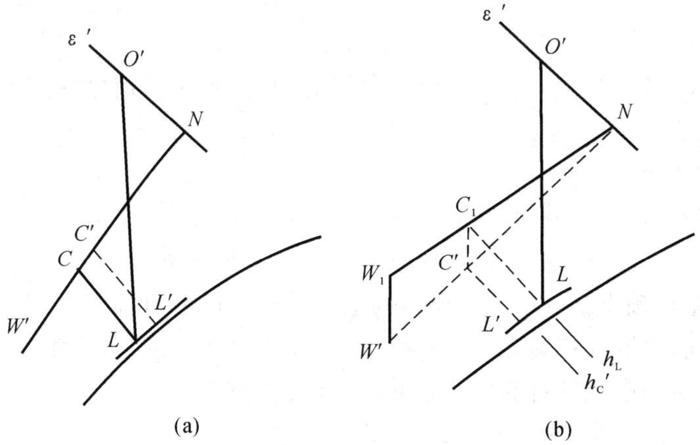

图 4.9　一次回风混合点 C' 的位置

(a) 在 h_L 线的上方；(b) 在 h_L 线的下方

当混合点落在 h_L 线的下方即 $h_{C'} < h_L$ 时，如图 4.9(b) 所示，则需要把新风预热后再与回风混合到 h_L 线上，或者先把新风和回风混合后，然后一次加热到 h_L 线上，再用喷水室进行绝热加湿处理到 L 点。具体的处理过程如图 4.10 所示。

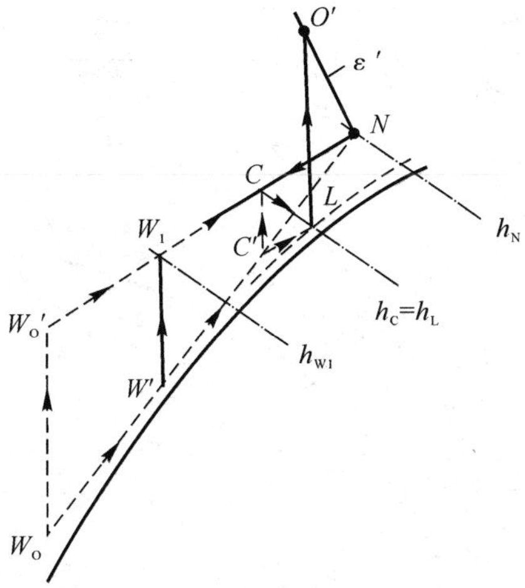

图 4.10　一次回风系统新风预热方案

先预热后混合的处理过程为

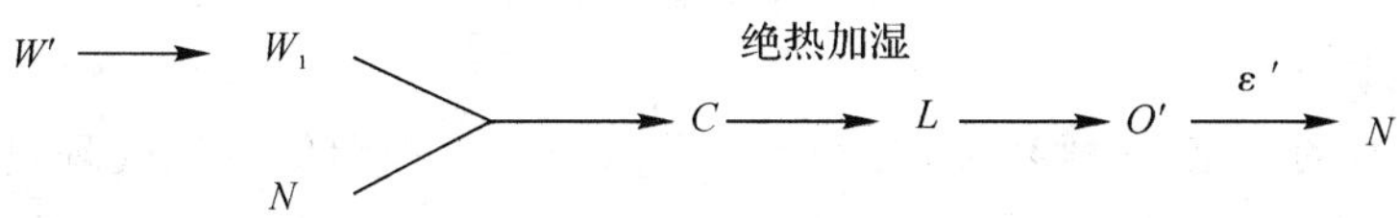

先混合后预热的处理过程为

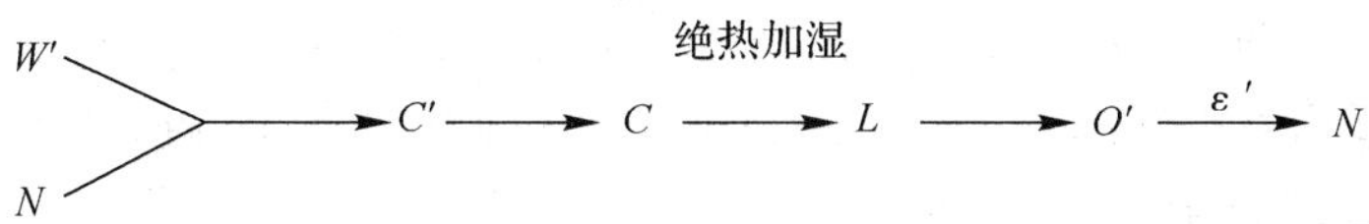

在保证最小新风百分比的条件下，新风预热后的焓值可用下列公式计算得出。

由于$(h_N - h_C)/(h_N - h_{w1}) = G_W/G = m\%$，而设计工况下 $h_C = h_L$，所以

$$h_{W1} = h_N - (h_N - h_L)/m\% \tag{4.14}$$

如果 $h_{W'} < h_{W1}$，说明需要预热，而当 $h_{W'} \geqslant h_{W1}$ 时，则不需要预热，所以式(4.14)是一次回风系统采用喷水室绝热加湿时是否需要预热的判别式。

(2) 加热量的确定。

1) 一次加热量的确定。一次加热量按下式确定：

$$Q_1 = G_W(h_{W1} - h_{W'}) = G(h_C - h_{C'}) \tag{4.15}$$

2) 二次加热量的确定。由图 4.10 所示的空气处理过程可知，在喷水室中绝热加湿处理到机器露点 L 的空气，需沿着其等焓湿量 $d_{O'}(d_{O'} = d_L)$ 再次加热后，才能处理到冬季工况的送风状态点 O'，这部分再热量又称为二次加热量，其大小为

$$Q_2 = G(h_{O'} - h_L) \tag{4.16}$$

(3) 采用喷蒸汽加湿的处理过程。

1) 空气的处理过程。图 4.11 所示为喷蒸汽加湿处理过程图，室外新风和一次回风混合状态点 C' 的确定方法与采用喷水室绝热加湿空气的处理过程相同。从前面章节的讨论中可知，采用低压蒸气加湿空气是一个等温过程。因而，过一次回风混合点 C' 的等温线与送风含湿量线的交点，即为蒸汽加湿后的状态点 O'。采用喷蒸汽加湿空气的处理过程用字母流程表示为

$$\left.\begin{array}{l} W - W' \\ N \end{array}\right\rangle \longrightarrow C' \longrightarrow O' \longrightarrow O \xrightarrow{\varepsilon'} N$$

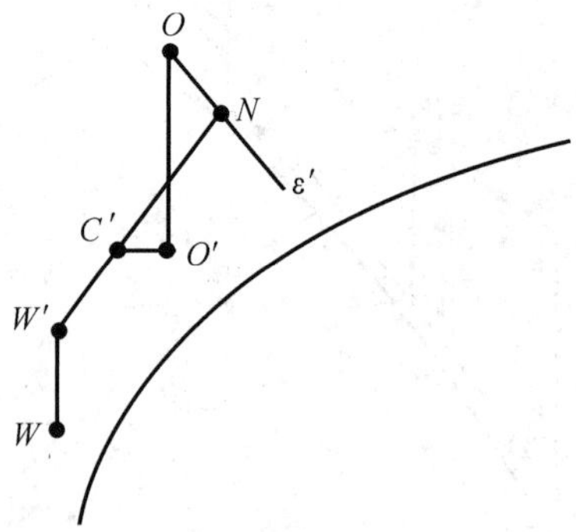

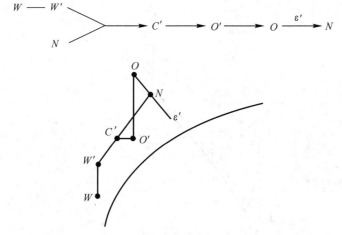

图 4.11　冬季喷蒸汽加湿处理

2) 蒸汽加湿量的确定。最大蒸汽加湿量为

$$W = G(d_{O'} - d_{C'}) \tag{4.17}$$

3) 加热量的确定。

a. 一次加热量的确定。一般来说，对于冬季采用喷蒸汽加湿的空气处理过程，新风通常不预热，一次混合后即可喷蒸汽加湿。但是当一次回风混合点的温度 $t_{C'} < t_{O'}$，则需要用加热器预热后才能喷蒸汽加湿，且一次加热量的计算与上述喷循环水实现等焓加湿的相同。

b. 二次加热量的确定。从 $h-d$ 图上冬季工况的空气的空气处理过程可知，蒸汽加湿到状态点 O' 的空气，需沿着等含湿量线 $d_{O'}$ 加热，才能处理到冬季工况的送风状态点 O。

二次加热量的大小为

$$Q_2 = G(h_O - h_{O'}) \tag{4.18}$$

例 4.1　某空调房间夏季冷负荷 $Q = 4.89\text{kW}$，余湿量很小可以忽略不计，室内设计参数 $t_N = 23℃$，$\varphi_N = 60\%$（$h_N = 49.8\text{kJ/kg}$），已知当地夏季空调室外计算参数 $t_W = 35℃$，$h_W = 92.2\text{kJ/kg}$，大气压力 $B = 101\ 325\text{Pa}$。现采用一次回风系统处理空气，取送风温差 $\Delta t_0 = 4℃$，新风百分比为 15%，试确定空气处理所需要的冷量。

解：(1) 计算室内热湿比。

$$\varepsilon = Q/W = 4.89/0 = \infty$$

(2) 确定送风状态点。过 N 点作 $\varepsilon = \infty$ 的直线与 $\varphi = 90\%$ 的等相对湿度线交于 L 点，如图 4.12 所示，可查得

$$t_L = 16.4℃，\quad h_L = 43.1\text{kJ/kg}$$

取 $\Delta t_0 = 4℃$，得送风状态点 O 为

$$t_O = 19℃，\quad h_O = 45.6\text{kJ/kg}$$

(3) 计算所需要的送风量。

$$G = \frac{Q}{h_N - h_O} = \left(\frac{4.89}{49.8 - 45.6}\right)\text{kg/s} = 1.16\text{kg/s}$$

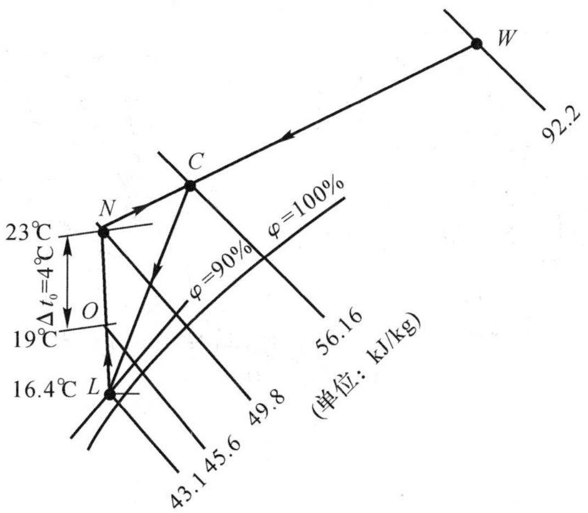

图 4.12　例 4.3 图

(4) 确定新风和回风混合状态点的焓，由

$$G_W/G = (h_C - h_N)/(h_W - h_N)$$

可得混合状态点 C 的焓为

$$h_C = [(49.8 + 0.15 \times (92.2 - 49.8)]\text{kJ/kg}$$

(5) 求空调系统所需冷量。

$$Q_0 = G(h_C - h_L) = [1.164 \times (56.16 - 43.1)]\text{kW} = 15.2\text{kW}$$

(6) 冷量分析

室内负荷：$Q_1 = G(h_N - h_O) = [1.164 \times (49.8 - 45.6)]\text{kW} = 4.89\text{kW}$

新风冷负荷：$Q_2 = G_W(h_W - h_N) = [1.164 \times 0.15(92.2 - 49.8)]\text{kW} = 7.40\text{kW}$

再热负荷：$Q_3 = G(h_O - h_L) = [1.164 \times (45.6 - 43.1)]\text{kW} = 2.91\text{kW}$

总冷负荷：$Q_0 = Q_1 + Q_2 + Q_3 = (4.89 + 7.40 + 2.91)\text{kW} = 15.2\text{kW}$，与上述方法的计算

结果一致。

4.2.4　二次回风系统

采用最大送风温差送风(即采用机器露点送风),通常只适用于对送风温差无严格要求的一次回风系统。而对于送风温差有严格限制,且要求采用小于最大送风温差的一次回风系统时,夏季送风状态点 O 就要由送风温差决定。此时,空气处理过程要相应发生变化,可通过两种方法来实现:一是将新回风混合空气从 C' 点处理到 L' 点,再用加热器加热到 O 点,然后送入室内,如图 4.13 所示。这种方案存在冷热抵消问题,不经济;二是在保持新风和回风比例不变的情况下,将回风量 G_h 以 G_1 和 G_2 分两次引入空气处理设备;即先将室内外空气混合到 C 点,然后将 C 点空气处理到 L 点,再将 L 点的空气与室内 N 状态点的空气混合到 O 点,然后送入室内。将这种空气处理方案称为二次回风系统。同一次回风一样,二次回风也有夏季和冬季之分,下面分别介绍。

1. 夏季空气处理过程

(1) 系统图示及空气处理过程。二次回风系统夏季空调设计工况的空气处理过程如图 4.13 所示。其中图 4.13(b) 中虚线表示一次回风式系统过程。

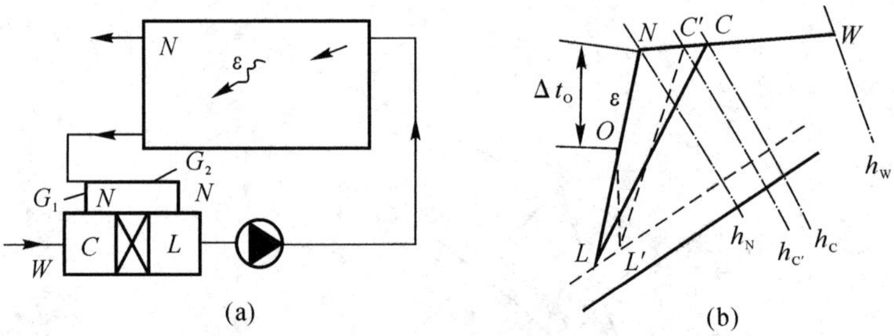

图 4.13　二次回风空调系统夏季处理过程

(a) 系统图示;(b) $h-d$ 图示

空气处理过程为

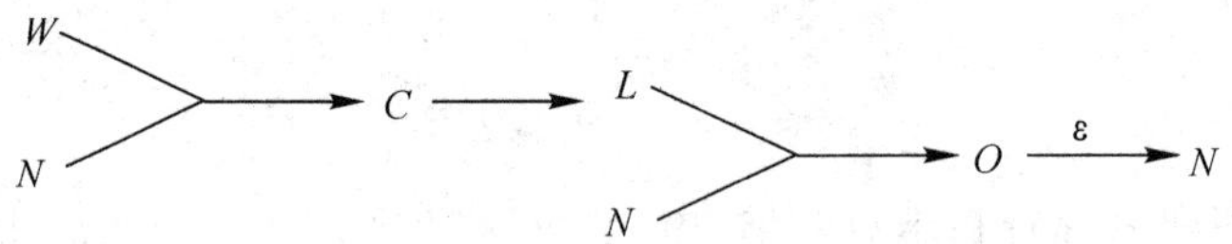

1) 确定二次回风量 G_2 和通过喷水室(或表冷器)的风量 G_L。二次回风系统的总风量、新风量与一次回风系统相同,而二次回风量 G_2 和通过喷水室(或表冷器)的风量 G_L 则通过如下方法确定:

根据 N,O,L 三点在一条直线(热湿比线)上,且送风状态点 O 是通过喷水室(或表冷器)的风量 G_L 和二次风量 G_2 的混合点,因而,二次回风的比例是一个确定的值。由混合定理有

$$G_2/G = (h_O - h_L)/(h_N - h_L)$$

则可得出二次回风量 G_2 为

$$G_2 = G(h_O - h_L)/(h_N - h_L) \tag{4.19}$$

又由

$$G = G_L + G_2$$

可得通过喷水室(或表冷器)的风量 G_L 为

$$G_L = G - G_2 \tag{4.20}$$

2) 确定一次回风量。因为通过喷水室(或表冷器)的风量 G_L 是一次回风量和室外新风量之和,即

$$G_L = G_1 + G_W$$

则可得

$$G_1 = G_L - G_W \tag{4.21}$$

3) 确定一次回风混合点 C。由新风 G_W 和通过喷水室(和表冷器)的风量 G_L 的比例关系,有

$$G_W / G_L = (h_C - h_N)/(h_W - h_N)$$

从上式可解出一次回风混合点 C 的焓值为

$$h_C = h_N + (h_W - h_N) G_W / G_L \tag{4.22}$$

4) 系统冷量的确定。把空气从一次回风混合点 C 处理到机器露点 L 的焓差就是空气在冷却去湿过程所消耗的冷量,其大小为

$$Q_0 = G_L (h_C - h_L) \tag{4.23}$$

这个冷量就是二次回风空调系统所需的制冷设备提供的制冷量,此冷量由室内冷负荷和新风冷负荷组成。

2. 冬季空气处理过程

二次回风系统的冬季空气处理过程与一次回风系统冬季空气处理过程相似,也有采用喷循环水加湿和喷蒸汽加湿两种处理方式。这里只介绍冬季采用喷水室绝热加湿的二次回风系统空气处理过程。

1) 空气的处理过程。在全年送风量固定的空调系统里,如果冬、夏季的室内状态点 N 一样,而且冬季和夏季的余湿量也相同,则冬季送风状态的含湿量也与夏季相同,再考虑二次回风混合比与夏季相同,则冬季机器露点 L 也与夏季相同。在这种情况下只需将原夏季工况送风状态点通过再热器加热提高到冬季送风状态点 O' 即可,如图 4.14 所示。

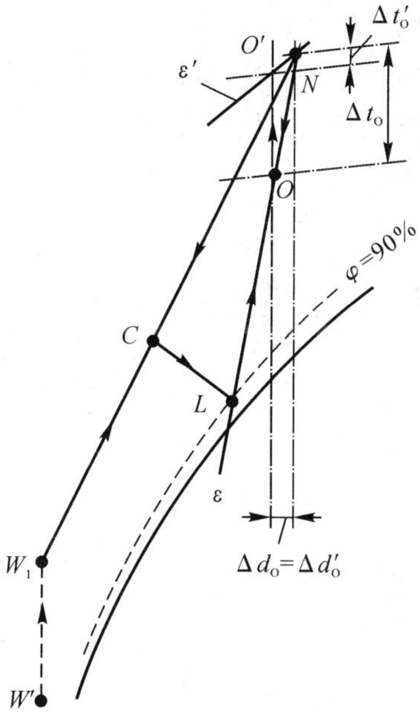

图 4.14　二次回风系统冬季工况

与采用喷水室绝热加湿空气的一次回风系统一样，新风和一次回风的混合点 C' 也不一定刚好落在 h_L 线上，而有可能落在 h_L 线的上方或下方，如图 4.15 所示。

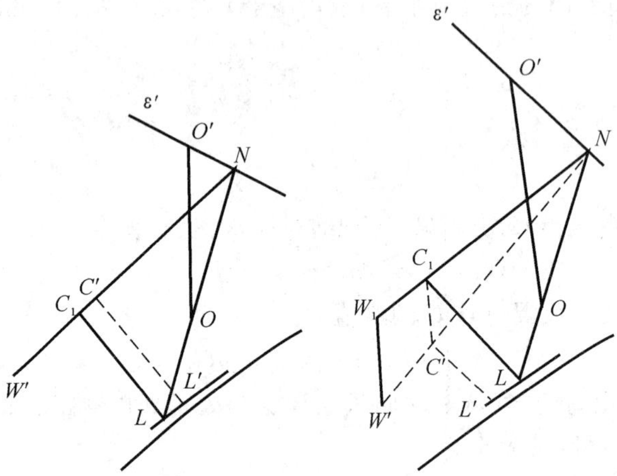

(a)　　(b)

图 4.15　二次回风混合点 C_1 的位置

(a) h_L 线上方；(b) h_L 线下方

当一次回风的混合点 C' 落在 h_L 线的上方即 $h_{C'} > h_L$ 时，为了保证机器露点 L 不变，通过调整新风和一次回风混合比的方法使混合点落在 h_L 线上，然后绝热加湿把空气处理到 L 点。

调整后的新风量 G'_W 的大小可由下面的比例关系确定：

$$G'_W/G_L = (h_N - h_{C1})/(h_N - h_{W'})$$

并注意到 $h_{C1} = h_L$，则调整后的新风量为

$$G'_W = G_L(h_N - h_L)/(h_N - h_{W'}) \tag{4.24}$$

调整后的回风量为

$$G'_1 = G_L - G'_W \tag{4.25}$$

多余的回风则由排风系统排出。

当混合点落在 h_L 线的下方即 $h_{C'} < h_L$ 时，则需要把新风预热后再与回风混合到 h_L 线上或者先把新风和回风混合，然后再加热到 h_L 线上，如图 4.16 所示。

先预热后混合的处理过程为

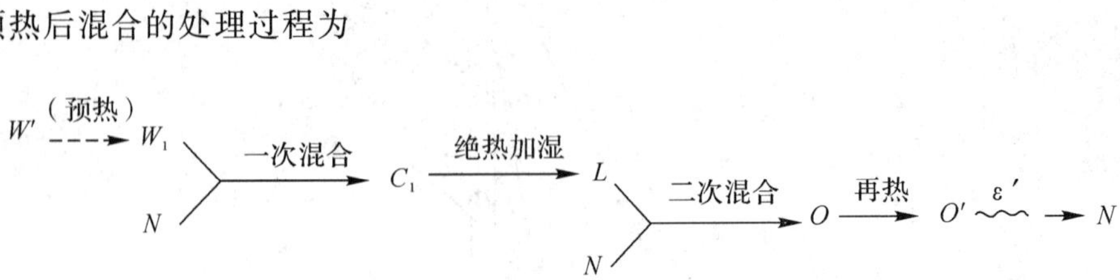

先混合后预热的处理过程为

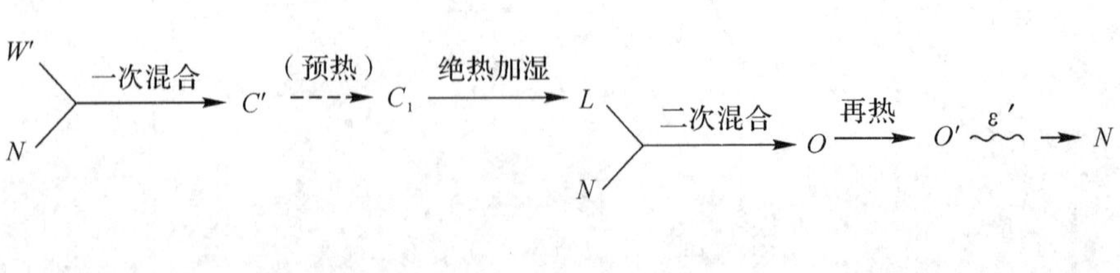

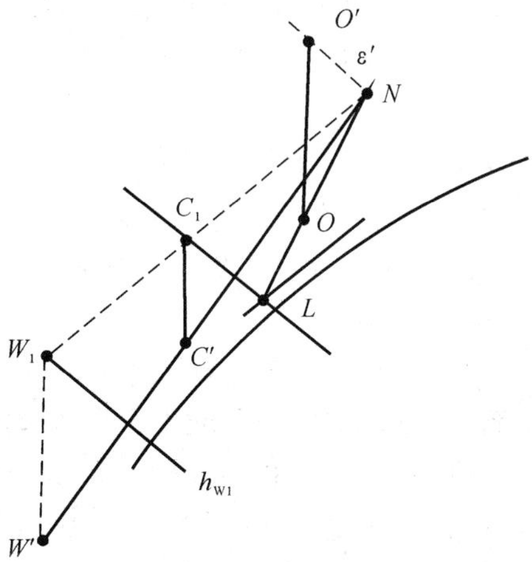

图 4.16　二次回风系统冬季预热处理过程

和一次回风系统一样，二次回风系统冬季要不要预热器也可先判别。

根据第一次混合知

$$G_W/G_L = G_W/(G_W + G_1) = (h_N - h_L)/(h_N - h_{W1})（其中，h_L = h_{C1}）$$

故

$$h_{W1} = h_N - (G_W + G_1)(h_N - h_L)/G_W$$

而从第二次混合知

$$G_L/G = (G_W + G_1)/G = (h_N - h_O)/(h_N - h_L)$$

即

$$G(h_N - h_O) = (G_W + G_1)(h_N - h_L)$$

由此可知

$$h_{W1} = h_N - G(h_N - h_O)/G_W$$

则

$$h_{W1} - (h_N - h_O)/m\% \tag{4.26}$$

要判断室外新风是否需要预热，同样可根据一次混合点的焓值是否低于 h_L 来确定，另外，还可通过式(4.26) 来判别二次回风冬季是否需要预热。如果 $h_{W'} < h_{W1}$ 说明需要预热，而当 $h_{W'} \geqslant h_{W1}$ 时，则不需要预热。

需要指出，上面讨论的是冬季与夏季余湿量相同的情况。如果二者不同，也可采取与夏季相同的风量和机器露点，但冬季送风状态点的含湿 $d_{O'}$ 要按冬季余湿量计算。此时二次混合点不应是夏季送风状态点，它的位置应该是 $\overline{NL}$ 线与 $d_{O'}$ 线的交点，而 G_2 应由关系式 $G_2/G = (h_O - h_L)/(h_N - h_L)$ 算出，最后再求 G_L 及 G_1。

2) 加热量的确定。

a. 一次加热量的确定。

$$Q_1 = G_W(h_{W1} - h_{W'}) = G_L(h_{C1} - h_{C'}) \tag{4.27}$$

b. 二次加热量的确定。从 $h-d$ 图上冬季工况的空气处理过程可知，需要把二次混合状态点 O 的空气沿送风状态的等含湿量 $d_{O'}(d_O = d_{O'})$ 再次加热，才能处理到冬季工况的送风状态点 O'，二次加热量的大小为

$$Q_2 = G(h_{O'} - h_O) \tag{4.28}$$

3. 二次回风式系统特点

(1) 以回风的第二次混合取代一次回风系统的再热过程，进一步节省了相当于一次回风再热量的冷量(用系统热平衡很容易证明)。

(2) 通过冷却处理的“露点状态”空气量 G_L，可由第二次混合过程分析得出，其风量 G_L 相当于一次回风系统采用“机器露点”送风时的风量。进一步求出一次回风量 $G_1 = G_L - G_{W1}$，混合点随之可定(偏右上方)。

(3) 机器露点 L 移往左下方，使制冷机运行效率下降，或可能影响天然冷源的利用。

例 4.2　某生产车间需要设置空调系统，已知条件如下：

(1) 室外计算条件。夏季：$t_W = 35℃$，$t_s = 26.9℃$；冬季：$t_W' = -4℃$，$\varphi_{W'} = 49\%$，当地大气压力为 101 325Pa。

(2) 室内空气参数 $t_N = 22 \pm 1℃$，$\varphi_N = 60 \pm 5\%$。

(3) 按建筑、人员、工艺设备及照明等计算得出的夏季、冬季的室内热湿负荷。夏季：$Q = 11.63kW$，$W = 0.001\ 4kg/s$；冬季：$Q = -2.329\ 6kW$，$W = 0.001\ 4kg/s$。

(4) 车间内设有局部排风设备，排风量为 $0.278m^3/s(1\ 000m^3/h)$，排风温度为 35℃。现拟采用二次回风系统，试进行冬、夏季空调过程计算。

解：根据夏季和冬季的室外空调计算参数可在 $h-d$ 图上分别确定出夏季和冬季的室外状态点 W 和 W'，并可查得 $h_W = 84.8kJ/kg$，$h_W' = -10.5kJ/kg$(见图 4.17)。

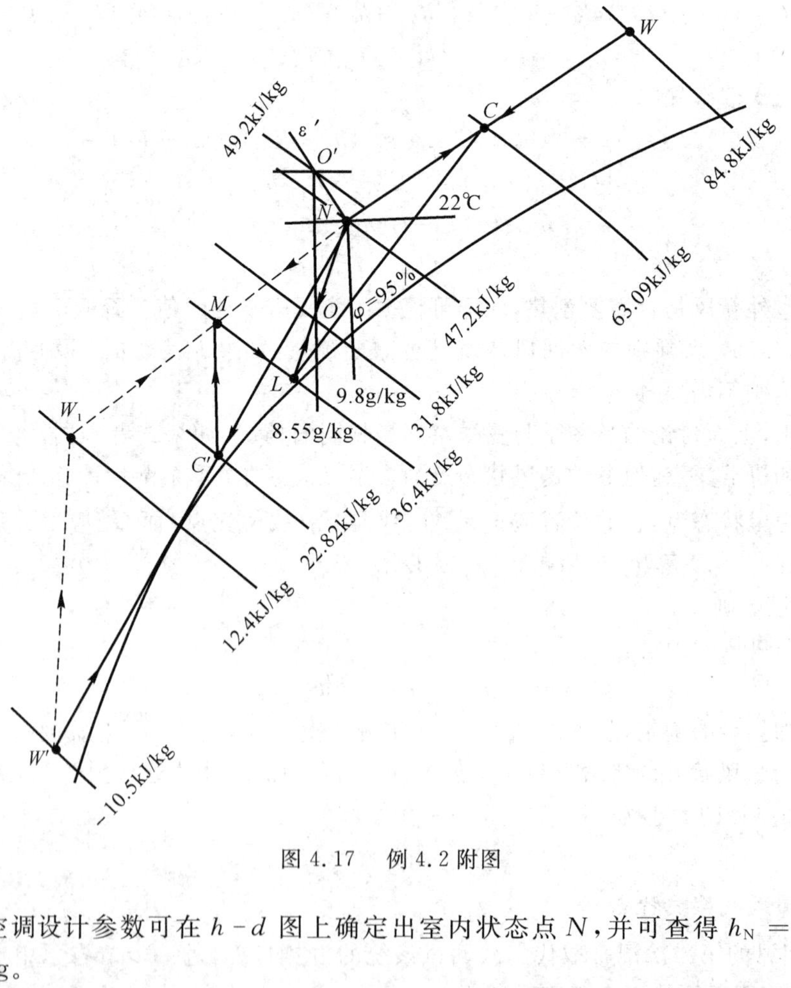

图 4.17　例 4.2 附图

由室内空调设计参数可在 $h-d$ 图上确定出室内状态点 N，并可查得 $h_N = 47.2kJ/kg$，$d_N = 9.8g/kg$。

(1) 夏季空调过程计算。

1) 确定夏季送风状态点。空调房间的热湿比

$$\varepsilon = \frac{Q}{W} = \frac{11.63}{0.001\,4} = 8\,307$$

在相应大气压力的 $h-d$ 图上，过 N 点作 $\varepsilon = 8\,307$ 的直线与相对湿度 $\varphi = 95\%$ 的线相交得到机器露点 L：$t_L = 11.5℃$，$h_L = 31.8\text{kJ/kg}$。根据工艺要求取送风温差 $\Delta t_O = 7℃$，则送风温度 $t_O = 15℃$ 的等温线与热湿比 ε 线的交点就是夏季的送风状态点 O，查得 $h_O = 36.8\text{kJ/kg}$，$d_O = 8.55\text{g/kg}$。

2) 计算送风量 G_O。按室内余热量计算，得

$$G = \frac{Q}{h_N - h_O} = \left(\frac{11.63}{47.2 - 36.8}\right)\text{kg/s} = 1.118\text{kg/s}(4.26\text{kg/h})$$

3) 计算二次回风量 G_2。

$$G_2 = G(h_O - h_L)/(h_N - h_L) = [1.118 \times (36.8 - 31.8)/(47.2 - 31.8)]\text{kg/s} = 0.363\text{kg/s}(1\,307\text{kg/h})$$

4)计算通过喷水室的风量 G_L。

$$G_L = G - G_2 = (1.118 - 0.363)\text{kg/s} = 0.755\text{kg/s}(2\,720\text{kg/h})$$

5)确定空调房间的新 风量 G_W。由 $t_P = 35℃$，查得空气密度为 1.146kg/m^3，补充局部排风所需的新风量为

$$G_W = G_P = (0.278 \times 1.146)\text{kg/s} = 0.319\text{kg/s}$$

如果不考虑空调房间的正压，则空调房间的新风比为

$$m = G_W/G = 0.319/1.118 = 0.285 = 28.5\%$$

此新风比已比较高，可满足室内卫生条件的要求。

6) 确定一次回风量 G_1。

$$G_1 = G_L - G_W = (0.755 - 0.319)\text{kg/s} = 0.436\text{kg/s}(1\,570\text{kg/h})$$

7) 确定一次回风混合点 C。

$$h_C = \frac{G_1 h_N + G_W h_W}{G_1 + G_W} = \left(\frac{0.436 \times 47.2 + 0.319 \times 84.8}{0.436 + 0.319}\right)\text{kJ/kg} = 63.09\text{kJ/kg}$$

h_C 与 $\overline{NW}$ 连线的交点就是一次回风混合状态点 C。

8) 计算空调系统所需要的冷量 Q。

$$Q = G_L(h_C - h_L) = [0.755 \times (63.09 - 31.8)]\text{kW} = 23.62\text{kW}$$

此冷量由以下两部分组成：

室内冷负荷：$Q_1 = G(h_N - h_O) = [1.118 \times (47.2 - 36.8)]\text{kW} = 11.63\text{kW}$

新风冷负荷：$Q_2 = G_W(h_W - h_N) = [0.319 \times (84.8 - 47.2)]\text{kW} = 11.99\text{kW}$

$$Q = Q_1 + Q_2 = (11.63 + 11.99)\text{kW} = 23.62\text{kW}$$

(2) 冬季空调过程计算。

1) 确定冬季室内热湿比 ε' 和送风状态点 O'。

$$\varepsilon' = \frac{Q}{W} = \frac{-2.326}{0.001\,4} = -1\,661$$

由于冬、夏季室内散湿量相同，当冬、夏季采用相同的送风量时，冬、夏季的送风含湿量应相同，即

$$d_{O'} = d_O = d_N - \frac{W \times 1\,000}{G} = (9.80 - \frac{0.001\,4 \times 1\,000}{1.118})\text{g/kg} = 8.55\text{g/kg}$$

送风含湿量 $d_O = 8.55\text{g/kg}$ 线与 $\varepsilon' = -1\,661$ 的交点就是冬季送风状态点 O'。该送风状态点的 $h_{O'} = 49.2\text{kJ/kg}, t_{O'} = 27.0℃$。

2）由于 N,O,L 点的参数与夏季相同，即二次混合过程与夏季相同。因此可按夏季相同的一次回风混合比来确定冬季一次回风混合状态点 C'。

由混合定律，一次回风混合状态点的焓值为

$$h_{C'} = \frac{G_1 h_N + G_W h_W'}{G_1 + G_W} = \left[\frac{0.436 \times 47.25 + 0.319 \times (-10.5)}{0.436 + 0.319}\right]\text{kJ/kg} = 22.82\text{kJ/kg}$$

由于 $h_C' = 22.82\text{kJ/kg} < h_L = 31.8\text{kJ/kg}$，一次回风混合状态点位于过机器露点的等焓线的下方，所以应设置预热器。

3）确定加热器的加热量。预热器的一次加热量为

$$Q_1 = G_W(h_{W1} - h_{W'}) = G_L(h_L - h_C') = [0.755 \times (31.8 - 22.82)]\text{kW} = 6.78\text{kW}$$

二次混合后的再热量(二次加热量）为

$$Q_2 = G(h_{O'} - h_O) = [1.118 \times (49.2 - 36.8)]\text{kW} = 13.86\text{kW}$$

所以冬季所需的总加热量为

$$Q = Q_1 + Q_2 = (6.78 + 13.86)\text{kW} = 20.64\text{kW}$$

4.2.5 变风量空调系统

普通集中式空调系统的送风量都是固定不变的，并且是按空调房间最不利情况确定房间送风量的，而室内的热湿负荷不可能长期处于不变状态，当室内负荷减少时，就只有靠提高送风温度，减小送风温差的办法来维持室内的温度，但这样做的结果是既浪费冷量又浪费热量。如果能采用改变送风量的办法来适应负荷的变化，则可以维持送风温度而只减小送风量，这样既可以减小风机电耗也可以减少耗冷量，从而降低系统的运行管理费用。变风量空调系统(Variable Air Volume System，VAV 系统)是一种较先进的空调系统，它可根据室内负荷变化自动调节送风量，具有非常显著的节能效果。VAV 系统于 20 世纪 60 年代诞生在美国，西方 70 年代爆发的石油危机促使其在美国得到广泛应用，如今已经成为美国空调系统的主流，并在其他国家也得到应用。我国从 80 年代起对其进行研究，并在工程中应用。

1. 变风量系统的组成

变风量系统是一种全空气的空调方式，它根据室内负荷的变化或室内要求参数的改变自动调节空调系统的送风量，从而保证室内参数达到要求。一个完整的变风量系统，是由空气处理设备、一个中等压力的送风系统、若干台末端装置和必要的自动控制元件所组成。变风量系统运行成功与否，在很大程度上取决于所选用的末端装置性能的好坏。末端装置作为变风量系统的关键设备，通过它来调节送风量，补偿变化着的室内负荷，维持室温。

2. 变风量式空调系统的工作原理

变风量系统是利用改变室内的送风量来实现对室内温度调节的全空气空调系统，它的送风状态保持不变。其特性是在大多时间内都在低于其最大风量的状态下运行。变风量式空调系统有单风道、双风道、风机动力箱式和诱导器式四种形式。图 4.18 所示为典型的变风量单风道空调系统，其中空气处理机组与定风量空调系统一样。送入每个区或房间的送风量由变

风量末端机组(即变风量末端装置)控制。而每个变风量末端机组可带若干个风口(如图中 1、2 风口)。当室内负荷变化时,则由变风量末端机组根据室内温度调节送风量,以维持室内温度。

当房间负荷变得很小时,就有可能使送风量过小,导致室内得不到足够量的新风或室内气流分布不均匀,最终使室内温度不均匀,影响人体舒适感。因此变风量末端机组都有定位装置,当送风量减少到一定值时就不再减小了。通常变风量末端机组的风量可减少到 30%～50%。在最小负荷时,变风量末端机组已在最小风量下运行,有可能出现室内温度过低。为此,可以在变风量末端机组中增加再热器,在最小风量时启动再加热器进行补充加热,以维持室内温度。

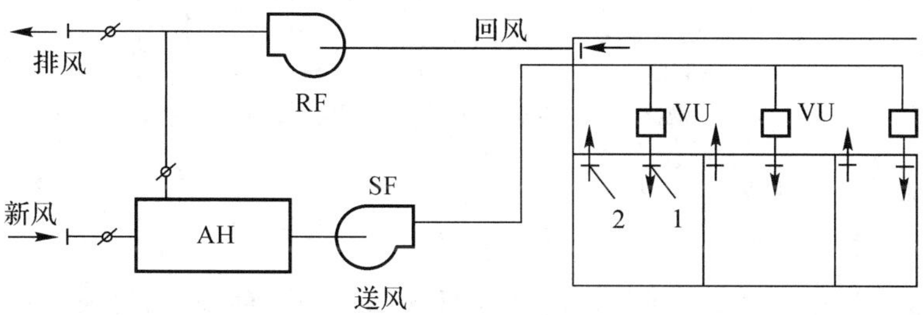

图 4.18　变风量单风道空调系统

AH—空气处理机组;AU—变风量末端机组

RF—回风机;SF—送风机;1—送风口;2—回风口

3. 变风量末端装置

如果变风量系统只采用风量调节的方法进行运行的话,当室内负荷减小时,风量随之减小,此时,气流通过送风口时的射程也将会减小,这样就有可能影响室内的气流组织,为此,变风量系统除改变送风量外,还应改变系统的末端装置,才能使室内气流组织不至于因风量的变化而受到影响。变风量末端装置又称为变风量箱,它是变风量系统的关键装置之一,需要通过它来调节送入房间的风量,以补偿变化的室内负荷,维持室温。变风量系统运行效果如何,很大程度上取决于所选用的变风量末端装置性能的好坏。末端装置的种类很多,构造各异,但目前常采用的变风量末端装置有节流型、旁通型以及诱导型等。

节流型是利用节流机构(如风阀)调节风量,如图 4.19 所示。旁通型是将部分送风旁通到回风顶棚或回风道中,从而减少室内送风量,这样有部分经热湿处理过的空气随排风被排到室外,浪费了冷、热量,因此,这种旁通型变风量末端机组所组成的系统的总风量是不变的,这样的系统不是真正意义上的变风量系统,如图 4.20 所示。诱导型是用一次风高速诱导由室内进入顶棚内的二次风,经过混合后送入室内,它最大的缺点是室内二次风不能进行有效过滤,如图 4.21 所示。

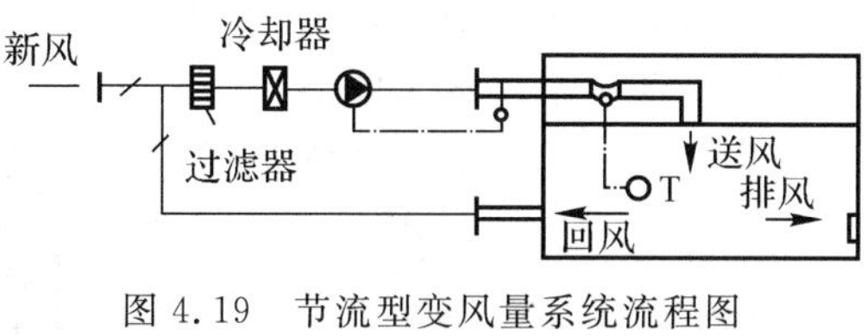

图 4.19　节流型变风量系统流程图

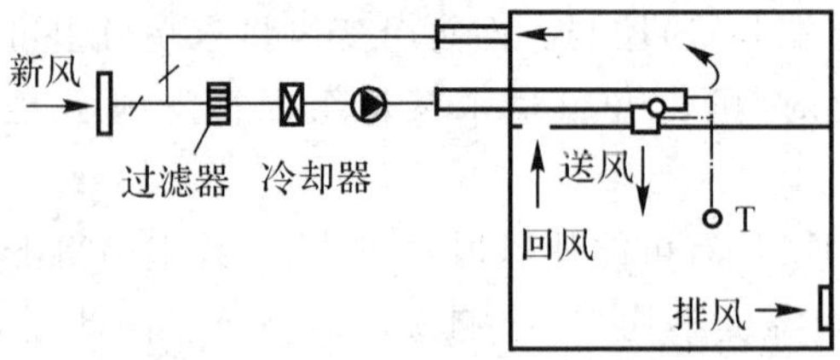

图 4.20　旁通型变风量系统流程图

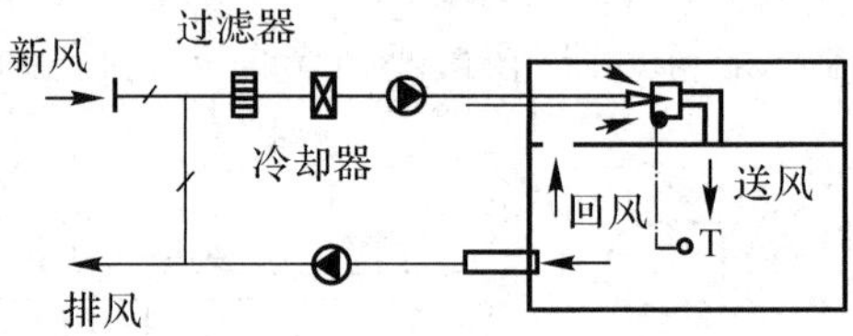

图 4.21　诱导型变风量系统流程图

4. 变风量系统的优缺点及适用性

(1)VAV 系统优点。

1)由于 VAV 系统通过调节送入房间的风量来适应负荷的变化，同时在确定系统总风量时还可以考虑一定的同时使用情况，所以能够节约风机运行能耗和减少风机装机容量。据有关文献介绍，VAV 系统与 CAV(Constant Air Volume)系统相比可以节约风机耗能 30%～70%，对不同的建筑物同时使用系数可取 0.8 左右。

2)系统的灵活性较好，易于改、扩建，尤其适用于格局多变的建筑，例如出租写字楼等。当室内参数改变或重新隔断时，可能只需要更换支管和末端装置，移动风口位置，甚至仅仅重新设定一下室内温控器。

3)VAV 系统属于全空气系统，它具有全空气系统的一些优点，可以利用新风消除室内负荷，能够对负荷变化迅速响应，室内也没有风机盘管凝水问题和霉菌滋生问题。

(2)VAV 系统缺点。

虽然 VAV 系统有很多优点，但是伴随着 VAV 系统的诞生，大部分系统或多或少地也暴露出如下问题。从用户的角度看，主要有：

1)新风不足，室内人员感到憋闷。

2)房间内正压或负压过大导致室外空气大量渗入，房门开启困难。

3)室内噪声偏大。

从运行管理方面看，主要有：

1)系统运行不稳定，尤其是带“经济循环(Economizer Cycle)”的系统。

2)节能效果不明显。

(3)变风量系统的适用性。

1)运行经济。由于风量随负荷的减小而降低，所以冷量、风机功率接近建筑物空调负荷的实际需要。在过渡季节也可以尽量利用室外新风冷量。

2)各个房间的室内温度可以个别调节，每个房间的风量调节直接受装在室内的恒温器控制。

3)具有一般低速集中空调系统的优点。例如，可以进行较好的空气过滤、消声等，并有利于集中管理。

4)不像其他系统那样,始终能保证室内换气次数、气流分布和新风量,当风量过低而影响气流分布时,则只能以末端再热来代替进一步降低风量。

4.2.6　集中式空调系统设计中的几个问题

1.普通集中式系统的划分原则

属于下列情况之一的空气调节区,宜分别或独立设置空调系统:①工作班次和运行时间相同的房间宜划分为一个系统;②温、湿度基数和允许波动范围不同的空气调节区;③对空气的洁净要求不同的空气调节区;④有消声要求和产生噪声的空气调节区;⑤空气中含有易燃易爆物质的空气调节区;⑥在同一时间内须分别进行供热和供冷的空气调节区,如不同朝向空气调节区、周边区域内区等;⑦室内设计参数及热湿比相同或相近的房间宜划分为一个系统。

2.空调系统的分区处理

系统划分时虽然可把室内参数和热湿比相近的房间尽量划分在一个系统里,但是由于各个房间的热、湿负荷情况不可能完全相同。因此,在多个房间空调系统中,为了使送风状态满足空调房间的精度要求,则需要根据不同情况划分系统。比如各房间室内设计参数相同,但热湿比不同,可划分为同一个系统;各房间室内温度要求相同,热湿比不同但相对湿度允许有较大偏差,可划分为同一个系统;各房间室内参数要求相同,热湿比各不同,但要求送风温差相同,可划分为同一个系统。不同的系统采用的处理方法不同,下面分别介绍。

(1) 各房间的室内设计参数相同,热湿比 ε 不同。在这种情况下,可采用一个空气处理系统,同一露点送风、分室加热的处理方法,如图 4.22 所示。

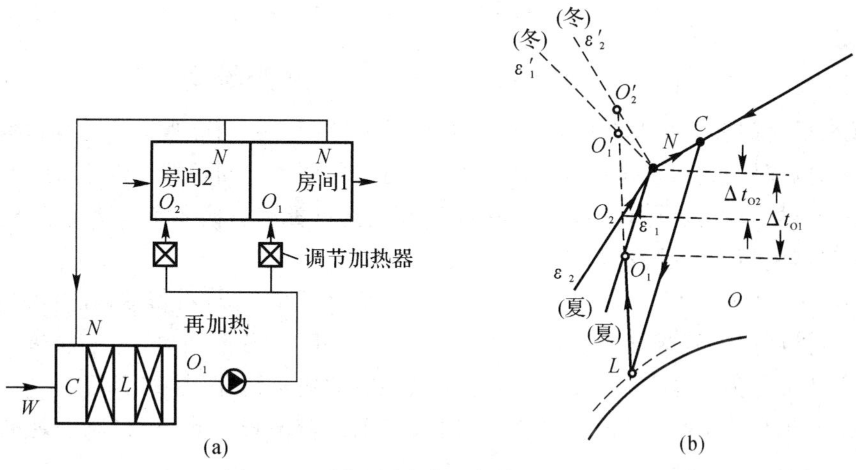

图 4.22　同一露点分室加热的处理方法

(a) 系统图示;(b)$h-d$ 图表示

对于房间 2,因为空调系统只能送出 O_1 状态的空气,因此如果要想使送风状态位于房间 2 的热湿比线上,需要在该房间的送风口前设二次加热器,把 O_1 状态的空气加热到送风状态 O_2 后送入房间 2。

这个方案的缺点是当根据房间 1 的送风温差 Δt_{O1} 确定了送风状态点 O_1 后,也就是机器露点 L 为定值,这时房间 2 的送风状态点 O_2 也就被限定了,它是过机器露点 L 的等含湿量线 d_1

与房间 2 的热湿比线 ε_2 的交点。不难看出，这时房间的送风温差 Δt_{O2} 也就被限定死了。由于 Δt_{O2} 比较小，房间 2 就需要采用较大的送风量 G。

由此可知，当多个房间属于同一空调系统时，各个房间的送风量 G_{Oi} 和送风温差 Δt_{Oi} 的设计，是在系统的送风温差 Δt_O 和送风状态点 O 确定之后才能确定下来。系统的送风温差 Δt_O 通常可取房间送风温差 Δt_{Oi} 中最大的一个。其他房间的送风温差 Δt_{Oi} 和送风状态点 O 则由加热器控制。

(2) 室内温度 t_N 相同，相对湿度 φ_N 允许有偏差，各个房间的热湿比 ε 不同。在这种情况下，为了处理方便，可采用相同的送风温差和露点送风，如图 4.23 所示。如果房间 1 为主要房间，则可采用与房间 1 的送风状态点 O_1 送风。由于房间 2 也是用 O_1 状态的空气送入，其状态变化过程是从 O_1 沿与房间 2 的热湿比线 ε_2 平行的直线变化到与室内状态的等温线相交的点上。这时房间 2 的相对湿度 φ_{N2} 偏离室内状态点 N。设计的任务就是校核房间 2 的相对湿度是否在允许的偏差范围内，如果 φ_{N2} 在允许的相对湿度精度范围内，则认为满足要求。这时，房间 1 和房间 2 的空气处理过程如图 4.23 中实线所示。

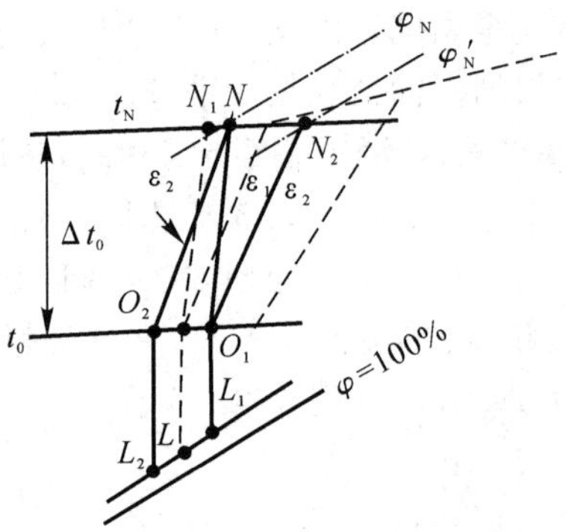

图 4.23　同一露点送风、t_N 相同、φ_N 允许有偏差

如果校核后房间 2 的相对湿度超出了允许的偏差范围 $\Delta\varphi$，则应当另外选择送风状态点。

当两个房间同样重要，且送风温差相同时，也可以取两个房间机器露点 L_1，L_2 的中间值 L 为送风状态的机器露点，这样，房间1和房间2的相对湿度都有点偏离室内状态点 N。但如果偏差在允许相对湿度精度范围内，则认为满足设计要求。

(3) 各房间室内参数和送风温差 Δt_O 相同，且温度、湿度不允许有偏差。在这种情况下因为两个房间不可能用同一机器露点送风，可采用集中处理新风、分散回风、分室加热的空气处理方式。这种方式又称为分区空调方式，多用于多层多室的建筑，如图 4.24 所示。

这种系统的缺点是增加了设备投资，运用调节也比较困难。此外，新风处理的机器露点较低，使制冷机的效率下降。

3. 单风机系统与双风机系统

单风机系统送、回风道都共用一台风机，由于排风是靠室内正压造成的，当回风道与排风道阻力大或排风口远离空调房间时，为增加系统的新风，则必须加大排风，这样可能出现室内正压过高的问题。

双风机系统送、回风道分别设有风机，排风是有组织的，可以保证室内正压不会过高；另外，双风机系统的风机压头比单风机的低，因而系统噪声也低。

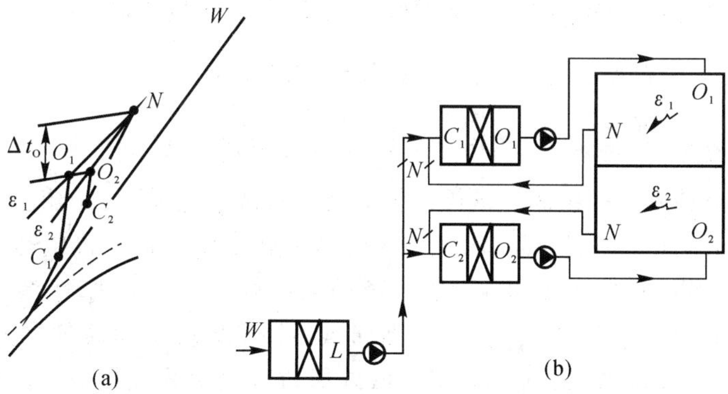

图 4.24　分散回风、分室加热的分区空调方式

(a)h－d 图；(b) 系统图示

4. 喷水室挡水板过水问题

挡水板的作用是挡下通过处理设备的空气中可能携带的水滴。在空调箱中喷水室前后应设挡水板；如果使用表面冷却器处理空气，通过风速高时，表面冷却器后也应设挡水板。

实际上，挡水板不可能将悬浮在空气中的水滴完全挡下来。存留在挡水板后的空气中的水滴，将吸收空气中的热量后而蒸发，导致空气的含湿量增大，使送风状态点向含湿量增大方向偏移，最终导致室内相对湿度增大。

5. 风机、风道温升问题

(1)风机温升。通风机输送空气时，风机的机械能将转化为热能并引起空气温升，它的大小与风机的风量和风压有关(冬季送热风时它是有利因素)。

(2)管道温升。夏季风道周围的环境温度高于风道内空气温度时，周围热量传入风道内将引起空气温升(冬季则是温降)。在实际中，如果不考虑风机、风道的温升，将会导致送风状态点变化，最终导致室内状态点偏离。

4.3　半集中式空调系统的处理方案

4.3.1　半集中式空调系统的概念及分类

半集中式空调系统是指系统除了有集中的空气处理机房外，还在空调房间内设有二次空气处理设备。集中在空调机房的空气处理设备，仅处理一部分空气，另外在分散的各空调房间内还有空气处理设备，它们或对室内空气进行就地处理，或对来自集中处理设备的空气进行补充再处理。半集中式空调系统一般用于多层、多室、层高较低、热湿负荷不一致、各室空气不能串通及要求调节风量的场所，如宾馆、酒店和写字楼等建筑。这些建筑室内一般采用分散的风机盘管处理循环风，而新风则由新风机组集中处理。

半集中式空调系统是采用空气的集中处理和局部处理相结合的方式，克服了集中式空调系统空气处理量大，设备、风道段面积大等缺点，同时具有局部式空调系统便于独立调节的优点。它的冷、热媒是集中供给，新风单独处理和供给，由于它具有占用建筑空间少、运行调节方便等优点，近年来得到了广泛的应用。半集中式空调系统因二次空气处理设备种类不同而分为空气-水风机盘管空调系统，空气-水辐射板系统及空气-水诱导器系统。

4.3.2 空气-水风机盘管系统(即风机盘管加新风系统)

1. 风机盘管(FCU)空调系统的组成、分类、工作原理及其特点

(1)风机盘管空调系统的组成。风机盘管加新风空调系统主要由风机盘管机组、新风机组以及送风机、送风道和送风口组成，如图 4.25 所示。其中风机盘管机组是由冷热盘管(一般2～3 排铜贯串片式)和风机(多采用前向翼形离心式风机或贯流风机)组装而成的，如图 4.26 所示，送风量在 2 500m^3/h 以下。室内空气即回风直接由风机带动通过机组内盘管进行冷却减湿或加热处理。而风机常采用前向多翼离心式风机或贯流式风机，盘管则为带肋片的盘管式换热器。

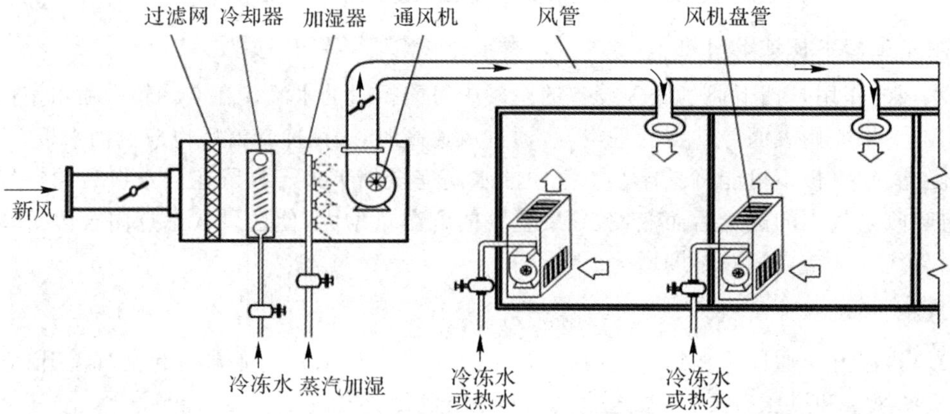

图 4.25 风机盘管加新风空调系统图

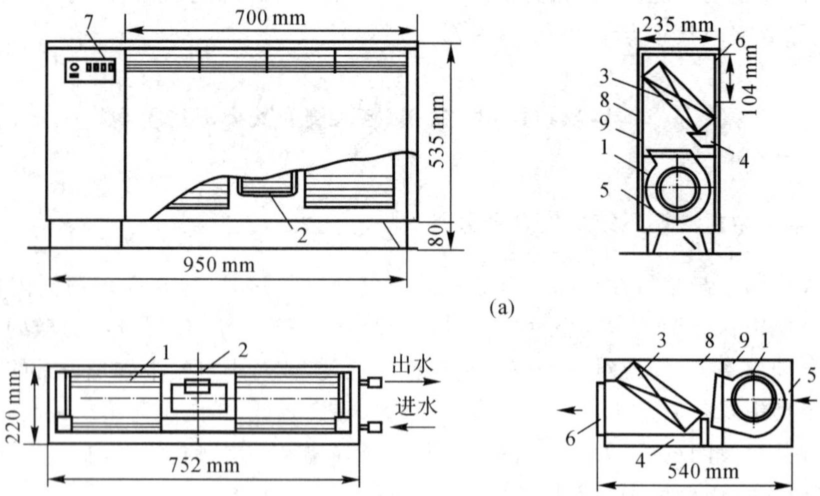

图 4.26 风机盘管构造图

(a)立式；(b)卧式

1—风机；2—电机；3—盘管；4—凝水盘；5—循环风进口及过滤器；

6—出风格栅；7—控制器；8—吸声材料；9—箱体

(2)风机盘管机组的分类。风机盘管机组的种类较多,一般按结构形式可分为立式、卧式、卡式、立柱式和壁挂式;按安装形式可分为暗装和明装;按特征可分为单盘管和双盘管等;按出口静压可分为低静压型和高静压型(30Pa 和 50Pa);根据风机盘管机组出风方向不同,又有顶出风、斜出风、前出风之分;因其回风方式不同,又可分为下回风、后回风、带回风箱或不带回风箱多种风机盘管机组。如图 4.27 所示为常见的风机盘管机组类型。

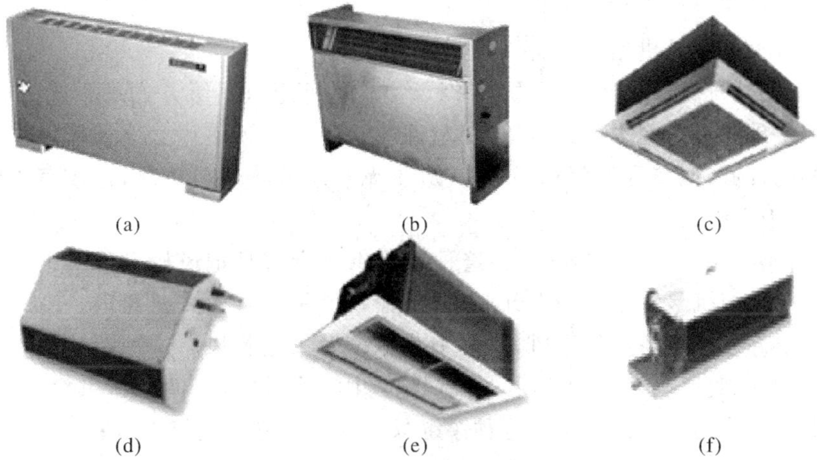

4.27　常见的风机盘管机组类型

(a)立式明暗装风机盘管;(b)立式暗装风机盘管;(c)卡式风机盘管;
(d)壁挂卡式风机盘管;(e)吸顶式风机盘管;(f)高静压型风机盘管

(3)风机盘管机组的工作原理。风机盘管机组是靠冷、热源来实现制冷或制热的,如果没有冷源或热源,就不能进行空气调节。它的工作原理就是借助风机不断地循环室内空气,使之通过盘管而被冷却或加热,以保持房间所要求的温度和一定的相对湿度。

风机盘管制冷时,由冷源为盘管提供 7℃左右的低温水,室内空气由低噪声风机吸入,通过滤尘网去掉灰尘,吹向盘管进行热量交换。空气通过换热器降温去湿后,冷空气从出风格栅吹向室内。空气中的水蒸气在盘管肋片上析出的凝结水汇集至凝水盘,然后通过泄水管统一排出。

风机盘管制热时,热源为盘管提供 60℃左右的热水,室内空气由风机吸入,与盘管表面进行热量交换,再将处理后的热空气自出风格栅吹向室内。

(4)风机盘管机组的特点。风机盘管是空调系统的末端装置,它具有外形美观,使用效果好,运行噪声低,调节灵活,耗电小等特点。

风机盘管空调系统的优点是布置灵活,各房间空气互不串通,容易与装饰装修工程配合,各房间可独立调节室温,房间不住人时可以单独关闭室内机组的风机,不影响其他房间,因而比较节省运转费用,而且系统占用建筑空间少。另外,风机盘管机组与铸铁散热器相比,制热量有较大提高。它可以用 60℃甚至低于 60℃的低温热水;而一般钢制、铸铁型散热器常用 95～105℃以上的高温热水,若用低温热水,它的外形尺寸要比同样散热量的风机盘管换热器大得多。因此风机盘管空调系统可广泛应用于多层、多单元的大型建筑的空气调节工程,如宾馆、饭店、办公大楼、会议场馆、医院、商店等民用建筑和工业建筑物夏季降温除湿、冬季供暖的冷热两用空调系统。

风机盘管机组的缺点是布置分散，对机组制作有较高的质量要求，维护管理不方便；而且当风机盘管机组没有新风系统同时工作时，冬季室内相对湿度偏低，故不能用于全年室内对相对湿度有要求的空调房间；空气的过滤效果差；水系统复杂，容易漏水；盘管冷热兼用时，容易结垢，不易洗清。此外，风机盘管机组由于受噪声的限制，风机转速不能过高，所以机组剩余压头很小，气流分布受到限制，仅适用于进深小于 6m 的房间。

2. 风机盘管机组的新风供给方式

风机盘管机组的新风供给方式有以下三种：

(1)靠室内机械排风渗入新风(见图 4.28(a))。这种新风供给方式是靠设在室内卫生间、浴室等处的机械排风在房间内形成负压，使室外新鲜空气渗入室内。这种新风供给方式投资和运行费用都比较低，但室内卫生条件差，且应受无组织的渗透风影响，造成室内温度场不均匀，因此只适用于室内人员较少的情况。

(2)墙洞引入新风(见图 4.28(b))。这种新风供给方式是把风机盘管机组设在外墙窗台下，立式明装，在盘管机组背后的墙上开洞，把室外新风用短管引入机组内。新风口进风量可以调节，冬、夏季可按最小新风量进风，过渡季节尽量多采用新风。这种新风供给方式能较好地保证新风量，但要使风机盘管适应新风负荷的变化则比较困难，而且新风负荷的变化，会直接影响室内空气参数的稳定性。因此这种系统只适用于对室内空气参数要求不太严格的建筑物。它的空气处理过程与一次回风系统类似。

(3)独立新风系统(见图 4.28(c)(d))。以上两种新风供给方式都有自身难以克服的缺点，即无论在冬、夏季，新风不但不能承担室内冷热负荷，而且要求风机盘管负担对新风的处理，这就要求风机盘管机组必须具有较大的冷却和加热能力，使风机盘管机组的尺寸增大，为了克服这些不足，引入了独立新风系统。室外新风通过新风机组处理到一定的状态参数后，由送风道系统直接送入空调房间(见图 4.21(c))，或送入风机盘管空调机组(见图 4.28(d))，使其与房间里的风机盘管共同负担空调房间的冷(热)、湿负荷。这种独立的新风供给方式，既提高了空调系统的调节和运转的灵活性，又可以适当提高风机盘管制冷时的供水温度，使盘管的结露现象得以改善。这种供新风方式投资较大，适用于对卫生条件有严格要求的空调房间。通常夏季的新风处理过程如下：

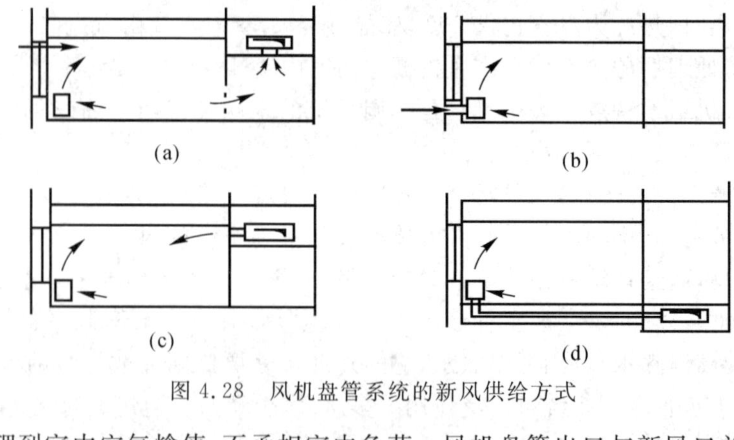

图 4.28　风机盘管系统的新风供给方式

1)新风处理到室内空气焓值，不承担室内负荷。风机盘管出口与新风口并列。

2)新风处理后的焓值低于室内焓值，承担部分室内负荷，即让新风承担围护结构传热的渐变负荷与室内的潜热负荷，而由风机盘管承担照明、日射、人体等的瞬变显热负荷。风机盘管出口与新风口并列。

3)新风处理后直接送到风机盘管机组内，让新风先与回风混合后再经过盘管处理。虽然增加了盘管的负担，但新、回风混合较好。

3. 风机盘管的布置方式及适用的场所

风机盘管的布置方式一般有明装和暗装两种。

(1)明装风机盘管机组。明装风机盘管机组多放置在室内可以看到的地方，因而对其造型和表面油漆、装饰颜色要求均比较高。立式明装风机盘管一般设置在室内地面上，卧式明装风机盘管多吊装于天花板下方或门窗上方。机组的控制开关设置在机组的面板上，也可以将它引到床头柜等便于操作的地方。对于会议室、会客室、接待室等布置比较豪华的空调房间，宜采用明装风机盘管。根据风机盘管的质量和造型，可布置为落地式、挂墙式或吊顶式。

(2)暗装风机盘管机组。暗装风机盘管机组无装饰板，因为它一般布置在室内看不到的地方，所以对外观装饰及颜色都无具体要求，其价格比明装风机盘管便宜得多。立式暗装风机盘管多设置在窗台下，卧式暗装风机盘管多吊装于顶棚内，机组的控制开关可装在墙上或床头柜上。

一般说来，对于宾馆、饭店客房的空调，多采用卧式暗装风机盘管，一般可布置在进门的过道顶棚内。这种布置形式美观，不占房间有效空间面积，噪声小。从室内气流组织和温度分布角度来看，这种布置方式特别适用于以夏季供冷为主的南方地区。而对于办公室、医院病房、门诊部和写字间等房间，如无顶棚安装位置时，宜选用立式暗装风机盘管机组，布置在外墙窗台下。这种布置方式对于空间较大的房间以及冬季需要供热的北方地区尤为适宜。

近年来风机盘管空调系统的应用越来越广泛。对于如商场、舞厅和餐馆等大空间多层建筑也开始选用风机盘管，它们一般选用带送风道和回风道的高静压风机盘管，暗装于顶棚之内。

4. 风机盘管加独立新风空调系统过程设计与设备选择

由独立的新风系统供给新风，要求设有一个集中新风机组，但夏季风机盘管机组要求的冷水温度可以高一些，水管表面结露问题可得到改善。总的设计原则是首先根据使用要求及建筑物情况，选定风机盘管机组的型式及系统布置方式，然后确定新风供给方式和水管系统类型，最后进行风机盘管机组的选择计算。

考虑到在一般情况下，冬、夏两季都用的风机盘管空调系统，一般按夏季的冷负荷选择的风机盘管型号，而冬季都能满足空调的要求，这是因为风机盘管在额定工况下的供热量约为制冷量的 1.5 倍，所以风机盘管机组的选择计算主要以夏季空气处理过程为主。下面以独立新风系统直接送入房间的处理过程作为代表详细介绍设计过程。

(1)新风处理到室内空气的焓值线上。此时风机盘管提供的冷量应等于室内冷负荷，不计入新风冷负荷，新风冷负荷由新风机组承担。夏季空气处理过程如图 4.29 所示。图中 L 为新风处理后的机器露点，$L \rightarrow K$ 为风机自然升温，$\Delta t = 0.5 \sim 1.5$℃，O 为送风状态点，M 为风机盘管的出风状态点。

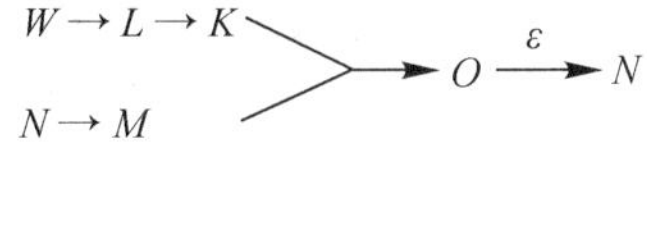

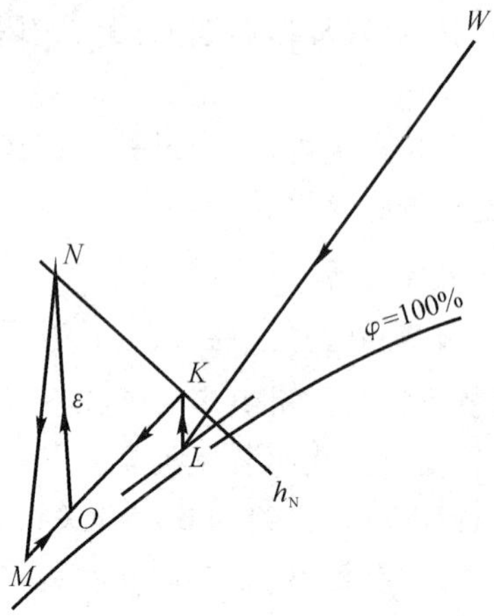

图 4.29　新风处理到室内焓线上

其夏季供冷设计工况的确定与设备选择可按以下步骤进行：

1）确定新风处理状态。根据经验，新风机组处理空气的机器露点 L 可达到 $\varphi=90\%\sim95\%$，考虑风机、风道温升 Δt 和 $h_K=h_N$ 的处理要求，即可确定 W 状态的新风集中处理后的终状态 L 和考虑温升后的 K 点。新风机组处理的风量 G_W 即空调房间设计新风量的总和。故由 $W\rightarrow L$ 过程决定的新风机组设计冷量 Q_W 应为

$$Q_W=G_W(h_W-h_L) \tag{4.29}$$

2）选择新风机组。根据考虑一定安全余量后，机组所需风量、冷量及机外余压，由产品资料初选新风机组类型与规格。而后，根据新风初状态和冷水初温进行表冷器的校核计算，并通过调节水量使处理后的新风满足 h_N 的要求。

3）确定房间总风量。房间设计状态 N 及余热 Q，余湿 W 和 ε 线均已知，过 N 点作 ε 线与 $\varphi=90\%\sim95\%$ 线相交，即可得到房间盘管在最大送风温差下的送风状态点 O，于是房间总风量 G 可由 $G=\dfrac{Q}{h_N-h_O}$ 这一关系求得。

4）确定风机盘管处理风量及终状态。由于 $G=G_F+G_W$，从中可求得风机盘管的风量 G_F。风机盘管处理终状态 M 点应处于 $\overline{KO}$ 的延长线上，由新、回风混合关系 $\overline{OM}=\dfrac{G_W}{G_F}\overline{KO}$ 即可确定 M 点。风机盘管处理空气的 $N\rightarrow M$ 过程所需设计冷量 Q_f 就可随之确定：

$$Q_F=G_F(h_N-h_M) \tag{4.30}$$

5）选择风机盘管机组。根据考虑一定安全余量后机组所需的风量、冷量值 $Q=G_f(h_N-h_M)$，结合建筑、装修所能提供的安装条件，即可确定风机盘管的类型、台数，并初定其规格。考虑风机盘管久用后积尘影响传热，选择风机盘管机组时，应对机组的容量乘以修正系数 a：仅作供冷使用时，$a=1.10$；作供热、供冷两用时，$a=1.20$；仅作供热使用时，$a=1.15$。如果空调房间的冷负荷值是按建筑面积的冷负荷指标估算出来的，则不必乘修正系数，因为那样计算出来的冷负荷值一般偏大。

6）风机盘管机组的校核。为检查所选风机盘管在要求风量、进风参数、水初温和水量等条件下，能否满足冷量和出风参数要求，应对其表冷器作校核计算。校核计算结果应使机组设计所能提供的全热制冷量和显热制冷量均应满足设计要求，否则应重新选型。必要时可在保持风

量、风速一定的条件下，调整盘管的进水量和进水温度。当设计工况与风机盘管的额定工况不同时，应将额定制冷量换算到设计工况下的制冷量。目前很多生产厂家在样本中已经给出了风机盘管在各种常见工况下的制冷量。如无此类数据，可根据以下公式由额定工况的冷量 Q_0 推算出设计工况下的冷量 Q'_0：

$$Q'_0 = Q_0\left(\frac{t'_{S1} - t'_{W1}}{t_{S1} - t_{W1}}\right)\left(\frac{W}{W'}\right)n\exp[m(t'_{S1} - t_{S1})]\exp[p(t'_{W1} - t_{W1})] \tag{4.31}$$

式中　Q'_0—— 设计工况下的冷量，kW；

Q_0—— 额定工况下的冷量，kW；

t_{S1}, t_{W1}, W—— 分别表示额定工况下空气进口湿球温度、进水温度和水量，kg/s；

t'_{S1}, t'_{W1}, W'—— 分别表示设计工况下空气进口湿球温度、进水温度和水量，kg/s；

n, m, p—— 系数，$n = 0.284$（2 排管）或 0.426（3 排管），$m = 0.02$，$p = 0.0167$。

当其他工况参数不变而仅是风量变化时，则可按下式计算：

$$Q'_0 = Q_0\left(\frac{G'}{G}\right)^{\mu} \tag{4.32}$$

式中　μ—— 系数，可取 0.57；

G—— 额定工况下的风量，kg/h；

G'—— 设计工况下的风量，kg/h。

(2) 新风处理到低于室内空气的焓值。若新风经新风机组处理后的焓低于室内焓值，即由风机盘管仅承担照明、日射、人体等的瞬变显热负荷，即按干工况运行，而让新风承担新风冷负荷及围护结构传热的渐变负荷与室内的潜热负荷，且风机盘管出口与新风口并列。夏季空气处理过程如图 4.30 所示。图中 L 为新风处理后的机器露点，$L \to K$ 为风机自然升温，$\Delta t = 0.5 \sim 1.5$℃，O 为送风状态点，M 为风机盘管的出风状态点。

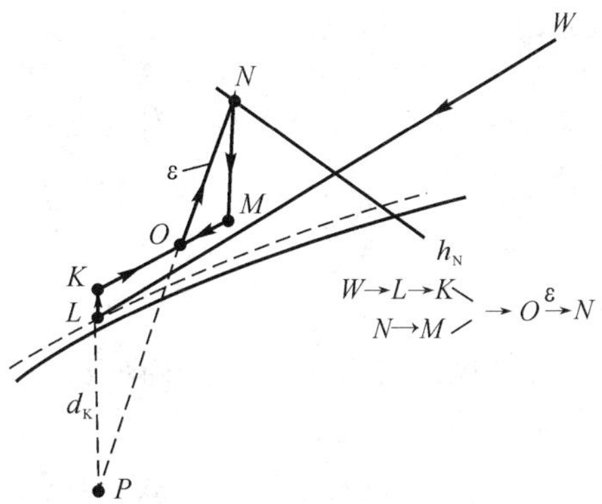

图 4.30　新风处理到低于室内空气的焓值

因为通过风机盘管的风量为

$$G_F = G - G_W \tag{4.33}$$

所以，图中 P 点的位置为作 NO 的延长线并使 P 点符合关系式 $NO/OP = G_W/G_F$，由此可确定出 P 点。

风机盘管夏季提供的冷量为

$$Q_F = G_F(h_N - h_M) \tag{4.34}$$

新风机组提供的冷量为

$$Q_W = G_W(h_W - h_L) \tag{4.35}$$

这种方式的优点是新风空调机组随室外空气温度变化集中调节，风机盘管无凝结水等危害；缺点是新风处理焓差大，盘管排数多，特别是在炎热地区，一般需 6 ～ 8 排；另外，它要求的冷冻水水温低，这种处理方式欧美等国家采用较多。

5. 风机盘管机组使用中应注意的几个问题

(1) 定期清洗滤尘网，以保持空气流动畅通。

(2) 定期吹扫换热器上的积尘，以保证它有良好的传热性能。

(3) 对于冷热两用的风机盘管，水系统的循环水和补充水均宜采用锅炉软化水。当换热器铜管内壁结水垢后，应进行化学清洗，否则会大大降低其制冷(热) 能力。

(4) 风机盘管制冷时，冷水进口温度一般选用 7 ～ 10℃，不能低于 5℃，以防管道及空调器表面结露。风机盘管制热时，热水的进口温度一般选用 50 ～ 60℃，不能大于 80℃，因为目前风机盘管的保温材料多为泡沫塑料，它的使用温度比较低，如聚苯乙烯泡沫塑料，使用温度为 － 80 ～ 70℃，因此要求水温不能太高，更不能直接通入蒸汽制热。

(5) 目前国内外各类风机盘管机组的实际噪声级普遍偏高，为了不使空调房间内噪声过大，可采用以下措施：

1) 对噪声要求较高的房间，当采用卧式暗装风机盘管时，可在机组出口至房间送风口之间的风道内做消声处理。若采用立式明装风机盘管，则应将机组设置在远离床和桌子的部位，出风口上也可加消声装置。

2) 对噪声要求一般的空调房间，选用低噪声或中等噪声级的风机盘管机组。

3) 利用房间自然蓄冷降噪。白天将室温降至 23 ～ 24℃，夜间关掉机组的风机，靠自然对流换热，室内温度也不会太高。

4.3.3 空气-水诱导器系统

空气-水诱导器系统是以诱导器作为末端装置的一种半集中式空调系统。诱导器是以集中处理后的空气(一次风) 作为动力，诱导室内空气(二次风) 循环，并对空气进行冷却或加热处理的一种专用设备。

1. 诱导器的组成及分类

诱导器是一种用于空调系统送风的特殊设备，它由静压箱、喷嘴和二次盘管(换热器) 等三部分组成。

诱导器根据安装方式不同分为立式和卧式两种。卧式诱导器一般装于顶棚上，立式诱导器装在窗台下。另外，根据诱导器内是否装二次冷却盘管，诱导器系统又可分为全空气诱导器系统和空气-水诱导系统两大类。

(1) 全空气诱导器系统。采用这种系统时，室内所需的冷负荷全部由空气(一次风) 负担，因此称为全空气诱导器系统。这种诱导器不带二次冷却盘管，故又称“简易诱导器”。它实际上是一个特殊的送风装置，它能诱导一定数量的室内空气，达到增加送风量和减少送风温差的作用。有时也可在简易诱导器内装置电加热器，以适应室内负荷变动的要求。

(2) 空气-水诱导系统。诱导器的结构如图 4.31 所示，这种系统的一部分夏季室内冷负荷由空气(一次风) 负担，另一部分由水(通过二次盘管传递给二次风) 负担。下面以空气-水诱导系统为重点来介绍其工作原理。

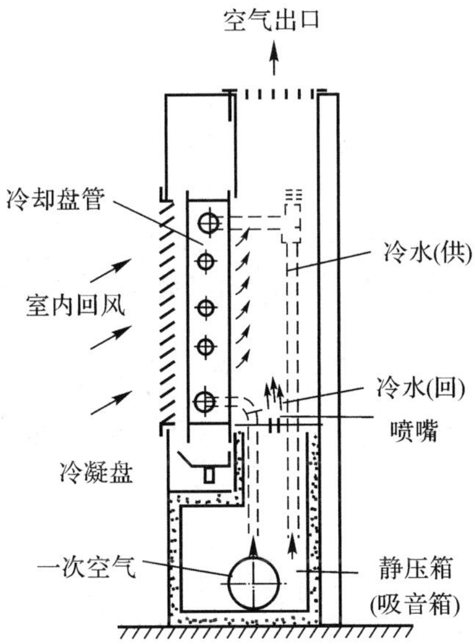

图 4.31　空气-水诱导器的结构图

2.诱导器系统的工作原理

原理示意图如图 4.32 所示，通过集中空调机处理的新风(一次风) 经风道送入各空调房间内的诱导器中，由诱导器的喷嘴高速(20 ～ 30m/s) 喷出，在喷射气流的引射作用下，诱导器中形成负压，室内空气(二次风) 被吸入诱导器。一般在诱导器的二次风进口处装有二次盘管(通入冷水或热水)，经过加热或冷却的二次风在诱导器内与一次风混合达到送风状态，经风口送入房间。

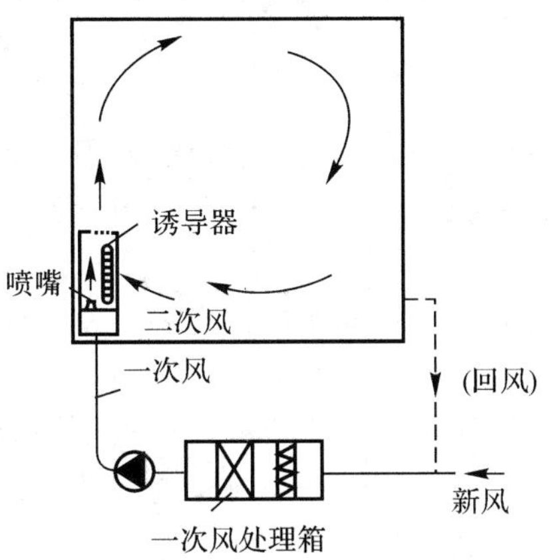

图 4.32　诱导器系统的工作原理图

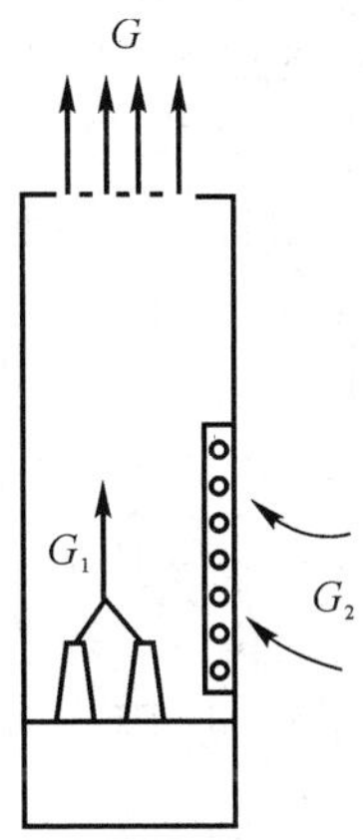

图 4.33　诱导器的诱导比

3.性能指标

诱导比是评价诱导器性能的一个重要参数。除诱导比外，诱导器还有几个性能指标，如工作压力、水阻力、二次盘管的冷热量以及噪声大小，这些都取决于诱导器的构造，需要时可从手册或产品说明书中查到。此处着重来讲诱导比，如图 4.33 所示，它是指被诱导的室内回风量(称二次风) 与一次风量的比值，即

$$N = G_2/G_1 \tag{4.36}$$

式中　N—— 诱导比，一般在 2.5 ～ 5 之间；

G_2—— 被喷嘴诱入的二次风量，kg/h；

G_1—— 通过静压箱送出的一次风量，kg/h。

由于
$$G = G_1 + G_2 = G_1 + NG_1$$
所以
$$G_1 = G/(1+N) \tag{4.37}$$

由此可见，在一次风量相同的条件下，诱导比大的诱导器送风量大，室内换气次数高。室内卫生条件好。

一次盘管是用来冷却和加热空气的热交换器，一般是用较小的铜管排管，管外面用液压胀管法胀上许多翅片制成的。这种换热器的特点是换热面积大，传热效率高，换热器外围尺寸小。

4. 诱导器系统的特点和适用性

诱导器的特点如下：

(1) 作为一次风的新鲜空气一般可以满足卫生要求，而二次风通过诱导器在室内循环，故不用回风道，从而避免了各空调房间之间的空气相互干扰。

(2) 诱导器不需消耗电功率。

(3) 诱导器系统由于诱导器内静压箱压力较高，喷嘴速度也较大，所以从系统总压力和消声方面考虑不必再限制用低速输送空气，因此都采用高速送风(15 ～ 25m/s)，故其风道断面仅为普通系统的 1/3，在节省建筑空间方面是非常有利的。当旧建筑物需加设空调时，可考虑这种系统。

(4) 诱导器无运行部件，设备寿命比较长。

(5) 诱导器系统只能对一次风进行集中净化处理，对二次风仅进行粗过滤，所以该系统不能用于净化要求高的房间，如工业或生物洁净室等。

(6) 一次风停止运行，诱导器就无法正常工作。

(7) 诱导器系统的机房设备和风道系统的初投资虽比普通集中式系统低，但目前诱导器本身价格较高，所以应做经济比较。此外，由于诱导器系统风量小、风压高，其电耗则与普通集中式系统相差不多。

(8) 诱导器系统新风量一般固定不变，不如普通集中式系统那样在有利的季节能最大限度地利用新风冷量并改善卫生条件。

一般诱导器系统集中处理的仅为新风(一次风)，风量较小而且可采用高速风管送风，管道断面小，故节省建筑空间，因此适用于层高较低的建筑。但是，由于系统输送的动力大且管内流速高，一般为 15 ～ 25m/s，所以噪声较大。

4.3.4　空气-水辐射板系统

空气-水辐射板系统是指在房间内设置辐射板(供冷或供暖) 对室内的回风进行处理的系统。利用辐射板供冷虽然可以获得舒适的环境，但是它无除湿能力和无法解决新风供应问题，因此必须采用水辐射板系统 ＋ 新风系统，即所谓的空气-水辐射板系统，其中新风由新风机组集中处理。室内湿负荷由新风系统负担，因此新风处理后的露点必须低于室内空气露点。在新风系统设计时，应根据室内的湿负荷确定新风处理后的空气含湿量。

1. 新风在室内的送风方式

(1) 混合送风方式。要求送入的新风充分与室内空气混合，以稀释室内的污染物和使室内温度均匀。空气-水辐射板系统的新风量通常很小，用这种送风方式室内的卫生条件相对较差。

(2) 置换送风方式。以低于室内温度的新风靠近地面缓慢送出，并沿地面弥散开来，遇到热源(人体或发热设备）后，在热浮升力的作用下缓缓向上流动。这样就可使人处于比较干净的新风中，同时也充分地利用了新风。这种送风方式并不是靠送风速度将风送到房间各处，而是靠新风密度大，下沉在底部缓慢地蔓延到全室，在热源作用下上升的，很适宜小送风量的场合。

2. 冷却顶板冷负荷对房间温度的均匀性影响

房间温度的均匀性与辐射板和新风之间负荷分配有关。试验表明，冷却顶板冷负荷占总负荷的比例愈大，竖向温度愈均匀，但这时墙壁温度较低，导致顶板下和墙壁附近的冷气流下降，使工作区产生强烈混合，污染物浓度高，影响室内空气品质。综合考虑竖向温度均匀性和工作区的空气品质，冷却顶板的冷负荷宜占总室内冷负荷的 50% ~ 60%。

3. 空气-水辐射板系统运行调节

空气-水辐射板系统的室内温度控制依靠调节辐射板冷量来实现。通常用控制冷冻水流量来调节辐射板冷量，最简单的办法是采用由恒温控制器控制的开 / 关型电动阀来实现。冷冻水系统应设置水温不得低于室内空气露点的保护控制，如关闭水路或调高水温。新风系统可只做季节性的调节，并应控制新风的露点低于室内露点。

4. 系统特点

这种系统在欧洲应用比较多，其特点如下：

(1) 室内环境的舒适度较高。

(2) 可以应用自然冷源，如采用冷却水、地下水。当辐射板的冷冻水采用独立的人工制冷装置制备时，则其性能系数 COP(即能效比）值高，比常规系统高 25% 左右，比较节能。

(3) 除湿能力和供冷能力都比较弱，因此只能用于单位面积冷负荷和湿负荷均比较小的场所。

综上所述，空气-水三种系统各自的优缺点及使用场合如下：

(1)空气-水风机盘管系统。在房间内设置风机盘管。其特点是可用于建筑周边处理周边负荷，系统分区调节容易；可独立调节或开停而不影响其他房间，运行费用低；风量、水量均可调；风机余压小，不能用高性能空气过滤器。这种系统适用于客房、办公楼、商用建筑。

(2)空气-水诱导器系统。在房间内设置诱导器(带有盘管)。其特点是末端噪声大，旁通风门个别控制不灵，新风量取决于带动二次风的动力要求，空气输送动力消耗大，管道系统复杂，二次风过滤难，房间同时使用率低的场合不适用，因此逐渐被风机盘管所取代。

(3)空气-水辐射板系统。在房间内设置辐射板(供冷或采暖)。其特点是可用于抵消窗际辐射和处理周边负荷，无吹风感，舒适性较好，室温可以提高，承担瞬时负荷能力强，吊顶辐射板不能除湿，单位面积承担负荷能力受限。

4.4 全分散空调系统的处理方案

4.4.1 全分散空调系统的概念及分类

1.全分散空调系统的概念

全分散式空调系统也称为房间空调器或局部式空调系统，是一种小型空调系统，它不需设单独的空调处理机房，是自带冷源的系统。这种系统空调房间的负荷由制冷剂直接负担，制冷系统蒸发器或冷凝器直接从空调房间吸收(或放出)热量。当建筑物中少数房间需要空调，或空调房间很分散时，宜采用房间空调器。房间空调器具有结构紧凑、安装方便、使用灵活等特点，是空调工程中广泛应用的设备。

2.房间空调器的分类与型号

全分散空调系统按照不同的分类方法，有不同的类型。具体如下：

房间空调器按结构形式分类：整体式空调器，典型的实例是窗式及穿墙式空调器，其代号为C;分体式空调器，其代号为F，分体式空调器由室内机组和室外机组组成，其中室内机组按安装位置不同可分为吊顶式(D)、壁挂式(G)、落地式(L)、嵌入式(Q)和台式(T)等五种，室外机组用W表示。

房间空调器按功能分类：冷风型(单冷型)，该种空调器无代号；热泵型，代号为R;电热型，代号为D;热泵辅助电热型，代号为RD。

房间空调器型号的标注方法如下所示：

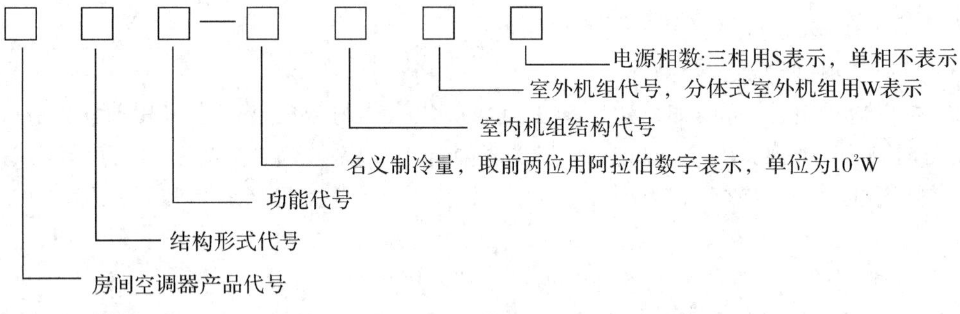

例如，KFR-28GW表示分体壁挂式热泵型房间空调器(包括室内外机组)，制冷量为2 800W。

KC-20表示制冷量为2 000W的冷风型窗式空调器，使用单相电源。

KC-35RS表示制冷量为3 500W的热泵型窗式空调器，使用三相电源。

KFD-25G表示制冷量为2 500W的电热型分体式空调器。室内机组为壁挂式，使用单相电源。

4.4.2 几种典型的全分散空调系统

1.窗式房间空调器

窗式空调器的基本结构如图4.34所示，它主要由以下几部分组成：

1)箱体。它包括箱体壳、承载底盘和前面板。一般用 0.8～1mm 厚的钢板弯制而成。两侧开有通风百叶窗,用于进风冷却冷凝器。

2)制冷制热系统。它包括冷凝器、压缩机、毛细管、蒸发器、干燥过滤器、气液分离器和单向阀。对于热泵型空调器还有电磁四通换向阀。

3)通风系统。它包括室外侧冷却冷凝器的轴流风机,室内侧的离心风扇,两个风扇共用一根轴,由一个电机驱动,还包括循环风道和空气过滤装置。

4)电气控制系统。它包括主控开关、温度控制器、过载保护器、启动继电器、启动运转电容和摆叶风机等。在微电脑控制空调器中,它基本上由信号接收板和温度传感器组成的信号输入部分、主控制板和执行部件组成。

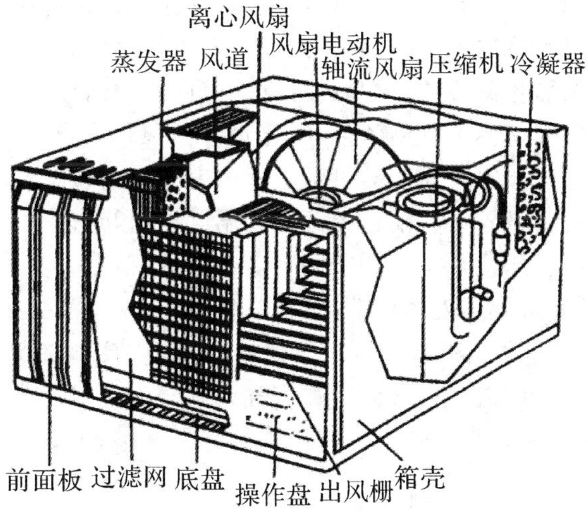

图 4.34　窗式空调器基本结构

(1)单冷窗式房间空调器。该种空调器的主要功能是向房间内输送经过冷却并除湿的净化空气。其工作原理如图 4.35 所示。

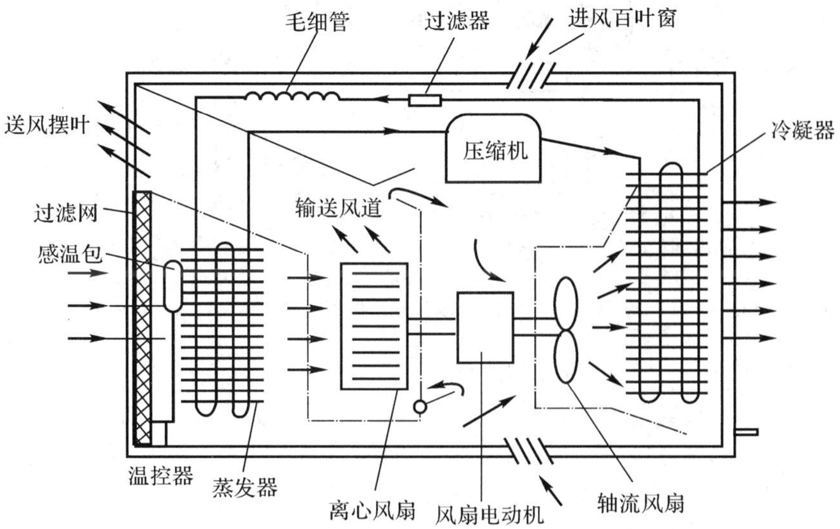

图 4.35　单冷型窗式空调器送风原理

压缩机把吸入的低压、低温制冷剂蒸气，在气缸内压缩成高压、高温的过热蒸气，排送到室外侧风冷凝器中。在轴流风机的作用下，室外的空气经空调器左右两侧的百叶窗，进入轴流风扇的吸风侧，然后吹向冷凝器，与冷凝器中制冷的热量进行热交换，使制冷剂放出热量，制冷剂由高压过热的蒸气状态冷凝成高压的液体状态。在冷凝器中，制冷剂的压力、温度不发生变化，散出热量的结果只是使制冷的状态发生变化，即由气态变为液态。空气吸收了制冷剂释放出来的热量后，被轴流风扇排到室外大气中。高温、高压的制冷剂液体在冷凝器的末端形成了过冷液体，然后进入过滤器，再经毛细管节流后，进一步降温，最后喷入蒸发器蒸发吸热。室内空气在室内侧离心风扇的作用下流过蒸发器，空气中的热量则被蒸发器中的制冷剂吸收，使空气降温。同时，空气中的水蒸气也在蒸发器表面冷凝成液体，使室内空气相对湿度降低。被冷却降湿的室内空气依靠离心风扇吹送到循环风道，再沿风道口被排风格栅扰动，增大辐射面积后排送到室内。蒸发器中的制冷剂在吸收了室内空气中的热量后，形成低压、低温的干饱和蒸汽又被压缩机吸入，压缩后排到冷凝器中，进行下一个周期的循环。

在窗式空调器中，为使室内空气新鲜纯净，还设有排风门和新风门。打开排风门时，可将室内浑浊冷空气排出室外。新风门打开，可吸收部分室外新空气。

在空调器的前面板上，设置有功能选择开关和温度控制旋钮等，调节这些开关能实现温度控制。对于电子控制空调器，实现上述调节是自动完成的。

空调器的传感元件安置在蒸发器的前面，一般在18～20℃范围内自动调节和选择。

(2)热泵窗式房间空调器。和单冷窗式空调器相比，热泵型空调器加装了一个电磁换向阀，使制冷剂可正反两个方向流动。分体式和窗式空调器均可制成热泵型。图4.36所示是一个热泵型空调器工作示意图。

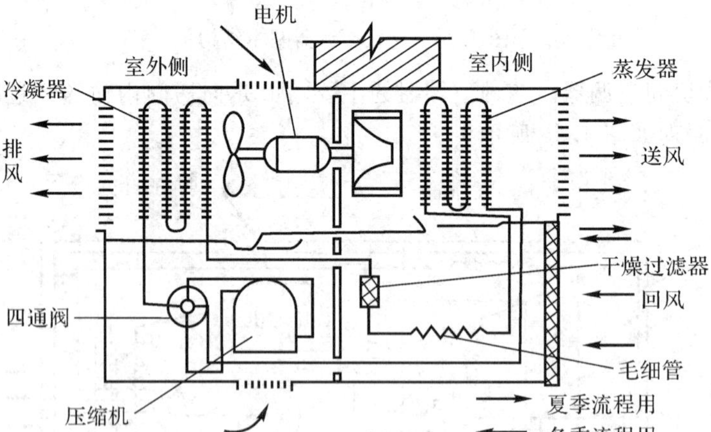

图4.36　热泵型窗式空调器送风原理

电磁换向阀安装在压缩机与冷凝器之间。当制冷运行时，电磁换向器没有接通电源，经压缩机排出的高温制冷剂，经电磁换向阀流向冷凝器。在冷凝器中，制冷剂放热冷凝。经过毛细管进入室内侧的蒸发器吸热汽化，又经过电磁换向阀回到压缩机。当制热运行时，电磁换向阀接通电源，驱动阀内机构完成制冷剂通道的切换，使压缩机排出的高温制冷剂蒸气经电磁换向阀通道切换后，排向室内侧的蒸发器，但此刻的蒸发器已成为冷凝器。制冷剂的热量通过离心风扇作用与室内冷空气进行热交换，吹向室内的空气已是吸收了制冷剂热量的暖风。这时制冷剂经放热后已冷凝成液体，然后经毛细管进入室外侧的冷凝器，此时它已作为蒸发器使用。液态的制冷剂吸收室外侧空气中的热量蒸发汽化，回到电磁换向阀，经切换后的通道进入压缩机，继续循环。

在制热过程中，室内侧放出的热量，应包括制冷剂在室外侧吸收的热量和压缩机做功产生的热量。因此，压缩机消耗 1kW 电能，在室内产生的热量要大于消耗 1kW 的电热丝所产生的热量，所以该种空调器的经济性较好。

2. 分体式房间空调器

(1)分体壁挂式房间空调器的结构与工作原理。

1)基本结构。分体式空调器主要由室内机组、室外机组及连接管路三部分组成。

室内机组的作用是向房间提供调节空气，使房间的温度达到设定要求。它由外壳、蒸发器、空气过滤网、离心电动机、控制操作开关、接水盘和排水管等组成。在外壳前方设有进风口风向板，内设有空气过滤网，用以滤除空气中的尘埃和污物。冷风或热风从出风口导向板吹出，导向板可转动，风向调节杆可左右移动。面板上装有指示灯，显示压缩机的运转状态。控制操作板部分装有运转、温度等若干种操作模式。空气中的水分遇冷而凝结成水，经接水盘和排水管排至室外。其结构如图 4.37 所示。

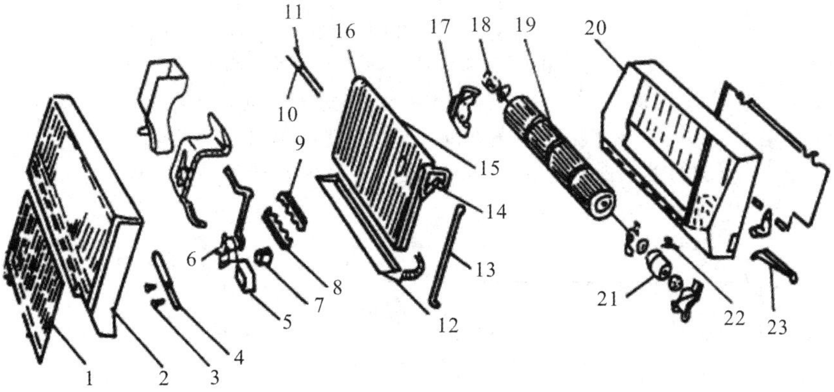

图 4.37　分体壁挂空调器室内机组

1—空气过滤网；2—面板；3—螺钉；4—插杆；5、6—开关；7、8、9—继电器；10、11—接管；12—接水盘；13—后板；14—导线；15—蒸发器；16—翅片；17—护盖；18—端盖；19—离心风扇；20—外壳；21—风扇电动机；22—垫片；23—插板

室外机组的作用主要是用于制冷剂的散热。其由外壳、压缩机、冷凝器、四通换向阀(热泵型空调器)、室外加热电热丝(在低温下仍可制热运转)、轴流风扇和风扇电动机等组成。外壳上有进、出风口，使冷凝器散发出的热量及时被风机引出机外。其结构如图 4.38 所示。

室内机组和室外机组是通过 Φ20mm 以下的紫铜管进行连接的。连接管头目前采用的形式有三种：自封式快速接头、一次性快速接头和扩口管螺母接头。效果最好的是快速接头，密封可靠且使用寿命长。

2)工作原理。分体式空调器分为单冷型、热泵型两种形式。压缩机运转时，制冷剂在整个制冷系统中循环而完成制冷，制冷过程和窗式空调器相同，如图 4.39 所示。

室内空气在离心风机的作用下，通过空气过滤网被吸入，经蒸发管道进入热交换器，使空气冷却降温或去湿后进入风机中，再经过叶轮旋转排入风道经百叶窗流向室内。热泵型空调器在实施制冷、供热时的原理和窗式空调器一样，其过程如图 4.40 所示。

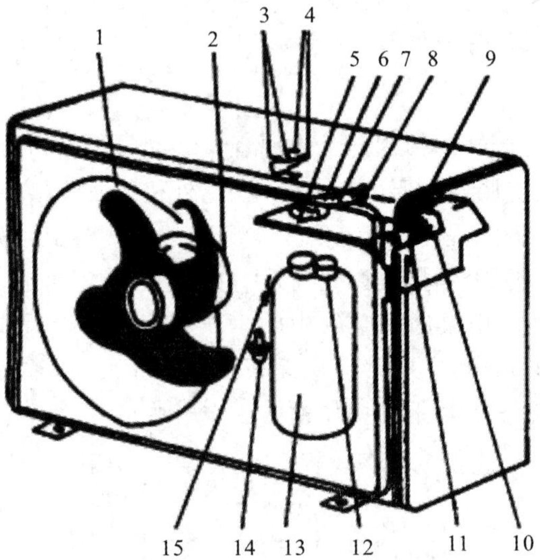

图 4.38　分体壁挂式空调器室外机组

1—风扇电动机；2—风扇；3—熔断丝；4—支架；5—电动机保护器；6、7—继电器；8—电容器；9—压缩机保护器；10、11—端子座；12—电动机保护器；13—压缩机；14—电容器；15—簧片热控开关

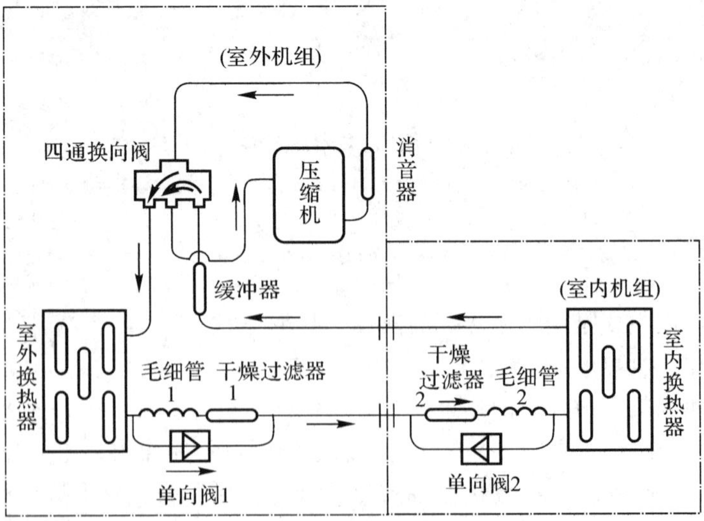

图 4.39　分体壁挂式空调器制冷工况

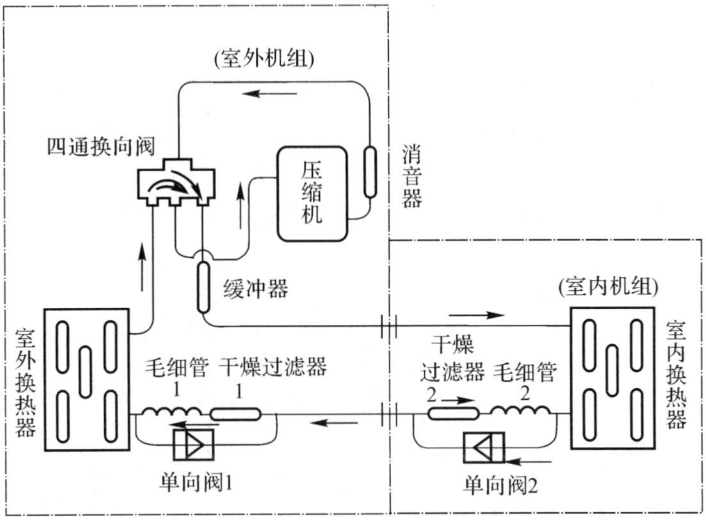

图 4.40　分体壁挂式空调器制热工况

(2)分体柜式房间空调器的结构与工作原理。

柜式空调器按冷却方式不同,可以分为水冷柜式空调器和风冷柜式空调器两种形式。目前家用柜式空调器多为风冷柜式空调器,其外观及结构如图 4.41 所示。

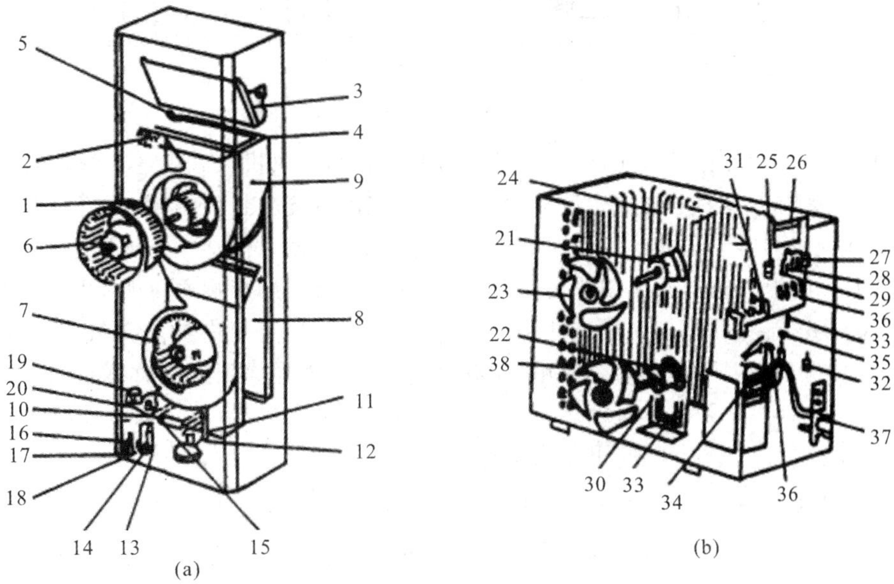

图 4.41　风冷分体柜式空调器室内外机组结构图

1—风扇电动机;2—风扇运转电扇;3—扩散器;4—控制器;5—旋钮;6、7—多叶风扇;8、9—外壳;10—选择箱;11—排水管;12—电源变压器;13、14—端子座;15—内板;16—支架;17、18—熔断丝;19、20—继电器;21、22—风扇电动机;23—螺旋桨式风叶;24、28—支架;25—过电流继电器;26—压缩机保护器;27—压缩机接触器;29—熔断丝;30—端子座;31—风扇电机电容;32—簧片垫开关;33—充气阀;34—压缩机;35—低压开关;36—高压开关;37—球阀;38—排管

除图中标出的部件外,室内机还有蒸发器、空气过滤器等部件;室外机还有换热器、过滤

器、单向阀、气液分离器、压缩机及四通换向阀(热泵型空调器)等。室内外机通过制冷管道和电线进行连接。

风冷柜式空调器的工作过程和送风原理与分体壁挂空调器基本相同,即液态制冷剂经膨胀阀节流后,进入蒸发器并吸收被冷却空气的热量,然后被压缩机吸入,经压缩机变为高温高压的过热蒸气,进入冷凝器后被室外空气冷却,放出汽化潜热而凝结成高压液体,经过干燥过滤器送至膨胀阀,进行一次循环。这一过程反复循环从而使室内温度得以调节。图 4.42 为分体柜式冷热风机工作过程图。

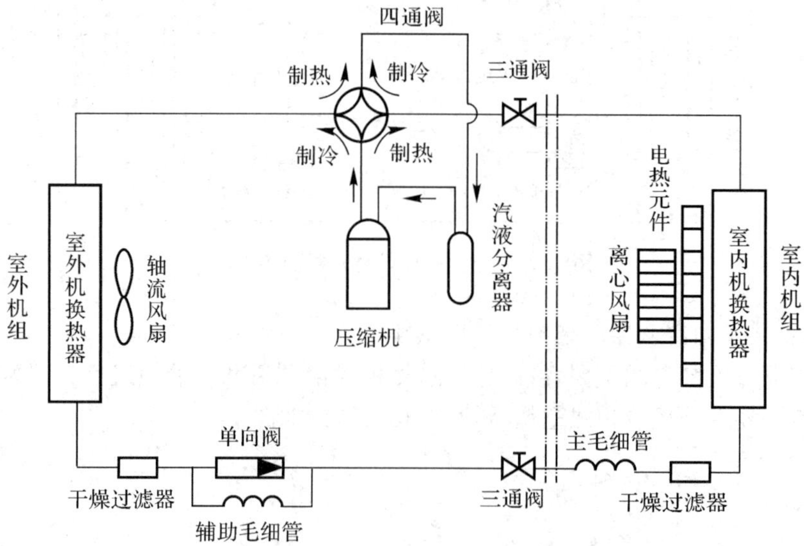

图 4.42　分体柜式冷热风机工作过程

被冷却对象是室内空气,而该空气经过滤网滤尘后,被风机吸入再送入蒸发器表面降温降湿,然后送入室内与室内空气混合使气温降低。因室内空气呈封闭循环,其清新度受到一定影响。目前有些空调器已采取换气扇对室内空气定时更新,使人们感觉更加舒服。

热泵型分体柜式空调器在制热运行时,同样受室外气候的影响而可能不启动(环境温度低于−5℃)。蒸发器对外界空气吸热使空气降到 0℃以下时,空气中的水蒸气就会在热交换器上结冰,堵塞翅片之间的缝隙形成冰堵,造成热泵无法从外界得到热量而不能向室内供热。为解决这一问题,有些空调器在室外热交换器上增加了辅助电热器,防止因室外温度太低造成的交换器结冰现象,使空调器随时可以启动运转。

3. 变频房间空调器

(1)基本概念。电动机的转速与电源频率成正比,与磁极对数成反比。根据这一原理,只要改变电源频率或电动机的磁极对数就能改变电动机转速。变频控制空调器是通过改变压缩机电动机的电源频率,以实现调节压缩机电动机的转速,从而控制空调器的制冷量或制热量。

变频控制空调器的压缩机与一般空调器压缩机不同。当变频控制空调器的电源频率提高时,压缩机电动机转速则变快,空调器的制冷或制热效率便提高;当其电源频率降低时,压缩机转速就变慢,空调器的制冷或制热效率便下降,即当室内空调负荷加大时,压缩机电动机转速在微处理器控制下运转变快,相应的制冷或制热量就增大;当室内空调负荷减小时,压缩机电动机在微处理控制下则运转变慢,制冷或制热量也相应下降。

(2)变频控制空调器的组成。变频控制空调器室内机部分主要由室内控制器、遥控器、传感器、显示器和室内风机电动机驱动回路等组成;室外机部分由微处理器、整流器、逆变器、电流传感器、室外风机电动机和阀门控制等组成,如图 4.43 所示。

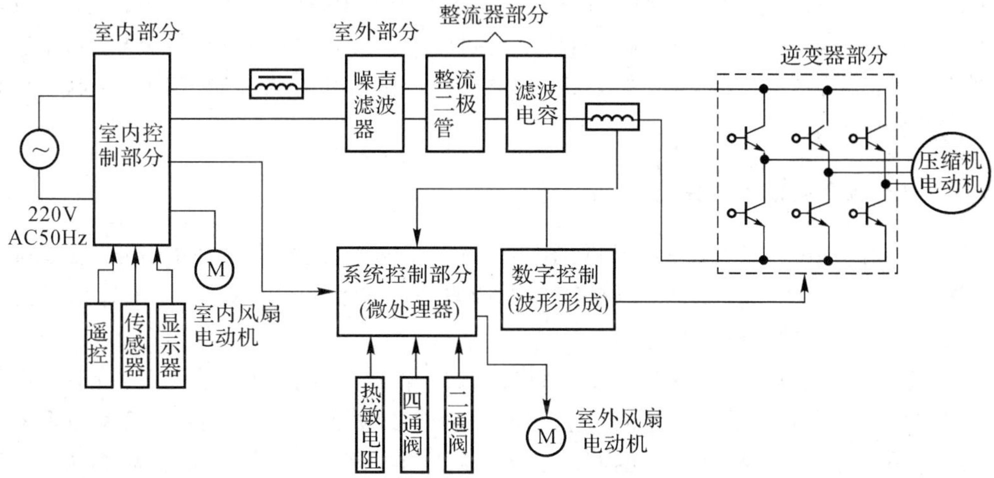

图 4.43　变频控制空调器的组成

(3)变频式空调器控制原理。变频式空调器控制系统由微处理器进行控制,其控制系统如图 4.44 所示。由图可知,室内外机的两个单元中都有以微处理器为核心的控制电路,两个控制电路仅用两根电力线和两根信号线(也有用一根信号线另一根用零线代替)进行传输,相互交换信号并控制机组正常工作。

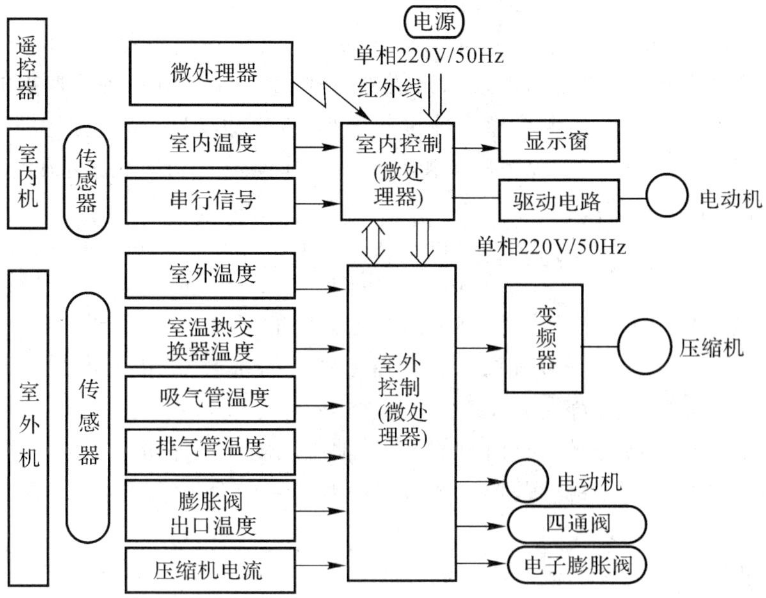

图 4.44　变频式空调器控制系统原理示意图

室内机组接收的信号包括遥控器指定运行状态的控制信号,室内温度传感器信号,蒸发器温度传感器信号,反映室内风机电动机转速的反馈信号。微处理器接收到上述信号之后,经分析运算便发出一组控制信号,其中包括室内风机转速控制信号,压缩机转速频率的控制信号,显示部分的控制信号(主要用于故障的诊断),控制室外机传送信息的串行信号等。

室外微机同时监控接收的信号有来自室内机的串行信号,电流传感器信号,电子膨胀阀进、出口温度信号,吸气管温度信号,压缩机壳体温度信号,大气温度传感器信号,变频开关散热片温度信号和化霜时冷凝器温度信号等。室外微处理器根据接收到的上述信号,经判断运算后发出控制信号,其中包括室外风机的转速控制信号,四通阀的切换信号,电子膨胀阀控制制冷剂流量的信号,各安全电路、保护电路的监控信号,显示部分的控制信号和控制室内机传送化霜信号的串行信号等。

4.4.3 分散空调机组的性能

房间空调器一般包括冷却、制热和除湿等三种工作模式,使夏季房间的温度、湿度降低到适宜范围,而使冬季房间的温度得以提高。一般夏季房间温度保持 25～27℃,相对湿度在 50%～60%。空调器的主要参数包括:

(1)制冷量。它表示单位时间内从房间或区域内除去的热量,单位为 W 或 kW。国外空调器也有用热力马力来表示制冷量的,1 热力马力制冷量约相当于 2 500W。房间空调器铭牌上的制冷量是在各个国家标准规定的制冷工况下测定的,称为名义制冷量。标准规定实测制冷量不低于名义制冷量的 92%。

(2)热泵制热量。它表示空调器在某一工况下,进行热泵制热运行时(电加热装置应同时运行),单位时间内向房间或区域内送入的热量,单位与制冷量相同。

(3)消耗总功率。它表示空调器在制冷运行时所消耗的总功率。制热功率则包括在相关的制热总功率之中。在单冷型空调器中,仅标注输入功率,即制冷运行时空调器消耗的实际功率。对冷暖型空调器则分别标注所消耗的功率。

(4)能效比 EER。指空调器的制冷量与输入功率的比值。能效比是空调的一项技术经济性能指标,也是空调器的能耗指标,能效比比值越高,则消耗 1W 电功率所取得的制冷量越大。因此用户在选用空调器时,不但要注意制冷量的大小、价格的高低,而且应特别注意 EER 值的大小。我国标准规定了在标准工况下的实测制冷量与实测消耗功率之比不低于标准规定值的 85%。能效比可用下式表示:

$$\text{能效比(EER)}=\frac{\text{机组名义工况下制冷量(W)}}{\text{整机的功率消耗(W)}}$$

(5)循环风量。它表示在通风门和排风门完全关闭的情况下,单位时间内向房间送入的风量,其单位是 m^3/s 或 m^3/h。一般标注在空调器铭牌上的风量,是指室内侧空气循环量,即每小时流过蒸发器的空气量,用符号 G 表示,单位为 kg/s 或 m^3/h。

(6)噪声。房间空调器的噪声是由离心风扇、轴流风扇及压缩机产生的。空调器的噪声表示在它正常工作条件下,是在距空调器出风口中心线 1m 处,距地面不小于 1m 的位置,用声级计测得的数值,其单位为 dB。

(7)电源。我国规定电源的额定频率为 50Hz,额定电压 220V,波动范围为±10%。

空调器的工作环境温度:单冷型为 18～43℃;热泵型为-5～43℃;电热型应小于 43℃;热泵辅助电热型为-5～43℃。

4.5　户式中央空调系统

近年来，随着建筑业、工商设施及人民生活质量的提高，人们越来越追求生活品质，商品房及住宅面积越来越大，超过100m^{2}以上的住宅、复式住宅的不断增加，使得介于大型中央空调系统与家用空调器之间的空白点便显露出来，集健康、节能、环保、舒适为一体的户式中央空调适应了现代居室绿色环保健康的发展趋势。为此，各大空调生产厂家已开发出多种户式中央空调来满足市场需求。随着家用中央空调产品的需求日益增加，需求范围和需求层次也呈现复杂化和多样化的发展趋势。对于户式中央空调来说，它的优势在于结合了大型中央空调的便利、舒适、高档次以及传统小型分体机的简单灵活等多方面优点，是适用于别墅、公寓、家庭住宅和各种工业、商业场所的“暗藏式空调”或“隐形空调”，随着房地产业的快速发展，户式中央空调有着广阔的市场空间。

4.5.1　户式中央空调的概念及分类

户式中央空调也称家用中央空调或单元式空调机组，是由一台主机通过风道送风或冷热源带动末端的方式来控制各房间，以达到调节室内空气品质的目的。它在制冷原理、构造上类似于普通空调，但又结合了中央空调的众多功能，可以适用于100～500m^{2}的大户型或多居室住宅，机组的制冷量范围一般在50kW以下。我国户式中央空调在20世纪90年代中期开始起步，近年来普及速度十分迅速，目前的市场普及率已达到15%左右，特别是在沿海和经济发达地，如北京、上海、广州等地区，普及率已达到20%，市场渐趋成熟。单元式空调机组具有结构紧凑、占地面积小、能量调节范围广、安装和使用方便等优点，广泛应用于中小型空调系统中。

户式中央空调系统，由于其以每家每户为独立单元，自成体系，现有产品自动化程度高，安装简单，使用方便，愈来愈受大家的关注。区别于传统的大型楼宇空调以及家用分体机，户式中央空调将室内空调负荷集中处理，产生的冷(热)量是通过一定的介质输送到空调房间，实现室内空气调节的目的。根据家用中央空调冷(热)负荷输送介质的不同，可分为风管式系统、水管式系统及制冷剂系统三种基本形式。目前，户式中央空调在多居室房和小型别墅中应用较广。

4.5.2　风管式户式中央空调系统

风管式系统是以空气为输送介质的小型全空气中央空调系统，室外主机集中产生冷/热量，将来自室内的回风或回风与新风的混合风进行冷/热处理后再送入室内，以消除其空调的冷/热负荷。风管式户式中央空调机组可分为分体式和整体式两种。分体式风管系统也称为风冷管道型空调机，空调容量在12～80kW之间，其构成是制冷机(热泵)与室外侧盘管为一整机，设在室外或阳台上，室内侧为制冷剂盘管与风机，空气通过风管分送各室，室内侧机组可做成柜式或吊顶式，但需有安装空间；整体式风管系统，其室外机包括压缩机、冷凝器、蒸发器和风机等，室内部分只有风管和风口，安装时将室外机的出风口和回风口同室内风口相连即可。

相比于其他户式中央空调系统，该方式投资少，能方便引入新风，使室内外空气流通，从而使室内空气质量能得到充分保证，且各房间无温差，可以作为改善生态住宅的室内气环境与热环境的有效技术手段，但风管系统的空气输配管道占用建筑空间较大，故建筑层高须满足风管布置要求。另外，由于该系统采用统一的送回风方式，风口的送回风量不能根据房间的负荷情况自动调节，难以满足不同房间不同空调负荷的要求。如果要满足不同房间的不同负荷需求，还需要添加变风量末端。它适用于宽敞、高大的住宅。风管式系统是以美国为技术代表，目前代表产品有特灵、约克、麦克维尔 MCC 系统、开利、天普、天加、美国瑞姆、吉姆、雷诺士等，另外北京今万众的健康风- MJFF 系列也属此类型。

4.5.3 水管式户式中央空调系统

水管式户式中央空调系统通常以设在室外冷/热水机组集中制取冷量，然后通过常用水或是乙二醇溶液作介质进行输送冷热量，它的基本原理与通常说的风机盘管类似。通过室外机集中产生热(冷)水，并由管路系统送到各房间风机盘管末端装置进行供热(冷)，再利用风机盘管与室内空气的热湿能量交换，产生出冷/热风以消除室内空调负荷，使房间内的空气参数达到控制要求。它是一种集中产生冷/热量，但分散处理各房间负荷的空调系统型式。由于可以通过调节室内风机盘管的风机转速改变送风量，或调节旁通阀改变经过盘管的水量来达到调节室内空气温湿度的目的，所以，水管式户式中央空调系统可以适应每个空调房间不同的空调需要，在使用的灵活性和节能性方面表现突出。

水管式户式中央空调是由室外机组(风冷冷水机组加小型锅炉)、室内机(风机盘管空调器)以及空调水管和附件等组成的。在冬季室外设计温度很低的地区，可与小型间接式燃气炉并联接在一起，这种集成了燃气炉的家用小型中央空调系统，不仅可以提供冬、夏的热/冷负荷，而且同时可以满足家庭生活热水的需要，而在冬季较温暖的地区，只采用冷/热水机组即可。

该系统结构紧凑，终端数量匹配灵活，安装方便，与全空气系统比较占建筑空间较少，也易与建筑装修融为一体。另外，由于该系统室外主机与室内各风机盘管相连的输配管道为水管，占用建筑空间很小，所以一般不受建筑层高的限制。该系统采用微电脑全自动控制，操作简单，各房间可独立控制，方便使用，便于节电。但该系统也有一定的缺点：一是无新风供应，对于通常密闭的空调房间而言，其舒适性较差，因此需另配新风供应系统；二是集水盘内容易集尘、滋生细菌，存在冷凝水排放及水管漏水问题；三是水管施工安装麻烦，费时费工。

4.5.4 VRV 户式中央空调系统

VRV(Varied Refrigerant Volume)空调系统即变制冷剂流量系统，从 20 世纪 60 年代开始，日本大金空调开始研发以氟利昂为媒介的多联机，被称为家用 VRV 系统。制冷剂流量系统主要由室外机、室内机、制冷剂管道系统和控制系统组成。它的室内机一般由直接蒸发式换热器和风机组成，与分体空调器的室内机相同；室外主机由换热器、压缩机、散热风扇和其他制冷附件组成，类似分体空调器的室外机。根据功能不同可将其分为单冷型、热泵型和热回收型三种形式，根据室内机数量多少，可分为单元式和多元式两种类型。多联式空调机组就是多元式变制冷剂流量空调系统，即多联体机组。下面分别从 VRV 空调系统的组成方面介绍其选型与布置。

1. 室内机的选型

室内机的大小、型式、布接影响空调气流组织、空调系统的造价及空调使用效果。在选用布置多联机室内机时要掌握各种型号室内机的特点，扬长避短，合理选择室内机的大小和机型。

VRV 空调系统的室内机形式多样，容量丰富。其型式包括天花板嵌入式、天花板内藏风管式、天花板嵌入导管内藏式、天花板悬吊式、落地式和挂壁式等多种型式。室内机单台制冷量和制热量从几千瓦至几十千瓦，有多种规格多个机种可供选择。

VRV 空调系统室内机的选择是根据计算的空调房间的冷负荷，室内要求的干、湿球温度及夏季空调室外计算干球温度，在厂家提供的室内机样本制冷容量表中，初步选择室内机型号。选型时，考虑到多联机系统使用的灵活性以及间歇使用和邻室传热，宜对计算负荷适当放大，对于需全年运行的热泵型机组，应比较房间的冷、热负荷，按照其值较大者确定室内机的容量。同时，还应根据房间使用功能、装修布置、层高及室内机安装高度限制，确定室内机的型号及安装位置。

2. 室外机的选型

在室内机选定后，方可选择室外机组，若还未对 VRV 系统进行系统划分，则应先划分系统后再确定室外机容量。变频控制的 VRV 空调系统，一台室外机可与多台不同机型、不同型号、不同容量的室内机连接在一起。但这种连接必须在室内、外机的相应制冷量匹配的条件下进行，不能随意组合，否则机组将不能正常运转。

(1)室外机容量的确定应根据系统的划分和室内机的容量确定室外机总冷负荷，并按照厂家产品样本提供的配管长度修正系数和室外机进风干球温度、室内机回风湿球温度修正系数进行修正后，得到设计工况下室外机实际制冷容量。

当系统兼有制热功能时，还需确定系统的制热容量，即按确定系统制冷容量的方法步骤计算制热容量，再根据产品样本提供的除霜系数进行修正，得到室外机实际制热容量。根据上述计算结果，按照其中较大数值选择室外机。

(2)校核室内外机的连接率。根据系统室内机及室外机的实际制冷、制热量进行校核计算。尽管室外机可在 50%～135%的连接率范围内工作，但在设计选型时，最好在接近或小于 100%的连接率下选择室外机。否则当室内机全部投入运行时，各室内机的制冷量将略有下降。若超出规定的范围，则需要重新划分系统或调整室外机型号。

3. 室内外配管设计应注意的问题

VRV 空调系统室内外机连接管道设计中，主要涉及系统管道的长度、室内外机最大允许高差、配管管径的大小、管路连接方式的确定、分支组件的选择、管材的选择等问题。VRV 系统为确保制冷剂流量的分配、系统工作的高效率及可靠性，对系统配管高差及配管管径有限制，管路设计时需注意以下几点：

(1)不同机型配管长度要求不一样。VRV 空调系统冷媒管的配管长度可长达 150m 甚至更多，但配管加长会使压缩机吸气阻力增加，吸气压力降低，过热增加，使系统能效比降低。因此，最大管线长度不应超过规定要求，且尽量减少管线长度。在高层建筑 VRV 系统设计中，尽可能将系统小型化，室外机分层放置即可缩短配管长度，有利于管理，比集中放置有着明显的制冷效果优越性。

(2)不同机型配管高差要求不一样，最大高差与室外机布置在系统上方和下方有关系，室外机在上为 50m，室外机在下为 40m。

(3)VRV空调系统管线第一分支到最末段室内机长度控制对系统中冷媒分配有着重要影响。室外机型号不同,室外机第一分支到最远室内机距离也不同。过长的第一分支到最末段室内机管线长度会使冷媒分配不均,影响最不利管线下室内机的制冷效果。因此,要求第一分支到室内机的距离不得超过规定要求。

(4)配管前三级分支中只能有两级主分支,室内机可超配到130%,但是配管管径不应超过室外机接管管径。

图4.45所示为一超级VRV+配管系统图,该系统可以采用变频技术和电子膨胀阀,控制压缩机制冷剂循环量及进入各室内机换热器的制冷剂流量,来满足室内冷、热负荷的要求,也可以根据室内负荷大小自动调节系统容量。其代表产品有日本的大金、松下、三菱、日立和中国的海尔、美的等品牌。

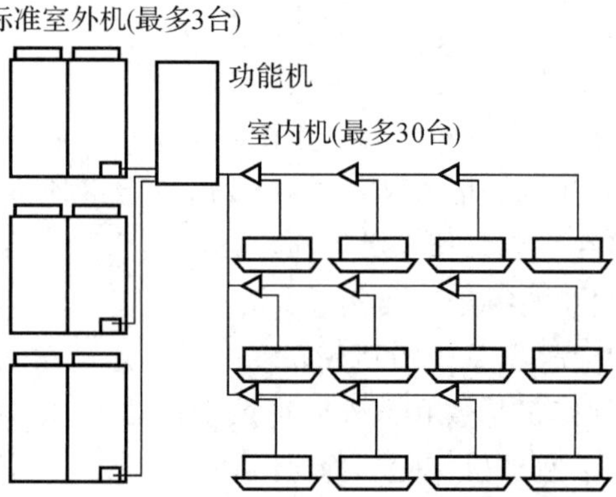

图4.45 超级VRV+配管系统图

该系统除具有上述水管式系统的优点外,并且由于其为冷媒直接蒸发式系统,能效比较高,冬季制热效果比热泵好。居住者可控制所在房间室内机,也可控制其他房间室内机,节能效果明显。但其也有缺点:一是无新风供应,因此对于通常密闭的空调房间而言,其舒适性较差。二是该系统控制系统复杂,对控制器件、现场焊接安装等方面的要求非常高。三是安装要求高,如发生冷媒管泄漏,很难找出漏点,不易维护,其价格较高。

4. VRV户式中央空调设计步骤

(1)确定系统类型。依据用户需要首先确定采用何种系统,以节能为基本原则确定系统形式。对于只需供冷而不需要供热的建筑,可采用单冷型VRV系统;对于既需供冷又需供热且冷热使用要求相同的建筑,可采用热泵型VRV系统;而对于分内、外区且各房间空调工况不同的建筑,可采用热回收型VRV系统。

(2)根据分区计算冷量。空调系统类型确定后,针对同一建筑内平面和竖向房间的负荷差异及各房间用途、使用时间和空调设备承压能力的不同,将空调系统进行分区,并对各区房间冷、热负荷进行计算;也可先计算房间冷、热负荷,然后选择室内机,在系统室内机容量及型式确定后,对VRV系统进行分区,再确定室外机容量及型式。

由于户式中央空调系统一般只用于满足居家的舒适性需要,所以在进行VRV系统工程初步设计时,可按提供的建筑面积估算室内的冷、热负荷,由于本方法可使负荷计算大为简化,因而受到设计人员的普遍欢迎和应用。

(3)选择室内机组。室内机形式是依据空调房间的功能、使用和管理要求等来确定的。室内机的容量必须根据空调区冷、热负荷选择：当采用热回收装置或新风直接接入室内机时，室内机选型应考虑新风负荷；当新风经过新风 VRV 系统或其他新风机组处理时，新风负荷不计入总负荷。根据求得的空调负荷计算值，可直接从设备生产厂家有关产品样本查取制冷量、制热量相匹配的机组，选择机组型号时宁大勿小。若出现冷量合适而热量不足时，可选择带辅助电加热的机组或带热水盘管的机组。

(4)选择室外机组。VRV 空调系统室外机一般由可变容量的压缩机、可用作冷凝器或蒸发器的换热器、风扇和节流机构组成，可分为单冷型、热泵型和热回收型三种形式。室外机的选择应根据选择的室内机的容量及机组连接率，在室外机的制冷容量表中选择室外机。室内外机的容量指数要相互适应，必须在机组连接率范围内。尽管室外机可以在 50%～135%的连接率范围内工作，但最好在接近或小于 100%的连接率下选择室外机，以免当室内机全部投入运行时，各室内机制冷量下降。

(5)室内外机组间的管路设计。依据室内外机的位置和容量，决定配管方案。确定冷媒管路的长度和高度差，选择冷媒配管的管径尺寸和连接方式，确定冷媒管接头和端管型式。

1)制冷剂管径的确定。制冷剂管径的确定应综合考虑经济、压力降和回油三大因素，维持合适的压缩机吸气和排气压力，以保证系统的高效运行。具体配管尺寸选择如下：

a. 配管安装是从距室外机最远的室内机开始，因此室内机与接头或端管之间的管径应满足室内机的接管管径。

b. 分支接头之间或接头与端管之间的配管管径应根据分支后的室内机总容量来选定，且该管径不能超过室外机的气液管的管径。

c. 室外机与第一分支接头或端管之间配管管径应与室外机的接管相同。

d. 当冷媒管道长度超过 90m 时，为减少压力下降而引起的容量降低，回汽管道主干管管径应加大，并相应加大配管长度。

2)制冷剂管管材及管壁厚的确定。制冷剂管道通常采用空调用磷脱氧无缝拉制纯铜管，其管壁厚的选择按厂家提供的相关规格要求选定即可。

3)凝结水管设计。VRV 空调系统凝结水管路设计与常规集中式空调系统凝结水管路设计方法相同，具体详见第 7 章冷凝水管路设计。

(6)选择控制系统。VRV 空调系统的控制方式包括就地控制、集中控制和智能控制等。末端就地控制方式即采用遥控器对室内机进行独立控制，使用灵活方便、但能耗较大；集中控制是在控制室内，对远端各组 VRV 系统进行监控管理，可根据用户的使用规模、投资能力、管理要求进行组合配置，但由于与建筑物内的其他弱电系统无功能关联，所以不利于弱电系统功能的综合集成；智能控制是将 VRV 空调系统纳入建筑物楼宇自控系统中，将空调系统控制与其他弱电系统实现联动控制，从而达到节能等目的，尤其是基于 BACnet 协议的开放式网关技术，顺应了控制系统一体化的趋势，对整个 VRV 空调系统实行系统管理。

对于规模较小的 VRV 空调系统，宜采用现场遥控器方式进行控制；对于规模较大的系统，采用集中管理方式更合理；对于采用楼宇自控系统的建筑，应优先考虑采用专用网关联网的方式进行控制。

(7)新风系统的选择。VRV 空调系统需要补充新风时，可采用全热交换机组、带冷热源的集中新风机组等进行新风供给，以维持空调区域内舒适的环境。具体系统如下：

1)采用热回收装置。热回收装置是一种将排出空气中的热量回收用于将送入的新风进行加热或冷却的设备,如全热交换器。它主要由热交换内芯、送排风机、过滤器、机箱及控制器等选配附件组成,全热交换热回收效率一般在60%左右。但是采用热回收装置受建筑功能和使用场合限制较大,且使用寿命短、造价高、噪声大。由于热回收效率有限,不能回收的部分能量仍需由室内机承担,选择室内机的容量时,应综合考虑。同时,还要考虑室外空气污染的状况,随着使用时间的延长,热回收装置上的积尘必然会影响热回收效率。经过热回收装置处理后的新风,可以直接通过风口送到空调房间内,也可以送到室内机的回风处。

2)采用VRV新风机或使用其他冷热源的新风机组。当整个工程中有其他冷热源时,可以利用其他冷热源的新风机组处理新风,也可以利用VRV新风机处理新风。具体处理过程为:室外新风被处理到室内空气状态点等焓线上的机器露点,室内机不承担新风负荷。经过VRV新风机或使用其他冷热源的新风机组处理后的新风,可以直接送到空调房间内。使用新风处理机时需注意其工作温度范围,尤其注意错误地采用普通风管机处理新风时,室外新风往往超出风管机控制温度范围,大大影响系统的安全运行和使用寿命。

3)室外新风直接接入室内机的回风处。室外新风可以由送风机直接送入室内机的回风处,新风负荷全部由室内机承担。进入室内机之前的新风支管上需设置一个电动风阀,当室内机停止运动时,由室内机的遥控器发出信号关闭该新风阀,避免未经处理的空气进入空调房间。另外,应保持新风口与室内机送风口距离足够,避免因室外湿度过大时室内机送风口结露。

4.5.5 户用中央空调的设计技巧

1.室内机的设计技巧

(1)室内机应设计在送回风无阻挡的地方。

(2)送风对面墙最好小于5m。

(3)出风口尽量在一面墙的居中位置。

(4)室内送风口尽量不在掉角之处(特别针对大于20m的空间)以防气流分布不均匀。

(5)室内机最好不在卧室床头上方和家电的上方。

(6)为方便安装风机盘管,吊顶厚度要求为250～300mm。

(7)风机盘管的检修口开口方,根据设备进水方向而定,开口尺寸约为400mm×400mm;

(8)室内机一般根据它的接线及接管位置确定检修口的位置,接线及接管在哪边,检修口就开在哪边,开口尺寸约为400mm×400mm。

(9)选择室内机下方无电视机等贵重物品的位置安装。

2.室外机的设计技巧

(1)室外机应设计尽量与外界换气畅通的地方。

(2)进、出风有足够的距离,不能有阻挡物,便于散热。

(3)不在卧室的窗台或卧室的附近。

(4)尽量节约铜管的地方。

(5)没有油烟或其他腐蚀气体的地方。

(6)能承受室外机自重的2～3倍以上的地方。

(7)不影响其他因素或环境的地方。

(8)维修人员容易施工的地方。

4.5.6　户式中央空调的综合比较

1. 风管式系统

风管式系统的特点是价格便宜、可方便地引入新风，改善室内的空气品质；但其舒适性能不如“水机”系统。系统安装对层高有一定要求，占用空间较大，一般需要在户内的走廊、卫生间等非主要的空间进行局部吊顶，来解决室内机和风管道的安装问题，故需要与装修很好地配合。

2. 水管式系统

水管式系统应用的是二次热交换技术，采用小温差、大风量的送风方式，使室内温、湿度更加均匀，舒适性好、可以精确地控制房间温度、节能环保。由于输配管线所占用的建筑空间小，非常容易避开房间层高不够的问题，所以室内局部吊顶对建筑影响较小，与室内装修很容易协调；而且系统可与小型(燃气或电)锅炉连接在一起，可节省户内的暖气系统。不仅可以满足户内冬、夏季的空气温度调节的需要，而且同时可以满足家庭生活热水的需要。但其不足是：系统较为复杂，需设水泵、水箱，采暖还须设板式热交换器等；系统管道还须做保温，以防凝露滴水；安装难度较大、价格相对较高，其价格大约是风管式机组的 2 倍；系统无新风供应，蒸发温度相对偏低导致系统调温速度较慢；系统存在漏水的隐患。

3. 制冷剂系统

制冷剂系统由于采用冷媒直接蒸发的方式，其能效比较高，冬季制热效果比普通热泵好，其节能效果也十分明显。另外其舒适性较好，快速制冷、制热及低温制热能力强，调节温、湿度的精度高，噪声小；系统占用的空间甚至比水管式系统还少，可以有效地利用空间。但其投资费用高，其价格大约是风管式系统的 2.5～3 倍，同时它也同水管式系统一样无新风供应，而且安装要求高，具有发生冷媒泄露的隐患，且不易找到漏点，不易维修。

从上面三种系统的综合比较看，风管式系统的投资最小，性能也非常可靠，还可引入新风，适合大众消费水平。但由于它的安装要求房屋有较高的层高，所以限制了这种类型的空调的适用范围。目前这种系统在我国还未能在家庭中广泛应用，它更适合于各类中小型高档办公、商用、餐饮、娱乐和公寓等公共场所。

水管式系统的舒适性好，制冷剂的充注量也很少，减少了因制冷剂泄漏而造成对环境污染的可能性。其安装方便，质量可靠，且不受房屋层高的限制，易与室内装修融为一体。同时其价位居中，能够被多数人所接受，维护及运行费也较低。因此目前在我国户式中央空调市场中的应用最为广泛。

而制冷剂系统的能效比最高(水、地源热泵除外)，具有较明显的性能优势，技术先进，高效节能，制冷制热速度快，应用范围广，性能可靠，维护量少。但其舒适性不如水管式系统，且由于价位的原因，这一系统目前的市场占有份额还较低。随着空调技术的发展、产品价位的降低和人们收入的提高，这种系统将会占有越来越大的市场。

户式中央空调除了上述三种主要类型外，还有户式燃气空调、地源(水源)热泵空调等。户式溴化锂吸收式燃气空调是以天然气为原料，使用费用较低，具有很大的发展前景。但由于目前技术上的限制，燃气空调的制冷循环热系数低，真正普及还需要进一步地研究与探索。地源

(水源)热泵空调是以岩土体(地下、地表水体)作为低温冷、热源的中央空调系统,系统包括室外热能交换系统、地源(水源)热泵机组和室内系统三部分组成,一机多用,可制冷、供暖及提供生活热水。目前实际应用大多是在小区内设置集中冷却水站房,经过室外管网送到各用户,该系统采用再生能源利用技术,具有绿色环保,高效节能,运行稳定可靠的特点,其日常运行费用只是普通中央空调的1/2～2/3。但由于初期投入较大,所以在小户型的户式中央空调系统中还很少采用,但对于拥有私家花园、面积较大的复式、别墅等建筑是非常适宜的。

4.5.7 户用中央空调的特点

(1)四季运行。夏季,制冷机组运行,实现冷调节;冬季,冷机配合热源共同使用,可以实现冬季采暖。在春秋两季可以用新风直接送风,达到节能,舒适的效果。

(2)舒适感好。采用集中空调的设计方法,送风量大,送风温差小,房间温度均匀。送风方式多样化,不同于分体式空调一样只有一种送风方式,家用中央空调可以实现多种送风方式,能够根据房型的具体情况制定不同的方案,增强人体的舒适性。

(3)卫生要求好。同中央空调一样,能够合理补充新风,配合厨房、卫生间的排风,保证室内空气的新鲜卫生,还可以四季换气,满足人体的卫生要求。这些都是分体式空调所不能实现的。

(4)外形美观。可根据用户需求与喜好,实施从设计到安装的综合解决方案。系统采用暗装方式,能配合室内的高档装修。同时由于室外机组的合理安置也不会破坏建筑物整体外形的美观。

(5)高效节能。采用模块化主机,根据设置自动调节制冷量。合理地将白天生活和晚上生活区域分别安装空调,室内及分区控制,各个室内及独立运行,分别调节各个区域内的空气。

(6)运行宁静。采用主机和室内机分离的安装方式,送风回风系统设计合理,保证了宁静的家居环境。

(7)灵活方便。根据用户需要可以将一台设备以切换方式为两个环境提供冷气。

(8)制热运行因地制宜。可以使用集中供热的热水,也可安装小型挂墙式燃气热水器作为能源,使热水盘管冬季采暖,还可以使用热泵式空调机采暖,当热量不足时,用燃气热水器及热水盘管加热。

4.6 空调系统的选择与划分原则

4.6.1 系统形式的选择

本章中介绍了各种空调系统形式,那么究竟如何选择这些系统呢?选择合适的空调系统形式须考虑哪些方面因素?下面来回答这个问题。

在选择空调系统时,一是要考虑有关技术经济指标;一是要考虑建筑和空调房间的特点与要求。这些对于空调工程造价及室内环境有直接影响。

1.选择空调系统形式通常需要考虑的指标

经济性指标、功能性指标、能耗指标、系统与建筑的协调性及其他指标。

2. 建筑和空调房间的特点与要求

如冷负荷密度(即单位面积冷负荷),冷负荷中的潜热部分比例(即热湿比),负荷变化特点、房间的污染物状况、建筑特点、室内装修要求、工作时段、业主要求和其他特殊要求等均会影响系统的选择。系统的选择实质上就是寻求系统与建筑的最优搭配。

3. 系统选择的分析方法

(1)全空气系统。

1)在机房内对空气进行集中处理,空气处理机组有多种处理功能和较强的处理能力,尤其是有较强的除湿能力。该系统适用于冷负荷密度大、潜热负荷大(室内热湿比小)或对室内含尘浓度有严格控制要求的场所,如人员密度大的大餐厅、火锅餐厅、剧场、商场和有净化要求的场所等。

2)空气处理设备集中于机房内,维修方便,且不影响空调房间使用。该系统适用于房间装修高级、常年使用空调的房间,例如候机大厅、宾馆的大堂等。

3)全空气系统风管较大,需空调机房。该系统适合于层高较高的建筑,对于在建筑层高低、建筑面积紧张的场所,全空气系统应用会受到一定的限制。

(2)全空气定风量系统。在高大空间的场所,为使房间内温度均匀,需要有一定的送风量,应采用全空气系统中的定风量系统。如体育馆比赛大厅、候机大厅、大车间的空调都宜用全空气定风量空调系统。

(3)空气-水风机盘管、空气-水诱导器系统。该系统适用于负荷密度不大、湿负荷也较小的场合,如客房、人员密度不大的办公室等。

当系统有多个房间或区域,各房间的负荷不同,运行时间不同,且要求不同时,应选用全空气系统中的变风量系统、空气-水风机盘管系统或空气-水诱导器系统。如系统中有多个房间的负荷密度大、湿负荷较大,应选用单风道变风量系统或双风道系统。

(4)当系统有多个房间,又须避免各房间交叉污染时,如医院病房的空调系统,应采用空气-水风机盘管系统、一次风为新风的诱导器系统或空气-水辐射板系统。设置于房间内的盘管最好干工况运行。

(5)旧建筑加装空调系统,比较适宜的系统是空气-水系统;一般不宜采用全空气集中空调系统。如必须采用全空气集中空调时,也应尽量将系统划分得小一些。

(6)对于使用面积较小的别墅、各种会所及小型办公楼及公寓等可选择户式中央空调。

4.6.2　系统划分的原则

(1)系统应与建筑物分区一致。一幢建筑物通常可分为外区和内区。外区又称周边区,是建筑中带有外窗的房间或区域。

如果一无间隔墙的建筑平面,周边区指靠外窗一侧 5～7m(平均 6m)的区域;内区是除去周边区外的无窗区域;当建筑宽度＜10m 时,就无内区。在有内、外区的建筑中,就有可能出现需同时供冷和供热的工况,最好把内外区的系统分开。

(2)在采暖地区,有内、外区,且系统只在工作时间运行的建筑(如办公楼)。当采用变风量系统、诱导器系统或全空气系统时,无论是否分区设置,宜设独立的散热器采暖系统,以便在建筑无人时(如夜间、节假日)进行值班采暖,从而可以节约运行费用。

(3)对全空气系统,设计参数值和热湿比相接近、污染物相同的房间或区,可以划分为一个系统;对定风量单风道系统,还要求工作时间一致,负荷变化规律基本相同。

(4)一般民用建筑中的全空气系统不宜过大,否则风管难于布置;系统最好不跨楼层设置,需要跨楼层设置时,层数也不应太多,这样有利于防火。

(5)在空气-水系统中,新风系统实质上是一个定风量系统,其划分原则是将功能、工作班次相同的房间划为一个系统;系统不宜过大,否则各房间或区域的风量分配很困难;有条件时分层设置,也可多层设置一个系统。

(6)工业厂房、医院的空调,划分系统时要防止污染物互相传播。应将同类型污染的房间划分为一个系统。并应使各房间(或区)之间保持一定的压力差,引导室内的气流从干净区流向污染区。

本章小结

本章详细介绍了空调系统分类、普通集中式空调系统、半集中式空调系统、全分散式空调系统、户式中央空调系统。

普通集中式系统是历史最悠久,至今仍在广泛使用的集中式空调系统。能满足对空气的各种处理要求,能全新风运行和能对室内空气品质进行全面控制是其最突出的优点。根据回风引用次数的不同它又分为一次回风系统和二次回风系统两种系统形式。由于一次回风系统比二次回风系统简单,所以是集中式全空气系统中使用最广泛的系统形式。

半集中式空调系统中的风机管加新风系统是典型的空气-水系统,由风机管子系统和新风子系统组成,其中风机管子系统又由众多的风机管与水管系统组成,而新风子系统则由新风机与风管系统组成。

全分散式空调系统也称为房间空调器或局部式空调系统,是一种小型空调系统,它不需设单独的空调处理机房,是自带冷源的系统。这种系统空调房间的负荷由制冷剂直接负担,制冷系统蒸发器或冷凝器直接从空调房间吸收(或放出)热量。

户式中央空调(又称为家用中央空调)是一个小型化的独立空调系统。在制冷方式和基本构造上类似于大型中央空调。由一台主机通过风管或冷热水管连接多个末端出风口,将冷暖气送到不同区域,来实现室内空气调节的目的。它结合了大型中央空调的便利、舒适、高档次以及传统小型分体机的简单灵活等多方面优势,是适用于别墅、公寓、家庭住宅和各种工业、商业场所的暗藏式空调。家用中央空调技术含量高,拥有单独计费、停电补偿等优越性能,通过巧妙地设计和安装,可实现美观典雅和舒适卫生的和谐统一,是国际和国内的发展潮流。

思考与练习题

1. 简述封闭式系统、直流式系统和混合式系统的优缺点及它们的应用场合。

2. 空调房间的送风量可用哪些公式计算得出?需要满足什么要求?

3. 哪些因素限制了夏季送风温差不能任意取值?

4. 某空调车间总夏季空调设计冷负荷 $Q = 3\ 314$W,余湿量 $W = 5$kg/h,车间室内设计温度 $t_0 = (20 \pm 1)$℃,相对湿度 $\varphi_N = (55 \pm 5)\%$,当地大气压力 $B = 101\ 325$Pa,试确定该空调车间的送风状态和送风量。

5. 试从热平衡的角度来分析一次回风式夏季工况喷水室(或表冷器)所需冷量与各项冷

负荷的关系。

6. 一次回风式系统冬季工况中，采用新风与回风先混合后预热、新风先预热后再与回风混合这两种方案，预热器所需的供热量是否相等？为什么？

7. 一次回风系统冬季工况中，判别所在地区要不要设置预热器的条件是什么？

8. 试比较一次回风式和二次回风式系统的优缺点，以及它们的适用范围。

9. 试从热平衡的角度分析二次回风式系统夏季工况所需冷量与各项冷负荷的关系。

10. 二次回风式系统较一次回风式系统有较好的节能效果，是否可以将所有的混合式系统都采用二次回风式系统？为什么？

11. 某空调系统室内设计参数 $t_N = 20 \pm 1℃$，$\varphi_N = (60 \pm 10)\%$，室外空气干球温度 $t_W = 31℃$，湿球温度 $t_S = 26.5℃$，室内余热（冷负荷）$Q = 15.2kW$，余湿量（湿负荷）$W = 4.7kg/h(1.31 \times 10^{-3} kg/s)$，当地大气压力 $B = 101\ 325Pa$，新风百分比为 20%。现采用一次回风式系统，取送风温差 $\Delta t_0 = 6℃$。试计算系统送风量、新风量、所需冷量和二次加热量。（注：采用喷水室处理空气）

12. 某空调房间夏季余热量 $Q = 23\ 260W$，余湿量 $W = 5kg/h(1.39 \times 10^{-3} kg/s)$；冬季的余热量 $Q = -34\ 889W$，余湿量与夏季相同。夏季室外空气参数 $t_W = 37℃$，$t_S = 27.4℃$；冬季室外空气参数 $t_W = -8℃$，$\varphi_W = 69\%$。室内空气参数全年要维持 $t_N = (20 \pm 0.5)℃$，$\varphi_N = (60 \pm 5)\%$，当地大气压力 $B = 101\ 325Pa$。今拟采用一次回风式系统，最小新风百分比为 15%。试确定夏、冬季空气处理方案，以及所需的冷量和加热量。

13. 已知条件同例 4.1 题，如采用二次回风式系统，试确定夏、冬季空气处理方案，以及所需的冷量和加热量。

14. 已知室内计算参数 $t_N = (20 \pm 0.5)℃$，$\varphi_N = (60 \pm 5)\%$，室内冷负荷 $Q = 20kW$，室内基本无散湿。夏季室外计算参数 $t_W = 37℃$，$t_S = 27.4℃$；冬季室外计算参数 $t_W = 37℃$，$\varphi_W = 40\%$。室内热负荷 $Q = -8kW$，所在地区的大气压力 $B = 101\ 325Pa$。若冬季采用绝热加湿，试设计二次回风式系统，并计算系统所需的冷量和热量。

15. 某办公室，主要负荷来源是设备和人员。当设备负荷减小时，风机盘管的排热能力和除湿能力将如何变化？

16. 如何选择风机盘管机组？

17. 空调器的主要性能参数有哪些？

18. 说明空调器制冷系统的基本组成和空气处理的过程。

第5章 空气处理设备

教学目标与要求

空调系统要满足生产工艺和人体舒适要求，创造和保持一定环境温度、湿度、气流速度以及空气洁净度，均需要通过空气调节设备完成。空气调节设备可以对空气进行加热、冷却、加湿、去湿、净化和消声等处理。本章将空气调节设备分为空气加热与冷却设备、空气加湿与除湿设备、空气净化设备和空气调节通风设备，分别对其种类、形式、结构组成、工作原理、性能特点等进行介绍。通过本章的学习，学生应达到以下目标：

(1)掌握表面式空气换热器、喷水室、电加热器的工作原理、基本结构、性能特点及适用范围；

(2)了解空气净化的目的和标准，净化空调系统结构，空气过滤器的滤尘机理、种类、构造、性能特点及适用范围；

(3)掌握组合式空调机组的结构、性能特点及选型方法；

(4)掌握空气加湿与除湿设备的种类、工作原理、基本结构、性能特点及适用范围；

(5)了解蒸发冷却空调机组的设计原理，分类及适用场合。

教学重点与难点

(1)喷水室中七种空气状态的变化过程；

(2)表面换热器的热工性能计算；

(3)空气净化设备的过滤机理；

(4)组合式空调机组选用中应注意的问题；

(5)直接及间接蒸发冷却空调机组的特点。

工程案例导入

暖通空调行业的发展，受到资源与环境问题的制约，而空调能耗在建筑能耗中所占的比例较高。对高层建筑能耗的统计表明空调设备的耗能量占整个建筑物全天耗电量的56%～78%。目前，我国已成为继美国之后的世界第二大空调市场，空调能耗也在逐年持续增加，约为总能耗的20%，在某些发达工业国家空调能耗已占总能耗的1/3。而我国能源利用效率不高，能源平均利用率只有30%左右，每1美元的GDP能耗是世界平均水平的3倍，是发展中国家平均水平的2倍，节能潜力很大。那么如何选择合适的空调设备，使人们在享受舒适环境的同时还能保证尽可能低的能源消耗呢？这就需要明确各种空调设备的优缺点及其适用范围，最大限度降低能耗，提高效率。

5.1　空气热湿处理设备的处理过程及分类

空调系统要满足生产工艺和人体舒适要求，创造和保持一定环境的温度、湿度、气流速度以及空气洁净度，均需要通过空气调节设备完成。一般来讲，对空气的热湿处理的基本过程包括加热、冷却、加湿、减湿以及空气的混合等。在空调系统中，为得到同一送风状态点，可能有不同的处理方案与途径。下面以全部使用室外新风的直流式空调系统为例，予以说明。

5.1.1　夏季空气处理设备的处理过程

一般地，夏季室外空气的温度和湿度高于室内的设定参数，为此，需要对室外空气进行冷却、减湿处理，然后送入室内。假定夏季室外空气的状态点为 W_x，由图 5.1 所示的 h-d 图可见，要把夏季室外空气处理到要求的送风状态点 O，则可能有三种空气处理方案，各种方案中需要至少一种甚至多种不同热湿处理设备相互配合共同完成。

例如在夏季工况，三种处理方案如下：

方案一：$W_x \rightarrow L \rightarrow O$，夏季室外空气经喷水室喷冷水（或用空气冷却器）冷却减湿，然后经过加热器再热到送风状态点 O；

方案二：$W_x \rightarrow 1 \rightarrow O$，夏季室外空气流经固体吸湿剂减湿后，再用空气冷却器等湿冷却到送风状态点 O；

方案三：$W_x \rightarrow O$，直接对夏季室外空气进行液体吸湿剂减湿冷却处理到送风状态点 O。

5.1.2　冬季空气处理设备的处理过程

相比夏季，冬季室外温度和湿度较低，则需要对室外空气进行加热加湿处理。

假定冬季室外空气的状态点为 W_d，如图 5.1 所示，由图可见，要是把空气处理到冬季要求的送风状态点 O，则可能有五种空气处理方案，各种方案中有至少一种甚至多种不同热湿处理设备相互配合。五种方案的具体处理过程如下：

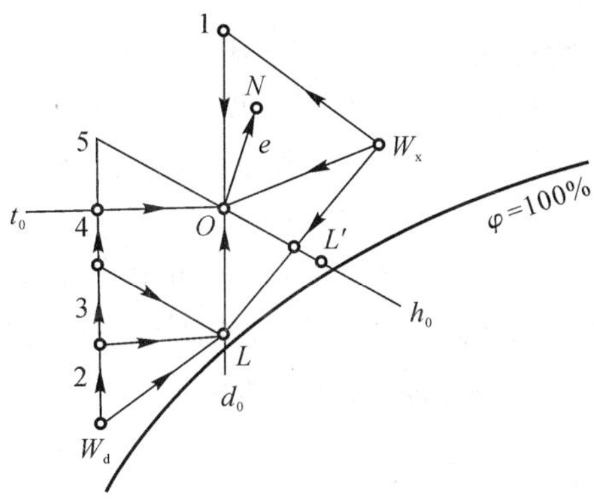

图 5.1　空气处理的各种途径

方案一：$W_d \rightarrow 2 \rightarrow L \rightarrow O$，冬季室外空气先经过加热器预热，然后，喷蒸汽加湿，最后经加热器再热到送风状态点 O；

方案二：$W_d \rightarrow 3 \rightarrow L \rightarrow O$，冬季的室外空气经加热器预热后，进入喷水室绝热加湿，然后经加热器再热到送风状态点 O；

方案三：$W_d \rightarrow 4 \rightarrow O$，经加热器预热后的冬季室外空气再进行喷蒸汽加湿到送风状态点 O；

方案四：$W_d \rightarrow L \rightarrow O$，冬季室外空气先经过喷水室喷热水加热加湿，然后通过加热器再热到送风状态点 O；

方案五：$W_d \rightarrow 5 \rightarrow L' \rightarrow O$，冬季室外空气经加热器预热后，一部分进入喷水室绝热加湿，然后与另一部分未进入喷水室加湿的空气混合到送风状态点 O。

通过以上的方案可以看出，空气经过不同的处理途径，完全可以得到同一种送风状态。很显然，空气处理方案多种多样，这就产生了一个问题，到底采用哪个方案比较好呢？

以冬季工况为例，喷蒸汽的处理方案三只需两种设备，比方案一和方案二少一种设备，因此从经济上来看投资最少。但是用一般阀门手动调节来控制喷蒸汽量是不容易实现的，因此要把状态 4 不多不少地处理成送风状态 O 就不那么容易。蒸汽量偏大或偏小，所得的终状态就会偏离 O。因而从技术上看，当房间相对湿度的控制精度要求不高时，可采用手动调节喷蒸汽量。当房间相对湿度的控制精度要求较高时，应采用湿度计作为湿度敏感元件，通过自动控制装置，调节蒸汽加湿器的喷蒸汽量(即加湿量)，控制 O 点的相对湿度。

冬季工况下方案四从表面上来看也只要两种处理设备，似乎比方案一和方案二还是省了设备；但是如果为了喷热水还须装一个加热水的装置，事实上设备并不少。当然，尽管设备数一样，但是设备不同时还有进一步经济性比较的问题。从另一方面也要看到在一些地区冬季可以利用相对于室外空气状态来说是温度较高的自来水(一般稳定在 14 ～ 18℃）喷淋，或工厂中有方便的热水可用，无需水加热装置，因此无论经济上还是技术上可能是比较好的方案。

冬季工况下方案二和方案一相比较，都需要三种处理过程。从热能消耗来看，前者要把室外空气从 t_{wd} 预热到 t_3 而后者只需预热到 t_2，因此空气加热的容量可以较小；不过在进一步处理方面，前者是利用循环水实现绝热喷淋过程，不再需要加热，而后者是进一步消耗热量的喷蒸汽过程。两个方案需要的热量都是$(h_L - h_{wd})$。但是考虑到冬、夏季方案相结合，方案二冬、夏季可合用一个喷水室，方案一就需要另装一个喷蒸汽的装置。喷蒸汽量偏大时，有含湿量增大或再热化加湿的问题。因此，当房间相对湿度的控制精度要求较高时，可采用方案一同时配有自动控制加蒸汽量装置；否则采用方案二。

由上可见，要确定方案不能是随意定一个方案满足要求就行，而是要本着节能的原则，根据生产工艺和舒适性要求，结合冷源、热源、材料和设备等具体情况，全面地从效果、管理方便、投资和能力消耗等各个方面进行技术经济比较来确定最佳方案。在进行比较时，又需要对于具体情况作具体的分析。

空气的各种处理过程如图 5.2 所示。图中 t_l 是空气的露点温度，t_s 是空气的湿球温度，A 点表示空气的初状态点。1，2，…，12 表示 A 点的空气用不同的处理方法可能达到的状态。$A \rightarrow$ 1 ～12 各种处理过程的内容和一般采用的处理方法见表 5.1。

5.1.3　空气处理设备的分类及特点

空气热湿处理设备是空调工程中实现对空气进行加热、冷却、加湿和减湿等热湿处理过程所需要的空气处理设备。尽管空气的热湿处理设备种类繁多、构造多样，然而，它们大多数是使空气与水(热水、冷水等)、水蒸气、冰、各种盐类及其水溶液(氯化锂)、制冷剂和其他介质(硅胶、分子筛等)进行热湿交换的设备。

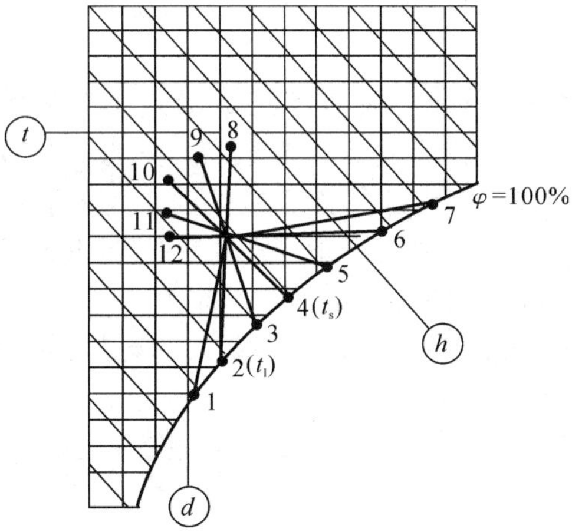

图 5.2　各种处理过程(注:图中交点为 A 点)

表 5.1　各种空气处理过程的内容和处理方法

过程线	所处象限	热湿比	处理过程的内容	处理方法
$A \to 1$	Ⅲ	$\varepsilon > 0$	减焓降湿降温	用水温低于 t_l 的水喷淋; 用肋管外表面温度低于 t_l 的表面冷却器冷却; 用蒸发温度 t_O 低于 t_l 的直接蒸发式表面冷却器冷却
$A \to 2$	$d=$ 常数	$\varepsilon=-\infty$	减焓等湿降温	用水的平均温度稍低于 t_l 的水喷淋或表面冷却器干式冷却; t_O 稍低于 t_l 的直接蒸发式表面冷却器冷却
$A \to 3$	Ⅳ	$\varepsilon < 0$	减焓加湿降温	用水喷淋,$t_l < t$(水温)$< t_s$
$A \to 4$	$h=$ 常数	$\varepsilon = 0$	等焓加湿降温	用水循环喷淋,绝热加湿
$A \to 5$	Ⅰ	$\varepsilon > 0$	增焓加湿降温	用水喷淋,$t_s < t'$(水温)$< t_A$(为 A 点的空气温度)
$A \to 6$	Ⅰ ($t=$ 常数)	$\varepsilon > 0$	增焓加湿等温	用水喷淋,$t' = t_A$;喷低压蒸汽等温加湿
$A \to 7$	Ⅰ	$\varepsilon > 0$	增焓加湿升温	用水喷淋,$t' > t_A$;喷过热蒸汽
$A \to 8$	$d=$ 常数	$\varepsilon=+\infty$	增焓等湿升温	加热器(蒸汽、热水、电)干式加热
$A \to 9$	Ⅱ	$\varepsilon < 0$	增焓降湿升温	冷冻机除湿(热泵)
$A \to 10$	$h=$ 常数	$\varepsilon = 0$	等焓降湿升温	固体吸湿剂吸湿
$A \to 11$	Ⅲ	$\varepsilon > 0$	减焓降湿升温	用温度稍高于 t_A 的液体除湿剂喷淋
$A \to 12$	Ⅲ ($t=$ 常数)	$\varepsilon > 0$	减焓降湿等温	用与 t_A 等温的液体除湿剂喷淋

根据各种热湿交换设备的工作原理不同可分为直接接触式和表面式(间壁式)两类。

直接接触式热湿交换设备包括喷水室、蒸汽加湿器、局部补充加湿装置以及使用液体吸湿剂的装置等。其特点是与空气进行热湿交换的介质直接与空气接触,热湿交换效率高。例如,用不同温度的水喷淋空气;使被处理的空气流过热湿交换介质表面,通过含有热湿交换介质的填料层；或者向空气中喷入低压水蒸气；或者用液体吸湿剂喷淋空气时，形成具有各种分散度液滴的空间，使液滴与流过的空气直接接触。

表面式（间壁式）热湿交换设备包括光管式、翅片管式和肋管式空气加热器及空气冷却器等。其特点是与空气进行热湿交换的介质不与空气接触，热湿交换设备紧凑。换热介质（热水、水蒸气、冷水和制冷剂）在间壁式换热管内流动，被处理空气在管外流（掠）过，两者通过固体壁面进行热交换或热湿交换。根据热湿交换介质的温度不同，壁面的空气侧可能产生水膜（湿表面）。分隔壁面有光管表面和带肋翅表面两种。

有的空气热湿处理设备则兼有直接接触式和表面式两类设备的特点，如喷水式空气冷却器。

5.2 喷水室

5.2.1 喷水室的类型及构造

喷水室是一种典型的空气-水直接接触式空气热湿处理设备。喷水室中将不同温度的水喷成雾滴与空气直接接触，或将水淋到填料层上，使空气与填料层表面形成的水膜直接接触，进行热湿交换。喷水室具有设备制造容易、可以在现场加工制作、金属消耗量少、对空气有一定的净化作用等优点，在以调节湿度为主的纺织厂、烟草厂及以去除有害气体为主要目的的净化车间得到广泛的应用。但它有占地面积大、水系统较为复杂、对水质卫生要求高、运行费用高等缺点。

1. 喷水室的类型

(1) 按布置方式，喷水室可分为卧式和立式两种。卧式喷水室又分为单级和双级两种。立式喷水室占地面积小，空气是从下往上流动，水则是从上而下进行喷淋，空气与水形成逆向热湿交换，因此空气与水的热湿交换效果比卧式喷水室好。立式喷水室一般用于要处理的空气量不大或空调机房的层高较高的场合。图 5.3 中的(a)，(b) 分别是应用较多的低速、单级卧式和立式喷水室的结构示意图。

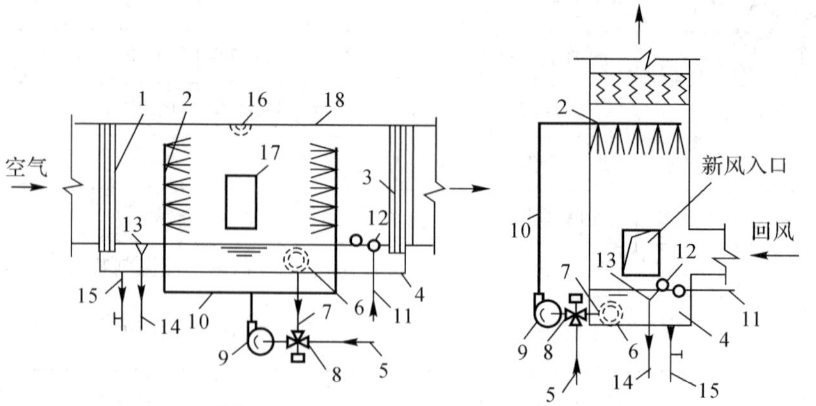

图 5.3 喷水室的构造

1— 前挡水板；2— 喷嘴与排管；3— 后挡水板；4— 底池；5— 冷水管；6— 滤水器；7— 循环水管；8— 三通混合阀；9— 水泵；10— 供水管；11— 补水管；12— 浮球阀；13— 溢水器；14— 溢水管；15— 泄水管；16— 防水灯；17— 检查门；18— 外壳

(2) 按喷水室中空气的流速,喷水室可分为低速喷水室和高速喷水室。在低速喷水室中,风速为 2 ～ 3m/s;在高速喷水室中,风速可达 3.5 ～ 6.5m/s。

此外,根据空气热湿处理的要求,还有带旁通风道的喷水室和加填料层的喷水室。前者可使一部分空气不经过喷水室的处理,而与经过喷水室处理的空气混合,得到所要求的空气终参数。后者可进一步提高空气的净化效果。

2.喷水室的构造

(1) 喷嘴。国内常用的是 Y-1 型离心喷嘴,近年来开始采用 BTL-1 型双螺旋离心式喷嘴。喷嘴的材料一般采用黄铜、尼龙、塑料和陶瓷等。喷嘴喷出的水滴大小、水量多少、喷射角和作用距离等与喷嘴的构造、喷嘴前的水压及喷嘴的孔径有关。同一类型的喷嘴,孔径越小、喷嘴前水压越高,喷出的水滴越细。孔径相同时,水压越高,则喷水量越大。图 5.4 是 Y-1 型离心喷嘴的构造和喷水性能图。

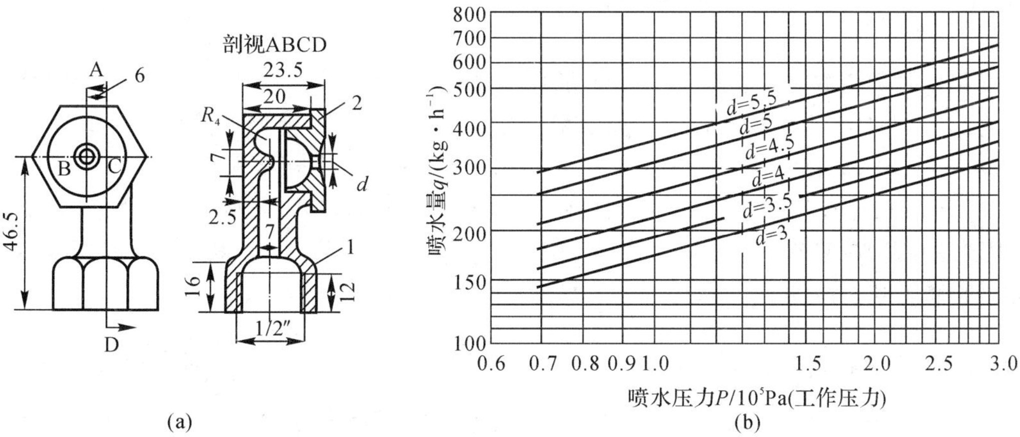

图 5.4　Y-1 型离心喷嘴

(a) 构造;(b) 喷水量与喷水压力、喷嘴孔径的关系

1— 喷嘴本体;2— 顶盖

根据喷出水滴直径的大小分为粗喷、中喷和细喷。

细喷时,喷嘴的孔径为 2.0 ～ 2.5mm,喷嘴前的水压大于 0.25MPa,水滴直径为 0.05 ～ 0.2mm,与空气接触时温度升高快,容易蒸发,适用于空气的加湿过程。

中喷时,喷嘴的孔径在 2.5 ～ 3.5mm,喷嘴前的水压在 0.2MPa 左右,水滴直径为 0.15 ～ 0.25mm。

粗喷时,喷嘴的孔径为 4.0 ～ 5.5mm,喷嘴前的水压在 0.05 ～ 0.15MPa 范围,水滴直径为 0.2 ～ 0.5mm。中喷和粗喷时,喷嘴喷出的水滴直径较大,与空气接触时的温升慢,适用于空气的冷却干燥。

为了使喷出的水滴能均匀地布满整个喷水室断面,喷嘴一般成梅花形分布,如图 5.5 所示。喷嘴密度一般为 13 ～ 24 个 /m^2,并且应当布置成"上密下疏",使水苗在喷水室中均匀分布。

(2) 挡水板。挡水板一般用厚度为 0.75 ～ 1.0mm 的镀锌钢板制作,形式如图 5.6 所示。当夹带水滴的空气流经挡水板的曲折通道时,被迫改变运动方向,水滴在惯性作用下,与挡水板表面碰撞,集聚在挡水板面上流入底池。

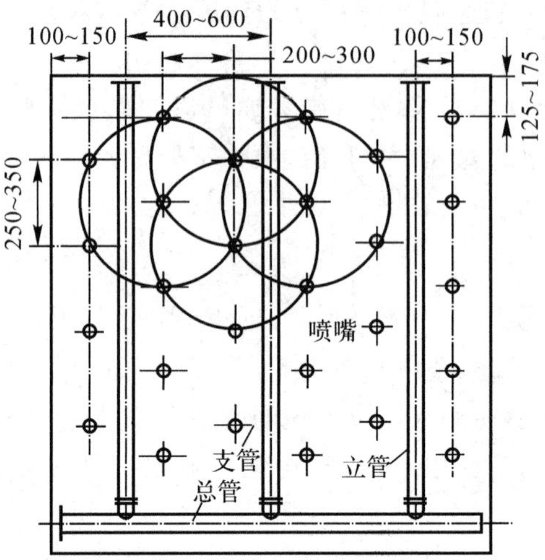

图 5.5　喷嘴布置形式

当挡水板的折数较多、夹角较小、板间距小及空气流速低时，挡水的效果较好，但这时空气的阻力较大，并且增大了挡水板的迎风面积。因此在实际工程中，前挡水板一般取 2 ～ 3 折，夹角为 90° ～ 150°，后挡水板一般取 4 ～ 6 折，夹角为 90° ～ 120°，挡水板间距为 25 ～ 40mm。

(3) 外壳和排管。喷水室的外壳一般用 2 ～ 3mm 厚的钢板加工，也可用砖砌或用混凝土浇制，但要注意防水。喷水室的断面做成矩形，高宽比为 1.1∶1 ～ 1.3∶1，断面的大小根据通过的风量及推荐流速 2 ～ 3m/s 确定。

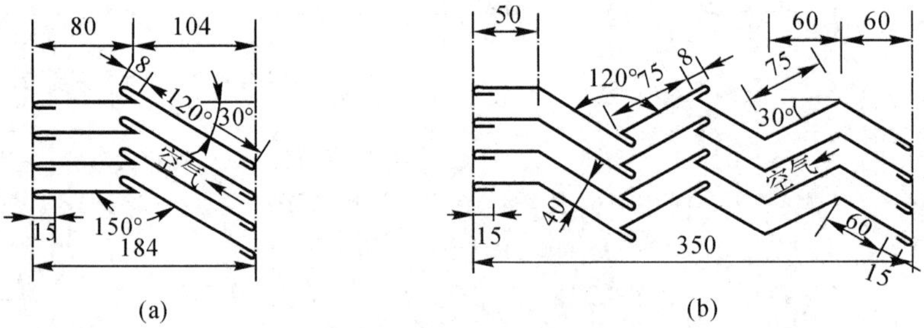

图 5.6　挡水板的断面形式

(a) 前挡水板；(b) 后挡水板

喷嘴排管与供水干管的连接方式有下分、上分、中分和环式几种，如图 5.7 所示。不论采用哪种连接方式，都要在水管的最低点设泄水防堵，以便在冬季不用时泄水，防止冻裂水管。

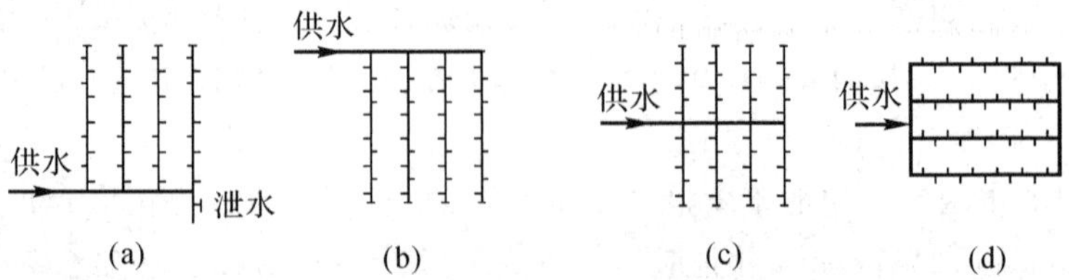

图 5.7　喷嘴排管与供水干管的连接方式

(a) 下分式；(b) 上分式；(c) 中分式；(d) 环式

(4) 底池及其附属设施。底池一般按能容纳 2 ～ 3min 的总喷水量确定，池深 500 ～

600mm。溢水器按周边溢水量为 30 000kg/(m^2 · h) 设计。滤水器的大小按表 5.2 选用。补水管根据喷水量的 2% ～ 4% 设计。

表 5.2　滤水网选用参考数据

喷嘴孔径 mm	网孔尺寸 mm	滤水能力 kg/(m^2 · h)	滤网阻力 kPa
2.0 ～ 2.5	0.5 × 0.5	10×10^3	0.98
2.5 ～ 3.5	0.9 × 0.9	$12 \sim 15 \times 10^3$	0.98
4.0 ～ 5.5	1.25 × 1.25	$15 \sim 30 \times 10^3$	0.98

底池中接有四种管道：

1) 循环水管。将底池中的水通过滤水器过滤后循环使用，如冬季空气的绝热加湿和夏季改变喷水温度。

2) 溢流水管。与溢水器相连，用于排除夏季空气中冷凝下来的水和其他原因带给底池中的水，使底池中的水面维持在一定的高度。

3) 补水管。冬季喷循环水加湿空气时，水分不断地蒸发到空气中，为了维持水面的高度不低于溢水器，需要给水池补水，补水由浮球阀自动控制。

4) 泄水管。在检修、清洗和防冻时把底池中的水排入下水道。

5.2.2　喷水室热、湿交换原理

当用不同温度的水喷淋空气时，空气与水之间产生了十分复杂的热、湿交换过程。为了说明热、湿交换的原理，假设从喷水室空间内悬浮在空气中的大量小水滴中，取出一个小水滴来加以分析，图 5.8 为小水滴示意图。从图中可见，在水滴表面包围着一层很薄的饱和空气层，其温度接近于水滴的表面温度。在饱和空气层与周围未饱和空气之间，存在着一个混合区，正是在它们混合的过程中产生着热、湿交换。

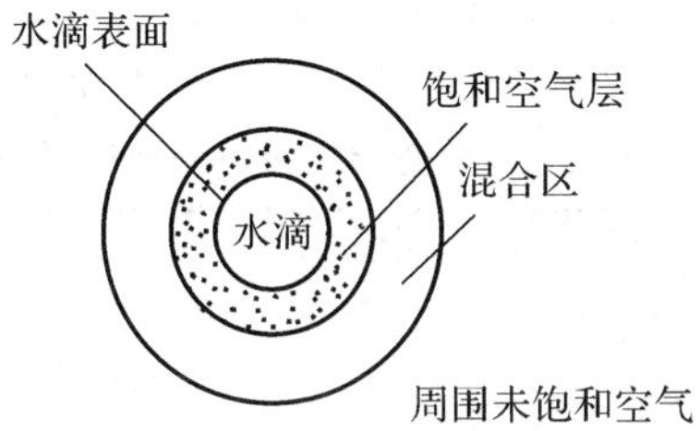

图 5.8　小水滴示意图

(1) 空气与不同温度的水滴接触时，只要有温差存在，就会产生显热交换，其传热方向是从温度高的传向温度低的，传热的动力是温度差。例如，夏季用冷水喷淋高温空气时，空气失去热量，降低温度；水得到热量，提高了温度。冬季用废热水或低温热水喷淋低温空气时，正好相反。

(2) 当水滴表面饱和空气层的水蒸气分压力(其值相当于水滴表面温度下的饱和水蒸气分压力) 与周围空气中的水蒸气分压力不同，也就是说它们之间存在着压力差时，就会产生湿交换。传湿的动力是水蒸气分压力差。传湿的方向是从水蒸气分压力大的传向水蒸气分压力小的。

当水滴表面饱和空气层的水蒸气分压力大于周围空气中的水蒸气分压力时，则水滴表面的水汽分子不断地转移(扩散)到周围空气中，这种现象称为水分蒸发，此时周围空气被加湿。

当水滴表面饱和空气层的水蒸气分压力小于周围空气中的水蒸气分压力时，则周围空气中的水气分子不断地进入水滴表面的饱和空气层而变为水，这种现象称为水汽凝结，此时周围空气被减湿(俗称干燥)。

(3) 与湿交换过程同时产生的是潜热交换。水向空气中蒸发时，所吸收的汽化热(不论取自空气还是取自水本身)将带给空气；空气中的水蒸气凝结为水时，将把凝结热(在数值上等于汽化热)放给水。

(4) 空气与水之间的热交换，包括显热交换和潜热交换在内的称为总热交换，其结果是使空气的比焓增加或减少。

5.2.3 喷水室的热、湿处理过程

1. 用喷水室处理空气的理想过程

在介绍湿球温度的概念时可知，当空气流经水面或水滴周围时，就会把边界层中的饱和空气带走一部分，而补充的新空气在与水滴表面进行热、湿交换后，又达到饱和状态。这样，当水滴表面的饱和空气层不断地与流过的空气相混合，就使整个空气状态发生变化。因此空气与水直接接触时的热、湿交换过程，可以看作是初始状态的空气与水滴边界层中饱和空气的混合过程。

根据两种不同状态空气混合的规律可知，混合后的状态点应当在空气的初始状态点与喷水温度下的饱和空气状态点的连线上。如果参与混合的饱和空气越多，空气的终状态点(即混合后的状态点)就越靠近饱和线。满足下列假设条件时：① 与空气接触的水量无限大；② 空气与水接触的时间无限长，则全部空气都能达到饱和状态，这时空气的终状态点将位于饱和空气线上，空气的终温就是喷水温度。因此当喷水温度(即与空气接触的水温)不同时，空气的状态变化过程也就不同。用喷水室处理空气，采用不同的喷水温度，可以实现如图 5.9 和表 5.3 所示的七种空气状态变化过程。下面对其中的 $A-2$，$A-4$ 和 $A-6$ 过程进行分析。

表 5.3　空气与水直接接触时各种过程的特点

过程线	水温特点	t 或 Q_x	d 或 Q_q	t 或 Q_z
$A\rightarrow 1$	$t_W < t_L$	减	减	减
$A\rightarrow 2$	$t_W = t_L$	减	不变	减
$A\rightarrow 3$	$t_L < t_W < t_S$	减	增	减
$A\rightarrow 4$	$t_S = t_S$	减	增	不变
$A\rightarrow 5$	$t_S < t_W < t$	减	增	增
$A\rightarrow 6$	$t_W = t$	不变	增	增
$A\rightarrow 7$	$t_W > t$	增	增	增

(1)$A\rightarrow 2$ 过程。用温度等于空气露点温度的水喷淋空气时可以实现这一过程。这时空气

虽然与水接触，但由于 $d_2 = d_A$，过程的湿交换量为零，空气既没加湿也没减湿，只是由于 $t_2 < t_A$，存在显热交换，空气向水传热而使温度下降，空气的状态变化为等湿冷却过程。

(2)$A \to 4$ 过程。用温度等于空气湿球温度的水喷淋空气时可以实现这一过程。这时由于 $t_4 < t_A$，表明空气向水传热，温度下降，显热减少。但由于 $d_4 > d_A$，说明空气被加湿，由于空气得到了在湿球温度 t_s 下蒸发的 Δd 水蒸气所具有的潜热，空气的潜热增加。如果忽略空气得到的原来处于 t_s 温度下水的液体热 $\Delta d \cdot C_{P水} \cdot t_s$，则空气的总热交换量为零。空气的状态变化为一等湿球温度过程。由于等湿球温度线与等焓线非常接近，此过程近似为等焓加湿降温过程。

(3)$A \to 6$ 过程。用温度等于空气干球温度的水喷淋空气时可以实现这一过程。这时因为 $t_S = t_A$，空气与水之间无显热交换，但由于 $d_6 > d_A$，说明空气被加湿，同时潜热增加，空气状态变化的总效果是一等温增焓加湿过程。

根据处理上面这三种典型的空气状态变化过程的喷水温度，可判断在某一特定的喷水温度下，可以实现的空气过程变化是加湿还是减湿，是增焓还是减焓，是升温还是降温过程，见表5.3。

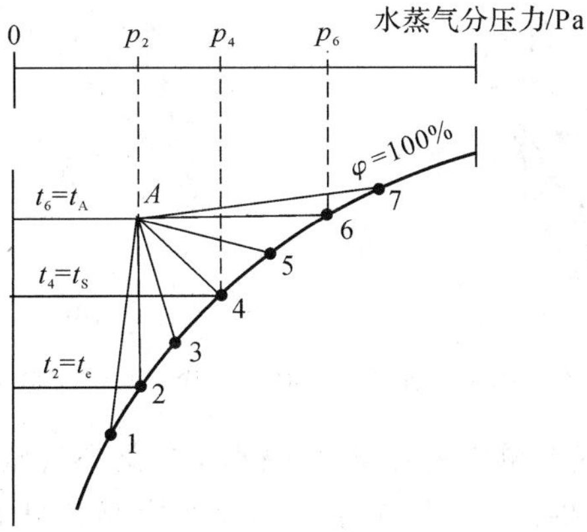

图5.9　空气与水直接接触时的状态变化过程

2. 用喷水室处理空气的实际过程

根据喷水温度不同，可以实现七种空气状态变化过程。如果满足假设条件：① 与空气接触的水量无限大(因而水温可始终保持不变)；② 空气与水接触的时间无限长(使与水滴接触的空气可以达到饱和)，则处理的全部空气均能达到饱和状态，这时空气的终状态点将位于饱和相对湿度线上，而且空气的终温就是处理空气的喷水温度。

但是实际用喷水室处理空气时，喷水量总量是有限的，空气与水接触的时间也不可能无限长。因此空气状态和水温都是在不断地发生变化，空气的终状态也很难达到饱和。实践表明，对于单级喷水室，空气终状态的相对湿度一般只能达到 90% ～ 95%，采用双级喷水室处理空气时，空气终状态的相对湿度才有可能达到 100%。

实际的喷水室处理空气时，空气状态和水温都在不断变化，因此喷水室中空气状态变化的实际过程在 $h-d$ 图上不是直线，而是一条曲线。该曲线的弯曲程度和空气与水的相对运动方向有关。

在顺喷时，因为空气和水滴的运动方向相同，空气是先与具有初始温度 t_{W1} 的水接触，有一小部分空气达到饱和，这部分饱和空气的温度为 t_{W1}，它们与其余的空气混合，达到混合状态点 1,这时水的温度由于吸收了空气中的热量变为 t'_W。

状态 1 的空气和温度为 t'_W 的水滴接触,又有一小部分空气达到饱和,温度为 t'_W,这部分饱和空气和其余的空气混合后,达到混合状态点 2,同时水的温度由于吸收了空气中的热量又升高为 t''_W。

状态 2 的空气再与温度为 t''_W 的水滴接触,使一小部分空气达到饱和,温度为 t''_W,这部分饱和空气和其余的空气混合后,达到混合状态点 3,同时水的温度由于吸收了空气中的热量升高为 t'''_W,……,这样一直继续下去,最后可以得到一条表示空气状态变化过程的折线 $\overline{A123\cdots t_{W2}}$。当点取的足够多时变为一条曲线,如图 5.10(a) 所示。

在逆喷时,空气状态的实际变化过程的分析和顺喷时一样,只是这时空气和水滴的运动方向相反,是先与具有终状态温度 t_{W2} 的水接触,空气的状态变化过程是 $\overline{A123\cdots t_{W1}}$,如图 5.10(b) 所示。

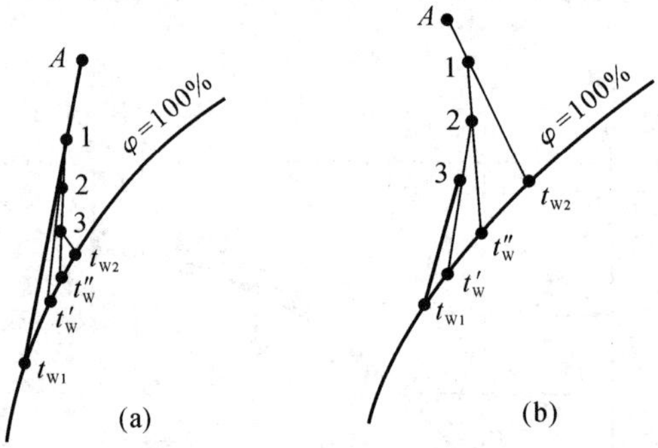

图 5.10 喷水室处理空气时空气状态变化的实际过程

从上面的分析可知,无论是顺喷还是逆喷,喷水室中的空气状态变化过程在 $h-d$ 图上都不是直线,而是一条曲线。如果接触时间充分,顺喷时空气的终状态温度等于水的终温 t_{W2},逆喷时空气的终状态等于水的初温 t_{W1}。

在实际的喷水室中,空气与水滴的相对运动情况既不是顺流,也不是逆流,而是复杂的交叉流。由于在实际工程中,所关心的只是喷水室处理后的空气状态,而不是空气状态变化的轨迹,所以在分析计算中是采用连接空气初终状态的直线来表示实际的空气状态变化过程,而喷水室热交换效率实验公式的系数和指数见附录 3.1。

5.2.4 喷水室的阻力计算

喷水室的阻力由前后挡水板阻力、喷嘴排管阻力和水苗阻力三部分组成。

1. 挡水板阻力

喷水室前后挡水板的阻力用下式计算:

$$\Delta H_d = \sum \zeta_d \rho v_d^2 / 2 \tag{5.1}$$

式中 $\sum \zeta_d$—— 前后挡水板局部阻力系数之和,一般取 $\sum \zeta_d = 20$;

v_d—— 空气在挡水板断面上的迎风面风速,挡水板迎风面积等于喷水室的断面积减去挡水板边框面积,一般取 $v_d = (1.1 \sim 1.3)v$,m/s。

2. 喷嘴排管阻力

喷嘴排管的阻力用下式计算：

$$\Delta H_{\mathrm{p}} = 0.1Z\rho v^2/2 \quad (5.2)$$

式中　Z—— 喷嘴排管数；

v—— 喷水室断面风速，m/s。

3. 水苗阻力

喷水室的水苗阻力用下式计算：

$$\Delta H_{\mathrm{W}} = 118b\mu P \quad (5.3)$$

式中　μ—— 喷水系数；

P—— 喷水前的水压，atm(表压)；

b—— 系数，对于单排须喷：$b = -0.22$；单排逆喷：$b = 0.13$；双排对喷：$b = 0.075$。

5.3　表面换热器

5.3.1　表面换热器的组成及分类

表面式换热器是空调系统中应用非常广泛的热湿交换设备，它具有构造简单、占地小、水质要求不高、水系统阻力小等优点。在组合式空调机组、制冷除湿机、空气诱导器和风机盘管等空调设备中，广泛采用表面式空气换热器。表面式换热器包括空气加热器(以热水或蒸汽做热媒）和空气冷却器(以冷水或制冷剂做冷媒）两类。

1. 空气加热器

按照构造不同，空气加热器可分为翅片管式和光管式两类。所采用的热媒可以是高(低）压蒸汽，也可以是高(低）温水。

(1) 翅片管式空气加热器。如图 5.11 所示为翅片管式空气加热器，常用的有钢管绕钢片式 SRZ 型和钢管绕铝片式 SRL 型等产品。空气加热器应安装在集中式空调系统的空气处理机内，也可安装在进入空调房间前的送风风管内，作为局部补充加热用，以调节房间的温度。空气加热器可以垂直安装或水平安装，以蒸汽为热媒的空气加热器水平安装时，应具有不小于 0.01 的倾斜度，以便顺利排除凝结水。在空气处理机组内的空气加热器，应配置旁通风阀(门)，以便对加热空气量和空气被加热的温度进行有效的调节和控制，这样做也有利于降低非供暖季节里空气侧的压力损失，达到节能的目的。

空气加热器的热媒流向，应与空气流向相平行，即让热媒的进口处于进风侧，热媒的出口处于出风侧。

(2) 光管式空气加热器。如图 5.12 所示为光管式空气加热器，它是用无缝钢管焊制而成的。与翅片管式空气加热器相比，虽然它的传热系数小些，但由于表面光滑无棱，易做清洁维护，且结构简单、制作方便、空气阻力小，因此，特别适合于纺织厂冬季对含有纤维性尘杂空气的加热，可避免尘杂堵塞加热器。有关热媒管路与光管式空气加热器的安装连接与前面相同。

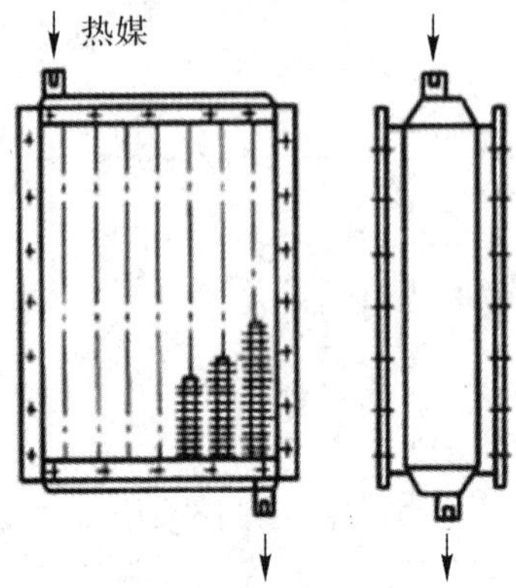

图 5.11　翅片管式空气加热器

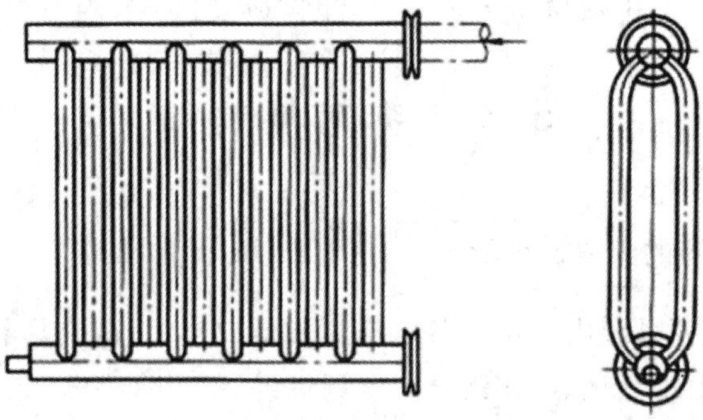

图 5.12　光管式空气加热器

2. 空气冷却器

(1) 翅片管式表冷器。空气冷却器又称表面式冷却器(简称表冷器)。目前空调工程中采用的空气冷却器大都属于翅片管式,其构造如图 5.13 所示。翅片与管子的连接方式有缠绕式、嵌片式和串片胀套式等(见图 5.14)。为减少翅片与管子间的接触热阻,使空气冷却器换热性能稳定,应力求管子与翅片间接触紧密,并保证长久使用后仍不会松动,目前多采用二次翻边片胀套式。除了翅片管外,还有用轧片机在光滑铜管或铝管外表面上直接轧出肋片管的。由于肋片管的肋片与管子是一个整体,无接触热阻,传热性能好且强度高,但制造成本高,对低肋片比较合适。

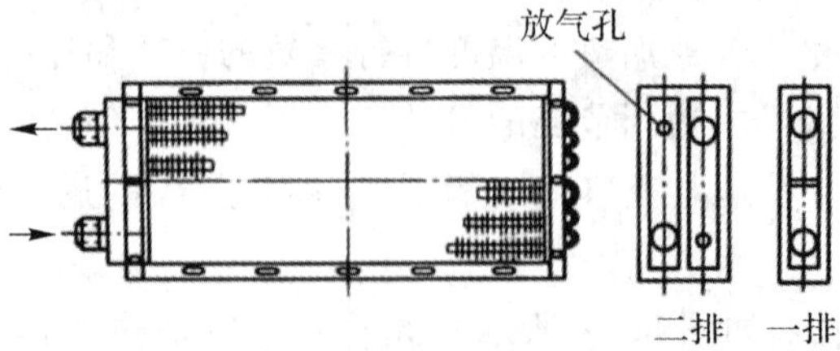

图 5.13　空气冷却器的构造

目前国产空气冷却器型号主要有钢管绕铝片肋管的 JW 型、纯铜管绕皱褶铜片的 UⅡ 型、钢管绕皱褶钢片的 GLⅡ 型、钢管镶铝片的 SXL-B 型、铝管轧铝管的 KL 型、铜管套铝片的 YG 型以及铜管串铝片的 BB-16A 型和 TLS 型(无缝纯铜管及高纯度铝质或铜质波纹形翅片)等。

大多数型号的空气冷却器采用热水作热媒，也可作空气加热器用，但所采用的热媒是温度为 65℃ 以下的热水。这种夏季作空气冷却器，冬季作空气加热器的装置称为冷热交换器(或称空气换热器)。

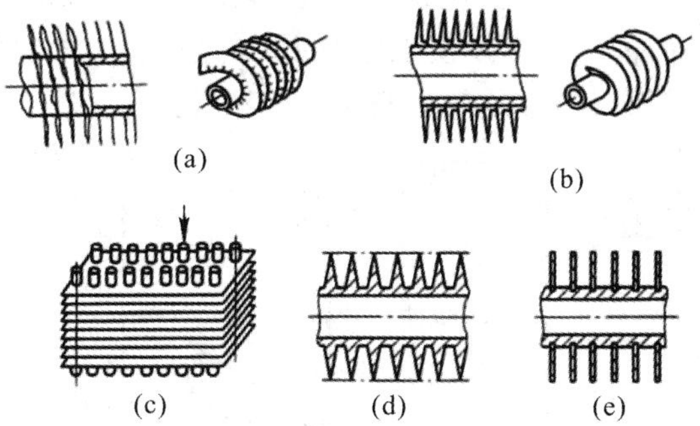

图 5.14　各种翅片管的构造

(a) 皱褶绕片；(b) 光滑绕片；(c) 串片；(d) 轧片；(e) 二次翻边片

(2) 喷水式空气冷却器。为了克服空气冷却器不能对空气相对湿度进行调节，冬季无法对空气作加湿处理的缺点，同时也为了提高空气冷却器的传热能力，喷水式空气冷却器应运而生。这种喷水式空气冷却器的示意图如图 5.15 所示，它是带喷水装置的空气冷却器，即在空气冷却器前设置一排喷水管，向其外表面喷淋循环水。实验证明，在其他条件相同的情况下，喷水式空气冷却器比不喷水的空气冷却器的热交换能力要大许多，从而扩大了空气冷却器处理空气的范围。喷水式空气冷却器通常设置在空气处理机内。当利用循环水进行绝热加湿或利用喷水提高空气处理后的饱和度时，可采用带喷水装置的空气冷却器。

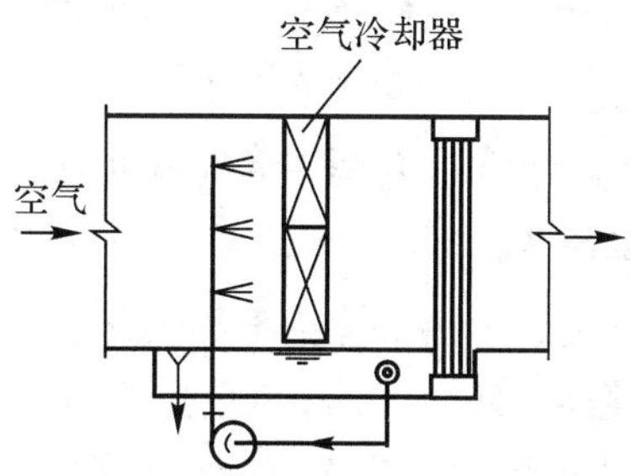

图 5.15　喷水式空气冷却器示意图

(3) 制冷剂直接膨胀式空气冷却器。有时为了减少制冷机房面积，可把制冷系统的蒸发器放在空气处理机(室)内直接冷却空气，这就是制冷剂直接膨胀式空气冷却器。此外，在空调机组中冷却空气的蒸发器也都是制冷剂直接膨胀式空气冷却器。制冷剂直接膨胀式空气冷却器和水冷式空气冷却器虽然功能和构造基本相同，但因为它是制冷系统中的一个部件，所以在选择应用方面，有别于水冷式空气冷却器。制冷剂直接膨胀式空气冷却器的蒸发温度应比空气的出口温度至少低 3.5℃，在常温空调系统情况下，满负荷时，蒸发温度不宜低于 0℃；低负荷时，应防止表面结霜。空气调节系统采用制冷剂直接膨胀式空气冷却器时，不得用氨做制冷剂。

5.3.2 表面换热器的处理过程

1. 表面式换热器热湿交换过程的特点

用表面式换热器处理空气，只能实现等湿加热、等湿冷却和减湿冷却三种过程，如图 5.16 所示。当表面式换热器用作加热器时，所实现的 $A \to B$ 过程为一等湿加热过程，这时加热器表面温度高于空气的温度，使空气的温度升高但含湿量不变。

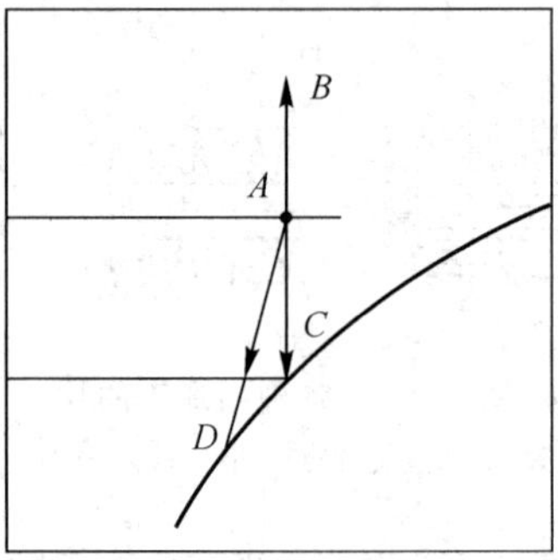

图 5.16 表面式换热器可以实现的空气处理过程

当表面式换热器的表面温度低于空气的干球温度，但高于或等于空气的露点温度时，被处理空气可实现的 $A \to C$ 过程是一等湿冷却过程（干工况），这时空气的温度降低，相对湿度增加，但因为空气的终状态温度高于或等于空气的露点温度，含湿量不变。

当表面式换热器的表面温度低于空气的露点温度时，这时空气被等湿冷却到饱和线上，然后沿饱和线进一步降低到表面式换热器的外表面温度，同时将空气在表冷器外表面温度下所能容纳的饱和含湿量以上的那部分水分凝结出来，这时空气的变化过程为 $A \to C \to D$，是一减湿冷却过程（湿工况）。由于在实际工程中所关心的只是空气处理的结果，而并不是空气状态变化的轨迹，所以在 $h-d$ 图上进行空调过程分析时，用过程 $A \to D$ 表示表冷器可实现的减湿冷却过程。

2. 等湿加热和等湿冷却过程的传热系数

肋片管的传热系数可通过有关的传热学理论推导出。但是在实际工程中，由于肋片管外表面的对流换热系数 a_w 与空气的迎风面风速 v_y 或质量流速 v_ρ 有关，当以水为热媒或冷媒时，内表面的对流换热系数 a_n 与管内水的流速 ω 有关。因此，一些定型产品的传热系数都是用实验的方法确定，测定结果通常整理成下面的形式：

$$K = \left[\frac{1}{A{v_y}^m} + \frac{1}{B\omega^n}\right]^{-1} \tag{5.4}$$

或

$$K = A'(v_\rho)^{m'}\omega^{n'} \tag{5.5}$$

式中 v_y—— 空气的迎风面风速，m/s；

v_ρ—— 空气的质量流速，kg/(m² · s)；

ω—— 水的流速，m/s；

对于用蒸汽作热媒的空气加热器，可以忽略蒸汽流速的影响，其传热系数可以整理为

$$K = A'' \cdot (v_\rho)m'' \tag{5.6}$$

式中，A，B，A'，A'' 和 m，n，m'，n'，m'' 都是通过实验确定的系数和指数。

3. 减湿冷却过程的传热系数

在减湿冷却过程中，由于有凝结水析出，在凝结水膜的周围将形成一个饱和空气层，空气与表冷器之间既有显热交换，又有潜热和湿交换，因此湿工况下表冷器的换热能力比干工况大。研究表明，空调工程中空气与表冷器之间的热湿交换符合刘伊斯关系式，即

$$\sigma = a_{\mathrm{w}}/C_p \tag{5.7}$$

式中　σ—— 表面的对流质交换系数，$\mathrm{kg/(m^2 \cdot s)}$；

a_{w}—— 表面的对流换热系数，$\mathrm{W/(m^2 \cdot ℃)}$；

C_p—— 空气的定压比热，$\mathrm{J/(kg \cdot ℃)}$。

因此湿工况下表冷器的总换热量可表示成

$$\mathrm{d}Q_z = \sigma(h - h_{\mathrm{b}}) \cdot \mathrm{d}F \tag{5.8}$$

对于湿交换的影响可以用析湿系数 ξ 来反映，析湿系数的定义是湿工况下空气的换热量与干工况下空气的换热量之比，即

$$\xi = \frac{\sigma(h - h_{\mathrm{b}})\mathrm{d}F}{C_p(t - t_{\mathrm{b}})\mathrm{d}F} \tag{5.9}$$

式中　h,t—— 通过表冷器空气初始状态的焓和温度；

$h_{\mathrm{b}},t_{\mathrm{b}}$—— 表冷器表面饱和空气层的焓和温度，$t_{\mathrm{b}}$ 也等于表冷器表面的温度。

由式(5.9) 知

$$h - h_{\mathrm{b}} = \xi a_{\mathrm{w}}(t - t_{\mathrm{b}})/\sigma \tag{5.10}$$

代入湿工况下表冷器的换热量计算式(5.8) 有

$$\mathrm{d}Q_z = a_{\mathrm{w}}\xi(t - t_{\mathrm{b}})\mathrm{d}F \tag{5.11}$$

把式(5.11) 与表冷器在干工况下的换热量计算式

$$\mathrm{d}Q_z = a_{\mathrm{w}}(t - t_{\mathrm{b}})\mathrm{d}F \tag{5.12}$$

相比可知，如果把 $a_{\mathrm{w}}\xi$ 看作是湿工况下表冷器的对流换热系数 $a_{湿}$，则可知表冷器在湿工况下外表面的对流换热系数是干工况下的 ξ 倍，ξ 的大小直接反映了凝结水的多少。

当表冷器的结构特性一定时，湿工况下的传热系数除了与迎风面风速 v_{y}、管内水流速 ω 有关外，还与析湿系数 ξ 有关，其传热系数也是用实验的方法确定，测定结果通常整理成下面的形式：

$$K_{\mathrm{S}} = \left[\frac{1}{A{v_y}^m \xi^p} + \frac{1}{B\omega^n}\right]^{-1} \tag{5.13}$$

式中，A,B,m,p,n 是由实验确定的系数和指数。

5.3.3　表面换热器的热工性能计算

1. 空气加热器的热工计算

(1) 基本计算公式。用空气加热器处理空气时只有显热交换，因此其热工计算较为简单。由热平衡可知，加热器供给的热量应当等于加热空气所需要的热量。其中加热空气所需要的热量为

$$Q = GC_p(t_1 - t_2) \tag{5.14}$$

式中　G—— 被加热的空气量，kg/s；

t_1,t_2—— 加热前后空气的温度，℃。

加热器供给的热量用下式计算

$$Q' = KF\Delta t_m \tag{5.15}$$

式中　Δt_m—— 热媒与空气之间的对数平均温差。对于加热过程来说，因为冷热流体在进出口端的温差比值小于2，也可以用算术平均温差来近似计算。当热媒是热水时取

$$\Delta t_p = (t_{w1} + t_{w2})/2 - (t_1 + t_2)/2 \tag{5.16}$$

热媒是蒸汽时有

$$\Delta t_p = t_q - (t_1 + t_2)/2 \tag{5.17}$$

式中　t_{w1}, t_{w2}—— 热水的初终温度，℃

t_p—— 蒸汽的温度，℃

(2) 方法和步骤。

1) 根据经济质量流速 v_ρ 初选加热器型号。综合考虑初投资和运行费的总和为最小的质量流速范围在 $v_\rho = 8\text{kg}/(\text{m}^2 \cdot \text{s})$ 左右，选取经济的质量 v_ρ 流速之后，可由

$$f = G/v_\rho \tag{5.18}$$

计算出所需要的加热面积和选取加热器型号，然后根据所选加热器的有效截面面积计算出实际的质量流速。

2) 计算加热器的传热系数。根据所选加热器的型号和计算出的质量流速，查取相应的加热器传热系数的实验公式计算传热系数值。如果热媒是水，则传热系数的计算还要用到水的流速 ω。同质量流速的选取一样，水流速的大小也有经济比较的问题。水流速 ω 增大时，由于传热系数 K 增加，可增强传热效果，但同时流动阻力也会增大，使系数的运行费增加。因此在低温热水系统中，水的流速取 $\omega = 0.6 \sim 1.8\text{m/s}$ 时较为合理。如果用高温热水作热媒，因为水的温降较大，水的流速还应当取较小值。

水流速选定之后，加热器所需要的水量可用下式确定：

$$W = f_w \omega \rho \tag{5.19}$$

式中　W—— 加热器所需要的水量，kg/s；

f_W—— 加热器水管的通水截面积，m^2；

ρ—— 水的密度，kg/m^3。

3) 计算需要的加热面积和加热器台数。

由式(5.15)，并注意 $Q' = Q$，则所需要的加热面积为

$$F = Q'/(K \cdot \Delta t_m) \tag{5.20}$$

根据所求出的加热面积可确定加热器的排数和台数，然后由所选的加热器计算出实际的传热面积。

4) 检查加热器的安全系数。考虑到加热器在运行中，由于内外结垢和积灰等原因，加热器的传热系数减小，选用时要考虑一定的安全系数，传热面积的安全余量一般取10%～20%。

例 5.1　如果把60 000kg/h的空气从 $t_1 = -32$℃ 加热到 $t_2 = 31$℃，热媒为0.3MPa表压的饱和蒸汽，试选择合适的SRZ型空气加热器。

解　(1) 初选加热器型号。由 $G = 60\ 000\text{kg/h} = 16.7\text{kg/s}$，假定空气的质量流速 $(\rho v)' = 8\text{kg}/(\text{m}^2 \cdot \text{s})$，则所需要的加热器的有效截面积为

$$f' = G/(\rho v)' = (16.7/8)\text{m}^2 = 2.08\text{m}^2$$

根据所计算的 f' 值，由附录3.4可选两台SRZ15×10Z的加热器并联，每台加热器的有效

截面积为 0.932m^2、加热面积为 52.95m^2。

根据实际的加热器有效截面积，可计算出实际的空气质量流速为

$$\rho v = g/f = [16.7/(2 \times 0.932)]\text{kg}/(\text{m}^2 \cdot \text{s}) = 8.9 \quad \text{kg}/(\text{m}^2 \cdot \text{s})$$

(2) 求加热器的传热系数。由附录 3.2 查得 SRZ－10Z 加热器传热系数的经验公式为

$$K = 13.6\rho_v^{0.49} \quad \text{W}/(\text{m}^2 \cdot ℃)$$

将 ρv 值代入上式可得

$$K = [13.6 \times (8.9)^{0.49}]\text{W}/(\text{m}^2 \cdot ℃) = 39.7 \quad \text{W}/(\text{m}^2 \cdot ℃)$$

(3) 计算加热面积和台数。先计算所需要的加热量为

$$Q = GC_p(t_2 - t_1) = 16.7 \times 1.01 \times [31 - (-32)]\text{kW} = 1\,062 \quad \text{kW}$$

所需要的加热面积为

$$F = Q/(K\Delta t_p) = 185 \quad \text{m}^2$$

所需要的加热器串联(对空气)的台数为

$$N = [185/(52.95 \times 2)]\text{台} = 1.75\text{台}$$

取两台串联，则共需要 4 台加热器，总的加热面积为$(52.95 \times 4)\text{m}^2 = 212\text{m}^2$。

(4) 检查安全系数为

$$(212 - 185)/185 = 0.015 = 15\%$$

安全系数为 1.15，说明所选的加热器是合适的。

2. 表面冷却器的热工计算

表面冷却器的冷媒有冷水和制冷剂，通常把用冷水作冷媒的称为水冷式表面冷却器，把用制冷剂作冷媒的称为直接蒸发式表面冷却器，本节仅介绍水冷式表面冷却器的热工计算。

(1) 表冷器的热交换效率系数 ε_1 和接触系数 ε_2。表冷器的热交换效率系数 ε_1 同时考虑空气与水的状态变化，接触系数 ε_2 只考虑空气的状态变化程度，参照图 5.17，它们的定义分别为

$$\varepsilon_1 = (t_1 - t_2)/(t_1 - t_{w1}) \tag{5.21}$$

$$\varepsilon_2 = (t_1 - t_2)/(t_1 - t_3) \tag{5.22}$$

式中　t_1—— 空气在处理前的干球温度，℃；

t_2—— 空气在处理后的干球温度，℃；

t_{w1}—— 冷水初温，℃；

t_3—— 表冷器在理想情况下(接触时间非常充分)，空气终状态的干球温度等于表冷器表面的平均温度，℃。

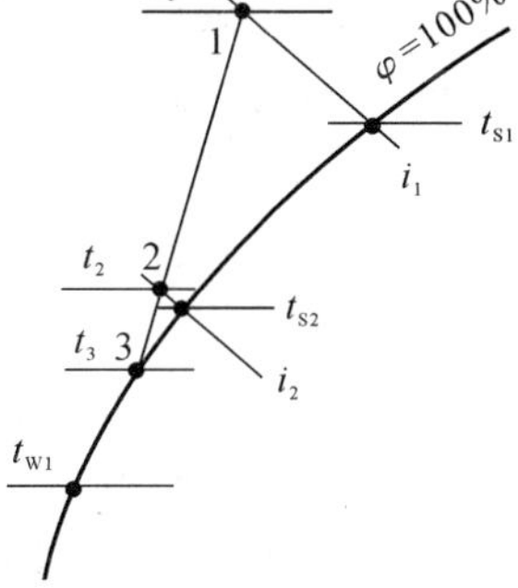

图 5.17　表冷器处理空气时的各个参数

如果用分析喷水室的接触系数同样的方法，把图5.17中h_1到h_3之间饱和曲线看作直线，表冷器的接触系数ε_2也可以得到同样的结果

$$\varepsilon_2 = 1 - (t_2 - t_{s2})/(t_1 - t_{s1}) \tag{5.23}$$

即表冷器接触系数和喷水室的接触系数完全相同，只是表冷器的热交换效率系数与喷水室的热交换效率系数有些差别。

但是与喷水室还有些不同的是，喷水室的两个效率系数是根据实验测定出的，而表冷器的热交换效率系数和接触系数可以实验测定，也可以从理论上推导出来。下面就从理论上来讨论它们的影响因素和确定方法。

1）表冷器的热交换效率系数ε_1。空调工程用的表冷器中，空气与水的流动方式主要是逆交叉流，因为当表冷器的排数$N \geqslant 4$排时，可以把逆交叉流完全看作逆流，在这种假设条件下，如图5.18所示，取表冷器中的某一微元面积$\mathrm{d}F$，在此微元面积两侧空气和水的温度差为$t - t_{\mathrm{W}}$，则空气与水之间的换热量为

$$\mathrm{d}Q = K_s(t - t_w)\mathrm{d}F \tag{5.24}$$

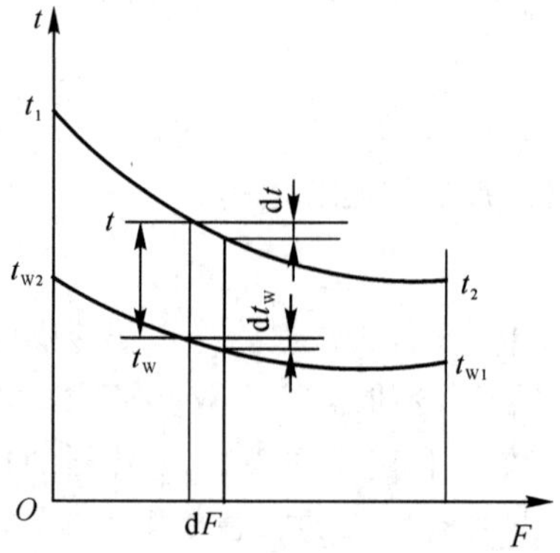

图5.18　表冷器的ε_1推导示意图

这个换热量也等于空气放出的热量或水吸收的热量。设空气的质量为G(kg/s)，水量为W(kg/s)，则空气放出的热量为

$$\mathrm{d}Q = -GC_p\xi\mathrm{d}t \tag{5.25}$$

式中，$C_p \cdot \xi \cdot \mathrm{d}t$是湿工况下空气处理前后的焓差，负号表示空气放热后温度降低。

水吸收的热量为

$$\mathrm{d}Q = -WC\mathrm{d}t_w \tag{5.26}$$

式中负号表示水温变化方向与积分方向相反。由式(5.25)和式(5.26)可得空气的温度变化为

$$\mathrm{d}t = -\mathrm{d}Q/(\xi GC_p) \tag{5.27}$$

水的温度变化为

$$\mathrm{d}t_w = -\mathrm{d}Q/(WC) \tag{5.28}$$

两式相减有

$$\mathrm{d}(t - t_w) = -\mathrm{d}Q/(\xi GC_p) + \mathrm{d}Q/(WC) = -\mathrm{d}Q/(\xi GC_p)[1 - (\xi GC_p)/(WC)] \tag{5.29}$$

令$\gamma = (\xi GC_p)/(WC)$，称为两流体的水当量比，则有

$$\mathrm{d}(t - t_w) = -\mathrm{d}Q/(1 - \gamma)/(\xi GC_p) \tag{5.30}$$

把式(5.24)代入式(5.30)整理后有

$$d(t-t_w)/(t-t_w)=-K_s(1-\gamma)/(\xi GC_p)dF \tag{5.31}$$

对式(5.31)积分

$$\ln(t_2-t_{w1})/(t_1-t_{w2})=-(1-\gamma)K_sF/(\xi GC_p) \tag{5.32}$$

令 $\beta=K_s\cdot F/(\xi GC_p)$ 称为传热单元数，则式(5,32)可以简化为

$$\ln(t_2-t_{w1})/(t_1-t_{w2})=-(1-\gamma)\beta \tag{5.33}$$

因为空气放出的热量等于水吸收的热量，所以有

$$\xi GC(t_1-t_2)=WC(t_{w_2}-t_{w1}) \tag{5.34}$$

式(5.34)整理后可得

$$(t_{w2}-t_{w1})=\xi GC_p/(WC)(t_1-t_2)=\gamma(t_1-t_2) \tag{5.35}$$

根据表冷器热交换效率系数的定义式

$$\varepsilon_1=(t_1-t_2)/(t_1-t_{w1}) \tag{5.36}$$

则有

$$\begin{aligned}\frac{t_2-t_{w1}}{t_1-t_{w2}}&=\frac{(t_1-t_{w1})-(t_1-t_2)}{(t_1-t_{w1})-(t_{w2}-t_{w1})}=\frac{(t_1-t_{w1})-(t_1-t_2)}{(t_1-t_{w1})-\gamma(t_1-t_2)}\\&=\frac{1-(t_1-t_2)/(t_1-t_{w1})}{1-\gamma(t_1-t_2)/(t_1-t_{w1})}=\frac{1-\varepsilon_1}{1-\gamma\cdot\varepsilon_1}\end{aligned} \tag{5.37}$$

$$\varepsilon_1=\frac{1-\exp[-\beta(1-\gamma)]}{1-\gamma\exp[-\beta(1-\gamma)]} \tag{5.38}$$

从 ε_1 的表达式可知：当用一定结构型式的表冷器处理空气时，如果忽略空气密度的变化，则表冷器的热交换效率系数是迎风面风速 v_y、水流速 ω、和析湿系数 ξ 的函数，即

$$\varepsilon_1=f(v_y,\omega,\xi) \tag{5.39}$$

2) 表冷器的接触系数 ε_2。在图 5.19 中，对于微元面积 dF 上，空气的放热量等于表冷器的吸热量，即

$$-Gdi=\sigma(h-h_3)dF \tag{5.40}$$

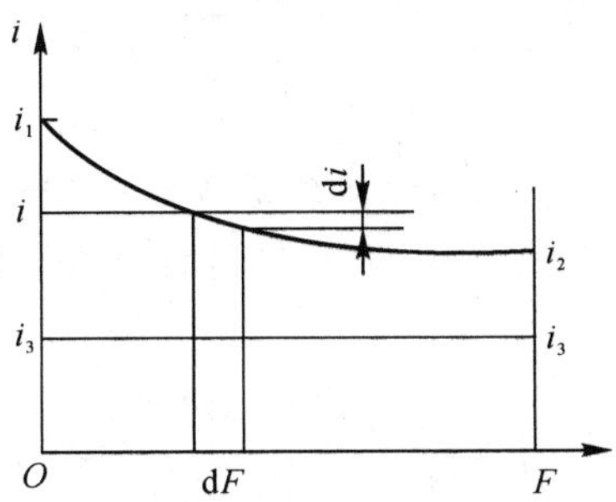

图 5.19　表冷器的 ε_2 推导示意图

把刘伊斯关系式 $\sigma=a_w/C_p$ 代入上式整理有

$$-Gdi=a_w/C_p(h-h_3)dF \tag{5.41}$$

分离变量

$$\frac{di}{h-h_3}=\frac{a_w}{GC_p} \tag{5.42}$$

在空气处理过程中，可以认为表冷器的表面温度是个常数，等于其平均值，即 h_3 是个常数，这样把上式从 0 到 F 积分

$$\int_1^2 \frac{\mathrm{d}i}{h-h_3} = \int_0^F \frac{a_w}{GC_p}\mathrm{d}F \tag{5.43}$$

有

$$\ln\frac{h_2-h_3}{h_1-h_3} = -\frac{a_w F}{GC_p} \tag{5.44}$$

即

$$\frac{h_2-h_3}{h_1-h_3} = \exp\left(-\frac{a_w F}{GC_p}\right) \tag{5.45}$$

由表冷器接触系数 ε_2 的定义式

$$\varepsilon_2 = \frac{t_1-t_2}{t_1-t_3} \tag{5.46}$$

知，式(5.46) 由平行割线定理也可表示为

$$\varepsilon_2 = \frac{h_1-h_2}{h_1-h_3} = 1-\frac{h_2-h_3}{h_1-h_3} \tag{5.47}$$

把式(5.45) 代入式(5.47) 有

$$\varepsilon_2 = 1-\exp\left(-\frac{a_w F}{GC_p}\right) \tag{5.48}$$

再把空气量 $G = F_y v_y \rho$ 代入上式，表冷器接触系数 ε_2 可进一步表示为

$$\varepsilon_2 = 1-\exp\left(-\frac{a_w F}{F_y v_y \rho C_p}\right) \tag{5.49}$$

通常将每排肋片外表面积与迎风面积的比值 α 称为肋通系数，即

$$\alpha = \frac{F}{NF_y} \tag{5.50}$$

式中　N—— 肋片管的排数；

F_y—— 表冷器的迎风面积。

将 α 的定义式代入表冷器的接触系数 ε_2 表达式有

$$\varepsilon_2 = 1-\exp\left(-\frac{a_w \alpha N}{v_y \rho C_p}\right) \tag{5.51}$$

对于一定结构的表冷器，α 为定值，对流换热系数 a_W 是与迎风面风速有关的量，即 $a_W = f(v_y)$。因此如果把空气的密度也看作定值，则可知道表冷器接触系数 ε_2 主要与迎风面风速 v_y 和肋片管排数 N 有关，即

$$\varepsilon_2 = f(v_y, N) \tag{5.52}$$

从表冷器接触系数 ε_2 的计算式可知：

1) 表冷器接触系数随着迎风面风速的增大而减小。这是因为当迎风面风速 v_y 增加时，由于空气与管壁的接触时间减小，使 ε_2 下降。要提高表冷器接触系数 ε_2，应当减小迎风面风速，但是迎风面风速太小会使传热系数下降，表冷器的尺寸增加，初投资增大，因此迎风面风速一般取 $v_y = 2 \sim 3\text{m/s}$ 为宜；

2) 表冷器接触系数随着肋片管排数的增加而增大。这是因为肋片管排数 N 增加时，空气与表冷器的接触面积和接触时间增加，所以表冷器接触系数 ε_2 增大。但是肋片管排数 N 过多会使空气的阻力增大，而且肋片管排数 N 过多，还会因为后面几排冷水与空气间的温差过小使设备得不到充分的利用，因此实际工程中一般取 $N = 4 \sim 8$ 排。

(2) 表冷器的热工计算。表冷器的热工计算分为设计性计算和校核性计算。设计性计算是选择某种表冷器来满足已知初终参数空气的处理要求，校核性计算是检查已有型号的表冷器，看其是否能将已知初始状态的空气处理到所需要的终状态。各种计算的已知条件和求解内容见表 5.4。

表 5.4　表冷器的热工计算类型

计算类型	已知条件	求解内容
设计性计算	空气量 G 空气的初状态 t_1, h_1, t_{s1} 空气的终状态 t_2, h_2, t_{s2} 冷水量 ω 或水的初温 t_{w1}	表冷器的型号、台数 和管排数(冷却面积 F) 冷水初温 t_{w1}(或冷水量 W) 冷水终温 t_{w2}(冷量 Q)
校核性计算	空气量 G 空气的初状态 t_1, h_1, t_{s1} 表冷器的型号、台数 和管排数(冷却面积 F) 冷水初温 t_{w1}、冷水量 W	空气的终参数 t_2, h_2, t_{s2} 冷水终温 t_{w2}(冷量 Q)

(3) 表冷器热工计算的主要原则。表冷器热工计算的主要目的是要使所选择的表冷器满足下列要求：

1) 表冷器能达到的热交换效率系数 ε_1 应当等于空气处理过程所需要的热交换效率系数 ε_1，即

$$\varepsilon_1 = \frac{1 - \exp[-\beta(1-\gamma)]}{1 - \gamma\exp[-\beta(1-\gamma)]} = \frac{t_1 - t_2}{t_1 - t_{w1}} \tag{5.53}$$

2) 表冷器能达到的接触系数 ε_2 应当等于空气处理过程需要的接触系数 ε_2，即

$$\varepsilon_2 = 1 - \exp[-(a_w F)/(GC_p)] = 1 - (t_2 - t_{s2})/(t_1 - t_{s1}) \tag{5.54}$$

3) 表冷器所吸收的热量应当等于空气放出的热量，即

$$Q = G(i_1 - i_2) = \omega C(t_{w2} - t_{w1}) \tag{5.55}$$

由上可知：表冷器的热工计算和喷水室有点相似，只是在具体做法上有些不同。

对于表冷器的设计性计算，一般是先由空气的初、终参数计算所需要的接触系数 ε_2；然后由 ε_2 确定表冷器的型号、台数、排数；由表冷器的结构计算表冷器热交换效率系数 ε_1；由 ε_1 的定义式即可确定出冷水初温 t_{w1}。

如果在设计计算中已知冷水初温 t_{w1}，则说明空气处理过程的热交换效率系数 ε_1 是一定的。热工计算的目的就是通过调整水流速度(变水量)或迎风面风速 v_y 和管排数 N(即改变传热系数和传热面积)等方法，使所选择的表冷器能够达到空气处理到所需要的热交换效率系数 ε_1。

对于校核性计算，在空气终参数未求出之前，因为空气处理的析湿系数 ξ 是未知的，为了求解空气终参数和冷水终温，需要增加辅助方程，使求解过程很烦琐。因此实际工程中多采用试算法或图解法计算。

(4) 安全系数。表冷器在长时间使用后，由于外表面积灰，内表面结垢等因素的影响，传热系数会有所下降。为了保证在这种情况下，表冷器的出力仍然能够满足要求，在选择表冷器时，要考虑一定的安全系数。常用的方法是：① 增大表冷器的传热面积；② 降低一些水初温。

相比之下，增大表冷器的传热面积的方法，因为受到产品规格的限制，往往不容易做到使安全系数正好合适，有时还会给选择计算带来不少麻烦，所以采用降低一些水初温的办法来考虑安全系数要简便些。

(5) 表冷器热工计算应用举例。

例 5.2　已知被处理的空气量 $G = 30\ 000\text{kg/h}(8.33\text{kg/s})$，空气初状态 $t_1 = 25.6℃$，$h_1 = 50.9\text{kJ/kg}$，$t_{s1} = 18℃$，$\varphi_1 = 47\%$，空气终状态 $t_2 = 11℃$，$h_2 = 30.7\text{kJ/kg}$，$t_{s2} = 10.6℃$，$\varphi_2 = 95\%$，设当地大气压力 $B = 101\ 325\text{Pa}$。如图 5.20 所示，试选择 JW 型表冷器，并确定所需的水温和水量。

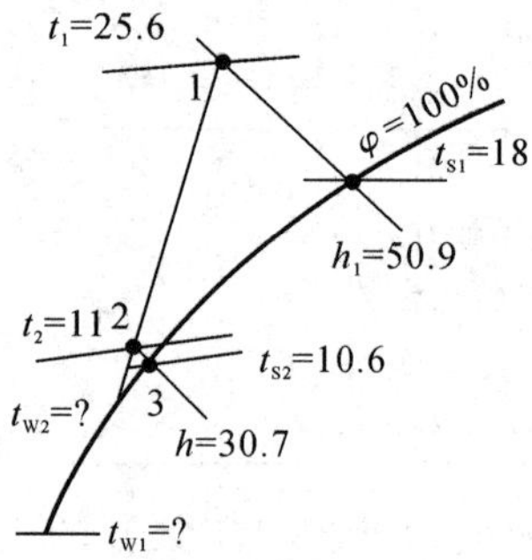

图 5.20　例 5.2 图

解：(1) 计算所需要的接触系数，确定表冷器的排数，如图 5.20 所示，根据

$$\varepsilon_2 = 1 - (t_2 - t_{s2})/t_1 - t_{s1})$$

可得

$$\varepsilon_2 = 1 - (11 - 10.6)/(25.6 - 18) = 0.947$$

从附录 3.6 可知，在常用的 v_y 范围内，8 排 JW 型表冷器能满足 $\varepsilon_2 = 0.947$ 的要求，因此可选用 8 排。

(2) 确定表冷器的型号。先假定一个迎风面风速 v'_y，计算出所需的迎风面积 F'_y，再根据 F'_y 选择合适的表冷器型号和需要并联的台数，然后计算出实际的 v_y 值。

假定 $v'_y = 2.5\text{m/s}$，根据

$$F'_y = G/(v'_y\rho)$$

可得

$$F'_y = [8.33/(2.5 \times 1.2)]\text{m}^2 = 2.8\quad \text{m}^2$$

根据 $F'_y = 2.8\text{m}^2$，查附录 3.7 可选用 JW30-4 型表冷器一台，$F_y = 2.57\text{m}^2$，因此实际的迎风面风速为

$$v_y = G/(F_y\rho) = [8.33/(2.57 \times 1.2)]\text{m/s} = 2.7\quad \text{m/s}$$

再查附录 3.6 可知，$v_y = 2.7\text{m/s}$ 时，8 排 JW 型表冷器实际的 $\varepsilon_2 = 0.95$，与所需要的 $\varepsilon_2 = 0.947$ 差别不大，因此可继续计算。如果两者差别较大，则应当改选其他型号的表冷器，或者在设计允许的范围内调整空气的一个终参数，变成已知冷却面积和一个空气终参数求解另一个空气终参数的问题。

由附录 3.7 还可知，所选表冷器的每排传热面积 $F_d = 33.4\text{m}^2$，通水截面积 $f_w = 0.005\ 53\text{m}^2$。

(3) 求析湿系数。

根据

$$\xi = (h_1 - h_2)/C_p(t_1 - t_2)$$

可得

$$\xi = (50.9 - 30.7)/1.01 \times (25.6 - 11) = 1.38$$

4) 计算传热系数。

由于题中没有给出水初温或水量，缺少一个已知条件，需要采用假设水流速的方法补充一个已知数。取水流速 $\omega = 1.2\text{m/s}$，根据附录3.3中给出的传热系数实验公式有

$$K_S = (1/35.5v_y^{0.58}\xi^{1.0} + 1/353.6\omega^{0.8})^{-1}\ \text{W/(m}^2\cdot\text{℃)}$$
$$= (1/35.5 \times 2.7^{0.58} \times 1.38 + 1/353.6 \times 1.2^{0.8})^{-1}\ \text{W/(m}^2\cdot\text{℃)} = 71\quad \text{W/(m}^2\cdot\text{℃)}$$

(5) 求冷水量。根据

$$W = f_w\omega 10^3$$

有

$$W = (0.0053 \times 1.2 \times 10^3)\text{g/s} = 6.64\quad \text{g/s}$$

(6) 求表冷器所能达到的 ε_1。先求传热单元数和水当量比

根据

$$\beta = K_sF/(\xi GC_p)$$

有

$$\beta = (71.8 \times 33.4 \times 8)/(1.38 \times 8.33 \times 1.01 \times 10^3) = 1.64$$

根据

$$\gamma = \xi GC_p/(WC)$$

有

$$\gamma = 1.38 \times 8.33 \times 1.01 \times 10^3/(6.64 \times 4.19 \times 10^3) = 0.42$$

根据所计算的 β 和 γ 值查附录3.5或用式(5.38)计算可得表冷器所能达到的 $\varepsilon_1 = 0.74$。

(7) 求水温。由公式

$$t_{w1} = t_1 - (t_1 - t_2)/\varepsilon_1$$

可得所需的冷水初温为

$$t_{w1} = [25.6 - (25.6 - 11)/0.74]\text{℃} = 5.9\text{℃}$$

冷水终温为

$$t_{w2} = t_{w1} + G(h_1 - h_2)/(WC) = [5.9 + 8.33 \times (50.9 - 30.7)/(6.64 \times 4.19)]\text{℃} = 11.9\text{℃}$$

5.3.4 表面换热器的安装及注意事项

1. 空气加热器的安装

空气加热器应安装在集中式空调系统的空气处理机内，也可安装在进入空调房间前的送风风管内，作为局部补充加热用，以调节房间的温度。

空气加热器可以垂直安装或水平安装，以蒸汽为热媒的空气加热器水平安装时，应具有不小于0.01的倾斜度，以便顺利排除凝结水。

空气加热器的组合方式是沿空气流动方向，通过被处理空气量多时应采用并联；被加热空气温升大时采用串联。实际应用中常采用串、并联结合的方式，一般根据空气加热量的大小来决定。

在空气处理机内的空气加热器，应配置旁通风阀(门)，以便对加热空气量和空气被加热的温度进行有效的调节和控制；这样做也有利于降低非供暖季节里空气侧的压力损失。

空气加热器与热媒管路的连接，热媒为热水时，热水管路与加热器可并联，也可串联(见图5.21)。管路串联可以增加水流速度，有利于水力工况稳定性和提高加热器的传热系数，但水侧的阻力有所增加。另外，空气加热器的供回水管路上应安装调节阀和温度计，加热器的最高点设放空气阀，最低点设泄水、排污阀。

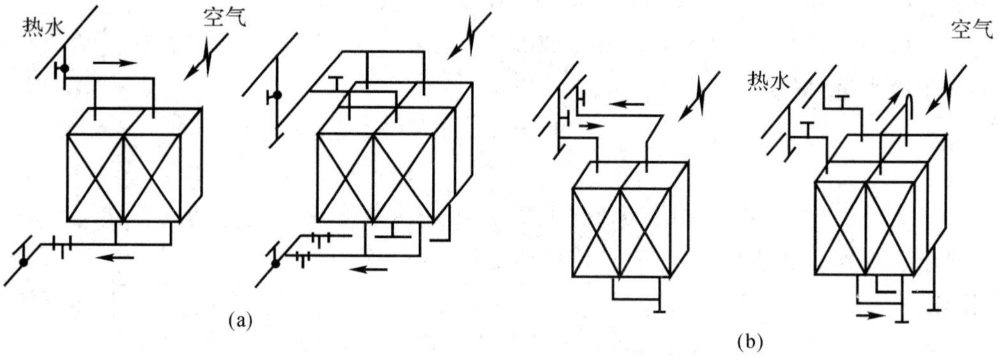

图 5.21　热水管路与空气加热器连接

热媒为蒸汽时，蒸汽管路与加热器只能用并联，因为蒸汽加热器主要利用蒸汽的汽化潜热来加热空气，而热水加热器则利用热水温度降低时放出的显热。蒸汽管路与空气加热器的连接如图 5.22 所示。在配管时应注意以下事项：空气加热器的入口管道上，应安装压力表和调节阀，在凝结水管路上应安装疏水器，它的前后须安装截止阀，并设旁通管路。疏水器前应安装过滤器或冲洗管，疏水器后应设检查管。若检查管排出的不是凝结水而是蒸汽，说明该疏水器已失灵，需要更换。

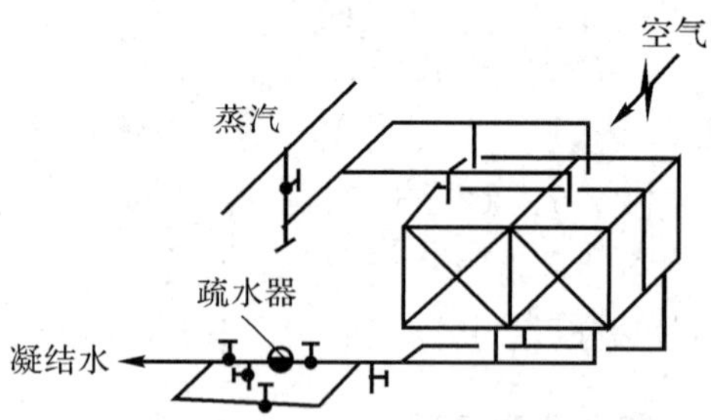

图 5.22　蒸汽管路与空气加热器连接

管道与加热器应分别支承，不应将管道的荷载作用于加热器上；加热器的供汽支管，应从蒸汽干管的上部接出，以避免干管中的沿途凝结水随蒸汽流入加热器；在供汽干管的末端应有疏水装置；空气加热器的进出口接头，应采用法兰接口；加热器的出口，应配置集水管(沉污袋)，它至疏水器的接管应从集水管中部引出。空气加热器出口与疏水器的安装高度差不应小于 300mm。数台空气加热器并联安装时，宜各台分别装置疏水器。

空气加热器的热媒流向，应与空气流向相平行，即让热媒的进口处于进风侧，热媒的出口处于出风侧。

冬季热水温度取 65℃ 以下为宜，以免因管内壁积水垢而影响换热器的出力。

2. 空气冷却器的安装

空气冷却器的安装位置根据其用途而定。对于集中式全空气空调系统，空气冷却器应装在空气处理机内，对于半集中式（空气-水）空调系统，空气冷却器应装在风机盘管机组或柜式空调机组内。

（1）空气冷却器可以垂直安装，也可以水平安装或倾斜安装。要使空气冷却器的翅（肋）片处于垂直位置，使冷凝水顺翅（肋）片流下，以免冷凝水积存而增加空气阻力。由于空气冷却器工作时，表面上有冷凝水产生，所以在它们的下部应装滴水盘和排水管（包括存水弯）。对于迎风断面积较大的空气冷却器应在垂直方向分层设置滴水盘，滴水盘并应有一定的深度，以防迎面风速过大时将水盘内冷凝水带走，参见图 5.23。

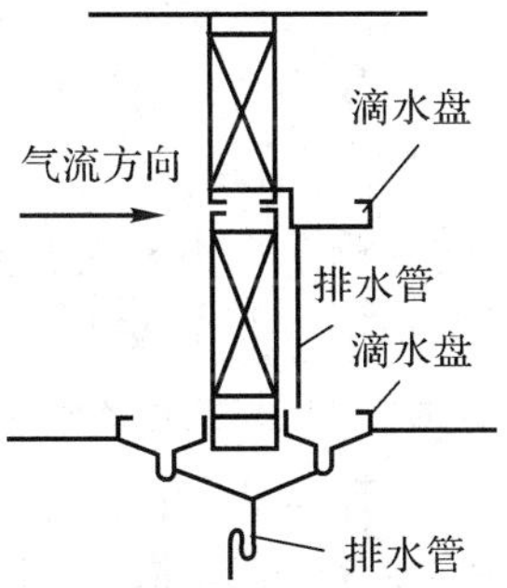

图 5.23　滴水盘和排水管的安装

（2）空气冷却器可以单台或多台组合使用，以满足冷量的要求。对于空气流动方向来说，空气冷却器（或空气换热器）可以并联，也可以串联或者既有并联又有串联。至于采用何种组合方式，应按通过空气量的多少和需要冷量（热量）的大小来决定。一般是通过空气量多时采用并联，需要空气温降（或温升）大时采用串联。

（3）空气冷却器（或空气换热器）与冷媒（或热媒）管路的连接也有并联与串联之分。通常的做法是，相对于空气来说并联的空气冷却器（或空气换热器），其冷媒（或热媒）管路也应并联，串联的空气冷却器（或空气换热器），其冷媒（或热媒）管路也应串联，如图 5.24 所示。

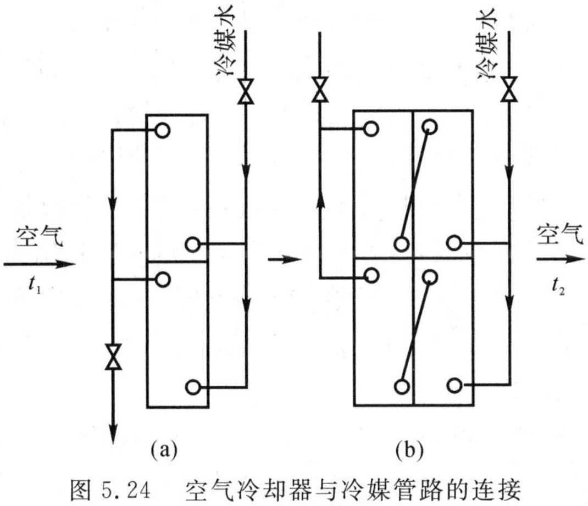

图 5.24　空气冷却器与冷媒管路的连接

(a) 相对于空气流向，2 台并联；(b) 相对于空气流向，2 台并联，2 排串联

（4）为了使冷媒（或热媒）与被处理空气之间有较大的传热温差，最好让空气与冷媒（或热

媒）之间按逆交叉流型流动，即进水管路与空气出口应位于同一侧(参见图 5.24)。

(5) 空气冷却器(或空气换热器) 的冷(热) 媒管路上应设阀门、压力表和温度计，以方便使用与维修。为保证其正常工作，在最高点应设排气阀，而在最低点应设泄水和排污阀门。

5.3.5 表面换热器的阻力计算

1. 空气加热器的阻力

加热器的阻力分空气侧的阻力和水侧的阻力。空气侧的阻力为

$$\Delta H = B\,(\rho v)^{p} \tag{5.56}$$

式中 B, p—— 实验系数和指数。

加热器热水一侧的阻力可用下式计算：

$$\Delta h = C\,(\omega)^{q} \tag{5.57}$$

式中 C, q—— 实验系数和指数。

当热媒为蒸汽时，是依靠加热器前的剩余压力来克服蒸汽流经加热器的阻力，不必进行计算，但应当保证加热器前的剩余压力不小于 0.3 个表压。

计算得出的加热器空气侧阻力和水侧的阻力应分别考虑安全系数。

2. 表面冷却器的阻力

空气和水通过表面冷却器时的阻力计算方法和空气加热器的阻力计算方法基本相同。

5.4 空气的净化处理设备

5.4.1 空气净化的目的及术语

对于送入空调房间的空气，除了满足温度、湿度和气流速度外，还要满足空气净化的要求，即除去空气中的尘埃、烟雾和微生物等悬浮污染物，消除各种气(异) 味，最好能有足够的负离子含量等。空调系统所处理的空气，通常是由室外新风和回风组成的。空气中的悬浮污染物来自新风和回风两个方面。新风被室外环境中存在的各种污染源所污染。大气中的悬浮污染物有尘埃、烟气、烟尘、雾和花粉等。回风会被室内人的活动、生产工艺和工作过程所污染。

空气净化的目的，就是要除掉上述两个方面的污染。对舒适性空调，就是使人们有一个清新、舒适的工作和生活空间。随着现代科学实验和工业生产技术的飞速发展，对空气的洁净度提出了严格的要求，以保证科研、生产过程的顺利进行，获得产品质量的高精度、高纯度及高成品率。这类工艺性空调称为净化空调，这种空调房间，已经远远超出人体卫生角度对空气净化的要求，因而称为工业洁净室。现代生物医学工程的发展.对空气中细菌数量的控制，也提出了同样严格的要求，以保证手术医疗和药品、制剂及食品的生产不受感染和污染。维护人体的健康，这类洁净房间称为生物洁净室。

一般的民用建筑或工业建筑的室内空气允许含尘的浓度用质量浓度来表示，即单位体积空气中所含尘埃的质量(以 mg/m^3 计)。洁净室的净化标准，都用计数浓度表示，即每升空气中的大于某一粒径的尘埃总数。

5.4.2　室内空气净化标准

根据空调房间内生产和人们工作生活对洁净度的要求不同，空气净化可分为3种标准。

(1) 一般净化。对于夏季以降温为主要目的的一般空调系统，通常无确定的控制指标，只需采用初效过滤器一次滤尘即可。

(2) 中等净化。通常对空气中悬浮微粒的质量浓度有一定要求。例如，对旅馆建筑的客房、餐厅、宴会厅、多功能厅和康乐设施等，其空气含尘浓度 $\leqslant 0.15mg/m^3$。一般采用两级过滤，在初效过滤器的下游安装中效过滤器。

(3) 超净净化。净化标准按计数浓度来划分，有4个级别(见表5.5)。通常采用三级过滤，即初效、中效、高效过滤器串联。采用何种净化等级由工艺确定。

表5.5　空气洁净度等级

等级	每立方米(或升)空气中粒径 $\geqslant 0.5\mu m$ 尘粒数	每立方米(或升)空气中粒径 $\geqslant 5\mu m$ 尘粒数
100级	$\leqslant 35\times 100(3.5)$	
1 000级	$\leqslant 35\times 1\,000(35)$	$\leqslant 250(0.25)$
10 000级	$\leqslant 35\times 10\,000(350)$	$\leqslant 2\,500(2.5)$
100 000级	$\leqslant 35\times 100\,000(3\,500)$	$\leqslant 25\,000(25)$

尽管我国现行设计标准，对各类公共建筑的空气含尘浓度尚没有明确规定，随着国民经济的发展和人民生活水平的提高，将来一定会有相关的标准出台的。工程实践表明，当室内发尘量较大而又需要应用大量回风时，宜采用初效和中效两级过滤净化处理。大型商业建筑的营业场所空调系统，宜采用初效、中效两级过滤器，以保证室内空气品质。

5.4.3　空气的净化系统

目前随着半导体工业和生物化学、医药、食品界的不断发展，其生产过程对于室内环境的要求已经不同于普通民用建筑，除了满足基本温、湿度参数外，还须将一定空间范围内的空气中的微尘粒子、有害空气、细菌等污染物排除，并将室内洁净度、室内压力、气流速度与气流分布、噪声震动及照明、静电等控制在某一需求范围内，因此其系统具有相应的特征。

以工业用洁净厂房为例，其内部环境主要由设备监视和控制系统的生产辅助系统来保证，这些生产辅助系统主要包括保持洁净厂房内空气温度和相对湿度的新风系统、调节洁净厂房内空气温度的制冷盘管、排风系统、风扇滤网组。厂房内部的空气循环系统如图5.25所示。

1. 新风系统

外界的空气不会直接进入洁净厂房，而必须先经过新风机组的处理。这种由外界经处理后进入洁净厂房的空气流就称为新风，处理新风的空调设备就称为新风机组。新风和新风量问题即使是在一般空调系统中也是一个不容忽视的问题，在洁净空调工程中，这一问题显得更为重要。具体地讲，在洁净空调工程中，新风机组的主要作用主要表现在：通过空调箱上的滤网对室外的大气作初步的过滤，确保洁净厂房内的卫生条件，使室内工作人员始终能呼吸到新鲜的空气；通过空调箱的作用控制送往洁净厂房的空气的温度和湿度；通过控制新风机组的送风量来保持洁净厂房内所需的正压值，以防止洁净厂房周围的外部空气通过门窗缝隙渗入，从而确保室内空气的必要洁净度。

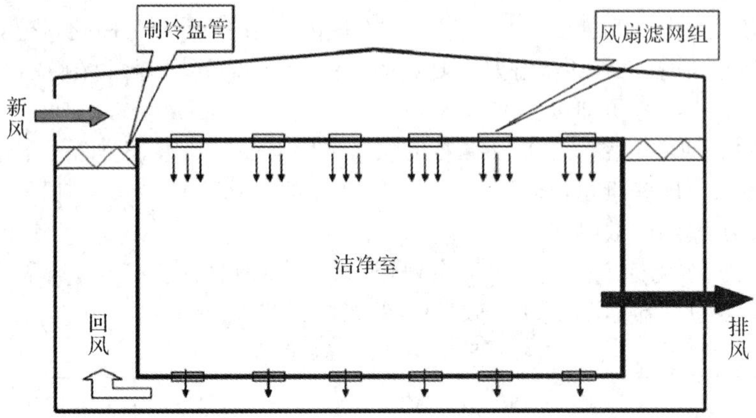

图 5.25　洁净厂房内空气循环示意

2. 制冷盘管

洁净室内的温度是重要的受控指标，新风机组的送风温度、洁净厂房内生产设备的散热量以及工作人员的数量都会对温度产生影响。在实际应用中，新风机组的送风温度基本选择在 18 ～ 21℃ 范围内的某一设定值，这样在后两个因素的作用下，室内温度就会有升高的趋势，因而可以安装制冷盘管来控制洁净厂房内的温度。风扇滤网组产生的自上而下的垂直空气流会从洁净厂房的高架地板下流至回风墙，空气流向使这部分气流上升至厂房顶部，与新风混合后再由风扇滤网组送入洁净厂房。制冷盘管安装在回风路径的顶部可起到最佳的温度控制效果。每个制冷盘管根据其制冷能力负责控制洁净厂房内某一区域的温度。

3. 风扇滤网组

洁净厂房应从其洁净等级出发来规划气流的组织形式。以 1 000 级为例，标准规定每立方米(每升)空气中粒径 $\geqslant 0.5\mu m$ 的尘粒数应 $\leqslant 35 \times 1\,000$ 个。为达到这一要求，由新风空调送往洁净厂房的空气在与循环空气混合后必须经过风扇滤网组的过滤。风扇滤网组主要由高效滤网和变速风机组成。风扇滤网组密集均匀地布置于洁净厂房的顶部，在变速风机工作时就可在洁净厂房内形成垂直均匀的气流。不同洁净等级对应不同的垂直层流的断面风速，通过设定风扇滤网组的转速可满足不同洁净等级的要求。

4. 排风系统

洁净厂房的排风系统主要有常规排风系统、过滤排风系统和紧急排风系统三种。

(1) 常规排风系统。为节省能源，洁净厂房内的空气是循环使用的。但为了保证洁净室内空气的新鲜度，洁净室设计规范要求洁净厂房必须保证一定数量的换气次数。针对不同的洁净度要求，规定的换气次数也不尽相同，例如：对于 100 000 级洁净室，规定采用的换气次数为 $>$ 15 次 /h，而对于 10 000 级室，规定采用的换气次数为 $>$ 25 次 /h。常规排风系统负责将洁净厂房内的部分空气排出室外，而室内空气则由新风补充。由于洁净厂房内部需保持相对室外环境的正压差，所以新风量和排风量应保持相对的平衡。

(2) 过滤排风系统。洁净厂房除了常规的通风以外，还必须考虑制造过程中产生的废气的排放问题。制造过程中产生的气体成分较复杂，但大多对环境有害，在将这些气体排入大气之前必须尽可能地分解其中的有害成分。针对这些气体的排风系统就是过滤排风系统。与常规的排风系统相比，过滤排风系统是在其基础上增加了过滤、洗涤环节。排出的气体按其化学特性可分为酸雾性气体、汞蒸汽和氨气，故过滤排风系统也分成酸性排风系统和溶剂型(碱性）排风系统。

(3) 紧急排风系统。紧急排风系统即事故排风系统，此装置保证当生产厂房内放散有大量的有害气体或有爆炸危险气体时能够及时迅速地将气体排出厂房，防止事故的进一步蔓延，保证设施内人员在紧急状况下的安全性。

5.4.4　空气净化的主要设备

空调系统中使用的空气过滤器主要是由玻璃纤维和合成纤维这些材料制成的滤布和滤纸。空气过滤器的过滤机理比较复杂，其主要机理如下：

(1) 惯性作用(撞击作用)。尘粒在惯性力作用下，来不及随气流绕弯而与滤料碰撞后被除掉。

(2) 拦截作用(接触阻留作用)。当尘粒粒径大于滤料的孔隙尺寸时破阻留下来(筛滤作用)；对于非常小的粒子(亚微米粒子) 惯性可以忽略，它随着流线线运动，当气流紧靠纤维表面时，尘粒与纤维表面接触而被截留下来。

(3) 扩散作用。尘粒($d_g < 1\mu m$) 随气体分子作布朗运动时，接触纤维表面而附在表面上。尘粒越小，过滤速度越低，扩散作用越明显。

(4) 静电作用。含尘气流经过某些纤维时，由于气流的摩擦、可能产生电荷，从而增加了吸附尘粒的能力。静电作用与纤维材料的物理性质有关。

在额定的风量下，过滤器前后空气含尘浓度之差与过滤器前空气含尘浓度之比的百分数，称为过滤效率。影响空气过滤器效率的因素主要包括以下几方面：

(1) 尘粒粒径。尘粒越大. 惯性作用越明显，过滤效率越高；尘粒越小，布朗运动产生的过滤效果越明显。

(2) 滤料纤维的粗细和密实性的影响。在同样密实条件下，纤维直径越小，接触面积越大，从而过滤效果越好。纤维越密实，过滤效率越高，但阻力越大。

(3) 过滤风速。风速越大时，惯性作用越大，但阻力也随之增大。风速过大时甚至可使附着的尘粒吹出。因此在高效滤器中为了充分利用扩散作用和减小阻力，都取极小滤速。

(4) 附尘影响。附着在纤维表面上的尘粒，可以提高滤料的过滤效率，但阻力也有所上升。阻力过大，既不经济又使空调系统风量降低，而且阻力过大，会使气流冲破滤料，因此过滤器需要经常清洗。

按照过滤器的过滤效率高低，可将空气过滤器分为初效过滤器、中效过滤器、高效过滤器。另外，常用的还有静电过滤器。

1. 初效过滤器

初效过滤器主要过滤粒径在 5.0μm 以上的大颗粒灰尘，用于空调系统的初级过滤。过滤材料可以是金属丝网、铁屑、瓷环、玻璃纤维(直径 20μm 左右)，以及粗、中孔聚氨酯泡沫塑料和各种人造纤维结构，形式可以是板式、折叠式、袋式和自动卷绕式，如图 5.26 所示。平板式过滤器结构简单，价格便宜，过滤面积小，容尘量小。袋式过滤器过滤面积大，容尘量大，强度高，使用无纺布滤料，不掉毛，可以清洗。自动卷绕式结构稍显复杂，占用空间大，更换滤料不太方便，在集中空调系统中一般不用。

目前国产的初效过滤器大多采用初效无纺布为滤料，制成板式、袋式居多。有关初效过滤器的规格和性能参见生产厂家的产品样本。在净化空调系统中，初效过滤器作为保护中效、高效过滤器的一种预过滤器来使用。

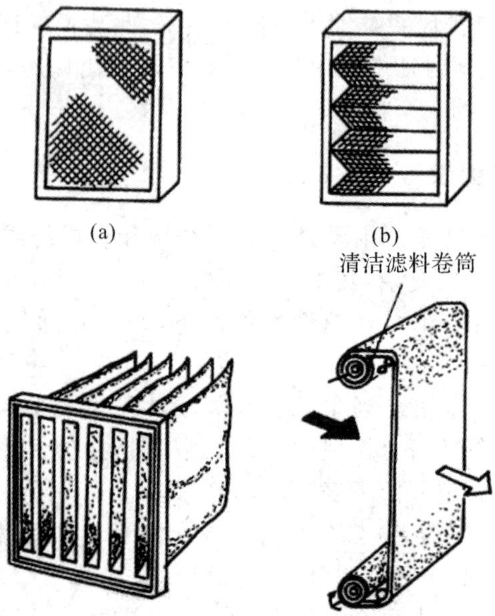

图 5.26 初效过滤器的结构型式

(a)板式；(b)折叠式；(c)袋式；(d)自动卷绕式

2. 中效过滤器

中效过滤器主要用来除去粒径在 1.0μm 以上的灰尘，用于空调系统的中级过滤，保护末级过滤器。它的滤料为玻璃纤维、细孔泡沫塑料、中效无纺布。玻璃纤维过滤器(见图 5.27)制成抽屉式的，沿空气流向竖向布置，便于清洗或更换。玻璃纤维过滤器可用于温度高达 80℃、湿度高达 80%的场合，它的优点是风量大、阻力小、结构牢固，特别适合于空调系统的中级过滤。细孔泡沫塑料过滤器(见图 5.28)制成袋式的，以增大过滤面积和便于更换滤料。

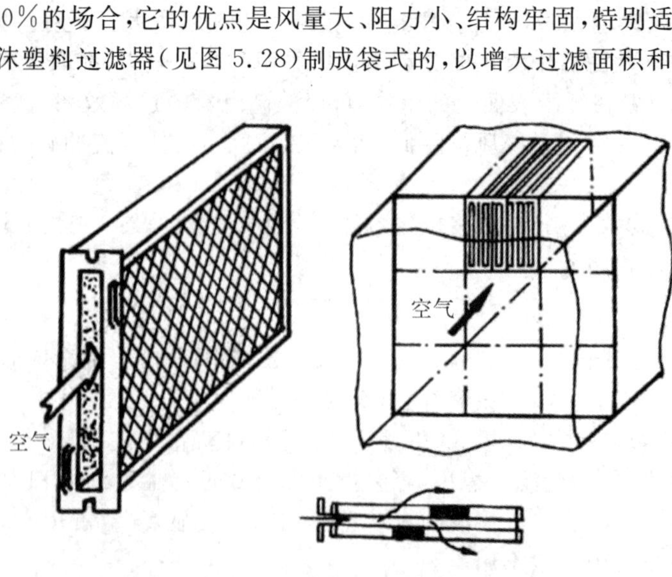

图 5.27 玻璃纤维过滤器

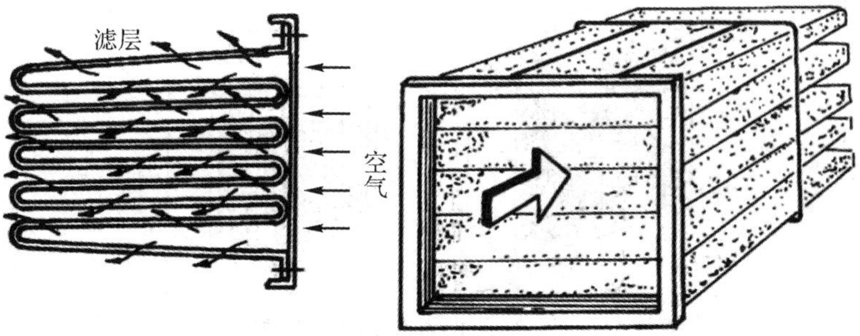

图 5.28　泡沫塑料过滤器

当前，国产的中效过滤器大多采用复合型无纺布作为滤料，有一次性使用和可清洗两种，其结构型式有折叠式、袋式和楔形组合式，如图 5.29 所示。中效过滤器在净化空调系统和局部净化设备中作为中间过滤器，以减少高效过滤器的负担，延长它的寿命。此外，有的厂家生产一种叫高中效过滤器的，以无纺布或丙纶滤布为滤料，制成如图 5.30 所示的结构型式，其阻力和过滤效率要高于中效过滤器。

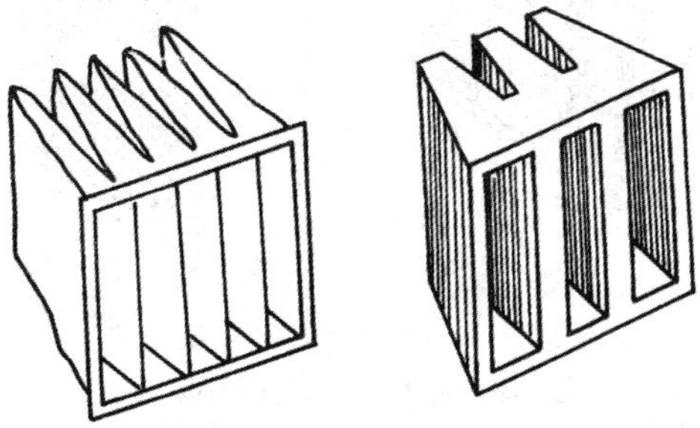

(a)　　(b)

图 5.29　无纺布中效过滤器的结构型式

(a)袋式；(b)楔形组合式

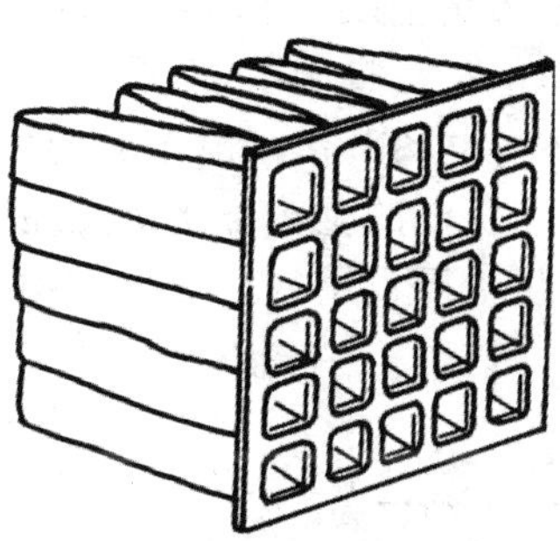

图 5.30　高中效过滤器的结构型式

3. 高效过滤器

高效过滤器主要用于过滤微小颗粒的灰尘，通常可分为亚高效、高效及超低透过率的过滤器。亚高效过滤器的过滤对象是粒径为 1～5μm 的尘埃，用于大于 10 万级的洁净室送风的末级过滤或高洁净度要求场合的中间级过滤器。其过滤材料可以是玻璃纤维(直径小于 1μm)、超细聚丙烯纤维等。为增大过滤面积，其结构型式有折叠式和管式两种，如图 5.31 所示。

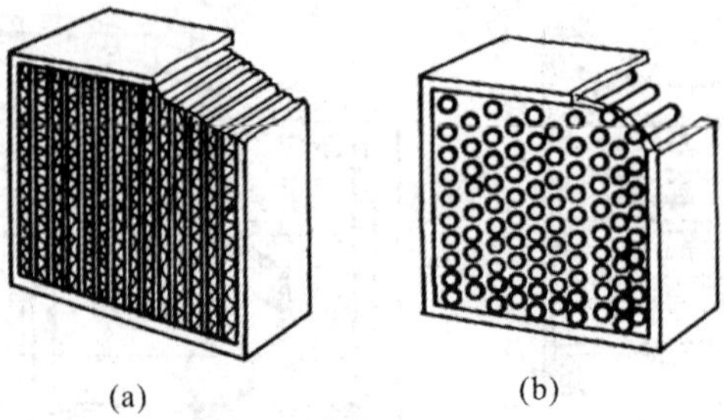

图 5.31 亚高效过滤器的结构型式
(a)折叠式;(b)管式

高效过滤器和超低透过率过滤器,是净化空调系统的终端过滤设备,采用超细玻璃纤维滤纸为滤料,边框有木质、镀锌钢板、不锈钢板、铝合金型材等材料制造。其结构型式有无分隔板折叠式和有分隔板折叠式两种(见图 5.32)。高效过滤器设在送风口之前,是一次性使用的。

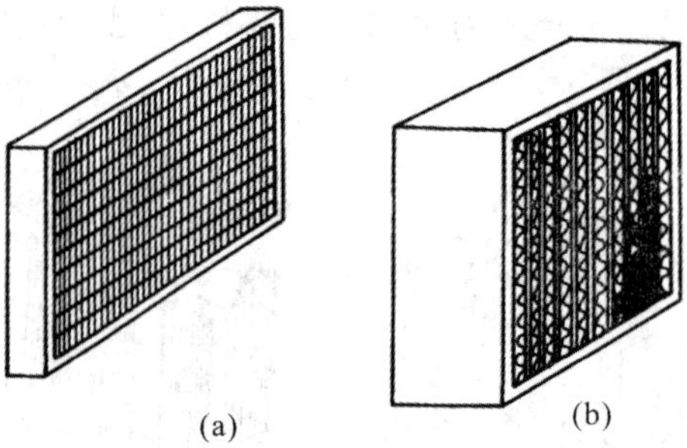

图 5.32 高效过滤器的结构型式
(a)无分隔板折叠式;(b)有分隔板折叠式

4. 静电过滤器

静电过滤器的滤尘机理是利用滤料纤维本身带电,通过荷电纤维的库仑力实现对灰尘的捕获。空调上用的静电过滤器通常为二段式结构,其工作原理和结构示意如图 5.33 所示。第一段为电离段,使尘粒荷电,第二段为集尘段。当含有尘粒的空气通过电离段时,在高压电场作用下,多数尘粒带正电,少数带负电。在集尘段,由平行金属板相间构成正负极板,在正极板上加有高电压,产生一个均匀的平行电场。带正电尘粒的气流进入平行电场后,被正极板排斥、被负极板吸引,尘粒被捕集,而带负电的尘粒与此相反,被正极板所捕集。沉积在极板上的尘粒需定期清洗掉,弄湿的极板需烘干后再用。

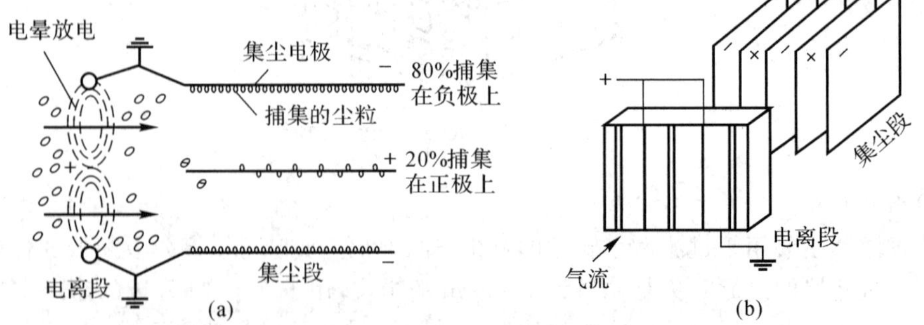

图 5.33 静电过滤器的工作原理及结构示意图
(a)集尘工作原理;(b)静电过滤器的工作原理及结构示意图

静电过滤器，可以过滤掉粒径在 10μm 以下的大部分灰尘，一般属于高中效或亚高效过滤器。由于静电过滤器积尘增加到一定程度会产生逆电离现象，而使沉积的灰尘重新返回气流中；或由某种原因静电过滤器断电而系统仍在运行时，也会使沉积的灰尘重新返回到气流中。因此，静电过滤器一般仅作为中间过滤器使用。

5.5　空气的其他热湿处理设备

5.5.1　电加热器

电加热器是让电流通过电阻丝或电热管发热而加热空气的设备。电加热器的主要优点是加热均匀，加热量稳定，设备结构紧凑并且加热量易于调节控制。但是电加热器消耗的是高品位的电能，能量消耗大，费用高。因此，电加热器一般用于小型空调系统，或用在对恒温精度要求高的大型空调系统的送风支管上，作为局部加热器或末级精加热器起微调节的作用。

电加热器按其结构形式可分为裸线式和管式两种。裸线式电加热器由裸露在空气中的电阻丝构成，通常做成抽屉式以便于维修，其构造如图 5.34 所示。这种电加热器具有热惰性小、加热迅速、结构简单的优点，但安全性极差。因此，必须有可靠的接地装置，并应与风机连锁。管式(状)电加热器是根据所需加热功率由管状电热元件组装而成。这种电热元件是将电阻丝装在特制的金属套管中，电阻丝与管壁之间填充导热性好的结晶氧化镁作为绝缘材料，其结构如图 5.35 所示。管式电加热器的主要优点是加热均匀、安全性好、加热量稳定，缺电是热惰性大。目前空调系统中常采用这种电加热器。

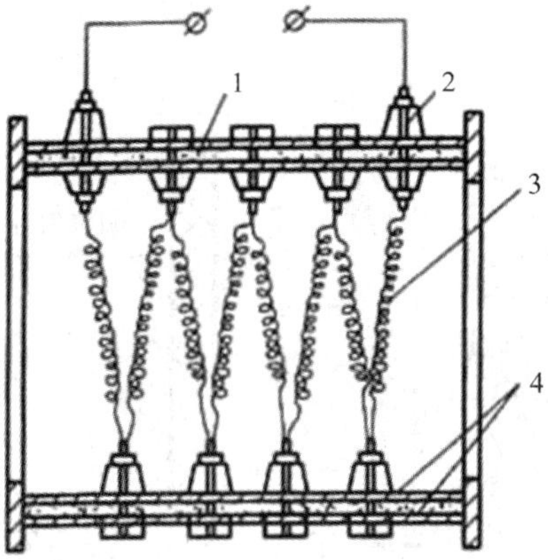

图 5.34　裸线式电加热器

1—隔热层；2—瓷绝缘子；3—电阻丝；4—钢板

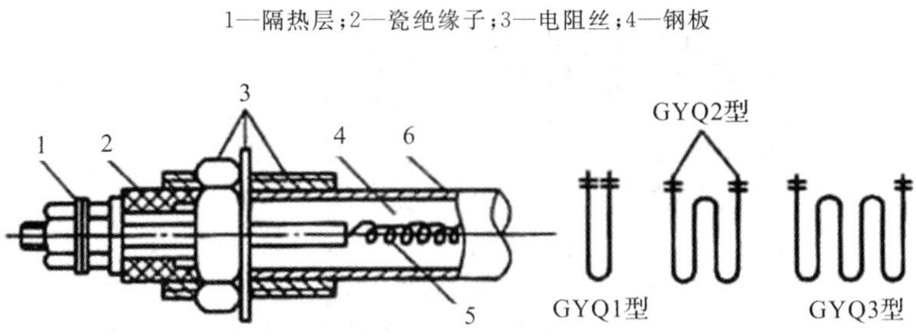

图 5.35　管式电加热器

1—接线端子；2—瓷绝缘子；3—紧固装置；4—绝缘材料；5—电阻丝；6—金属套管

5.5.2 常用的其他空气加湿处理设备

在空调工程中，有时要对空气进行加湿处理，以增加空气的含湿量和相对湿度，用来满足某些生产工艺过程(例如纺织车间、烟草车间及印刷车间等)的特殊要求。对某些恒温恒湿室冬季的空气处理过程中也少不了加湿空气这个环节。北方干燥地区高级民用建筑(例如高级宾馆饭店、医院、高级公寓和办公楼等)的空调系统，在冬季应有加湿措施。特别是采用风机盘管加新风的空调方式，需要对新风进行加湿。否则，室内相对湿度太低，容易产生静电，导致家具表面油漆出现裂缝；同时，室内空气太干燥也容易使人患上呼吸道疾病，引起极大的不适。

空气的加湿可以在空气处理机(或送风风管)内，对送入房间的空气进行集中加湿；也可在空调房间内部对空气进行局部补充加湿。

空气的加湿方法有很多种，除了喷水室加湿外，还有干蒸汽加湿器、电热式加湿器和电极式加湿器等等温加湿设备以及超声波加湿器、离心式加湿器、高压喷雾加湿器、湿膜加湿器和压缩空气喷雾加湿等等焓加湿设备两大类。

1. 等温加湿设备

(1)干蒸汽加湿器。干蒸汽加湿器是由干蒸汽喷管、分离室、干燥室和电动或气动调节阀等组成，其结构示意图如图 5.36 所示。为避免蒸汽喷管在喷出蒸汽中夹带凝结水滴而影响等温加湿效果，在喷管外设有外套。蒸汽先进入喷管外套，对喷管内的蒸汽进行加热，以保证喷出的蒸汽不夹带水滴。然后外套内的凝结水随蒸汽一起进入分离室。经过分离出凝结水后的蒸汽，由分离器顶部的调节阀孔减压后，再进入干燥室，残存在蒸汽中的水滴在干燥室内再汽化，最后由蒸汽喷管喷出的是干蒸汽。

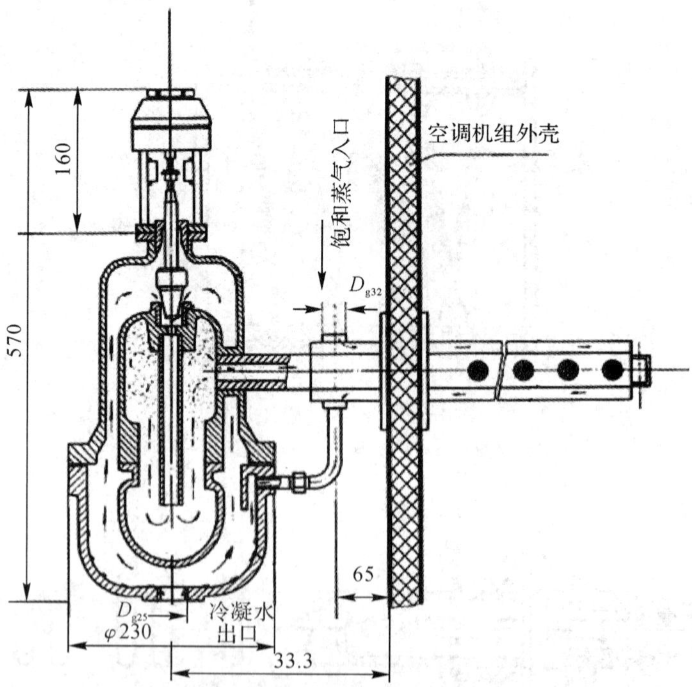

图 5.36 干蒸汽加湿器结构示意图

喷蒸汽加湿既可以在空气处理室内进行，也可以在风机压出段的送风风管内进行，但通常优先考虑的是前者。加湿器应与通风机连锁。干蒸汽加湿器的喷管组件一般水平安装在空气处理室内，二次加热器(再热器)与送风机之间，而自动调节阀及分离室、干燥室置于小室之外。这种先加热、后加湿的布置方式，可确保喷蒸汽加湿效果。因为待加湿的空气经过加热后温度升高，它所能容纳的水气量增大，遇到冷表面时不容易被凝结、析出。

当干蒸汽加湿器的喷管组件必须布置在风管内时，应设置于消声器之前，并处于风管断面的中心部位，这样做有助于降低喷蒸汽过程中产生的噪声。喷管出口与前面障碍物(如风管弯头、三通等)之间，应保持1 000～1 500mm的距离。喷管组件在风管内宜水平安装，必要时允许垂直安装。

接至加湿器的蒸汽管，宜采用镀锌钢管，且必须从供汽干管的顶部引出支管，支管的长度应尽可能短，以确保蒸汽的干度。当供汽压力大于0.2MPa时，供汽支管上应装减压阀，在阀的前后均须安装压力表。

凡供汽管、凝结水管和喷管组件均应进行保温处理。

干蒸汽加湿器的优点是加湿性能好、噪声较小，其缺点是结构和制造工艺复杂，有色金属耗量大，造价较高。当有可靠的蒸汽供应时，宜优先选用干蒸汽加湿器。

(2)电热式加湿器。电热式加湿器是将放置在水槽中的管状电加热元件通电后，使水加热沸腾产生蒸汽的加湿设备。管状电热元件有U形、蛇形或螺旋形，它是将电阻丝装在特制的金属套管内，其间填充导热性好、但不导电的绝缘材料如结晶氧化镁等。电热式加湿器分为开式与闭式两种。

如图5.37所示，开式电热加湿器是与大气直接相通的非密闭的容器，蒸汽压力与大气压力相同。由于水槽内带有一定体积的存水，从开始通电到产生蒸汽需要较长时间，所以热惰性较大，存在时间滞后的问题。由此可见，开式电热加湿器不宜用于湿度波动要求严格的空调系统。开式电热加湿器多属小容量，常与小型恒温恒湿空调器配套使用。

闭式电热加湿器如图5.38所示，装有管状电热元件的水箱不与大气直接相通，所产生的蒸汽压力经常高于大气压力。闭式电热加湿器内经常充满0.01～0.03MPa的低压蒸汽。需要加湿时，只要打开蒸汽管道上的调节阀即可。这样就减少了加湿器的热惰性和时间滞后，提高了湿度调节的精度。闭式电热加湿器通常适用于没有蒸汽源的湿度波动要求严格的空调系统。闭式电热加湿器目前尚无定型产品可供选用。工程应用时，须作上述设备设计和加工。闭式电热加湿器形状也有筒形和箱形之别。

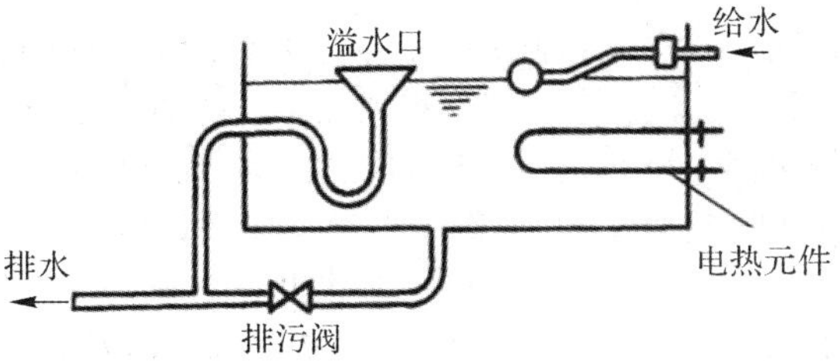

图5.37　开式电热加湿器

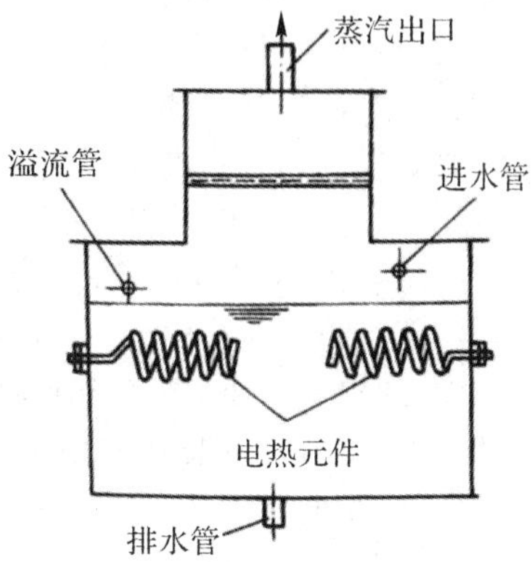

图5.38　闭式电热加湿器

图 5.39 所示为箱形闭式电热加湿器，由保温容器、密封顶盖、电热组件、闭式补水罐、高压安全保护装置等组成。确切地说，闭式电热加湿器实际上是一个小型电热蒸汽发生器，也称作“电热低压蒸汽锅炉”。作为完整的闭式电热加湿器，除了电热容器必须配备保持一定水位要求的电动补水和恒定较低蒸汽压力，及控制电热电源或容量的两套辅控设施之外，尚需配用一整套主控湿度设施即湿度敏感元件、湿度调节器、装在送汽管上的电动调节阀及保温的蒸汽喷头或喷管。

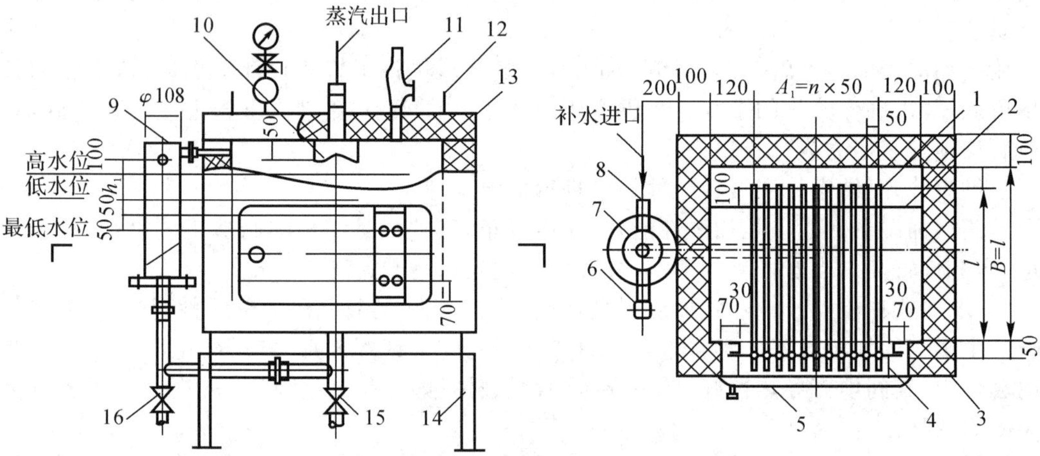

图 5.39　箱形闭式电热蒸汽发生器

1—管状电热元件；2—元件支撑；3—保温壳体；4—可装卸侧盖；5—检查门；6—水位计；7—闭式补水罐；8—补水接管；9—均压管；10—挡水锥盖；11—微启式安全阀；12—把手；13—保温密封顶盖；14—座架；15—排污闸阀；16—放水阀门

电热式加湿器主要设在集中空调系统的空气处理机（室）内，为减少加湿器的热量消耗和电能消耗，应对其外壳做好保温，其他方面的注意事项，与电极式加湿器基本相同。

（3）电极式加湿器。电极式加湿器如图 5.40 所示。用三根不锈钢棒（也可改用铜棒镀铬）作为电极，把它放在不易锈蚀的水容器中，以水当作电阻，金属容器接地。三相电源接通后，电流从水中通过，水被加热而产生蒸汽。蒸汽由排出管送到待加湿的空气中去。水容器内的水位越高，导电面积越大，则通过的电流越强，产生的蒸汽量就越多。因此，可以通过改变溢水管高低的办法来调节水位高低，从而调节最大加湿量。

当没有蒸汽源可以利用时，宜选用电极式加湿器。这种加湿器的主要优点是比较安全。容器中无水，电流也就不能通过，不必考虑防止断水空烧措施，同时加湿效率较高。缺点是耗电量大，加湿成本高。目前主要用于小型的恒温恒湿空调器中，也可将它设在集中空调系统的空气处理机（室）内，成为电加湿段。国产小型恒温恒湿空调器，通常配用电极式加湿器，其最大额定容量约为 5kW，10kW 和 20kW。上述小中大三种容量基本能满足加湿量相当于 6kg/h，12kg/h 和 24kg/h 的中、小规模的空调系统加湿需要。那些缺乏蒸汽源而工艺又有一定湿度要求的空调系统，应按最大加湿量所需的电功率，选用适当的定型电极式加湿器。

电极式加湿器在安装和使用中应注意下列问题：加湿器的供电电源上应装设电流表，以便调整水位和防止电流过载；加湿器宜设置专用的供水管，在该管上应装设电磁阀和手动调节阀，并在上述两阀之间增装一个 DN15 的冲洗用水龙头；加湿器底部应设置排污管（管上装置阀门），并定时（一般为每天 1 次）进行排污；加湿器必须使用软化水，有条件时宜使用蒸馏水；加湿器的电源采用 380V 三相四线，为安全起见，应有可靠的接地，并按产品样本要求进行安装操作；加湿器的电极和容器内壁应定期进行清洗（一般为 2～3 个月清洗 1 次），除去水垢和杂质，以保证喷出蒸汽的质量。

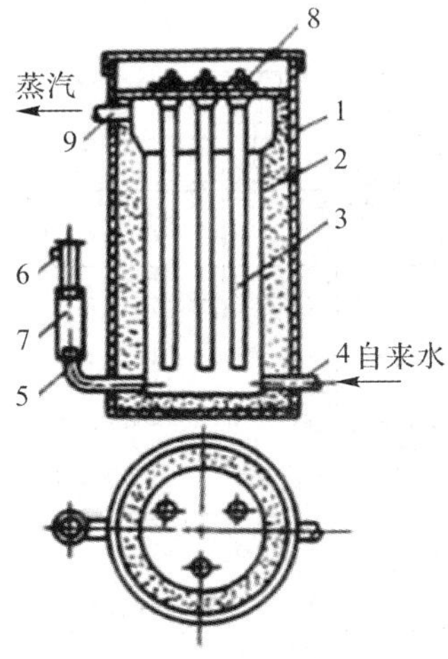

图 5.40　电极式加湿器结构示意

1—外壳；2—保温层；3—电极；4—进水管；5—溢水管；
6—溢水嘴；7—橡皮管；8—接线柱；9—蒸汽管

(4)红外线加湿器。红外线加湿器是使用红外线灯作热源，产生辐射热，其温度可达到 2 200℃左右，水表面受辐射热蒸发，产生水蒸气，直接对空气进行加湿。

红外线加湿器主要由红外灯管、反射器、水箱、水盘及水位自动控制阀等部件组成。它的优点是运行控制简单、动作灵敏、加湿迅速、产生的蒸汽中不夹带污染微粒。加湿器所用的水可不进行处理，能自动地定期清洗、排污。缺点是耗电量较大，价格较高。

红外线加湿器适用于对温、湿度控制要求严格，加湿量较小的中、小型空调系统及洁净空调系统。随着国外进口空调机组进入我国市场，有些空调机组自身带有红外线加湿器。其运行控制简单、动作灵敏、加湿迅速，产生的蒸汽无污染微粒，加湿用水可不做处理，能自动定期清洗、排水。但价格较高，耗电量较大。

国外生产的红外线加湿器单台加湿量为 2.2～21.5kg/h，额定功率为 2～20kW。根据空调系统的容量可单台安装也可多台组装。

2.等焓加湿设备

(1)离心式加湿器。

离心式加湿器是靠离心力作用将水雾化成细微水滴，在空气中蒸发进行加湿的。图 5.41 所示为离心式加湿器，它是由圆筒形外壳、旋转圆盘（带固定式破碎梳）、电动机、水泵管、储水器和供水系统组成的。封闭电机驱动旋转圆盘和水泵管高速旋转，水泵管抽吸储水器内的水并送至旋转圆盘上面形成水膜，在离心力作用下，水膜被甩向破碎梳并形成细微水滴。待加湿空气从圆盘下部进入，吸收雾化了的小水滴，由于水滴吸热蒸发而被加湿。供水通过浮球阀进入储水器，并维持一定的水位。

离心式加湿器具有节省电能、安装维修方便、体积小、使用寿命较长等优点，可用于较大型的空调系统。但由于水滴颗粒较大，不可能完全蒸发，总有少量水落下，因此放置加湿器的地方需要排水。加湿用的水最好用软化水或纯净水。

国产离心式加湿器有多种不同规格，单台加湿量为 2～5kg/h，电功率为 75～550W，单台安装或多台组装可满足不同空调系统加湿的要求。

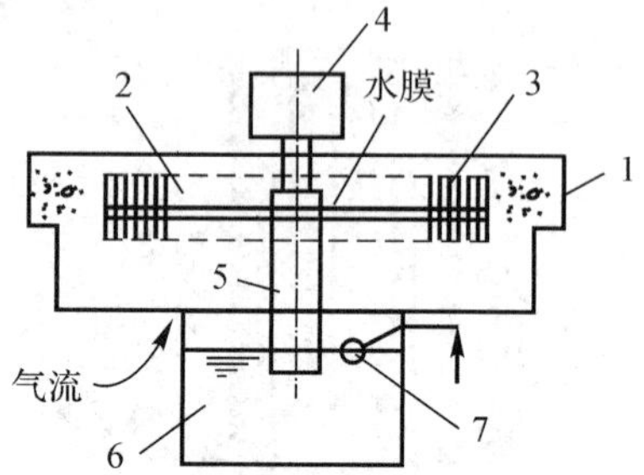

图 5.41　离心式加湿器

1—圆筒形外壳；2—旋转圆盘；3—固定式破碎梳；4—封闭电动机；5—水泵管；6—储水器；7—浮球阀

(2)超声波加湿器。超声波加湿器是利用压电换能片(雾化振子头或振动子)，将高频(1.7MHz)电能转化成超声波机械能，在水中产生 170 万次的超声波，造成剧烈的水滴撕裂作用，使水箱表面的水直接雾化成直径为 1～2μm 的细微水滴。这些水滴随气流扩散到周围空气中，吸收空气的显热蒸发成水蒸气，从而对空气进行加湿。在使水雾化的过程中也伴随产生负氧离子。每个压电换能片每小时可将 0.2～0.4kg 的水雾化，如图 5.42(a)所示。

超声波加湿器的优点是雾化效果好、水滴微细均匀、耗电较低、反应灵敏，整机结构紧凑、运行平稳安静、噪声低，即使在低温下也能对空气进行加湿。缺点是加湿器价格较高，振动子的寿命较短。该加湿器对供水水质要求很高，必须用洁净的软化水或去离子水。当采用普通的自来水时，必须除去水中的 Ca^{2+}，Mg^{2+} 等杂质，进行软化和净化处理。否则，雾化后的细微水滴的水分蒸发后，会形成白色粉末附着于周围环境表面。

超声波加湿器可安装在空调器、组合式空调机组内，也可以直接安装在送风风道内，其实物如图 5.42(b)所示。市场上提供的壁挂型、落地型超声波加湿器，是将加湿器、风机及电气控制设备组合成为一个整体，供冬季供暖房间加湿、调节相对湿度用；或者用于其他需要加湿的场合。但必须注意，在加湿过程中室温有较大幅度的下降，因而有较大的冷热抵消；同时，为防止“白粉”产生，一定要用纯净水。

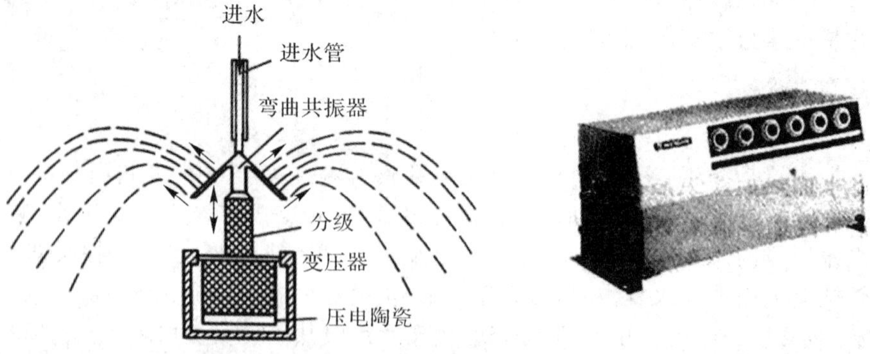

(a)　　(b)

图 5.42　超声波加湿器

(a)结构示意；(b)实物照片

(3)喷射加湿器。喷射加湿器也叫高压喷雾加湿器，是将经过高压泵加压的高压水从喷嘴小孔向空气中喷出，形成粒径细小的水雾，并与周围空气进行热湿交换而蒸发加湿。喷射加湿器的结构如图5.43所示。它是由主机和装有若干个（如3～8个）喷嘴的集管两部分组成。集管设在空气处理机（室）内部，主机安装在它的外侧。集管与主机之间用软铜管连接。

加湿器的主机是由加压泵、电机、电磁阀、压力表、开关或压力开关和进水滤网等部件组成。上述部件有全部放在机箱内的，也有不用机箱而组装在一起的。集管采用不锈钢管材，喷嘴采用耐用性持久的陶瓷材质，其耐磨强度大大高于不锈钢。所需喷嘴的个数由喷雾加湿量来决定。

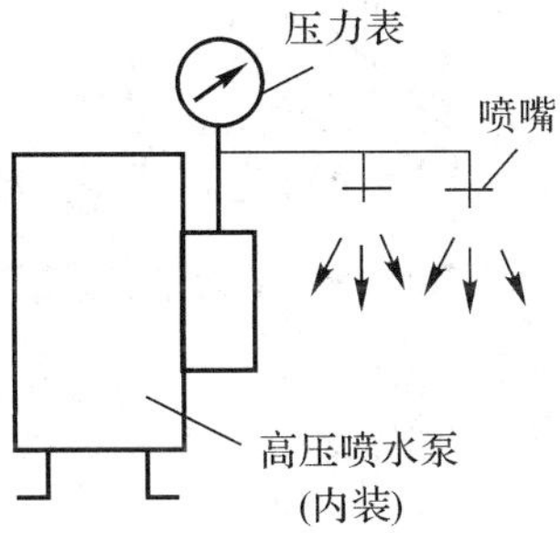

图5.43　喷射式加湿器

该加湿器在向主机供水时，加压泵启动后电磁阀打开；反之，电磁阀随之关闭。当停止供水时，装在主机上的压力开关使加压泵自动停止运转，以防止空转时损伤泵，起到保护作用。这种加湿器使用的水质应清洁、无异味，最好用软化水。

高压喷雾加湿器体积小、质量轻、耗电量少、加湿量大，给水压力一般为0.1～0.5MPa。在被处理空气温度较低时，喷出水雾蒸发困难，加湿效率相当低。因此，该加湿器一般安装在空气处理机（室）内的加湿段。当喷雾方向与气流方向相对（逆喷）时，需要安装挡水板，并要有排水措施。

目前，有一种新型超高压微雾加湿器。它采用高压陶瓷柱塞泵将净化处理过的水加压至7MPa，再通过高压水管传送到特殊结构的高压微雾喷嘴，每秒能产生50亿粒雾滴，雾滴直径为3～15μm。雾化lL水仅须消耗6W的功率，是离心式加湿器的1/10，可直接用于室内加湿。

（4）淋水层加湿器。淋水层加湿器是利用水蒸发吸热的原理，向某种加湿材料（简称湿帘，由吸水材料制成）上淋水，被处理空气通过湿帘时，水吸收空气的显热而蒸发成水汽并进入空气中。它既使空气加湿，又使空气降温，所以又称为湿帘淋水加湿降温器，其工作原理如图5.44所示，它是由蒸发湿帘模块、布水器组件、输水管、水泵、水箱、进水管和排水管等组成。图5.45为该蒸发加湿器的外形结构图。湿帘所用的材料，要有很强的吸水性、阻燃、耐腐蚀，能阻止或减少藻类在表面上滋生。目前国内有关研究单位已研制出一种做湿帘的材料，并用它开发了几种湿帘加湿器。

淋水式加湿器的供水方式有直接供水和循环供水两种，直接供水方式不设水泵，而要求供水管路能提供足够的流量和压头，并设定流量阀门，可使水流量保持相对稳定的水平，以便确保将水均匀分配到加湿模块上。没有蒸发掉的水流回到水箱，通过排水管直接放掉，不再循环使用。直接供水式加湿器的供水可通过电磁阀进行“开/关”控制。

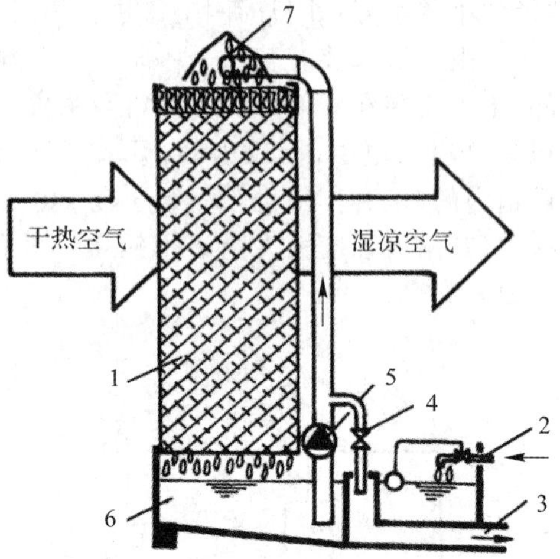

图 5.44 湿帘淋水蒸发加湿器原理

1—蒸发湿帘;2—进水管;3—排水管;4—排放阀;5 水泵;6—水箱;7—布水器

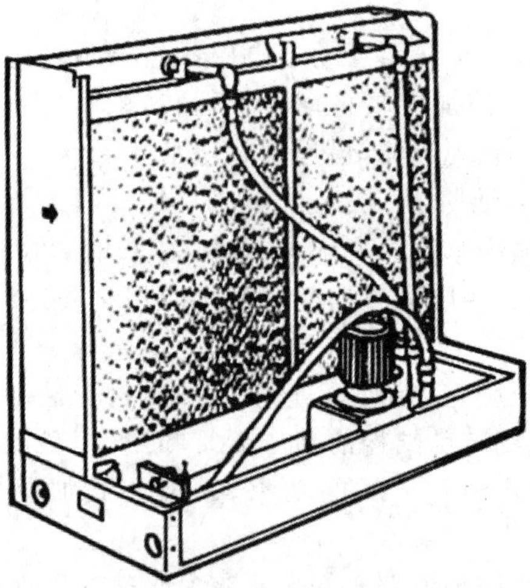

图 5.45 湿帘淋水蒸发加湿器外形结构

循环供水方式设水泵,进入循环水箱的自来水通过浮球阀控制水位。加湿器工作时,由水泵将水输送到分水器,经输水管至布水器,供给各个加湿模块。未能蒸发掉的水流回水箱循环使用。该供水系统设有定量排放控制阀和定量排放管,将一部分循环水放掉,同时增加新鲜水供应量,以平衡水中的离子浓度,并将它维持在恒定的较低水平。

湿帘淋水蒸发加湿器的主要优点是加湿效率较高、可实现洁净加湿,不需要水处理、维护简单、使用周期长,还可作为降温器使用,例如,可以对燃气轮机、风冷式冷凝器的进风进行降温。另外,也能用来吸收空气中的盐碱成分。

各种加湿器的性能特点见表 5.6 所示。

表 5.6　各种空气加湿器的性能特点

	蒸汽式加湿器					水喷雾式加湿器				气化式加湿器	
加湿器种类	干蒸汽加湿器	间接式蒸汽加湿器	电热式加湿器	电极式加湿器	红外线加湿器	超声波加湿器	离心式加湿器	汽水混合式加湿器	高压喷雾加湿器	湿膜加湿器	板面蒸发加湿器
空气状态变化过程	等温加湿	等温加湿	等温加湿	等温加湿	等温加湿	等焓加湿	等焓加湿	等焓加湿	等焓加湿	等焓加湿	等焓加湿
加湿能力 kg/h	100～300	10～200	容量大小可设定	4～20	2～20	1.2～20	2～5	0～400	6～250	容量大小可设定	容量小
耗电量 W/(kg·h)		0		780	0	20	50		890	耗电低	耗电低
优点	加湿迅速、均匀、稳定，不带水滴，不带细菌，节省电能，运行费低，布置方便	加湿迅速、均匀、稳定，不带水滴，不带细菌，节省电能，运行费低，控制性能好	加湿迅速、均匀、稳定，控制方便、灵活，不带水滴，不带细菌，装置简单，无需汽源，无噪声		加湿迅速，不带水滴，不带细菌，使用灵活，控制性能好，装置较简单	体积小，加湿强度大，加湿迅速，耗电量少，使用灵活，无需汽源，控制性能好，雾粒小而均匀，加湿效率高	节省电能，安装方便，使用寿命长	对水质无要求，雾粒细，加湿量可任意组合，主控箱与喷头可分离安装，尤其适合高湿冷库环境及纺织厂车间直接加湿	加湿量大，雾粒细，效率高，运行可靠，耗电量低	构造简单，运行可靠，具有一定的加湿速度，初投资和运行费用都低	加湿效果较好，运行可靠，费用低，板面垫层兼有过滤作用
缺点	必须有汽源并伴有输气管道，设备结构较复杂，使用寿命长	必须有汽源并伴有输气管道，加热盘管	耗电量大，运行费高，不使用软化水或蒸馏水时，内部易结垢，清洗较困难		耗电量大，运行费用高，适用寿命不长，价格高	可能带菌，单价较高，使用寿命短，加湿后尚须升温	水滴颗粒较大，不能完全蒸发，还需排水	需要气泵，耗气量大	可能带细菌，水未经有效过滤时，喷嘴易堵塞	易产生微生物污染，必须进行水处理	易产生微生物污染，必须进行水处理

5.5.3 常用的其他空气减湿处理设备

1. 冷冻除湿机

冷冻除湿机是用制冷机作为冷源、以直接蒸发式表冷器作为冷却设备的除湿装置。一般由压缩机、蒸发器(或称直接蒸发式表冷器)、风冷式冷凝器、膨胀阀(此处为毛细管)、空气过滤器、凝结水盘和凝结水箱及通风机等组成。冷冻除湿机的工作原理如图 5.46 所示,待除湿的潮湿空气,先经空气过滤器过滤除去尘埃,然后与直接蒸发式表冷器相接触,空气中的部分水蒸气被冷凝而析出,经冷凝水盘收集后流入冷凝水箱。空气被减湿的同时,空气温度也已降低,其相对湿度有所升高。这种干燥低温相对湿度较高的空气,继续通过风冷式冷凝器。在那里空气被加热温度升高,相对湿度降低(空气的含湿量不变)。通风机将这种空气送入要求除湿的房间内。如此不断地工作下去,室内空气中的水分被除去,而流入冷凝水箱内。

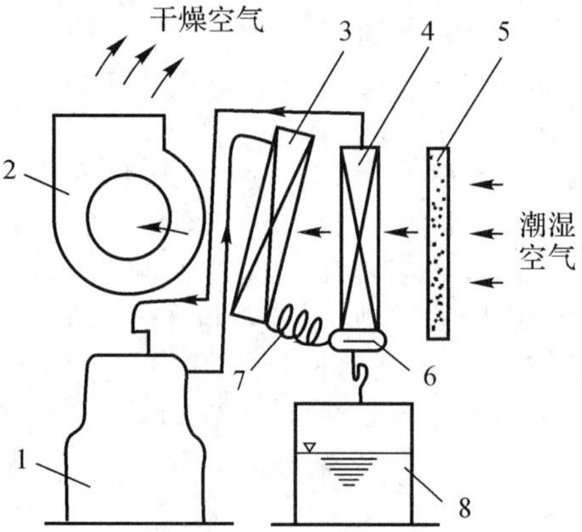

图 5.46 冷冻除湿机工作原理图

1—压缩机;2—离心式通风机;3—风冷式冷凝器;4—蒸发器;
5—空气过滤器;6—冷凝水盘;7—毛细管;8—冷凝水箱

制冷系统采用 R12 或 R22 为制冷剂。来自压缩机的高温高压氟利昂蒸气,进入风冷式冷凝器,将热量放给低温干燥的空气后,自身冷凝为高压氟利昂液体,经毛细管节流降压后,进入蒸发器(即直接蒸发式表冷器)内吸收周围空气的热量而蒸发,自身又变为低压低温的氟利昂蒸气,被压缩机吸走。在蒸发过程中,使蒸发器表面温度低于空气的露点温度,为空气的除湿创造条件。

图 5.47 为 KQF-6 型空气除湿机的结构原理图。经除湿机降湿后的是温度较高而含湿量低的干燥空气,其处理过程为升温除湿。这对于室内散湿量大而又有余热的房间,无异于"火上浇油",是不能使用的。对既需要除湿,又需要降温的场合,可以采用具有调温能力的冷冻除湿机。

调温冷冻除湿机具有升温除湿、降温除湿和调温除湿的功能。CT-20 型调温除湿机的结构原理如图 5.48 所示,它是由压缩机、水冷式冷凝器、风冷式冷凝器、储液器、膨胀阀、干燥过滤器、电磁阀、蒸发器和仪表等组成,采取立柜式结构。离心式风机由用户自行配备,风量为 5 500~7 000m^3/h。

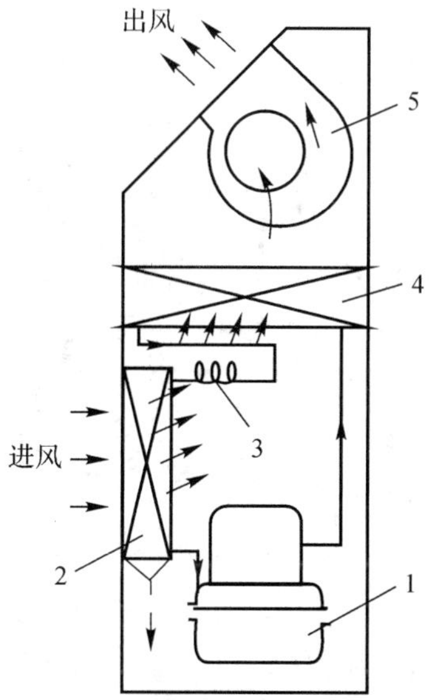

图 5.47　KQF—6 型空气除湿机的结构原理图

1—全封闭式压缩机；2—蒸发器；3—毛细管；4—风冷式冷凝器；5—通风机

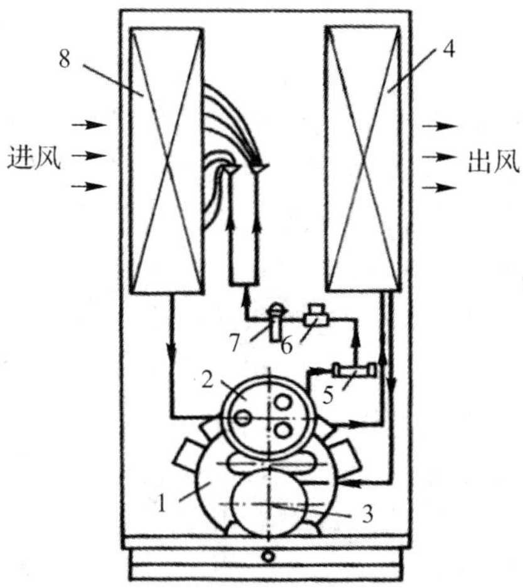

图 5.48　CT－20 型调温除湿机结构原理图

1—压缩机；2—水冷式冷凝器；3—贮液器；4—风冷式冷凝器；

5—干燥过滤器；6—电磁阀；7—热力式膨胀阀；8—蒸发器

图 5.49 所示为 CT－20 型调温除湿机的流程图。若按升温除湿过程运行时，水冷式冷凝器停用(即停止向冷凝器供给冷却水)，关闭直通截止阀 13，打开直通截止阀 6 和 7。若按降温除湿过程运行时，停用风冷式冷凝器，关闭直通截止阀 6 和 7，打开直通截止阀 13，让水冷式冷凝器投入工作。若按调温除湿过程运行时，则让高温高压的氟利昂蒸气，部分由水冷式冷凝器进行冷凝，部分由风冷式冷凝器进行冷凝。也就是说，进入风冷冷凝器的只是一部分氟利昂蒸气，所以它放给空气的只是一部分冷凝热，空气升温不大，借以达到调节除湿机出口的空气温度。

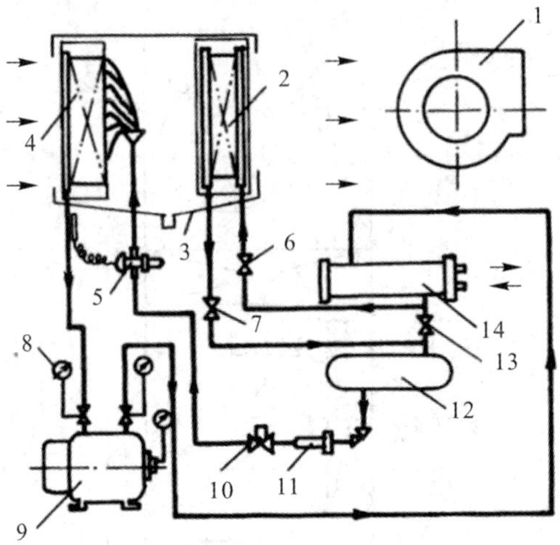

图 5.49 CT-20 型调温除湿机流程图

1—离心风机;2—风冷式冷凝器;3—集水盘;4—蒸发器;5—热力式膨胀阀;
6,7—直通截止阀;8—压力表;9—压缩机;10—电磁阀;11—干燥过滤器;
12—储液器;13—直通截止阀;14—水冷式冷凝器

冷冻除湿机的性能稳定,工作可靠,能连续工作。但设备费用和运行费用较高,并有噪声产生,适用于空气的露点温度高于 4℃的场合。

2. 液体吸收剂除湿机

液体吸收减湿是利用某些盐类(例如氯化锂和氯化钙和三甘醇等)水溶液作为吸收剂,与被处理空气进行直接接触。由于这些溶液表面上饱和空气层的水蒸气分压力低于同温度下纯水表面上饱和空气层的水蒸气分压力,并且溶液浓度越大,二者的差别越大。因此,它对被处理空气中的水蒸气具有强烈的吸收能力,从而使空气减湿。吸湿过程中,空气中水蒸气的凝结热带给吸收剂溶液,使其温度升高。吸湿后的溶液浓度变稀,需要进行再生后,方可重新用于吸湿。溶液吸湿或加湿的能力,取决于湿空气和溶液之间的水蒸气分压力差值,而溶液的水蒸气分压力是低还是高,与溶液自身的浓度和温度有关。

氯化锂水溶液无色透明,无毒无臭,黏性小,传热性能好,容易再生,化学稳定性好。在正常工作条件下,氯化锂不分解,不挥发,溶液表面水蒸气分压力低,吸湿能力强,是一种良好的吸湿剂。用于减湿时,其溶液浓度宜小于 40%,再生蒸汽压力为 0.25~0.4MPa。氯化锂的最大缺点是对金属材料有一定的腐蚀性,特别是碳素钢制作的设备和管材,即便加入少量缓蚀剂,也很难防止被腐蚀,甚至有报废的危险。当然对钛和钛合金、含钼的不锈钢、镍铜合金等,具有耐蚀和完全耐蚀的性能。若用上述材料制造除湿装置,势必极大地提高产品造价。中国建筑科学研究院空调所曾开发研制了以氯化锂为吸收剂的蒸发冷凝再生式液体减湿系统用于某工程,也因腐蚀问题未获解决,致使目前尚未有定型产品问世。

三甘醇是一种无色的有机液体,能溶于水和醇,水溶液的半衡压力低。与氯化锂溶液不同,它对金属无损害作用,不电解,长期暴露于空气中不会转化成酸性,也无需缓蚀剂或 pH 控制。空气中含少量三甘醇还可以起消毒、杀菌作用。用于除湿装置时,其浓度一般为 80%~96%,再生温度为 60~90℃,温度高再生效果好。三甘醇无腐蚀性,不产生结晶,并可按任何比例溶解于水,因此它是一种良好的液体吸湿剂。三甘醇溶液与湿空气相互接触时,有吸收空气中水分(吸湿)或向空气中放出水分(加湿)的双重能力。当溶液的水蒸气分压力低于湿空气的水蒸气分压力时，溶液就能吸收空气中的水分，溶液被稀释，空气被减湿，同时放出凝结热；相反，当溶液的水蒸气分压力大于湿空气的水蒸气分压力时，溶液中的水分就要转移到湿空气中去，溶液被浓缩，空气被加湿，同时要吸收汽化潜热。因此，三甘醇浓溶液在吸湿时需要为它提供冷源，以便把吸收过程中空气中水汽转化为水时放出的凝结热及时地带走，否则会使溶液温度升高，导致除湿系统效率降低甚至无法工作。在一部分三甘醇稀溶液进行脱水浓缩（再生）时，需要为它提供热源，用来加热溶液升高温度，使溶液的水蒸气分压力明显抽高于空气的水蒸气分压力，加快溶液中水分蒸发到空气中，同时不断补偿因水分蒸发所需的汽化潜热。

由原五机部第六设计研究院设计、江西铜鼓长林机械厂生产的 SC 型三甘醇除湿机，是一种喷淋冷却接触塔式（空气再生式）空气除湿装置。该除湿机的主要设备有吸湿装置、再生装置、螺旋板式换热器、溶液泵、风机和自控装置等附属设备。除湿机的管路系统包括溶液循环系统、冷却水及蒸汽供应系统等。

图 5.50 所示为吸湿装置，内有进风百叶窗、滤尘器、浓溶液喷淋管、冷却接触器和除雾器等。待处理的潮湿空气经百叶窗滤尘器而进入喷淋上浓溶液的冷却接触器，空气与液膜层进行热湿交换，空气被减湿。干燥后的空气，经除雾器除掉空气中夹带的雾滴，然后由风机送出。要向冷却接触器供给冷却水，它承担冷却与接触两个方面的任务。吸收了空气中水分后被稀释的溶液流入底箱，等待再生。

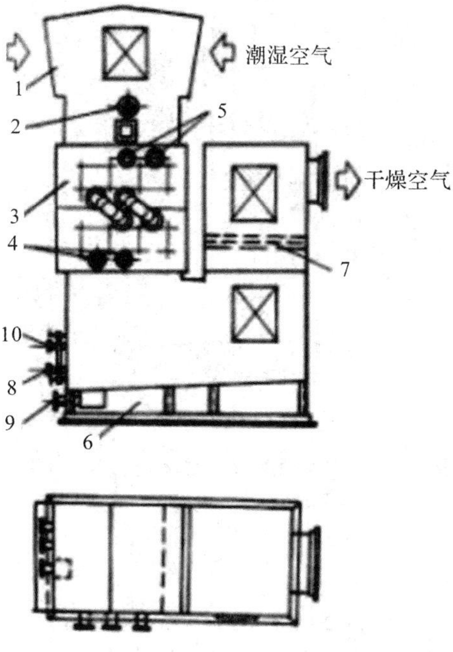

图 5.50　三甘醇除湿机的吸附装置

1—百叶窗滤尘器；2—浓溶液喷淋管；3—冷却接触器；4—冷却进水管；
5—冷却出水管；6—底箱；7—除雾器；8—回液管；9—出液管；10—平衡管

图 5.51 所示为再生装置，内有进风百叶窗滤尘器、稀溶液喷淋管、加热接触器、除雾冷却器和除雾器等。利用设在机外的溶液泵抽汲来自吸湿装置底箱大约 1/3 的稀溶液，经螺旋板换热器提高温度后，均匀地喷淋在再生装置的加热接触器上，与从百叶窗滤尘器进入的空气相接触，在这里溶液由于被加热而升温到一定程度，稀溶液中的水分就会蒸发到空气中，从而得

到浓缩和再生。为了减少少量溶液因蒸发被热湿空气夹带走，特设置除雾冷却器和除雾器。热湿空气由风机排出。

浓缩后的高温溶液集中到再生装置的底箱，然后用溶液泵加压，经螺旋板换热器冷却后，汇集到吸湿装置储液底箱里，用泵加压并通过管路分别送往吸湿装置和再生装置上部喷淋，如此循环进行下去。

三甘醇除湿机的冷却水系统，是吸湿装置冷却接触器要求提供的，根据具体情况，可分别采用冷却塔循环水、深井水或制冷水。再生装置内除雾冷却器所用冷却介质，一般采用进入再生装置喷淋之前(螺旋板换热器之前或之后)的三甘醇冷溶液，也可利用吸湿装置冷却接触器用过的冷却水。再生装置加热接触器采用 0.1～0.2MPa 的蒸汽作为热媒。

三甘醇除湿机的优点是能连续处理大量空气，降(减)湿幅度大，在低温情况下有较好的除湿效果。经三甘醇溶液处后的空气有害细菌被大量杀灭。该装置除泵、风机外，无转动部件，故障较少，运行平稳，维修简便。它的缺点是除必须具备电源外，尚需提供冷源和热源。再生时易引起聚合，产生树脂状物质。需要有较多的冷却水，使用时受冷却水条件的制约。

三甘醇除湿机一般用于大风量和要求常温低湿，或者需要低温条件下除湿的场合及有病菌等需要消除并有除湿要求的场合。

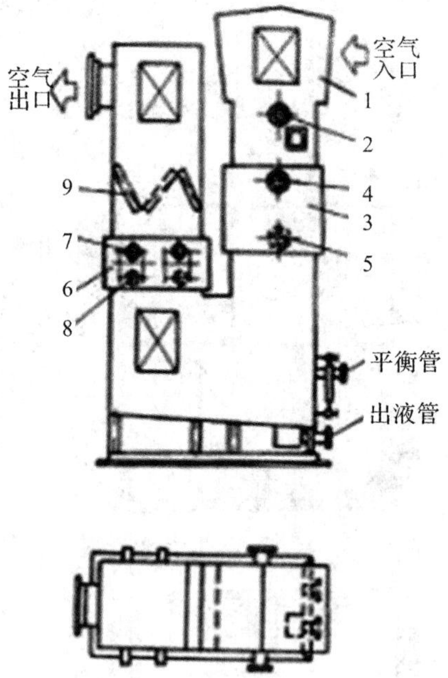

图 5.51　三甘醇除湿机的再生装置

1—百叶窗滤尘器；2—稀溶液喷淋管；3—加热接触器；4—蒸汽管；5—凝结水管；6—除雾冷却器；7—进水管；8—出水管；9—除雾器

3. 固体吸附剂除湿机

固体吸附剂除湿机是利用某些固体吸附剂表面具有大量细小孔隙形成的毛细管作用，使得毛细孔表面上的水蒸气分压力低于周围空气中的水蒸气分压力，在这个分压力差作用下，空气中的水汽被吸附，即水汽向毛细孔的空腔扩散并凝结成水，从而使空气减湿。固体吸附剂吸附水汽后，把吸附热放给空气，使空气温度升高，其处理过程近似为等焓升温过程。

空调工程中，常用的固体吸附剂有硅胶、氯化钙、氯化锂和分子筛等。

硅胶是一种半透明颗粒状 SiO_2，固体，无毒、无臭，无腐蚀性，不溶于水。其吸湿能力可达其质量的 30%。硅胶有原色和变色两种。前者在吸湿过程中不变色；后者吸湿前呈蓝色，吸湿后颜色逐渐由紫红色最后变为红色。当变成红色时说明该硅胶已失去吸湿能力。变色硅胶价格较贵，通常作为原色硅胶吸湿程度的指示剂。硅胶失去吸湿能力后，需要再生。再生方法是用 150～180℃ 的热风加热，将硅胶吸附的水分蒸发出去，然后再将它冷却方可重复使用。硅胶的吸湿能力与吸湿前空气的温度与含湿量有关。吸湿前的空气温度越高或相对湿度越低，硅胶的吸湿能力越差。硅胶具有吸湿性能好、机械强度高等优点，再生也比较容易。但是，当空气温度在 35℃ 以上时，最好不用硅胶吸湿。

氯化钙是一种白色多孔结晶体，略带苦味。它有很强的吸湿能力，吸湿后自身潮解变成氯化钙溶液，其吸湿能力显著降低。氯化钙价格便宜，但对金属有强烈的腐蚀作用，使用起来不如硅胶方便。氯化钙的再生，首先要过滤，除去溶液中的杂质；然后进行加热，排出吸收的水分，即可重复使用。

氯化锂是白色具有立方晶体的盐类，无毒无臭，吸附空气中的水分后成为氯化锂结晶水，不变成水溶液，因此对金属不产生腐蚀作用。对吸湿后的氯化锂晶体进行加热，即可再生、重复使用。

固体吸附剂的减湿方法有静态吸湿和动态(强制通风)吸湿两种。前者让潮湿空气以自然对流形式与吸附剂接触；后者是让潮湿空气在风机强制作用下通过吸附剂层。静态吸湿的设备简单，造价低，吸湿速度缓慢，单位吸湿量占用房间体积大，一般适用于减湿空间小或减湿设备对工艺操作影响不大的房间。强制通风吸湿减湿速度快，适用于较大面积的减湿或减湿要求高的场合。

图 5.52 所示为抽屉式氯化钙吸湿器，它由主体骨架、抽屉式吸湿层和轴流风机等组成。抽屉内铺放粒径为 50～70mm 的固体氯化钙，吸湿层厚度为 50～100mm，总面积约为 $1.2m^2$。室内潮湿空气以 0.35m/s 的速度由各个进风口进入吸湿层，然后由上部的轴流风机将处理后的空气送入房间。

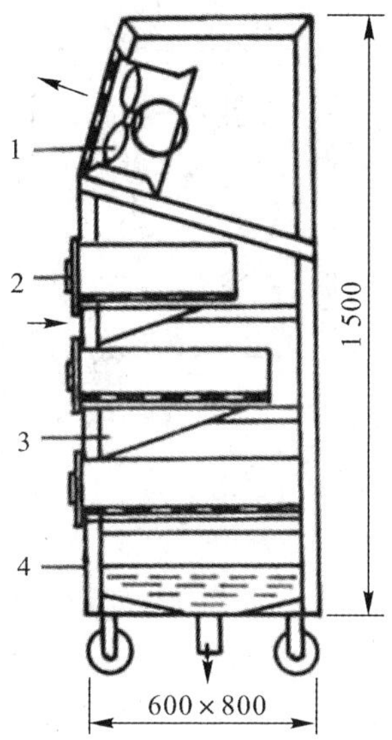

图 5.52　抽屉式氯化钙吸湿器

1—轴流风机；2—活动抽屉吸湿层；3—进风口；4—主体骨架

图 5.53 所示为抽屉式硅胶吸湿器，它由外壳、抽屉式硅胶吸湿层及分风隔板等组成。潮湿空气在风机的强制作用下，由分风隔板的敞口进入硅胶吸湿层，干燥空气通过风道送入房间。抽屉式硅胶吸湿器不宜用于大风量的减湿系统，因为被处理风量越大，硅胶用量越多，硅胶再生工作量也越大。为了使该吸湿器能连续工作，可在一个吸湿系统中并联两组吸湿器，其中一组在工作，另一组再生，交替进行。

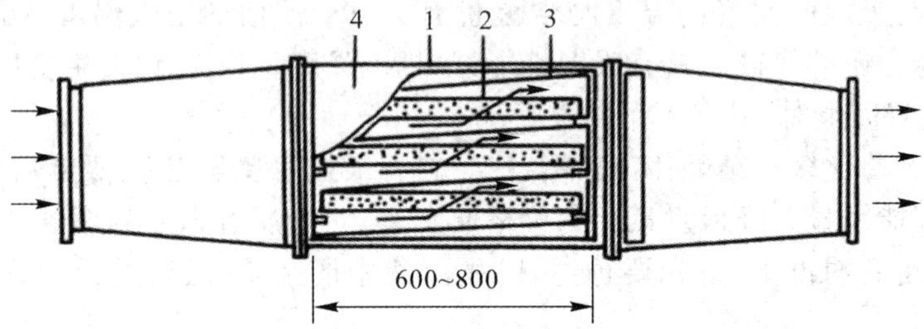

图 5.53 抽屉式硅胶吸湿器

1—外壳；2—抽屉式吸湿层；3—分风隔板；4—密闭门

图 5.54 所示为冷冻除湿和硅胶吸湿联合使用的电加热转筒式硅胶吸湿机原理图。该吸湿机是由箱体、电加热器、硅胶转筒和制冷机蒸发器等部件组成。硅胶转筒是由两层金属多孔板(内衬铜丝网)做成夹层，筒体直径为 800mm，长度为 380mm，硅胶层厚度为 50mm，夹层内放硅胶，并以半小时转一圈的速度缓慢地旋转着。箱体内用密闭隔风板将硅胶转筒分成吸湿区和再生区两部分。每一部分各自配备一台风机构成吸湿和再生两个系统。在吸湿系统，高温高湿的空气先经蒸发器(即直接蒸发式表冷器)进行冷却减湿处理后进入吸湿区，通过硅胶层的吸湿，干燥空气则由通风机送到需要的房间。在再生系统，吸附了水分的硅胶层连续转入再生区。在该区内，再生空气经电加热器加热后流经硅胶层将硅胶再生，潮湿空气由通风机排至室外。这样再生后的硅胶又转入吸湿区吸湿，如此循环工作。

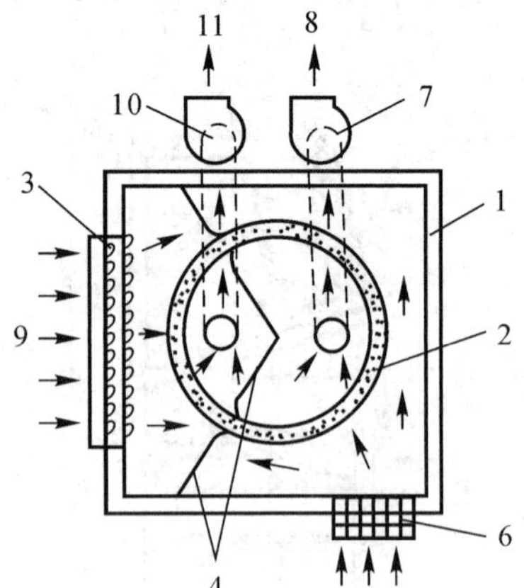

图 5.54 电加热转筒式硅胶吸湿机

1—箱体；2—硅胶转筒；3—电加热器；4—密闭隔风板；5—高湿空气入口；6—蒸发器；7—离心风机；8—干空气出风口；9—再生空气进口；10—离心风机；11—再生空气出口

电加热转筒式硅胶吸湿机结构紧凑，体积小，除湿性能稳定，特别是将冷冻除湿作为硅胶吸湿的预处理，可使硅胶吸湿不受夏季高温高湿空气的影响，可以消除硅胶吸湿后所放出的潜热(吸附热)和从再生区带去的热量，使送到房间的温度不致太高，同时降低了吸湿区硅胶层的温度，有助于提高其吸湿能力。

当室内要求除湿量较小、露点温度较低(小于 4℃)时,宜采用固体吸附减湿。

4. 转轮除湿机

为了使固体吸附剂除湿装置能够连续地工作,可以采用转轮式除湿机。如图 5.55 所示为转轮除湿机的工作原理。它的主体结构和吸湿部件是不断转动着的蜂窝状干燥转轮。该转轮是由特殊复合耐热材料制成的波纹状介质构成,波纹状介质中载有吸附干燥剂。按照干燥剂的种类不同,干燥转轮有氯化锂转轮、高效硅胶转轮和分子筛转轮等 3 种,其中以氯化锂转轮和硅胶转轮使用最多。就强度而言,氯化锂转轮不如硅胶转轮。每种转轮均能提供巨大的吸湿表面积(每立方米体积大约有 $300m^2$),所以除湿能力强。

转轮除湿机主要由除湿系统、再生系统和控制系统三部分组成。除湿系统由干燥(吸湿)转轮、减速传动装置、风机和空气过滤器等组成。再生系统除转轮箱体外,还有加热器、风机、过滤器和调风阀门等。加热器有蒸汽加热和电加热两种。而控制系统由电器设备、再生温度的控制装置和电热设备的保护装置组成。

含有高度密封填料的固定隔板,将干燥转轮划分为两个区:一个是处理空气用的 270°扇形区域,占总面积的 3/4;另一个是再生空气通过的 90°扇形区域,占总面积的 1/4。干燥转轮以 8～10r/h 的速度缓慢地转动着。

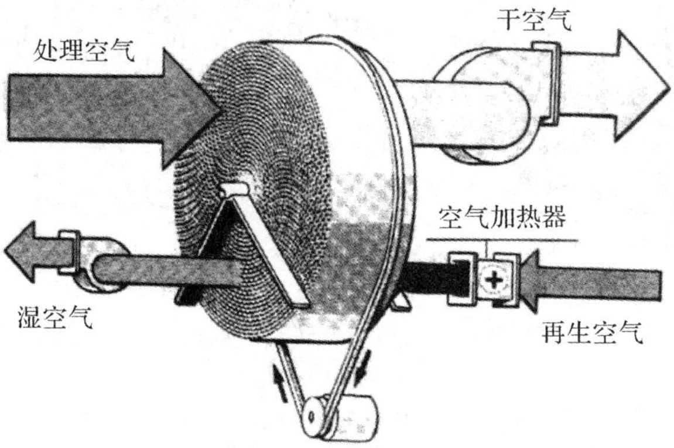

图 5.55　转轮除湿机的工作原理

当待除湿的潮湿空气(或称为处理空气)进入转轮 270°扇形区域时,空气中的水分被嵌固在转轮内的吸湿剂所吸附,干燥后的空气则由风机送至待除湿的房间或空间。与此同时,另一部分再生空气(一般为室外空气)经过加热器加热后成为 120℃的热空气进入 90°扇形区域,将原先吸附的水分带出,湿空气则由再生风机排至室外。由于转轮一直在缓慢地旋转,所以吸湿和再生得以连续进行。

转轮除湿机既可作为潮湿房间单纯除湿用,也可与其他空气处理设备(如表冷器等)组装在一起使用。按照使用功能的不同,可分为单纯除湿用的基本型、有温湿度要求的恒温低湿型、恒温低湿净化型和某些特殊干燥工艺用的大湿差型(采用多级组合式除湿机)及在再生系统上增加空气一空气热回收装置的节能型等。除基本型外,其余的均要由空调工程设计人员按需要进行组配,方能满足对不同送风参数的要求。

就除湿机的基本型而言,按照被处理风量和除湿量的大小,对各个主要组成部件采取不同的配置方式,就有整体型、立式组合型和卧式组合型等。

整体型就是将风机、干燥转轮和再生用空气加热器等部件,安装在一个钢板制作的箱体内,箱体的顶板和两侧的面板是可以拆卸的,可方便对机组内部组件进行检修。图 5.56 所示为瑞典蒙特公司生产的转轮除湿机系列产品中一种型号的结构及其工作流程。

立式组合型转轮除湿机结构如图 5.57 所示。

卧式组合式转轮除湿机外形结构示意如图 5.58(a)所示，它是在转轮除湿段前面设过滤段和空气冷却段，在除湿段后设空气冷却段和风机段。前空气冷却段可起辅助冷却减湿作用，后空气冷却段对干燥空气起降温作用。这样，送出的空气可以满足空调房间的温、湿度要求。图 5.58(b)所示为卧式组合式转轮除湿机流程。

转轮除湿机的主要特点：除湿量大，湿度可调，容易控制处理后空气的湿度；对低温低湿空气除湿效果显著，是冷却(冻)除湿法难以达到的；吸湿转轮性能稳定，使用年限长；除湿机具有良好的控制功能，运行可靠、易于操作，维护简便；设备体积小，安装简捷等。

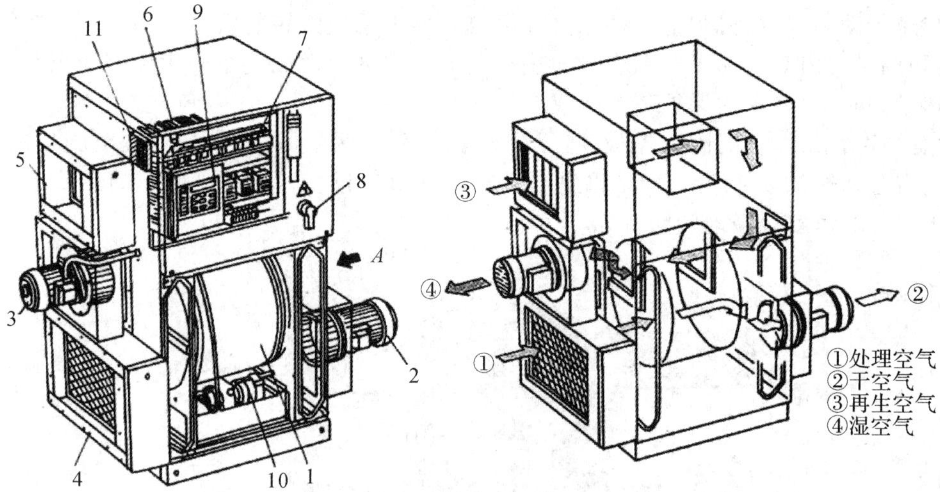

图 5.56　整体型转轮除湿机

(a)结构；(b)流程

1—干燥转轮；2—处理风机及电动机；3—再生风机及电动机；4—处理空气过滤器；5—再生空气过滤器；6—再生空气加热器；7—电气控制盘；8—主电源关断开关；9—键盘及数字显示板；10—转轮驱动电动机；11—散热风扇

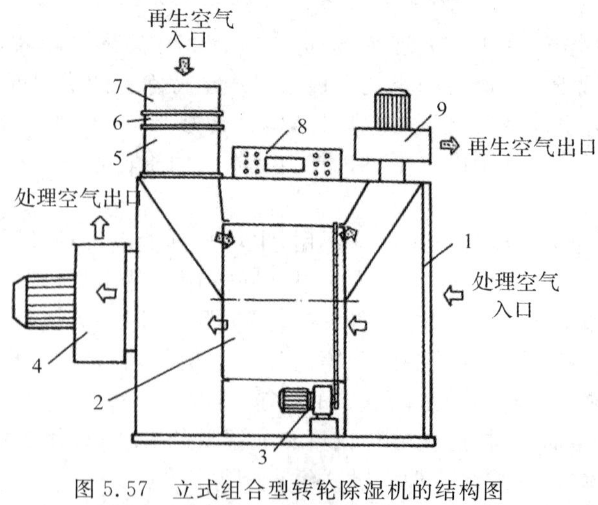

图 5.57　立式组合型转轮除湿机的结构图

1—处理空气过滤器；2—除湿转轮；3—转轮减速传动装置；4—处理空气风机；5—再生加热器；6—再生风量调节阀；7—再生空气过滤器；8—控制箱；9—再生风机

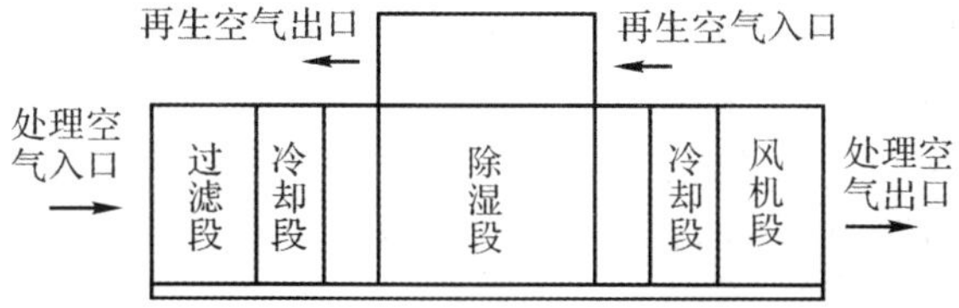

(a)

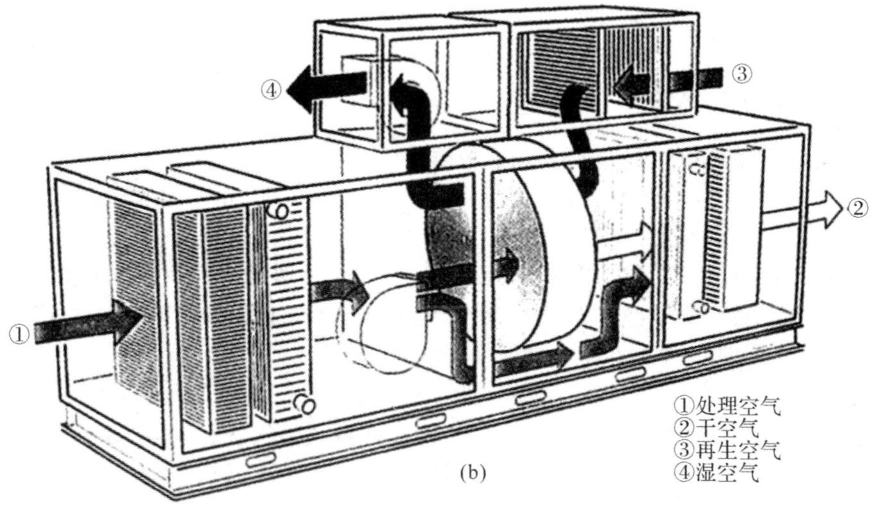

(b)

图 5.58　卧式组合型转轮除湿机

(a)结构示意图；(b)除湿流程

5.6　组合式空调机组

5.6.1　组合式空调机组的概念

组合式空调机组是集中式水冷空调系统中的主要设备，它是由各种空气处理功能段组装而成的空调机组。组合式空调机组一般均需要从外部供应冷源(冷媒水)和热源(蒸汽或热媒水)，才能完成混合、过滤、加热、冷却、加湿、减湿、消声和能量回收等多种空气处理过程。机组功能段可包括空气混合段、均流段、粗效过滤段、中效过滤段、高中效或亚高效过滤段、一次及二次加热段、喷水段、加湿段、送风机段、回风机段、中间段和消声段等。除了各个空气处理功能段外，还包括送风机(单风机系统)和送、回风机(双风机系统)等设备。

组合式空调机组结构紧凑，可以满足多种功能使用要求，现场直接安装，简便、省工，使用中调节灵活，广泛应用于空调系统中。

组合式空调机组的基本参数有额定风量、额定供冷量、额定供热量和机组余压等。对各基本参数简单说明如下：

(1)额定风量。指机组在规定的运行工况下每小时所处理的空气量，一般应以标准状态下的空气体积流量表示，单位为 m^3/h。目前国内生产的卧式组合式空调机组风量一般在 2 000～200 000m^3/h。

(2)额定供冷量。指机组在规定运行工况下的总除热量，其中包括显热除热量和潜热除热量，单位为 kW。

(3)额定供热量。指机组在规定运行工况下供给的总显热量,单位为 kW。

(4)机组余压。指机组克服自身阻力后在出风口处的动压和静压之和,单位为 Pa。

组合式空调机组的生产厂家在其产品样本中都会列出机组的基本性能参数表,以供空调系统设计人员进行设备选型,同时样本中对性能参数表会给出相应运行工况的规定说明。一般运行工况规定如下:

(1)冷盘管的进水温度为 7℃,进、出水温升为 5℃。

(2)热盘管的进水温度为 60℃。

(3)蒸汽盘管的进汽压力为 70kPa,温度为 112℃。

(4)通过盘管的迎面风速为 2.5m/s。

5.6.2 组合式空调机组的分类及功能段特点

1.组合式空气处理机组的分类

(1)按对空气进行热湿处理的方式分类,组合式空调处理机可分为:①具有喷水室的组合式空气处理机组;②具有空气冷却器和喷蒸汽(或喷高压水)加湿的组合式空气处理机组;③具有直接式和间接式蒸发冷却的组合式空气处理机组。

(2)按空气处理机组外壳所用的材料分类,组合式空调处理机可分为:①金属空气处理机组。就结构形式看,有用型钢制作框架,板式结构和框板式结构 3 种,其中以框板式用得最多。面板有镀锌钢板、喷塑钢板和彩色钢板,特殊需要时也有采用不锈钢板的。②非金属空气处理机组。有砖砌、钢筋混凝土捣制和玻璃钢 3 种。前两种壳体材料除纺织厂等工业建筑空调采用外,现在已很少采用,而玻璃钢空气处理机组具有耐腐蚀、质量轻的优点。

(3)按用途分类,组合式空调处理机可分为:①恒温恒湿空气处理机组;②净化空气处理机组;③某些行业专用空气处理机组;④普通空气处理机组(指用于一般降温性工艺空调和公用建筑的舒适性空调)等。

(4)按各功能段的排列顺序与被处理空气流动方向的相互关系分类,组合式空调处理机可分为:①左式(当人站在操作面一侧面对空气处理机组时,空气由右向左流动称为左式);②右式(当人站在操作面一侧面对空气处理机组时,空气由左向右流动称为右式)。

为了更好地适应空调机房的建筑条件,当机房长度受到限制时,可将卧式组合式空气处理机组的某两个功能段,用 90°的水平拐弯段相连接,称为水平转弯式组合式空气处理机组;当机房有足够的空间而占地面积受到限制时,可将卧式组合式空气处理机组分为上、下两个部分,用 90°的垂直拐弯段相连接,称为垂直转弯式(或重叠式)组合式空气处理机组。

2.组合式空气处理机组各功能段的特点

(1)回风段。回风段是用于接回风风管的,在该段的顶部或侧部装有对开式多叶风量调节阀。风阀的控制有手动、电动和气动 3 种形式,凡有自动调节的,要与自控方式相适应。在组合式空气处理机组中,只有双风机系统才单独设回风段(若是单风机系统,则用新风、回风混合段)。

(2)新风段或新、回风混合段。新风段用来接新风风管。新风进口有顶进风和侧进风两种形式,配有对开式多叶风量调节阀,同样有手动、电动和气动 3 种控制形式。

对单风机系统用的新、回风混合段,顶部接回风管,侧部接新风管;或者顶部接新风管,侧部接回风管,由设计者根据具体情况而定。若是直流式系统,则封闭回风管口即可。

有的厂家的产品不单独设新、回风混合段,而是将它与初效过滤段结合在一起,成为混合初效过滤段。

(3)回风机段。双风机系统有回风机段。配有双进风离心式风机，出风口水平安装。风机与电动机装在特制的钢架上，下部装有弹簧减振器，属于电机内置式。有些厂家将电动机装在机组箱体的顶部，此为电机外置式。当采用外置电动机结构时，整个回风机段做成整体减振，它与相邻功能段之间做柔性接口，以隔断振动的传递。

为便于进行风机性能调节，有的厂家可为用户配用风机变频器或双速电机。

(4)回风调节段。双风机系统有排风回风调节段。该段紧接回风机段，在顶部设有排风口，内部设有回风口，并分别装有对开式多叶风量调节阀，可用手动、电动和气动方式进行控制。本段的功能是使排风和回风在此分流，故又称分流段。

当空调系统按夏季工况、冬季工况运行时，设计时采用最小新风百分比(当然，必须满足空调房间的卫生要求、保持房间正压要求及补偿局部排风等，并取其中的最大值作为新风风量)，此时排风量大致略小于新风量，而大部分是回风。在过渡季节采用全新风时，该段内的回风阀关闭，排风阀全开。

若将排风回风调节段与新风段结合在一起，就成为分流混合段，使新风与回风按一定比例进行混合后，进入下一段处理。

(5)初效过滤段。初效过滤段内装有初效无纺布为滤料的平板式过滤器或袋式过滤器，经清洗后仍可重复使用，也有装无纺布自动卷绕式过滤器的。

(6)加热段。按照加热空气所用热媒的不同，加热段有蒸汽加热段、热水加热段和电加热段 3 种。通常将新风段或新、回风混合段之后的加热段，称为预热段(或第一次加热段)；将喷水段或空气冷却器段之后的加热段，称为再热段(或第二次加热段)。

以蒸汽或热水为热媒的加热段，通常设有钢管绕铝片、铜管套铝片等翅片管加热器。只有棉、麻、毛纺织工业的空调系统，才采用光管式加热器。为了能有效地控制加热后的空气温度，空气加热器应设置旁通风门(阀)。它的作用是，随着室外空气温度的上升，可打开旁通风门，让一部分空气不经过加热直接从旁通风门流过，从而达到调节加热后空气温度的目的。这样，也有利于降低非供暖季节里空气侧的压力损失。

电加热段多半用于恒温恒湿空调机组，设在再热段之后，常采用绕片式电热管为加热元件的电加热器，它可按需要分档配备加热量。

(7)喷水段。喷水段的箱体可用玻璃钢或钢板内衬玻璃钢制作，并与水槽成为整体，也可用镀锌钢板或按用户需要改用不锈钢制作箱体。

按照热湿处理的功能不同分为单级双排(一顺一逆)喷水段、单级 3 排(一顺两逆)喷水段和双级 4 排喷水段 3 种。

本段内的前挡水板(分风板)和后挡水板，用 ABS 工程塑料或铝合金热挤轧一次成型，也有用玻璃钢制作的。

(8)冷却段或冷却挡水段。冷却段或冷却挡水段内设有铜管套铜片或铜管套铝片的空气冷却器，凝结水盘(滴水盘)下面设冷凝水排出管。

为防止被处理空气带走空气冷却器表面上的冷凝水，保证空气的冷却减湿处理效果，可在空气冷却器后面装上特制的挡水板，成为冷却挡水段。

(9)喷水式冷却段。喷水式冷却段因沿空气的流动方向，在空气冷却器的前面设一排喷水管，并有底槽和其他相应的接管。

(10)冷却加热段。冷却加热段实为冷却段，冬季时兼当加热段使用。需要注意的是，冬季热媒的供水温度为 55～60℃，回水温度为 45～50℃。这是由空气冷却器的材质和防止换热管内结水垢来决定的。

(11)蒸发冷却段。对我国的低湿度地区,可采用直接蒸发冷却段来代替空气冷却挡水段或间接加直接蒸发冷却组合段。

(12)二次回风段。二次回风段在顶部设有第二次回风口,并装有对开式风量调节阀,分手动、电动和气动3种控制方式。二次回风系统有此段。

(13)加湿段。当夏季用空气冷却器对空气进行冷却减湿处理时,冬季有时需要设加湿段对空气进行加湿处理。

本段内如果设有干蒸汽加湿器或电极式加湿器,称为喷蒸汽加湿段(属于等温加湿);如果设有喷高压水的离心加湿器或高压喷雾加湿器,称为喷雾(水)加湿段(属于等焓加湿)。该段内应有排水措施。喷高压水的加湿器后面应设波形挡水板。

(14)送风机段。送风机段设有双进风的离心风机,风机的出口有水平的和垂直向上的两种形式。风机的电动机可以是内置式,也可做成外置式。关于减震的做法与回风段相同。有的厂家可为用户配用风机变频器或双速电机。

(15)中效过滤段或亚高效过滤段。中效过滤段内设有中效无纺布为滤料的板式过滤器或袋式过滤器。亚高效过滤段内设有玻璃纤维滤纸当滤料的亚高效过滤器。

本段应设在送风机段之后,处于系统的正压段,以防止中效过滤器或亚高效过滤器被周围不洁空气所污染。

(16)消声段。消声段内设有片式消声器或微穿孔板消声器。按空气流动方向,处在回风机段前面的是回风消声段,设在送风机段后面的是送风消声段。

(17)送风段。送风段设在送风机段之后,为调整送风出口方向(例如,顶部出风或侧面出风)并与送风风管相连接,接口处装对开式多叶送风阀。

(18)中间段(或称空段)。中间段内部不装任何空气处理设备,仅为某些功能段(例如,初效、中效过滤段,空气冷却挡水段、加热段和喷水段等)提供内部检修空间而设置。在操作面一侧设有供人员出入的检修门。此外,在风机段和混合段操作面一侧,同样要设检修门。

(19)均流段。有些厂家的产品中有均流段,其作用是使机组断面保持有均匀的风速。当风机处于空气过滤段、消声段前面时,建议在风机段之后、消声段(或过滤段)之前增设均流段。

目前,国内有些厂家生产的组合式空气处理机组,设有能量回收段。该段为双风机系统运行时,将新风与排风在交叉板式能量回收器中进行热交换,达到回收显热能量的目的。具体地说,冬季利用排风中的热量来预热新风;夏季利用排风中的冷量使新风得到预冷。由于新风、排风互不接触,所以尤其适用于回收直流式系统中排风的能量。

为有效地监测初、中效过滤段中的过滤器的积尘情况,在该段的段体外设有压差指示仪表,用户可根据压差读数,判断过滤器是否达到终阻力,以便及时更换过滤器。

为方便组合式空气处理机组的运行管理,在上述有关功能段内,例如过滤段、新回风混合段、风机段、喷水段、冷却挡水段、加热段和送风段等,装有低压防水电灯,供检修时照明用。

5.6.3 组合式空调机组选用中应注意的问题

1.使用表冷器、加热器处理空气、喷蒸汽加湿的一次回风式单风机系统

图5.59(a)所示为采用夏、冬季兼用的冷却加热段和喷蒸汽加湿段处理空气的组合式空调机组。在我国南方地区,如果冬季空气处理过程不需要加湿,则可取消加湿段。

夏季空气处理流程为

新风、回风 混合 → 初效过滤器 → 表冷器(冷却减湿) → 中效过滤器 → 送至空调房间

冬季空气处理流程为

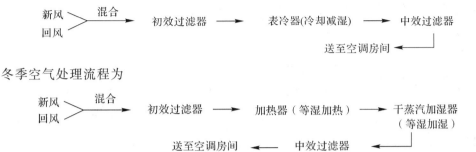

新风、回风 混合 → 初效过滤器 → 加热器（等湿加热）→ 干蒸汽加湿器（等湿加湿）→ 中效过滤器 → 送至空调房间

当空调房间空气净化要求较高时，在送风机段之后应设中效过滤段(一般的净化要求时，可以不设)。为防止消声器在运行过程中产生尘埃，应将送风消声段设在中效过滤器之前。如果空调机房面积紧张，也可取消送风消声段，改在送风风道上安装消声器或消声弯头予以解决。

对于北方寒冷地区，甚至温和地区，特别是按全新风运行的直流式系统，不应采用冷却加热器，应将预热器和空气冷却器分开设置，如图 5.59(b)所示，否则冬季空气冷却器极易被冻裂，导致系统无法运行。

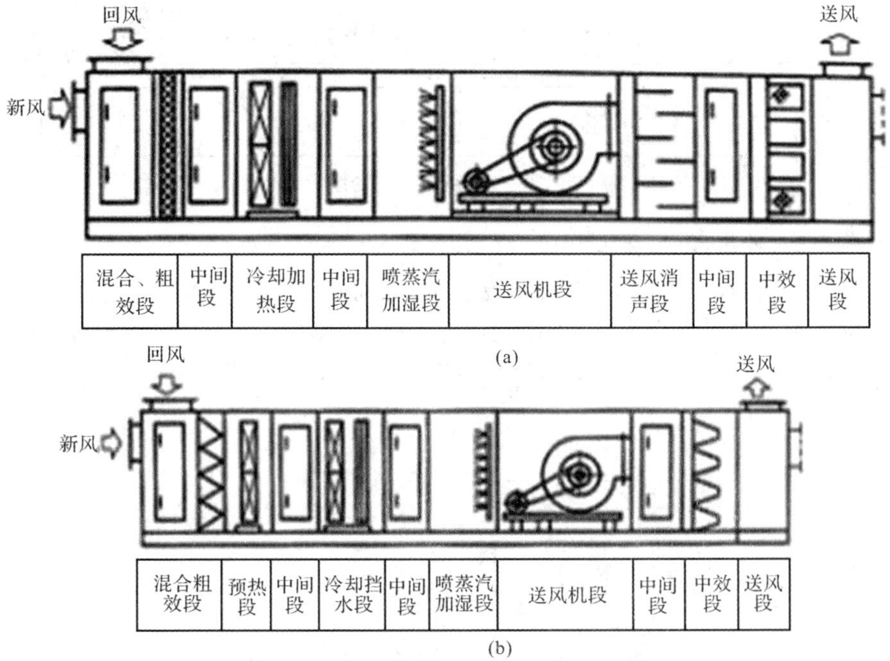

图 5.59　具有空气冷却段和喷蒸汽加湿段的组合式空调机组

(a)设置冷却加热段；(b)将加热器和空气冷却器分开设置

冬季空气处理流程为

新风、回风 混合 → 初效过滤器 → 预热器（等湿加热）→ 干蒸汽加湿器（等湿加湿）→ 中效过滤器 → 送至空调房间

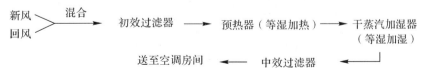

对于北方严寒地区，应将新风先预热 5℃后，再与回风相混合，然后经由初效过滤器过滤，进入后续的处理。因此，将预热段设在新风进入之后。

2. 具有喷水室的组合式空气处理机组（一次回风式单风机系统）

图 5.60 所示为具有预热段、喷水室和再热器处理空气的组合式空调机组。

夏季空气处理流程为

新风、回风 —混合→ 初效过滤器 → 喷水室(冷却减湿) → 中效过滤器 → 送至空调房间

冬季空气处理流程为

新风、回风 —混合→ 初效过滤器 → 预热器（等湿加热）→ 喷水室（喷循环水，等湿加湿）→ 再热器（等湿加热）→ 中效过滤器 → 送至空调房间

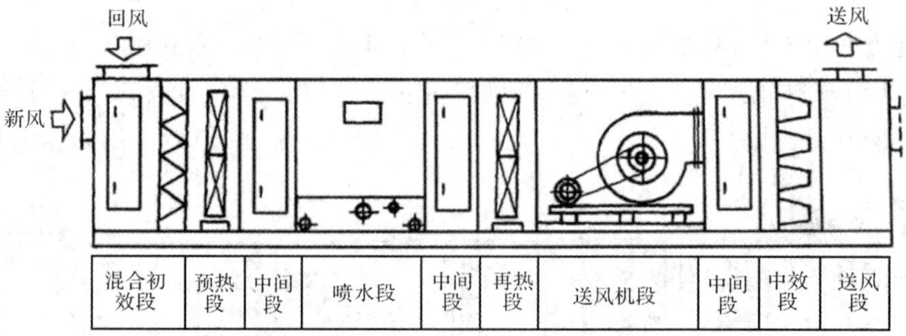

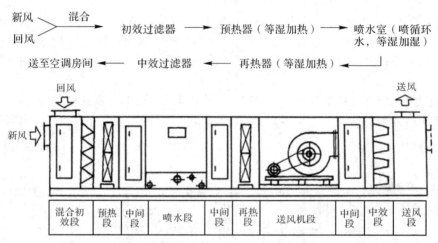

图 5.60 具有预热段、喷水段和再热段的组合式空气处理机组

3. 具有表冷器、再热器、喷蒸汽加湿的一次回风式双风机系统

图 5.61 所示为具有表冷挡水段、再热段和喷蒸汽加湿段的重叠式组合式空调机组，它适用于空调机房面积紧张但机房高度较高的场合。采用双风机系统在过渡季节可以最大限度地按全新风运行，充分利用室外空气的冷量，同时有助于降低风机的噪声水平。

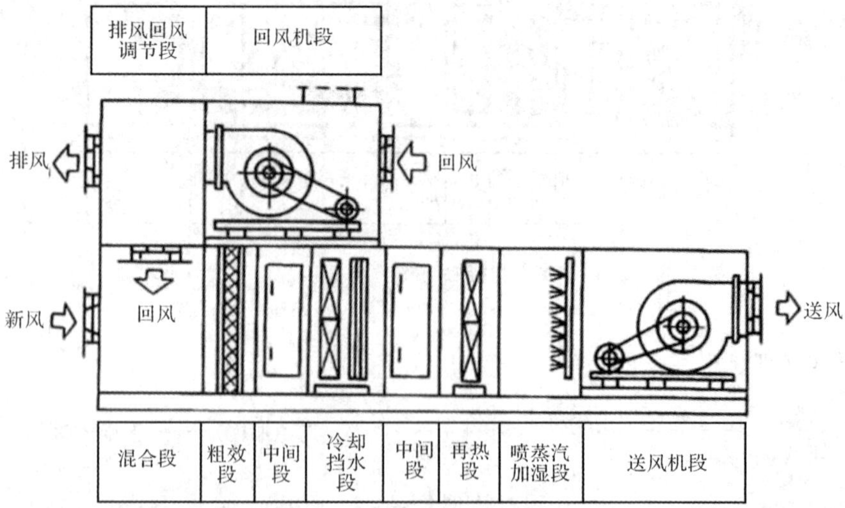

图 5.61 具有冷却挡水段、再热段和喷蒸汽加湿段的重叠式组合式空调机组

对于双风机系统，在进行各功能段组合时，一定要使排风口处于回风机的压出段，而新风

入口处于送风机的吸入段。系统运行时，应使送风机、回风机的压力零点置于一次回风风阀处，才能完成排出部分回风、吸入新风的功能。回风机的压头不能过高，要通过风系统阻力计算后确定，否则新风吸不进来。

按全新风系统运行时，应关闭一次回风风阀，同时全部打开排风阀及新风风阀。

4. 具有表冷器、再热器、喷蒸汽加湿器并具有能量回收段的一次回风式双风机系统

如图 5.62 所示，该机组所组合的功能比较全面，适用于机房面积充裕的场合。在回风段与回风机段之间设回风消声段；在送风机段之后设送风消声段和中效过滤段。该机组的能量回收段，将排风与回风的分流、新风的进入与回风相混合有机地结合在一起。

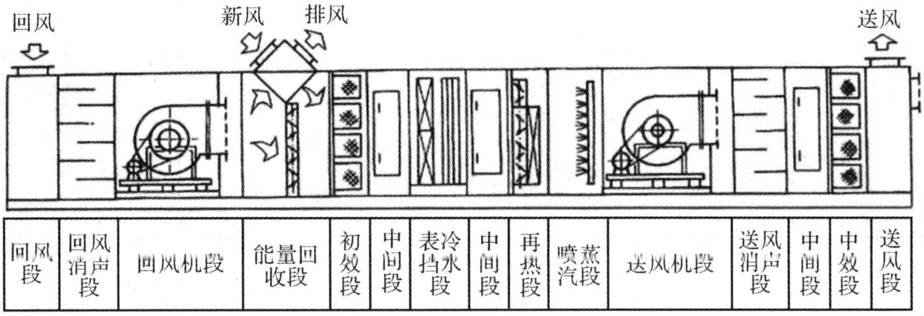

图 5.62　具有表冷挡水段、再热段、喷蒸汽段并具有能量回收段的组合式空调机组

5. 使用预热器、表冷器、干蒸汽加湿器和再热器处理空气的二次回风式单风机系统

对于北方严寒地区，在冬季如果将新风和回风直接混合，混合空气中有可能出现结露现象，这对初效过滤器的工作极为不利。此时，应将新风用预热器预热后再与一次回风相混合。如图 5.63 所示，该空调机组主要适用于北方寒冷地区有恒温净化要求的工艺性空调。

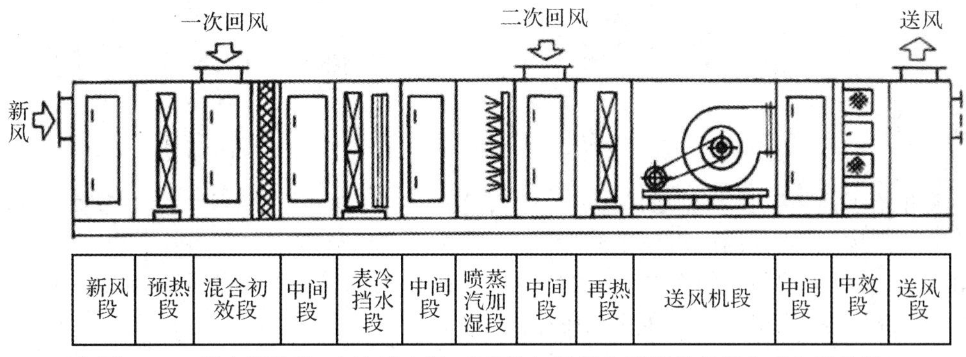

图 5.63　具有预热段、表冷挡水段、喷蒸汽加湿段和再热段的组合式空调机组

夏季空气处理流程为

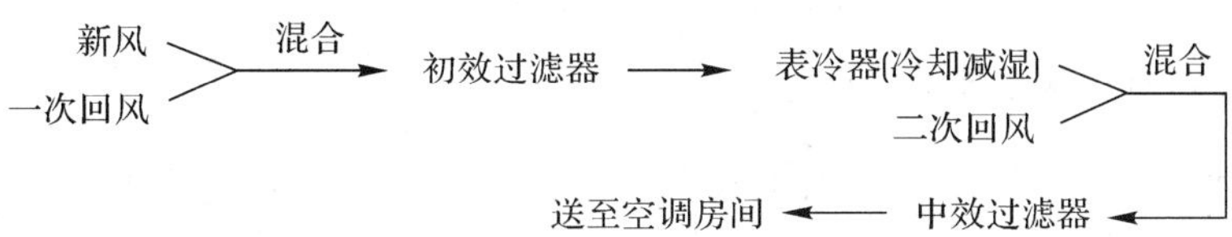

冬季空气处理流程为

新风 → 预热器(等湿加热)、一次回风 —混合→ 初效过滤器 → 干蒸汽加湿器(等温加湿)、二次回风 —混合→ 再热器(等湿加热) → 中效过滤器 → 送至空调房间

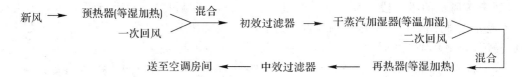

6.使用喷水段和再热段的二次回风式双风机系统

图 5.64 所示为具有喷水段和再热段的组合式空调机组,该空调机组主要适用于南方地区的工艺性空调。

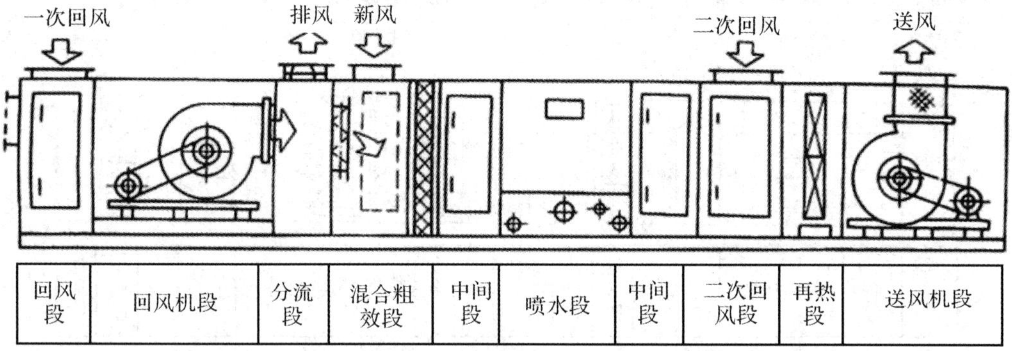

图 5.64　具有喷水段和再热段的组合式空气处理机组

夏季空气处理流程为

新风、一次回风 —混合→ 初效过滤器 → 喷水室(冷却减湿)、二次回风 —混合→ 送至空调房间

冬季空气处理流程为

新风、一次回风 —混合→ 初效过滤器 → 喷水室(喷循环水，等焓加湿)、二次回风 —混合→ 再热器(等湿加热) → 送至空调房间

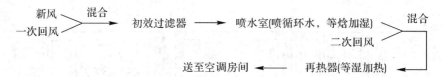

以上介绍了几种工程上常见有代表性的组合式空调机组。由于我国幅员辽阔,各地的气候条件千差万别,加之空调的对象不同,所以空调机组的组合方式也不一样。对于集中式全空气空调系统,机组采用何种组合方式,主要由空调设计人员根据空调方案和夏、冬季空气的处理过程,并结合空调机房的具体条件来确定。

5.7　蒸发冷却空调机组

5.7.1　蒸发冷却技术简介

蒸发冷却技术是一项利用水蒸发吸热制冷的技术。在没有其他热源的条件下,水与空气之间的热湿交换过程是空气将显热传递给水,从而使空气的温度下降。而由于水的蒸发,不仅空气中的含湿量要增加,而且进入空气的水蒸气会使空气的潜热增加。只要空气没有达到饱和状态,那么利用循环水喷淋空气就可以取得降温的效果。将采用这种方式进行降温后的空

气送入室内进行降温的空调设备就叫作蒸发冷却空调。蒸发冷却空调(evaporative air-conditioning)技术按照技术形式分为,直接蒸发冷却(Direct Evaporative Cooling,DEC)技术、间接蒸发冷却(Indirect Evaporative Cooling,IEC)空调技术、间接-直接蒸发冷却(Indirect-Direct Evaporative Cooling,IDEC)复合空调技术,蒸发冷却-机械制冷(Evaporative Cooling-mechanical Refrigeration)联合空调技术。

1. 直接蒸发冷却(DEC)技术

直接蒸发冷却技术是利用被处理的空气与水直接接触,通过空气与水的热湿交换,水蒸发吸热达到冷却空气的目的,此过程属于等焓加湿冷却过程。直接蒸发冷却器结构及其空气处理过程如图 5.65、图 5.66 所示。

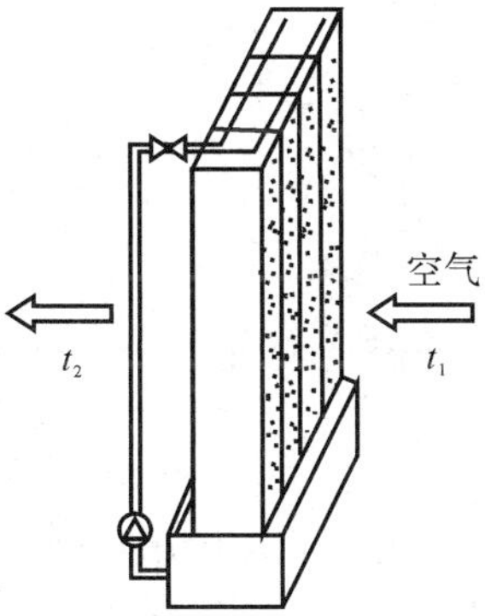

图 5.65　直接蒸发冷却器

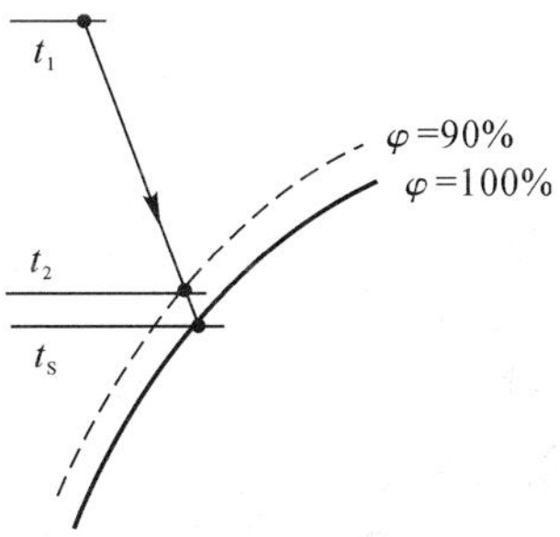

图 5.66　直接蒸发冷却处理过程

2. 间接蒸发冷却(IEC)技术

被处理的一次空气水平流过间接蒸发冷却器,二次空气在竖直方向上从间接蒸发冷却器下部往上流过与水接触,借助水蒸发形成的湿表面进行冷却。其中一次空气的空气处理过程为等湿冷却,二次空气为增焓降温过程。间接蒸发冷却器结构及其空气处理过程如图 5.67、图 5.68 所示。

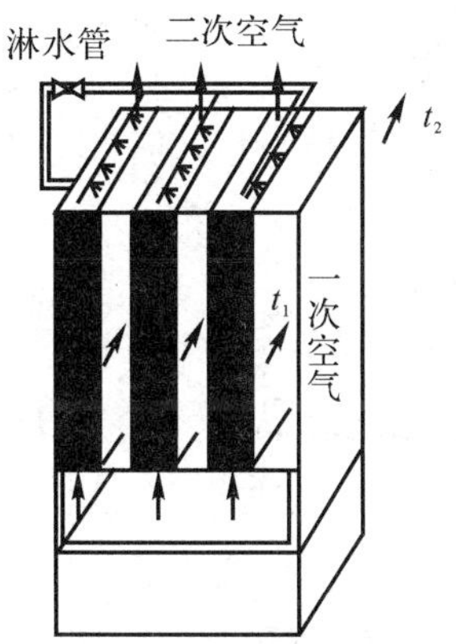

图 5.67　间接蒸发冷却器

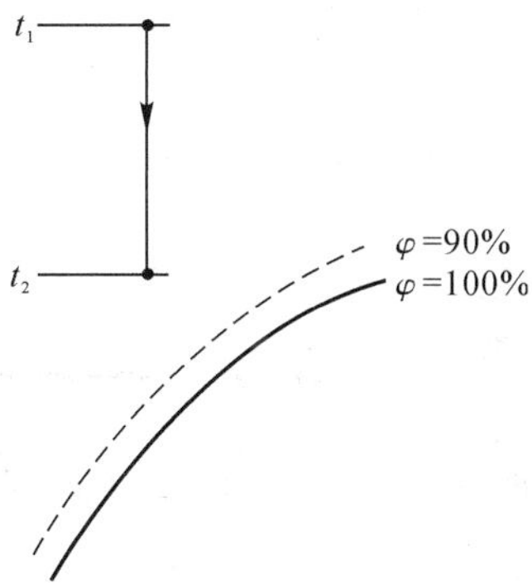

图 5.68　间接蒸发冷却处理过程

3. 二级、三级蒸发冷却空调技术

间接蒸发冷却与直接蒸发冷却加以复合获取冷风的技术,一般可分为二级(IEC+DEC)

蒸发冷却空调技术和三级(IEC＋IEC＋DEC)蒸发冷空调技术,其空气处理过程分别如图 5.69、图 5.70 所示。在我国西北等一些干燥地区,由于室外空气的干湿球温差比较大,蒸发冷却空调系统一般可采用全新风直流式系统,并且蒸发冷却空调机组不需要机械制冷表冷段。在这些地区,一般采用二级(IEC＋DEC)蒸发冷却空调系统或三级(IEC＋IEC＋DEC)蒸发冷却空调系统。

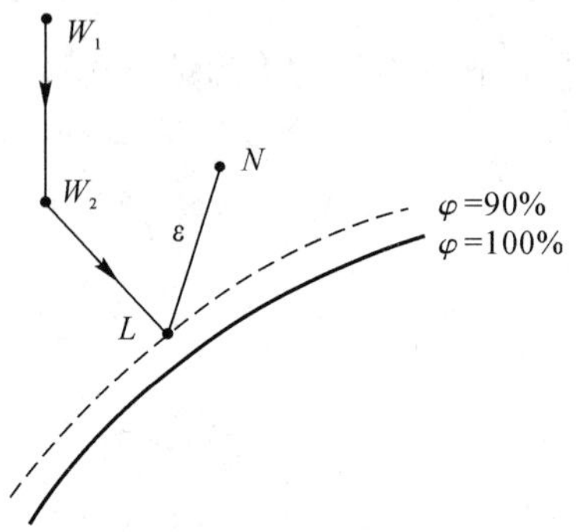

图 5.69　二级(IEC＋DEC)蒸发冷却处理过程

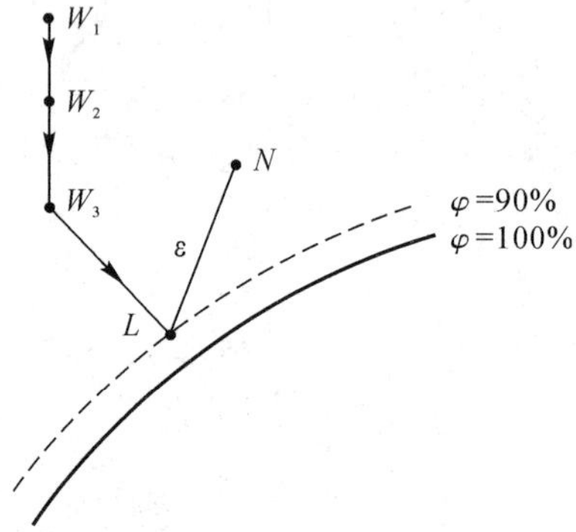

图 5.70　三级(IEC＋IEC＋DEC)蒸发冷却处理过程

4. 蒸发冷却-机械制冷复合空调技术

将蒸发冷却与机械制冷加以复合,以获取冷风的技术。在我国中等湿度地区,因为其室外空气湿球温度偏高,干湿球温差比较小,如果单独采用蒸发冷却空调,那么在夏季较热的时间段中送入室内的冷风温度将高于其设计值,所以不能单独采用蒸发冷却系统。目前,在这类地区应用的蒸发冷却空调,通常要机械制冷相结合,为了达到更好的节能效果,还需要使用回风。蒸发冷却＋机械制冷复合空调空气处理过程如图 5.71、图 5.72 所示。

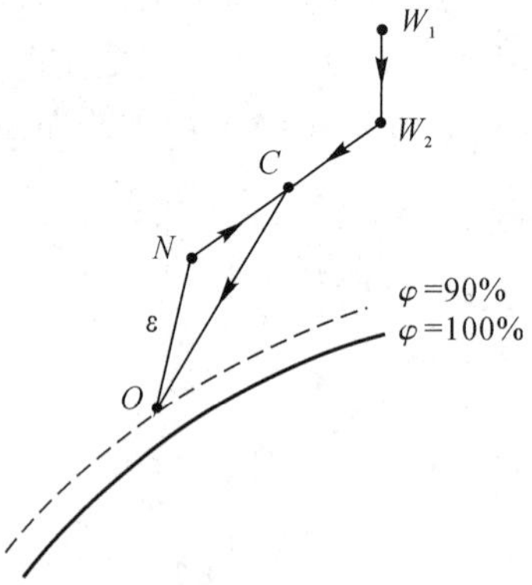

图 5.71　一级间接蒸发冷却＋机械制冷处理过程

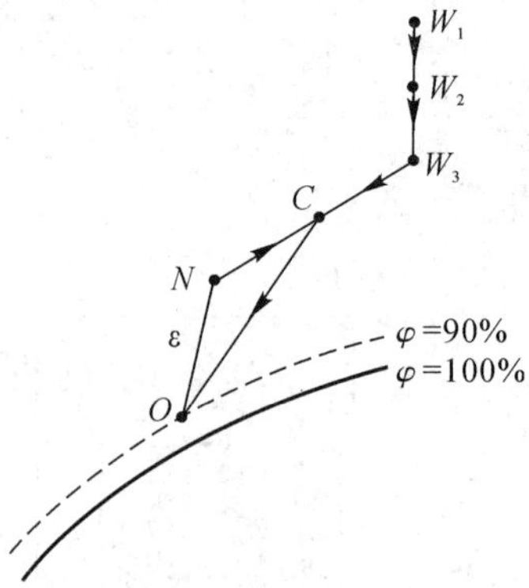

图 5.72　二级间接蒸发冷却＋机械制冷处理过程

5.7.2　蒸发冷却空调机组的分类及构造

蒸发冷却空调机组主要分为以下四类:直接蒸发冷却空调机组、间接蒸发冷却空调机组、间接-直接蒸发冷却复合空调机组和蒸发冷却-机械制冷联合空调机组。

根据水蒸发冷却原理,采用直接蒸发冷却方式获取冷风的设备,称为直接蒸发冷却空调机组(Direct Evaporative Air Handling Unit)。采用间接蒸发冷却方式获取冷风的设备,称为间接蒸发冷却空调机组(Indirect Evaporative Air Handling Unit)。采用间接蒸发冷却与直接蒸发冷却复合方式获取冷风的设备，称为间接-直接蒸发冷却复合空调机组(Indirect-direct Evaporative Air Handling Unit)。根据水蒸发冷却和机械制冷原理，采用蒸发冷却与机械制冷联合方式获取冷风的设备，称为蒸发冷却-机械制冷联合空调机组(Evaporative Cooling-mechanical Refrigeration Air Handling Unit)。

1. 直接蒸发冷却空调机组

直接蒸发冷却空调机组的产出介质为空气，其过程为产出介质(冷风)和工作介质(冷却水)直接接触发生热湿交换，通过水的蒸发使产出介质温度下降，而同时产出介质的含湿量增加，产出介质被降温的极限温度为室外空气的湿球温度。直接蒸发冷却分为滴水填料式直接蒸发冷却和喷淋式直接蒸发冷却，其中喷淋式直接蒸发冷却又分为喷水室直接蒸发冷却和高压喷雾(微雾)直接蒸发冷却两类形式。相应的直接蒸发冷却空调机组也有 3 种类型，即滴水填料式直接蒸发冷却空调机组、喷水室直接蒸发冷却空调机组及高压喷雾(微雾)直接蒸发冷却空调机组，如图 5.73 所示。

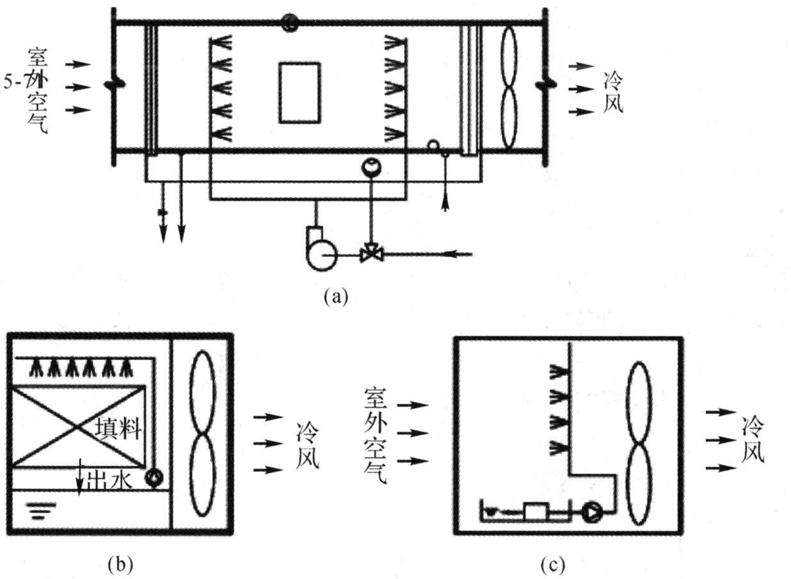

图 5.73　直接蒸发冷却空调机组

(a)喷水室直接蒸发冷却空调机组；(b)滴水填料式直接蒸发冷却空调机组；(c)高压喷雾(微雾)直接蒸发冷却空调机组

2. 间接蒸发冷却空调机组

间接蒸发冷却空调机组的产出介质为空气，由于产出介质(冷风或一次空气)不和工作介质(冷却排风或二次空气)直接接触，间接蒸发冷却空调机组可以实现产出介质的等湿降温，在这个过程中，产出介质经处理后其干球温度和湿球温度都下降了，而含湿量不变。间接蒸发冷却空调机组根据不同的主要工作介质或带走产出介质主要热量的媒介不同，可分为冷却排风(内冷)式和冷却水(外冷)式两种基本的形式。而冷却排风(内冷)式间接蒸发冷却空调机组目前有板翅式、管式、热管式、转轮式及露点式几种形式；冷却水(外冷)式间接蒸发冷却空调机组主要是空调用冷却塔与表冷器联合供冷的形式。其设备图如图 5.74 所示。

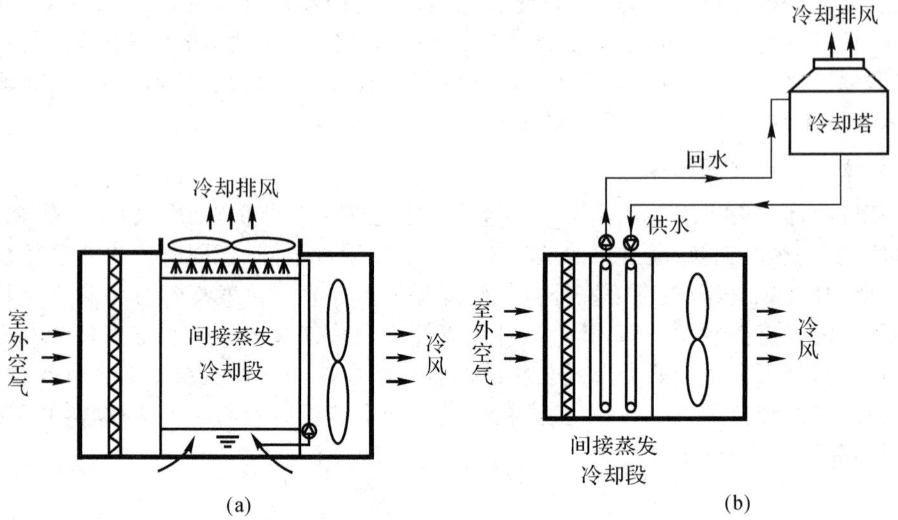

图 5.74　间接蒸发冷却空调机组

(a)冷却排风(内冷)式间接蒸发冷却空调机组;(b)冷却水(外冷)式间接蒸发冷却空调机组

3. 间接-直接蒸发冷却复合空调机组

间接-直接蒸发冷却复合空调机组产出介质为空气,室外空气(产出介质)依次经过该机组的过滤段、一级或两级间接蒸发冷却段、直接蒸发冷却段、送风段。其中间接蒸发冷却段可以为板翅式、管式、热管式、转轮式和露点式等形式。间接-直接蒸发冷却复合空调机组根据间接蒸发冷却段主要工作介质或带走产出介质主要热量的媒介不同,可分为冷却排风(内冷)式间接-直接蒸发冷却复合空调机组和冷却水(外冷)式间接-直接蒸发冷却复合空调机组两种基本的形式,其中冷却水(外冷)式间接-直接蒸发冷却复合空调机组主要是空调用冷却塔与表冷器联合供冷的形式。其设备图如图 5.75 所示。

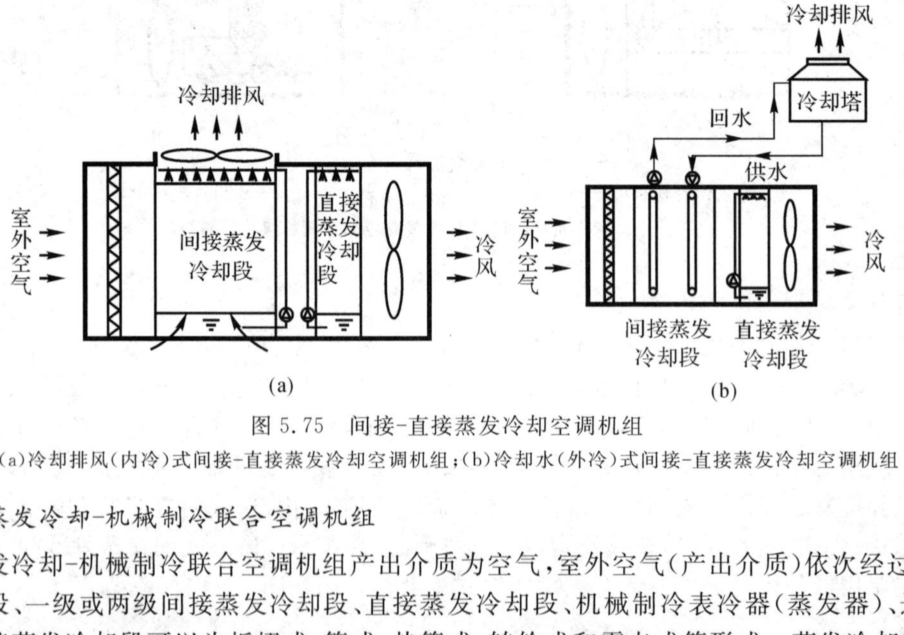

图 5.75　间接-直接蒸发冷却空调机组

(a)冷却排风(内冷)式间接-直接蒸发冷却空调机组;(b)冷却水(外冷)式间接-直接蒸发冷却空调机组

4. 蒸发冷却-机械制冷联合空调机组

蒸发冷却-机械制冷联合空调机组产出介质为空气,室外空气(产出介质)依次经过该机组的过滤段、一级或两级间接蒸发冷却段、直接蒸发冷却段、机械制冷表冷器(蒸发器)、送风段。其中间接蒸发冷却段可以为板翅式、管式、热管式、转轮式和露点式等形式。蒸发冷却-机械制冷联合空调机组按机械制冷系统的蒸发器是否在空调机组中直接冷却空气，分为两种基本形式，即蒸发冷却-冷却盘管式(Cooling Coil,CC)机械制冷联合空调机组和蒸发冷却-制冷剂直接膨胀式(Direct Expansion,DE)机械制冷联合空调机组。其设备图如图 5.76 所示。

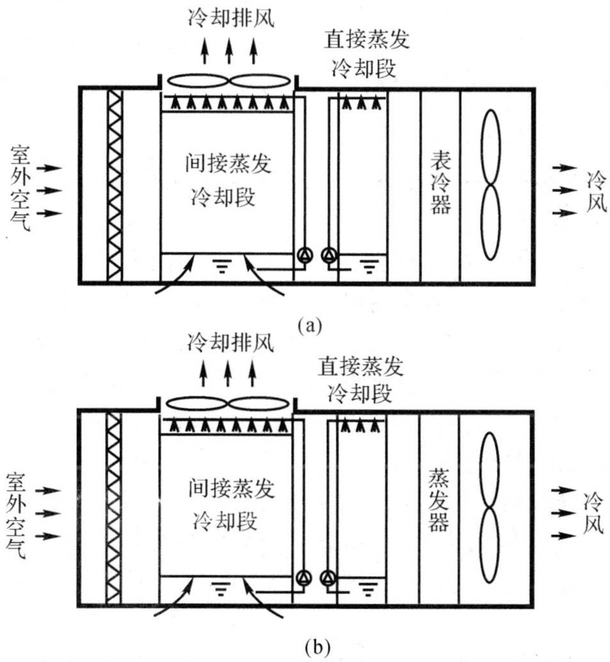

图 5.76　蒸发冷却-机械制冷联合空调机组

(a)蒸发冷却——冷却盘管式机械制冷联合空调机组；(b)蒸发冷却——制冷剂直接膨胀式机械制冷联合空调机组

5.7.3　蒸发冷却空调机组的特点

综合来看，蒸发冷却空调机组的制冷的驱动力是利用丰富的干空气能，与传统的空调对比，其不使用压缩机，并且其仅有风机和水泵为耗电设备，所以非常节能省电。其次该机组还以水作为制冷剂，不使用氟利昂，故而对空气友好，并对 PM2.5 和 PM10 等一些空气中的颗粒物有过滤作用。我国鼓励和引导创新，要求建立资源节约型和环境友好型社会，这样使得蒸发冷却这一节能、经济、低碳、环保的技术具有非常好的发展前景。

蒸发冷却空调机组以直接蒸发冷却技术以及间接蒸发冷却技术为核心，下面以直接蒸发冷却空调机组及间接蒸发冷却空调机组为代表介绍蒸发冷空调机组的应用特点。

1. 直接蒸发冷却空调机组的特点

无论采用何种形式的空调机组，采用直接蒸发的冷却技术处理空气过程相同，空气与水直接接触，水蒸发吸热冷却空气，同时一部分蒸发的水蒸气进入空气被送入房间，因而送风湿度较高。所有直接蒸发冷却空调机组的冷却性能与室外相对湿度成反比，能够获得的最低的出口空气温度接近于室外空气的湿球温度，并且随着室外湿球温度的升高而升高。在南方炎热潮湿地区，夏季室外空气相对湿度较大，水蒸发的驱动力变小，冷却性能降低，其应用也就受到一定的限制。在北方干燥地区，室外空气相对湿度较小，干湿球温度差较大，因而空气与水直接接触时热湿交换过程得以加强，送风空气的温降也显著提高，与此同时，空气在被冷却的过程中也被加湿，使得室内空气品质及温、湿度都有了明显的改善。因此，在对室内温、湿度要求不是很高的场所，直接蒸发冷却空调具有很好的优势。一般情况下，直接蒸发冷却空调器适用于低湿度地区，如我国海拉尔—锡林浩特—呼和浩特—西宁—兰州—甘孜一线以西的地区，但是也可作为降温装置应用于工业、农业生产等领域。

直接蒸发冷却空调机组在不同地区的应用效果有所差别，尤其在高湿度地区，降温效果不是特别明显，但平均温降也在4℃左右，且直接蒸发冷却空调机组的效率随着室外气象参数的变化而变化，机组的效率一般在60%～95%之间，平均效率在80%左右，机组应用效率不高。

2. 间接蒸发冷却空调机组的特点

间接蒸发冷却空调机组的形式较为多样，在此以最常见的板翅式、热管式以及管式间接蒸发冷却空调机组为例介绍其特征。

板翅式间接蒸发冷却空调机组是目前应用最多的间接蒸发冷却空调机组。其优点是换热效率高、制冷效率可达60%～80%，结构紧凑、体积小，制造工艺比较成熟。但在西北干燥、风沙灰尘较多且水质不是很好的地区，其弊端尽显：由于流道窄小、易堵塞，随着运行时间的增加，其换热效率急剧降低，造成流动阻力增大；布水不均匀且浸润能力差；金属表面容易结垢，且流道内污垢很难清洗，造成维护成本提高；加工精度低，存在漏水现象。因此，板翅式间接蒸发冷却空调机组的优点无法发挥。

热管式间接蒸发冷却空调机组的优点是结构简单，容易制造，换热效率高(可达60%～70%)，传热是可逆的，冷热流体可以变换；冷、热气流之间的温差较小时，也存在换热效率。其缺点主要是设备成本高于节能成本，且流动阻力较大。因此，热管式间接蒸发冷却空调机组未能大规模应用。

管式间接蒸发冷却空调机组布水均匀，流道较宽，不会产生堵塞现象，流动阻力小，有利于蒸发冷却的进行，单位体积造价相对板翅式要低，主要缺点是换热效率比板翅式要低，但近年来众多学者利用新材料、新技术、新工艺在管内插入螺旋线、管外包覆吸水性材料等来提高换热效率，得到了一定的改善；同时在我国那些干燥、风沙灰尘较多且水质不是很好的地区的室外条件下，管式间接蒸发冷却空调机组又能发挥其优点。

5.7.4　蒸发冷却空调机组选用中应注意的问题

本节分别从直接蒸发冷却空调机组及管式间接蒸发冷却空调机组两种情况对机组选用中应注意的问题进行讨论。

1. 直接蒸发冷却空调机组在选用时需要注意的问题

(1)填料厚度。空调机组填料薄，冷却效率低，要求的送风量大。填料厚，冷却效率高，气流阻力增大。因此应根据当地气候条件和室内舒适性温度要求确定填料厚度。设备的冷却效率计算公式如下

$$\eta_{冷却} = \frac{t_{z1} - t_{z2}}{t_{z1} - t_{w1}} \times 100\% \tag{5.58}$$

式中　t_{z1}——直接蒸发冷却空调机进口空气的干球温度，℃；

t_{z2}——直接蒸发冷却空调机口空气的干球温度，℃；

t_{w1}——空气的湿球温度，℃。

以克拉玛依地区为例，其室外空气参数见表5.7。如果室内设计温度为28℃，送风温差取6℃，则可据饱和效率计算式(5.58)计算出蒸发冷却设备的冷却效率为81.6%，根据蒙特产品样本，可选取CELdek5090型填料厚度100mm，填料风速控制在2.5～3.0m/s之间，或者选取

CELdek7030 型填料厚度 200mm，填料风速控制在 2.0m/s 左右即可满足要求。

表 5.7　克拉玛依市室外空气参数

	室外计算干球温度/℃		室外计算湿球温度/℃	室外计算相对湿度/(%)	室外风速/(m/s)	大气压/Pa
	空调	通风				
夏季	34.9	30	19.1	29(通风)	5.1	95 890
冬季	−28	−17		77(空调)	1.5	98 060

(2)淋水量。淋水量小，填料得不到完全湿润，设备冷却效率下降。淋水量大，会增加水泵功耗，增加空气流动阻力，还可能造成送风带水。通常淋水量是蒸发量的 3 倍即可满足要求。

(3)循环水的水质处理。循环水流过填料蒸发时，水里的矿物质也进入冷却器，但它不蒸发。当水中的矿物质达到饱和时就形成沉淀通常在填料进风侧。在运行中，水的蒸发、过滤大都发生在进风侧，在填料的进风侧慢慢积聚了水垢和过滤出的脏东西。填料不能使用时，往往它的进风侧已被水垢和过滤出的脏东西堵住而它的出风侧却还是崭新的，干干净净。一个延长填料寿命的窍门是将填料颠倒过来，让原来的进风侧变成出风侧，但最好的延长填料寿命的方法是改善水的硬度。

尽管有许多软化水处理方法，如离子交换树脂法、磁化处理、投放水质稳定剂等多种方法对循环水进行软化处理，但都会增加运行成本，而采用定量排水法则可降低运行成本。

采用这种方法，蓄水池中应安装排放装置，其流量要可调节，如果水中矿物质浓度较高则流量应调大。排放系统应配备计量阀，它不断地将水池中的水排出使得补水阀不断地补充新鲜的水。由于蒸发冷却设备通常采用循环水系统，所以必须确定排水率和补水率。排水是不断将水池中部分水排到外面以减少水池中矿物质的积聚，也就是控制水中可溶解固体的浓度量。排水流量由水质的初始状况，填料中水分的蒸发量和允许浓度确定，补水则是用来补充排水和蒸发所损失的水量。

(4)迎面风速。迎面风速小，冷却效率高，但会加大填料和设备尺寸。风速大，空气阻力增大，且有送风带水的可能，因而风速通常控制在 2.0～3.0m/s 之间。

(5)布水。当填料过厚、过大时，布水均匀与否直接影响到设备的冷却效率，这方面可借鉴国外成熟的布水模式，或者借鉴化工设备中的筛板等方法。

(6)空气预过滤。空调需要好的过滤器来减少系统内部积灰，因为空调内温度适中的积灰是微生物繁衍的理想场所。在发达国家，使用效率规格 F5(比色法 45%)的过滤器，中央空调系统每 5～8 年须清扫一次；使用效率规格 F7(比色法 85%)的过滤器，中央空调系统用 30 年无须清扫。因积灰引起空调性能下降、寿命下降、清扫费用上升，这三项分别造成的损失均高于使用优质过滤器的费用。

因此，好的空调过滤效率规格应选用 F6(比色法 65%)、F7(比色法 85%)。当然对于直接蒸发冷却设备或机组使用效率规格 F6、F7 的过滤器不是很划算，但对进风进行适当的预过滤，不但可改善空气品质，还可延长填料使用寿命。

(7)风量调节。设备可设计成变风量，若风机实现无级调速，则会增加产品成本，但风机可设计成两级调速，以适应室外温、湿度的变化。

2.管式间接蒸发冷却空调机组在选用时需要注意的问题

机组性能的影响因素主要分为内在因素和外在因素。内在因素包括管式间接蒸发冷却器的管束断面积及高度、换热管的热质交换、喷淋水方式和淋水量及喷淋水温度情况；过滤器的阻力大小及过滤器的洁净程度等。外在因素包括室外空气干湿球温度、相对湿度、海拔高度等。其中影响管式间接蒸发冷却器核心部件的因素主要有以下几点：

(1)管束高度。因为蒸发冷却器的效率受到管束高度的影响较大，随着高度的增加，效率也提高。实验证明管束高度为0.6m时，其效率高于75%，但随着管束高度继续增加时，效率增加逐渐趋于平缓。当管束高度为0.8m时，蒸发冷却器的效率可达到85%左右，此时管束高度的增加基本对效率没影响。但是设计制作过程考虑到设备体积以及空气阻力等影响因素，管束高度也不宜太大，因为这不但会造成设备体积过大，同时空气阻力、风机的能耗和噪声也会明显加大。所以，结合实验结果将实际工程中的管束高度设置为0.8m。

(2)一次风流速。一次空气在换热管内的流速大小，将直接影响空气与管式间接蒸发冷却器外表面热质交换系数以及热质交换接触时间，影响管式间接蒸发冷却器的换热效率，最终影响机组的整体效率及性能，因此一次空气的流速对机组的影响最为直接。实验证明，只有选取恰当的迎风断面流速才能保证机组的热质交换效率：当一次空气流速过小时，会造成设备体积增大、造价成本增加；当空气流速过大时，会造成换热器的效率降低且阻力明显增大。同时通过实际工程测试的热质交换效率最佳的流速为4.0～6.0m/s。

(3)喷嘴设置。不同的布水器喷嘴类型、喷嘴密度、喷淋水雾化程度有助于改善喷淋水在换热管表面形成均匀的水膜，改善换热管外表面湿润程度有一定的影响，将直接影响管式间接蒸发冷却器的换热效率。

(4)循环水量。必须考虑到循环水量和水温对换热器的效率影响。如果循环水量不足时，换热管束外表面就不能完全湿润并形成均匀的水膜，其热质交换不充分导致换热效率明显降低。当循环水量满足设计时，整个换热器的管束外表面完全湿润并形成均匀的水膜，此时换热器的换热效率达到最佳。当循环水量过大时，换热管束外表面的水膜变成水滴，水滴对二次空气湿通道的阻塞能力随之增大，导致空气侧的阻力迅速增加，无法充分进行热湿交换，导致换热效率下降。对于循环水温而言，二次空气在喷淋区时，空气与淋水发生显热交换，水的显热量转化成汽化潜热被二次空气带走，从而使得循环水温度逐渐降低，因此循环水温度对蒸发冷却效率会有着直接的影响，在实际工程应用中保证充足的循环水和水温对机组的效率提高有着至关重要的作用。

(5)室外干湿球温差、干球温度与相对湿度。必须考虑室外空气的干湿球温差的变化。随着室外空气的干湿度温差的减小，即湿球温度的增加大于干球温度的增加，蒸发冷却效率有所下降。当室外空气湿球温度小于23℃时，该地区的干湿球温差较大，换热器的效率提升较大，表现出湿球温度降低，效率升高；当空气的湿球温度在23～28℃变化时，该地区室外空气的相对湿度较大，空气接近饱和，造成空气可以容纳的水蒸气分子数量减少，使得管式段效率提升较平缓，表现出湿球温度增大，效率降低。如果空气的湿球温度在28℃以上时，通常在高湿度地区，此时空气的相对湿度往往接近饱和状态，因此管式段换热效率维持在较低水平。

区域气候特征主要通过干球温度与相对湿度来表征，所以干球温度和相对湿度的高低对管式间接蒸发冷却器的适用地区影响很大。在室外空气的干球温度相同的条件下，室外空气的相对湿度越小，其湿球温度越低，干湿球温差越大，蒸发冷却效率越高；反之相对湿度越大，其湿球温度越高，干湿球温差越小，蒸发冷却效率越小。对比气候干燥的西北地区和中等及高湿度的地区，使用蒸发冷却器空调，在中等及高湿度地区的效率要比干燥地区的效率降低10%～25%。因此可知相对湿度是影响管式间接蒸发冷却器性能和换热效率的重要因素。

本章小结

本章主要介绍了空气加热与冷却设备、空气加湿与除湿设备、空气净化设备等空气调节设备。其中空气加热与冷却设备主要包括喷水室、表面式空气换热器和电加热器。通过学习应了解各种设备的主要型式、构造和特点。空气净化设备主要包括空气过滤器，常用的空气过滤器有初效、中效和高效过滤器。在学习过程中应了解空气过滤机理，掌握净化设备的常见种类、构造特点和适用范围。空气加湿设备又分为等温加湿设备和等焓加湿设备，种类繁多，主要有干蒸汽式、电热式、电极式、红外线式、离心式、超声波式、喷射式和淋水式等。通过学习应掌握各种加湿器的工作原理、特点和适用场合。空气除湿设备主要包括冷冻除湿机、转轮除湿机、液体吸附剂除湿机和固体吸附剂除湿机，对于本知识点学习，应了解各种设备的工作原理、结构特点及其适用场合。组合式空调机组是集中式空调系统中普遍使用的设备，由多个空气处理功能段组合而成。通过学习要求了解组合式空调机组的主要形式，掌握机组的基本参数及型号表示方法，认识工程上常用的组合式空调机组。蒸发冷却空调机组是一种新型的利用水蒸发吸热进行制冷的空调设备，可分为直接蒸发冷却空调机组、间接蒸发冷却空调机组、间接-直接蒸发冷却复合空调机组、蒸发冷却-机械制冷联合空调机组。作为空调的新技术，在学习中应了解蒸发冷却技术的基本原理、相应空调机组的形式与结构以及适用场合。

思考与练习题

1. 空气处理可以有许多不同的方案，在夏季工况有哪些方案？冬季工况有哪些方案？
2. 表面式换热器主要有哪些种类？各有什么特点？
3. 表面式换热器能实现哪些过程？在焓湿图上表示出来。
4. 室内空气净化标准有哪些？
5. 空气过滤器有哪些主要类型，各自有什么特点，说明它们各自适合应用于什么场合？
6. 组成喷水室的主要部件有哪些？它们的作用是什么？
7. 电加热器有什么特点？
8. 空气的加湿方法有哪几种？需要哪些设备来实现？
9. 常用的除湿设备有哪几种？各适用于什么场合？
10. 什么是组合式空调机组？
11. 组合式空调机组主要由哪些功能段组成？
12. 组合式空调机组的基本参数有哪些？
13. 工程上常用的组合式空调机组有哪些形式？使用上各有什么特点？
14. 蒸发冷却空调技术的基本原理是什么？
15. 蒸发冷却空调机组可分成哪几类？
16. 常见的几种间接蒸发冷却空调机组的优缺点是什么？
17. 选用直接蒸发冷却空调机组需要注意哪些参数？

第6章　空调区气流组织

教学目标与要求

民用空调风系统一般由空气处理设备、空气输送管道以及空气分配装置三部分组成。空调系统创造的室内温、湿度环境跟室内气流组织直接相关。室内气流组织的好坏，会直接影响室内空气的温度、湿度、速度和舒适度等物理量的变化。比如，当气流组织设计不合理时，可能会出现室内温度冷热分布不均匀；当空调送风速度过大时，室内人员会受到冷风直吹，人体冷感明显增强，产生不舒适的感觉；当空调气流组织不合理，会在室内多处，出现气流旋流区域，污浊的空气较难被排出到室外，直接导致室内空气品质降低。除此之外，空调房间内部的气流组织设计不合理，还会造成空调系统设备选型偏大，直接增加空调的运行能耗和维护成本，进一步增加建筑能耗，从而影响建筑节能。因此，对空调房间内部气流组织的设计是空调设计中的重要环节之一。

本章主要讲述空调室内气流的流动规律、气流组织的评价指标、室内气流组织的形式和最新的计算流体动力学(Computational Fluid Dynamics, CFD)仿真技术在现代空调工程中的应用。

通过本章的学习，学生应主要达到以下目标：

(1)了解空调系统送、回风口的形式；

(2)掌握送、回风口的气体流动规律；

(3)了解气流组织的评价指标；

(4)掌握室内气流组织的形式；

(5)掌握CFD模拟仿真技术在现代空调室内气流组织设计中的应用。

教学重点与难点

(1)送、回风口的气体流动规律；

(2)气流组织的评价指标；

(3)舒适性空调送、回风方式；

(4)净化性空调送、回风方式；

(5)CFD模拟仿真技术的基本操作流程。

工程案例导入

进入冬、夏空调季节，室外客观气象条件使得室内外温差增大。在大型公共建筑中，例如，在体育馆观看比赛时，体育比赛大厅的气流组织形式既要满足观众的舒适性要求，又要满足进行体育比赛时要求的环境条件。如何在保证体育馆内舒适度及赛事对室内气流要求的同时，降低空调所产生的能耗，需要对空调气流组织进行良好地设计。

气流变化的规律和组织的形式有哪些？如何改变室内的气流组织形式？这些问题的回答有助于帮助我们了解空调房间室内气流组织的本质，同时，也可以帮助我们设计出性能更加优良的空调系统。

6.1　气流的流动规律

配备空调的建筑，通常是一个密闭性的空间。如果空调室内气流组织的设计不合理，则会造成室内工作人员的热舒适性变差，甚至导致鼻塞、头痛、头晕和疲劳等症状。

空调风系统由空气处理设备、通风机、风道及送、回风口等子部件组成。设计良好的空调风系统，可使得经空调机组处理的空气送入房间后，保证空调房间的温度、湿度、气流速度及洁净度达到设计规范要求。同时在满足生产和生活需要的前提条件下，优良的室内气流组织设计还可将优质空气在最小能耗的前提条件下送至室内人员活动的区域。

送、回风口是空调系统中直接控制气流速度、流动方向等状态的部件。空调系统的功能以及其负担的室内负荷所需要的能耗不同，使得空调系统送、回风口的类型很多，各自均有不同的适用场合。只有全面深入了解各种送、回风口的构成与特点，了解送、回风口处的气体流动规律，才能为室内房间设计出最合适的气流组织形式。

6.1.1　送、回风口的型式

1.送风口型式

由于建筑中空调房间的气流流型主要取决于送风处的射流状态，而送风处的射流与送风口型式直接相关，所以了解送风口的型式对做好室内气流组织设计具有决定性的意义。目前，有很多送风口的型式，在实际工作中，通常要根据空调设计要求的状态及气流组织进行选择。下面介绍几种常见的送风口型式。

(1)侧送风。在空调房间内，横向送出气流的风口，称为侧送风口。在工程中，常采用百叶风口，如图 6.1 所示。

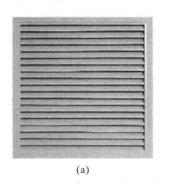

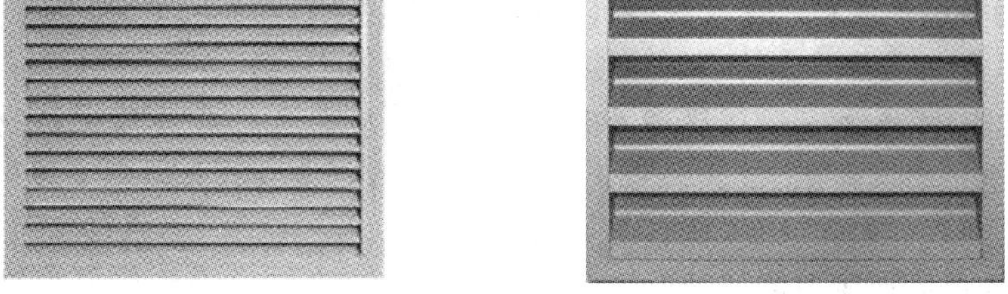

(a)　　　　(b)

图 6.1　百叶风口

(a)普通百叶风口；(b)防雨百叶风口

百叶风口是空气分布器的一种。常见的百叶风口型式有单层百叶风口、双层百叶风口、侧壁格栅风口和条缝格栅型风口等。

单层百叶风口经常被用在回风口处，且与铝合金网式过滤器或尼龙过滤网配套使用，在此不再详述。双层百叶风口由双层叶片组成，前面一层叶片是可调的，后面一层叶片是固定的，根据需要可配置对开式多叶风量调节阀，用来调节风口风量。因为送风口中前面的百叶被做成活动可调的，在兼顾调节风量的同时，也能调节方向。如果前面叶片为竖向布置，后面叶片为横向布置的称为 VH 式。例如，在宾馆客房小过道内的卧式暗装风机盘管机组的出风口就是采用 VH 式双层百叶风口，它们通过改变竖叶片的安装角度，可调整气流的扩散角。与之相反，如果前面叶片为横向布置、后面叶片为竖向布置的称为 HV 式。例如，根据供冷和供暖的不同要求，当送冷风时，若空调区风速太大，可将横叶片调节成仰角；当送热风时，如果热气流依靠浮升力在房间上部聚集，可以将横叶片调成俯角，这样就可通过调整出风角度改变气体流向，从而将热气流引导下来。一般地，双层百叶风口通常用作全空气空调系统的侧送风口，同时可被用于公共建筑的舒适性空调，也可用于恒温高精度的工艺性空调，此外，也可以被用作风机盘管机组(含新风)的出风口或者独立新风系统的送风口。除了单层和双层百叶风口外，在一些送风系统中，也可将百叶做成多层，每层有各自的调节功能。

另外，在居民建筑中，为了将送风口与建筑装饰很好地配合起来，还经常采用格栅送风口和条缝送风口这两种型式。

格栅风口是一种固定斜叶片的风口，如图 6.2 所示。格栅风口常被用在侧墙等建筑物外墙上的通风口，也可以被用在通风空调系统中的新风进风口。当被用于新风进风口时，根据设计需要达到的工艺要求，可以加装单层(或双层)铝板网或无纺布过滤网，对新风进行预过滤处理。

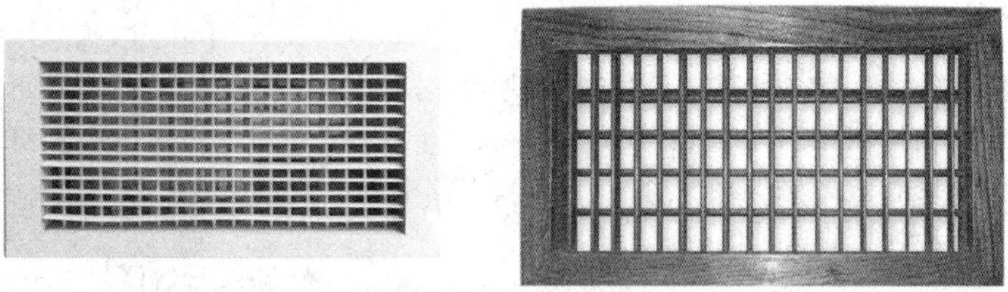

(a) (b)

图 6.2 格栅风口

(a)普通格栅风口；(b)装饰性的格栅风口

条缝型送风口是由固定直叶片组成，通常被安装在顶棚上，也可以平行于侧墙非连续性布置，也可以被连续布置或布置成环状，其构造如图 6.3 所示。

在工程中，条缝型送风口的最大连续长度为 3m，根据安装需要，可以制成单一段(两端有框)、中间段(两端无框)和角度段等多种应用形式。工程上如需要长度更长的风口时，可将两节或多节风口拼接起来使用，接缝处要配备插接板。固定百叶直片条缝送风口，在被用于送风时，风口上方需设置静压箱，以确保垂直下送气流分布保持均匀。条缝送风口主要被用在公共建筑中的舒适性空调送风口处。

(2)散流器。散流器是安装在顶棚上的送风口。一般情况下，呈辐射状散流器中设有多层可调节的散流片。配置散流器的目的是让出风口出风方向被分成多个方向的流动，一般被用在候机大厅等大面积送风建筑中，方便新风送风的均匀分布。

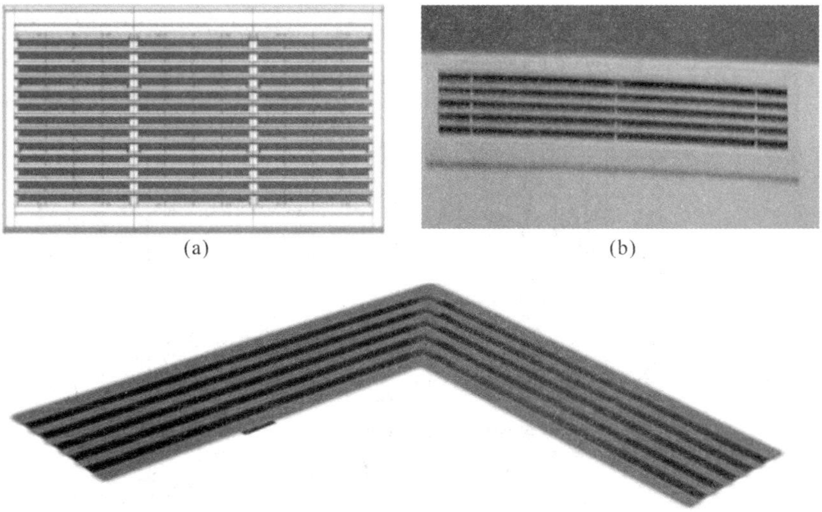

(a)　(b)　(c)

图6.3　条缝型风口

(a)条缝型风口图例；(b)条缝型风口安装局部图；(c)条缝型直角风口

在工程中，散流器风口型式的选用主要参考以下参数：出风口的风速、全压损失和气流射程等。散流器的形式很多，一般有盘式散流器和送吸式散流器，如图6.4所示。

盘式散流器的送风气流呈辐射状或呈锥体输送，其外观如图6.4(a)，(b)所示。

送吸式散流器则是把送、回风口结合在一起，进行室内气流组织的调节，其外观如图6.4(c)所示。

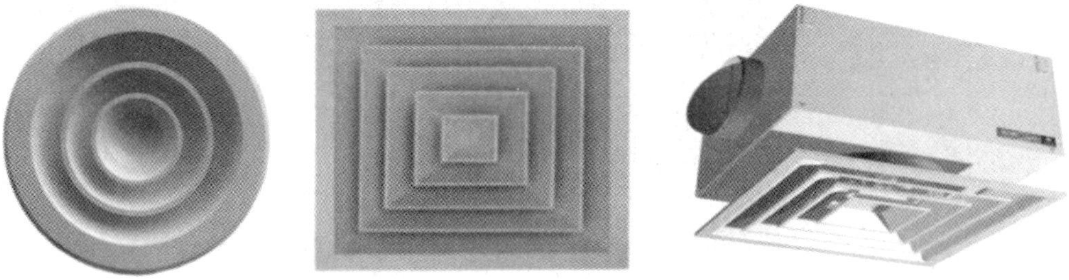

(a)　(b)　(c)

图6.4　散流器送风口

(a)圆形盘式散流器送风口；(b)矩形盘式散流器送风口；(c)送吸式散流器送风口

在实际工程应用中，散流器被用于平送气流时，一般按照对称形式布置或者按照梅花形式布置，散流器的中心与侧墙的距离不宜小于1 000mm。当采用圆形或者方形散流器，布置相应的安装位置时，其相应的送风范围(面积)的长宽比不应该大于1∶1.5，送风水平射程与垂直射程(平顶至工作区上边界的距离)的比值，一般保持在0.5～1.5之间。

(3)孔板送风。孔板送风口是指空气经过开有若干圆形或条缝形小孔的孔板进入空调房间的送风口型式，其整个送风工作原理示意图如图6.5所示。

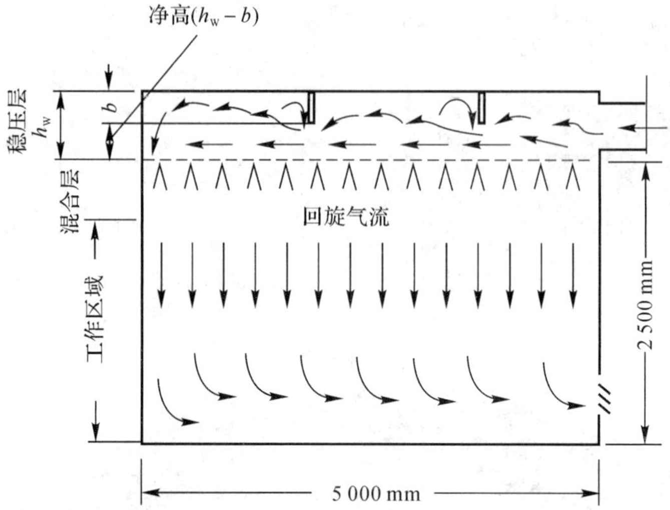

图 6.5　孔板送风示意图

孔板送风口最大的特点是送风必须流过开有若干圆形或条缝形小孔的孔板，其送风均匀、速度衰减快，如图 6.6 所示。孔板送风口最适用于高精度空调房间的设计要求，工作区气流均匀、区域温差较小。但是孔板送风要求吊顶空间作为送风静压箱，同时需要的送风量大(20～150 次/h)，所以运行费用较高。

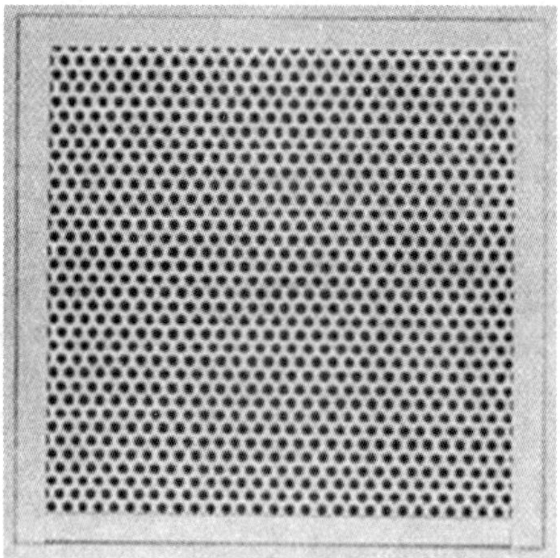

图 6.6　孔板送风口

(4)喷射式送风。喷射式送风口是一个渐缩圆锥形的短管，其主要部件是射流喷嘴，通过它将气流喷射出去。常被用于大型的工业生产车间、体育馆和电影院等建筑中，如图 6.7 所示。喷射式送风口简称喷口，在工程上也有将喷口安装在圆筒形、球形或半球形的壳体内，构成不同类型的喷射式送风口。该送风口的喷嘴可以是固定的，也可以是在上下或者左右方向可以调节的。

喷射式送风口送出的高速射流，可以带动室内空气进行强烈地运动和混合，其射流断面在混合中不断扩大，同时断面速度逐渐衰减，在室内形成漩涡结构，使得工作区处于回流区域，温度场和速度场都比较均匀。

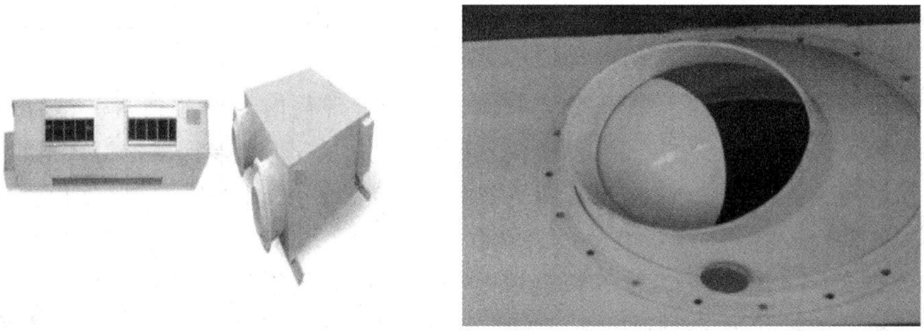

(a)　　(b)

图 6.7　喷射式送风口

(a)喷射式送风系统;(b)喷射式送风口风口局部图

一般情况下,在相同冷量送风时,当喷口安装高度增加时,温度场分层高度也随之增加,直接导致对室内工作区内平均温度产生较大的影响,使得空调冷负荷增加,因此,可以通过降低送风口高度减少高大建筑空间内部的空调能耗。另外,不同安装高度、不同喷口送风量条件下的喷口,喷口安装高度越高,室内风速分布越均匀,同时当喷口送风量减少时,室内工作区内的平均风速逐渐降低。最后,在实际工程中,应该综合考虑室内气流分布的均匀性和节能性,通过设计合理的风口高度,对室内舒适度产生最优的影响。例如,对于对室内气流分布均匀性要求不高的大型展览馆、体育场等建筑物,可以采用较低的送风口高度以减少空调系统运行能耗,对于室内气流组织要求较高的房间,可以适当提高送风口的高度,同时增大送风量并且降低送风温差,以提高室内气流组织分布的均匀性。

(5)旋流送风。旋流送风是指空调的送风经过旋流叶片切向进入集尘箱,形成旋转气流,再经出口格栅向外送出,如图 6.8 所示。

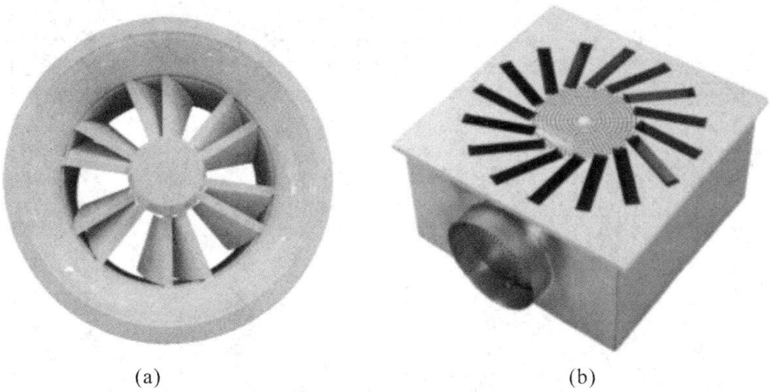

(a)　　(b)

图 6.8　旋流送风装置

(a)旋流送风口;(b)旋流送风装置

旋流送风口的工作原理:在工作时,主要利用出风的旋转将空气以螺旋状送出,产生相当高的诱导比,使得送风与周围建筑室内的空气迅速混合。与传统的送风散流器不同,出风槽一般为径向排列,风道中的气流经过风口出风槽的导向,形成沿切线方向的射流,整个风口的送风在多股射流的作用下,产生如台风状的涡流,在涡流的中心区域会形成一个负压区,诱导周围室内空气迅速地与送风混合,整个送风气流呈稳定的水平扩散流态。旋流送风的诱导比是常规散流器的 10～20 倍。

根据不同的使用场合及使用功能，可以将旋流送风口分为固定式旋流风口和可调式旋流风口两大类。

固定式旋流送风口，其主要结构特点是其出风槽呈现径向方向排列，在实际应用中，最常见的形式是形如风扇叶片状的一次冲压导流板。除此之外，还有多种其他型式的构造，比如一次冲压成型的面板，在冲压成型的面板上开槽，再加装导流片，使得喉口、导流片和散流圈组成一体。

可调式旋流风口，其送风角度可以通过改变导流片的间距和方向加以调节。它适用于制冷和供热两种不同的工况。同时可调式旋流风口的安装高度可以大于 3.8m。冬季在设计工况条件下，可调式旋流风口的送风深度最高可达 20m。

总之，旋流送风口送出的旋转射流，具有诱导比大、风速衰减快的特点。同时，送风气流与室内空气混合好、房间舒适度高。在空调通风系统中可以被用作大风量、大温差送风装置，以减少风口数量。一般安装在天花板或顶棚上，可用于 3m 以内的低矮空间，也可以被用在建筑高度较高并且需要大面积送风的场合，送风高度甚至可达 20m。

2. 回风口型式

由于在实际工程中，回风口型式对房间气流组织影响比较小，因此它的型式与送风口相比较而言也比较简单。最简单的回风口型式，就是直接在孔口上配置金属网格。一般情况下，为了回风口的造型美观，有的回风口与建筑装饰配合起来，在回风口位置处装百叶进行修饰，如图 6.9 所示。

(a)

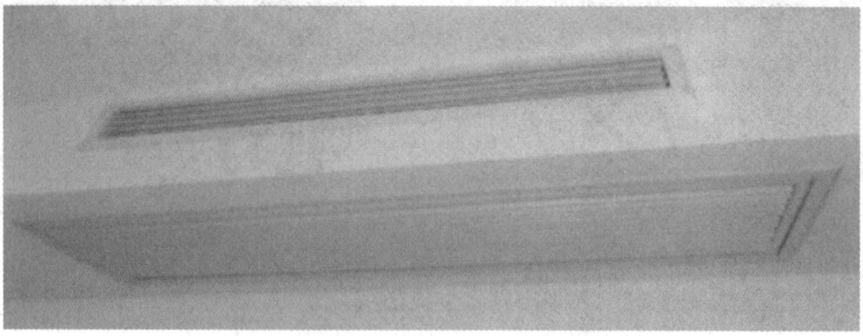

(b)

图 6.9　回风口基本型式及安装位置

(a)格栅式回风口；(b)回风口的实际安装位置

关于回风口的类型，在空调工程中包括单层百叶风口、固定百叶条缝风口、网格、孔板回风口和蘑菇形回风口等多种风口类型。无论是哪种回风口形式，在空调工程中，回风口应该可以进行风量的调节。在进行建筑室内风量调节时，如果回风口被设在房间下部时，为避免灰尘和杂物吸入，回风口下缘距离地面不得少于 0.15m。如果在地面上布置回风口，可以使用专门的蘑菇形回风口。

选定回风口类型后，可以设计回风口的布置方式。按照射流理论，送风射流会引发大量的室内空气与送进来的气体混合，使射流流量随着射程的增加而不断增大。与此类似，与送风口对应的回风口处的回风量，应小于（最多等于）送风量，回风口的速度场分布呈现出半球形状，其速度的大小与作用半径的二次方成反比。一般情况下，回风口处的吸风气流速度衰减很快。因此在空气调节区域内的气体流型主要取决于送风口的射流，而回风口的位置对室内气流流型及温度、速度的均匀性影响不大。综上所述，在进行回风口设计时，重点考虑如何尽量避免射流短路和产生气流“死区”等现象。一般的设计措施为：采用侧送风方式时，应该尽量把回风口布置在送风口同一侧。同时，如果出现走廊位置设计回风口，其横断面风速不宜过大，以免引起扬尘和造成人员的不舒适感。

在空调系统设计过程中，为了确定回风口处的速度（即迎面风速），首先考虑三个因素：一是避免靠近回风口处的风速过大，防止对回风口附近经常停留的人员造成不舒适的感觉；二是避免风速过大，而引起扬起灰尘及增加噪声；三是尽可能缩小回风口的断面，以节约初步投资。其次，关于回风口处的速度，一般要满足下面的要求：第一，当回风口布置在房间的上部时，最大吸风速度不大于 4.0m/s；第二，当回风口布置在房间下部且不靠近人经常停留的地点时，最大吸风速度不大于 3.0m/s；第三，当回风口布置在房间下部且靠近人经常停留的地点时，最大吸风速度不大于 1.5m/s。

除上述基本的设计要求外，一般回风口的风速可按表 6.1 确定。回风口的大小应该根据回风量与回风口的风速确定。

表 6.1　回风口风速

回风口的位置		吸气速度/(m/s)
房间上部		4.0～5.0
房间下部	非人员经常停留位置	3.0～4.0
	人员经常停留位置	1.5～2.0
	走廊回风	1.0～1.5

总之，回风口是为空调系统提供必要的回风量而采用的。当建筑室内负荷一定时，需要给室内送的风量是一定的。在夏季，建筑室内气体相对于新风来说，温度一般较低，可以利用回风道，将一些室内气流送进空调箱，与少量新风混合后，处理成冷风送入室内，相对于全部用新风制冷的系统来说，可以达到有效节能的目的；在冬季，系统的表冷器停用，室外新风与回风混合后，经加热加湿后送入室内，冬季增加回风的作用是使得整个系统能耗减小；冬季室外雾霾严重，采用回风系统，可以使得室内空气卫生条件改善；同时，还可以增加运行的经济性能，使得运行费用减少。因此，新、回风混合式系统可以应用于多种场合，是目前应用最多的空调系统。

6.1.2　送、回风口的气流流动规律

1. 送风口空气流动规律

由于送风口射出的空气射流对室内气流组织的影响最大，所以在研究气流组织时，首先应

了解送风口的空气流动规律。

空气经孔口或管嘴向周围气体的外射流动称为射流。在空调中，由于送风速度较大，同时送风温度与室内空气温度不同，所以射流多属于紊流非等温受限射流。

(1)等温自由射流。将等于室内空气温度的空气自喷嘴喷射到比射流体积大得多的房间中，射流可不受限制地扩大，这种射流称为等温自由射流。由于送风温度与室温的差异为零，所以送风射流与室内空气发生动量交换的同时没有显热交换，但由于送风射流里水蒸气的含量与室内空气的可能不同，所以还会存在着与室内空气的质量交换及由此引起的能量交换。

图 6.10 所示为具有出口速度 v_0 的圆断面射流。由于紊流的横向脉动和涡流的出现，其射流边界与周围气体不断发生横向动量交换，卷吸周围空气，所以射流流量逐渐增加，断面不断扩大，整个射流呈锥体状。伴随动量交换，射流速度不断减少，首先从边界开始，逐渐扩至核心，而轴心速度未受影响。轴心速度保持不变的部分称为起始段，此后均为主体段。在主体段内，轴心速度逐渐减小以致完全消失。图中 d_0 为送风口直径；v_x 是以风口为起点，到射流计算断面距离为 x 处的轴心速度；θ 为射流极角，其值为整个扩散角的一半，如果喷口为圆形，θ 值取 14°30′。在整个射程中，射流静压与周围空气静压相同，沿程动量不变。

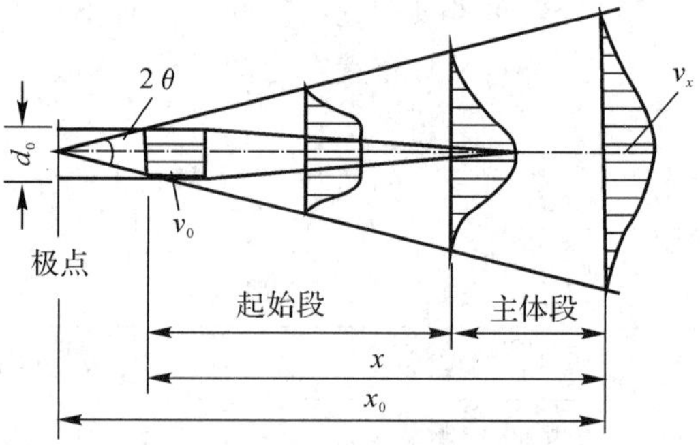

图 6.10　等温自由射流

(2) 非等温自由射流。在空气调节中，通常射流出口温度与周围空气温度是不相同的，这样的射流称为非等温射流或温差射流。送风温度低于室内空气温度者为冷射流，高于室内空气温度者为热射流。

非等温射流在其射程中，射流与室内空气的掺混不仅引起动量的交换(决定了流速的分布及其变化)，还带来热量的交换(决定了温度的分布及其变化) 和质量的交换(决定了浓度的分布及其变化)。而热量的交换较之动量快，即射流温度的扩散角大于速度扩散角，因此，温度边界层比速度边界层发展要快些、厚些，温度的衰减较速度快。

非等温射流在其射程中，与周围空气密度不同，所受浮力与重力不相平衡而发生弯曲，冷射流向下弯，热射流向上弯，但仍可视作以中心线为轴的对称射流。决定射流弯曲程度的主要因数是阿基米德数 Ar，是表征浮力和惯性力的无因次比值，其计算式为

$$Ar = \frac{gd_0(T_0 - T_N)}{v_0^2 T_N} \tag{6.1}$$

式中　T_0—— 射流出口温度，K；

T_N—— 房间空气温度，K；

d_0—— 送风口直径，m；

v_0—— 射流出口速度，m/s；

g——重力加速度，m/s^2。

阿基米德数 Ar 随着送风温差的提高而加大，随着出口流速的增加而减小。Ar 值越大，射流弯曲越大。如 $Ar=0$ 时，是等温射流；当 $|Ar|<0.001$ 时，可忽略射流的弯曲，仍可按等温射流计算；当 $|Ar|>0.001$ 时，射流弯曲的轴心轨迹变化较大。

(3) 受限射流。通常空调房间对于送风射流大多不是无限空间，气流扩散不仅受顶棚的限制，而且受四周壁面的限制，出现与自由射流完全不同的特点，这种射流称为受限射流。

如当送风口位于房间顶棚时，射流在顶棚处不能卷吸空气，造成流速大、静压小，而射流下部流速小、静压大，在上下压力差的作用下，射流被上举，使得气流贴附于顶棚流动，这样的射流称为贴附射流。由于壁面处不可能混合静止空气，也就是卷吸量减少了，所以贴附射流的射程比自由射流更长，而由于贴附射流仅一面卷吸室内空气，所以其速度衰减较慢，同室内空气的热量交换和质量交换也需较长的时间才能充分进行。此外，当射流为冷射流时，气流下弯，贴附长度将受影响。贴附长度与阿基米德数 Ar 有关，Ar 愈小则贴附长度愈长。

除贴附射流外，空调房间四周的围护结构可能对射流扩散构成限制，出现与自由射流完全不同的特点，这种射流称为有限射流或有限空间射流。图 6.11 所示为有限空间内贴附与非贴附两种受限射流的运动情况。

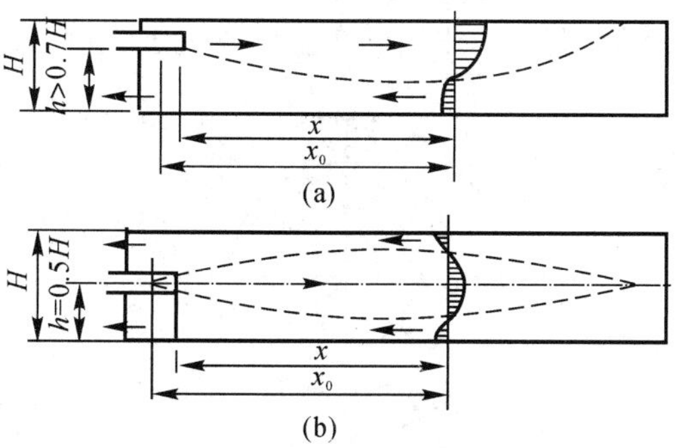

图 6.11　有限空间射流流动规律

(a) 贴附于顶棚的射流；(b) 轴对称射流

如图 6.11(a) 所示，当送风口位于房间高度中部（$h=0.5H$）时，则形成完整的对称流，射流区呈橄榄形，在其上下形成与射流流动方向相反的回流区；当送风口位于房间高度上部（$h\geqslant 0.7H$）时，则出现贴附的有限空间射流[见图 6.11(b)]，房间上部为射流区，下部为回流区，相当于自由射流的一半。

有限空间射流的压力场是不均匀的，各断面的静压随射程而增加。一般认为当射流断面面积达到空间断面面积的 1/5 时，射流受限，成为有限空间射流。

由于有限空间射流的回流区一般是工作区，所以控制回流区的风速具有实际意义。回流区最大平均风速计算式为

$$\frac{v_h}{v_0}\frac{\sqrt{F_N}}{d_0}=0.65 \tag{6.2}$$

式中　v_h——回流区的最大平均风速，m/s；

F_N——每个风口所管辖的房间的横截面面积，m^2；

$\frac{\sqrt{F_N}}{d_0}$ ——射流自由度,表示受限的程度。

(4)平行射流。在空调送风中,常常会遇到多个送风口自同一平面沿平行轴线向同一方向送出的平行射流。当两股平行射流距离比较近时,射流相互汇合。在汇合之前,每股射流独立发展。汇合之后,射流边界相交,互相干扰并重叠,逐渐形成一股总射流。由于平行射流间的相互作用,其流动规律不同于单独送出时的流动规律。一般情况下,平行射流的轴线速度比单独自由射流同一距离处的轴线速度大,距离愈大,差别愈显著。

(5)旋转射流。气流通过具有旋流作用的喷嘴向外射出,气流本身一面旋转,一面又向静止介质中扩散前进,这种射流称为旋转射流。

射流的旋转使得射流介质获得向四周扩散的离心力。和一般射流相比,旋转射流的扩散角要大得多,射程短得多,并且在射流内部形成了一个回流区。对于要求快速混合的通风场合,用它作为送风口是很合适的。

2. 回风口空气流动规律

回风口与送风口的空气流动规律完全不同。送风射流是以一定的角度向外扩散,而回风气流则从四面八方流向回风口,流线向回风口集中形成点汇,等速面以此点汇为中心近似于球面,如图 6.12 所示。点汇速度场的气流速度迅速下降,使吸风所影响的区域范围变得很小。因而在空调房间中,气流流型及温度与浓度分布主要取决于送风射流。

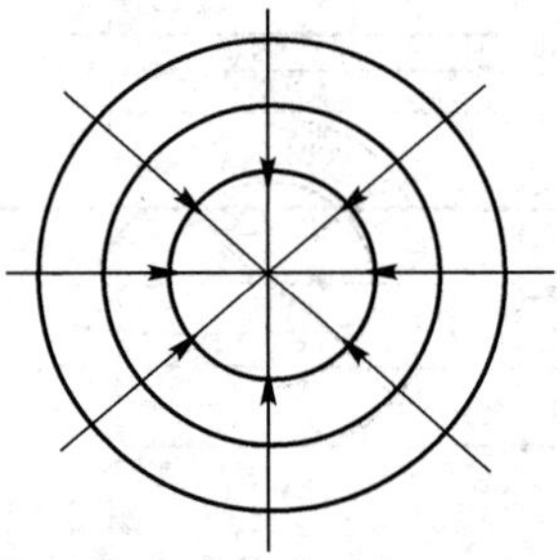

图 6.12 回风点汇图

6.2 气流组织的评价指标

6.2.1 舒适性指标

气流组织的舒适性指标和影响空调室内舒适性的因素相关。在此先详细论述影响空调室内舒适性的因素。再借助影响空调室内舒适性的各个因素,详细剖析空调室内气流组织的舒适性指标。

影响空调室内舒适性的因素主要有六个,分别是空气温度、相对湿度、空气流速、平均辐射温度、人体活动代谢率和服装热阻。下面分别阐述以上几个指标。

1. 空气温度

室内空气温度是表征空调建筑室内环境的主要参数,也是影响人体舒适度的最重要因素。它不仅影响着人体与周围环境的辐射热交换和对流换热,同时也影响人体自身的潜热散热量。

具体来说，从人体生理学的角度来看，空气温度的变化对人体新陈代谢影响十分明显，直接影响着人体自身的热平衡。空气温度通过直接影响人体与人体所处环境之间的热交换，对人体热调节过程起着重要的影响作用。当周围环境温度升高时，人体皮肤毛细血管扩张，毛孔打开，出汗量增加，通过汗液蒸发带走皮肤热量，使身体达到热平衡状态。当温度继续升高，体散热量不能使身体达到热平衡，体温将持续升高，人体会感觉极不舒适，甚至出现中暑等症状。反之，当周围环境温度降低时，人体毛细血管收缩，皮肤的湿度逐渐降低，毛孔闭合，减少人体出汗量和外界的对流与辐射换热量，重新使人体达到热平衡状态。当周围环境温度继续降低，人体产生的热量不足以抵御低温，就会出现人体机能降低、活动减慢的现象。

室内空气温度除了对生理的影响之外，还在很大程度上影响人的冷感和热感，进而影响到人的工作效率。在高温情况下，人体下丘脑和胰腺分泌激素，增强人体表面皮肤汗腺组织的分泌活动，同时促使皮肤血管扩展，增强皮肤的散热功能；在温度较低情况下，人体表面的皮肤血管收缩，导致寒战等寒冷感觉。一般而言，人体在空气温度为25℃左右时，工作学习的效率最高；当温度低于18℃或者高于28℃时，就会产生相应的冷感或者热感，人们工作的效率也会受到很大的影响而急速下降。

综上所述，室内环境中空气温度是影响室内环境的主要指标之一，也是表征室内人体热舒适度的重要指标。可以说，温度是人体热舒适最重要的影响因素，远远超出其他因素对热舒适性的影响。

2. 相对湿度

由前面的知识可知，相对湿度是指湿空气中水蒸气分压力与相同温度下的饱和水蒸汽分压力之比。在空调工程中，也指湿空气的绝对湿度与相同温度下可能达到的最大绝对湿度之比。室内空气相对湿度的大小会影响皮肤表面的水分蒸发散热量，同时也对人体的潜热散热量有着重要的影响。

具体来说，相对湿度不同会影响皮肤表面水蒸气分压力产生不同，进而影响到人体皮肤表面的蒸发散热过程，这种物理作用在高温、高湿度或者低温、低湿度环境情况下尤其明显。根据(GB/T 50785—2012)《民用建筑室内热湿环境评价标准》，当相对湿度稳定在30%～60%范围内时，人体皮肤表面的散热作用可以保持在比较稳定的状态。然而，在温度较高的环境条件下，人体主要通过皮肤表面蒸发散热来维持机体的热平衡，如果湿度超过70%，将妨碍皮肤表面的蒸发散热的进程，直接导致人体热平衡的破坏，影响人体舒适度。与之相反，在温度较低的环境条件下，如果湿度低于30%，将造成空气干燥，同时低温、低湿的空气环境容易导致皮肤干裂，呼吸气管会感觉到干燥，引发呼吸道疾病。

实验表明，温度适中时湿度对人体的影响并不显著。根据统计结果，在室内环境设计中，一般人们感觉到温暖舒适的湿度范围为冬季30%～60%，夏季的范围是40%～65%。在配有空调室内，湿度一般取为40%～50%。

相对湿度总是和周围其他几个环境参数，如湿度、风速和平均辐射温度等，共同作用对人体热舒适产生影响。相对湿度不仅在一定程度上影响人体的舒适度，对室内环境品质也会产生很大影响。相对湿度较高时，一方面容易引起细菌的滋长，造成室内环境品质下降，给人体身体健康带来隐患，诱发呼吸道等疾病；另一方面，在潮湿环境下家具等木质材质的物品容易受到霉菌影响，散发霉腐气味，对家具等造成破坏，同时也严重影响室内环境的品质。在考虑室内细菌滋生需要满足的湿度条件后，空调设计中，建议室内相对湿度不要超过60%。

3. 空气流速

空调室内的空气流速本质上是室内空气的相对流动速度。室内空气流速对室内空气的更新；对形成气流组织运动，促进人员身体与周围环境的热交换；对影响人体皮肤与气流的直接接触感，对给人清新自然的感觉，都有着重要的作用。

具体来说，空调室内的风速通过空气流动的方式直接影响着人体的对流散热量，同时对空气中水蒸气的蒸发也产生很大的影响，进而也影响到人体表面的蒸发散热量。除此之外，室内气体产生的风速影响着人体皮肤表面的触觉感受，当空气流速过大时，会引起“吹风感”(吹风感是由气流组织的运动而造成的局部不舒适感)，因此，通过人体的感觉，室内风速对人体舒适度产生一定的影响。在空调设计中，设计出合理的室内气流组织分布，可以提高室内人员的热舒适性，从而提高室内工作人员的工作效率。反之，如果室内气流速度分布不佳，就可能产生不舒适的吹风感。设计的室内风速太大，会给人带来冷感；设计的风速太小，会影响室内空气流动和降温，使污染物停留在房间，从而影响室内工作人员的健康。

到目前为止，人们对室内空气流速与舒适性之间的关系进行了大量的研究。关注室内风速对人体舒适性的影响，最早可以追溯到 20 世纪 20 年代的美国，最早研究人员通过风扇设备形成的空气流动，研究流速对人体舒适性的影响，认为适当的空气流速有益于提高人体的舒适度。进一步的研究证明：在相对湿度较高的环境条件下，合理的空气流速上限可以被适当提高，而对于相对湿度较低的环境条件，空气流速的上限会与之相对应，会有所降低。近期的研究成果表明：在适宜的空气温度环境条件下，适当增加空气流速的脉动强度，可以有效提高人体舒适度，并且能够减少局部“吹风感”带来的不适感觉。

综上所述，目前的研究表明：人体的舒适性不仅与室内空气流速的平均风速有关，同时与脉动风速和湿度也有直接的关系。

4. 平均辐射温度

空调室内的平均辐射温度是指由于建筑物周围的表面结构蓄热，辐射出热量，对人体周围环境造成影响的平均温度。人体与围护结构内表面的辐射热交换取决于各表面的温度，以及人员与表面间的相对位置关系。在实际环境中，各个围护结构的内表面温度各不相同，同时每个内表面上的温度分布也不均匀。例如，冬季窗玻璃的内表面温度比内墙壁表面低，人员与窗的距离以及相互之间的方向，共同直接影响人体的热损失。因此，辐射温度的平均值是假定人作为黑体在一个均匀的黑色内表面的空间内部产生的热损失，与在真实的内表面温度不均匀的环境中产生的热损失相等时的温度。平均辐射温度的数值，由各表面温度及人与表面位置关系的角系数确定，或者直接采用黑球温度计测量得到。

平均辐射温度主要与围护结构表面的温度有关，直接影响人体的辐射散热量，从而影响人体的热舒适性。一般条件下，人体的辐射散热量可占到总散热量的 40%左右。当外界的平均辐射湿度升高，人体与外界的辐射换热量将减少，人将会产生热感。当外界温度降低，人体与外界的辐射换热量增加，人员将会产生冷感，影响人体热舒适。

具体来说，平均辐射温度主要由人体所在环境周围的建筑物结构表面温度所决定。相关研究表明，在冬季，当空调室内人员穿着冬季的标准服装时，如果平均辐射温度改变 1℃，就等效于周围环境的温度改变了 0.75℃，根据经验，在冬季寒冷环境条件下，取室内平均辐射温度比室内温度低 1℃。与之相反，在夏季的高温环境条件下，根据经验取室内平均辐射温度比室内温度高2℃左右。这表明：在通常情况下，室内平均辐射温度与室内温度是不相等的。在实际工程中，只有在不考虑空调室内垂直方向的温度差情况下，即室内温度差不明显或者影响较小时，才可以把室内平均辐射温度近似取为室内的平均空气温度。一般情况下，在空调设计中，为了保证室内的人体舒适度，人体所在的周围环境温度和周围的建筑物维护结构表面的温度差，取为7℃左右。

5. 人体活动代谢率

人体活动能量代谢是指人体活动（Physical Activity，PA）所引起的营养物质氧化产生能量的过程，其消耗的能量称为活动能量消耗（Activities Induced Energy Expenditure，AEE）。AEE和基础能量消耗（Basal Energy Expenditure，BEE）以及食物生热效应（Diet Induced Thermogenesis，DIT）共同组成了人体的总能量消耗。AEE一般占人体总能量消耗的30%～40%，如果超负荷活动，其比例可高达70%，由于BEE和DIT比较稳定，DIT一般占每日总能量消耗的10%，所以AEE是影响人体总能量消耗变化的主要因素。AEE不足可能引起能量代谢失衡，是影响人类健康的重要独立危险因素。

与之相关联，人体代谢率是指单位时间内人体消耗的能量。根据能量代谢的种类，可分为基础代谢率、静息代谢率和活动代谢率。基础代谢率是指人体处于基础状态下的代谢率。静息代谢率是指人体处于不活动或活动前状态下的代谢率，活动代谢率是指特定劳动活动中的能量代谢率，其根据计算方法的不同，可被分为绝对代谢率和相对代谢率。绝对代谢率以单位时间内消耗的能量表示，如kJ/d、kJ/h、kJ/min等，也可以用单位时间内消耗的氧气量表示（消耗1L氧相当于产生21kJ能量），如L/min、mL/min。相对代谢率则是以占基础代谢的比例来表示，单位为RMR。

人体活动代谢率和服装热阻是内在影响人体热舒适感的因素。人体活动代谢率会受到年龄、性别、活动剧烈程度和进食后时间长短等因素的影响。一般年轻人的活动代谢率高于老年人，男性高于女性。人体代谢率在一定温度范围之内，是比较稳定的，比如22.5～35℃，但当环境温度超出这个范围时，人体代谢率会增加。在办公室办公的人员，静坐休息或从事轻体力活动时，对应的人体代谢率分别为58.15W/m^{2}和69.78W/m^2。

6. 服装热阻

服装热阻是反映服装保温性能的参数。其数值与服装导热系数成反比。单位为Clo。1Clo=0.155m·K/W。各种服装的热阻值有实测数据可用来查用，一般可以参照国际标准ISO 7730。

服装热阻与周围环境温度、风速和人体散热量有密切的关系。其名称中包含的热阻概念是传热学中的一个重要参数，是表示阻止热量传递能力的综合性指标。在服装工效学领域，利用热阻这个概念来表示服装及服装材料的保暖性能。热阻越大，保暖性能就越好。针对服装或服装材料而言，在单位时间内，通过服装或服装材料的传导散热量与服装或服装材料两侧的温度差、传导散热面积成正比，而与服装或服装材料的厚度成反比。影响服装热阻的因素很多，主要包括服装材料、服装款式与结构、人体和环境条件四个方面。

在室内人员着装方面，服装的存在会影响皮肤表面水汽的蒸发，增加皮肤的蒸发换热热阻与部分的潜热换热。同时，人体可根据季节变换所穿衣物多少来适应周围环境。冬季在室温较低的情况下人员可以增加棉衣棉裤等热阻较大的衣服防寒，夏季温度较高时人体减少衣服覆盖率，加大皮肤和空气接触面积，通过汗液的蒸发来带走热量。这样，在空调设计中，就很难量化人体的服装热阻值。在空调设计中，一般假设室内人员均保持礼仪着装，夏季假定人体平均穿着为一件短袖、一件长裤和凉鞋，以这个标准对夏季室内人员的服装热阻值进行计算。

7.舒适性指标

舒适性指标是对室内空气品质的量化。人体的舒适度指标是指人体对自身所在周围环境的，一种带有个体主观意愿的感觉的描述。人体热舒适度指标把人体对室内各种环境因素（包括空气温度、相对湿度、室内风速、室内平均辐射温度和人体新陈代谢率等）的主观体验以直观方式表达出来。

在20世纪70年代中期之前，关于室内空气品质的研究和舒适性指标的确定，研究人员对室内空气品质在概念上的认识仅仅局限于洁净度、有害污染物是否超标。70年代世界性能源危机严重的时候，建筑物中的空调送、排风系统均减少了新风量，随之在公共建筑中长期工作人员出现了眼红、困倦、恶心、头晕和流鼻涕等症状。有关研究人员才开始研究缺少新风带来的问题，提出了病态建筑和病态建筑综合征的概念。丹麦哥本哈根大学Fanger教授在20世纪80年代初提出品质反映了人们要求的程度，人们对空气满意就是高品质，反之就是低品质，于是建立了人体舒适性方程；英国CIBSE（Chartered Institutionof Building Services Engineers）指出，以整个房间内部的人员为对象，少于20%的人员感觉不舒服，少于10%的人感觉黏膜刺激，少于5%的人工作感到烦躁，则认为室内空气品质是可接受的，以上的研究共同以人的主观感受来考虑室内空气品质。在美国ASHRAE62－1982R中，首先提出了可接受的室内空气品质和感受到可接受的室内空气品质的概念。前者可接受的室内空气品质的含义是：已知污染物没能达到对人体产生严重危害程度，大多数人对室内空气表示满意；后者感受到可接受的室内空气品质的含义表示：室内大多数人没有对气味或刺激性表示不满。

以上是通过定性的角度，对舒适性指标的历史进行的回顾。接下来，通过定量的角度说明舒适性指标的内涵。提到对空气舒适性，必然会关注空气的质量。伴随着中国雾霾天气的频繁出现，人们对空气质量指数已经相当熟悉。空气质量指数（Air Quality Index，AQI）是定量描述空气质量状况的无量纲指数。其针对单项污染物还规定了空气质量分指数。参与空气质量评价的主要污染物为细颗粒物、可吸入颗粒物、二氧化硫、二氧化氮、臭氧和一氧化碳等六项。同样是定量考查空气质量，对于空调室内的空气，一般采用室内空气质量的概念进行描述。

室内空气质量是指在一定时间和一定区域内，空气中所含有的各项检测物达到一个恒定不变的检测值。其是用来指示环境健康和适宜居住的重要指标。主要的标准有含氧量、甲醛含量、水汽含量和颗粒物浓度等，这是一套综合的数据，能够充分反应建筑室内的空气状况。国家质量监督检验检疫总局、国家环境保护总局制定的《室内空气质量标准》（GB/T 18883—2002）中明确提出了"室内空气应无毒，无害，无异味"的室内空气质量标准要求，控制项目提供包括物理、化学、生物和放射性污染方面的规定。对于室内空气质量检测项目应该包括甲醛、苯、TVOC（总挥发性有机物）、氡、氨、甲苯、二甲苯、氮气、苯乙烯以及可吸入颗粒物等。其中室内的TVOC包含苯、甲苯、对二甲苯、间二甲苯、邻二甲苯、苯乙烯、乙苯、乙酸丁酯和十一烷等。国标规定住宅室内的空气污染物限值为：氡$\leqslant$400（Bq/m^3），甲醛$\leqslant$0.1（mg/m^3），苯$\leqslant$0.11（mg/m^3），氨$\leqslant$0.2（mg/m^3），TVOC$\leqslant$0.6（mg/m^3）。目前认为，对IAQ的描述应该含有客观指标和人的主观感受两项内容，只有这样才可以被认为是比较科学的反映室内空气品质含义的定义。20 世纪 90 年代中期，日本学者就提出 IAQ 是一个范围，上限指所能达到的极限、下限指节能允许的值、最佳标准为客观标准加上人员期望。日本学者的定义反映出室内空气品质的定义本身应该包括了建筑能耗合理性的意义，更接近绿色建筑的特征和含义。

目前，对室内空气品质的评价采取客观评价、主观评价和主客观综合评价三种评价标准。室内空气品质的客观评价方法有综合大气质量指数法、室内空气污染物的检测评价方法、人体模型评价方法、灰色理论评价方法、计算流体动力学评价法、模糊评价方法等。

在中国，居民对室内空气质量以及舒适性指标的科学性越来越重视。我国在 2002 年 1 月 1 日起实施《民用建筑工程室内环境污染控制规范》(GB 50325—2001)国家标准，还有于 2002 年 5 月 1 日起实施《住宅装饰装修工程施工规范》(GB 50327—2001)和于 2002 年 3 月 1 日起实施《建筑装饰装修工程质量验收标准》(GB 50210—2001)以及《室内装饰装修材料有害物质限量标准》(GB 6566—2001，GB 18580～18588—2001)等共 10 项强制性国家标准，均说明了人们对优质室内空气质量以及对科学性、舒适性指标的迫切需求。其中，需要说明的是，《民用建筑工程室内环境污染控制规范》和《室内空气质量标准》两者有着一定的区别，且使用方法也略有不同。

除了我国以外，其余的世界各国对 IAQ 都进行了大量的研究工作，但是，还没有一部完整的 IAQ 标准，主要原因在于 IAQ 在实际应用中表现出特别的复杂性。一些国家和地区虽然制定了 IAQ 标准，比如居民室内质量指南、办公楼空气质量技术指南、公共楼房过滤细菌污染认识与管理指南(加拿大)，楼房卫生条例、办公楼卫生条例(日本)；办公楼良好室内空气质量指引(新加坡)；公共卫生法(韩国)；可接受的 IAQ 通风标准(美国)等，但是仍不全面与系统，操作仍有难度。

基于人们对空调舒适度控制的迫切需求，丹麦的 Fanger 教授通过大量问卷调查并利用回归分析法，在综合考虑外部环境因素(空气温度、相对湿度、室内风速、室内平均辐射温度)和两个非环境因素(人体新陈代谢率、服装热阻)对人体舒适度的影响下，提出了能够代表环境中大多数人舒适度感觉的预测平均投票指标(Predicted Mean Vote，PMV)。PMV 反映了外部环境因素以及非环境各个影响参数之间的关系：

$$S = M - F - C - R - E \tag{6.3}$$

式中　S—— 人体需热量，W/m^2；

M—— 人体新陈代谢率，W/m^2；

F—— 人体对外所做的机械功，W/m^2；

C—— 对流换热量，W/m^2；

R—— 辐射散热量，W/m^2；

E—— 人体的蒸发散热量，W/m^2。

PMV 指标是基于一定环境条件下大多数人舒适度的预测平均投票，它反应的是舒适度的一个度量值，表示当时人体感觉的舒适程度，不能直接说明在该指标下，有多少人感觉到舒适，有多少人对环境不满意。为了便于说明在一定 PMV 值下，有多少比例的人仍感到不满意，Fanger 教授在提出 PMV 指标的基础上，又进一步提出了预测不满意百分比(Predicted Percentage of Dissatisfied，PPD)的概念。PPD 指标为预计处于热环境中的群体对于热环境不满意的投票平均值，其作为 PMV 的补充指标，与 PMV 指标共同用于描述人体舒适度。由于个人身体之间的差异，即使 PMV 值为 0(即人体感觉到中性温度)时，仍有极少一部分人感觉到对环境舒适度不满意，PMV 指标反应的是大多数人的平均评价，而 PPD 指标可以反映出对某一环境条件下舒适度不满意的百分比，PPD 与 PMV 的数学关系表达式可以定量的用如下公式表示：

$$PPD = 100 - 95\exp[(0.03353PMV^4) + 0.2179PMV^2] \tag{6.4}$$

综合上述论述，容易看出各个国家对于室内舒适性都非常关注，但存在的问题也比较多。依据目前行业发展的需要，随着人们越来越注重室内环境的健康和舒适性，相关的标准会日趋完善，其使用与判断的方法也将更加科学和方便，所有的这些最终都会为实际空调系统设计提供合适的、基础性的判断标准。

6.2.2 技术性指标

空调室内气流组织的技术性指标，可以被视为空调技术性指标的一种外延。本节将详述空调的技术性指标。

为规范空调设备的生产，国家业务主管部门制定了空调设备的一系列技术标准及相应的检测方法。显然空调的主要技术指标不仅是衡量其质量高低的主要依据，而且也是判断其运行是否正常的主要依据。因此空调的销售、安装、维修甚至设计人员均应清楚其含义，以便于更好地从事设计活动以及对空调的故障进行判断检修。另外，从使用与维修的角度，相关人员应该了解的空调技术指标主要有制冷量、制热量、循环风量、消耗功率等 8 项。

1. 制冷量

空调进行制冷运行时，单位时间从密闭空间、房间或区域除去的热量称为制冷量，单位为 W。空调制冷量又有名义制冷量和实测制冷量之分。前者名义制冷量是指空调铭牌上标注的制冷量，其工况(可理解为环境条件)按国家标准《房间空气调节器》(GB/T 7725—2004)规定为室内侧，干球温度 27℃，湿球温度 19.5℃；室外侧，干球温度 35℃，湿球温度 24℃。后者实测制冷量为空调非上述工况制冷运行时的实际制冷量。国家标准规定：实测制冷量应不低于名义制冷量的 95%。

国产空调的制冷/制热量单位过去曾用 kcal 或大卡(kcal/h)，它与千瓦(kW)的关系为：1kW＝860kcal/h；1kcal/h＝1.16W。另外，国外对空调的制冷量常用马力(Hp，俗称匹，用 P 表示)来分挡。“匹”用于动力单位时，用 Hp(英制匹)或 Ps(公制匹)表示，也称“马力”，1Hp＝0.745 7kW，1Ps＝0.735kW。中小型空调制冷机组的制冷量常用“匹”表示，大型空调制冷机组的制冷量常用“冷吨(美国冷吨)”表示。

制冷量作为空调器一个重要的指标，可以形象地被用来描述空调的“大小”，类似建筑房间的尺寸大小一样，空调也有着大小的区别，除了外观可能有的大小不同以外，实际上唯一重要的“大小”指标就是制冷量。制冷量大的空调适用于面积比较大的房间，且制冷速度较快。以 15m^2 的居室面积为例，使用额定制冷量在 2 500W 左右的空调比较合适。在实际工程中，空调的制冷量也即通常所说的“匹”数，以输出功率计算。一般来说，1 匹的制冷量大致为 2 000kcal/h，换算成国际单位时，应该乘以 1.162，故 1 匹之制冷量应为 2 324W，这里的 W(瓦)即表示制冷量。根据此情况，则大致能判定空调的匹数和制冷量，一般情况下，2 200～2 600W 都可称为 1 匹，4 500～5 100W 可称为 2 匹，3 200～3 600W 可称为 1.5 匹。制冷量确定后，即可根据实际情况选择合适的空调机组。在设计中，家用电器要消耗制冷量的较大部分，电视、电灯、冰箱等每 W 功率要消耗制冷量 1W，门窗的方向也要消耗一定的制冷量，一般东面窗估计为150W/m²，西面窗为280W/m²，南面窗为180W/m²，北面窗为100W/m²，如果是楼顶及西晒可考虑适当增加制冷量。

另外，根据国家发布的空调实际制冷标准，国家标准规定空调实际制冷量不应小于额定制冷量的95%，就是说一部空调的实际有效制冷量不应该小于它在产品铭牌上标注数字的95%，否则就是不合格产品。空调器的制冷过程，是一个利用压缩机、管路、蒸发器及冷凝器，把室内热量搬运到室外的过程。这种搬运热量的能力对于不同的空调来说是不一样的，制冷量大的空调器的"搬运"能力比较强，在同样的时间内，能够把更多的热量搬到室外去，当然，这种相对制冷量较大的空调器也需要更大功率的电动机和压缩机才能顺利工作。而且制冷量大的空调器，对于换热器的换热能力也是更为讲究的，如果换热能力差的话，也不能保证制冷量。

在空调设计及选型中，要清楚在空调工作的房间中，外界因素将导致房间内的室温始终是上升的，当空调使房间内的温度越来越低的时候，外界的热量便通过各种途径进入房间，同时由于房间内人员的活动也会散发热量，这些热量将导致室内温度的不断升高，空调为了能使房间内的温度保持在使人感觉到相对舒适的程度，就要有一个基本的制冷量要求。这就要求在设计时，一定要保证空调的制冷量要比在这个房间里面单位时间的产生热量值要大，否则，空调系统是不能顺利调节该空调房间的空气温度的。如果在设计时，空调的制冷量选取小的话，它就会来不及把房间内的热量排出，当然也不能降低室内温度。

2.制热量

空调进行制热运行时，单位时间内送入密闭空间、房间或区域内的热量，称为制热量，单位为W。空调的制热量也有名义制热量和实测制热量之分。前者名义制热量是指空调铭牌上标称的制热量，其工况按国家标准《房间空气调节器》(GB/T 7725—2004)规定为室内侧，干球温度为21.0℃，湿球温度未规定；室外侧，干球温度为7.0℃，湿球温度为6.0℃。后者实测制热量是指空调在非上述工况进行制热运行时的实际制热量。国家标准规定，热泵型空调的实测制热量应不低于名义制热量的95%。

空调的制热量既是空调重要的技术指标，也是用户选购冬季空调，以及设计师设计冬季空调系统时应首先考虑的参数。除了应正确理解空调制热量的物理含义外，一般情况下，空调的制热量与适用的房间面积之间存在对应关系。但是，在实际中，空调的适用面积与房间朝向、窗户的大小与多少、房屋保温情况、所在楼层、房间高度及居住人数等因素都有关系。这部分内容与空调制冷量类似，在此不再赘述。

但是，在实际运行维护中，与制冷空调不同，利用冷暖型空调制热时，会发现夏天工作正常的空调到冬天就不行了，会出现制热量不足的情况。一般情况下，这主要是因为以下几点原因。首当其冲，是用户对设备使用不当，造成空气过滤器积尘太多、通风口被异物堵塞。如果积累的灰尘太多而不及时清洗会堵住过滤网，直接造成过滤网处的空气无法流通，从而造成出风口的出风量减少，致使机内制热量无法被流动空气及时带出来，造成制热量不足。面对此种状况，需定期取下空气过滤网清洗，就可恢复正常，一般每半月清洗一次过滤网比较适宜，在清洗时注意勿用40℃以上的热水清洗，不得用洗衣粉、洗洁精、汽油、香蕉水等清洗，以免滤网变形。另外，蒸发器、冷凝器尘垢太厚，会降低换热效果，导致制热能力下降，耗电量增加。排除用户对设备使用不当的原因外，环境因素也是造成空调无法正常运行的主要原因。一般情况下，冷暖型空调分热泵型、热泵辅助电热型和电热型三种，在制热量相等条件下，前两种耗电比第三种约小一半，考虑到供电容量和用电费用，现在的家庭普遍选择前两类空调。热泵型空调器，当制热时环境温度过低，空调能效比也会降低，在较冷的冬天制热效果不理想。对于无自动除霜的热泵型空调器，它使用的最低环境温度是零上5℃，低于这个温度就不制热或效果很差，这是因为外部换热器上积霜堵住了空气流动，不能再从外界吸入热量。对于有自动除霜的热泵型空调器，它使用的最低环境温度也是−5℃，低于这个温度也不能有效制热。最后，造成制热量不足的原因是制冷循环系统、控制系统故障。例如，制冷循环系统中的制冷剂不足。由于制冷系统泄漏使系统内参与热循环的制冷剂不足，导致热交换效率下降，从而产生制热量不足现象。若存在此类故障，会出现系统制热量、制冷量都不足的现象。再比如，控制系统的故障造成辅助电加热功能失效，现在热泵辅助电热型空调普遍采用PTC电辅助加热技术，PTC电辅助加热技术可在超低温条件下迅速制热，效力强劲，安全可靠，可长期使用。若电辅助加热控制电路或电辅助加热设备出现故障不能正常工作，在环境温度比较低时，会导致空调制热量不足，甚至在环境恶劣时空调完全不制热。对于热泵辅助电热型空调，则会出现环境温度较高（在5℃以上）制热正常，而环境温度较低（在0℃以下）制热量不足或不制热的现象。

3. 制冷消耗功率

空调的制冷消耗功率有名义制冷消耗功率和实测制冷消耗功率之分。前者是指空调铭牌上标称的制冷消耗功率，或者说，是与名义制冷量相对应的消耗功率，单位为W；后者是指空调在通常条件下进行制冷运行时实际的消耗功率。

如果空调使用的环境温度不符合名义制冷条件，如室内温度高于27℃，室外温度高于35℃，空调的实测消耗功率必然大于名义制冷消耗功率。国家标准规定，空调的实测制冷消耗功率应不大于名义制冷消耗功率的110%。

4. 制热消耗功率

空调的制热消耗功率也有名义制热消耗功率与实测消耗功率之分。前者是指空调铭牌上标称的制热消耗功率，即与名义制热量相对应的消耗功率，单位为W；后者是指通常条件下进行制热运行时实际的消耗功率。

国家标准规定，空调的实测制热消耗功率应不大于名义制热消耗功率的110%。

5. 能耗比EFP和性能系数COP

能耗比EFP又称能效比，它是指在额定工况和规定的条件下，空调进行制冷运行时制冷量与有效输入功率之比，其值用W/W表示。

性能系数COP是指在额定工况和规定条件下，空调进行热泵制热运行时制热量与有效输入功率之比，其值也用W/W表示。

上述有效输入功率是指在单位时间内输入空调内的平均电功率，包括压缩机运行的输入功率和化霜输入功率（不用于化霜的辅助电加热装置除外）、所有控制和安全装置的输入功率及热交换传输装置的输入功率（风扇、泵等）。

我国现行空调能效标准分为5级，一级最节能，能效比在3.4以上，二级为3.2，三级为3.0，四级为2.8，五级为2.6。

我国自2005年3月1日起实行空调能效标识强制认证制度以来，五级产品及五级以下产品已基本淘汰，大部分产品为三、四级，某些优质产品（如直流变频空调）的能效比已达到4.42。

6. 循环风量

空调的循环风量是指在其新风门完全关闭的情况下，单位时间内向密闭空间、房间或区域送入的风量，也就是每小时流过蒸发器的空气量，单位为 m^3/s 或 m^3/h。

循环风量是空调的重要参数之一。空调循环风量大，必然会造成进、出风口空气温差小，出风温度高，同时风机噪声大；而循环风量小时，噪声下降，出风口空气温差大，造成空调能效比下降，电耗增加。用户在选择空调时，在保证噪声允许的前提下，应尽量选用大循环风量的空调，这样可以节省电能。

7. 噪声

空调的噪声是指其运行时产生的各种杂音。这些杂音主要由循环风、风机、蒸发器、冷凝器及压缩机产生。

空调铭牌上的噪声，是在国家标准《房间空气调节器》(GB/T 7725—2004)规定的工况条件下，在噪声测试室中测得的，单位为 dB。国家标准规定，制冷量在 2 000W 以下的空调，室内机组的噪声不应大于 45dB，室外机组的噪声不应大于 55dB。制冷量为 2 500～4 500W 的空调，室内机组的噪声不应大于 48dB，室外机组的噪声不应大于 58dB。

8. 电源及额定电流

国家标准《房间空气调节器》(GB/T 7725—2004)规定，房间空调使用的电源，除特殊要求外应为单相交流(AC)220V，或三相交流 380V，电压值允许差值为±10％，额定频率 50Hz。

额定电流是空调在国家标准《房间空气调节器》(GB/T 7725—2004)规定的工况下连续运行时测得的电流，实际运行中允许不大于产品铭牌上标称的名义电流的 110％。

6.2.3　经济性指标

空调室内气流组织的经济性指标，也可以被视为空调经济性指标的一种外延。本节将详述空调的经济性指标。

经济性评价是空调系统评价体系中重要的部分。在我国，用户是否选用某种空调系统，更多的是从经济性角度考虑，如何削减空调系统运行费用是用户考虑比较多的问题；而电网之所以乐于提供峰谷电价或蓄冷优惠电价，鼓励建筑采用节能、经济的空调系统，则是希望借助空调系统降低峰值电力负荷，从而降低电网建设的初投资，以及发电量调节时造成的损耗，并优化供电与需求侧管理。

为此，在设计中，应依据经济性指标指导用户进行空调系统的选择。本章节从用户角度，即电力使用者的角度出发，研究空调系统应有的经济性评价标准。

1. 动态经济分析基础

目前空调系统设计和经济性评估中，大部分采用静态回收期作为评估标准，即以投资增量回收期作为考查的指标。静态投资回收期，是指以投资项目经营净现金流量抵偿原始总投资所需要的全部时间。它分为包括建设期的投资回收期和不包括建设期的投资回收期两种形式，其单位通常用“年”表示。投资回收期一般从建设开始年算起，也可以从投资年开始算起，计算时应具体注明。静态投资回收期是不考虑资金的时间价值时收回初始投资所需要的时间，计算出的静态投资回收期应与行业或部门的基准投资回收期进行比较，若小于或等于行业或部门的基准投资回收期，则认为项目是可以考虑接受的，否则不可行。总之，该指标以常规系统作为参照，计算不同蓄冷率、不同系统形式的方案下，增加的投资量和减少的运行费用，进而算出回收年限。

实际上，回收期短的方案是指投资回收最快，但并不意味着最省钱或最节能，有可能仅仅是系统小、投资少，而之后运行中节省的费用并不多。因此，采用动态建筑生命周期内总费用的分析法，计算 15～25 年内(国内一般取 15 年，国际上一般取 25 年)，投资、维护和运行的总费用，是比较科学的计算方法。

动态的建筑全生命周期总费用可以分为两部分，即初投资和年金，而年金又分为能耗费用和非能耗费用(人工费和维保费用等)。首先，应给出新建系统的初投资费用(Initial Cost，IC)，包括设备投资、冷站系统建设等(一般情况下，外界水系统管网与其他方案相同，可以不列入比较，只关注冷站内部建设)。根据设备使用情况，可以得出每年的运行维护费用(Maintenance Cost，MC)，包括人工费、设备维修、换热器清洗等。再根据冷负荷和运行模式，又可以得到每年的运行费用(Operating Cost，OC)。因此，用动态法计算生命周期内的总费用(Life Cycle Cost，LCC)为

$$\mathrm{LCC}=\mathrm{IC}=(\mathrm{MC}+\mathrm{OC})\frac{1+L}{D-L}\left[1-\left(\frac{1+L}{1+D}\right)^{n}\right] \tag{6.5}$$

式中 n——年数，可取 15；

L——每年能源单价上涨比例，可取 2%进行计算；

D——折现率，可按银行基准贷款利率上浮 1.5～2 个点，例如可取 8.5%计算。

在为空调项目做经济分析时，应考虑空调设备生命周期内的总费用，进而对不同方案进行比较。在对项目经济性进行评价时，建议比较生命周期内的总费用，选择总费用 LCC 最少的方案，而不是回收期最短的方案。

2. 主要经济性指标

如上所述，将建筑空调系统的投资分为初投资 IC、运行费用 OC、维护费用 MC 三个部分，再对每一块进行详细拆分。有些细分项目和冷量的累计用量有关[元/kW·h)]，有些项目和冷站或配电的装机容量有关(元/kW)，有些项目相对固定(如人工费等)。

为了制定标准，便于不同建筑的空调系统之间相互比较，可以用表示经济性的总费用和表示建筑规模的总冷量的比值作为指标值，即单位冷量的初投资 $\mathrm{ic_q}$、单位冷量运行费用 cpoc、单位冷量维护费用 $\mathrm{mc_q}$。

(1)单位冷量初投资 $\mathrm{ic_q}$。单位冷量初投资指空调系统的采购、建造总成本，与生命周期内总供冷量之比，表示单位冷量的初投资价格，单位为元/kWh。

$$\mathrm{ic_q}=\frac{\mathrm{IC}}{\sum Q} \tag{6.6}$$

空调系统的初投资包含设备购买成本(冷源、蓄冷体、管路和阀件等)、安装调试费用、配电系统建设三部分。初投资的大小与系统选型有关，一般容量选型越高，费用则越高。

(2)单位冷量运行费用 cpoc。单位冷量运行费用指，用全年运行总能耗费用除以全年实际供冷量，表示一个完整年运行中单位制冷量的能耗费用，单位为元/kWh。

$$\mathrm{cpoc}=\frac{\mathrm{OC}}{\sum Q} \tag{6.7}$$

式中　$\sum Q$——冷源实际供冷量(全年),kWh;

OC——空调系统运行能耗费用(全年),主要为冷源电费,包括冷机能和冷却系统能耗等;这里暂不包含冷站运营管理的人工费等,单位为元。

在中国很多城市,电费由“基本电费”和“电度电费”两部分构成;有的城市则只有电度电费,没有基本电费。电度电费按照实际电量消耗多少进行收费,即电价乘以用电量;基本电费是指每月按照配电装机容量乘以基本电价,收取一笔固定的费用。

通过空调系统的优化设计、改善运行模式,可以提升空调系统能效、降低能耗,从而降低能耗费用。常见的方式有采用大温差空调系统(如低温送风)配合冰蓄冷系统、冷机联合与冰蓄冷优化控制等。通过减小系统选型容量,不仅可以降低初投资,也可以削减每月的基本电费,进而降低运行费用。

运行价格指标可以用于评价空调系统常规运行的经济效益,一般分析时可直接用运行费用 OC 作为指标,但需要横向比较或者与标准比对时,更好的方法是采用单位冷量指标 cpoc。cpoc 既可以用全年作为单位计算整体经济效益,也可以用一个典型日为的单位计算典型日冷量价格,便于测试评价。由于空调系统中,冷量的制备和使用存在时间差,所以无论计算全年还是逐日经济性,都必须计算一个或多个完整的循环过程。

例如,如果评价一天运行效果,必须以一日为一个完整的蓄冷周期,进行蓄、放冷运行,每天都可以计算给出一个运行经济 $\mathrm{cpoc_{day}}$ 的计算结果。这样的结果有助于帮运行人员改善操作,逐渐实现更优的经济性维护。

$$\mathrm{cpoc_{day}} = \frac{\mathrm{OC}}{\sum Q_{\mathrm{day}}} \tag{6.8}$$

再比如,评价全年运行效果,则必须取完整一年数据,计算总运行费用 E_m、运行费用 E_o、总冷量$\sum Q$,按照下式计算全年运行经济指标 cpoc 和全年维护费用指标。在同类项目中,该指标可以进行横向比较,评价系统运行情况。

$$\mathrm{cpoc} = \frac{\mathrm{OC}}{\sum Q} \tag{6.9}$$

(3)单位冷量维护费用 $\mathrm{mc_q}$。单位冷量维护费用 $\mathrm{mc_q}$ 指每年用于维修、保养设备的费用和当年总供冷量之比,单位为元/kWh。

$$\mathrm{mc_q} = \frac{\mathrm{MC}}{\sum Q} \tag{6.10}$$

(4)总指标 LCC/Q。根据以上结果,可给出总指标 LCC/Q 为

$$\mathrm{LCC}/Q=\frac{\mathrm{LCC}}{nQ} \tag{6.11}$$

该指标便于对标分析和横向对比。

3.决策经济指标

用 LCC,IC,OC,MC 的指标体系,可以完整描述一个空调系统各个部分、各个阶段的经济性优劣。但在空调系统设计过程中,要确定是否采用某种空调系统、采用多大规模的冷量时,需要单一的一个经济性指标,来帮助设计者和用户作出判断。这个指标即是“决策经济指标”。

决策经济指标有很多选择,而不同的指标指向的最优化结果有所不同。如果将建筑的空

调系统看成一项投资，而运行费用的节省看成收益，则可以按照“总收益最大化”“收益率最大化”“回收期最小化”等不同方式，选择合适的决策指标。

空调系统的经济性评价指标体系，主要包括各项动态经济性指标，如 LCC、LCC/Q、cpoc、IC、MC 以及内部收益率(Internal Rate of Return，IRR)等。其中，IRR 就是资金流入现值总额与资金流出现值总额相等、净现值等于零时的折现率。如果不使用电子计算机，内部收益率要用若干个折现率进行试算，直至找到净现值等于零或接近于零的那个折现率。内部收益率是一项投资渴望达到的报酬率，该指标越大越好。一般情况下，内部收益率大于等于基准收益率时，该项目是可行的。投资项目各年现金流量的折现值之和为项目的净现值，净现值为零时的折现率就是项目的内部收益率。

在空调系统设计、施工验收和运行的每个阶段，都可以用上述指标检查和规范空调系统的实际使用经济性。新建项目在进行方案决策，即判断采用何种空调系统、采用何种规模的空调系统时，需要综合考虑 LCC 与 IRR 两项指标，在所有 IRR 大于行业内部收益率的方案中，选择 LCC 最小的方案。

在对项目整体进行评价时，可以使用 LCC/Q 指标图、cpoc 指标图进行简单快捷的评价。除诊断和评价外，该评价体系也可以用于指导设计、施工验收和运行管理，通过把控各个环节的关键指标来保证质量。

不论是对单体建筑业主还是对整体城市的管理部门，采用积极性指标，可以保证空调系统确实具有很好的经济效益和环境效益，节约运行、建设成本和降低尖峰负荷压力。在实际工程中，必须把控好每一级的能效、经济性指标，才能实现整体系统的高效运行。

指标计算方法分为动态、静态两大类，其中静态算法是直接根据定义计算，很容易理解；而动态方法则是考虑了每年的折现率和能源价格上涨等经济因素的综合计算。用动态方法计算回收期，会比静态回收期长；相应地，用动态方法计算的 LCC，也比静态方法计算结果要小一些。这是因为动态方法考虑了资金的时间价值，更为准确、实际。回收期、LCC、IRR 等指标分别对应不同的优化目标，所以用户需要根据自身需求，选择最合适的指标类型。

(1)全生命周期总费用。一般来说，如果现金流正常，追求总收益最大化，且不急于短期收回资金的话，选择 LCC/Q(或 LCC)最小的方案是最合适的。尤其对于自持项目，设备到达大修或翻新年限之前的所有支出都可以算作运营成本，那么当然是总成本越低的方案越好。需要注意的是，若采用 LCC/Q(或 LCC)作为决策指标，则一定要以动态方式计算，加入折现率和对能源价格上涨的考虑。

(2)内部收益率。考虑不同类型投资比较，以及考虑是否用贷款方式建造空调系统时，可以选择 IRR 作为辅助决策指标。当 IRR 大于基准收益率时，说明投资建设空调系统的回报是高的，空调方案可行；且 IRR 越大，则投资的收益率越高。但是，这不表示收益总量会增加，因此，需要与 LCC 综合使用。选取基准收益率时，可以采用企业正常经营的投资收益，也可以用贷款利率。前者的含义是企业在决策将现有的资金投资在空调系统上更好，还是投资其他项目收益更高；后者的含义是是否值得向银行贷款用来投资建设空调系统。

(3)回收期。“静态回收期”是目前应用最为普遍的决策指标，很多企业规定回收期小于 5 年的项目可做，大于 5 年不可做。这是因为该指标对于管理者来说容易理解，而且机电系统的改造一般都会采用静态回收作为评判指标。随着跨专业交流越来越频繁，LCC 已经逐渐被很多企业所接受，同时，会综合考虑回收期和全生命周期总收益。以常规系统作为基准方案，即认为增加的初投资是成本，降低的运行费用是收益。总收益等于运行费用减少，同时减去初投资的增加，相当于 LCC 降低的程度。在做决策时，应在 IRR 大于企业自身收益率(或贷款利率)的情况中，选择 LCC/Q 最小的方案。

评价新建项目：对于新建空调系统的设计，应给出以上指标的估算结果。该体系为新建项目设立优化标准，明确系统应做到怎样的水平，便于按照 LCC 最优进行方案选择。甲方可以要求设计院或机电顾问给出最优方案在设计条件下的全生命周期各项能效、经济性指标数值，便于确认项目设计是否合理，以及后期运行时进行检验。评价累计运行效果：将从开业以来的所有数据累计来看，可以分析出空调系统的长期经济效益如何，是否如设计计算的结果那样，实现了回收期目标，将来是否能够按照设计的情景继续发展下去等。该指标或许对单个项目的改善不会有太大影响，但对于集团其他的新建项目将有非常重要的参考价值。

6.3 室内气流组织的形式

6.3.1 舒适性空调送、回风方式

空调根据其使用的目的不同可分为舒适性空调与工艺性空调两大类。

舒适性空调主要服务的对象为室内人员，使用的目的是为人与人的活动提供一个达到舒适要求的室内空气环境。办公楼、住宅、宾馆、商场、餐厅和体育场馆等公共场所的空调，都属于这一类。卫生部颁布的《公共场所集中空调通风系统卫生管理办法》和相配套的三个技术规范所指的空调，即为这一类空调。

舒适性空调系统送回风方式是指末端设备采用一个冷热盘管进行热湿耦合处理，在空调区中设置温度传感器控制空调房间温度值，而不直接控制空调房间相对湿度的空调系统。民用建筑中设置的空调系统大部分属于此类“舒适性空调”系统的范围。在空调系统设计中，空调末端设备选型(包括送、回风方式)的正确与否，直接关系到空调房间的舒适程度和空调系统运行能耗的高低，设计手册中对空调末端设备的选型计算方法有详细的介绍。

本节以集中式空调一次回风系统为例，阐释舒适性空调的送、回风方式。总体上，空调系统运行效果的好坏，取决于合理的气流组织型式，空调送、回风方式设计，就是为了营造良好的空调气流组织形式，给人们更舒适的温度体验。舒适性空调的气流流动规律，可以通过不同的送、回风口的布置形式表现出来。

空调房间按照送、回风口布置位置和型式的不同，可以有多种气流组织形式。一般可以归纳为以下 5 种组织形式：侧送侧回、上送下回、上送上回、中送上下回和下送上下回。

1. 侧送侧回气流流动规律

在侧送侧回系统中，侧送风口布置在房间的侧墙上部，空气横向送出，气流吹到对墙上转折下落到工作区，以较低的速度流过工作区，再由布置在下侧的回风口排出。根据房间的大小，可以布置成单侧送单侧回和双侧送双侧回。一般情况下，回风口布置在送风口同侧或者另外一侧，气流流动规律一般呈现为贴壁的方式，即贴附射流方式，射流可以充分地衰减，再进入空调房的工作区，示意图见图 6.13。由于送风射流在到达工作区之前，已与房间空气进行了比较充分的混合，速度场和温度场都趋于均匀和稳定，所以能保证工作区气流和温度的均匀性。对于侧送侧回系统来说，容易满足设计对于不均匀系数的要求。侧送侧回送回风系统便

于利用送风温差的衰减，提高空调精度。

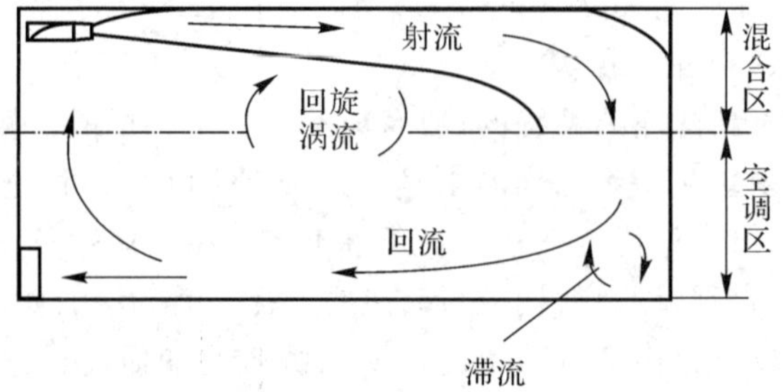

图 6.13　侧送侧回空调系统示意图

在此出现的贴附射流是指侧送风口贴近顶棚布置时，由于附壁效应的作用，促使空气沿壁面流动的射流。贴附射流可看成自由射流的一半，如图 6.14 所示。侧送贴附射流流型使得气流在房间大部分空间内形成一个大的回旋涡流，只有在房角处有小股滞流区，射流有足够的射程送到对面墙上，这样使整个空调区处在回流之中，从而获得比较均匀而稳定的温度场和速度场。因此，侧送贴附射流必须要有足够的贴附长度才行，否则射流会中途下落到空调区，要尽量避免此情况发生。贴附射流的贴附长度主要取决于阿基米德数。实践表明，当阿基米德数不大于 0.009 7 时，就可使射流贴附于顶棚上不至于中途下落。一般来说，侧送风口安装离顶棚越近且又以一定的仰角向上送风时，则可加强贴附、增加射程。

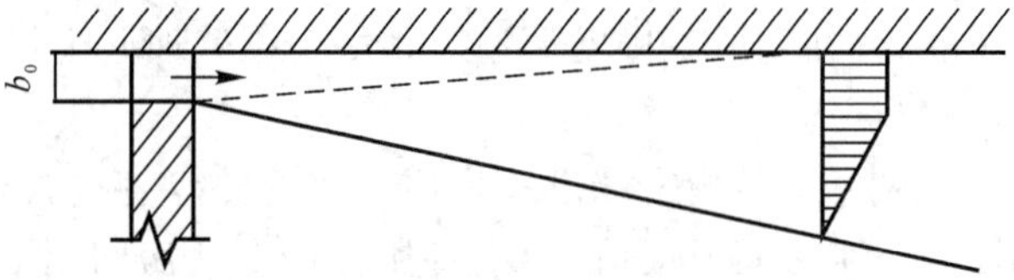

图 6.14　贴附射流示意图

《民用建筑供暖通风与空气调节设计规范》(GB 50736—2012)7.4.3 中规定，采用贴附射流侧送风时，应符合下列要求：送风口上缘离顶棚距离较大时，送风口处设置向上倾斜 10°～20°的导流片；送风口内设置防止射流偏斜的导流片；射流流程中无阻挡物。在空调设计中，根据房间跨度的大小，一般可以将侧送侧回系统布置成单侧送-单侧回(见图 6.15)和双侧送-双侧回形式(见图 6.16)。侧送侧回送风方式的设计结果，使工作区处于回流区，温度场和速度场均匀。此外，这种设计方式使得射流射程较长，射流可以充分衰减，所以在设计实践中可以加大送风温差。同时，在侧送侧回系统中，工作区处于回流区，排风温度等于室内工作区域温度。

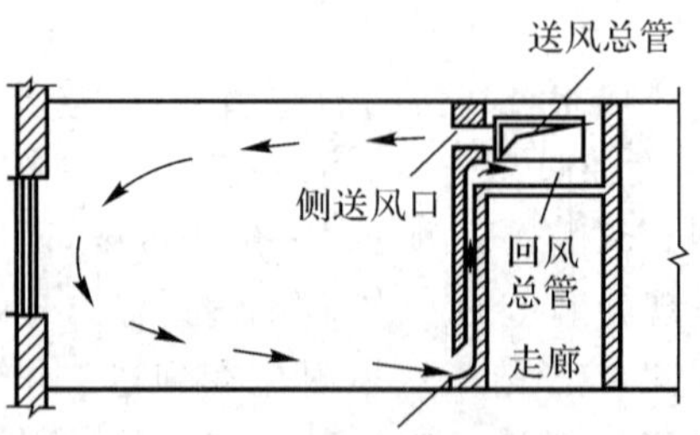

图 6.15　单侧送-单侧回空调系统示意图

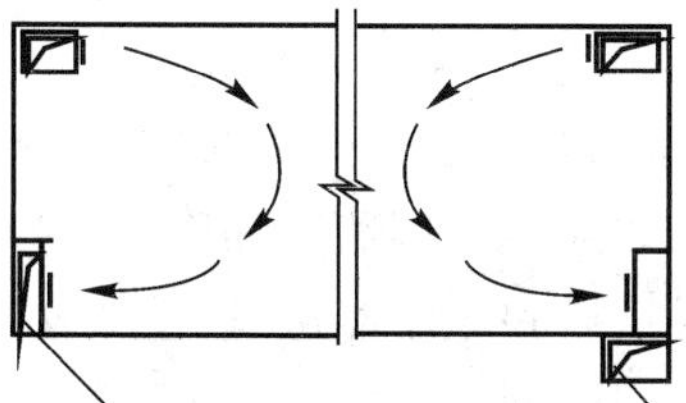

图 6.16　双侧送-双侧回空调系统示意图

进一步，对于设计细节来说，空调房间采用侧送气流组织形式时，侧送风的风口方式可被设计为喷口侧送方式和百叶风口侧送方式。大空间建筑中常用喷口侧送风的气流组织形式。送风气流从喷口送入室内，与室内气流充分混合换热后，一般从另外一侧的下部回风口排出室外。该气流组织形式送风速度较大，具有比较长的射程，而且温度与速度的衰减梯度较小。

对于空调系统维护和运行来说，在设计工况下，侧送侧回空调系统的夏季和冬季空气流动的分布规律是不同的。

在夏季，速度场分布特性，由于受壁面和顶棚阻挡的影响，送风射流在靠近顶棚表面形成明显的贴附射流，在射流的诱导作用下，不断带动和卷吸贴附射流下侧的空气，使得在整个房间纵向形成较大的回旋气流。贴附射流的轴心速度随着射程的增大而逐渐减小，射流断面也逐渐扩大，断面流速的分布曲线逐渐扁平。送入的新风在进入工作区之前，与因诱导作用而卷吸形成的上升气流混合后，使得进入空调房间新风的空气品质降低。室内回旋气流的流型在房间纵深方向变化不大，仅仅是回旋涡流范围变小，但是，回旋涡流内的室内污染物依然能够随着气流的流动排出到室外。工作区空气流速较低且分布均匀，满足舒适性空调室内夏季的规定，符合设计规范。

在夏季，以我国北方城市为例，温度场的分布特性表现为南外墙和南窗受温差和太阳辐射的作用大，该处周围空气的温度梯度较大，明显高于室内其他区域。因南墙和南窗附近的温度高于送风射流温度，使得该处周围的空气密度小于送风射流处的密度，密度小的空气上升，密度大的空气下降，从而使得断面上温度分布曲线随着射程的增大而更加收缩，其收缩方向倾斜向上，温度梯度变化不大。除靠近南墙和南窗的温度较高外，室内其他区域温度分布较为均匀，无温度分层现象，尤其工作区的各处的温度分布均匀，温度梯度不明显，温差满足设计规范规定的要求。

然而，在冬季设计工况下，室内空气流动的分布特性由于受壁面和顶棚的影响，送风射流在靠近顶棚表面不但形成明显的贴附射流，同时，在射流的诱导作用和浮升力的共同作用下，使得靠近地板表面和回风口附近的空气流速较大，对人体会产生一定的吹风感。在冬季，浮升力作用较大，使得房间内部的温度梯度比夏季工况要大。

一般情况下，通过夏、冬季设计工况下空调室内空气流动的分布特性的比较，可以得到夏、冬季设计特点的异同。相同之处：当送风速度一定，无论是夏季还是冬季，送风射流的运动都遵循射流流动规律，流线的流型变化不大，都会在室内形成相似的回旋气流，回旋气流的涡旋中心所处的室内位置基本上没有改变。不同之处：在冬季，围护结构中的南墙和南窗的冷负荷和室内浮升力对送风射流和工作区的速度和温度分布存在较大的影响，冬季室内温度梯度变化较为明显。

2. 上送下回气流流动规律

在上送下回空调系统中，空调送风口位于房间上部（如顶棚或侧墙），气流经过房间上部送入室内，而回风口设在房间的下部（如地板或侧墙），如图 6.17 所示。常用的送风口形式是散流器和孔板送风口。如果采用孔板送风和散流器送风，空调送风由位于房间上部的送风口送入室内，而回风口设在房间的下部。基于此，上送下回方式的送风可以形成平行流流型，涡流少，断面速度场均匀。对于温度、湿度要求精度高的房间，特别是要求洁净度很高的房间，则是比较理想的气流组织形式。

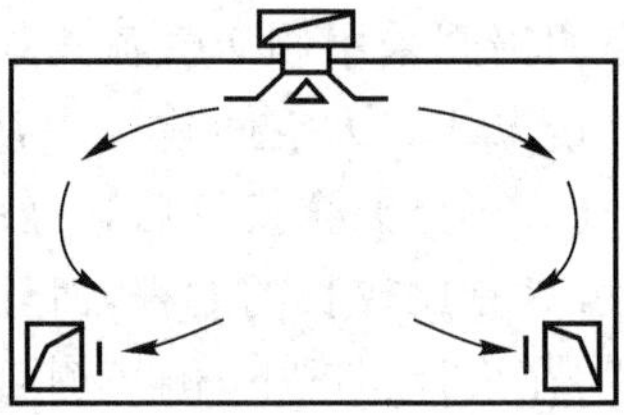

图 6.17　上送下回空调系统示意图

顶送下回式是最基本的送风方式之一，处理后的空气由位于空间上部的送风口送入，经位于下部的回风口排出。这种送风方式下的送风气流，首先与室内污浊的空气混合，而后流经工作区，工作区速度场较为均匀，人体呼吸区的空气新鲜度却较低。具体来说，上送下回方式的送风气流流动规律，呈现出较强的混合特性。气流在进入工作区前，就已经与室内的空气充分混合，此时特别容易形成均匀的温度场和速度场，所以，一般情况下，可以使用较大的送风温差，配合使用较低的送风量。

上送下回空调系统一般存在四种气流分布形式，即百叶风口单侧或双侧送风；送风口和回风口处在同一侧；顶棚散流器送风、下部双侧回风；顶棚孔板送风和下部单侧回风。

上送下回气流组织形式的最突出的特点是风道位于高大空间顶部，以垂直向下的送风为主，空气自上而下进入空调区域，然后由回风口带走；根据控制高度的不同，送风口具体分为散流器、旋流风口、喷口、孔板和条缝等；回风口安装在侧壁下部。在日常维护中，该送风方式空调区域覆盖整个房间，送风量以及需要的空调负荷相当大，而且送、回风管线不易布置，会使管线裸露在室内，节能效果不理想以及不经济。但是，这种气流分布形式适用于有恒温要求和洁净度要求的工艺性空调及冬季以送热风为主且空调房间层高较高的舒适性空调系统。

3. 上送上回气流流动规律

上送上回气流组织形式是把送风口和回风口叠在一起，布置在房间的上部，气流从上部送风口送下，经过工作区后回流向上进入回风口。如果房间进深较大，可采用双侧外送式双侧内送。如果房间净高较高，还可以设置吊顶，将管道暗装，如图 6.18 所示。由此可见，上送上回方式的特点是可将送排风风管集中于空间上部，使管道成为暗装部件。上送上回用于不能在房间下部布置回风口的场合，使用时需要注意避免气流短路。

上送上回气流流动规律呈现出不稳定的特性，容易发生气流短路现象。尽管如此，上送上回空调系统特别适用于房间下部不宜布置回风口的场合。另外，上送上回空调送回风方式的设计，需要综合考虑空调房间的结构特点、室内装修与美观要求、气候条件等。对于中央空调而言，无论是选型还是设计安装，都务必遵循因房制宜的基本原则。

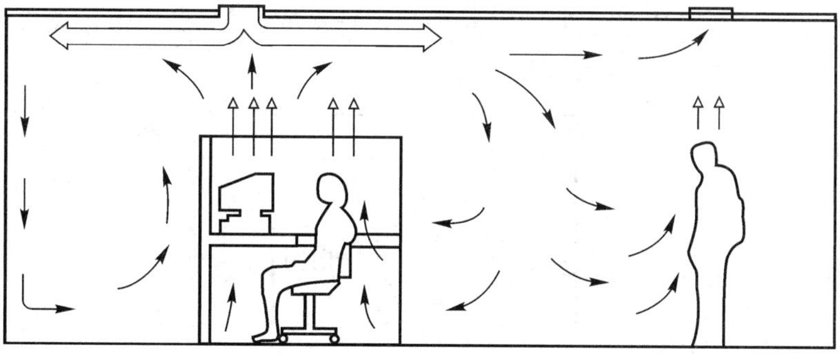

图 6.18　经典上送上回空调系统示意图

对于上送上回气流组织形式，一般具备如下的特点：

首先，因为送风口位于房间的顶部，所以改变送风角度可以较容易地改变室内污染物浓度场以及速度场，可以较好地改变房间的室内空气品质和室内人员舒适度。当送风角度设计为较大值时，房间内工作区污染物浓度迅速降低，通风效率也最高，能量利用系数也最大。反之，当送风角度被设计为较低值时，室内温度不均匀系数和速度不均匀系数均最小，但是，通风效率也最低。而当送风角度被设计为 90°时，回风口污染物浓度最小，室内平均空气龄也最小。依据经验，在空调设计和运行过程中，建议将送风口送风角度调节至 45°～60°之间，节能效果良好，也能保证室内的空气品质及人体舒适度。

其次，上送上回气流组织形式，由于顶部送风口直接将气流送入工作区域，所以在同一送风角度、送风温度的条件下，随着送风速度的增加，房间送风量变大房间换气次数也增加，空调房间的通风效率增大，但随着送风速度的增加，人体不满意度增加。建议在空调设计过程中，将送风速度控制在 2.5m/s 左右，能够获得良好的室内空气品质及满足人体需求的人体舒适度。

再次，在上送上回气流组织形式中，改变送回风口相对位置可以改变室内空气的流场分布。将送风口放在房间中部，房间空气龄一般会减小，人体舒适度比原房间增加，温度场和速度场分布也越来越均匀。但是，由于送风气流对室内污染物传播的阻挡作用，导致室内工作区平均污染物浓度和通风效率都有所下降，所以在空调设计的过程中，家具等设施的布置应与送回风口布置相协调，便于增加房间的通风效率。

最后，在上送上回气流组织形式中，浮升力对流动将有较大的影响。随着送风温度的升高，房间工作区污染物浓度也随着降低，但是随着送风湿度的增加，送风气体变轻，因此在总风量不变的情况下，由于浮升力的作用，参与工作区内稀释污染物的风量变小，导致通风效率的下降。但增加送风湿度也可提高室内人员舒适度，所以不能为了盲目的减少送风量而降低空调送风温度。

4. 中送下、上回气流流动规律

在日常生活和生产工作中，对于某些高大空间（比如大型商场和大型厂房），实际的空调区处在房间的下部，没有必要将整个空间作为控制调节的对象，因此可采用中送风的方式，即选用中送风空调系统，如图 6.19 所示。这种送风方式在满足室内温、湿度要求的前提下，有明显的节能效果。但是，就竖向空间而言，采用中送风空调系统，会使得建筑空间存在着温度“分层”的现象，因而，通常也称之为“分层空调”。针对这样的高大空调房间，采用在房间高度的中部位置上，用侧送风口或喷口送风的方式，对房间进行空气调节，促使中送风系统将房间下部作为空调区，上部作为非空调区，达到节能设计的目的。

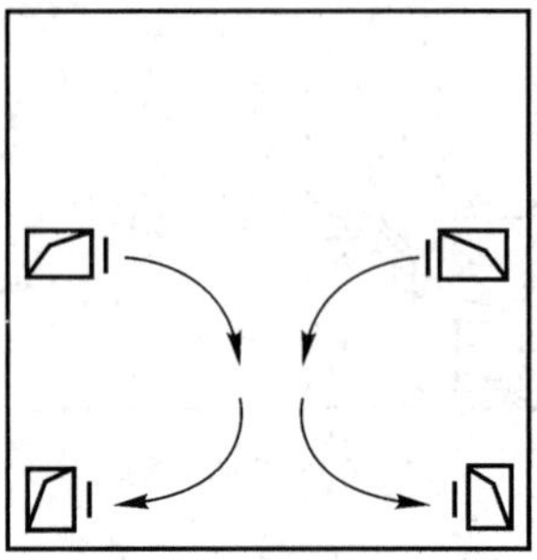

图 6.19　中送风空调系统示意图

中送下、上回空调系统，被应用在于大空间建筑中时，对于大空间来说，空调的送风量往往很大，房间上部和下部的温差也较大，因此，一般将空调分为上下两个区域，下部为工作区，上部为非工作区。中送下、上回气流流动规律在此就表现为：中间送风，上部和下部同时排风，故在房间内部形成两个气流区域。中送下、上回空调系统容易保证下部工作区达到空调设计的要求，而上部气流区仅仅负担排走非空调区域的余热量。因此，在满足工作区空调要求的前提下，采用中送下、上回的气流组织形式，具有明显的节能效果。

中送下、上回空调系统被应用在高大厂房或者大商场中的分层空调气流组织的设计中时，其设计方式可以有多种方式，一般采用腰部水平喷射送风，对于跨度较大的空间建筑采用双侧对送，对于跨度较小的厂房则采用单侧送风。具体来说，处理好的空气以很大的动量通过送风口送入相对静止的空间里，从而形成了送风射流，通常送风射流以 4～12m/s 的送风速度、8～12℃的送风温差及一定的送风角度送风。当送风射流到达设计的射程末端时，送风速度和温度就已经得到充分的衰减，送风气流就会折回，其中室内空气会被送风射流通过卷吸作用而成为送风气流的一部分，但只有送入室内的那部分气流才会由回风口排出，整个空调区就在送风射流的作用下形成了一个大的环流，空调区的工作区处于回流区，使得工作区的温度场和速度场达到设计要求。而对于非空调区，因为没有具体的相关要求，所以竖直方向上允许存在较大温度梯度。当空间建筑跨度很大，两侧对喷射程不够时，可以在射程以外的区域内设置一定数量的空调送风柱，并对送风柱加以装饰，在送风柱的壁面上布置送风口，向四周均匀送风，从而形围绕送风柱的网状射流，比如西安市高铁站空调系统就是典型的中送空调系统，如图 6.20 所示。

图 6.20　典型的中送空调系统

中送空调系统配合使用空调送风柱的设计方案，既解决了送风射流射程不够的难题，又充分体现了分层空调的节能特点。高大建筑由于自身尺寸和负荷较大，所以在运用分层空调时，大多数情况都是采用多股平行射流形成特殊的气流组织形式。当多个送风口平行布置且彼此相对距离较近(5～10mm)时，射流达到一定射程(10～20d)后会相互重叠而汇合成一片气流，这层气流在高度方向上将空间建筑分割成两部分，即下部空调区和上部非空调区，最终实现温度分层的目的。多股平行射流汇合后的射流断面周界要小于汇合前各单股射流断面周界，射流的扩展和速度的衰减均减慢，因此在同样的送风速度下，其射程比单股射流要长，落差要小。

在设计计算中，中送分层空调的气流组织特点，使得在计算分层空调得热量和冷负荷时，必须分别对下部空调区和上部非空调区进行计算。空调区冷负荷的计算，除考虑全室空调负荷计算项目外，还必须计算从非空调区向空调区的热转移引起的冷负荷，包括对流热转移形成的冷负荷和辐射热转移形成的冷负荷。因此，分层空调负荷或节能效果不仅受空调区冷负荷的影响，还受非空调区冷负荷即非空调区外围护结构的影响。非空调区外围护结构面积变大，非空调区得热量增加、热强度增加，非空调区向空调区的热转移量也相应增加，若非空调区外围护结构变化带给非空调区的热量大于空调区，则节能效果增强，相反节能效果减弱。综上所述，分层高度不仅影响空调区负荷和非空调区负荷大小，而且还影响分层空调的节能率的大小。

5. 下送上回气流流动规律

下送上回空调送风系统一般将气流组织系统中的送风口布置在房间下部，而回风口则布置在上部，如图 6.21 所示。对于室内余湿量大，特别是热源又靠近顶棚的场合，如计算机房等，采用下送上回组织形式经济性好，但是，需要注意送风温差不要太大。

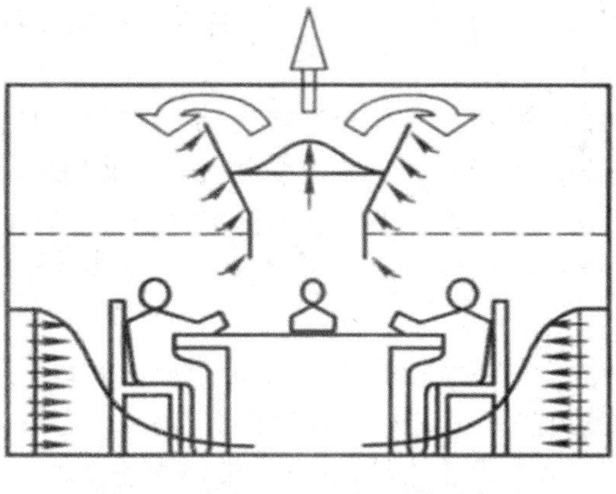

图 6.21　下送上回空调系统示意图

下送上回气流流动规律表现为：气流最先到达人员工作区域，一般采用较小的送风温度差，同时，配合使用较大的送风量。因为系统中排风口位于房间上部，所以污染物可以被很快地排出，房间具有更加优良的空气品质。因此，下送上回空调送风系统特别适合空调房间余热量大和热源靠近顶棚的场合，比如计算机房、广播电台的演播大厅等。

下送上回气流组织形式最重要的特点是从空调房间的下部将处理过的空气由送风口水平或向上送入室内。因为送风气流在房间内停留的时间以及气流在室内的转移时间比上送风要短，所以空调下送上回气流组织方式具有比较高的通风效率，而且空调房间的垂直方向存在明显的热力分层现象。

6.3.2 工艺性空调送回风方式

净化性空调属于工艺性空调中的一种。工艺性空调使用的目的是为研究、生产、医疗或检验等过程提供一个有特殊要求的室内环境。例如，电子车间、制药车间、食品车间、医院手术室以及计算机房、微生物实验室等使用的空调就属于这一类。这一类空调的设计主要以保证工艺要求为主，同时兼顾室内人员的舒适性要求。

工艺性空调送回风方式主要通过营造一个“正压”环境，控制气流垂直或者水平流动，形成流层，进而对流层内部的气体进行过滤消毒的方式，达到净化目的，这其中要用到特殊的空调系统进行送风和回风的处理。

工艺性空调系统一般要求控制室内的温度、湿度、尘埃、细菌、有害气体浓度以及气流分布，进而保证室内人员所需的新风量，并维持室内外合理的气流流向。其中，目前工程设计中，最为重要的目标是控制室内污染物（比如 PM2.5）或者细菌的浓度，以防止在工作、生活过程中对对室内人员的健康产生伤害。

与一般建筑物的空调要求相比，工艺性空调系统应该具有以下特点，首先，就是空气的净化，甚至除菌；其次是控制各区域内部的气流流动形式和风速大小；再有，就是需要保证不同区域之间合理的气流流向和压力分布；另外，在精密机房环境控制中，还需要保证工艺要求的温度及湿度；最后，在实验室环境控制中，需要排出废气和有害气体，保证室内空气的新鲜程度。

因此，工艺性空调系统需要能够组织室内的空气流动方式和控制污染物的传播途径，有效地防止和减少室内气流的无组织特性。

1.净化模式

在介绍工艺性空调送回风方式之前，首先对空气净化处理原理做以介绍，以方便读者对后续内容的理解。

空气中含有许多尘埃和有害气体，虽然含量甚微，但会危害人体的健康，会影响生产工艺过程和产品质量。空调系统中，被处理的空气主要来自新风和回风，新风中有大气粉尘、霾等外界污染物，回风中因室内人员活动和工艺过程的污染也带有微粒和其他污染物质。因此，一些空调房间或生产工艺过程中，除对空气的温、湿度有一定要求外，还对空气的洁净程度有要求。

空气净化指的是去除空气中的污染物质，控制房间或空间内空气达到洁净要求的技术。按污染物的存在状态可将室内空气污染物分为悬浮颗粒物和气态污染物两大类。空气中的悬浮颗粒物包括颗粒物、空气微生物及生物等；气态污染物指的是以分子状态存在的污染物，包括无机化合物、有机化合物和放射性物质等。

空气的净化处理按被控制污染物分为除尘式（处理悬浮颗粒物）和除气式（处理气态污染物）。除尘式按其净化机理可分为机械式和静电式两类。除气式按其净化机理可分为物理吸附法、光催化分解法、离子化法、臭氧法及湿式除气法等。

（1）除尘式净化处理原理。

1）机械式净化处理。机械式空气净化处理是用多孔型过滤材料把粉尘过滤收集下来。所谓粉尘，是指由自然力或机械力产生的，能够悬浮于空气中的固态微小颗粒。

含有粉尘的空气通过滤料时，粉尘就会与细孔四周的物质相碰撞，或者扩散到四周壁上被孔壁吸附而从空气中分离出来，使空气净化。对空调系统而言，空气中的微粒相对于工业除尘来说浓度低，尺寸小，对末级过滤效果要求高。因此，在空气调节中，主要采用带有阻隔性质的过滤分离的方法除去空气的微粒，即通过空气过滤器过滤的方法。

下面结合空调系统常见的纤维过滤和黏性填料过滤过程，来介绍滤尘机理。

纤维过滤器的滤尘机理为，利用纤维过滤器的滤料，其中包括玻璃纤维、合成纤维、石棉纤维和无纺布制成的滤纸或滤布等，如图 6.22 所示。这类滤料或滤布由细微的纤维层紧密地错综排列，形成一个具有无数网眼的稠密的过滤层，纤维上没有任何黏性物质。随后，颗粒物经过拦截作用、重力作用以及静电作用，被阻挡下来，达到净化空气的目的。其中，重力作用机理为：当气流通过纤维层时，在重力作用下，气流中的微粒产生脱离流线的位移而沉积在纤维表面上。静电作用机理为：含尘气流通过纤维滤料时，由于种种原因，如气流摩擦，使纤维和微粒都可能带上电荷，从而增加了纤维吸附微粒的能力，但是，因这种电荷不能长时间存在，所形成的电场强度又很弱，故产生的吸附力很小，一般可以忽略。

图 6.22　纤维过滤器

黏性填料（滤料）过滤器的滤尘机理为，黏性填料过滤器的填料有金属网格、玻璃丝或者金属丝等。在填料上浸涂黏性油。当含悬浮微粒的空气流经填料时，沿填料的空隙通道进行多次曲折运动，微粒在惯性力作用下，偏离气流方向，并碰到黏性油被黏住，即被捕获。黏性填料过滤器的过滤机理为：依靠尘粒的惯性和黏住效应的作用结果，其筛滤作用是很小的。

2）静电式净化处理。空调净化工程中会经常使用的静电过滤器。通常采用双区式电场结构，把电离极和集尘极分开，第一区为电离区（使微粒带荷电），第二区为集尘区（使微粒沉积）。相对于单区式，双区式可以将电离极的电压降到 10kV 左右，又可以采用多块集尘极板，增大了集尘面积，缩小极板间距离，这样设备更安全。

其中的电离区是在一组等距离平行安装的金属板接地电极之间，布有金属放电线，并在其上加有足够高的直流正电压，放电线与接地电极之间形成不均匀电场，致使金属放电线周围产生电晕放电现象，含尘空气经过电离极时，空气被电离，使放电线周围充满正离子和电子，电子移向放电线，并在其上中和，而正离子在遇有中性尘粒时就附着在上面，使中性尘粒带上正电荷，然后随气流流入集尘区。

集尘区由一组接地金属极板和正电位的金属极板，按平行于气流的方向交替排列而成，金属极板常用薄铝板，在各对电极之间形成一个均匀电场。当来自电离区的带有正电荷的尘粒进入均匀电场后，在强大的电场作用下，尘粒便沉积在负极性的接地极板上。

静电过滤器的过滤效率随着电场强度的增加和过滤风量的减少而提高。空调净化作用的静电除尘设备采用正电晕放电，而不是负电晕放电，即用的是正极性放电电极。正电晕由于容易从电晕放电向火花放电转移，所以只能加以较低的荷电电压。

(2)除气式净化处理原理。

1)物理吸附法。物理吸附法作为空气净化的一种有效方法被广泛采用。通常采用多孔性、表面积大的活性炭、硅胶、氧化铝和分子筛等作为有害气体吸附剂，其中活性炭是空调系统中常用的一种吸附剂。

活性炭是许多具有吸附性能的碳基物质的总称，它的原料包括几乎所有的含碳物质，如木材、骨头、果核以及坚硬的果壳等，将这些含碳物质在低温下进行炭化，然后再用活化剂进行活化处理。常用的活化剂为水蒸气或热空气，也可以用氯化锌、氯化镁、氯化钙和磷酸作活化剂。活性炭经过活化处理，其内部有许多细小的空隙，因此大大地增加了与空气接触的表面积，它具有优异和广泛的吸附能力。

普通活性炭分为粒状活性炭(简称粒炭)和粉状活性炭(简称粉炭)。粒炭的阻力小，多用于吸附气体；粉炭多用于液体的脱色处理。近年来又出现了活性炭纤维，它是一种新型的高性能活性炭吸附材料。活性炭纤维是利用超细纤维如黏胶丝、酚醛纤维或腈纶纤维等制成毡状、绳状、布状等，经高温炭化再用水蒸气活化后制成。活性炭纤维的比表面积比粒状活性炭大。由于基材、浸渍处理及活化条件的不同，活性炭纤维的孔结构参数也不同。因为活性炭纤维的比表面积大，同时具有大量微孔结构的特征，所以吸附质在活性炭纤维内扩散阻力小，吸附速度快。另外，活性炭纤维的外表面积比粒状活性炭大。与粒状活性炭相比，活性炭纤维有更多的微孔直接与吸附质接触，而且吸附质直接暴露于纤维表面进行吸附和解吸，因此，能更快达到吸附平衡和更有效地利用微孔。在同样的比表面积条件下，活性炭纤维比粒状活性炭对吸附质的吸附能力更高；吸附低浓度，甚至微量的吸附质时更有效。

活性炭吸附净化空气的机理有物理吸附和化学吸附两类。物理吸附主要用于吸附沸点高的有机物，如大部分醛类、酮类、醇类、醚类、酯类、有机酸、烷基苯类和卤代烃类。物理吸附的机理是靠物质分子之间的范德华力，当分子之间的距离在几纳米时，这种力将起作用。

化学吸附的机理需要借助化学反应，通过吸附质和吸附剂之间的化学键力而引起。通过对活性炭材料进行化学处理，均匀地掺入特定的试剂，以增强它们对特定污染物的清除能力。

在室内空气净化方面，当前用于空气净化的活性炭吸附剂主要是粒状活性炭和活性炭纤维。活性炭纤维不仅能广泛用于有机物的吸附与清除，而且能够有效地去除异味。

2)光催化分解法。光催化(光触媒)技术是基于光催化剂在紫外线照射下具有的氧化还原能力而除去空气中的污染物。光催化是以光为能量激活催化剂，光催化氧化反应在常温下就能进行。光触媒是一种催化剂，催化剂多为N型半导体材料，如TiO_2等，其中TiO_2是最受重视的一种光催化剂，它的活性高，稳定性好，对人体无害。光催化剂几乎对所有的污染物都具有治理能力，能有效地分解室内空气中的有机污染物，氧化去除空气中的氮氧化物、硫化物以及各类臭气，而且还能够灭菌消毒，在室内空气净化方面有着广阔的应用前景。

作为催化剂的半导体材料，其粒子中含有能带结构，通常情况下是由一个充满电子的低能价带和一个空的高能导带构成，彼此之间被禁带分开。如果用能量等于或大于禁带宽度的光照射半导体，其价带上的电子将被激发，越过禁带进入导带，同时在价带上产生相应的空穴。与金属导体不同，半导体的能带间缺少连续区域，受光激发产生的导带电子和价带空穴在复合之前有足够的寿命。光致空穴具有很强的得电子能力，可夺取粒子表面的有机物或体系中的电子，使原本不吸收光的物质被活化而氧化；而光致电子具有强还原性，可使半导体表面的电子受体被还原。光致电子和空穴一旦分离，并迁移到粒子表面的不同位置，就有可能参与氧化还原反应，氧化或还原吸附在粒子表面的物质，实现对一些污染物的降解处理。

空调环境中经常存在各种病菌。室内空气中的病菌主要来源于室内人员的生活和活动，空调管道内和空气处理系统中也可能存在有害细菌。这些细菌在适宜的条件下可以引发各类疾病。传统的无机抗菌剂主要通过金属离子（如银、铜、锌等）负载在各类载体（如沸石、磷酸锆、易熔玻璃、硅胶、活性炭等）上实现抗菌作用，但细菌被杀死后，释放出的有毒复合物如内毒素仍可引起伤寒、霍乱等疾病。TiO_2光催化杀菌克服了无机抗菌剂的缺陷。TiO_2光催化反应发生的活性羟基的反应能，高于有机物中各类化学键能，能迅速有效地分解构成细菌的有机物杀灭细菌。细菌的生长与繁殖需要有机营养物质，TiO_2催化产生的活性羟基能分解这些有机营养物，抑制细菌发育；还能降解细菌死亡后释放出的有毒复合物，杀菌彻底。值得一提的是，虽然光催化净化过程中使用的紫外光本身能够控制微生物的繁殖，并且在生活中广泛使用，但是，光催化灭菌消毒不仅仅是单独的紫外光作用，而是紫外光和催化共同作用的结果。无论从降低微生物数目的效率，还是从杀灭微生物的彻底性，光催化杀菌的效果都是单独采用紫外光技术无法比拟的。

3）离子化法。新鲜空气有利于人体健康，原因之一是其中含有大量的负离子。负离子对人体有良好的生理作用，主要表现在对神经系统的作用。空气负离子能改善大脑皮层的功能，振奋精神，消除疲劳，提高工作效率，改善睡眠，增加食欲，并有兴奋副交感神经系统等作用。对心血管系统也有较好的作用。空气负离子有降低血压的治疗作用。吸入负离子后，可使周围毛细血管扩张，从而使皮肤温度上升，改善心脏功能和心肌营养不良状况。

但是，空调系统中的空气在经过加热、冷却和过滤等处理过程，所含的负离子数量会减少，致使空调房间内的负离子密度比室外约减少一半。为了改善室内的卫生条件，需要通过人工方法在室内生成负离子。

发生负离子的方法有高压电晕放电法和放射源法等。国内已生产有以高压电晕放电为原理的负离子发生器。其基本原理是，将空气这种混合物，在正常状态下的中性分子，使其失去一部分围绕原子核旋转的电子，剩下的是带正电子的空气正离子，而被分离出来的自由电子又会与空气中其他中性分子结合，形成带负电的空气负离子。随后，空气负离子能附着在固相或液相污染物微粒上形成大离子，大离子借助凝结和吸附作用沉降下来。通过该过程，空气负离子降低了空气中污染物的浓度，起到了净化空气的作用。

4）低温等离子。等离子体被称为除固体、液体和气体之外的第四态物质，是由电子、离子、自由基和中性粒子组成的导电性流体，整体保持电中性。根据粒子温度的差异，等离子体可分为热等离子体（Thermal Plasma）或热平衡等离子体（Thermal Equilibrium Plasma）和低温等离子体（Cold Plasma）或非平衡等离子体（Non-Equilibrium Plasma）。在空气净化过程中使用的等离子体技术大多是低温等离子体技术。

低温等离子体对空气的净化包括三个方面，即荷电除尘、有害气体的催化净化和负离子净化等。它不仅可以分解气态污染物，还可以从气流中分离出颗粒物质，如有毒的化学物质和病菌悬浮颗粒物等。

低温等离子体的荷电除尘原理：当利用极不均匀电场形成电晕放电产生等离子体时，其中包含的大量电子和正负离子在电场梯度的作用下，与空气中的微粒发生非弹性碰撞而附着在上面，使之成为荷电粒子。在外加电场力作用下，荷电粒子向集尘极迁移，最终因沉积在集尘极上而被清除。

近年来，利用低温等离子体净化空气中挥发性有机化合物和杀灭细菌已成为研究热点。研究表明，在低温等离子体的辅助下，低浓度的气态有机污染物的催化分解效果更加理想，此时低温等离子发生过程所生成的副产品将转化为无害气体。

(3)组合空气净化技术。光催化与吸附技术的组合活性炭能够吸附臭味、细菌以及挥发性有机化合物(VOC)等物质，利用活性炭分离低浓度的气体污染物质和细菌。但是，活性炭虽有很强的吸附能力，却很容易饱和，随着污染物沉积量逐渐增多，净化效果会明显下降。吸附剂作用期限短，须定期更换。如果将光催化与吸附技术组合，可以组成更好的净化方法。以挥发性有机物为例，利用活性炭的吸附能力使 VOC 浓集到某一特定浓度环境，这就提高了光催化氧化反应速率，而且活性炭还可以吸附中间副产物使其进一步被光催化氧化，达到完全净化。另一方面，由于被吸附的污染物在光催化剂的作用下参与氧化反应，活性炭的吸附表面因污染物的去除而得以再生，活性炭本身的使用周期也得以延长。有关活性炭与光催化剂的组合方式以及吸附光催化机理还不是十分清楚。

光催化与臭氧技术的组合是使臭氧装置产生的臭氧进入光催化反应装置，臭氧作为一种强氧化剂与紫外光激发的光催化氧化协同作用，能起到分解有机污染物、灭菌和除臭等高效率的净化作用。臭氧和光催化的联合作用可以减少臭氧用量，增加羟基自由基的产生量，从而提高光催化效率；还可以去除一些在单独一种方法无法分解的有机物。此技术还有很多未明之处，并且由于臭氧本身也是一种污染物，它会产生臭味，会腐蚀所接触的物体，过高的浓度还会给人体健康带来危害。

总之，净化技术目前正在发展中，相关技术的进步势必会影响到空调系统的设计和安装制造。

2. 工艺性空调系统模式

20 世纪以来，工艺性空调系统(见图 6.23)的建设一直呈上升的趋势，其发展和相关科学研究的进展、各国的标准规范、设计思路和技术措施都在不断地发展完善中。工艺性空调系统的型式有很多种，下面分别介绍一下主要的空调系统模式。

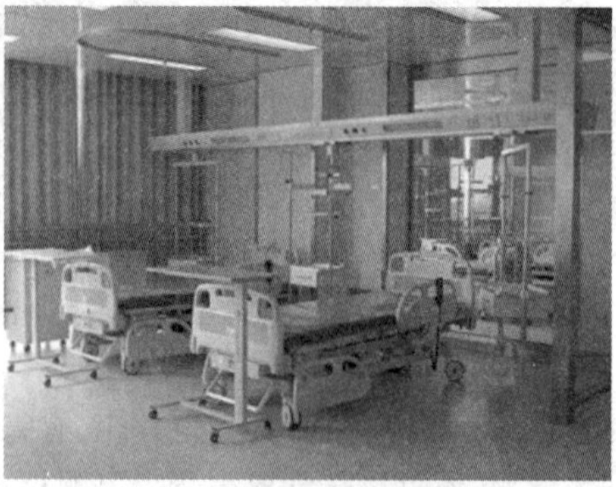

图 6.23　洁净病房工艺性空调系统

(1)集中式空调系统模式。在美国，工艺性建筑大多采用集中式全空气净化系统，其大致有两种设计类型。

第一类空调系统设计遵循 ASHRA 指南的规定，该种全新风系统每小时的换气次数为 8～12 次，一般设计室温取为 25.6℃，相对湿度为 5%，室内排风被设计集中汇集到排风总管，利用全热交换器作热回收后再排出。

第二类空调系统设计基于全室单向流流型，同时，结合普通的工艺空调系统和单向流系统的优点，形成工艺性空调系统。系统中一般采用三级风机加大室内空气自循环，以增大换气次数，达到降低室内细菌浓度的效果。

除此之外，日本和德国的工艺性空调也都具备自己的特色。

日本工艺性空调系统发展过程深受西方国家的影响，现已逐步形成自己的特色，即所谓的混合型工艺空调系统，该系统把整个净化空间同时作为控制对象。

德国的工艺性空调布局强调分割单元，它包括多个工作单元及其他辅助房间，这种布局方式保证了各工艺的独立进行，互不干扰，但整体系统要求很大的送风量，而且因部门分隔太多，气流流向难以控制。因此，德国采用了局部和整体控制相结合的方式，即各个工艺单元采用独立的空调系统，另设一个统一的正压送风系统。在工作期间，两个系统同时运行。部分工作期间，只需运行这些工艺的独立空调系统及正压送风系统；非工作期间，只需运行正压系统。这样能够十分简易、有效地保证了净化房间的正常工作，又使整个建筑内部的梯度压差分布得以始终维持。

我国在全空气系统设计中，常采用集中式空调系统。在具体设计过程中，根据各个净化房间的级别计算送风量，这种方式在提供温度、湿度、空气净化和去除臭味等方面都可以达到满意的效果。同时，由于机房和房间分开，噪声可以较好地处理，所以适用于恒温、恒湿、无尘、无噪声等要求的设计场合。其缺点是风道占用空间大，全热交换器投资较高、维护不易并且系统能耗较大。综上所述，目前国内外大部分工艺性空调系统均采用集中式全空气净化系统。

除了送风量外，对于全空气工艺空调系统，在设计中，合理的气流组织设计能防止细菌、有害粒子的积聚并将其迅速排除，有效地保护关键区域。室内气流组织有湍流和层流之分。在湍流情况下，空调系统均被设计为上送下回式，上部送风口位置布置不一，有侧送、斜送和顶送。在层流情况下，其空调洁净效果一致被认为较好，但其造价偏高。欧洲发达国家偏向发展局部层流，开发如空气浴系统、带空气幕的顶棚送风单元、带围挡或帘幕的层流罩等装置。日本强调全面层流技术，要求送风面不能小于天棚面的 75%。除此之外，在设计中，正压控制也是必须注意的设计环节，一般采用控制新风量或新风和回风的关系来实现，并结合自控手段来保障系统的稳定运行。比如在英国，一般采用余压阀控制；而在德国为了强调整个空调系统的整体特性，开发出独立的正压送风系统，并应用机械式风量调节器恒定风量，提高了这个系统的稳定性。

(2)分散式系统。在工艺性空调房间设计中，还可以采用分散式工艺空调系统。分散式工艺空调系统在每个工作区域附近就近设置空调机房，通过独立的工艺空调机组送风，所有分散式空调联合运行，使得室内空气可以循环。这种方法运行费用较低，系统的维护、管理简单易行，适用于医院现有手术室改造，急诊科室新增手术室。但是，由于机房分散布置，占用面积较大，不宜用于规模较大的洁净建筑空间，而且在设计时，难以保证区域内合理的压力分布。

(3)一次新风机组与风机盘管系统。对于级别较低的净化性系统，考虑到节能和初投资费用，一般采用一次新风机组与风机盘管系统相结合的方式，对建筑空间进行净化处理。一次新风机组与风机盘管组合形成的工艺性空调系统，由于集中处理并提供满足正压和卫生要求的新风，同时风机盘管独立处理室内热、湿负荷，所以该系统易于控制，初投资和运行费用也低，其风道比全空气方式占用的空间小。但是，风机盘管内置的空气过滤器性能低下，无法达到除尘和除菌的要求。新风量经常不足，室内不良空气无法排除。另外，风机盘管表面及集水盘本身就是一个污染源，容易积聚灰尘，滋生细菌，特别在夏季，有污染室内空气的危险。因此，在日常维护工作中，必须进行过滤器和盘管清扫，以及需要经常检修设备。

(4)普通空调器加直接净化方式。对于一般的民用建筑空间来说，窗式空调和柜式空调均具备一定的过滤和清洁空气的功能，但是，直接采用空调对室内空气进行净化处理，无法保证高标准的卫生要求，噪声等方面也远远不能达到设计要求。特别是，当下我国出现的雾霾天气，室内空气被污染的风险很大，不能达到净化的目标。因此在设计空调系统时，应该直接配备相关的净化器。目前市场上的自净器品种很多，包括过滤自净器、紫外线自净器和静电自净器等。尽管这些自净设备都具备一定的除菌、除霾效果，但各有各的局限性，而且空气洁净技术的作用绝不是几台净化设备能取代的。另外，机组内盘管表面及集水盘的污染源还是存在，故在设计中，需要高标准的空气质量时，不建议采用这种方式。

3.送风方式

工艺性空调的送风方式一般采用层流送风，包括局部层流，这种送风方式的送风量很大。除此之外，低级别的空调系统大多采用湍流顶送风，比如顶棚送风系统。

在设计空调系统的送风方式时，必须要注意对封闭建筑空间的正压控制。

工艺性空调系统的正压值，一般通过送入一定量的新风来控制，在系统调试时常常可以达到设计的要求。但是，系统在运行中，由于门和窗的开启、过滤器积尘以及室外风速的影响，正压值经常变化。为使室内保持稳定的正压，应采用简易、有效的控制方式。常见的正压控制方式有以下几种：

(1)安装余压阀。因为余压阀的安装简单，灵敏度高，所以在工艺性空调系统中的应用较为广泛。但是，余压阀也存在着许多缺点，比如长期使用后关闭系统就会出现关闭不严的情况；全闭时，室内正压值仍然低于预定设计值，此时，系统就无法控制内部的压力；最后，对于严格控制微生物污染的建筑空间而言，余压阀本身就在无形中增加了一条室外通道。因此，对于高洁净要求的建筑空间，不宜提倡使用余压阀。

(2)差压变送器调节风量。除了直接阀门外，还可以通过安装差压变送器，对风量进行调节。但是因为差压变送器需要检测室内压力，同时，必须同步新风、回风或排风量，所以控制系统较为复杂，在实际工作过程中，常常会引起系统的不稳定，目前在实际运行中控制效果不佳。

(3)独立排风系统。在普通的净化房间内部，可以在建筑吊顶上单独设一个小型的排风系统，通过室内和走道间的压差信号控制排风机的启停，进一步达到正压控制的目的。具体来说，当压差超过设定值时，排风机开，向房间外部排风，使得房间内部的压强降低。反之，则关闭排风机。这种做法控制灵敏，安装也简便。但是，也存在着明显的缺陷，即在运行过程中如果有人员进出时，开门使得房间和走道间的压差在瞬间会降为零，此时排风机与门连锁，整个排风系统应当关闭，但是，由于叶轮的惯性效应，排风机不会停转，还具有一定的抽力，此时有可能造成房间负压。此外，排风机频繁启停，也易出现故障。

(4)机械式定风量装置。机械式定风量装置是在房间内部同时安装送、排风设备，在系统的运行期间，不管系统阻力如何变化，送、排风量是恒定的，进而保证正压的恒定。一般地，排风装置与自动门连锁，并设有延时装置，避免了因为门的开闭而使排风机频繁停开。

4. 层流房间工艺系统

在设计中，最常见到的就是层流房间的工艺系统设计。下面对其进行介绍。层流房间工艺空调系统主要可以被分为小型、中型和大型三种设计方案。

(1)小型层流房间净化。对于小型层流房间的净化设计，一般将工艺空调的进风口、过滤器位置设计在空调风管前端，吹入口位置配置在地板上侧面，这样气流状态容易产生湍流，换气次数应该被设计在 20～50 次/h 的范围之内，其温度应该在(22±1)℃，室内外压力差应该在 5～25Pa(0.5～2.5mmH_2O)范围之内，按此方法所需要的机械室比较小，净化工程难易度可控，室内工作人员可不受限制，但是，房间的作业面积将会受到限制。

(2)中型层流房间净化。对于中型层流房间，其工艺空调的进风口、过滤器位置主要被设计在净化车间一侧的墙壁上，进风口位置在出风口对面的墙壁。在中型层流房间中，气流状态呈现为水平层流，但是在空调的气流下侧处，空气会逐渐被污染。

在设计中，其温度范围主要在(22±1)℃，室内外压力差在 5～25Pa(0.5～2.5mmH_2O)。净化过程中所需要的机械室是中等大小，同时，为了保证结构的稳定性，建筑的材料将受到限制，需要稍高的工艺技术，房间的大小和房间的作业面积也会受到限制。

(3)大型层流房间净化。大型层流房间净化的设计，需要在无尘室或者无菌室内安装配备过滤器的吹出口，其位置主要位于天花板。与之相对，吹入口位置一般被设计到筛条或孔板上，气流状态保持垂直层流型，换气次数范围在 250～650 次/h，气流速度大致设定在 0.25m/s 左右，温度设定在(22±1)℃，室内外设计压力差范围为 5～25Pa(0.5～2.5mmH_2O)。

大型层流房间工艺空调系统所需要的机械室比较大，建筑的材料也需要较高的标准，工程的难度一般需要达到比较高的技术水平。通过上述技术保障，作业房间的面积一般能达到很大的面积。

综上所述，在层流房间净化设计中，整个系统需要哪种送风和回风方式，要根据房间大小和工艺要求来决定，并不是随意设置的。因为一方面设计必须要达到工艺要求的洁净程度；另一方面，层流、净化开动起来很消耗能源，合理的设计和使用，有利于为用户节省不必要的开支。

除此之外，工艺性空调系统也可以在送回风口位置处安装净化设备，提高整个系统的净化程度。除了在设计时，增加净化设备，要改善空调通风系统的污染现状，在平日的系统维护中，需要考虑专业清洗表冷器的方法。如果效果依然无法得到长久的保证，必须回到设计方案，考虑加装纤维过滤器。此时，必须要注意，安装过滤器后，系统的风阻增大，风机余压可能会出现不足，且运行费用将大增。如果余压不足，可以在设计时考虑安装静电过滤器。因为静电过滤器的风阻小，处理的风量大并且过滤效率高，所以，在进一步的设计中，不失为解决污染问题的良好设计方案。

综观国内工艺性空调的发展，在空调方式、净化方式、气流组织和压力控制等方面出现了不同的设计类型，但是尚未形成一套适合于我国国情、经济有效的工艺空调系统设计方案。国外经过长期发展所形成的完善的系统型式、先进的装备和设施，以及丰富的实践经验值得借鉴，尤其是将系统作为综合保障体系的设计思想，更是有利于将工业洁净的模式引入到建筑空调系统中，使我国工艺性空调系统的研发、设计和制造顺利地进行。

6.4 房间气流组织的设计实例

6.4.1 侧送风的设计计算

气流组织是直接影响室内空调效果的因素，是关系着空调区域的温度、湿度、精度、区域温差和气流速度的重要调控方法，也是空气调节设计中的一个重要环节。

本节主要描述关于侧送风气流组织设计计算的相关问题。

1.侧送风设计的基本概述

侧送风气流组织因其管道布置简单、施工方便，逐渐成为送风气流组织中应用最广泛的送风方式。侧送风气流组织有单侧上送上回、双侧外送上回、双侧内送上回或下回和中部双侧内送上下回四种基本形式。

一般层高的小面积空调房间可采用单侧送风，如图 6.24 所示。当空调房间长度较长时，可采用双侧送风。当空调房间中部吊顶下不能安装风管时，可采用双侧外送的方式，这样既能保证空调区的较高精度，又能满足舒适性的要求。但是，在实际工作中，由于气流组织没有得到应有的重视，建筑室内往往是先确定装修方案，再进行气流组织设计。两者冲突时，往往牺牲气流组织设计，造成气流组织设计先天缺陷。严重的情况，在空调区域会出现温度不均匀、气流速度过高和噪声超标等现象。究其原因，主要是由于空调房间气流组织不佳、射流不贴附以及侧送风口调节功能差造成的。因此，有必要将侧送风气流组织设计、计算等相关问题进行详细介绍。

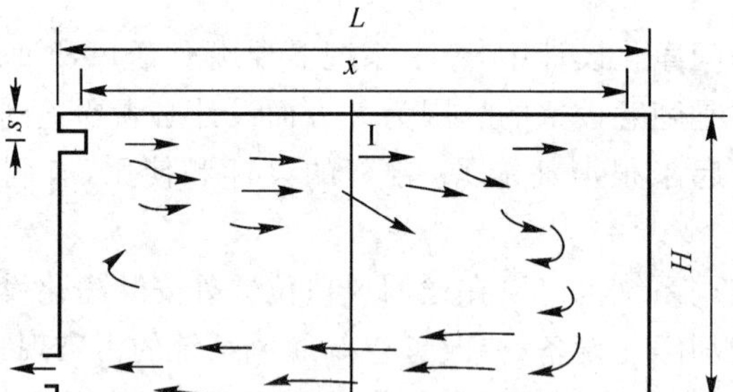

图 6.24 侧送贴附射流型

2.侧送风风口形式及温差设计

在侧送风气流组织设计、计算中，首先要确定空调系统送风状态和送风温度。这两个设计要素确定后，设计人员才会对整个系统的设计规划、特别是设计的经济性等方面，做整体性的把握。

对于侧送风气流组织送风口型式的选择，设计人员应该根据建筑物的不同层高、不同室温允许波动范围的要求，选择不同型式的侧送风口。当空调房间有设备对侧送气流有一定阻挡或单位面积送风量过大，致使工作区的风速超过规范要求范围时，则需要考虑重新进行侧送风气流组织设计。

如果空调系统设计对空调区域的温、湿度精度没有严格的要求，则可以采用侧送风出风口，宜使用格栅送风口或单层百叶送风口；特别的，如果设计要求对室温允许波动范围较大，并且建筑空间属于层高较高的空间，比如大礼堂、公共空间等，此时的侧送风口宜采用喷口送风。喷口送风时的送风温差宜取 8～12℃，送风口高度宜保持在 6～10m；如果设计对空调区的温度精度要求较高，比如，在 0.5～1℃的高精度和较高精度的空调工程中，其侧送风风口形式应该采用三层可调式百叶风口和双层可调式百叶风口；若空调系统设计的精度进一步被提高，对空调区温度精度要求为±0.1℃，此时的空调房间不宜采用侧送风的形式，推荐采用孔板送风的方式。

在空调系统设计中，如果要想增大射程，应采用紊流系数小的风口形式；如果想要增加射程的扩散角，应采用风口紊流系数较大的风口形式。

送风温差是另外一个影响空调系统经济性的因素之一，其对空调区温、湿度基数和精度也有较大的影响。在保证技术要求的前提下，加大送风温差有突出的经济意义。另外，加大送风温差对侧送风气流组织来说，有助于增加气流射程，使气流混合均匀，既能保证舒适性的要求，又能保证人员活动区温度波动小的要求。因此，确定空调房间的送风温差时，必须和送风方式联系起来综合考虑。在满足舒适、工艺要求的前提下，应尽量选用较大的送风温差进行送风。

3. 侧送风的设计要点

侧送风的设计要点为：保证射流的贴附长度大于$(A-0.5)$m，其中 A 为空调房间在射流方向上的长度。除此之外，还需要保证射流进入空调区时，射流的轴心温度与室温之差 ΔT 小于室温允许的波动范围即空调精度的要求。同时，设计还需要保证空调区风速不超过空气调节系统室内计算参数中对风速的要求。

总之，进行空调房间气流组织设计计算时，其前提是已经根据空调房间冷、热湿负荷计算，确定了空调房间的送风状态点及送风量和送风温差。

4. 侧送风的设计内容

侧送方式的气流流型在大多数情况下都为贴附射流，射流应有足够的射程，使得气流从空调区一侧可以顺利到达对面一侧，避免射流中途下落进入空调区，进而在整个房间断面形成一个大的回旋气流。对于双侧送风方式，要求射流能到达空调区的一半。这样可使射流有足够的射程，在进入工作区前其风速和温差可以充分衰减，工作区达到较均匀、稳定的温度场和速度场。

侧送风是一种比较简单经济的送风方式，在一般的空调区中大都可以采用侧送风形式。为保证空调区的温度场、速度场达到要求，侧送风气流组织设计计算涉及的内容如下：

(1)送风口出口风速。送风口风速的确定需要满足两方面的要求：一是工作区噪声控制要求，防止风口处产生较大的噪声，一般限制出口风速在 2～5m/s，对噪声控制要求高的空调区，风速应取较小值；二是保证空调区最大风速即工作区风速在允许范围内。

房间的工作区都处在回流区，回流区中风速最大的断面应该是射流扩展到最大断面积的断面处，因这里的回流断面最小，故而在整个流域内部此处风速最大。实验结果表明，工作区最大平均风速 $v_{\mathrm{N,max}}$(m/s) 与风口出口风速 v_0(m/s) 有如下的关系：

$$\frac{v_{\mathrm{N,max}}}{v_0}\frac{\sqrt{F}}{d_0}=0.69 \tag{6.12}$$

式中　F—— 房间的断面面积，当有多股射流时，F 为射流服务区域的断面面积，m^2；

d_0—— 送风口当量直径,m;

$\frac{\sqrt{F}}{d_0}$—— 射流自由度,表示射流受限的程度。

舒适性空调冬季室内风速不应大于 0.2m/s,夏季不应大于 0.3m/s;工艺性空调冬季室内风速不宜大于 0.3m/s,夏季宜采用 0.2 ~ 0.5m/s。如果工作区最大允许风速为 0.2 ~ 0.3m/s,即可得到允许的最大的出口风速 $v_{0,\max}$ 为

$$v_{0,\max} = K\frac{\sqrt{F}}{d_0} \tag{6.13}$$

式中,K 取值在 0.29 ~ 0.43 范围内。

(2) 贴附长度。射流的贴附长度主要取决于阿基米德数 Ar:

$$Ar = \frac{gd_0\Delta t_0}{{v_0}^2 T_N} \tag{6.14}$$

式中　Δt_0—— 送风温差,K;

g—— 重力加速度,其值为 9.8m/s²;

v_0—— 送风速度,m/s;

T_N—— 工作区的温度,K。

阿基米德数 Ar 反映了射流浮升力与惯性力的比,Ar 值越小,射流贴附长度越长;阿基米德数 Ar 值越大,贴附长度越短,即射程越短。相对射程与 Ar 的关系可以参阅图 6.25。

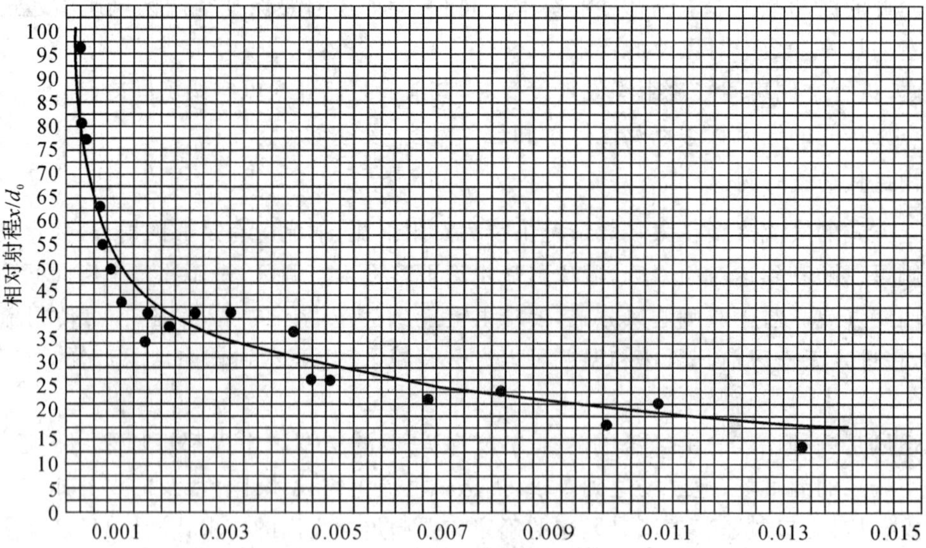

图 6.25　相对射程与阿基米德数的关系曲线

设计时,须选取适宜的 Δt_0,v_0 和 d_0,使阿基米德数 Ar 小于图 6.25 中对应相对射程的数值,才能保证贴附长度满足要求。

如果侧送风口的安装位置离顶棚很近,且以 15° ~ 20° 仰角向上送风时,可加强贴附,借以增加射程。在布置风口时,风口应尽量靠近顶棚,为了不使射流直接到达工作区,侧送风的房间高度不得低于如下高度 H':

$$H' = h + 0.07x + s + 0.3 \tag{6.15}$$

式中　h—— 工作区域高度，一般为 1.8 ～ 2.0m；

x—— 设计要求的射流贴附长度，m。在气流分布设计时，要求射流贴附长度达到距离对面墙 0.5m 处；

s—— 出风口下边缘距顶棚的距离，m。

(3) 射流温差衰减。侧送风气流组织设计要求，当射流进入工作区时，其轴心温度与室内温度之差小于要求的室温允许波动范围。

空调送风温度与室内温度有一定温差，射流在流动过程中，不断掺混室内空气，射流温度逐渐接近室温。射流温度的衰减与射流自由度$\frac{\sqrt{F}}{d_0}$、射程和送风口紊流系数有关。对于室内温度允许波动范围大于等于 0.1℃ 的情况，可认为只与射程有关。图 6.26 所示给出射流自由度$\frac{\sqrt{F}}{d_0}$在 21.2 ～ 27.8 范围内，轴心温度的衰减变化规律。

图中 Δt_x 为射流在 x 处的温度与工作区温度之差，Δt_0 为送风温差。对于室内温度允许波动范围 <±1℃ 的情况，轴心温度的衰减变化规律可查阅其他专业文献。

根据上述对出口风速、贴附长度和射流温差的分析，可得出侧送风气流组织设计的步骤如下：

首先，确定已知条件，包括房间送风量 q_v(m^3/s)，射流方向的房间长度 L(m)，房间总宽度 B(m)，送风温度 t_0(℃)，工作区温度 t_N(℃)；

其次，根据射流方向房间长度 L，确定要求的贴附射流长度 x，对于单侧送风 x 如图 6.25 所示，双侧送风贴附射流长度可取单侧送风的 1/2；

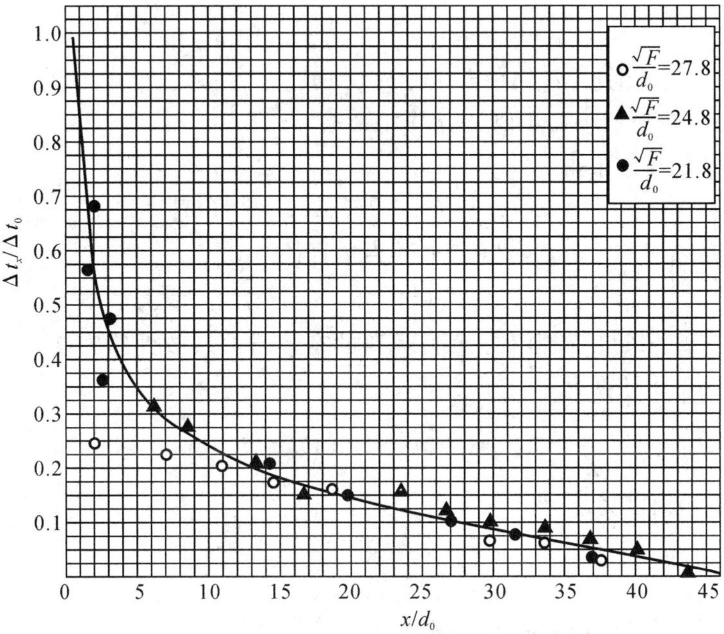

图 6.26　非等温受限射流轴心温度衰减曲线

接着，按允许的射流末端温度衰减值 Δt_x，通过查图 6.26 得出射流相对射程允许的最小值。对于舒适性空调，射流末端的温度衰减值一般取 1℃；

随后，由相对射程$\frac{x}{d_0}$最小值和x，可计算风口最大直径$d_{0,\max}$，根据风口最大直径$d_{0,\max}$选择风口规格尺寸，使实际风口当量直径d_0小于$d_{0,\max}$。对于非圆形风口，当量直径的计算公式为

$$d_0 = 1.128\sqrt{F_0} \tag{6.16}$$

式中　F_0—— 为风口面积，m^2。

最后，由房间的送风量q_v和风口面积F_0，确定风口数n，计算风口的实际出风速度v_0

$$v_0 = \frac{q_v}{\psi F_0 n} \tag{6.17}$$

式中　ψ—— 有效断面系数，一般根据实际情况确定，或者查询风口的样本资料。

其中，需要注意：第一，需要计算射流自由度$\frac{\sqrt{F}}{d_0}$，通过计算校核工作区域的最大风速是否满足设计要求。如果满足，则说明风口数目和风口尺寸符合设计要求，否则，需要重新进行设计；第二，需要计算阿基米德数Ar，通过查图6.25得出射流实际相对贴附长度，并校核实际贴附长度是否满足大于或等于实际射程x的要求。如果不满足，则也需要重新设置风口数和风口尺寸。

例 6.1　已知某室内娱乐场所高大空间的尺寸为$L = 9\text{m}$，$B = 6.6\text{m}$，$H = 6.2\text{m}$；总送风量$q_v = 0.25\text{m}^3/\text{s}$，送风温度$t_0 = 21℃$，工作区温度$t_N = 27℃$；采用侧送风方式，进行气流分布设计。

解：(1) 假设出风口沿房间长度L方向送风，且出风口离墙面0.5m，因此该系统的贴附射流长度为

$$x = (6.6 - 0.5 - 0.5)\text{m} = 5.6\text{m}$$

(2) 取$\Delta t_x = 1℃$，因此$\Delta t_x / \Delta t_0 = 1/6 \approx 0.167$。

由图6.26查得相对射程最小值$x/d_0 = 16.6$。

(3) 由(1)(2)计算结果得

$$d_{0,\max} = (5.6/16.6)\text{m} \approx 0.3\text{m}$$

选用双层百叶风口300mm × 200mm，其当量直径为

$$d_0 = 1.128\sqrt{F_0} \approx 0.276\text{m}$$

(4) 若只设一个送风口，查得双层百叶风口的有效断面系数少约为0.8，则风口的实际出风速度v_0，依式(6.17)计算为

$$v_0 = \frac{q_v}{\psi F_0 n} = 0.25/(0.8 \times 0.3 \times 0.2 \times 1)\text{m/s} \approx 5.21\text{m/s}$$

(5) 计算射流自由度为

$$\frac{\sqrt{F}}{d_0} = \frac{\sqrt{6.6 \times 6.2}}{0.276} \approx 23.18$$

(6) 取下限计算允许的最大的出口风速为

$$v_{0,\max} = 0.29 \times \frac{\sqrt{F}}{d_0} = 6.72\text{m/s} > 5.21\text{m/s}$$

可见满足$v_0 < v_{0,\max}$的要求。

(7) 计算阿基米德数为

$$Ar = 9.8 \times 0.276 \times 6/[5.21 \times 5.21 \times (273 + 27)] \approx 0.002$$

查图 6.25,得射流实际相对贴附长度为 35,实际贴附长度为

$$35 \times 0.276\text{m} \approx 9.66\text{m}$$

其大于要求贴附长度 $x = 5.6\text{m}$,满足要求。

(8) 校核房间高度,取 $s = 0.5\text{m}$,房间要求最小高度为

$$H_r = h + 0.07x + s + 0.3 = (2.0 + 0.07 \times 5.6 + 0.5 + 0.3)\text{m} = 3.1\text{m}$$

房间实际高度为 $6.2\text{m} > 3.19\text{m}$,满足设计要求。

6.4.2　散流器送风的设计计算

散流器送风是公共建筑舒适性空调经常采用的送风方式之一。关于基于散流器的平送气流组织的设计方法,在设计手册和专业书籍中均有介绍,设备图集中也提供了散流器的性能参数,供设计选用。

本节从气流组织的基本要求出发,介绍关于散流器送风设计、计算的相关要点。

1. 气流组织的基本要求

空调区域内的气流组织设计,应该根据空调区的温、湿度参数、允许风速、噪声标准、空气质量、温度梯度以及空气分布特性指标等要求,结合内部装修、工艺或家具布置等确定。在散流器送风气流组织设计计算过程中,空调区风速及散流器送风速度是两项重要的控制指标。

(1) 对空调区室内风速的要求。对于舒适性空调人员长期逗留区域,在热舒适等级为 Ⅱ 级的情况下,冬季空气调节区室内平均风速应该小于等于 0.2m/s,夏季空气调节区室内平均风速应该小于等于 0.3m/s。

(2) 满足噪声标准的送风速度要求。对于不同的建筑物,为了保证室内声环境的质量,散流器颈部最大送风速度应该满足表 6.2 的要求。

表 6.2　散流器颈部最大送风速度

单位:m/s

建筑物类别	允许噪声/dB	室内净高/m				
		3	4	5	6	7
广播室	32	3.9	4.2	4.3	4.4	4.5
剧场、手术室	33～39	4.4	4.6	4.8	5.0	5.2
酒店、个人办公室	40～46	5.2	5.4	5.7	5.9	6.1
商店、银行、餐厅、百货公司	47～53	6.2	6.6	7.0	7.2	7.4
公共建筑、一般办公、百货公司底层	54～60	6.5	6.8	7.1	7.5	7.7

2. 设计手册推荐的散流器送风设计、计算基础

设计手册推荐的散流器送风气流组织设计计算方法是目前设计人员常用的计算方法之一。其采用的主要计算公式如下所述。

散流器送风的基本公式为 Jackman 对圆形多层锥面型散流器和盘式散流器进行实验后

得到的。

在该实验中，将单个散流器设置于房间的平顶中央(与平顶齐平)，气流水平吹出，不受阻挡。房间保持正方形或者接近正方形。综合分析实验结果后，Jackman 提出散流器射流衰减方程为

$$\frac{v_x}{v_s}=\frac{KF^{0.5}}{x+x_0} \tag{6.18}$$

式中 v_x—— 为距散流器中心水平距离为 x 处的最大风速，m/s；

v_s—— 为散流器的送风速度，m/s；

K—— 为送风口常数，多层锥面散流器取 1.4，平盘式散流器取 1.1；

F—— 为散流器的有效面积，m^2；

x—— 为以散流器中心为起点的射流水平距离，m；

x_0—— 为平送射流原点与散流器中心的距离，多层锥面散流器取 0.07m。

上述为散流器送风设计、计算的基础，在设计中，理解上述内容对理解和促进设计有一定的帮助作用。

3. 散流器送风气流组织计算内容

在了解设计手册推荐的散流器送风设计、计算基础之后，可以更好地理解散流器送风气流组织计算内容。

在散流器实际送风工程中，散流器平送流型送风射流沿着顶棚径向流动形成贴附射流，使工作区容易形成具有稳定且均匀的温度和风速，当有吊顶可以利用或有设置吊顶的可能性时，采用散流器送风既能满足使用要求，又比较美观，是常见的送风形式。

为保证空调区的温度场、速度场达到要求，散流器送风气流组织设计、计算涉及的内容如下：

第一部分计算内容为送风口的喉部风速。不同的房间送风颈部最大允许风速不同，具体见表 6.3。一般建议散流器喉部风速 v_d 取 2 ～ 5m/s，最大风速不应该超过 6m/s，如果设计为送热风时，可取较大值。

表 6.3 送风颈部最大允许风速

使用场合	颈部最大风速 /(m/s)
播音室	3 ～ 3.5
医院门诊室、病房、旅馆客房、接待室、居室、计算机房	4 ～ 5
剧场、教室、音乐厅、食堂、图书馆、游艺厅、一般办公室	5 ～ 6
商店、旅馆、大剧场、饭店	6 ～ 7.5

第二部分计算内容为射流速度衰减方程及室内平均风速。根据 Jackman 对圆形多层锥面和平盘式散流器的实验结果的综合公式，散流器射流的速度衰减方程为式(6.18)。其衰减过程与在 x 处的最大风速、以散流器中心为起点的射流水平距离、散流器出口风速、自散流器中心算起到射流外观原点的距离、散流器的有效流通面积以及送风口常数相关，其中多层锥面散流器为 1.4，平盘式散流器为 1.1。

若要求射流末端速度为 0.5m/s，则射程为散流器中心到风速为 0.5m/s 处的距离，由式(6.18) 可计算出射程为

$$x = \frac{K v_0 F^{0.5}}{0.5} - x_0 \tag{6.19}$$

室内平均风速与房间大小和射流的射程有关，可按下式计算：

$$v_m = \frac{0.381 rL}{(L^2/4 + H^2)^{1/2}} \tag{6.20}$$

式中　L—— 散流器覆盖区域的边长，m；

H—— 房间净高，m；

r—— 射流射程与边长 L 之比，因此，式中 rL 即为射程。

当送冷风时，室内平均风速取值增加 20%，送热风时减少 20%。轴心温差对于散流器平送，其轴心温差衰减可近似地取为

$$\frac{\Delta t_x}{\Delta t_0} \approx \frac{v_x}{v_d} \tag{6.21}$$

式中　v_d—— 散流器喉部风速，m/s。

通过式(6.21) 可以计算气流达到工作区时的轴心温差，并与空调区室内温度波动范围比较，校核是否满足要求。

4. 散流器送风气流设计步骤

在了解散流器送风气流组织计算内容之后，接下来介绍散流器送风设计的基本流程。在设计、布置散流器时，应该根据空调区的大小和室内所要求的参数，选择散流器个数，一般按对称位置或梅花形布置，如图 6.27 所示。圆形或方形散流器送风面积的长宽比不宜大于 1∶1.5。散流器中心线和墙的距离，一般不小于 1m。布置散流器时，散流器之间的间距及离墙的距离，一方面应使射流有足够射程，另一方面又应使射流扩散效果好。布置时充分考虑建筑结构的特点，散流器平送方向不得有障碍物(如柱)，每个圆形或方形散流器所服务的区域最好为正方形或接近正方形。如果散流器服务区的长宽比大于 1.25 时，宜选用矩形散流器。如果采用顶棚回风，则回风口应布置在距散流器最远处。

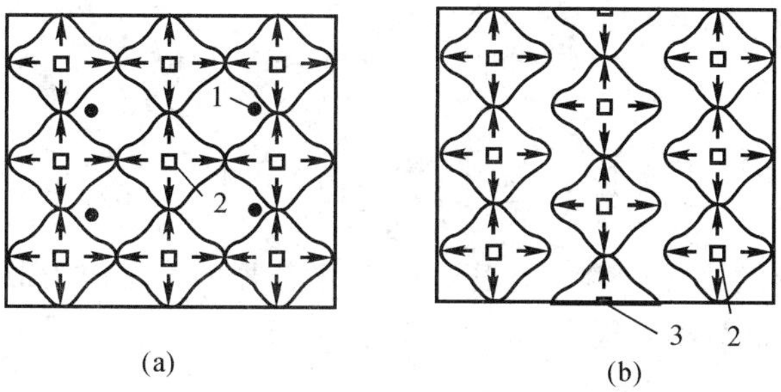

图 6.27　散流器平面布置图

(a) 对称布置；(b) 梅花形布置

1— 柱体；2— 方形散流器；3— 三面送风散流器

散流器送风气流设计步骤：首先通过预选散流器由空调区的总送风量和散流器的个数，计算出单个散流器的送风量。随后，假定散流器喉部风速，计算出所需散流器喉部面积，根据所需散流器喉部面积，选择散流器规格。最后，在设计中，要校核相关的设计参量，比如射流的射程，通过计算看射程是否满足要求。中心处设置的散流器的射程应为散流器中心到房间或区域边缘距离的 75%。除此之外，还需要根据式(6.18) 校核室内平均风速是否满足要求，根据式(6.

21）计算轴心温差衰减，校核是否满足空调区温度波动范围要求。

综上所述，设计手册中推荐的气流组织设计、计算步骤总结如下：

(1) 根据房间(或分区) 的尺寸布置散流器，计算单个散流器送风量 L_s。

(2) 假定射程比 $n = 0.375$(即射程为散流器中心到墙面或分区线距离的75%)，计算室内平均风速，或者按照文献提供的计算表查取。分别根据送冷风和送热风的情况，对室内平均风速进行修正，并校核室内平均风速是否满足要求。

(3) 根据散流器送风量 L_s，在文献提供的计算表中查取送风速度、有效面积以及散流器的直径。

(4) 进行其他参数的验算，例如根据建筑物允许噪声标准，进行送风速度验算；

(5) 按照计算所得的散流器直径，查取产品样本选取散流器的型号，并校核其射程。

例 6.2　已知某室内空调房间的尺寸为 $L = 24\text{m}, B = 15\text{m}, H = 3.5\text{m}$；总送风量 $q_v = 3.6\text{m}^3/\text{s}$，送风温度 $t_0 = 21℃$，工作区温度 $t_N = 26℃$；采用散流器平送方式，进行气流分布设计。

解：(1) 布置散流器。将空调区进行划分，沿长度 L 方向划分为6等份，沿宽度方向划分为3等份，则空调区被划分成18个小区域，每个区域为一个散流器的服务区，散流器数量为18。

(2) 选用圆形散流器，假定散流器喉部风速为2m/s，则单个散流器所需的喉部面积为

$$\frac{q_v}{v_d n} = \frac{3.6}{2 \times 18}\text{m}^2 = 0.1\text{m}^2$$

选用喉部直径尺寸为300mm的圆形散流器，则喉部实际风速为

$$v_d = \frac{3.6}{18 \times 3.14 \times \left(\frac{0.3}{2}\right)^2}\text{m/s} \approx 2.83\text{m/s}$$

散流器实际出口面积约为喉部面积的90%，则散流器的有效流通面积为

$$F = \left[90\% \times 3.14 \times \left(\frac{0.3}{2}\right)\right]\text{m}^2 \approx 0.064\text{m}^2$$

散流器出口风速为

$$v_0 = (2.83/90\%)\text{m/s} \approx 3.14\text{m/s}$$

(3) 计算射程。

$$x = \frac{kv_0F^{0.5}}{0.5} - x_0 = \left(\frac{1.4 \times 3.14 \times \sqrt{0.064}}{0.5} - 0.07\right)\text{m} = 2.15\text{m}$$

散流器中心到区域边缘距离为2m，根据要求，散流器的射程应为散流器中心到房间或区域边缘距离的75%，所需最小射程为 $2\text{m} \times 0.75 = 1.5\text{m}$。

其中，$2.15\text{m} > 1.5\text{m}$，因此射程满足要求。

(4) 计算室内平均风速。

$$v_m = \frac{0.381rL}{(L^2/4 + H^2)^{1/2}} = \frac{0.381 \times 2.15}{(4^2/4 + 3.5^2)}\text{m/s} \approx 0.24\text{m/s}$$

按照夏季工况送冷风，则室内平均风速为 $0.24\text{m/s} \times 1.2 \approx 0.288\text{m/s}$，满足舒适性空调夏季室内风速不应大于0.3m/s的要求。

(5) 校核轴心温差衰减。因为

$$\frac{\Delta t_x}{\Delta t_0} \approx \frac{v_x}{v_d}$$

所以
$$\Delta t_x \approx \frac{v_x}{v_d}\Delta t_0 \approx \left(\frac{0.5}{2.83}\times 5\right)^\circ\mathrm{C} \approx 0.88^\circ\mathrm{C}$$

满足舒适性空调温度波动范围±1℃的要求。

6.5 CFD仿真技术在空调工程中的应用

空调、通风房间通过向室内送入具有一定动量(速度)的冷(热)风除去室内的热(冷)负荷,从而达到调节室内空气参数满足人体热舒适的要求。目前多数空调工程师在作空调房间非等温送风气流组织设计时,只是简单地按照射流经验公式来验算工作区速度满足人体基本要求即可,有的甚至只是根据风口或散流器厂家提供的样本数据进行气流组织设计。实际经验表明,对于侧送风这种常见的送风形式而言,可能出现“冷风”很快下降至工作区或“热风”浮于工作区以上,而不能与工作区空气混合的问题,这样的气流组织形式会导致局部不合理的温度、速度分布,对人体热舒适感觉极为不利。对于变风量系统,以上问题尤其突出。因为变风量系统在部分负荷工况下,送风速度较小,射流极易受到“浮升力”或是“下坠力”的影响,所以“冷风下坠”和“热风上浮”问题十分严重,这也成了众多空调送风系统尤其是变风量系统气流组织设计的症结。

由于传统射流理论设计所用的经验公式都是在某特定条件下根据射流实验数据拟合得到的,而实际的送风房间形式变化万千,不可能和实验条件完全一致,由此,采用的射流理论公式也就不能正确反映实际情况,经常无法预测非等温送风出现的上述现象,结果往往会导致较大的误差。同理,厂家提供的风口样本中的数据也是在一定的实验条件下进行的,其数据用于实际设计必定不可靠。这时,利用传统射流理论或风口样本进行设计就可能造成极大的误差。随着计算机技术的发展,CFD已经广泛应用于各工程领域。利用CFD方法求解室内流体流动和传热控制方程,模拟预测非等温送风的室内空气流动和温度分布的详细情况,可以指导设计,从而使设计人员避免前述问题的发生。由于数值模拟具有速度快、成本低、资料完备、能模拟真实条件等优点,所以可方便、高效地用来指导设计或分析设计中的问题。基于此,本节最后将介绍最新的CFD技术,同时配备基于Fluent模块的实例,方便读者的学习和应用。

6.5.1 利用CFD方法指导送风气流组织设计的思路

利用CFD方法进行室内空气流动的数值模拟,可以在设计时快速、有效地对室内空气温度、速度分布情况进行预测,从而指导设计。

利用CFD方法指导送风气流组织设计的思路如下:

(1)根据室内负荷和设计要求确定送风参数(送风量、送风温度等),利用传统射流理论或厂家风口样本初步设计风口大小、位置以及送风形式。

(2)利用CFD程序对(1)中所得设计工况进行数值模拟预测,考察气流流型以及工作区,参数(温度、速度等)是否满足设计要求,如满足或基本满足,则该设计合理(对于变风量系统应同时考虑风量变化的几个典型工况),设计结束。

(3)如不满足,则根据(2)中数值计算的详细结果分析气流组织设计的弊病,继而改变送风口型式和位置、送风参数,如送风速度、方向等以及送、回风方式。比如对于工程中利用CFD方法分析气流组织设计可能存在“冷风下坠”或“热风上浮”现象,为此可考虑选用扩散性好的风口或改变入流速度方向并略微增大送风速度等方法来避免以上问题的发生，从而改进设计。

(4)再次利用 CFD 方法模拟(2)中改进后的设计工况，考察预测结果能否满足前述要求，如结果已能满足或基本满足要求，则设计合理，设计可以结束；否则，转(3)直至设计合理为止。

(5)根据上述设计过程，制定出各工况的空调送风运行方案，提交给自控系统设计人员。

以上思路将传统射流理论或参考风口样本的气流组织设计方法与 CFD 方法相结合，利用射流理论或参考风口样本的方法给出初步的设计方案，再充分利用 CFD 方法的优势，从而发现设计中的弊病和问题，以此指导设计者改进设计。

6.5.2 送风气流组织数值计算的数学方法和模型

1. 送风气流组织数值计算的数学方法

CFD 是计算流体动力学的简称，是基于离散化的数值计算方法，利用电子计算机对内外流场进行数值模拟和分析的学科，属于流体力学的一个分支。由于流体流动的复杂性，理论分析无法求得详细的解析解，计算流体力学正是为弥补。从 20 世纪 60 年代发展至今，相应地形成了各种数值解法，主要包括有限差分法、有限元法和有限体积法。流体力学运动偏微分方程可以被分为椭圆形、抛物形、双曲形和混合型四大类，计算流体力学很大程度上就是针对不同性质的偏微分方程采用并发展了相应的数值解法。

随着计算机技术的高速发展，关于计算流体力学数值计算的软件也逐渐兴起，进行建筑室内非等温送风气流组织数值计算时，可以采用有限容积方法、有限元方法以及有限差分方法等。其中，有限容积方法具有很好的守恒特性，在进行室内送风气流模拟时，其被应用最多。ANSYS 中的 Fluent 模块是 CFD 软件中相对成熟和运用最为广泛的商业软件平台之一。Fluent 模块就是基于有限体积法对计算区域进行离散，用户再根据实际情况选择相应的算法对离散后的控制方程组进行求解。

非等温送风气流组织的数值计算数学方法的基础是将气体看作连续介质，然后，基于计算流体力学基本方程，将方程组离散，再对离散方程进行数值求解。

(1)计算流体力学基本方程组。

流体流动要遵循物理守恒定律，这些定律主要包括质量守恒定律、动量守恒定律和能量守恒定律。如果流动涉及不同组分的混合或相互作用，还要遵守组分守恒定律。非等温送风气流基本方程是依据这些守恒定律描述的。下面简单详细介绍这些基本守恒定律对应的控制方程。

首先，简述保证质量守恒的流体力学的连续性方程。

连续性方程即质量守恒方程基于任何流动问题都必须满足质量守恒定律，按照质量守恒定律，单位时间内流出控制体的流体质量之和应等于同时间间隔控制体内因密度变化而减少的质量，由此可导出流体流动连续性方程的微分形式。

质量守恒方程又称连续性方程，其形式为

$$\frac{\partial \rho}{\partial t}+\frac{\partial}{\partial x_i}(\rho u_i)=S_m \tag{6.22}$$

该方程是质量守恒方程的一般形式，它适用于可压流动和不可压流动。源项 S_m 是从分散的二级相中加入到连续相的质量(比方说由于液滴的蒸发)，源项也可以是任何的自定义源项。

其次，介绍保证动量守恒的流体力学的动量方程。

动量方程的本质是保证流体微元满足牛顿第二定律。该方程可描述为：对于一给定的流体微元，其动量对时间的变化率等于外界作用在该微元体上的各种力之和。根据这一定律，可导出 x,y 和 z 三个方向的动量方程。

在惯性坐标系中 i 方向上的动量守恒方程为

$$\frac{\partial}{\partial t}(\rho u_i)+\frac{\partial}{\partial x_j}(\rho u_i u_j)=-\frac{\partial p}{\partial x_i}+\frac{\partial \tau_{ij}}{\partial x_j}+\rho g_i+F_i \tag{6.23}$$

式中　p—— 静压；

τ_{ij}—— 应力张量，应力张量由下式给出：

$$\tau_{ij}=\left[\mu\left(\frac{\partial u_i}{\partial x_j}+\frac{\partial u_j}{\partial x_i}\right)\right]-\frac{2}{3}\mu_i\frac{\partial u_i}{\partial x_i}\delta_{ij}$$

g_i 和 F_i——i 方向上的重力体积力和外部体积力(如离散相相互作用产生的升力)；

F_i—— 包含了其他的模型相关源项，如多孔介质和自定义源项。

最后，简述保证流体能量守恒的流体力学能量方程。

能量守恒定律是包含有热交换的流动系统必须满足的基本定律，其本质是热力学第一定律。依据能量守恒定律，微元体中能量的增加率等于进入微元体的净热流通量加上质量力与表面力对微元体所做的功，在 Fluent 模块中，该方程还包括了化学反应热或者其他体积热源项。

Fluent 模块所解的能量方程的形式为

$$\frac{\partial}{\partial_t}(\rho E)+\frac{\partial}{\partial x_i}[u_i(\rho E+p)]=\frac{\partial}{\partial x_i}\left(k_{\text{eff}}\frac{\partial T}{\partial x_i}-\sum_j h_j J_j+u_j(\tau_{ij})_{\text{eff}}\right)+S_h \tag{6.24}$$

式中　k_{eff}—— 有效热传导系数；

S_h—— 包括了化学反应热以及其他用户定义的体积热源项；

J_j—— 组分 j 的扩散流量。

上面方程右手边的前三项分别描述了热传导、组分扩散和黏性耗散带来的能量输运。在上面的方程中：

$$E=h-\frac{p}{\rho}+\frac{u_i^{\,2}}{2}$$

(2)流体力学基本方程的初始及边界条件。初始条件和边界条件是控制方程有确定解的前提，控制方程与相应的初始条件和边界条件共同构成对一个物理过程完整的数学描述。现有的 CFD 软件都提供了现成的边界条件，本节简单介绍有关的初始条件和边界条件的概念。

初始条件是所研究流体对象在过程开始时刻，各个求解变量的空间分布情况。对于非定常室内气体流动问题，必须给定初始条件，而对于定常问题，不需要初始条件。

边界条件是在求解区域的边界上所求解的变量或其导数，随地点和时间的变化规律，对于任何问题，都必须给定边界条件。例如，流体限于建筑固体壁面包围的空间内流动，不能有穿过建筑壁面的速度分量。对于气固交界面边界条件，流体将黏附于固体表面，满足无滑移边界条件，即固体壁面相应点的流体不能脱离壁面，即流体的法向速度分量为固体壁面相应点的法向速度分量，在建筑室内模拟中法向速度为零。

(3)有限容积法简述。计算流体力学数学模型是一系列的偏微分方程组，要得到解析解相当困难，目前均采用量值方法得到满足实际需要的近似解。

其基本思路是对流体区域进行离散化，通过一定的原则建立离散区域节点上的代数方程组，求解代数方程以获得所求解变量的近似解。Fluent 模块所采用的求解方法是有限容积法

(简称 FVM),其对流场方程组进行迭代求解的方法主要有 SIMPLE 算法、SIMPLEC 算法和 PISO 算法等。

下面针对 Fluent 模块所采用的有限容积方法进行简要的介绍。

有限容积法将所计算的流体区域划分成一系列的控制容积,每个控制体积都有一个节点作代表,通过控制方程对控制容积作积分来导出离散方程组。在积分的过程中,需要对控制容积界面上的函数本身且其一阶导数的构成做出假定,这就形成了不同的离散格式。由于扩散项是采用二阶精度的线性插值,所以格式的区别主要体现在对流项上。用有限容积法导出的离散方程可以保证具有守恒特性,而且离散方程的物理意义明确,是目前流动与传热问题的数值计算中应用最广泛的方法。

所谓的流体区域离散,是在对特定问题进行数值计算前,首先将计算区域离散化,即对空间上连续的计算区域进行划分,把空间划分为很多的局部区域,并且确定每个区域的节点,从而生成网格。然后将控制方程在网格节点上进行离散处理,即将偏微分控制方程转化为各个节点上的代数方程组。在室内非等温送风气流组织数值计算中,将离散后的流体区域称为计算域。

计算区域离散后的几何元素主要有 4 种,即节点(Node)、控制容积(Control Volume)、界面(Face)和网格线(Grid Line)。节点是用来说明求解的未知物理量的几何位置;控制容积是应用控制方程或守恒定律的最小几何单位;界面是在节点相对应的控制体之间的界面;网格线是连接相邻两节点而形成的几何体。在离散的过程中,通过上述元素,将一个控制容积上的物理量定义并且存储在节点上。

有限容积方法的计算域离散网格可以被分为两类:结构化网格和非结构化网格。结构化网格的节点排列有序,即给出了一个节点编号后,立即可以得出其相邻节点的编号,所有内部节点周围的网格数目相同。非结构化网格的内部节点则是以一种不规则的方式布置在流场中,各节点周围的网格数目不相同,其网格生成复杂,但是却有极大的适应性。

控制方程组的离散形式一般被写为通用形式,其包括了瞬态项、对流项、扩散项和源项。其变量为广义变量,可以为速度或者温度等一些待求解的物理量。在得到上述离散形式的时候,需要利用常用的离散格式,建立离散方程。其中,重要的一步是将控制容积界面上的物理量及其导数通过节点插值求出。引入插值方式的目的是为了建立离散方程,不同的插值方式对应于不同的离散结果,因此,插值方式常称为离散格式。有限容积法常用的离散格式有中心差分格式、一阶迎风格式、混合格式、指数格式、乘方格式、二阶迎风格式和 QUICK 格式等。

一阶迎风格式:当需要一阶精度时,假定描述单元内变量平均值的单元中心变量就是整个单元内各个变量的值,而且单元表面的量等于单元内的量。因此,当选择一阶迎风格式时,表面值被设定等于迎风单元的单元中心值。

幂率格式:幂率离散格式使用一维对流扩散方程的精确解来插值得到在表面处的变量值。

二阶迎风格式:当需要二阶精度时,使用多维线性重建方法来计算单元表面处的值。在这种方法中,通过单元中心解在单元中心处的泰勒展开,来实现单元表面的二阶精度值。

QUICK 格式:对于四边形和六面体网格,可以确定它们唯一的上游和下游表面以及单元。Fluent 模块还提供了计算对流变量 φ 在表面处高阶值的 QUICK 格式。QUICK 类型的格式是通过变量的二阶迎风与中心插值加上适当的权因子得到的,具体可以写成

$$\varphi_e = \theta\left(\frac{S_d}{S_c + S_d}\varphi_p + \frac{S_d}{S_c + S_d}\varphi_B\right) + (1-\theta)\left(\frac{2S_u + S_c}{S_u + S_c}\varphi_P - \frac{S_c}{S_u + S_c}\varphi_W\right) \tag{6.25}$$

当结构网格和流动方向一致时，QUICK 格式明显具有较高精度。需要注意的是 Fluent 模块也允许对非结构网格或者混合网格使用 QUICK 格式，在这种情况下，常用的二阶迎风离散格式将被用于非六面体单元表面或者非四边形单元表面。当使用并行求解器时，二阶迎风格式还被用于划分的边界处。

Fluent 计算平台提供两种数值求解方法：分离解法和耦合解法。两种解法都可以解守恒型积分方程，其中包括质量、动量以及能量守恒方程。在两种情况下都应用了控制容积，它包括使用计算网格对流体区域进行划分；对控制方程在控制区域内进行积分以建立代数方程，这些代数方程中包括各种相关的离散变量，如速度、压力、温度以及其他的守恒标量；离散方程的线化以及获取线性方程结果以更新相关变量的值。两种数值方法采用相似的离散过程，但线化的方法以及离散方程的解法是不同的。

首先，在离散解法与耦合解法中，简要介绍一般的解法，然后讨论一下线性显式与隐式中的线化方法。

分离解方法是将控制方程分离解出。因为控制方程是非线性、耦合的，所以在得到收敛解之前，必须进行迭代。下面是对每步迭代的介绍：

a. 在当前解的基础上，更新流体属性(如果计算刚刚开始，流体的属性用初始解来更新)。

b. 为了更新流场，u，v 和 w 的动量方程用当前压力和表面质量流量按顺序解出。

c. 因为第一步得到的速度可能在局部不满足连续性方程，所以从连续性方程和线化动量方程推导出压力校正的泊松方程。然后解出压力校正方程获取压力和速度场以及表面质量流量的必要校正从而满足连续性方程。

d. 在适当的地方，用前面更新的其他变量的数值解出湍流、能量、组分及辐射等标量。

e. 检查设定的方程的收敛性，直到满足收敛判据才会结束上述步骤。

耦合解方法同时解连续性、动量、能量以及组分输运的控制方程。因为控制方程是非线性的和耦合的，所以在获取收敛解之前需要进行适当的解循环的迭代。组成每一步迭代的步骤概括如下：

a. 在当前解的基础上更新流体属性(如果刚刚开始计算则用初始解来更新)。

b. 同时解连续性、动量、能量和组分输运方程。

c. 在适当的地方，用前面更新的其他变量的数值解出如湍流及辐射等标量。

d. 当包含相间耦合时，可以用离散相轨迹计算来更新连续相的源项。

e. 检查设定的方程的收敛性，直到满足收敛判据才会结束上述步骤。

在分离和耦合解方法中，离散、非线性控制方程被线化为每一个计算单元中相关变量的方程组，然后用线化方程组的解来更新流场。控制方程的线化形式，包括关于相关变量的隐式或显式形式。隐式和显式的意义如下：

隐式：对于给定变量，单元内的未知值用邻近单元的已知和未知值计算得出。因此，每一个未知值会在不止一个方程中出现，这些方程必须同时求解来给出未知量。

显式：对于给定变量，每一个单元内的未知量用只包含已知量的关系式计算得到。因此未知量只在一个方程中出现，而且每一个单元内的未知量的方程只需求解一次就可以给出未知量的值。

在分离求解器中，每一个离散控制方程都是该方程的相关变量的隐式线化，从而区域内每一个单元只有一个方程，这些方程组成一个方程组。因为每一个单元只有一个方程，所以常常会被称为标量系统方程。总而言之，分离解方法同时考虑所有单元来求解出单个变量的场（如压力或者速度）。然后再同时考虑所有单元来求解出下一个变量的场，直至全部解出。

在耦合解方法中，可以选择控制方程的隐式或者显式线化形式。这一选项只用于耦合控制方程组。与耦合方程组分开解的附加标量，如湍流、辐射等的控制方程是采用和分离解方法中介绍的相同程序来线化和解出的。如果选择耦合求解器的隐式选项，耦合控制方程组的每一个方程都是关于方程组中所有相关变量的隐式线化。这样，便得到了区域内每一个单元的具有 N 个方程的线化方程系统，其中 N 是方程组中耦合方程的数量。例如，连续性方程和 x,y,z 方向动量方程以及能量方程的耦合会产生一个方程系统，在这个方程系统中，p,u,v,w 和 T 都是未知的。用求解器同时解这些方程就会马上更新压力、三个坐标轴方向上的速度以及温度场。总而言之，耦合隐式求解器同时在所有单元内解出所有变量（p,u,v,w,T）。

如果选择耦合求解器的显式选项，耦合的一组控制方程都用显式的方式线化。和隐式选项一样，通过这种方法也会得到区域内每一个单元的具有 N 个方程的方程系统。同样地，方程系统中的所有相关变量都同时更新。然而，方程系统中都是未知的因变量。例如，x 向动量方程写成的形式是为了保证更新后的 x 速度为流场变量已知值的函数。总而言之，耦合显式方法同时解一个单元内的所有变量（p,u,v,w,T）。

(4)压力-速度耦合算法。使用离散方程来实现压力速度耦合，从而从离散连续性方程推导出一个压力方程。Fluent 模块提供了三种最基础的压力-速度耦合算法：SIMPLE，SIMPLEC 和PISO。

1)SIMPLE 算法。SIMPLE 算法使用压力和速度之间的相互校正关系来强制质量守恒并获取压力场。如果用猜测压力场来解动量方程，从连续性方程离散方程所得到的表面流量为

$$J_f^* = \hat{J}_f^* + d_f(p_{c0}^* - p_{c1}^*) \tag{6.26}$$

它并不满足连续性方程。因此，将校正项引入到表面流速中来校正质量流速得

$$J_f = J_f^* + J_f' \tag{6.27}$$

此时满足了连续性方程。SIMPLE 假定 J'_f 写成如下形式：

$$J'_f = d_f(p'_{c0} - p'_{c1}) \tag{6.28}$$

式中　p'—— 单元压力校正。

SIMPLE 算法将流量校正方程代入到离散连续性方程，从而得到单元内压力校正的离散方程为

$$a_p p' = \sum_{nb} a_{nb} p'_{nb} + b \tag{6.29}$$

式中　源项 b—— 流入单元的净流速。

$$b = \sum_f^{N_{\text{local}}} J_f^* \tag{6.30}$$

压力校正方程一旦得到解，使用下面的方程校正单元压力和表面流动速度：

$$p = p^* + \alpha_p p' \tag{6.31}$$

$$J_f = J_f^* + d_f(p'_{c0} - p'_{c1}) \tag{6.32}$$

在这里，α_p 是压力亚松弛因子。校正后的表面流速 J_f 在每一部迭代中满足离散连续性方

程。

2)SIMPLEC 算法。除了 SIMPLE 算法之外,Fluent 模块还提供了 SIMPLEC(SIMPLE-Consistent)算法。SIMPLE 算法是默认的,但是对于很多问题如果使用 SIMPLEC 可能会更好一些。SIMPLEC 程序和 SIMPLE 程序相似。两种算法所使用的表达式唯一的区别就是表面流动速度校正项。和 SIMPLE 中一样,校正方程可写为

$$J_f = J_f^* + d_f(p'_{c0} - p'_{c1}) \tag{6.33}$$

但是,系数 d_f 重新定义为

$$d_f = \rho A_f^2 \sqrt{(ap - \sum_{nb} a_{nb})} \tag{6.34}$$

可以看出,在压力-速度耦合是得到解的主要因素时,使用修改后的校正方程可以加速收敛。

3)PISO 算法。PISO 压力隐式分裂算子(PISO)的压力速度耦合格式是 SIMPLE 算法族的一部分,它是基于压力速度校正之间的高度近似关系的一种算法。SIMPLE 和 SIMPLEC 算法的一个限制就是在压力校正方程解出之后新的速度值和相应的流量不满足动量平衡。因此必须重复计算直至平衡得到满足。为了提高该计算的效率,PISO 算法执行了两个附加的校正:相邻校正和偏斜校正。

PISO 算法的主要思想就是将压力校正方程中解的阶段中的 SIMPLE 和 SIMPLEC 算法所需的重复计算移除。经过一个或更多的附加 PISO 循环,校正的速度会更接近满足连续性和动量方程。这一迭代过程被称为动量校正或者邻近校正。PISO 算法在每个迭代中要花费稍多的 CPU 时间,但是极大地减少了达到收敛所需要的迭代次数。

对于具有一些倾斜度的网格,单元表面质量流量校正和邻近单元压力校正差值之间的关系是相当简略的。因为沿着单元表面的压力校正梯度的分量开始是未知的,所以需要进行一个和上面所述的 PISO 邻近校正中相似的迭代步骤。初始化压力校正方程求解之后,重新计算压力校正梯度然后用重新计算出来的值更新质量流量校正。这个被称为偏斜矫正的过程极大地减少了计算高度扭曲网格所遇到的收敛性困难。PISO 偏斜校正可以使我们在基本相同的迭代步中,基于高度偏斜的网格得到和正交网格不相上下的数值解。

除了离散格式和算法外,湍流模型和风口模型对非等温室内空气流动数值模拟结果的准确性有着很大的影响。为了保证模拟结果准确可靠,需采用合适的湍流模型和风口模型进行计算。下面分别简要说明。

2. 湍流模型

伴随着计算机技术的快速发展,数值模拟方法逐渐被用来预测和模拟建筑房间中非等温送风的气流组织。相对于现场实测方法和风洞实验方法,采用数值模拟方法研究建筑房间非等温送风的气流组织,具有成本低、易于控制模拟条件等优点。同时,采用数值模拟方法可以得到建筑房间非等温送风的气流组织流场的各个物理量的变化细节,从而为气流组织设计提供准确、科学的参考数据。

空调房间中的空气流动为湍流流动,室内空气密度变化不大,通常采用 Boussinesq 假设:密度变化并不显著改变流体性质,在动量守恒中,密度的变化对惯性力项、压力差项和黏性力项的影响可忽略不计,而仅考虑对质量力项的影响。

根据数值计算中采用方法的不同,可以把建筑房间非等温送风的气流组织的数值模拟手

段分为直接数值模拟(Direct Numerical Simulation,DNS)、雷诺平均(Reynolds-Averaged Navier-Stocks,RANS)和大涡模拟(Large-Eddy Simulation,LES)方法。

(1)直接数值模拟方法。直接数值模拟方法由于其计算量很大,目前在建筑房间非等温送风的气流组织研究中的应用仅仅局限于小空间、低雷诺数问题。对于现实存在的问题,目前还难以直接利用直接数值模拟方法进行模拟研究。

(2)雷诺时均方法。雷诺时均方法具有占用计算机资源较低的特点,目前广泛应用在建筑房间非等温送风的气流组织的模拟研究中。最简单的雷诺时均湍流模型是两方程模型,该模型需要解两个变量:速度和长度尺度。标准 $k-\varepsilon$ 两方程湍流模型是两方程湍流模型的代表。自从被 Launder 和 Spalding 提出之后,标准 $k-\varepsilon$ 两方程湍流模型就变成工程流场计算中主要的工具。其适用范围广,有经济、合理的精度,这就是为什么它在工业流场和热交换模拟中有如此广泛的应用了。它是一个半经验的公式,是从实验现象中总结出来的。

由于人们已经知道了标准 $k-\varepsilon$ 两方程湍流模型适用的范围,所以对标准 $k-\varepsilon$ 两方程湍流模型加以改造,出现了重整化群 RNG $k-\varepsilon$ 模型和带旋流修正 $k-\varepsilon$ 模型。

重整化群 RNG $k-\varepsilon$ 模型在章节后面会被专门介绍,在此只是简单叙述其核心要点,方便读者与其他雷诺时均湍流模型进行比对。重整化群 RNG $k-\varepsilon$ 模型,来源于严格的统计技术。它和标准 $k-\varepsilon$ 模型很相似,但是有以下改进:首先,重整化群 RNG $k-\varepsilon$ 模型在湍动能耗散方程中加了一个条件,有效地改善了精度。另外,考虑到了湍流漩涡,提高了在这方面的精度。再有,重整化群 RNG $k-\varepsilon$ 模型理论为湍流 Prandtl 数提供了一个解析公式,而标准 $k-\varepsilon$ 模型使用的是用户提供的常数。最后,标准 $k-\varepsilon$ 模型是一种高雷诺数的模型,而重整化群 RNG $k-\varepsilon$ 模型理论提供了一个考虑低雷诺数流动黏性的解析公式。这些公式的效用依靠正确地对待近壁区域的流动特点,使得重整化群 RNG $k-\varepsilon$ 模型比标准 $k-\varepsilon$ 模型在更广泛的流动中有更高的可信度和精度。

带旋流修正的 $k-\varepsilon$ 模型是近期才出现的湍流模型,比起标准 $k-\varepsilon$ 模型有两个主要的不同点。第一,带旋流修正的 $k-\varepsilon$ 模型为湍流黏性增加了一个公式。该公式为耗散率增加了新的传输方程,这个方程来源于一个为层流速度波动而推导的精确方程,其中术语"realizable"意味着模型要确保在雷诺压力中要有数学约束,保证湍流的连续性。采用带旋流修正的 $k-\varepsilon$ 模型直接的好处,是可以较好地预测平板和圆柱射流的发散比率。而且带旋流修正的 $k-\varepsilon$ 模型对于模拟旋转流动、强逆压梯度的边界层流动、流动分离和二次流有很好的表现。带旋流修正的 $k-\varepsilon$ 模型和重整化群 RNG $k-\varepsilon$ 模型都显现出比标准 $k-\varepsilon$ 模型在强流线弯曲、漩涡和旋转处更好的模拟性能。由于带旋流修正的 $k-\varepsilon$ 模型是新出现的模型,所以现在还没有确凿的证据表明它比重整化群 RNG $k-\varepsilon$ 模型有更好的表现。但是,最初的研究表明,带旋流修正的 $k-\varepsilon$ 模型在所有 $k-\varepsilon$ 模型中,对模拟流动分离和复杂二次流有很好的作用。带旋流修正的 $k-\varepsilon$ 模型的一个不足主要是在计算旋转和静态流动区域时,不能提供自然的湍流黏度。这是因为带旋流修正的 $k-\varepsilon$ 模型在定义湍流黏度时,考虑了平均旋度的影响。这种额外的旋转影响已经在单一旋转参考系中得到证实,而且表现要好于标准 $k-\varepsilon$ 模型。

标准 $k-\omega$ 模型基于 Wilcox $k-\omega$ 模型,同时考虑低雷诺数、可压缩性和剪切流传播而修改形成的。Wilcox $k-\omega$ 模型可以预测自由剪切流传播速率,像尾流、混合流动、平板绕流、圆柱绕流和放射状喷射,因而可以被应用于墙壁束缚流动和自由剪切流动模拟中。标准 $k-\omega$ 模型的一个变形是剪切压力传输(SST) $k-\omega$ 模型,它在 Fluent 湍流模型模块中可以被直接调用。SST

$k-\omega$ 模型由 Menter 推导得出，在近壁自由流模拟中，SST $k-\omega$ 模型有广泛的应用范围和精度。SST $k-\omega$ 模型和标准 $k-\omega$ 模型相似，但有以下改进：首先，SST $k-\omega$ 模型和标准 $k-\varepsilon$ 模型通过混合功能被统一在一起。混合功能是为近壁面区域设计的，这个区域对标准 $k-\omega$ 模型有效，然而，在湍流充分发展区域，标准 $k-\varepsilon$ 模型的模拟更加有效。其次，SST $k-\omega$ 模型合并了来源于 ω 方程中的交叉扩散。再有，湍流黏度考虑到了湍流剪应力的传播。该模型的这些改进，使得 SST $k-\omega$ 模型比标准 $k-\omega$ 模型在更加广泛的流动领域中，有更高的精度和可信度。

(3) 大涡模拟方法。与雷诺时均方法不同，大涡模拟方法用非稳态的过滤后的 $N-S$ 方程去直接模拟大尺度的涡，小尺度涡的影响通过近似模型来考虑。在建筑房间非等温送风的气流组织领域，普遍认为大涡模拟方法是一种可以准确模拟复杂建筑周围流动现象的数值模拟技术。对于实际工程应用，大涡模拟有着比雷诺平均模拟方法更高的计算准确度，同时对计算资源要求又比直接数值模拟低很多。因而，随着计算机技术的高速发展，在建筑房间非等温送风的气流组织研究中，大涡模拟方法已得到了越来越多研究人员的重视。

大涡模拟方法认为湍流运动由不同尺度的涡组成。在大涡模拟方法中，通过滤波函数，将湍流的瞬时运动分解成大尺度可解运动和小尺度不可解运动两部分。其中的大尺度运动可以通过过滤后的控制方程被直接求解，大尺度运动拥有较大比例的湍流动能，对雷诺应力的产生及湍流扩散起主要作用；另外，小尺度不可解运动主要起耗散作用，在高雷诺数下的小尺度运动趋向于各向同性湍流运动，采用建立模型(亚格子模型) 的方法描述小尺度湍流脉动输运对大尺度涡运动的影响。具体来说，大涡模拟方法的理论依据是：在高雷诺数湍流的能量输运过程中，大尺度脉动几乎包含所有的湍动能，而小尺度脉动主要起耗散作用，所以可以直接计算大尺度脉动，进而捕捉湍流中大部分的流动信息；此外，大尺度脉动与流动的边界条件有关，如钝体建筑结构周围的分离流动、回流、漩涡脱落等，而小尺度脉动受流动边界的影响较小，主要由大尺度涡之间的非线性相互作用间接产生，所以会具有局部平衡的性质，存在某种局部普适的统计规律，如局部各向同性和局部相似性规律等。

大涡模拟方法中的大尺度可解运动与小尺度不可解运动是通过滤波来区分的，所以大涡模拟方法的第一步是通过滤波分离出湍流中的大尺度运动。

大涡模拟方法的控制方程是通过对 Navier-Stokes 方程组作滤波运算得到的。大涡模拟方法中的物理空间过滤器可以由数学中的卷积表示为

$$\bar{\varphi}(x,t)=\int_{-\infty}^{+\infty}(\xi,t)G(x-\xi)\mathrm{d}\xi \tag{6.35}$$

式中　$\bar{\varphi}$—— 任意的可解尺度变量；

$G(x-\xi)$—— 过滤器。

于是瞬态的物理变量可以写作

$$\varphi(x,t)=\bar{\varphi}(x,t)+\varphi'(x,t) \tag{6.36}$$

式中　$\bar{\varphi}(x,t)$—— 过滤器过滤后的可解尺度分量；

$\varphi'(x,t)$—— 小于过滤尺度的不可解亚格子尺度分量。

通常要求滤波算子 G 具有如下的特性：

首先，是滤波对常数守恒。

任何常数物理量在过滤后保持不变，设常量为 A，则有

$$\bar{A}(x,t)=\int_{-\infty}^{+\infty}A(\xi,t)G(x-\xi)\mathrm{d}\xi=A \tag{6.37}$$

其次，是可交换性。

滤波算子与微分运算之间具有可交换性，具体是指过滤运算和微分运算的次序可以交换

$$\overline{\frac{\partial}{\partial t}\varphi}=\frac{\partial}{\partial t}\bar{\varphi} \tag{6.38}$$

最后，滤波器要保持线性。

$$\overline{\varphi+\varphi}=\bar{\varphi}+\bar{\varphi} \tag{6.39}$$

常见的过滤器有三种，即盒式过滤器、高斯过滤器和谱空间过滤器。

a. 盒式过滤器。盒式过滤器是物理空间最简单的过滤器。盒式过滤器的表达式为

$$G(x-\xi)=\frac{1}{\Delta},\quad |x-\xi|\leqslant\frac{\Delta}{2}$$

$$G(x-\xi)=0,\quad |x-\xi|>\frac{\Delta}{2} \tag{6.40}$$

b. 高斯过滤器。高斯过滤器的表达式为

$$G(x-\xi)=\left(\frac{6}{\pi\Delta^2}\right)^{1/2}\exp\left(-\frac{6|x-\xi|^2}{\Delta^2}\right) \tag{6.41}$$

c. 谱空间过滤器。谱空间过滤器是在谱空间中，令高波数的脉动等于零，这种做法相当于对脉动信号做低通滤波。低通滤波的最大波数称为截断波数。

谱空间低通过滤器在物理空间的表达式为

$$G(x-\xi)=\frac{\sin\left(\frac{\pi|x-\xi|}{\Delta}\right)}{\frac{\pi|x-\xi|}{\Delta}} \tag{6.42}$$

式中　Δ—— 物理空间截断尺度。

Fluent 模块采用盒式过滤器进行过滤，盒式滤波器实际上是在有限体积单元上进行体平均，具体形式如下：

$$\bar{\varphi}(x,t)=\frac{1}{V}\int_{-\infty}^{+\infty}\varphi(x,t)\mathrm{d}V \tag{6.43}$$

式中　V—— 有限容积的体积。

有了滤波函数后，在大涡模拟方法中，可以将湍流运动通过滤波函数分解为可解尺度运动和不可解的亚格子尺度运动。

本节采用 Fluent 模块采用的盒式过滤器进行过滤，利用盒式过滤器对质量、动量、温度和浓度输运方程过滤，可以得到在 Cartesian 坐标系下通用的不可压缩大涡模拟控制方程为

$$\left.\begin{aligned}&\frac{\partial\bar{u}_i}{\partial x_i}=0\\&\frac{\partial}{\partial t}(\rho\bar{u}_i)+\frac{\partial}{\partial x_j}(\rho\bar{u}_i\bar{u}_j)=\frac{\partial}{\partial x_j}\left(\mu\frac{\partial\sigma_{ij}}{\partial x_j}\right)-\frac{\partial p}{\partial x_i}-\frac{\partial}{\partial x_j}(\rho\tau_{ij})\\&\frac{\partial}{\partial t}(\rho\bar{T})+\frac{\partial}{\partial x_i}(\rho\bar{u}_i\bar{T})=\frac{\partial}{\partial x_j}\left(a\frac{\partial}{\partial x_j}\bar{T}_j\right)-\frac{\partial}{\partial x_i}q_i\\&\frac{\partial}{\partial t}\bar{C}+\frac{\partial}{\partial x_i}(\bar{u}_i\bar{C})=\frac{\partial}{\partial x_i}\left(\Gamma\frac{\partial\bar{C}}{\partial x_i}\right)-\frac{\partial}{\partial x_i}(\tau_{u,c})_i\end{aligned}\right\} \tag{6.44}$$

式中　ρ—— 流体密度，对于不可压缩流体为常数；

a—— 分子扩散系数；

μ—— 分子动力黏性系数；

$\overline{u}_i$——i 方向的可解尺度速度分量；

$\overline{T}$—— 可解尺度的温度变量；

$\overline{C}$—— 为可解尺度浓度；

Γ—— 浓度扩散系数；

σ_{ij}—— 由分子黏性决定的应力张量，用下式表示：

$$\sigma_{ij}=\left[\mu\left(\frac{\partial\,\overline{u_i}}{\partial x_j}+\frac{\partial\,\overline{u_j}}{\partial x_i}\right)\right]-\frac{2}{3}\mu\frac{\partial\,\overline{u_l}}{\partial x_l}\delta_{ij} \tag{6.45}$$

τ_{ij}—— 亚格子动量通量，$\tau_{ij}=\overline{u_iu_j}-\overline{u}_i\overline{u}_j$；

q_i—— 亚格子温度通量，$q_i=\overline{u_iT}-\overline{u}_i\overline{T}$；

$(\tau_{u,c})_i$—— 亚格子浓度通量，$(\tau_{u,c})_i=\overline{u_iC}-\overline{u}_i\overline{C}$。

τ_{ij}，q_i 和$(\tau_{u,c})_i$ 这三项需要利用亚格子模型封闭。

在本节中，仅仅介绍最经典的 Smagorinsky 亚格子模型。

Smagorinsky 模型是由气象学家 Smagorinsky 提出的，是迄今为止被最广泛采用的亚格子模型。

Smagorinsky 模型类比分子运动的黏性效应，用涡黏性来表示亚格子尺度运动对可解尺度运动的影响：

$$\tau_{ij}=-2v_{\mathrm{T}}\,\overline{S}ij \tag{6.46}$$

式中$\overline{S}_{ij}=\frac{1}{2}\left(\frac{\partial\,\overline{u_i}}{\partial x_j}+\frac{\partial\,\overline{u_j}}{\partial x_i}\right)$是可解尺度应变率张量；

v_T—— 涡黏性系数，可以表示为

$$v_T=(C_s\overline{\Delta})^2\ |\ \overline{S}\ | \tag{6.47}$$

式中　$|\ \overline{S}\ |=(2\,\overline{S}ij\ \overline{S}ij\ )^{1/2}$，$\overline{\Delta}$ 为滤波宽度，C_s 为模型常数。

1967 年，气象学家 Lilly 根据 Kolmogorov 各向同性湍流理论中的 $-5/3$ 律，求出了 Smagorinsky 模型常数 C_s 的理论值：

$$C_s=\frac{1}{\pi}\left(\frac{3C_K}{2}\right)^{-3/4} \tag{6.48}$$

式中，C_K(Kolmogorov 常数) 为 1.4；C_s 约为 0.18。

可以看到，Smagorinsky 模型产生的亚格子应力正比于速度梯度的二次方。但是，我们知道湍流在壁面附近的脉动很小，相应的雷诺应力也会很小，而壁面附近的速度梯度却很大。因此，Smagorinsky 模型在壁面附近会产生较强的耗散。基于以上事实，后来，研究者开发了动态 Smagorinsky 模型。

Smagorinsky 模型中的模型系数 C_s 是一个常数，然而在实际的湍流运动中，模型系数往往需要变化，这是 Smagorinsky 模型的主要缺点。

1991 年，Germano 等针对 Smagorinsky 模型，提出了动态 Smagorinsky 模型。动态

Smagorinsky 模型通过局部自相似假设，将两个不同尺度的亚格子应力联系起来得出动态的模型系数。对此，Germano 提出：可以利用张量缩并，得到标量方程

$$L_{ij}\bar{S}ij = -2C\bar{\Delta}^2 M_{kl}\bar{S}_{kl} \tag{6.49}$$

将 Germano 提出在流动均匀的方向作空间平均，可以得到

$$C\bar{\Delta}^2 = -\frac{1}{2}\frac{\langle L_{ij}\bar{S}_{ij}\rangle}{\langle M_{kl}\bar{S}_{kl}\rangle} \tag{6.50}$$

从上可以看到，动态 Smagorinsky 模型的系数不再是常数。动态 Smagorinsky 模型克服了 Smagorinsky 模型中系数是常数(比如 C_s 约为 0.18) 的缺陷。

伴随着计算机硬件的飞速发展，大涡模拟方法越来越受到研究者的重视。尽管如此，大涡模拟依旧需要很大的计算机资源，对边界条件要求高，数值计算稳定性较弱，目前，很难被直接应用在建筑房间非等温送风的气流组织的模拟研究中。

(4) 标准 $k-\varepsilon$ 和重整化群 RNG $k-\varepsilon$ 湍流模型及壁面函数。

在本节中，重点介绍标准 $k-\varepsilon$ 两方程湍流模型和重整化群 RNG $k-\varepsilon$ 湍流模型。

标准 $k-\varepsilon$ 两方程湍流模型是在工程中最早应用的两方程模型。1972 年，Launder 和 Spalding 在半经验公式的基础上，提出了标准 $k-\varepsilon$ 模型。标准 $k-\varepsilon$ 模型用湍动能 k 和湍流耗散率 ε 描述湍流的脉动运动。湍动能 k 和湍动耗散率 ε 的输运方程如下：

$$\rho\frac{Dk}{Dt} = \frac{\partial}{\partial x_i}\left[\left(\mu + \frac{\mu_t}{\sigma_\tau}\right)\frac{\partial k}{\partial x_i}\right] + G_k + G_b - \rho\varepsilon - Y_M \tag{6.51}$$

$$\rho\frac{D\varepsilon}{Dt} = \frac{\partial}{\partial x_i}\left[\left(\mu + \frac{\mu_t}{\sigma_\tau}\right)\frac{\partial \varepsilon}{\partial x_i}\right] + G_{1\tau}\frac{\varepsilon}{k}(G_k + C_{3\tau}G_b) \tag{6.52}$$

式中 G_k—— 为速度梯度引起的湍动能生成量；

G_b—— 为浮力导致的湍动能生成量；

Y_M—— 为可压缩的湍流运动脉动变化对总的耗散率造成的影响量；

μ_t—— 为湍流黏性系数，$\mu_t = PC_\mu\dfrac{k^2}{\varepsilon}$。

标准 $k-\varepsilon$ 两方程湍流模型常数的取值为 $C_{1\tau} = 1.44$；$C_{3\tau} = 1.92$；$C_\mu = 0.09$；$\sigma_k = 1.0$；$\sigma_\tau = 1.3$。

重整化群 $k-\varepsilon$ 湍流模型是 Yakhot 和 Orzag 在 1986 年提出。重整化群 $k-\varepsilon$ 湍流模型是利用重整化群理论推导得到的。重整化群 $k-\varepsilon$ 湍流模型区别于标准 $k-\varepsilon$ 湍流模型之处是其方程中应用的系数值全部来源于理论推导，而标准 $k-\varepsilon$ 湍流模型则是来源于实验数据。重整化群 $k-\varepsilon$ 湍流模型和标准 $k-\varepsilon$ 湍流模型很相似，但是有以下改进：

a. 重整化群 $k-\varepsilon$ 湍流模型在湍动能耗散率方程中增加了可以有效改善精度的条件；

b. 重整化群 $k-\varepsilon$ 湍流模型考虑了平均运动的有旋运动，对标准 $k-\varepsilon$ 湍流模型进行了相应地修正，提高了精度；

c. 重整化群 $k-\varepsilon$ 湍流模型提供了一个解析公式来考虑湍流 Prandtl 数的变化，而 Prandtl 数在标准 $k-\varepsilon$ 湍流模型中使用的是常数；

d. 重整化群 $k-\varepsilon$ 湍流模型提供一个解析公式以考虑低雷诺数流动黏性。

上述特点使得重整化群 $k-\varepsilon$ 湍流模型比标准 $k-\varepsilon$ 湍流模型应用更加广泛，并且模拟精度更高。重整化群 $k-\varepsilon$ 湍流模型的湍动能 k 和湍动耗散率 ε 方程如下：

$$\rho \frac{Dk}{Dt} = \frac{\partial}{\partial x_i}\left[(\alpha_t \mu_{\text{eff}})\frac{\partial k}{\partial x_i}\right] + G_k + G_b - \rho\varepsilon - Y_M \tag{6.53}$$

$$\rho \frac{D\varepsilon}{Dt} = \frac{\partial}{\partial x_i}\left[(\alpha_t \mu_{\text{eff}})\frac{\partial \varepsilon}{\partial x_i}\right] + G_{1\tau}\frac{\varepsilon}{k}(G_k + C_{3\tau}G_b) - C_{2\tau}\rho\frac{\varepsilon^2}{k} - R \tag{6.54}$$

式中　G_k,G_b 和 Y_M 的含义与标准 $k-\varepsilon$ 模型相同；

α_k—— 关于湍动能 k 的有效湍流普朗特数的倒数；

α_t—— 是关于湍动能耗散率 ε 的有效湍流普朗特数的倒数；

$C_\mu = 0.09$；

$C_{1\tau} = 1.42 - \dfrac{\eta(1-\eta/\eta_0)}{1+\beta\eta^3}$；

$C_{3\tau} = 1.68$；$\sigma_k = 0.7179$；$\sigma_t = 0.7179$；$\eta = SK/\varepsilon$；$\eta_0 = 4.38$；$\beta = 0.015$。

Shih 等人在 1995 年提出了可实现 $k-\varepsilon$ 湍流模型。Shih 等人指出，标准 $k-\varepsilon$ 湍流模型计算时均应变率特别大的流动时，会计算得到负的正应力。可实现 $k-\varepsilon$ 湍流模型正是针对这种不符合实际的情况，为了保证计算结果的可实现性而提出的。可实现 $k-\varepsilon$ 湍流模型解决该问题的方式是通过将湍流动力黏度计算式中 C_μ 值与应变率联系起来。可实现 $k-\varepsilon$ 湍流模型和标准 $k-\varepsilon$ 湍流模型很相似，但是有以下改进：

a. 可实现 $k-\varepsilon$ 湍流模型为湍流黏性增加了一个公式，对正应力进行了必要地修正；

b. 可实现 $k-\varepsilon$ 湍流模型对湍动能耗散率方程进行了修改，修改后的方程更能体现湍动能在谱空间的传输规律。

可实现 $k-\varepsilon$ 湍流模型中的湍动能 k 和湍动耗散率 ε 控制方程如下：

$$\rho \frac{Dk}{Dt} = \frac{\partial}{\partial x_i}\left[\left(\mu + \frac{\mu_t}{\sigma_\tau}\right)\frac{\partial k}{\partial x_i}\right] + G_k + G_b - \rho\varepsilon - Y_M \tag{6.55}$$

$$\rho \frac{D\varepsilon}{Dt} = \frac{\partial}{\partial x_i}\left[\left(\mu + \frac{\mu_i}{\sigma_\tau}\right)\frac{\partial \varepsilon}{\partial x_i}\right] + \rho C_1 S\varepsilon - \rho C_2 \frac{\varepsilon^2}{k + \sqrt{v\varepsilon}} + C_{1z}\frac{\varepsilon}{K}C_{3z}G_b \tag{6.56}$$

式中　G_k,G_b 和 Y_M 和的含义与标准 $k-\varepsilon$ 模型相同；

模型参数的计算及取值为 $C_1 = \max\left(0.4, \dfrac{\eta}{\eta+5}\right)$；$\eta = Sk/\varepsilon$；$C_{1z} = 1.44$；$C_2 = 1.9$；$\sigma_k = 1.0$；$\sigma_z = 1.2$。

配合雷诺时均方法湍流模型，必须在壁面处设置壁面函数。

$k-\varepsilon$ 湍流模型是一种描述高雷诺数运动的湍流模型，适用于壁面以外，距离壁面有一定距离的湍流区域，在这一区域内部，流动属于高雷诺数湍流，可以不考虑分子黏性的影响。但是，在与壁面相邻接区域的内部，必须考虑分子黏性的影响，相应的 k 和 ε 方程要进行修正。

壁面函数法的核心思想可以概括为如下几点：

a. 假设在壁面黏性支层以外的区域，无量纲的速度值服从对数分布律，即

$$u^+ = \frac{u}{u^*} = \frac{1}{C_x}\ln\left(\frac{u^* y}{\nu}\right) + B = \frac{1}{C_x}\ln y^+ + B \tag{6.57}$$

式中　u^*—— 切应力速度，$u^* = \sqrt{\tau_w/\rho}$；

C_x—— 冯卡门常数，$C_x = 0.4 \sim 0.42$；

$B = 5.0 \sim 5.5$。

为了反映湍流脉动对结果的影响，需要把 u^+ 和 y^+ 的定义作如下扩展：

$$u^{+}=\frac{u(C_{\mu}^{1/4}k^{1/2})}{\nu} \tag{6.58}$$

$$\eta_{t}=\frac{y_{p}(C_{\mu}^{1/4}k^{1/2})}{\nu} \tag{6.59}$$

b. 在划分网格过程中,必须把第一个内节点 P 布置到满足对数分布律的范围内。

c. 在第一个内节点以下壁面以上的区域中,当量黏性系数 η_t 应该按下面的表达式确定:

$$\eta_{t}=\left[\frac{y_{p}(C_{\mu}^{1/4}k^{1/2})}{\nu}\right]\frac{\eta}{\ln(Ey_{p}^{+})/C_{x}}=\frac{y_{p}^{+}}{u_{p}^{+}}\eta \tag{6.60}$$

d. 对第一个内节点 P 上的 k_p 及 ε_p,k_p 之值按 k 方程计算,边界条件取为 $\left(\frac{\partial k}{\partial y}\right)_w=0$(坐标 y 垂直于壁面),ε_p 之值取为 $\varepsilon_p=\frac{C_{\mu}^{3/4}k_{p}^{3/2}}{C_k y_p}$。

上述基本的壁面函数法应用在粗糙壁面上时,需要对上述式子进行相应的修正,修正后的表达式为

$$u^{+}=\frac{u}{u^{*}}=\frac{1}{C_{x}}\ln\left(\frac{u^{*}y}{\nu}\right)+B=\frac{1}{C}\ln y^{+}+B-\Delta B \tag{6.61}$$

$$\Delta B=\frac{1}{C_{k}}\ln(k_{s}^{+})-3.3 \tag{6.62}$$

式中　k_s—— 粗糙高度,m,其值取决于壁面粗糙程度,$k_s^{+}=u^{*}k_s/v$。

当 $B=5.2$ 时,有

$$\frac{u}{u^{*}}=\frac{1}{C_{k}}\ln\left(\frac{u^{*}y}{\nu k_{s}^{+}}\right)+8.5 \tag{6.63}$$

以上就是壁面函数法针对粗糙壁面的修正形式。

3. 风口模型

风口入流边界条件对室内空气分布有着很大的影响,因为通风空调房间内的空气流动主要就是由风口射流引起的。因此,在数值模拟中需要正确描述风口入流边界条件方能确保模拟结果的准确性。

为此,需要采用风口模型给出合理的入流边界条件。对于复杂形状的风口或散流器,传统的做法是将其简化为一个开口,这样只能确保入流速度或入流动量之一和实际情况一致,往往会带来较大的误差。基于射流特性主要决定于对射流质量通量、动量通量以及浮力通量的考虑,而浮力影响已包含于上述湍流模型中,故可认为保证风口入流流量和动量与实际情况一致即可提供正确的入流边界条件,此即风口模型的"动量方法"。"动量方法" 是将入口动量置为实际的空气入口动量,即

$$mv_{\text{in}}=m\frac{L}{A_{\text{e}}} \tag{6.64}$$

式中　m—— 入口质量流量,kg/s;

v_{in}—— 入流速度,m/s;

L—— 入流风量,m^3/s;

A_e—— 风口有效开口面积,m^2。

基于以上的风口模型和湍流模型,采用有限容积法对计算区域进行离散,并以 SIMPLE 算法为基础,对室内空气的流动以及室内非等温场进行数值计算。

6.5.3　送风的数值模拟预测实例

在本节的最后，基于 Fluent 模块，结合之前的内容，通过非等温送风的数值模拟预测实例，提供给读者相关的结合 Fluent 模块与空调气流组织模拟的使用参考资料。

1. 空调送风模型

空调送风口处的空气存在较大的温度梯度，在向房间内部送风的过程中，也存在非等温的传热过程。在本算例中，假设空调出风口送风速度为 1m/s，送风温度为 20℃。

将房间简化为二维立面，其房间尺寸如图 6.28 所示。

2. ICEM 介绍及操作

ICEM 是一款专业的 CAE 前处理软件，其为所有世界流行的 CAE 软件提供高效可靠的分析模型。它拥有强大的 CAD 模型修复能力、自动中间抽取、独特的网格"雕塑"技术、网格编辑技术以及支持广泛的求解器能力。同时作为 ANSYS 家族的一款专业分析环境软件，还可以集成于 ANSYS Workbench 平台，获得 Workbench 的所有优势。ICEM 作为 Fluent 和 CFX 模块标配的网格划分软件，取代了 GAMBIT 的地位。

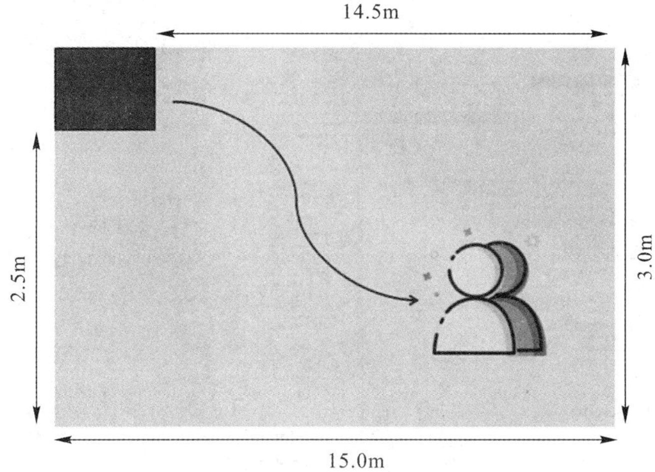

图 6.28　房间简化二维立面

本算例利用 ICEM 软件中的结构网格，对模拟对象的流场域进行网格划分，其结果如图 6.29 所示。

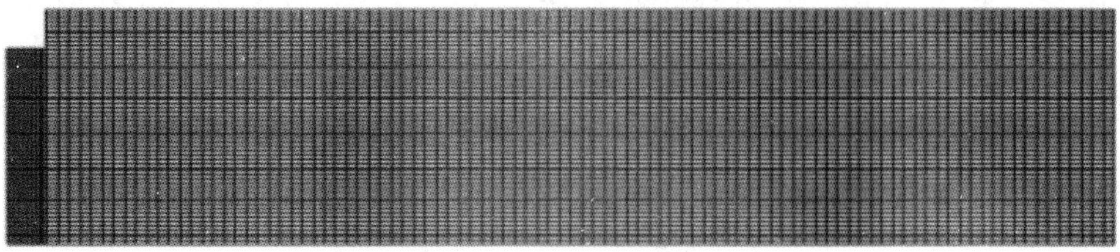

图 6.29　房间网格

3. Fluent 模块操作

将网格文件导入到 Fluent 模块中，然后进入到求解器选择界面，选择压力基求解器，如图

6.30 所示。

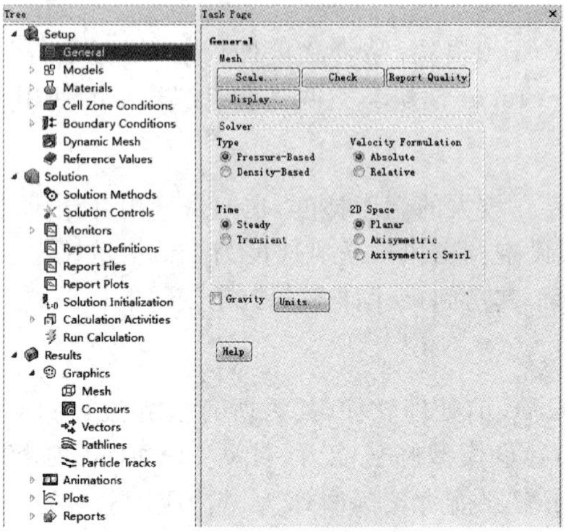

图 6.30　求解器界面

随后，进入到湍流模型选择界面，选择重整化群 RNG $k-\varepsilon$ 模型，如图 6.31 所示。

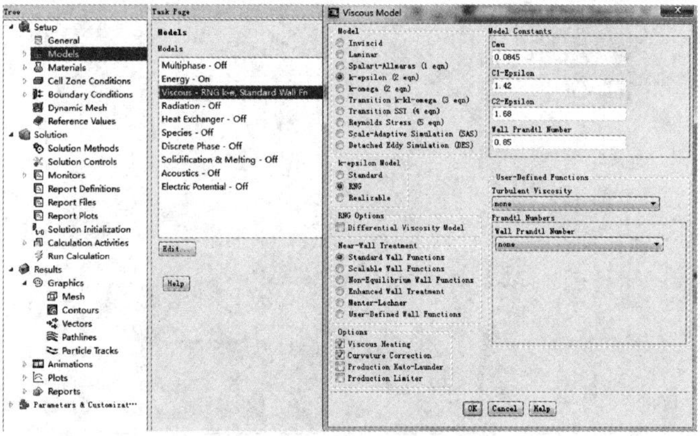

图 6.31　湍流模型界面

最后，进入到迭代计算界面，开始计算，如图 6.32 所示。

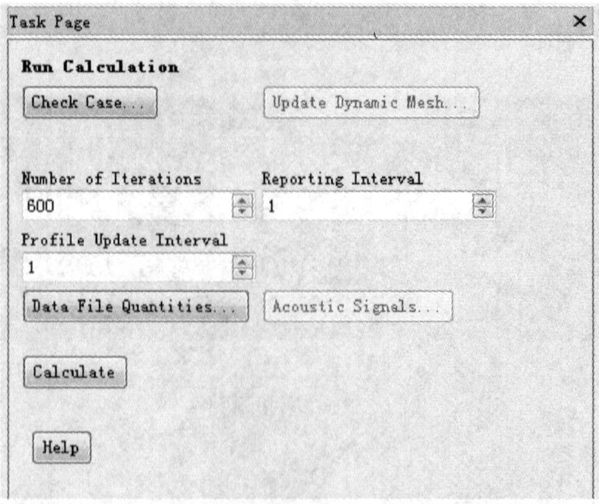

图 6.32　迭代计算界面

4. 后处理

计算完成后，查看平均速度云图，如图 6.33 所示。

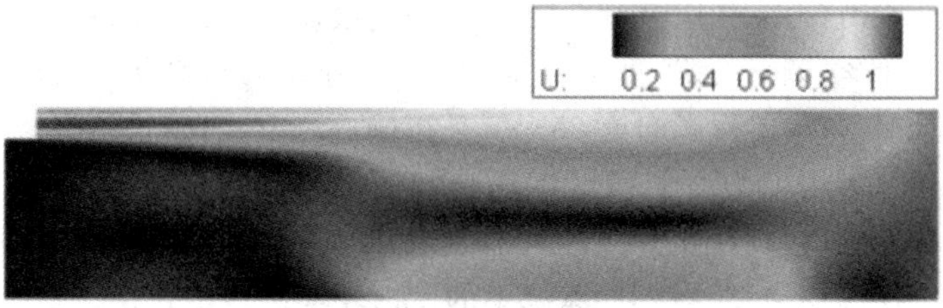

图 6.33　平均速度云图

计算完成后，查看平均温度云图，如图 6.34 所示。

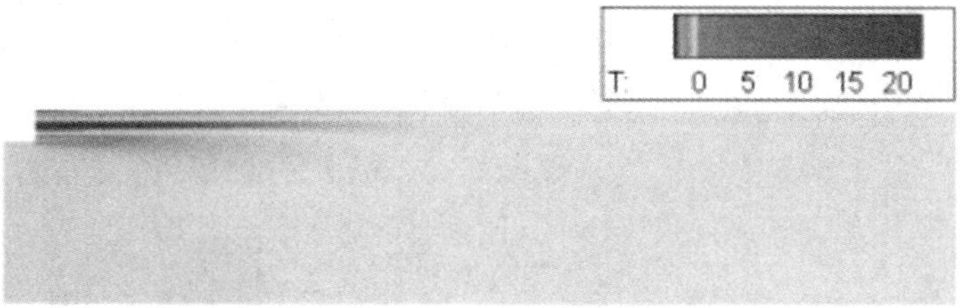

图 6.34　平均温度云图

本算例只是简单地引入 CFD 求解方式，其中的具体细节可以参考相关的专业书籍。在本书中，仅仅希望通过本简单算例，让读者了解相关的 Fluent 模块的基本操作步骤和流程。

本 章 小 结

本章详细介绍了空调系统中的气流的流动规律、气流组织的评价指标、室内气流组织的形式以及 CFD 模拟仿真在空调中的应用。空调系统的气流组织设计的优劣，直接影响室内空气的速度、温度、湿度和舒适度等物理量的变化，甚至直接导致室内空气品质降低。本章在介绍、回顾经典知识的基础上，引入 CFD 技术，带领读者一步一步了解、掌握 CFD 技术对当代空调房间内部气流组织设计的影响，希望读者了解 CFD 技术是空调设计中的重要环节之一。

思考与练习题

1. 简述送、回风口的不同形式、各自的优缺点及它们的主要应用场合。
2. 简述空调房间不同送风口型式的送风气体流动规律。
3. 气流组织评价标准中有哪些舒适性指标？
4. 气流组织评价标准中有哪些技术性指标？
5. 舒适性空调系统和工艺性空调系统之间的区别有哪些？
6. 试述空调房间气流组织的重要性。
7. 影响室内空气分布的因素有哪些？其中主要因素是什么？

8. 某空调房间的长、宽、高分别为 8.0m，5.6m 和 3.5m，夏季每平方米空调面积的显热冷负荷为 69.5W，采用盘式散流器平送，试确定有关参数[室温要求(21±1)℃]。

9. 已知某舒适性空调区的尺寸长为 25.0m，宽为 18.0m，高为 3.0m。总送风量取为 3.0m^3/s，送风温度为 20℃，工作区温度 25℃。拟采用散流器平送，试进行气流分布设计。

10. 已知某舒适性空调区的尺寸长为 10.0m，宽为 3.5m，高为 3.0m。总送风量取为 0.2m^3/s，送风温度为 23℃，工作区温度 25℃。采用侧送风方式，试进行气流分布设计。

11. 某空调房间恒温精度为 22℃±0.5℃，房间的长、宽、高分别为 6.0m，5.6m，3.0m，室内显热负荷为 1 668W，试进行侧上送风的气流组织计算。

12. 如何合理选择湍流模型，对不同状况下的室内环境进行仿真模拟？

第7章　空调管路系统设计

教学目标与要求

(1)理解空调管路系统的分类、组成、设计内容；
(2)理解阻力的分类及影响因素；
(3)掌握阻力的计算公式和水力计算的过程；
(4)了解并应用空调管路系统的绘图及计算软件进行设计。

教学重点与难点

(1)空调风系统、水系统的组成与设计考虑因素；
(2)沿程阻力、局部阻力的影响因素及计算公式；
(3)水力计算方法与适用工况；
(4)不平衡率。

工程案例导入

空调系统在实现制冷(热)的同时，更重要的是将制取的冷量(热量)合理地分配到空调房间，以消除室内的冷负荷、热负荷、湿负荷，因此空调系统的输配管网是实现空调作用的最后关键环节。若输配动力不足，冷量(热量)无法送到房间；若输配不均匀，就会造成部分房间冷量(热量)过多，另一部分冷量(热量)较小的冷热不均现象。

根据空调输配系统要实现的功能，管路系统应配备动力设备(风机、水泵)、输送设备(风管、水管)、调节设备(阀门)等必要构件；同时为合理地分配流量，必须进行相应的阻力计算，综合平衡各支段管路的流量，最终达到冷热平衡。

空调的管路系统分为风管路系统和水管路系统，不同的空调处理方案，需要不同的管路系统。对于普通集中式全空气系统来说，设置在机房的空调处理设备将空气处理到所需状态后，需要通过风管路系统进行输送并合理分配到各空调房间；对于半集中式的风机盘管加新风系统来说，不但设置在每个房间的风机盘管需要水管路系统，而且对于集中的新风机组来说还需要风管路系统。

7.1　空调风管系统设计

空调工程中输送空气的风管系统包括集中式全空气系统的送(回)风风管、空气-水式系统的新风风管、空调建筑及其附属设施的排风风管、机械加压送风风管和机械排烟风管等。

7.1.1 风管(道)的种类

随着我国人民生活水平的不断提高,通风空调工程在建筑工程中的地位越来越重要,市场对通风管道材质的要求越来越高,空调通风管道的种类从原来比较单一的镀锌钢板风管向多样性方面发展,消声、节能、环保、质量轻和防火性能高的材料逐渐成为空调通风管道的主导材料。由于各种工程对空调通风管道有着各种不同的要求,各种材质的通风管道应运而生,而相应的施工方法也在不断实践中逐步完善。随着各种新材料、新工艺的不断出现,空调通风管道的性能更符合现代建筑科学的要求,这就决定了我们必须对空调通风管道工程的复杂性、广泛性及不同材质的相应特性有一个准确的掌握。

空调风道的种类很多,按风道的制作材料分,有金属风管、非金属风管(道)和复合材料风管;按风管道的断面几何形状分,有矩形、圆形和椭圆形风管(道);按风管道的连接对象分:有主(总)风管(道)和支风管(道);按风管能否任意弯曲和伸展分,有柔性风管(软管)和刚性风管;按风管道内的空气流速高低分,有低速风管(道)和高速风管(道)等。

1. 金属风管

由于风管(道)担负着输送空气的任务,从各方面考虑,对其与空气接触部分的制作材料应要求内表面光滑、摩擦阻力小、不吸湿、耐腐蚀、强度高、质量小、气密性好、不积尘、易清洁等,金属材料一般均能满足这些要求。

空调工程中大量使用的金属材料风管是镀锌钢板风管。镀锌钢板是用普通薄钢板表面镀锌制成,俗称"白铁皮"。它具有良好的加工性能和结构强度,空气流动阻力小,防火性能良好,但必须加包保温层及保温防护层,另在声源附近还要设置消声器。其制作、安装周期长、速度慢、难度大、操作噪声大、使用寿命较短。最适合无腐蚀、干燥气体的输送,同时要求有干燥的环境条件,且通风空调系统的噪声要求不严的场合。

还有一种在普通薄钢板表面喷上一层 0.2～0.4mm 厚的软质或半软质聚氯乙烯的塑料复合钢板风管,有单面覆层和双面覆层两种。它可以耐酸、耐油及醇类侵蚀,耐水性能好,但对有机溶剂的耐腐蚀性差;绝缘、耐磨性能好;剥离强度及深冲性能塑料膜与钢板间的剥离强度≥0.2MPa;具有一般碳素钢板所具有的切断、弯曲、冲洗、钻孔、铆接、咬口及折边等加工性能;可在 10～60℃温度下长期使用,短期可耐温 120℃。常用于防尘要求较高的空调系统和温度在－10～70℃下耐腐蚀通风系统的风管。

2. 非金属风管

空调工程中常用的非金属材料制作的风管(道)主要是建筑风道和无机玻璃钢风管两种。

(1)建筑风道。建筑风道(又称为土建式风道或土建风道)是传统的非金属材料风管(道),主要有两种:一种是钢筋混凝土现浇或预制而成的,作为送风或回风风道的建筑空间;另一种是采用砖砌体与钢筋混凝土预制板搭建而成的,作为送风或回风风道的建筑空间。建筑风道结构简单,节省钢材,经久耐用,能与土建施工同时进行制作或安装,与风管的连接方式也比较灵活,因此在许多建筑中都有使用的例子,尤其是在我国早期的一些大型公共建筑(如体育馆、影剧院等)和工业建筑(如纺织厂等)中,采用较为广泛。

建筑风道的主要缺点:一是砖砌风道要求施工非常仔细,当施工质量不好时,漏风情况极为严重。二是建筑风道内表面粗糙,尤其是砖风道,尽管土建施工图中都要求内表面抹平(随砌随抹），但当尺寸较小时事实上绝大多数这类风道在施工时都未能严格执行这一要求，带来的直接后果就是空气流动阻力大，对风机的风压要求高，风机的电耗上升。三是当施工管理不善时，施工杂质（如木块、纸屑甚至水泥块等）在风道内大量积存，严重时造成风道的堵塞。四是风道不易保温且施工困难。

建筑风道目前使用较多的是作为高层建筑空调系统的新风竖井。当风道截面很大或截面形状受到土建布置限制较为特殊，采用其他风管道加工有困难的场所往往也采用建筑风道。

(2)无机玻璃钢风管。无机玻璃钢风管（简称玻璃钢风管）是以中碱或无碱玻璃纤维布作为增强材料，无机胶凝材料为胶结材料，通过一定的成形工艺制成的风管。具有抗弯和抗冲击强度高、不燃、耐腐蚀、耐高温、导热系数较小、表面光洁、无毒等特性。保温玻璃钢风管是将管壁制成夹层，夹层中填充聚苯乙烯泡沫塑料、聚氨酯泡沫塑料和蜂窝纸等绝热材料。

玻璃钢风管的不足之处是风管和管件（如弯头、三通等）都要在工厂制作，这对于现场施工来说很不方便，特别是在施工过程中要对原设计的风管进行修改（这种情况几乎每个工程都会发生）或要求非标准尺寸的管件时，因无法及时在现场制作而容易影响施工工期。因此，采用玻璃钢风管时，通常也同时以钢板制风管作为其补充来使用。

玻璃钢由于质量轻、强度高、耐热性及耐蚀性优良、电绝缘性好及加工成型方便，所以在纺织、印染、化工等行业常用于排除腐蚀性气体的通风系统中。

3.复合材料风管

在我国，以镀锌钢板为基材的风管＋绝热层＋防潮层＋保护层和风管＋绝热层（极低吸湿型材料）＋保护层的空调风管结构是常见的传统结构形式。近年来，又出现了多种采用不燃材料面层复合绝热材料板，运用特定技术工艺制成的新型风管——复合材料风管，简称复合风管。

(1)复合玻纤板风管。复合玻纤板风管简称玻纤风管，其制作材料为由三层玻璃棉组合而成的复合玻纤板。它是近年来的新产品，因其具有对以往所有产品的重大变革（集管壁、保温、防护层为一体，质量轻、具有消声功能），随着时间的推移，已从原来人们对它的不了解、怀疑、观望到现在的认知、肯定及大范围的推广应用。复合玻纤板的外层为玻璃丝布铝箔层或双层复合玻璃丝布层，中间层为一定厚度的超细或离心玻璃棉板层，内层为玻璃丝布层，各层以专用的防火、防水、抗老化、黏结性能优良的黏合剂加压黏合在一起。根据工程设计要求，可将玻纤板切割、黏结、加固制成玻纤风管和各种类型的异形管件。管段间可用阴、阳榫插接，T形框架插接，法兰连接等连接方式。

与传统的以镀锌钢板为基材的绝热风管相比，玻纤风管有以下优点：

1)消声性能好。超细玻璃棉由于是一种良好的多孔性吸声材料，因而使玻纤风管具有管式消声器的消声功能，不需另装消声器即可对中、高频噪声产生较好的消声效果。

2)漏风量极低。由于玻纤风管段间的连接多采用阴、阳榫或加T形内框架的对接方式，风管及管件由板材按设计要求切割成型材后，结合面均用黏合剂黏结并用铝箔胶带密封，因此连接部位漏风的可能性很小。与通常用法兰连接的镀锌钢板风管系统相比，玻纤风管系统的漏风率一般不超过2％。

3)质量轻。玻纤风管的质量是采用铝箔玻璃棉绝热的镀锌钢板风管质量的1/3，因此不仅可以大大降低楼体的负荷，还可以减少风管支吊架的各种材料用量。

4)无绝热层脱落问题。采用玻璃棉或岩棉绝热的镀锌钢板风管，一般用保温钉固定绝热层，外观既不平整又不美观，而且在保温钉使用数量不足，黏结不牢时，很容易发生绝热层脱落问题。而玻纤风管的三层复合层通过专用黏合剂的作用，形成了一个整体，且绝热层在中间，因此不会出现绝热层脱落的问题。

玻纤风管的主要缺点是摩擦阻力较大。由于玻纤风管的内表面为玻璃丝布，其表面粗糙度为0.2mm，略大于钢板风管的表面粗糙度，所以玻纤风管的摩擦阻力比镀锌钢板风管的稍大。但在一般情况下，风管中摩擦阻力占整个风管系统总阻力的比例较小，因而玻纤风管增加的摩擦阻力对整个风管系统的总阻力影响并不明显。

(2)复合铝箔聚氨酯板风管。复合铝箔聚氨酯板风管又简称为复合铝箔风管，这种新型空调风管的制作材料为聚氨酯泡沫塑料与铝箔的复合夹心板材。复合夹心板材为成形板材。由硬质发泡阻燃聚氨酯泡沫塑料与两面覆盖的铝箔组成，也是三层复合层结构，它同时具备传统空调风管组成材料的全部功能。

该风管与玻纤风管的制作方法相同，只需先按要求在板材上画线，切割后再进行粘接即可得到所需要的管段或各种局部管件。专用配件可以很方便地将管段和管件按常规法兰连接方法进行连接，也可以方便地进行各种风口与管道的连接。

用这种复合材料制作空调风管有以下特点：一是制作简单。可在施工现场直接下料粘接完成。二是质量轻。其质量仅为相同断面面积和长度的镀锌钢板加铝箔玻璃棉绝热层风管的1/4。三是绝热层两面均受到坚硬的铝箔保护层保护，不易损坏。四是外观更加美观。

属于这类复合材料风管的还有复合铝箔聚苯乙烯风管和复合铝箔酚醛风管，其制作材料分别为聚苯乙烯泡沫塑料夹心、两面复合铝箔和酚醛泡沫塑料夹心、两面复合铝箔的复合夹心板材。此外，这类复合材料风管的外表面材料除了采用铝箔的，还有采用镀锌钢板、压花铝板和布基铝箔的。

4. 双壁螺旋风管

双壁螺旋风管的内壁为穿孔金属板，外壁为镀锌钢板，均是机器绕制而成。炭化玻璃棉填充在两壁之间，组成了集绝热与消声功能为一体的机制圆形风管。

7.1.2 通风管道配件

通风与空调工程的风管系统是由直风管和各种异形配件(例如弯管、来回弯管、变径管、天圆地方、三通、四通等)、各种风量调节阀以及空气分布器(送风口、回风口或排风口)等部件所组成的。

弯管用来改变空气的流动方向，使气流转90°弯或其他角度；来回弯管用来改变风管的升降、躲让或绕过建筑物的梁、柱及其他管道；变径管用来连接断面尺寸不同的风管；天圆地方是用来连接圆形与矩形(或方形)两个断面的部件；三通和四通用于风管的分叉和汇合，即气流的分流和合流。

1. 钢板矩形风管的配件

(1)矩形弯管。通风及空调工程上常见的矩形弯管有如下几种：

1)内外同心弧形弯管，弯管曲率半径宜为一个平面边长，如图7.1(a)所示。

2)内弧外直角形弯管，如图7.1(b)所示。

3)内斜线外直角形弯管，如图7.1(c)所示。

4)内外直角形弯管,如图 7.1(d)所示。

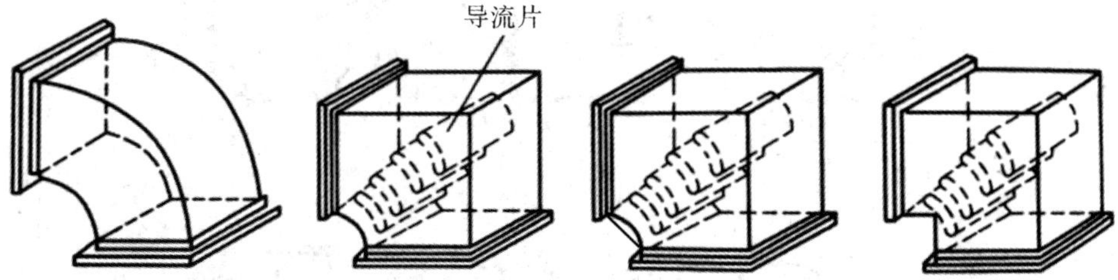

(a)　(b)　(c)　(d)

图 7.1　矩形弯管

(a)内外同心弧形弯管;(b)内弧外直角形弯管;(c)内斜线外直角形弯管;(d)内外直角形弯管

(2)矩形变径管(大小头)。工程上常用的有双面偏的(又称同心渐扩或渐缩管)和单面偏的(又称偏心渐扩或渐缩管)两种形式,如图 7.2 所示。为减少气流阻力,对于双面偏的变径管,用于气流渐扩时,扩大角 $\theta \leqslant 45°$;用于气流渐缩时,收缩角 $\theta \leqslant 60°$。对于单面偏的变径管,其渐扩或渐缩角度 $\theta \leqslant 30°$为宜。

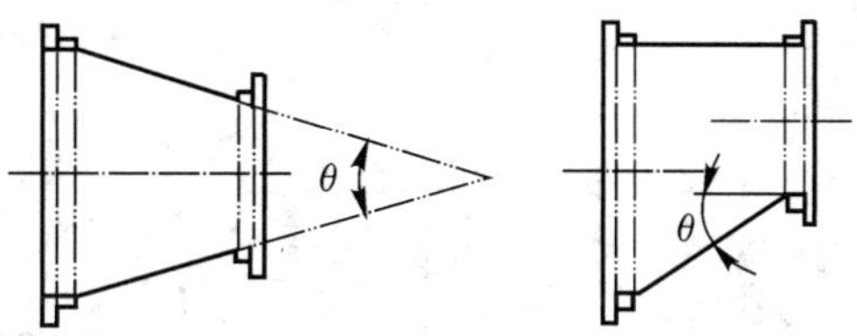

图 7.2　矩形变径管

(3)矩形来回弯管。矩形来回弯管有角接来回弯管(见图 7.3(a))、斜接来回弯管(见图 7.3(b))和双弧形来回弯管(见图 7.3(c))三种形式。

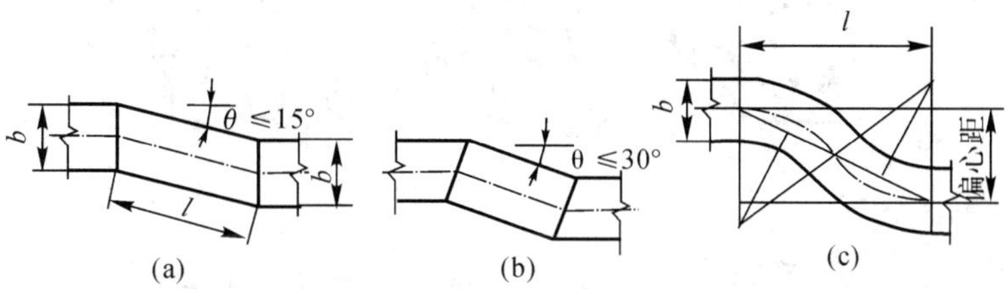

图 7.3　矩形来回弯管

(a)角接来回弯管;(b)斜接来回弯管;(c)双弧形来回弯管

(4)矩形三通和四通。对于矩形三通和四通,工程上有分叉式三通四通(见图 7.4)和分隔式三通四通(见图 7.5)两种形式。分隔式三通是由两个 90°弯管或者由一个 90°弯管和另一根直风管组合而成,分隔式四通是由两个 90°弯管和一根变径管组合而成。气流的汇合或分离各行其道,彼此不发生互相牵制,风量分配均匀,加工制作工艺简单。因此,就被输送空气的分流或合流而言,分隔式的性能要优于分叉式,值得在工程中推广使用。图 7.6 所示为常用的弯管组合而成的三通。

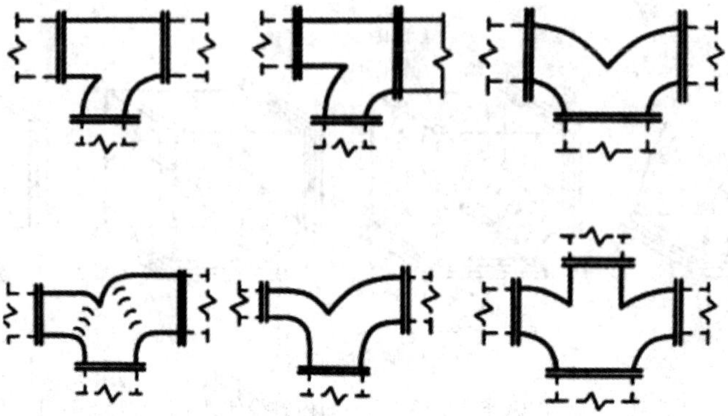

图 7.4　分叉式三通、四通

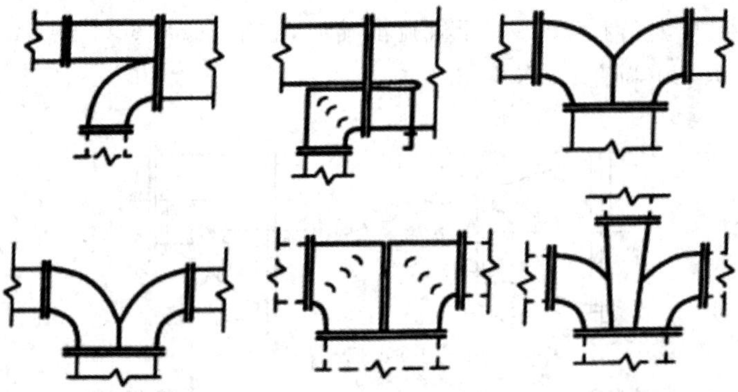

图 7.5　分隔式三通、四通

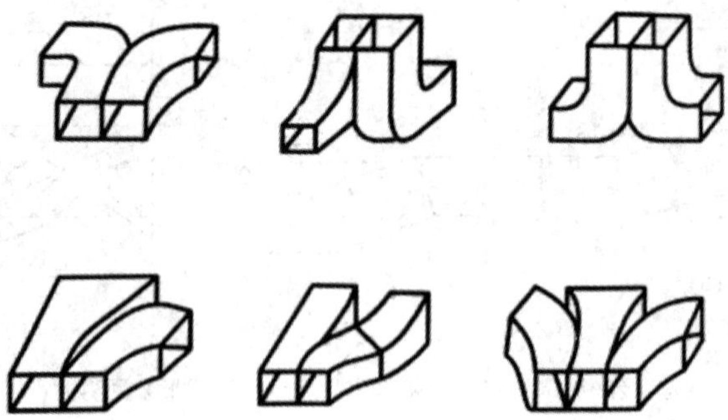

图 7.6　由弯管组合而成的三通、四通

2. 钢板螺旋圆形风管的配件

螺旋圆形风管的配件(例如弯管、变径管、三通和四通)以及内、外接头和端盖等，如图 7.7 和图 7.8 所示，它们是由金属螺旋圆形风管生产流水线的专用机械加工制作的。

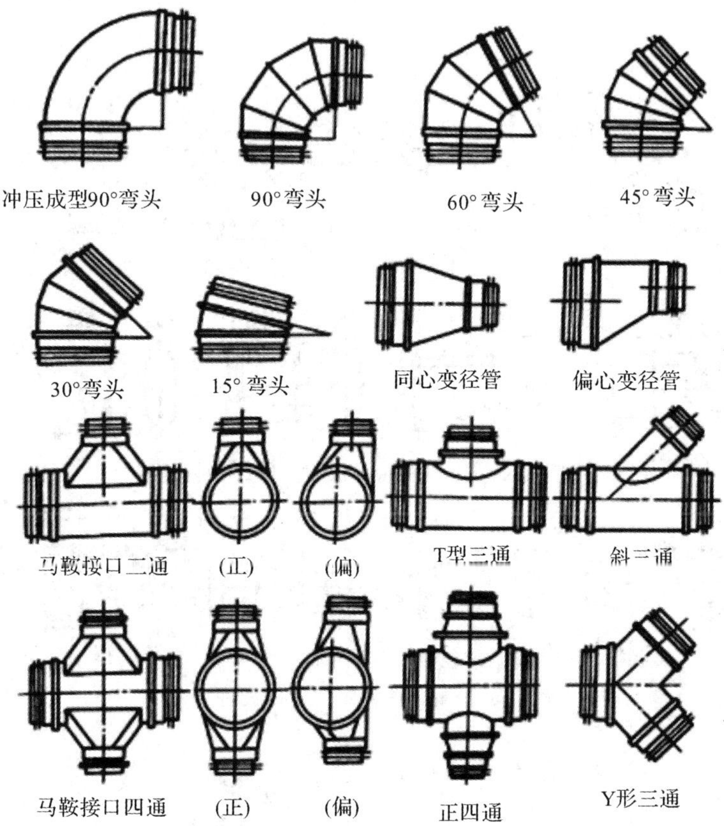

图 7.7　螺旋圆形风管的配件

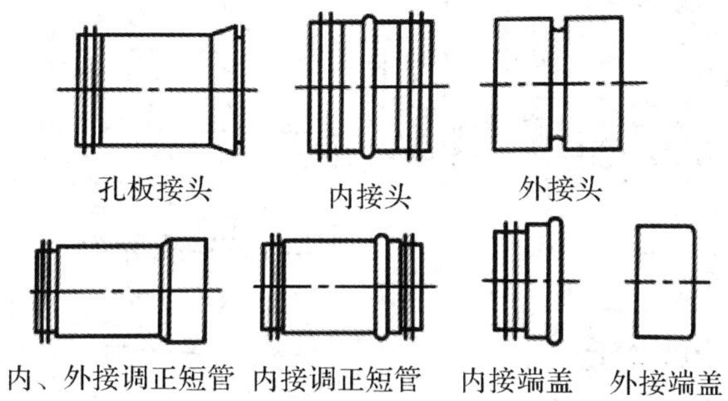

图 7.8　螺旋圆形风管的内、外接头盒端盖

3. 螺旋扁圆形风管的配件

螺旋扁圆形风管的配件，也是由专用机械加工制作的。常用配件如图 7.9 所示。

7.1.3　风量调节阀和定风量调节器

1. 风量调节阀

目前，常用的风量调节阀有以下 4 种：①蝶阀［见图 7.10(a)］；②多叶调节阀［见图 7.10

(b)];③矩形三通调节阀[拉杆式见图 7.10(c)、手柄式见图 7.10(d)];④菱形调节阀[见图 7.10(e)]。

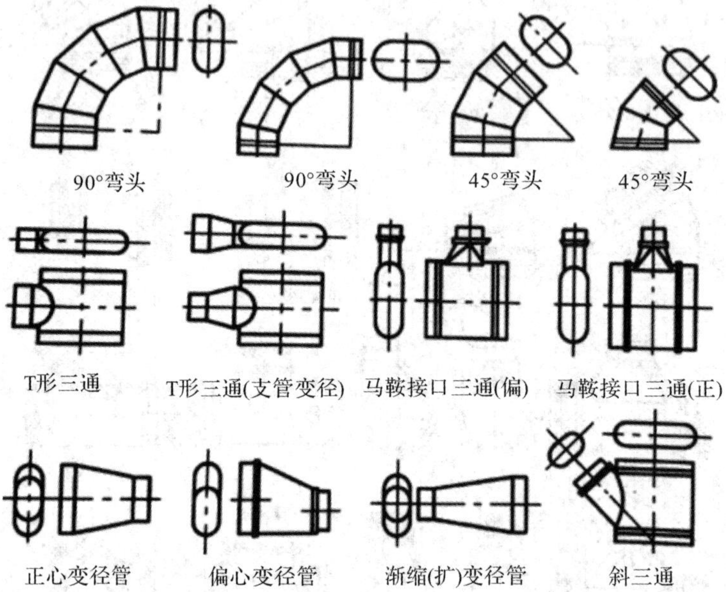

图 7.9 螺旋扁圆形风管的配件

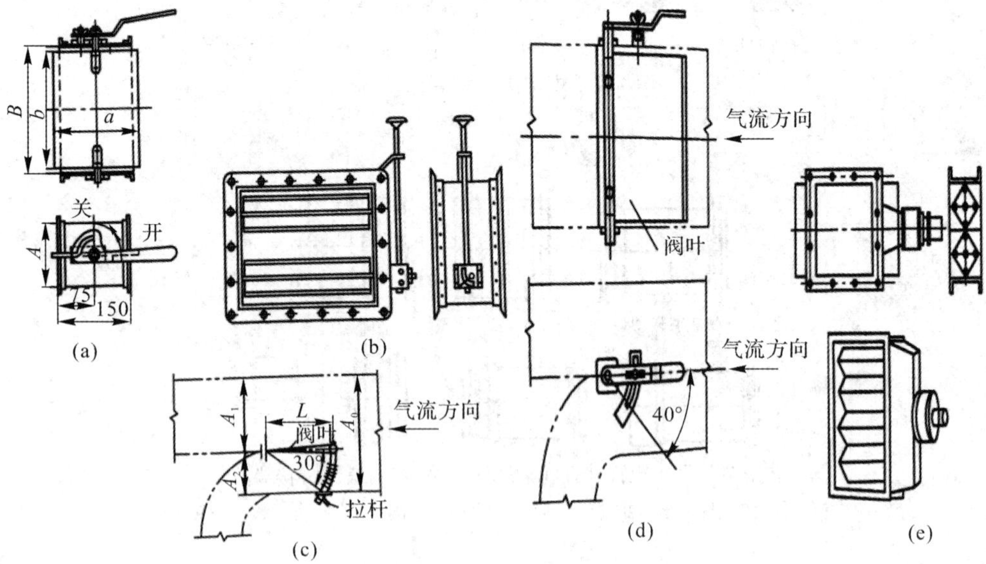

图 7.10 风量调节阀

(a)蝶阀;(b)多叶调节阀;(c)拉杆式矩形三通调节阀;(d)手柄式矩形三通调节阀;(e)菱形调节阀

2.定风量调节器

定风量调节器[见图 7.11(a)]是一种机械式的自力装置,它对风量的控制无须外加动力,只依靠气流自身的力来定位阀片的位置,从而在整个压力差范围内将气流保持在预先设定的流量上。适用于安装在要求风量固定的风管系统中。

风量调节器是由阀片、气囊、弹簧片、异形轮、外壳和外置刻度盘等组成，气囊开有小孔与阀片上小孔相通，弹簧片与阀片相连，由异形轮调节，其结构及工作原理图如图7.11(b)所示。

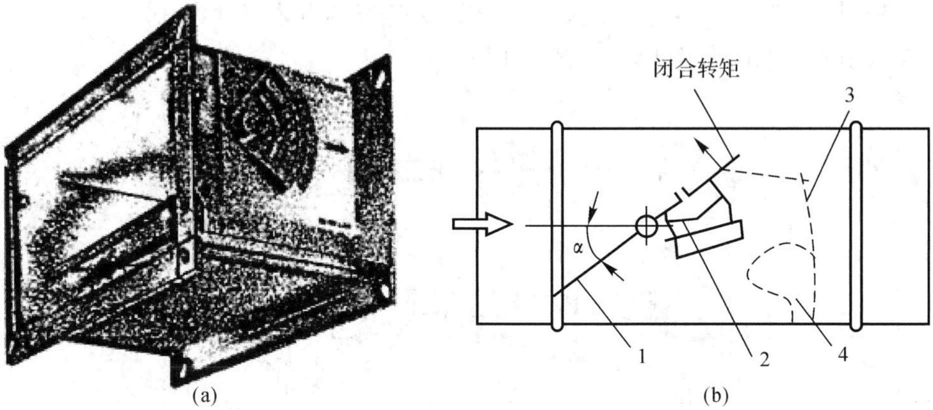

(a)　　(b)

图 7.11　定风量调节器

1—阀片；2—气囊；3—弹簧片；4—异形轮

当风管内压力(或流量)增大时，气囊体积膨胀。其结果，一方面增加了阀片的关闭转矩，使关闭力(在图中沿逆时针方向)增大，阀片向关闭方向动作；另一方面也起着振荡阻尼作用。弹簧片被用来产生一个与关闭力相对应的反向力，增加阀门阻力，从而达到保持风量恒定的作用。当风管内压力(或流量)减小时，气囊体积缩小，关闭转矩随之减弱，阀片向开启方向动作，使风量保持恒定。

应用时，可以利用带指针的外置刻度盘准确地设定所需的风量。它的工作温度为 10～50℃，压差范围为 50～1 000Pa，风量调节器的断面形状有矩形和圆形两种，两端均带法兰，便于与被调试的风管相连接。安装时不受位置限制，但阀片的轴应保持水平。为保证其正常工作，要求在气流进口前应有 1.5*B*(*B* 为风量调节器宽度)的直线入口长度和 0.5*B* 的直线出口长度即可。

7.1.4　风机与风管的连接

通风机进、出口与风管的正确连接，可保证达到风机的铭牌性能。如果处理不当，会造成局部压力损失增大，导致系统风量的严重损失。即使风管系统阻力计算做得很精确，也无法得到弥补。为此，在进行系统设计布置时必须给以足够的注意。

1. 风机吸入侧的连接

风机吸入口与风管的连接要比压出口与风管的连接对风机性能的影响要大。在设计时应特别注意风机吸入口气流要均匀、流畅，从风管连接上极力避免偏流和涡流的产生。同时，对吸入侧防止产生偏流的尺寸做出规定。

图 7.12 所示为风机吸入侧的接法。如图 7.12(a)所示用与吸入口直径相同的直风管连接，是可以的，如果要变径，宜用较长的渐扩管；如图 7.12(b)所示为用直角弯管接入风机吸入口时，弯管内应设置导流片；如图 7.12(c)所示为采用突然缩小管接入风机吸入口是不可以

的，应采取渐缩管或加弧形导流措施；如图 7.12(d)所示的连接，进风箱造成了偏心气流，其风量损失达 25%，应将入口处改成弯管并在两个弯管内设置导流片；如图 7.12(e)所示为气流转弯后进入进风箱，造成涡流，风量损失 40%，应分别在转弯和入口处设置导流片。

有关风机吸入侧的尺寸规定，如图 7.13 所示。

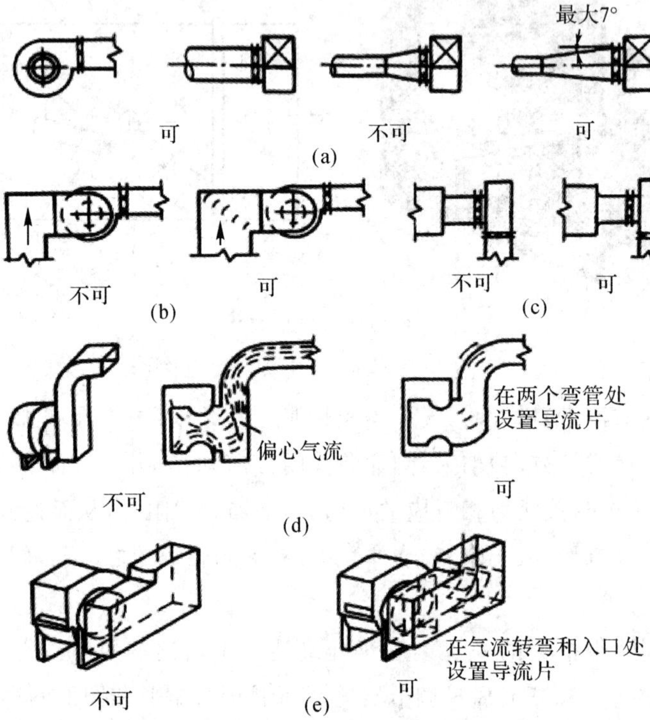

图 7.12 风机吸入侧接法

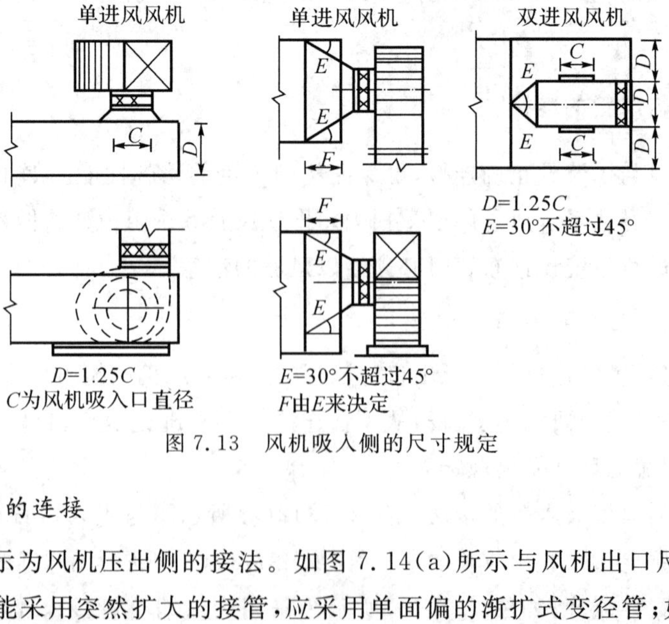

图 7.13 风机吸入侧的尺寸规定

2. 风机压出侧的连接

如图 7.14 所示为风机压出侧的接法。如图 7.14(a)所示与风机出口尺寸相同的直风管连接是可以的，不能采用突然扩大的接管，应采用单面偏的渐扩式变径管；如图 7.14(b)所示的情况与图 7.14(a)所示类似，应采用两面偏的渐扩式变径管；如图 7.14(c)(d)所示，当风机出口气流呈 90°转弯时，在连接的直角弯管内应设置导流片；如图 7.14(e)所示风机出口气流呈 90°转弯时，弯管的弯曲方向应与风机叶轮的旋转方向相致，内外弧形弯管、内外直角弯管内应设置导流片；图 7.14(f)所示风机出口如接丁字三通管向两边送风或接 90°弯管时，为改善管内气流状况，在加长三通立管或弯管长度的同时，应在分流处或转弯处设置导流片。

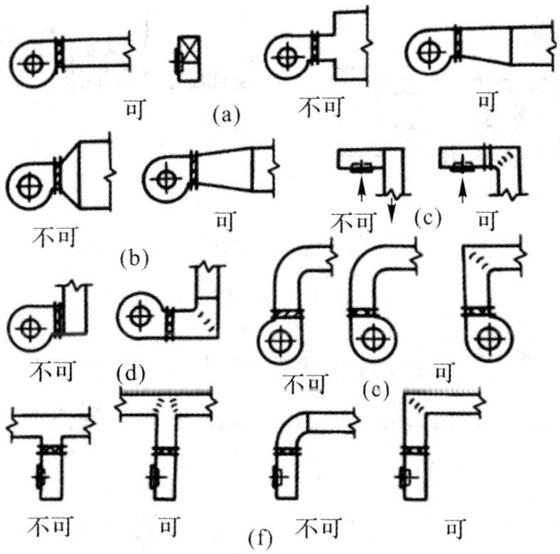

图 7.14　风机压出侧的接法

7.1.5　空调系统风管内压力分布

1. 单风机系统的压力分布

只设一台送风机的空调系统称为单风机系统。风机的作用压头要克服从新风进口至空气处理机组的整个吸入侧的全部阻力、送风风管系统的阻力和回风风管系统的阻力。为了维持房间的正压，需要使送入的风量大于从房间抽回的风量。多余的送风量就是维持房间正压的风量，它通过门、窗缝隙渗透出去。

如图 7.15(b)所示为只设送风机的一次回风式空调系统的风管压力分布。图中 W 为新风进口，其压力为大气压；M 为送风入口；N 为回风口，其压力是室内正压值。P 点是回风与排风的分流点，X 点是新风与回风的混合点。新风在风机吸力的作用下，由 W 点吸入，其相对压力为零，混合点 X 的压力必定是负值。

由图 7.15(b)可知，在回风管路上，从 N 点的正压演变到 X 点的负压的过程中，必然有个过渡点 O，该点的相对压力为零。此时，$\Delta P_{wx}=\Delta P_{ox}$。为保持房间正压，回风从 N 到混合点 X 的阻力，是由房间正压 ΔP 和风机吸力 ΔP_{wx} 共同作用下克服的。从回风与排风的分流点 P 到排风口 W 的压力差，就是排风的动力。

通过对压力分布图的分析，可以得出以下两点结论：

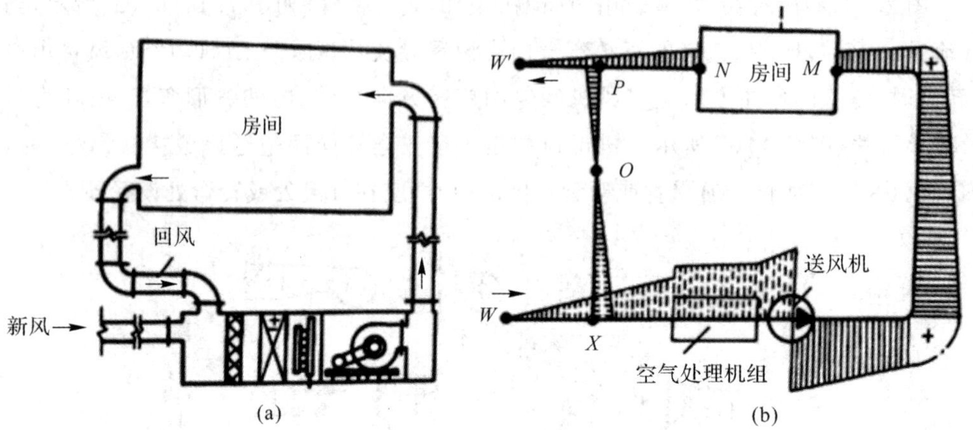

图 7.15 单风机系统风管的压力分布

(a)工作原理;(b)压力分布

1)排风口必须设在回风风管的正压段,否则排风口就无法排出空气。

2)排风口应当设在靠近空调房间的地方,不要设在空气处理机附近,否则会使房间内的正压增大。

单风机空调系统简单、占地少、一次投资省、运转时耗电量少,因此常被采用。但是,在需要变换新风、回风和排风量时,单风机系统存在调节困难、空气处理机组容易漏风等缺点。特别是当系统阻力大时,风机风压高、耗电量大,噪声也较大。因此,宜采用双风机系统。

2. 双风机系统的压力分布

设有送风机和回风机的空调系统称为双风机系统。送风机的作用压头用来克服从新风进口至空气处理机组整个吸入侧的阻力和送风风管系统的阻力,并为房间提供正压值;回风机的作用压头用来克服回风风管系统的阻力并减去一个正压值。两台风机的风压之和应等于系统的总阻力。在双风机系统中,排风口应设在回风机的压出段上;新风进口应处在送风机的吸入段上。

如图 7.16(b) 所示为设有送风机和回风机的一次回风式空调系统的风管压力分布。由图 7.16(b) 可知,它和单风机系统一样,在排风与回风的分流点 P 和新风与回风的混合点 X 之间的管路压力,必须使之从正压到负压的变化,才能保证一方面排风和另一方面吸入新风。这通常可以通过调节风阀 1,使管段 PX 间的阻力 ΔP_{px} 与新风吸入管段 WX 的阻力 ΔP_{wx} 和排风管段 $W'P$ 的阻力 $\Delta P_{w'p}$ 之和相等来满足。风阀 1 应是零位阀,通过该处的风压为零,这样才能保证在排风的同时吸入新风,否则,会由于回风机选择不当而导致新风进不来。

7.1.6 通风管道的设计

一个好的空调风管系统设计应该布置合理,占用空间少,风机能耗小,噪声水平低,总体造价低。为此,在进行空调风管系统设计时应把握以下几个原则:

1. 管路系统要简洁

在平面布置上，能不用风管的场所就不用风管，必须使用风管的地方，风管长度要尽可能短，尽量走直线，分支管和管件要尽可能少，避免使用复杂的管件，以减少系统管道局部阻力损失，便于安装、调节与维修。

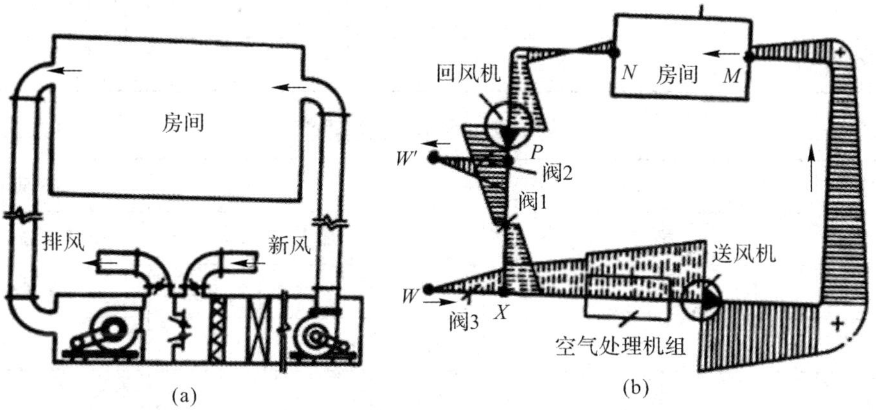

图 7.16　双风机系统风管的压力分布

(a)工作原理；(b)压力分布

2. 风管的断面形状要因建筑空间制宜

在不影响生产工艺操作的情况下，充分利用建筑空间布置风管。风管的断面形状要与建筑结构和室内装饰相配合，使其达到完美的统一。

3. 风管断面尺寸要国标化

为了最大限度地利用板材，使风管设计简便，制作标准化、机械化和工厂化，风管的断面尺寸(直径或边长)应采用国家标准《通风与空调工程施工质量验收规范》(GB 50243—2002)规定的数据。

4. 风机风压与风量的选择要适当

风机的风压值宜在风管系统总阻力的基础上再增加 10%～15%，风机的风量大小则宜在系统总风量的基础上再增加 10%来分别确定。

5. 正确选用风速

选用风速时，要综合考虑建筑空间、风机能耗、噪声以及初投资和运行费用等因素。如果风速选得高，虽然风管断面小，管材耗用少，占用建筑空间小，初投资省，但是空气流动阻力大，风机能耗高，运行费用增加，而且风机噪声、气流噪声、振动噪声也会增大。如果风速选得低，虽然运行费用低，各种噪声也低，但风管断面大，占用空间大，初投资也大。因此，必须通过全面的技术经济比较来确定管内风速的数值。《民用建筑供暖通风与空气调节设计规范》(GB 50736—2012)规定，有消声要求的空调系统风管内风速应按表 7.1 给出的数据选用，也可参考表 7.2 选用。

表 7.1　风管内的风速　　单位:m/s

室内允许噪声级/dB(A)	主管风速	支管风速	新风入口风速
25～35	3～4	≤2	3
35～50	4～7	2～3	3.5
50～65	6～9	3～5	4～4.5
65～80	8～12	5～8	5

表 7.2　风管内的风速　　单位:m/s

部位	低速风管						高速风管	
	推荐			最大			推荐	最大
	居住	公共	工业	居住	公共	工业	一般建筑	
新风入口	2.5	2.5	2.5	4.0	4.5	6	3	5
风机入口	3.5	4.0	5.0	4.5	5.0	7.0	8.5	16.5
风机出口	5～8	6.5～10	8～12	8.5	7.5～11	8.5～14	12.5	25
主风管	3.5～4.5	5～6.5	6～9	4～6	5.5～8	6.5～11	12.5	30
水平支风管	3.0	3.0～4.5	4～5	3.5～4.0	4.0～6.5	5～9	10	22.5
垂直支风管	2.5	3.0～3.5	4.0	3.25～4.0	4.0～6.0	5～8	10	22.5
送风口	1～2	1.5～3.5	3～4.0	2.0～3.0	3.0～5.0	3～5	4	—

7.1.7　通风管道的阻力

风管内空气流动阻力可分为两种,一种是由于空气本身的黏滞性以及与管壁间的摩擦而产生的沿程能量损失,称为沿程阻力或摩擦阻力;另一种是空气流经局部构件或设备时由于流速的大小和方向变化造成气流质点的紊乱和碰撞,由此产生涡流而造成比较集中的能量损失,称为局部阻力。

1. 沿程阻力(或摩擦阻力)

根据流体力学原理,空气在管道内流动时沿程阻力按下式计算:

$$\Delta P_m = \lambda \frac{1}{d} \frac{\rho v^2}{2} \tag{7.1}$$

式中　ΔP_m —— 空气在管道内流动时的沿程阻力,Pa;

λ —— 沿程阻力系数;

ρ —— 空气密度,kg/m³;

v —— 管内空气平均流速,m/s;

l —— 计算管段长度,m;

d —— 风管直径,m。

圆形风管单位长度的沿程阻力(也称比摩阻)为

$$R_m = \frac{\lambda}{d}\frac{\rho v^2}{2} \tag{7.2}$$

管内为层流状态时，$\lambda = 64/Re$，管内为紊流状态时，$\lambda = f(Re, K/d)$，其中，Re 为雷诺数，K 为风管内壁粗糙度，即紊流时沿程阻力系数不仅与雷诺数有关，还与相对粗糙度 K/d 有关。尼古拉兹采用人工粗糙管进行试验得出了沿程阻力系数的经验公式，在空调系统中，风管中空气的流动状态大多属于紊流光滑区到粗糙区之间的过渡区，因此沿程阻力系数按下式计算：

$$\frac{1}{\sqrt{\lambda}} = -2\lg\left(\frac{K}{3.7d} + \frac{2.51}{Re\sqrt{\lambda}}\right) \tag{7.3}$$

对于非圆管道沿程阻力的计算，引入当量水力直径 d_e 后所有圆管的计算方法与公式均可适用非圆管，只需把圆管直径换成当量水力直径。

$$d_e = 4R = 4 \times \frac{A}{x} \tag{7.4}$$

式中　R——水力半径，m；

A——过流断面的面积，m^2；

x——湿周，m。

对于矩形风管，$d_e = \frac{2ab}{a+b}$，其中 a，b 分别为矩形风管的长、短边。

在进行风管的设计时，通常利用式(7.1) 和式(7.2) 制成计算表格或线算图进行计算。这样在已知风量、管径、流速和比摩阻 4 个参数中的任意 2 个，即可求得其余 2 个参数。附录 4.1 是按压力 $P = 101.3$kPa、温度 $t = 20$℃、空气密度 $\rho = 1.2\text{kg/m}^3$、运动黏度 $\upsilon = 15.06 \times 10^{-6}\text{m}^2/\text{s}$、管壁粗糙度 $K \approx 0$ 的条件下绘制的圆形风管的线算图。附录 4.2 是钢板矩形风管计算表，制表条件 $K = 0.15$mm，其他条件同附录 4.1。因此对于钢板矩形风管的比摩阻，可直接查附录 4.2 得出，也可将矩形风管折算成当量直径的圆风管，再用附录 4.1 的线算图来计算。

2. 局部阻力

当空气流过风管的配件、部件和空气处理设备时都会产生局部阻力。局部阻力可按下式计算：

$$Z = \zeta\frac{\rho v^2}{2} \tag{7.5}$$

式中　Z——空气在管道内流动时的局部阻力，Pa；

ζ——局部阻力系数(其值可查附录 4.3)。

因此，风管内空气流动阻力等于沿程阻力和局部阻力之和，即

$$\Delta P = \sum(\Delta P_m + Z) = \sum(R_m l + Z) \tag{7.6}$$

7.1.8　风管(道)系统水力计算

水力计算相关知识已在“流体力学”课程中进行了系统深入的学习，本书仅以风管系统为例进行简要回顾。

风道的水力计算通常包括两种类型：设计计算和校核计算。

当已知空调系统通风量时，设计计算是指满足空调方面要求的同时，解决好风道所占的空间体积、制作风道的材料消耗量、风机所耗功率等问题，即如何经济合理地确定风道的断面尺

寸和阻力，以便选择合适的风机和电动机功率。设计计算主要包括设计原则、设计步骤、设计方法及设计中的有关注意事项。

当已知系统形式和风道尺寸时，计算风道的阻力，校核风机能否满足要求则属于校核计算。

1.水力计算方法

空调风管系统阻力计算(又称为水力计算)的目的：一是确定风管各管段的断面尺寸和阻力；二是对各并联风管支路进行阻力设计平衡；三是计算出选风机所需要的风压。空调风管系统的阻力计算方法较多，主要有假定流速法、压损平均法和静压复得法。

(1)假定流速法。假定流速法也称为控制流速法，其特点是先按技术经济比较推荐的风速(查表7.1及表7.2)初选管段的流速，再根据管段的风量确定其断面尺寸，并计算风道的流速与阻力(进行不平衡率的检验)，最后选定合适的风机。目前空调工程常用此方法。

(2)压损平均法。压损平均法也称为当量阻力法，是以单位长度风管具有相等的阻力为前提的，这种方法的特点是在已知总风压的情况下将总风压按干管长度平均分配给每一管段，再根据每一管段的风量和分配到的风压计算风管断面尺寸。在风管系统所用的风机风压已定时，采用该方法比较方便。

(3)静压复得法。当流体的全压一定时，流速降低则静压增加。静压复得法就是利用这种管段内静压和动压的相互转换，由风管每一分支处复得的静压来克服下游管段的阻力，并据此来确定风管的断面尺寸。

2.水力计算步骤

以假定流速法为例，下面介绍空调风道系统水力计算的一般步骤。

(1)确定空调通风管路系统。根据各个房间或区域空调负荷计算出的送回风量，结合气流组织的需要确定送、回风口的形式、设置位置及数量。根据工程实际确定空调机房或空调设备的位置，选定热、湿处理及净化设备的形式，布置以每个空调机房或空调设备为核心的子系统送、回风管的走向和连接方式，绘制出系统轴测简图，并标注各管段长度和风量。

(2)选定最不利环路，并对各管段编号。最不利环路是指阻力最大的管路，一般指最远或配件和部件最多的环路。

(3)初选各管段风速。根据风管设计原则，初步选定各管段风速(有消声要求的空调系统风管内风速应按表7.1给出的数据选用，也可参考表7.2选用)。

(4)确定各风管断面形状和制作材料。根据风量和风速，计算管道断面尺寸，使其符合通风管道统一规格，再用规格化了的断面尺寸及风量算出管道内的实际风速。

(5)对各管段进行阻力计算(含选择风机)。根据风量和管道断面尺寸，查得单位长度摩擦阻力 R_m(见附录4.1或附录4.2)，然后计算各管段的沿程阻力及局部阻力，并使各并联管路之间的不平衡率不超过15%。当差值超过允许值时，要重新调整断面尺寸，若仍然不满足平衡要求，则应借助阀门加以调节。

(6)确定风机型号及电机功率。计算出最不利环路的风管阻力，加上流经的设备阻力，并考虑风量与阻力的安全系数，来选取风机型号及相应的电动机功率。

例7.1 某空调风管系统如图7.17所示，风管全部采用镀锌钢板制作。已知消声器阻力50Pa，空调箱阻力280Pa。试确定该系统的风管断面尺寸和所需的风机风压。

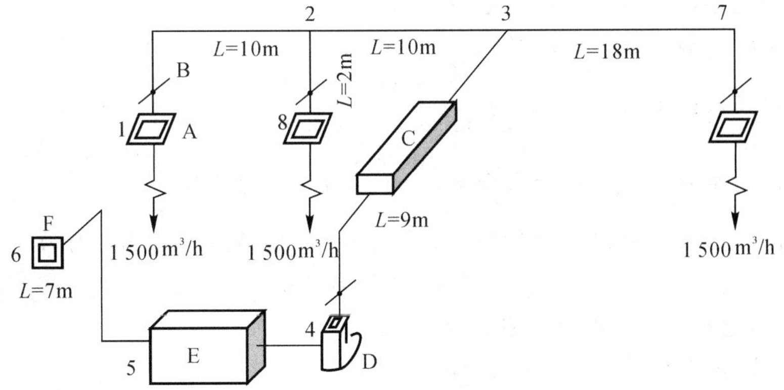

图 7.17　某空调风管系统图

A—孔板送风口；B—风量调节阀；C—消声器；D—风机；E—空调器；F—新风口

解：

(1)首先对各管段进行编号，并确定最不利环路为 1→2→3→4→5→6。

(2)根据各管段的风量和选定的流速，确定最不利环路各管段的断面尺寸及沿程阻力和局部阻力，详见表 7.3。

表 7.3　风管水力计算表

管段编号	流量 m³/h	长度 m	风管尺寸 mm×mm	流速 m/s	动压 (Pa)	局部阻力系数	局部阻力 Pa	比摩阻 Pa/m	摩擦阻力 Pa	管段总阻力 Pa	备注
1→2	1 500	10	320×320	4.07 14.16 5.20	9.94 0.81 16.22	1.35 13.00 0.10	25.54	0.667	6.670	32.21	
2→3	3 000	10	500×320	5.20	16.22	0.27	4.38	0.823	8.230	12.61	
3→4	4 500	9	500×400	6.25 11.02	23.44 72.86	0.45 0.15	71.48	0.985	0.865	80.35	消声器阻力为 50Pa
4→5	4 500				0.00		280			280.00	
5→6	4 500	7	500×400	6.25 4.00	23.44 9.60	1.14 0.90	35.36	0.985	6.895	42.26	
7→3	1 500	18	320×320	4.07 1.16 6.25	9.94 0.81 23.44	1.15 13.00 0.27	28.29	0.677	12.186	40.48	
8→2	1 500	2	320×320	4.07 1.16 5.20	9.94 0.81 16.22	1.15 13.00 0.42	28.77	0.677	1.354	30.12	

1) 管段 1 → 2。风量 $L_1 = 1\ 500 m^3/h$，初选风速 $v = 4m/s$，查附录 4.2 得断面尺寸为 320mm × 320mm，则实际流速为

$$v = \frac{L_1}{3\ 600F_1} = \left(\frac{1\ 500}{3\ 600 \times 0.32 \times 0.32}\right)m/s = 4.07m/s$$

采用内插法求得　　　　　　$R_m = 0.677\text{Pa/m}$

故该段摩擦阻力为 $\Delta P_{m1-2} = R_m l = (0.667 \times 10)\text{Pa} = 6.67\text{Pa}$

孔板送风口风口面风速　　$v = \left(\dfrac{1\,500}{3\,600 \times 0.6 \times 0.6}\right)\text{m/s}$

与其对应的动压为　　　$\dfrac{\rho v^2}{2} = \left(\dfrac{1.2 \times 1.16^2}{2}\right)\text{Pa} = 0.81\text{Pa}$

根据孔板净孔面积比为 0.3，查附录 4.3 得 $\zeta = 13$，则该风口局部阻力为

$$Z = 13 \times 0.81\text{Pa} = 10.5\text{Pa}$$

同理，可查得连接送风口的渐扩管：$\alpha = 45°$，$\zeta = 0.9$。

90° 矩形弯头：$R/b = 1.0$，$a/b = 1.0$，$\zeta = 0.2$。

多叶风量调节阀：全开时，$\zeta = 0.25$。

三通直通：$\dfrac{L_2}{L_1} = 0.5$，$\dfrac{F_2}{F_1} = 0.64$，$\zeta = 0.10$（对应总管流速）。

该管段局部阻力为

$$Z = \left[10.5 + (0.9 + 0.2 + 0.25) \times \frac{1.2 \times 4.07^2}{2} + 0.1 \times \frac{1.2 \times 5.2^2}{2}\right]\text{Pa} = 25.54\text{Pa}$$

2)管段 2→3。风量 $L_2 = 3\,000\text{m}^3/\text{h}$，断面尺寸为 320mm×500mm，计算得实际流速为 v=5.2m/s。

查附录 4.2 采用内插法求得该管段的单位长度摩擦阻力为：$R_m = 0.823\text{Pa/m}$。

该段摩擦阻力为：$\Delta P_{m2-3} = R_m l = (0.823 \times 10)\text{Pa} = 8.23\text{Pa}$。

查附录 4.3 得分叉三通 $\zeta = 0.27$，该管段局部阻力为

$$\Delta P_j = (0.27 \times 16.22)\text{Pa} = 4.38\text{Pa}$$

3) 管段 3→4。风量 $L_3 = 4\,500\text{m}^3/\text{h}$，断面尺寸为 400mm×50mm，计算得实际流速为 v = 6.25m/s。查附录 4.2 得该段沿程比摩阻 $R_m = 0.985\text{Pa/m}$，该段沿程阻力为

$$\Delta P_{m3-4} = R_m l = (0.985 \times 9)\text{Pa} = 4.38\text{Pa}$$

已知消声器阻力为 50Pa。

查附录 4.3 得 90° 矩形弯头：$R/b = 1.0$，$a/b = 0.8$，$\zeta = 0.2$。

多叶风量调节阀：全开，$n = 3$，$\zeta = 0.25$。

初选风机为 4－72－11No4.5A，出口断面尺寸为 315mm×360mm→400mm×500mm。取其长度 360mm，此时 α=22°，查附录 4.3 得风机出口变径管的局部阻力系数 ζ=0.15（对应小头流速）。该管段局部阻力为

$$Z = \left[50 + (0.2 + 0.25) \times \frac{1.2 \times 6.25^2}{2} + 0.15 \times \frac{1.2}{2}\left(\frac{4\,500}{3\,600 \times 0.315 \times 0.36}\right)^2\right]\text{Pa} = 71.4\text{Pa}$$

(4)管段 4→5。该段为空调箱，风量为 $4\,500\text{m}^3/\text{h}$，空调箱阻力为 280Pa。

(5)管段 5→6。风量为 $4\,500\text{m}^3/\text{h}$，断面尺寸为 400mm×500mm，实际流速为 v=6.25m/s。查附录 4.2 得 R_m=0.985Pa/m，故该段沿程阻力为

$$\Delta P_{m5-6} = (0.985 \times 7)\text{Pa} = 6.9\text{Pa}$$

查附录 4.3 得渐扩管：$\alpha \leqslant 45°$，$\zeta = 0.1$。

90°弯头 2 个：ζ=0.2×2。

突扩管：ζ=0.64。

新风入口选用固定百叶窗，其外形尺寸为630mm×500mm，面风速为

$$v=\frac{4\ 500}{3\ 600\times0.63\times0.5}\mathrm{m/s}=4\mathrm{m/s}$$

查附录4.3得 $\zeta=0.9$(对应面风速)，则该段局部阻力为

$$Z=[0.9\times9.6+1.14\times23.44]\mathrm{Pa}=35.36\mathrm{Pa}$$

(3)支路计算与阻力平衡。

(1)管段7→3。风量为1 500$\mathrm{m^3/h}$，断面尺寸为320mm×320mm，实际流速 $v=4.07\mathrm{m/s}$。$R_m=0.677\mathrm{Pa/m}$，故沿程阻力 $\Delta p_m=(0.677\times18)\mathrm{Pa}=12.19\mathrm{Pa}$

查附录4.3得，孔板送风口(与管段1→2相同)：$\zeta=13$。

渐缩管(扩角45°)：$\zeta=0.9$。

多叶风量调节阀：$\zeta=0.25$。

渐缩管：$\zeta=0.1$。

弯头：$\zeta=0.2$。

分流三通：$\zeta=0.27$。

该管段局部阻力为

$$Z=(0.81\times13.0+1.15\times9.94+0.27\times23.44)\mathrm{Pa}=28.29\mathrm{Pa}$$

2)管段8→2。风量为1 500$\mathrm{m^3/h}$，断面尺寸为320mm×320mm，实际流速 $v=4.07\mathrm{m/s}$。$R_m=0.677\mathrm{Pa/m}$，故沿程阻力 $\Delta P_m=(0.677\times2)\mathrm{Pa}=1.35\mathrm{Pa}$。

查附录4.3得，孔板送风口：$\zeta=13$。

接孔板的渐扩管：$\zeta=0.9$。

多叶风量调节阀：$\zeta=0.25$。

三通分支管：$\zeta=0.42$(对应总管流速)。

该管段局部阻力

$$Z=(13.0\times0.81+1.15\times9.94+0.42\times16.22)\mathrm{Pa}=28.77\mathrm{Pa}$$

3)验算并对各并联管段进行阻力平衡。

管段1→2总阻力为

$$\Delta P_{1-2}=(6.67+25.54)\mathrm{Pa}=32.21\mathrm{Pa}$$

管段8→2总阻力为

$$\Delta P_{8-2}=(1.35+28.77)\mathrm{Pa}=30.12\mathrm{Pa}$$

则
$$\frac{\Delta P_{1-2}-\Delta P_{8-2}}{\Delta P_{1-2}}=\frac{32.21-30.12}{32.21}=0.065=6.5\%<15\%$$

两管路的阻力平衡达到要求。

对另一并联支路管路1→2→3与管路7→3：

管段1→2→3总阻力为

$$\Delta P_{1-3}=(32.21+12.61)\mathrm{Pa}=44.82\mathrm{Pa}$$

管段7→3总阻力为

$$\Delta P_{7-3}=(12.19+28.29)\mathrm{Pa}=40.48\mathrm{Pa}$$

则
$$\frac{\Delta P_{1-3}-\Delta P_{7-3}}{\Delta P_{1-3}}=\frac{44.82-40.48}{44.82}=9.7\%<15\%$$

两管路的阻力平衡达到要求。

(4)系统总阻力的计算与风机的选择。

系统总阻力为最不利环路 1→2→3→4→5→6 的阻力之和，即

$$\Delta P = \Delta P_{1\to 2} + \Delta P_{2\to 3} + \Delta P_{3\to 4} + \Delta P_{4\to 5} + \Delta P_{5\to 6} = 447.42\text{Pa}$$

故根据系统总风量及计算阻力选用风机型号为 4－72－11No4.5A 右 90°，其性能参数为风量 $L = 1.275\text{m}^3/\text{s}$；风压 $\Delta P = 510\text{Pa}$；转速 $n = 1\ 450\text{r/min}$；功率 $P = 1.1\text{kW}$。

7.2 空调水管系统设计

现代的高层建筑通常由塔楼、裙房、地下室和屋顶机房等组成。在高层旅馆、办公楼建筑中，常见的空调方式是对于裙房的公用部分，例如，商店、餐厅、宴会厅、会议厅、多功能厅及娱乐中心等大多采用集中式全空气系统；而对于塔楼部分，目前采用最多的是水-空气系统，即风机盘管加新风系统。因此，空调水系统特别是高层建筑的空调水系统，不仅要向裙房部分的组合式空气处理机组供应冷媒水(简称冷水)或热媒水(简称热水)，而且还要向塔楼部分的空调末端设备风机盘管机组和新风机组提供冷水和热水，其水系统比较复杂。

空调水系统的作用，就是以水作为介质在空调建筑物之间和建筑物内部传递冷量或热量。正确合理地设计空调水系统是整个空调系统正常运行的重要保证，同时也能有效地节省电能消耗。

就空调工程的整体而言，空调水系统包括冷热水系统、冷却水系统和冷凝水系统。

冷热水系统是指由冷水机组(或换热器)制备出的冷水(或热水)的供水，由冷水(或热水)循环泵，通过供水管路输送至空调末端设备，释放出冷量(或热量)后的冷水(或热水)的回水，经回水管路返回冷水机组(或换热器)。对于高层建筑，该系统通常为闭式循环环路，除循环泵外，还设有膨胀水箱、分水器和集水器、自动排气阀、除污器和水过滤器、水量调节阀及控制仪表等。对于冷水水质要求较高的冷水机组，还应设软化水制备装置、补水水箱和补水泵等。

冷却水系统是指利用冷却塔向冷水机组的冷凝器供给循环冷却水的系统。

冷凝水系统是指空调末端装置在夏季工况时用来排出冷凝水的管路系统。

7.2.1 空调冷热水系统分类

空调冷热水系统，可按以下方式进行分类：按循环方式，可分为开式循环系统和闭式循环系统；按供、回水制式(管数)可分为两管制水系统、四管制水系统；按供、回水管路的布置方式，可分为同程式系统和异程式系统；按运行调节的方法，可分为定流量系统和变流量系统。

1. 开式循环系统和闭式循环系统

开式循环系统(见图 7.18)的下部设有回水箱(或蓄冷水池)，它的末端管路是与大气相通的。空调冷水流经末端设备(例如风机盘管机组等)释放出冷量后，回水靠重力作用集中进入回水箱或蓄冷水池，再由循环泵将回水打入冷水机组的蒸发器，经重新冷却后的冷水被输送至整个系统。例如，采用蓄冷水池方案，或者空气处理机组采用喷水室处理空气的，其水系统是开式的。

开式循环系统的特点是：①水泵扬程高(除克服环路阻力外，还要提供几何提升高度和末端备用压头)输送耗电量大；②循环水易受污染，水中总含氧量高，管路和设备易受腐蚀；③管路容易引起水锤现象；④该系统与蓄冷水池连接比较简单(当然蓄冷水池本身存在无效耗冷量)。

闭式循环系统(见图 7.19)的冷水在系统内进行密闭循环，不与大气接触，仅在系统的最高点设膨胀水箱(其功用是接纳水体积的膨胀，对系统进行定压和补水)。

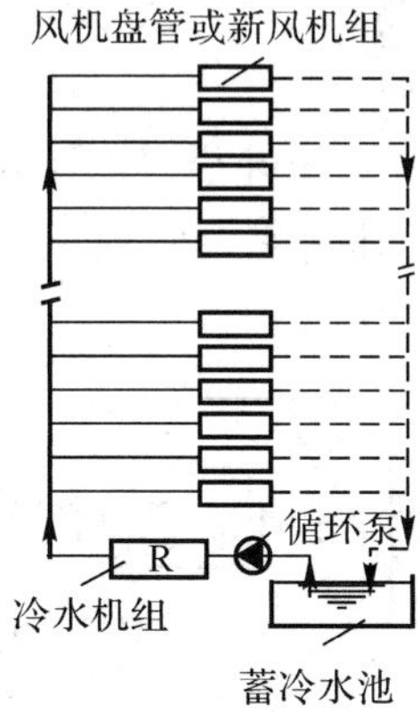

图 7.18　开式循环系统

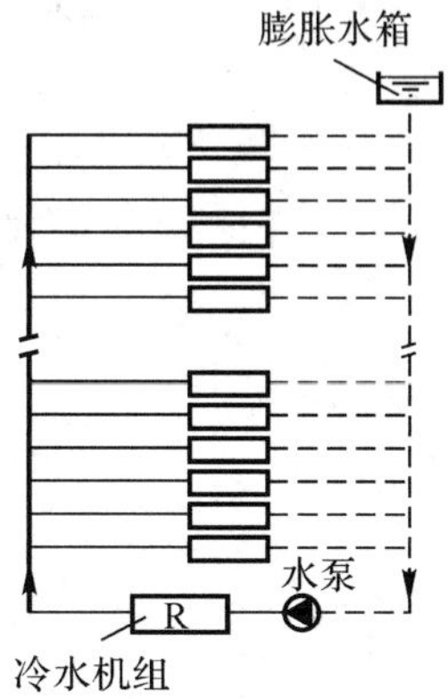

图 7.19　闭式循环系统

闭式循环系统的特点：①水泵扬程低，仅需克服环路阻力，与建筑物总高度无关，故输送耗电量小；②循环不易受污染，管路腐蚀程度轻；③不用设回水池，制冷机房占地面积小，但需设膨胀水箱；④系统本身几乎不具备蓄冷能力，若与蓄冷水池连接，则系统比较复杂。

《民用建筑供暖通风与空气调节设计规范》(GB 50736—2012)8.5.2 指出“除采用直接蒸发冷却器的系统外，空调水系统应采用闭式循环系统”。当必须采用开式系统时，应设置蓄水箱，蓄水箱的蓄水量，宜按系统循环水量的 5%～10%确定。

2. 两管制系统与四管制系统

(1)两管制水系统。两管制水系统是指仅有一套供水管路和一套回水管路的水系统，供水管路夏季供冷水，冬季供热水；而回水管路是夏季和冬季合用的(见图 7.20)，在机房内进行夏季供冷或冬季供热的工况切换，过渡季节不使用。这种系统构造简单，布置方便，占用建筑面积及空间小，节省初投资。运行时冷、热水的水量相差较大。缺点是该系统内不能实现同时供冷和供热。

《民用建筑供暖通风与空气调节设计规范》(GB50736—2012)8.5.3 指出“当建筑物所有区域只要求按季节同时进行供冷和供热转换时，应采用两管制的空调水系统”。我国高层建筑特别是高层旅馆建筑大量建设的实践表明，从我国的国情出发，两管制系统能满足绝大部分旅馆的空调要求，同时也是多层或高层民用建筑广泛采用的空调水系统方式。

工程上也曾采用过三管制水系统，是指冷水和热水供水管路分开设置，而回水管路共用的水系统。该系统在末端设备接管处进行冬、夏工况自动转换，实现末端设备独立供冷或供热。这种系统存在的问题：①系统冷、热量相互抵消的情况极为严重，能量损耗大；②末端控制和水量控制较为复杂；③较高的回水温度直接进入冷水机组，不利于冷水机组的正常运行。因此，目前在空调工程中几乎不予采用。

(2)四管制水系统。随着经济的发展和社会的进步，现代建筑日益呈现出一些不同于以前的特点：①建筑面积不断加大，进深越来越深，导致内外区空调负荷不同的矛盾日益突出，冬季在外区供热的同时内区却存在大量的余热；②随着计算机和信息产业的迅猛发展，建筑内部出现了越来越多的大型计算机站房，对空调系统提出了全年供冷的要求；③建筑标准越来越高，功能越来越全。一方面对舒适度的要求不断提高,另一方面为满足各种不同功能的区域对温、湿度的要求,空调系统被更多地要求同时提供冷量和热量。现代建筑的上述特点,使得两管制空调水系统的局限性显露出来。这也是在标准很高的新建筑里采用四管制日渐增多的主要原因。

四管制水系统是指冷水和热水的供回水管路全部分开设置的水系统。就末端设备而言,有单一盘管和冷、热盘管分开的两种形式。冷水和热水可同时独立送至各个末端设备(见图7.21)。

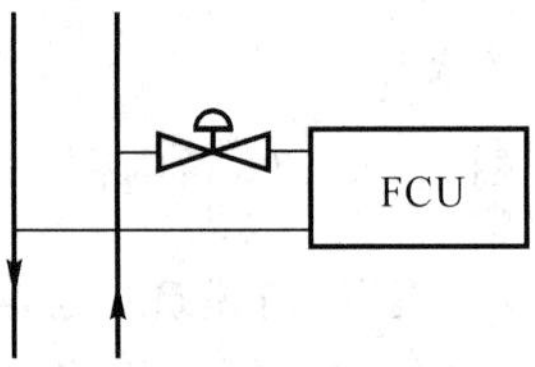

图 7.20　两管制系统

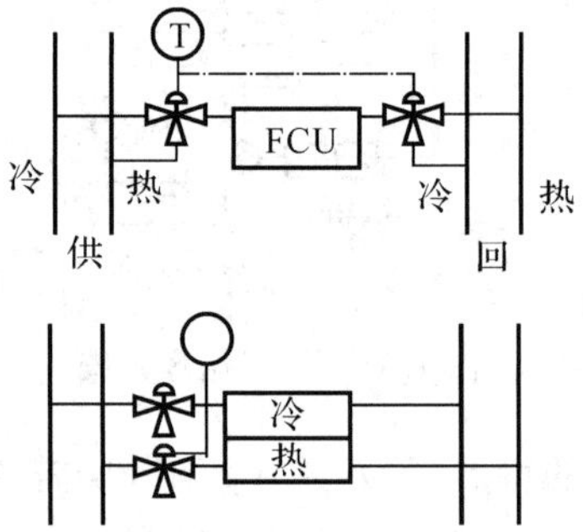

图 7.21　四管制系统

四管制系统的优点:①各末端设备可随时自由选择供热或供冷的运行模式,相互没有干扰,所服务的空调区域均能独立控制温度等参数;②节省能量,系统中所有能耗均可按末端的要求提供,不像三管制系统那样存在冷、热抵消的问题。

四管制系统的缺点:①投资较大(投资的增加主要是由于各一套水管环路而带来的管道及附件、保温材料、末端设备、占用面积及空间等所增加的投资),运行管理相对复杂;②由于管路较多,系统设计变得较为复杂,管道占用空间较大。这些缺点,使该系统的使用受到一些限制。

《公共建筑节能设计标准》(GB 50189—2015)和《民用建筑供暖通风与空气调节设计规范》(GB 50736—2012)同时规定:全年运行过程中,供冷和供热工况频繁交替转换或需同时使用的空气调节系统,宜采用四管制水系统。因此,它较适合于内区较大,或建筑空调使用标准较高且投资允许的建筑中。

3.同程式系统与异程式系统

(1)同程式系统。水流通过各末端设备时的路程都相同(或基本相等)的系统称为同程式系统。同程式系统各末端环路的水流阻力较为接近,有利于水力平衡,因此系统的水力稳定性好,流量分配均匀。但这种系统管路布置较复杂,管路长,初投资相对较大。

一般来说,当末端设备支、环路的阻力较小,而负荷侧干管环路较长,且阻力所占的比例较大时,应采用同程式。

同程式系统的管路布置形式有以下几种:

1)垂直(竖向)同程的管路布置。图 7.22 所示为垂直(竖向)同程的管路布置方式。其中图 7.22(a)所示为供水总立管从机房引出后向上走,直到最高层的顶部,然后再往下走,分别与各层的末端设备管路相连接;图 7.22(b)所示为与各层末端设备相连接的回水总立管,从底层起向上走,直到最高层顶部,然后向下走,返回冷水机组。

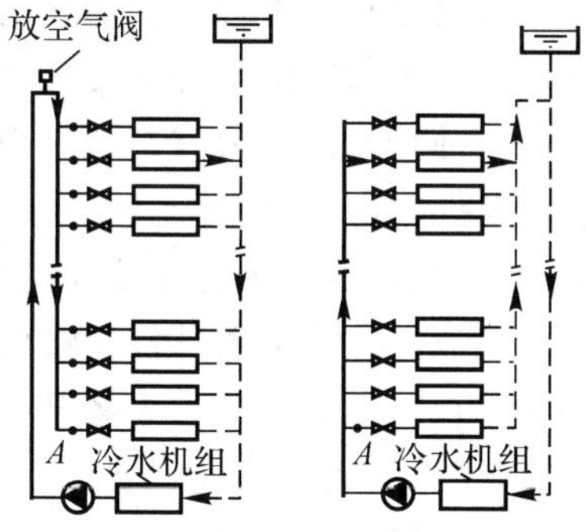

(a)　　　　(b)

图 7.22　垂直(竖向)同程的管路布置

这两种布置方式,使冷水流过每层环路的管路总长度都相等,体现了同程式的特征,从便于达到环路水力平衡的效果来看,两者是相同的。

2)水平同程的管路布置。水平同程的管路布置有两种方式:一种是供水总立管和回水总立管在同侧[见图 7.23(a)],另一种是供水总立管和回水总立管分别在两侧,只需一根回程管[见图 7.23(b)];若水平管路较长,宜采用后种方式。以上两种方式的供回水总立管都在竖井内敷设。

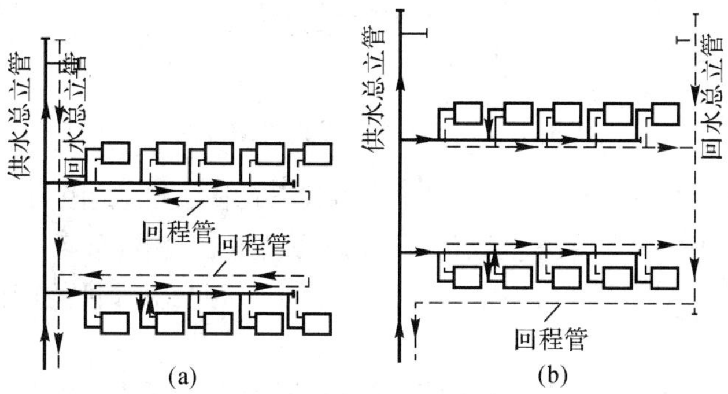

(a)　　　　(b)

图 7.23　水平同程的管路布置

3)垂直同程和水平同程的管路布置。图 7.24(a),(b)所示为垂直同程和水平同程的两种管路布置方式,前者是通过供水总立管的布置达到垂直同程;而后者是通过回水总立管的布置达到垂直同程的。当建筑物总高度高、水系统的静压大时,工程上优先采用图 7.24(a)所示方案。

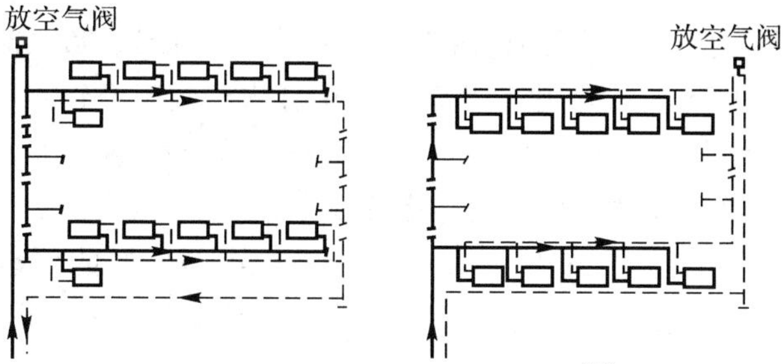

(a)　　　　(b)

图 7.24　垂直同程与水平同程的管路布置

垂直(竖向)同程主要解决各个楼层之间的末端设备环路的阻力平衡问题;而水平同程则解决由每一组末端设备之间环路的阻力平衡问题。如果受土建竖井尺寸的影响,按垂直同程总立管布置不下,总立管也可不用垂直同程,但必须人为地将总立管的管径型号放大,以使得各楼层之间的水力平衡。如果土建条件允许,应尽可能地将系统管路布置成同程式,使各环路的阻力平衡从系统构造上得到保证,从而确保该系统按设计要求进行流量分配。

(2)异程式系统。异程式系统,水流经每个末端设备的路程是不相同的。采用这种系统的主要优点是管路配置简单,管路长度短,初投资低。由于各环路的管路总长度不相等,故环路间的阻力不平衡,从而导致了流量分配不均的可能性。在支管上安装流量调节可使流量分配不均匀的程度得以改善。异程式系统的管路布置如图 7.25 所示。

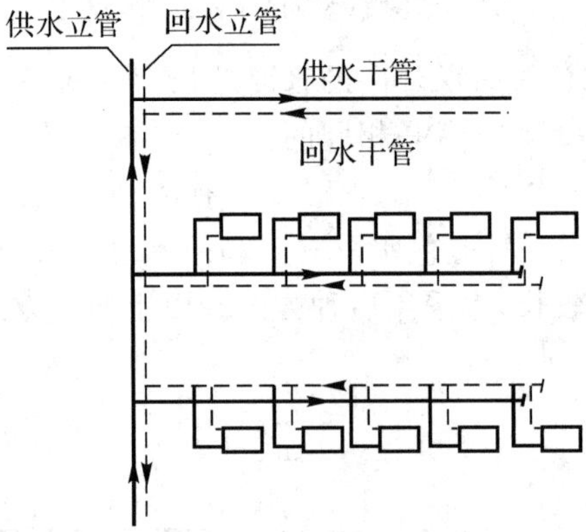

图 7.25　异程式系统的管路布置

一般来说,当管路系统较小,支管环路上末端设备的阻力大,其阻力占负荷侧干管环路阻力的 2/3～4/5 时,可采用异程式系统。例如,在高层民用建筑中,裙房内由空调机组组成的环路通常采用异程式系统。另外,如果末端设备都设有自动控制水量的阀门,也可采用异程式系统。

开式水系统中,由于回水最终进入水箱,到达相同的大气压力,所以不需要采用同程式布置。如果遇到管路的阻力先天就难以平衡,或者为了简化系统的管路布置,决定安装平衡阀来进行环路水力平衡的,就可采用异程式。有资料表明,近年来随着平衡阀技术的不断成熟,现有的动态流量平衡阀已经能够满足水力平衡调节的要求,因此在系统中安装动态平衡阀时,应尽量采用异程式,以节约水系统的投资、占地空间及运行能耗。

4.定流量系统与变流量系统

整个冷水循环环路可分为冷源侧环路和负荷侧环路两部分。冷源侧环路是指从集水器(回水集管)经过冷水机组至分水器(供水集管),再由分水器经旁通管路(定流量系统可不设旁通管)进入集水器,该环路负责冷水的制备。负荷侧环路是指从分水器经空调末端设备(冷水在那里释放冷量)返回集水器这段管路,该环路负责冷水的输送。

冷源侧应保持定流量运行,其理由有:①保证冷水机组蒸发器的传热效率;②避免蒸发器因缺水而冻裂;③保持冷水机组工作稳定。因此,空调水系统是按定流量还是按变流量运行均针对负荷侧环路而言。

(1)定流量系统。所谓定流量水系统是指系统中循环水量保持不变,当空调负荷变化时,通过改变供、回水的温差来适应。

定流量系统简单、操作方便，不需要复杂的自控设备，但是输水量是按照最大空调冷负荷来确定的，因此循环泵的输送能耗处于最大值，特别是空调系统处于部分负荷时运行费用大。

该系统一般适用于间歇性使用建筑(例如体育馆、展览馆、影剧院和大会议厅等)的空调系统，以及空调面积小，只有一台冷水机组和一台循环水泵的系统。高层民用建筑尽可能少采用这种系统。

(2)变流量系统。所谓变流量系统是指系统中供、回水温差保持不变，当空调负荷变化时，通过改变供水量来适应。变流量系统管路内流量随系统负荷变化而变化，因此，输送能耗也随着负荷的减少而降低，水泵容量及电耗也相应减少。系统的最大输水量是按照综合最大冷负荷计算的，循环泵和管路的初投资降低。

《民用建筑供暖通风与空气调节设计规范》(GB 50736—2012)8.5.4 指出："冷水水温和供、回水温差要求一致且各区域管路压力损失相差不大的小型工程，宜采用变流量一级泵系统；单台水泵功率较大时，经技术和经济比较，在确保设备的适应性、控制方案和运行管理可靠的前提下，可采用冷水机组变流量方式。"

变流量系统适用于大面积的高层建筑空调全年运行的系统。

7.2.2　空调冷热水系统设计

1.冷热水循环泵的配置

(1)冷热水循环泵是否分开设置的问题。由于冬、夏两季空调水系统的流量及系统阻力相差很大，因此对于大中型工程的两管制空调水系统，按照现行《民用建筑供暖通风与空气调节设计规范》(GB 50736—2012)8.5.11 的规定，宜分别设置冷水循环泵和热水循环泵。这是因为对于多层或高层民用建筑，一般夏季供、回水温差为 5℃，而冬季的供、回水温差为 10℃(冬季供回水温差约为夏季的 2 倍)。通常在南方地区冬季空调供热负荷要比夏季空调供冷负荷小(在北方寒冷地区冬季热负荷比夏季冷负荷大一些)，所以冬季工况系统所需的水流量要比夏季工况的水流量大约减少一半。冬季常用的汽-水换热器或水-水换热器的阻力远比冷水机组蒸发器的阻力小。这样使得两管制水系统冬季工况的运行阻力比夏季工况小得多。

如果冬、夏两季合用循环泵，工程上一般是按系统的供冷运行工况来选择循环泵，供热运行时系统和水泵工况不相吻合，往往使得水泵不在高效率区运行，或者系统的运行成为小温差大流量，造成电能的浪费，因此，不宜合用。对于小型工程的两管制系统，可用冷水泵兼作冬季的热水泵使用，此时需校核供热工况时水泵的工作特性是否在高效率区，并确定水泵合适的运行台数。必要时，可调节水泵转速以适应冬季供热工况对流量和扬程的要求。至于分区两管制和四管制系统的冷热水均为独立系统，所以循环泵必然是分别设置的。

(2)循环泵的台数。

1)一级冷水泵的台数。冷源侧一级冷水泵的配置，宜与冷水机组相对应，采取"一泵对一机"的方式，一般不要求设备用泵。这样，就可保证流经冷水机组蒸发器的水量恒定，并随冷水机组运行台数的调整，向用户提供适应负荷变化的空调冷水流量。但对于全年连续运行等特殊性质的工程，要不要设备用泵设计规范未作硬性规定。

2)二级冷水泵的台数。负荷侧二级冷水泵的配置，不必与一级冷水泵的配备相对应。二级冷水泵的台数应按系统的分区和每个分区的流量调节方式来确定。

二级冷水泵的流量调节，可通过台数调节或水泵变速调节来实现；即使是流量较小的系统，也不宜少于 2 台水泵，是考虑到在小流量运行时，水泵可以轮流检修，一般工程可不设备用泵。二级冷水泵通常设在制冷机房内或设在分区负荷区域内，区域供冷时设在每栋建筑物内。

3)热水泵的台数。热水泵的台数应根据供热系统规模和运行调节方式确定。热水泵一般为流量调节，多数时间是在小于设计流量状态下运行，只要水泵不少于 2 台，即可做到轮流检修。但考虑到严寒及寒冷地区对供暖的可靠性要求较高，而且设备管道等有冻结的危险，当水泵设置台数不超过 3 台时，宜设置备用泵，以免水泵检修时流量减少过多。有条件时，热水泵也可采用变频控制。

2.循环泵的流量、扬程及水泵选型

(1)循环泵的流量。

一级冷水泵的流量，应为所对应冷水机组的冷水流量；二级冷水泵的流量，应为按该区冷负荷综合最大值计算出的流量。选择冷水泵时所用的计算流量，应将上述流量乘以 1.05～1.1 的安全系数。

(2)循环泵的扬程。

1)闭式循环一级泵系统，冷水泵扬程为管路、管件阻力、冷水机组的蒸发器阻力和末端设备的空气冷却器(或冷却盘管)的阻力之和。

2)闭式循环二级泵系统，一级冷水泵扬程为一次管路、管件阻力和冷水机组的蒸发器阻力之和；二级冷水泵扬程为二次管路、管件阻力及末端设备的空气冷却器(或冷却盘管)阻力之和。

3)设有蓄冷水池的开式循环一级泵系统，冷水泵的扬程除按第 1)条计算外，还应包括从蓄冷水池最低水位到末端设备空气冷却器之间的高差。

4)闭式循环热水系统，热水泵的扬程为管路、管件阻力、换热器阻力和末端设备的空气加热器(或加热盘管)阻力之和。

5)所有上述系统的水泵扬程，应分别乘以 1.05～1.1 的安全系数后，作为选择水泵用的计算扬程。

(3)循环泵的选型要求。对于大多数多层和高层建筑来说，空调冷(热)水系统主要为闭式循环系统，冷水泵的流量较大，但扬程不会太高。据统计，一般情况下，20 层以下的建筑物，空调冷水系统的冷水泵扬程大多在 157～274kPa(16～28mH_2O)之间，乘上 1.1 的安全系数后最大也就是 294kPa(30mH_2O)。因此，在选择冷水泵时，一定要选择水泵制造厂专为空调、制冷行业设计制造的单级离心泵。一般选用单吸泵，当流量大于 50m^3/h 时宜选用双吸泵。同时，在设计高层建筑空调水系统时，应明确提出对水泵的承压要求。为了降低噪声，一般选用转速为 1 450r/min 的水泵。

3.补水、排气、泄水与除污

(1)水系统的补水。空调冷热水系统在运行过程中，由于各种原因漏水通常是难以避免的。为保证系统的正常运行，需要及时向系统补充一定的水量。

1)系统补水量。要确定系统补水量，首先要知道系统的泄漏量。泄漏量应按空调系统的规模和不同系统形式计算水容量后确定。必须注意，系统水容量与循环水量无关，两者相差很大。系统的小时泄漏量，宜按系统水容量的 1%计算，系统补水量则按系统水容量的 2%取值。

2)补水点及补水泵的选择。空调水系统的补水点,宜设置在循环水泵的吸入段,当补水压力低于补水点压力时,应设置补水泵。之所以将补水点设在循环水泵的吸入段,是为了减小补水点处的压力及补水泵的扬程。

补水泵的流量取补水量的2.5～5倍;补水泵的扬程应保证补水压力比系统静止时补水点的压力高30～50kPa,还要加上补水泵至补水点的管道阻力。

通常补水泵间歇运行,有检修时间,一般可不设备用泵;但考虑到严寒及寒冷地区冬季运行应有更高的可靠性,对于空调热水用补水泵及冷热水合用的补水泵,宜设置备用泵。

3)补水的水质要求。空调水系统的补水应经软化处理,仅在夏季供冷时使用的空调水系统,也可采用静电除垢的水处理设施。对于给水水质较软地区的多层或高层民用建筑,工程上也可利用设在屋顶水箱间的生活水箱,通过浮球阀向膨胀水箱进行自动补水,此时膨胀水箱要比生活水箱低一定的高度。

当所在地区的给水硬度较高时,空调热水系统的补水宜进行化学软化处理。这是因为热水的供水平均温度一般为60℃左右,已达到结垢水温,且直接与高温次热媒接触的换热器表面附近的水温则更高,结垢危险更大。为了不影响系统传热、延长设备的检修时间和使用寿命,对补水进行化学软化处理或采用对循环水进行阻垢处理是十分必要的。

4)补水调节水箱设置补水泵时,空调水系统应设补水调节水箱(简称补水箱)。是因为当空调冷水直接从城市供水管网补水时,有关规范规定不允许补水泵直接抽取管网的水;当空调冷热水需补充软化水时,水处理设备的供水与补水泵并不同步,且软化设备经常间断运行。因此,需设置补水箱储存部分调节水量。

补水箱的调节容积应按照水源的供水能力、水处理设备的间断运行时间及补水系统稳定运行等因素确定。对于软化水(补)水箱,其容积按储存补水泵0.5～1.0h的水量考虑。

(2)水系统的排气和泄水。不论是闭式冷水系统、开式冷水系统,还是空调热水系统,在水系统管路中可能积聚空气的最高处应设置排气装置(例如,自动或手动放空气阀等),用来排放水系统内积存的空气,消除"气塞",以保证水系统正常循环。同时,在管道上下拐弯处和立管下部的最低处,以及管路中的所有低点,应设置泄水管并装设阀门,以便在水系统或设备检修时,把水放掉。

(3)水系统设备入口的除污。冷水机组或换热器、循环水泵、补水泵等设备的入口管道上,应根据需要设置过滤器或除污器。考虑设备入口的除污时,应根据系统大小和实际需要,确定除污装置的设置位置。例如,系统较大、产生污垢的管道较长时,除系统冷热源、水泵等设备的入口需设置外,各分环路或末端设备、自控阀门前也应根据需要设置,但距离较近的设备可不重复串联设置除污装置。

4.水管的坡度与伸缩

在两管制空调水系统中,供水管夏季供冷水、冬季供热水,管道敷设应有一定的坡度,干管尽量抬头走。这是因为冬季按供暖运行时,有利于使水中分离出来的空气泡(或者少量补水带入系统的空气)与水同向流动,以便在系统的最高处将空气放出。但是,在多层或高层民用建筑中,空调供回水管道通常布置在吊顶内,受吊顶空间高度的限制,设置坡度有困难。因此,供水管道可无坡度敷设,但管内的水流速度不得小于0.25m/s。因为只有当水流速度达到0.25m/s时,方能把管内的空气泡携带走,使之不能浮升,同时在供水干管的末端设自动放气阀排气。

空调水管应考虑热膨胀，对于水平管道一般利用其自然弯曲部分进行补偿即可。对于垂直管道，当长度超过 40m 时，应设置补偿器。由于管道整井内距离狭小，常用波纹管伸缩器。

5. 水系统附属设备

(1)分水器和集水器。在空调水系统中，为了便于连接通向各个空调分区的供水管和回水管，设置分水器和集水器，它不仅有利于各空调分区的流量分配，而且便于调节和运行管理，同时在一定程度上也起到均压的作用。分水器用于冷(热)水的供水管路上，集水器用于回水管路上。

分水器和集水器的筒身直径，可按各个并联接管的总流量通过筒身时的断面流速为 1.0～1.5m/s 确定。或按经验公式估算，即 $D=(1.5\sim3.0)d_{max}$，其中 d_{max} 为各支管中的最大管径。

图 7.26(a)所示为某工程的分水器和集水器与各个空调分区的供、回水管连接示意图，该工程的空调冷(热)源采用直燃型溴化锂吸收式冷热水机组，夏季提供冷水，冬季提供热水。空调水系统为一级泵变流量系统，在分水器与集水器之间设置由压差控制器控制的电动两通阀。

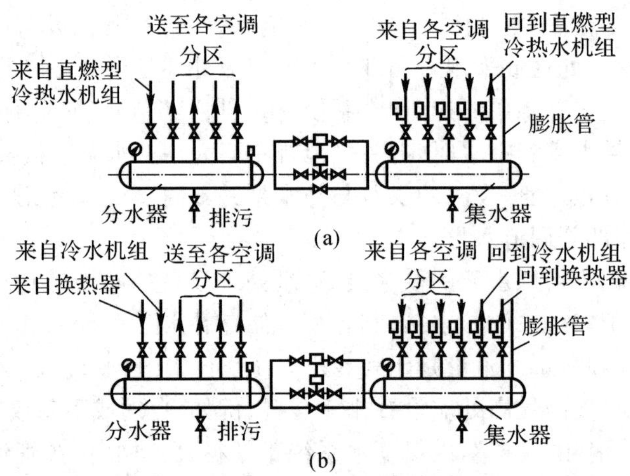

图 7.26　分水器和集水器与各个空调分区的供、回水管连接示意图

图 7.26(b)所示为冷水来自冷水机组，热水来自换热器的分水器和集水器与各空调分区供回水管的连接示意图。

分水器和集水器为受压容器，应按压力容器进行加工制作，其两端应采用椭圆形的封头。各配管的间距，应考虑阀门的手轮或扳手之间便于操作来确定(其尺寸详见国标图集)。图 7.27(a)，(b)分别为分水器和集水器的结构示意图。

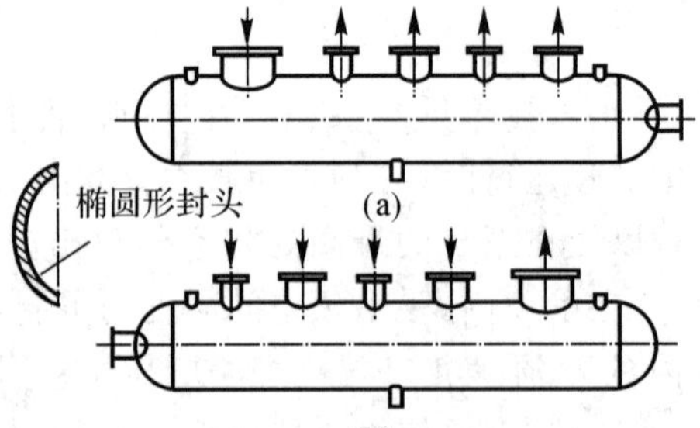

图 7.27　分水器和集水器的结构

(2)平衡阀。工程中常用设置平衡阀来解决空调水系统的水力平衡问题,特别是对于那些阻力先天不平衡的支管环路。为了确保系统中各个分区能分配到设计规定的水流量,对于规模较大的水系统,有条件时,宜在各个分支管路处安装平衡阀。

平衡阀的主要功能有以下 4 种:

1)测量流量。通过测压孔测得水流经平衡阀时的压力差,将压差信号通过专用的压差变送器,传递给专用的智能仪表,可读出被测的流量值。

2)调节流量。通过旋转手轮,读出阀门的开度值。一旦设定阀门的开度后可以锁定。

3)隔断功能。阀门处于全关位置时,可以完全截断流量,相当于一个截止阀。

4)排污功能。对于小口径的阀门,接有排污短接管。通过排污口,可以排除管段中的积水。选择平衡阀时,按照生产厂家提供的流量—压差—口径的选择线算图进行。根据水系统管路的水力计算结果和应由平衡阀来消除的剩余压头,确定平衡阀的口径。

(3)过滤器与除污器。除污器(或过滤器)应安装在用户入口供水总管、热源(冷源)、用热(冷)设备、水泵和调节阀等入口处,用于阻留杂物和污垢,防止堵塞管道与设备。

除污器分立式和卧式两种。图 7.28 所示为立式除污器构造示意图。它是一个钢制圆筒形容器,水进入除污器,流速降低,大块污物沉积于底部,经出水花管将较小污物截留,除污后的水流向下面的管道。其顶部有放气阀,底部有排污用的丝堵或手孔。除污器应定期清通。

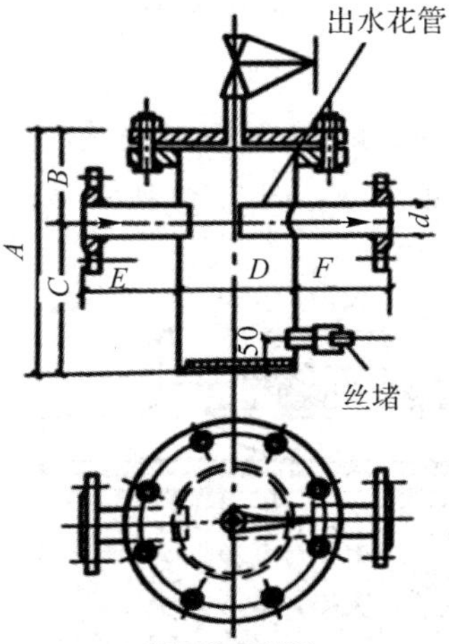

图 7.28　立式除污器构造示意图

图 7.29 所示是 Y 形过滤器的构造示意图,它是利用过滤网阻留杂物和污垢。过滤网为不锈钢金属网,过滤面积约为进口管面积的 2～4 倍。Y 形过滤器有螺纹连接和法兰连接两种,小口径过滤器为螺纹连接。Y 形过滤器有多种规格(DN15 ～ DN450mm)。它与立式或卧式除污器相比有体积小、质量轻,可在多种方位的管路上安装,阻力小等优点。使用时应定期将过滤网卸下清洗。

(4)压力表和温度计。分水器和集水器一般应安装压力表和温度计,并进行保温。压力表应设置在分水器、集水器、冷水机组的进出水管、水泵进出口,以及分水器和集水器各分路阀门以外的官道上。温度计应设置在冷水机组和换热器的进出水管、分水器、集水器各个支路阀门后、空调机组和新风机组供回水支管上。

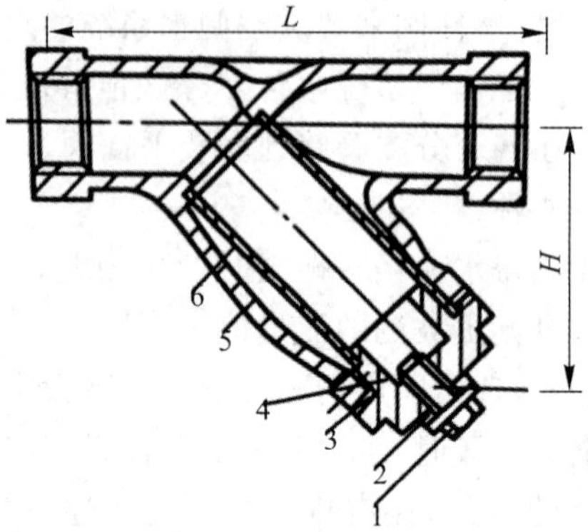

图 7.29　Y形过滤器

1—螺栓；2、3—垫片；4—封盖；5—阀体；6—网片

7.2.3　空调冷却水系统设计

空调冷却水系统是指利用冷却塔向冷水机组的冷凝器供给循环冷却水的系统。该系统是由冷却塔、冷却水箱（池）、冷却水泵和冷水机组冷凝器等设备及其连接管路组成。

1. 冷却塔的设置

(1)冷却塔的类型。目前，工程上常见的冷却塔有逆流式、横流式、喷射式和蒸发式等 4 种类型。

1)逆流式冷却塔。根据结构不同，可分为通用型、节能低噪声型和节能超低噪声型。按照集水池（盘）的深度不同有普通型和集水型。图 7.30 所示是逆流式冷却塔的构造示意图。

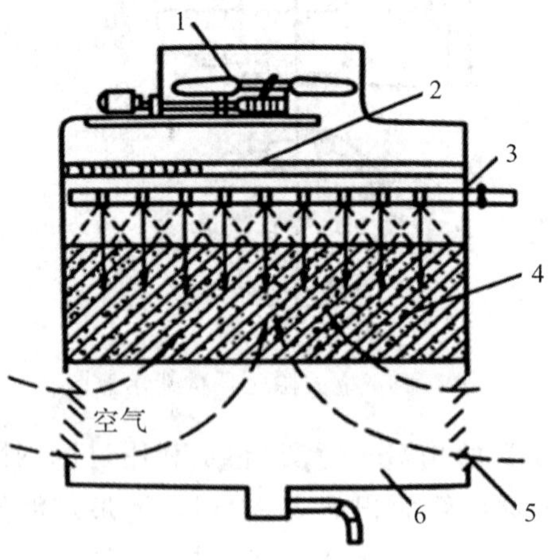

图 7.30　逆流式冷却塔构造示意图

1—风机；2—收水器；3—配水系统；4—填料；5—百叶窗式进风口；6—冷水箱（池）

2)横流式冷却塔。根据水量大小，设置多组风机。塔体的高度低，配水比较均匀。其热交换效率不如逆流式。相对来说，横流式冷却塔噪声较低。

3)喷射式冷却塔。它的工作原理与前面两种不同，不用风机而利用循环泵提供的扬程，让水以较高的速度通过喷水口射出，从而引射一定量的空气进入塔内与雾化的水进行热交换，从而使水得到冷却。与其他类型冷却塔相比噪声低，但设备尺寸偏大，造价较高。

4)蒸发式冷却塔。它也被称为闭式冷却塔，类似于蒸发式冷凝器。冷却水系统是全封闭系统，不与大气相接触，不易被污染。在室外气温较低时，利用制备好的冷却水作为冷水使用，直接送人空调系统中的末端设备，以减少冷水机组的运行时间。在低湿球温度地区的过渡季节里，可利用它制备的冷却水向空调系统供冷，达到节能的效果。

冷却塔宜采用相同的型号，其台数宜与冷水机组的台数相同，即“一塔对一机”的方式。不设置备用冷却塔。在多台冷水机组并联运行的系统里，冷却塔和冷却水泵宜与冷水机组一一对应，即“一机对一塔和一泵”。

(2)冷却塔的设置位置。冷却塔的设置位置应通风良好，远离高温或有害气体，避免气流短路以及建筑物高温高湿排气或非洁净气体对冷却塔的影响。同时，也应避免所产生的飘逸水影响周围环境。此外，还要防止产生冷却塔失火事故。工程上常见的冷却塔设置位置大体上有以下3种：

1)制冷站设在建筑物的地下室，冷却塔设在通风良好的室外绿化地带或室外地面上。

2)制冷站为单独建造的单层建筑时，冷却塔可设置在制冷站的屋顶上或室外地面上。

3)制冷站设在多层建筑或高层建筑的底层或地下室时，冷却塔设在高层建筑裙房的屋顶上。如果没有条件这样设置时，只能将冷却塔设在高层建筑主(塔)楼的屋顶上，应考虑冷水机组冷凝器的承压在允许范围内。

2.冷却水系统设计中的几个问题

(1)冷却水泵的选择。冷却水泵宜按冷水机组台数，以“一机对一泵”的方式配置，不设备用泵。冷却水泵的流量，应按冷水机组的技术资料确定，并乘以1.05～1.10的安全系数。冷却水泵的扬程，应按照上水箱冷却水系统和下水箱冷却水系统分别进行计算，然后再乘以1.05～1.10的安全系数即可。

关于冷却水泵的选型和承压等要求与空调冷水泵相同。

(2)冷却水箱。

1)冷却水箱功能。冷却水箱的功能是增加系统的水容量，使冷却水泵能稳定地工作，保证水泵吸入口充满水不发生空蚀现象。这是由于冷却塔在间断运行时，塔内的填料基本上是干燥的，为了使冷却塔的填料表面首先润湿，并使水层保持正常运行时的水层厚度，然后才能流向冷却塔的集水盘，达到动态平衡。刚启动水泵时，集水盘内的水尚未达到正常水位的短时间内，会引起水泵进口缺水，导致制冷机无法正常运行。为此，冷却塔集水盘及冷却水箱的有效容积，应能满足冷却塔部件由基本干燥到润湿成正常运转情况所附着的全部水量。

2)冷却水箱容量。对于一般逆流式斜波纹填料玻璃钢冷却塔，在短期内使填料层由干燥状态变为正常运转状态所需附着水量约为标称小时循环水量的1.2%。因此，冷却水箱的容积应不小于冷却塔小时循环水量的1.2%，即如所选冷却水循环水量为200t/h，则冷却水箱容积应不小于$200m^3 \times 1.2\% = 2.4m^3$。

3)冷却水箱配管。冷却水箱的配管主要有冷却水进水管和出水管、溢水管和排污管及补水管。冷却水箱内如设浮球阀进行自动补水，则补水水位应是系统的最低水位，而不是最高水位，否则，将导致冷却水系统每次停止运行时会有大量溢流以至浪费。其配管尺寸形式可参见图7.31。

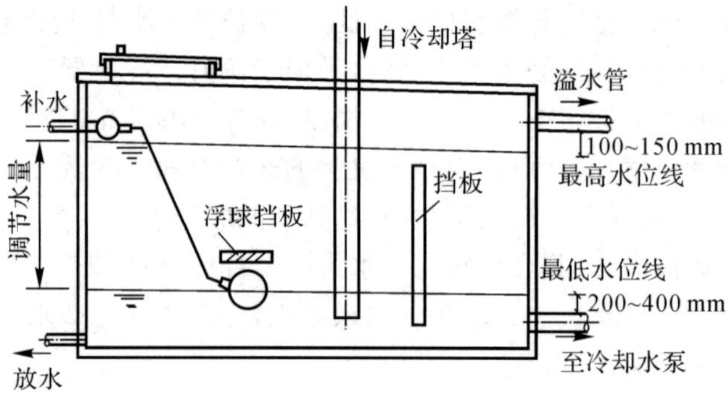

图 7.31 冷却水箱的配管形式

(3)冷却水补充水量。在开式机械通风冷却塔冷却水循环系统中，各种水量损失的总和即是系统必需的补水量。

1)蒸发损失。冷却水的蒸发损失与冷却水的温降有关，一般当温降为 5℃时，蒸发损失为循环水量的 0.93%；当温降为 8℃时，则为循环水量的 1.48%。

2)飘逸损失。由于机械通风的冷却塔出口风速较大，会带走部分水量，国外有关设备其飘逸损失约为循环水量的 0.15% ~0.3%；国产质量较好冷却塔的飘逸损失约为循环水量的 0.3% ~0.35%。

3)排污损失。由于循环水中矿物成分、杂质等浓度不断增加，为此需要对冷却水进行排污和补水，使系统内水的浓缩倍数不超过 3 ~3.5。通常排污损失量为循环水量的 0.3% ~1%。

4)其他损失。包括在正常情况下循环泵的轴封漏水，个别阀门、设备密封不严引起渗漏，以及前面提到当设备停止运转时，冷却水外溢损失等。

综上所述，一般采用低噪声的逆流式冷却塔，用于离心式冷水机组的补水率约为 1.53%，对溴化锂吸收式制冷机的补水率约为 2.08%。如果概略估算，制冷系统补水率为 2% ~3%。

(4)冷却水的水质要求。循环冷却水系统对水质有一定的要求，既要阻止结垢，又要定期加药，并在冷却塔上配合一定量的溢流来控制 pH 值和藻类生长。

7.2.4 空调冷凝水系统设计

1. 水封的设置

不论空调末端设备的冷凝水盘是位于机组的正压段还是负压段，冷凝水盘出水口处均需要设置水封，水封高度应大于冷凝水盘处正压或负压值。在正压段设置水封是为了防止漏风，在负压段设置水封是为了顺利排出冷凝水。

2. 泄水支管

冷凝水盘的泄水支管沿水流方向坡度不宜小于 0.01，冷凝水水平干管不宜过长，其坡度不应小于 0.003，且不允许有积水部位。当冷凝水管道坡度设置有困难时，应减少水平干管长度或中途加设提升泵。

3. 冷凝水管材

冷凝水管处于非满流状态，内壁接触水和空气，不应采用无防锈功能的焊接钢管；冷凝水为无压自流排放，若采用软塑料管会形成中间下垂，影响排放。因此，空调冷凝水管材应采用强度较大和不易生锈的镀锌钢管或排水 PVC 塑料管，管道应采取防结露措施。

4. 冷凝水水管管径

冷凝水管管径应按冷凝水的流量和管道坡度确定。一般情况下，1kW 冷负荷每小时约产生 0.4～0.8kg 的冷凝水，在此范围内管道最小坡度为 0.003 时的冷凝水管管径可根据流量进行估算。

5. 冷凝水的排放

冷凝水排入污水系统时，应有空气隔断措施，冷凝水管不得与室内密闭雨水系统直接连接，以防臭味和雨水从空气处理机组冷凝水盘外溢。为便于定期冲洗、检修，冷凝水水平干管始端应设扫除口。

6. 冷凝水排水系统常遇到的问题及解决办法

常见的问题如下：

1)由于冷凝水排水管的坡度小，或根本没有坡度而造成的漏水，或由于风机盘管的集水盘安装不平，或盘内排水口堵塞而盘水外溢。

2)由于冷水管及阀门的保温质量差，保温层未贴紧冷水管壁，造成管道外壁冷凝水的滴水。还有的为集水盘下表面的二次凝结水滴水。

3)解决办法：尽可能多地设置垂直冷凝水排水立管，这样可缩短水平排水管的长度。水平排水管的坡度不得小于 1/100。从每个风机盘管引出的排水管尺寸，应不小于 DN20mm。而空气处理机组的凝结水管至少应与设备的管口相同。在控制阀和关断阀的下边均应附加集水盘，而且集水盘下要保温。

7.2.5　空调水系统水力计算

空调水系统阻力一般由三大部分组成，即设备阻力、附件阻力和管道阻力。设备阻力通常由设备生产厂商提供，因此，进行水力计算的主要内容是附件和管件(如阀门、三通、弯头等)的阻力以及直管段的阻力。通常前者也称局部阻力，后者称为沿程阻力。空调水系统的水力计算包括冷、热水系统和冷却水系统两部分的水力计算。

1. 计算沿程阻力

实际工程中，液体管网流量 G 常用单位为 kg/h。在液体管网水力计算中，通常根据相应的管径及合理的流速，求出单位长度上管道的摩擦阻力(即比摩阻)，进而求得管网最不利环路的总阻力及总资用压头。比摩阻的计算公式为

$$R_m = 6.25 \times 10^{-8} \frac{\lambda}{\rho} \frac{G^2}{d^5} \tag{7.7}$$

式中　λ——管道摩擦阻力系数[其与管壁粗糙度 K、流态雷诺数及管道内径有关，详见式(7.3)]；

ρ——液体密度，kg/m^3；

G——管内流量，kg/h；

d——管道内径，m。

液体管网性质不同，所处的位置不同，液体具有不同的推荐流速。液体流速过小，尽管水阻力较小，对运行及控制较为有利，但在水流量大时，其管径将要求加大，既带来投资(管道及保温等)的增加，又占用了较大的空间；流速过大，则水流阻力加大，运行能耗增加。当流速超

过 3m/s 时，还将对管件内部产生严重的冲刷腐蚀，影响使用寿命。因此，必须合理地选用管内流速。不同管段管内流速推荐值按表 7.4 选用。

表 7.4 不同管径内的推荐水流流速 单位：m/s

管径/mm	15	20	25	32	40	50	65	80
闭式系统	0.4～0.5	0.5～0.6	0.6～0.7	0.7～0.9	0.8～1.0	0.9～1.2	1.1～1.4	1.2～1.6
开式系统	0.3～0.4	0.4～0.5	0.5～0.6	0.6～O.8	0.7～0.9	0.8～1.0	0.9～1.2	1.1～1.4
管径/mm	100	125	150	200	250	300	350	400
闭式系统	1.3～1.8	1.5～2.0	1.6～2.2	1.8～2.5	1.8～2.6	1.9～2.9	1.6～2.5	1.8～2.6
开式系统	1.2～1.6	1.4～1.8	1.5～2.0	1.6～2.3	1.7～2.4	1.7～2.4	1.6～2.1	1.8～2.3

室内冷热水管网(热水采暖和空调冷冻水)用的钢管粗糙度 K，直接影响管道摩擦阻力系数，一般情况下，闭式管网钢管粗糙度 $K=0.2$mm，开式及室外管网 $K=0.5$mm。

设计手册中常根据以上公式制成管道摩擦阻力计算图表，以减少计算工作量。图 7.32 为按 $K=0.3$mm，水温 20℃条件制作的计算图表，可用于冷水管网阻力计算。

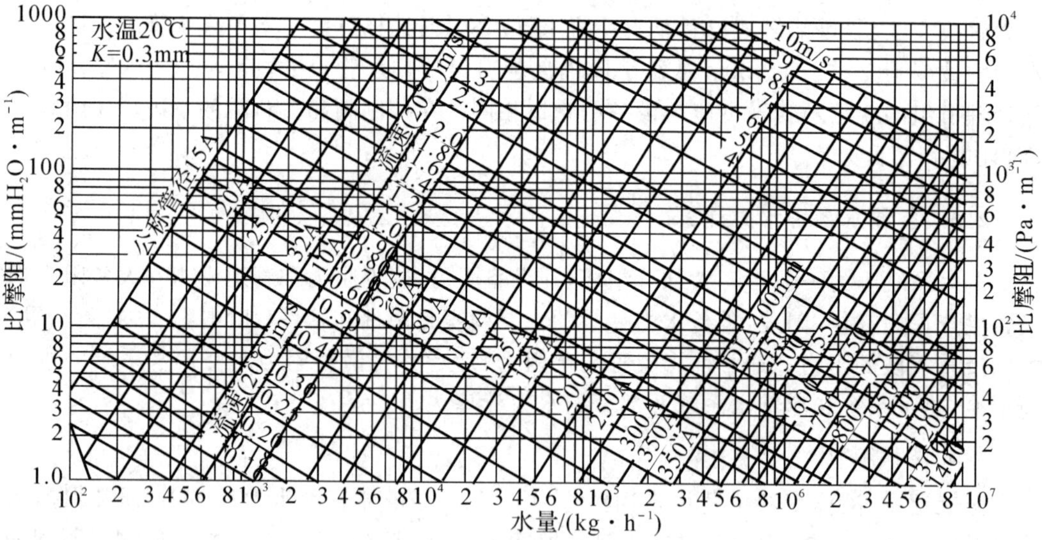

图 7.32 液体管路水力计算图

2. 计算局部阻力

局部阻力使用通用公式的计算公式，详见式(7.5)。

计算局部阻力的关键是确定局部阻力系数 ζ，表 7.5 给出了一些阀门管件的局部阻力系数。表 7.6 给出了空调水系统中一些设备的阻力。更多的局部阻力系数可以从相应专业设计手册或产品样本中查取。

3. 计算压力损失平衡与不平衡率

只有在设计流量条件下，管路的计算压力损失等于管路的作用压力，管网运行时的实际流量才与设计流量相等。因此在水力计算中，需要通过调整管径、设置调节阀等技术手段，使管路在设计流量下的计算压力损失与其作用压力相等。工程上将此称为“压损平衡”或“平衡压力损失”。

表 7.5　部分阀门管件局部阻力系数

名称	形式	ζ
地形(截止)阀	全开 DN40 以下 DN50 以上	15.0 7.0
角阀	全开 KN40 以下 DN50 以上	8.5 3.9
闸阀	全开 DN40 以下 DN50 以上	0.27 0.18
止回阀		2.0
90°弯头	短的 长的	0.26 0.20
三通	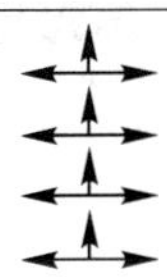	3.0 1.8 1.5 0.68
突然扩大 突然缩小	$d/D=1/2$ $d/D=1/2$	0.55 0.36

表 7.6　部分设备阻力

设置名称	阻力/kPa	备注
离心式制冷机 蒸发器 冷凝器	 30～80 50～80	 按不同产品而定 按不同产品而定
吸收式制冷机 蒸发器 冷凝器	 40～100 50～140	 按不同产品而定 按不同产品而定
冷却塔	20～80	不同喷雾压力
冷热水盘管	20～50	水流速在 0.8～1.5m/s 左右
热交换器	20～50	1～3
风机盘管机组	10～20	风机盘管容量愈大，阻力愈大，最大 30Pa 左右
自动控制阀	30～50	

并联环路的压力损失包括共用管路的压力损失和独用管路的压力损失。由于共用管路的压力损失涉及若干并联管路，在进行某一并联环路(最不利环路除外)的压力损失平衡时，一般是通过调整独用管路的压力损失，使得整个环路的计算压力损失与环路资用压力相平衡。为了表示计算压力损失与资用压力相平衡的程度，定义压力损失不平衡率 x 如下：

$$x=\frac{\Delta P'-\Delta P_1}{\Delta P'}\times 100\% \tag{7.8}$$

式中　$\Delta P'$——管路资用压力，Pa；

　　　ΔP_1——管路计算压力损失，Pa。

只有当各并联环路的资用压力相等时，“压力损失平衡”才能简化为各并联管路间的“阻力平衡”，一般要求不平衡率不应大于±15%。

7.3　空调管路系统设计软件

如本书 2.4 节所述，“天正暖通”作为暖通空调系统设计的辅助计算机软件，同理也为空调风系统及水系统在管路绘制、水力计算等方面提供了诸多便捷，现对软件的使用界面进行简要介绍。

7.3.1　空调风系统设置与绘制

天正软件中，已经对风管系统的材质、常用尺寸等标称规格进行了数据库录入，因此在进行风管系统绘制时，设计者只须根据相应标准、规定材质、相应风量及推荐流速、标高等风管特性参数，对风管系统进行性能设定及尺寸输入，即可进行绘制。

如图 7.33 所示，打开天正暖通，在“风管”菜单栏下，点击“风管绘制”，即可进入风管设置风管各类参数。从图中可以看出，软件可对风管类型、风管材料、风量、风管形状、风管尺寸和风管标高等参数进行详细设置。值得一提的是，软件可根据风量及尺寸自动计算出管内风速，从而校核是否在推荐风速范围内。

同理，在风管绘制过程遇到线路的转弯、变径、变高时，需要设置弯头、三通、四通和变径等配件，软件可自动生成，并可根据设计人员的考量，对配件进行结构、材质、尺寸地详细设置，如图 7.34 所示。

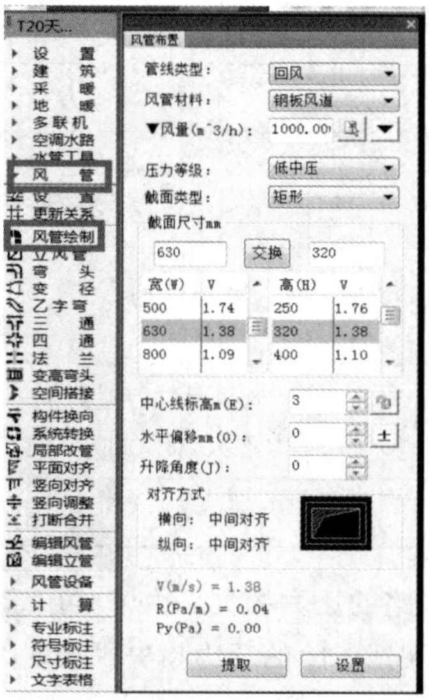

图 7.33　风管设置及绘制

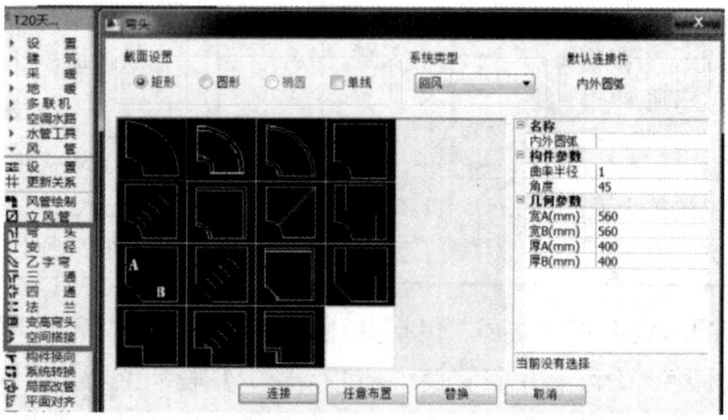

图 7.34　风管配件的设置

风管绘制过程中，由于标高设置及风管尺寸设置的问题，经常会出现管路系统“打架”的情况，因此软件提供了“三维观察”及“自动生成系统图”功能，用于在绘制过程中，实时矫正风管的空间参数设置，如图 7.35 及图 7.36 所示。

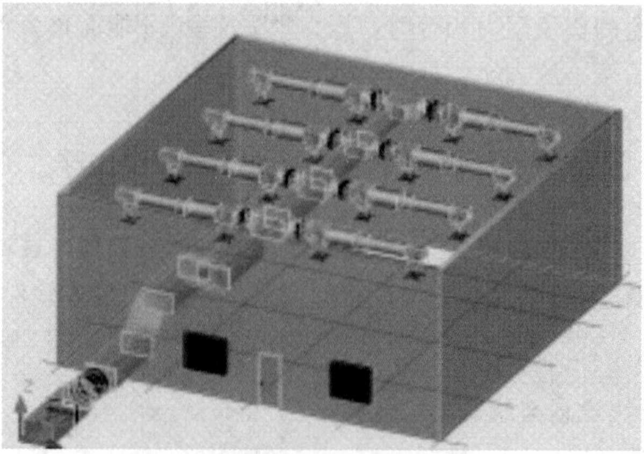

图 7.35　风管“三维观察”

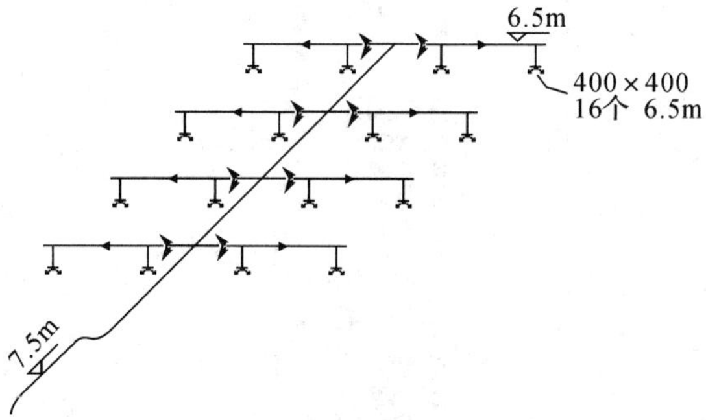

图 7.36　风管系统图

7.3.2　空调水系统设置与绘制

同理，天正暖通提供了空调水路的设置与绘制，如图 7.37 所示。在“空调水路”菜单栏下，提供了水管、阀件及水路设备等绘制选项，并可进行管径、流量、标高等水管系统的参数设置。

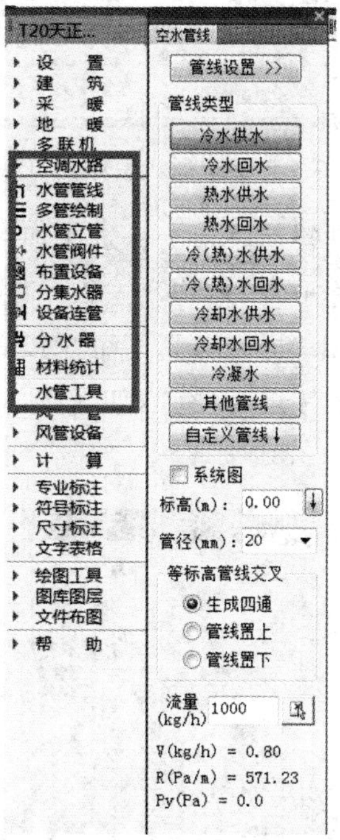

图 7.37　空调水管的设置与绘制

7.3.3　空调管路系统水力计算

1. 风管系统水力计算

在风管系统图绘制完毕后（前提是风管系统连接完好，无标高不齐、局部构件不全的问题），天正暖通可根据绘制出的图纸，自动进行风管系统的水力计算。

软件启动如图 7.38 所示，点击“计算”下的“风管水力”，即可弹出风管系统水力计算界面，如图 7.39 所示。

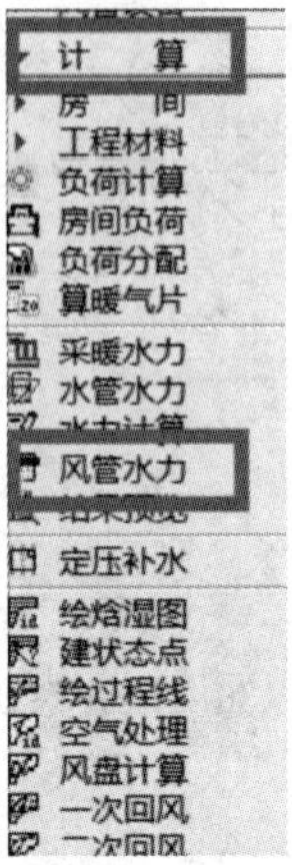

图 7.38　风管系统水力计算启动

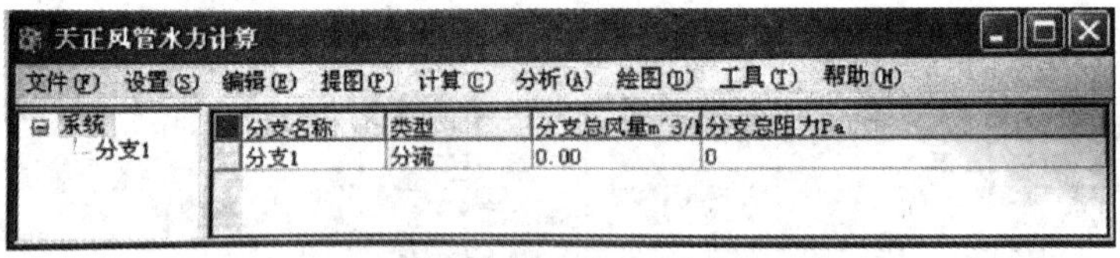

图 7.39　天正暖通风管水力计算界面

启动“风管水力”后，天正暖通风管系统水力计算主要分为以下 4 个步骤：

(1)确定气流方向。选择主要总干管，主管及支管(只有确定了风管的主从关系，才可以确定气流方向)；如图图 7.39 所示，点击“提图”后，即可对风管管段进行选择及编号。

(2)条件设置。对水力计算中条件进行设置，如大气压力、管道管材等。点击“设置”即可进行条件设置，如图 7.40 所示。

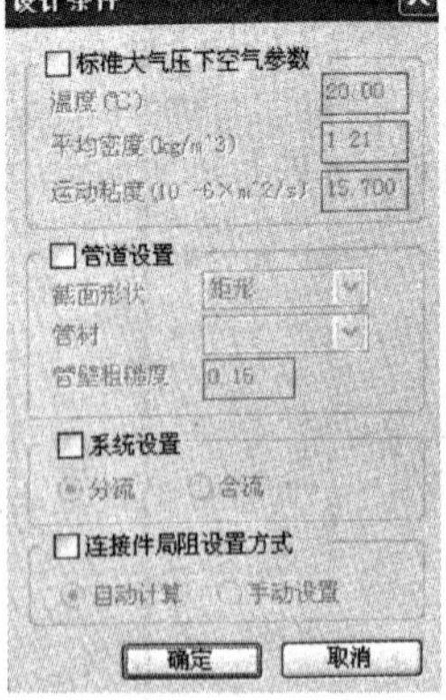

图 7.40　风管水力计算条件设置

(3)计算控制。即对水力计算的方法、管径控制、流速控制、局部构件形式及局部阻力系数等进行设置。点击“计算”，选择“计算控制”，即可进行计算过程中的相应条件上下限的控制，如图 7.41 所示；同时，点击“设置”中的“管线设置”，即可对各类管件的局部构件形式进行设置，如图 7.42 所示。

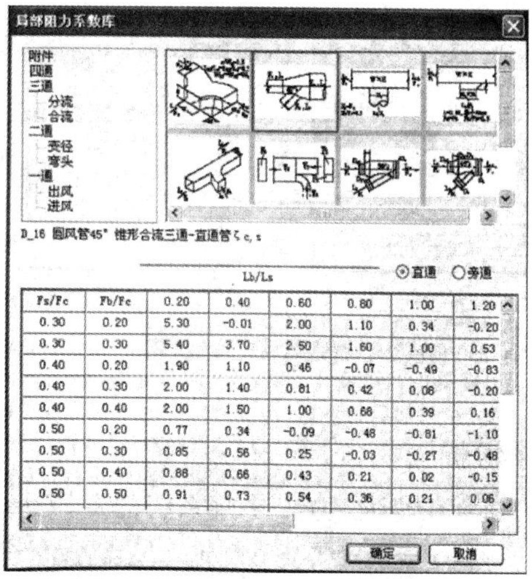

图 7.41　风管水力计算控制界面　　图 7.42　风管水力计算局部构件形式设置

(4)结果查看及导出。完成前三部设置后,软件即可自动根据绘制风管时输入的风量,进行风管系统的水力计算,并显示各管段的阻力值与不平衡率。若不平衡率超过要求范围,可人为调整相应管段管径,并重新计算不平衡率,直至不平衡率满足要求。结果查看如图 7.43 所示。

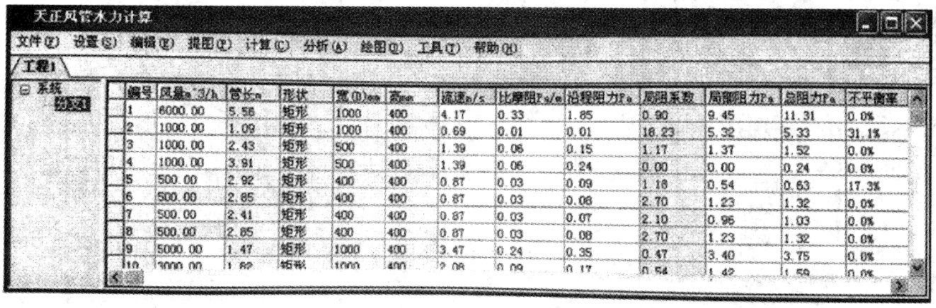

图 7.43　风管水力计算结果界面

2. 水管系统水力计算

水管系统水力计算与风管系统水力计算过程基本相同,点击菜单栏"计算"下的"水管水力",即可弹出水管系统水力计算界面,如图 7.44 所示。界面中各菜单对应的下拉命令,如图 7.45 所示。

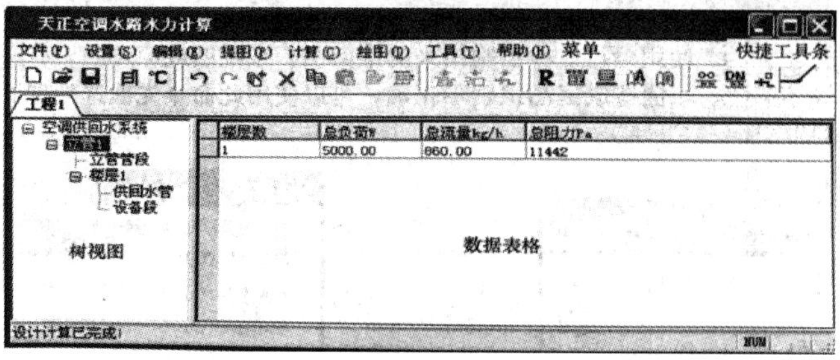

图 7.44　天正暖通水管水力计算界面

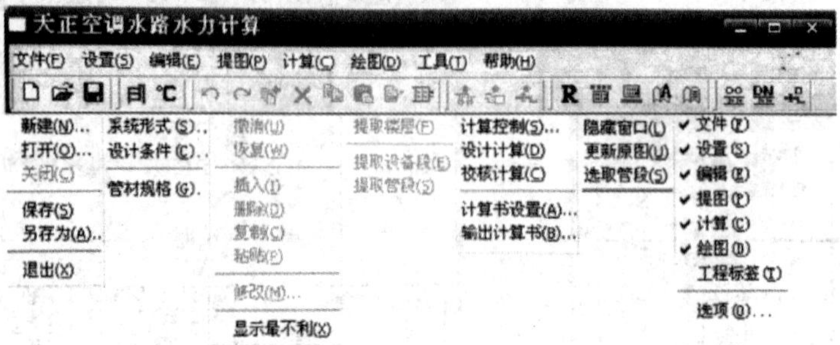

图 7.45　水管水力计算界面详细命令

水系统水力计算与风系统水力计算的不同之处在于，因水的重力较大，水在垂直方向高度的变化（重力势能的变化）直接影响系统的资用压力；同时，因水系统形式不同（如上供下回或下供上回，同程式、异程式等，这些都是风系统没有的），故水力计算的目的不同。水管系统形式的设置如图 7.46 所示。

同时，由于空调水系统的供回水温度基本设置为恒定，所以在设置好供回水温度后，可以根据建筑物的负荷值大小及供回水温差，自动进行水量计算。并根据设置的管径，自动求出水流速度及阻力值。供、回水温度的设置如图 7.47 所示。

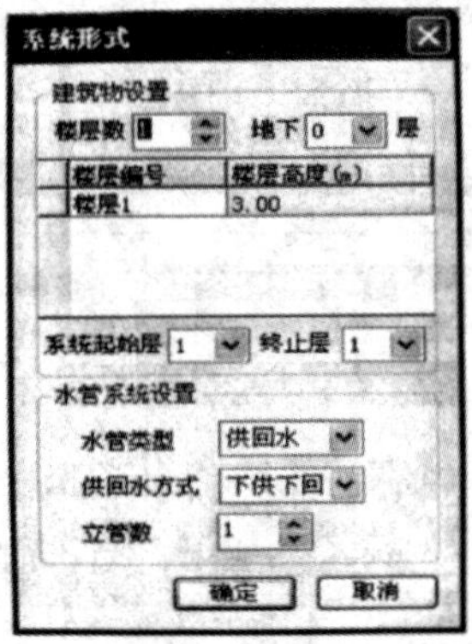

图 7.46　水管系统形式设置界面

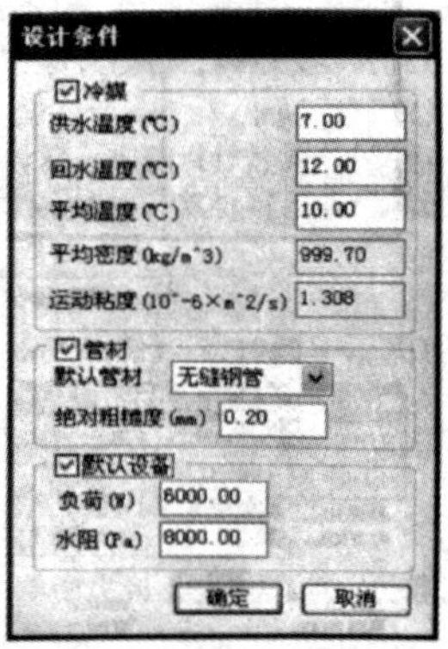

图 7.47　供、回水温度及建筑负荷设置界面

天正暖通的水管系统水力计算结果界面如图 7.48 所示。设计人员可以根据负荷的大小，灵活调节水管管径，从而调整系统的沿程阻力及局部阻力，并最终输出合理的水管系统图纸及水力计算资用压头。

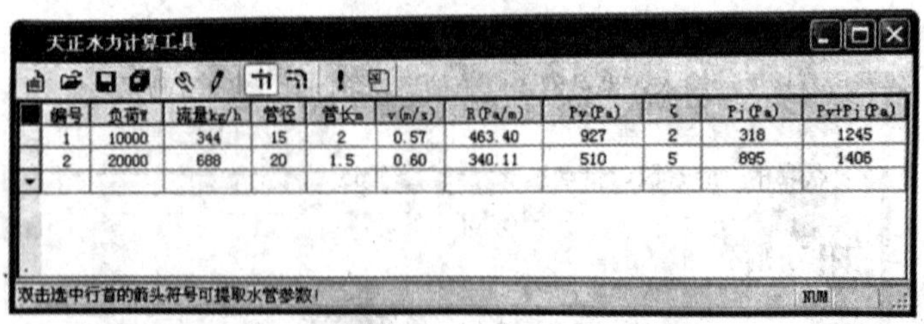

天正水力计算工具
编号 负荷W 流量kg/h 管径 管长m v(m/s) R(Pa/m) Py(Pa) ζ Pj(Pa) Py+Pj(Pa)
1 10000 344 15 2 0.57 463.40 927 2 318 1245
2 20000 688 20 1.5 0.60 340.11 510 5 895 1405
双击选中行首的箭头符号可提取水管参数!
NUM

图 7.48　水力计算结果界面

“纸上得来终觉浅，绝知此事要躬行”，本书仅简单介绍天正暖通软件的功能，读者可在扎

实理解理论手算的基础上，实际安装软件并动手实操，将天正暖通辅助软件为设计者所用，发挥简便快捷的设计作用。

本章小结

本章主要对空调管路系统基础知识进行介绍，并对系统设计及水力计算做详细讲解。先介绍了风管系统的种类、风管系统配件、管路系统连接、管道压力分布及设计要考虑的因素，对风管系统阻力计算、水力计算过程进行公式及例题讲解。再对空调水管系统的分类、空调冷热水系统、空调冷却水系统、空调冷凝水系统的组成及设计进行了讲解。最后介绍了空调管路系统施工图纸绘制的辅助设计软件及水力计算软件，并对软件的使用及功能做简要介绍。

思考与练习题

1. 试解释沿程压力损失、局部压力损失名词。

2. 风管的摩擦阻力系数与哪些因素有关？如何确定？

3. 风管设计应遵循哪些原则？

4. 计算系统阻力的方法有哪些？常用的是哪一种？

5. 有一表面光滑的砖砌风道（$K=3$mm），断面尺寸为 1 250mm×800mm，流量 $L=4\text{m}^3/\text{s}$，求单位长度摩擦阻力。

6. 什么是定流量系统？什么是变流量系统？

7. 什么是双管制、三管制和四管制水系统？比较它们的优缺点。

8. 冷水机组经空调系统进、出水温是多少？

9. 空调冷水系统开式循环与闭式循环有什么区别？简述它们各自的应用场合。

10. 试述同程式与异程式的区别，并简述其优缺点。

11. 冷却塔的类型有哪些？冷却塔在选择和布置时应注意哪些问题？

12. 空调冷热水系统、冷却水系统、冷凝水系统在管路设计计算时有何不同？

13. 求水在流过长度为 20m，管径为 150mm 的直管段时的摩擦阻力。管内水流速取 1.8 m/s，管内表面的当量绝对粗糙度 $\varepsilon=0.5$mm。

14. 求水流过 90°弯头的局部阻力，已知管径为 50mm，管内水流速为 1.5m/s。

第8章 空调系统的安全环保

教学目标与要求

空调系统由冷热源、空气处理设备、风系统、水系统及自控设备组成。空调系统中的每一个部件和设备均可造成安全、环保隐患，比如动力设备(如电动机)运行时，可以产生振动，振动会产生噪声，同时，空调系统中的流动介质也会产生一定的噪声，空调系统中的这些噪声均会通过管道以及墙体传递到室内，从而影响室内人员的健康，造成环保问题。当空调系统噪声控制和设计不合理时，可能会出现室内噪声超标，人体明显受到噪声影响，随即产生不舒适的感觉，甚至情绪烦躁、无法正常工作。

除此之外，空调风系统设计还涉及防火排烟问题。空调系统管道和部件将建筑内各房间连通起来，当建筑发生火灾时，这些连接管道就为火势提供了蔓延的通道。如果防火排烟设计不合理，则会直接造成空调系统设备出现严重的安全隐患，危及室内工作人员的生命安全。因此，对空调房间内部防火排烟的设计也是空调设计中的重要环节之一。

本章主要讲述空调系统的消声、防振与空调建筑的防火排烟的基础知识，以及其在现代空调设计中的应用。

通过本章的学习，学生主要达到以下目标：

(1)了解空调系统的噪声源；

(2)掌握空调系统的噪声标准；

(3)掌握噪声控制方法；

(4)了解空调系统的隔振措施；

(5)掌握空调系统的防火排烟设计；

(6)了解空调系统的防腐保温措施。

教学重点与难点

(1)掌握空调系统的噪声标准；

(2)掌握噪声控制方法；

(3)掌握空调系统的防火排烟设计。

工程案例导入

进入空调使用季，空调系统被频繁使用，人员大部分的工作和生活时间都在空调房间中度过，现代甚至出现了“宅文化”。这样，室内人员对空调系统的要求就会越来越高。空调系统既要满足室内人员的舒适性要求，又要满足人员长时间居住、工作的健康指标。其中，噪声污染就是长时间待在室内的工作人员特别关心的问题。空调相关设备和管道的振动与噪声的产生直接相关。如何在保证室内舒适度的同时，降低空调所产生的能耗，满足人员的工作和生理卫生的需要，需要设计师了解相关的空调系统的消声、防振知识。除此之外，大型空调系统(比如大型商场中的空调系统)的防火和排烟措施，是在发生火灾时，对室内人员生命安全的保障，因此也是设计师必须要了解的空调系统设计知识。

空调系统的噪声源有哪些？如何评判空调系统的噪声强弱？如何控制噪声？如何进行空调系统的防火排烟设计，保障室内人员的安全。这些问题的回答有助于帮助我们了解空调系统与室内人员健康、安全之间的关系，同时，也可以帮助设计出性能更加优良、更加舒适、更加安全的空调系统。

8.1　空调系统的消声减振

空调工程中主要的噪声来源包括通风机、制冷机和机械通风冷却塔等设备，以及空调送、排风系统。空调送、排风系统中的噪声，主要是通风机在运转使用中产生的，它由空气动力噪声、机械噪声和电磁噪声等组成，产生的噪声经过风道直接传入建筑室内，影响室内工作人员的健康。

在深入学习空调系统的消声知识之前，有必要对噪声的基础知识进行一定的学习。

8.1.1　噪声标准

建筑环境均受到空调、通风、给排水、电气等设备在运行时产生的噪声和振动影响，其中又以空调系统产生的噪声和振动影响最大，严重时这些会影响人体的健康。因此，空调噪声的研究及防治已经受到社会各界的广泛关注。

1.噪声及其物理量度

(1)声音和噪声的基本概念。声音由声源、声波及听觉器官的感知三个环节组成。物理学中，声源指物质的振动，如固体的机械运动、流体振动(水的波涛、空气的流动声)和电磁振动等。在声源的作用下，使周围的物质(如空气)质点获得能量产生了相应的振动，质点的振动能量以疏、密波的形式向外传播，产生振动的振源频率在20～20 000Hz(赫兹)之间时，人可以听到它，称为声波。波长λ、声速c和频率f是声波的三个基本物理量。声波在介质中的传播速度称为声速c，不同介质中的声速相差很大，常温下，声波在空气中的传播速度为340m/s，橡胶中的声速为40～50m/s。声波的两个相邻密集和相邻稀疏状之间的距离为波长λ。声波每秒振动的次数为频率f。三者之间的关系是

$$\lambda = \frac{c}{f} \tag{8.1}$$

一般把低于500Hz的声音称为低频声；500～1 000Hz的声音称为中频声；1 000Hz以上的声音称为高频声。低频声低沉，高频声尖锐。人耳最敏感的频率为1 000Hz。低于20Hz的波动称为次声波，高于20 000Hz的波动称为超声波。振源频率低于20Hz或高于20 000Hz时，人无法听到。

从声学角度，一般把声音分为纯音、复音和噪声。各种不同频率和声强的声音无规律地组

合在一起就成为噪声。但就广义而言，凡是对某项工作是不需要的、有妨碍的或使人烦恼、讨厌的声音都称为噪声。噪声也是一种声波，具有声波的一切特性。人们在有强烈噪声的环境中长期工作会影响身体健康和降低工作效率。对于一些特殊的工作场所（如播音室、录音室等），若有噪声，则将无法正常工作。

建筑环境中遇到的噪声主要有空气动力噪声、机械噪声和电磁噪声。空气动力噪声是由空气振动而产生的，如当空气流动产生涡流或者发生压力突变时引起气流扰动而产生的噪声；机械噪声是由固体振动而产生的；电磁噪声是由于电动机的空隙中交变力的相互作用而产生的。随着现代工业的高速发展，工业、建筑和交通运输业的机械设备都向着大型、高速、大动力方向发展，所引起的噪声已成为环境污染的主要公害之一。

(2)噪声的物理量度。

1)声压、声强和声功率。声压是指声波传播时，由于空气受到振动而引起的疏密变化，使在原来的大气压强上叠加了一个变化的压强，这个叠加的压强被称为声压，也就是单位面积上所承受的声音压力的大小，符号表示为 p ，单位为 Pa。在空气中，当声频为 1 000Hz 时，人耳可感觉的最小声压称为听阈声压 p_0。通常把 p_0 作为比较的标准声压，也称为基准声压，其值为 2×10^{-5} Pa；人耳可忍受的最大声压称为痛阈声压，其值为 20Pa。声压表示声音的强弱，可以用仪器直接测量。

声波在介质中的传播过程，实际上就是能量的传播过程。在垂直于声波传播方向的单位面积上，单位时间通过的声能，称为声强，符号表示为 I ，单位为 W/s^2 。相应于基准声压的声强称为基准声强(I_0)，其值为$10^{-12}\,W/s^2$；相应于痛阈声压，人耳可忍受的最大声强为 $1W/s^2$。

声功率是表示声源特性的物理量。单位时间内声源以声波形式辐射的总能量称为声功率，符号表示为 W ，单位为 W。基准声功率 W_0 为10^{-12} W。

2)声压级、声强级与声功率级。从听阈声压到痛阈声压，绝对值相差一百万倍，说明人耳的可听范围是很宽的。由于这个范围内的声压、声强和声功率变化很大，在测量和计算时很不方便。而且人耳对声压变化的感觉具有相对性，例如声压从 0.01Pa 变化到 0.1Pa 与从 1Pa 变化到 10Pa 相比，虽然两者声压增加的绝对值不同，但由于两者声压增加的倍数相同，人耳对这两种声音增强的感觉却是相同的。因此，为了便于表达，声音的量度采用对数标度，即以相对于基准量的比值的对数来表示，其单位为 B(贝尔)，又为了更便于实际应用，采用 B 的 1/10，即 dB(分贝)作为声音量度的常用单位。也就是说，声音是以级来表示其大小的，即声压级、声强级和声功率级。

声压级是指声压 p 与基准声压 p_0 之比的常用对数的 20 倍称为声压级 L_P ，即

$$L_P = 20\lg\frac{p}{p_0}\,\mathrm{dB} \tag{8.2}$$

由式(8.2)可知，听阈声压级为

$$L_p = 20\lg\frac{p}{p_0} = (20\lg\frac{2\times10^{-5}}{2\times10^{-5}})\,\mathrm{dB} = 0\ \mathrm{dB} \tag{8.3}$$

痛阈声压级为

$$L_p = 20\lg\frac{p}{p_0} = \left(20\lg\frac{20}{2\times10^{-5}}\right)\mathrm{dB} = 120\ \mathrm{dB} \tag{8.4}$$

由此可见，从听阈到痛阈，由 10^6 倍的声压变化范围缩小成声压级 0～120dB 的变化范围，简化了声压的量度。应该指出，声压级是表示声场特性的，其大小与测点到声源的距离有关。

声强级是指声强 I 与基准声强 I_0 之比的常用对数的 10 倍称声强级 L_I，即

$$L_I = 10\lg\frac{I}{I_0} \tag{8.5}$$

由于声强与声压有如下的关系：

$$I = \frac{p^2}{\rho c} \tag{8.6}$$

式中　ρ—— 空气密度，kg/m³；

　　　c—— 速度，m/s。

所以声强级与声压级在分贝上相等，即

$$L_I = 10\lg\frac{I}{I_0} = 10\lg\frac{p^2}{p_0^2} = L_p \tag{8.7}$$

声功率级是指声功率 W 与基准声功率 W_0 之比的常用对数的 10 倍称声功率级 L_W，即

$$L_W = 10\lg\frac{W}{W_0} \tag{8.8}$$

声功率级直接表示声源发射能量的大小。

3)声波的叠加。由于量度声波的声压级、声强级和声功率级都是以对数为标度的，所以当有多个声源同时产生噪声时，其合成的噪声级应按对数法则进行运算。

当 n 个不同的声压级 $L_{p1}, L_{p2}, \cdots, L_{pn}$ 叠加时，总声压级 $\sum L_p$ 为

$$\sum L_p = 10\lg(10^{0.1L_{p1}} + 10^{0.1L_{p2}} + \cdots\cdots + 10^{0.1L_{pn}}) \tag{8.9}$$

当 2 个声源的声压级不相同时，如果声压级之差为 $D(D = L_{p1} - L_{p2})$，则由式(8.9)得

$$\sum L_p = L_{p1} + 10\lg(1 + 10^{-0.1D}) \tag{8.10}$$

由式(8.6)可知，当多个声源的声源级相同，叠加后仅比单个声源的声源级大 3dB。

2. 室内噪声标准

(1)噪声评价曲线。由于人耳对不同频率的噪声敏感程度不同，对不同频率的噪声控制措施也不同，为方便起见，人们把宽广的声频范围划分为若干个频段，称为频程或频带。每一个频程都有其中心频率和频率范围。在空调工程的噪声控制技术中，用的是倍频程。所谓倍频程是指中心频率成倍增加的频程，即两个中心频率之比为 2∶1。目前通用的倍频程中心频率有 10 个，在噪声控制技术中，只用中间 8 段，表 8.1 给出了这 8 段的中心频率和频率范围。

表 8.1　倍频程的中心频率和频率范围

中心频率 Hz	63	125	250	500	1 000	2 000	4 000	8 000
频率范围 Hz	45～90	90～180	180～355	355～710	710～ 1400	1 400～ 2 800	2 800～ 5 600	5 600～ 11 200

为满足生产的需要和消除对人体的不利影响，须对各种不同场所制定出允许的噪声级，称为噪声标准。将空调区域的噪声完全消除不易做到，也没有必要。制定噪声标准时，应考虑技术上的可行性和经济上的合理性。

目前我国采用国际标准组织制定的噪声评价曲线，即 $N(NR)$ 曲线作标准，如图 8.1 所示。图中 $N(NR)$ 值为噪声评价曲线号，即中心频率 1 000Hz 所对应的声压分贝值。考虑到人耳对

低频噪声不敏感，以及低频噪声消声处理较困难的特点，图 8.1 中低频噪声的允许声压级分贝值较高；而高频噪声的允许声压级分贝值较低。噪声评价曲线号 N 和声级计“A”档读数 L_A[dB(A)]的关系为 $N=(L_A-5)$dB 。

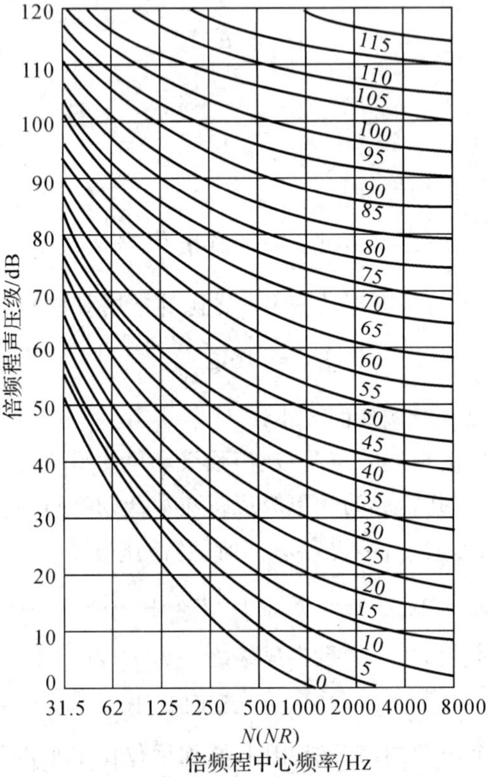

图 8.1 噪声评价曲线

(2)空调房间的允许噪声标准。空调房间的噪声标准主要是保护人的听力和保证交谈和通信的质量。噪声对听觉的危害与噪声的强度、频率以及持续时间等因素有关。国标标准组织提出的噪声容许标准规定为：每天工作 8h，容许连续噪声的噪声级为 90dB；根据作用时间减半，容许噪声能量可加倍的原则，每天工作 4h，容许噪声级为 93dB；但任何情况下，不得超过 115dB。

有消声要求的空调房间大致可分为两类。一类是生产或工作过程对噪声有严格要求的房间，如广播电台和电视台的演播室、录音室，这类房间的噪声标准应根据使用需求由工艺设计人员提出，经有关方面协商；另一类是在生产或工作过程中要求给操作人员创造适宜的声学环境的房间。室内允许噪声标准见表 8.2。

表 8.2 室内允许噪声标准 单位：dB

建筑物性质	噪声评价曲线 N	声级计 A 档读数(L_A)
电台、电视台的播音室	20～30	25～35
剧场、音乐厅、会议室	20～30	25～35
体育馆	40～50	45～55
车间(根据不同用途)	45～70	50～75

8.1.2　空调系统的消声

在了解空调系统的噪声标准后，下面介绍空调系统的消声知识。在学习之前，须对空调系统的噪声源有一定的了解。

1. 空调系统的噪声源

空调工程中主要的噪声源是通风机、制冷机、水泵和机械通风冷却塔等。通风机噪声主要是通风机运转时的空气动力噪声（包括气流涡流噪声、撞击噪声和叶片回转噪声）和机械性噪声。其频率为 200～800Hz，即处于中、低频范围。噪声的大小主要与通风机的构造、型号、转速以及加工质量等有关。除此之外，还有一些其他的气流噪声，如风管内气流引起的管壁振动，气流遇到障碍物（阀门、弯头等）产生的涡流以及出风口风速过高等都会产生噪声。

图 8.2 所示是空调系统的噪声传播情况。从图中可见，噪声除由风管传入室内外，还可通过建筑围护结构的不严密处传入室内；设备的振动和噪声也可通过地基、围护结构和风管壁传入室内。

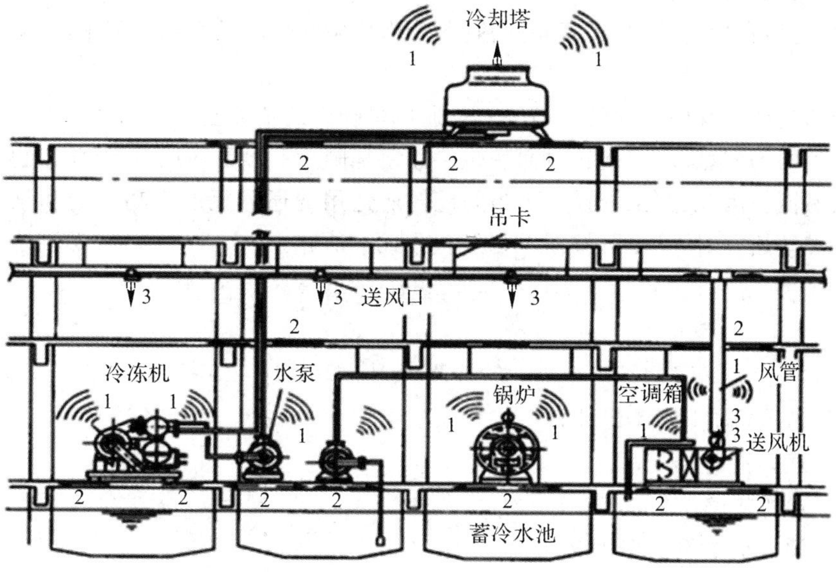

图 8.2　空调系统的噪声传播情况

1—空气传声；2—振动引起的固体传声；3—由风管传播的风机噪声

在具体的空调工程中，一般会遇到整体式空调设备和立柜式空调机组。在此对这两种设备产生的噪声原因进行简要的介绍。

整体式空调设备的噪声主要来自其中的通风机，因此只有降低通风机的噪声，整体式空调设备的噪声才能最大限度地降低。整体式空调设备的噪声数据，一般可以在有关产品样本中查到。

立柜式空调机组的噪声较大，除通风机噪声外，机组下部压缩机的噪声也不可忽视。窗式空调器的噪声主要来自送风机、排风机（扇）以及制冷压缩机。风机盘管空调器的噪声来自所配的通风机及电动机。通常制造厂家给出高、中、低三挡风速条件下的噪声功率级或声级。风机盘管的噪声级通常为 20～40dB(A)。

综上所述，无论哪一种空调系统，影响空调房间的主要并且常见的噪声源都是通风机。除此之外，其他噪声源有水泵、制冷压缩机等。

通风机噪声由空气动力噪声、机械噪声和电磁噪声组成。通常以空气动力噪声为主要成分。空气动力噪声由涡流噪声、撞击噪声和回转噪声三部分组成。

涡流噪声是气流在吸入口和叶轮中脱流而形成的，它与风机的进风口、前盘结构以及它们之间的相互配合有关，当叶轮线速度增大时，涡流噪声同时增加；撞击噪声是气流进入或离开叶片时产生的，它和风机的流量、叶片的入口、出口角度有关，当流量增加、风机工作点偏离最佳工作点时，撞击声随之增加；回转噪声又称为叶片噪声，是旋转叶片对气流产生周期性的压力，引起气体压力和速度的脉动变化而产生的，它与风机的转速高低、叶轮直径的大小有关，当转速增高或叶轮直径增大(即线速度增大)时，回转噪声随之增大。

机械噪声是轴承摩擦、传动件加工或者安装不良和旋转部分的不平衡运动所产生的。电磁噪声是由于电动机线圈磁场中交变力相互作用而产生的。

控制空调通风系统中噪声的最有效的措施是降低通风机的噪声。首先，要选择高效、节能、低噪声型的通风机。在满足风量、风压的前提下，适当选择转数低的风机，降低其空气动力噪声；其次是选用合理的轴承，提高装配精度，严格检验叶轮的动平衡和静平衡，降低风机的机械噪声。

下面介绍空调工程中主要的噪声源——通风机噪声的估算公式。通风机的噪声随着不同系列或同系列的不同型号、不同转数而变化。即使是同一型号的通风机，其噪声也会因装配精度的不同而不同。因此，在工程设计中最好能对所选用的通风机的声功率级和频带声功率级进行实测。如缺乏资料，一般可根据下列经验公式来估计：

$$L_W = 5 + 10\lg L + 20\lg H \tag{8.11}$$

或

$$L_W = 67 + 10\lg N + 10\lg H \tag{8.12}$$

式中 L——通风机的风量，m^3/h；

H——通风机的风压，Pa；

N——通风机的功率，kW；

L_W——通风机的声功率级，dB。

在估算出通风机噪声的声功率级和频带声功率级后，就可以据此提出初步的改良方案。

2. 降低系统噪声的措施

空调系统降低噪声应注意声源、传声途径和工作场所的吸声处理三个方面，但以在声源处将噪声降低最为有效。

为了降低通风机的噪声，首先，要选用高效率、低噪声的风机，尽可能采用叶片后向型的离心式风机，应使其工作点位于或接近于风机的最高效率点，此时风机产生的噪声功率级最小。其次，当系统风量一定时，选用风机压头安全系数不宜过大，必要时选用送风机和回风机，共同负担系统的总阻力。再次，通风机进、出口处的管道不得急剧转弯，通风机与电动机尽量采用直联或联轴器传动。最后，通风机进、出口处的管道应装设柔性接管，其长度一般为 100～150mm，且不宜超过 150mm。

为了进一步降低空调系统的噪声，则在设计空调系统的送、回风道路时，每个送、回风系统的总风量和阻力不宜过大。必要时可以把大风量系统分成几个小系统，尽可能加大送风温差，以降低风机风量，从而降低风机叶轮外周的线速度，降低风机的噪声。同时还应尽可能避免管道急剧转弯产生涡流而引起再生噪声。风道上的调节阀不仅会增加阻力，也会增加噪声，应尽可能少装。从通风机到空调房间的风道内流速应逐渐降低。消声器后面的流速不能大于消声器之前的流速。必要时，弯头和三通支管等处应装设导流片。

采取上述措施并考虑了管道系统的自然衰减作用后，如还不能满足空调房间对噪声的要求，应考虑采用消声器消声。

3. 风道部件中的噪声衰减

通风机产生的噪声经过风道及其部件时，由于管壁的摩擦，在传播的过程中会将部分声能转换为热能。此外，管道流通面积的变化，管道分支、弯头以及其他部件在其界面处阻抗不匹配，一部分声能透射过去，另一部分声能则被反射回声源处，因而使噪声有所衰减。但是，另一方面，上述风道局部构件增加了系统的阻力，引起气流的涡旋，也就可能引起再生噪声。随着风速的增加，再生噪声的影响也随之增大。通常，对于直风道，当风速小于 5m/s 时，可以忽略气流的再生噪声；风速大于 8m/s 时，可不计算管道中噪声的衰减量。对于有消声要求的空调系统，其风道内的风速越小越好，推荐值见表 8.3。

表 8.3　满足消声要求的空调系统风道内的风速

管道部位	主干路	支 路	回风风口	新风风口
风度/(m/s)	小于 5	2.5～3	小于 1.5	2～2.5

空调房间的噪声标准主要是保护人的听力和保证交谈和通信的质量，达到不费力地听清对方的讲话的一种标准。噪声对听觉的危害与噪声的强度、频率以及持续时间等因素有关。

根据国际标准组织统计，在不同噪声级下长期工作(40 年以上)导致噪声性耳聋地发病率分别为：80dB：0；85dB：10％；90dB：21％；95dB：29％；100dB：41％。

4. 常用消声降噪装置

在管道系统设置消声器是控制系统噪声的重要措施，消声器是一种在允许气流通过的同时，又能有效衰减噪声的装置。空调系统中消声器主要是降低和消除通风机的噪声沿送、回风管道传入室内或传向周围环境。

(1)消声器原理。空调系统所用的消声器有多种形式，但根据消声原理的不同可分为阻性和抗性两大类。阻性消声器是借助装置在送、回风道道内壁或在管道中按一定方式排列的吸声材料或吸声结构的吸声作用，使沿管道传播的声能部分的转化为热能而消耗掉，达到消声的目的。抗性消声器并不直接吸收声能，它的消声原理是借助管道截面的突然扩张或收缩或者旁接共振腔，使沿管道传播的某些特定频率或频段的噪声，在突变处向声源反射回去而不再向前传播，从而达到消声的目的。

(2)消声器分类。空调系统所用的消声器有多种形式，根据消声原理的不同大致可分为阻性消声器、抗性消声器、共振式消声器和宽频程复合式消声器四大类。

1)阻性消声器。阻性消声器的消声原理是借助装置在送、回风道道内壁上或在管道中按一定方式排列的吸声材料或吸声结构的吸声作用，使沿管道传播的声能部分转化为热能而消耗掉，从而达到消声的目的。它对中频和高频噪声具有良好的吸声效果。吸声材料多为疏松或多孔性的,如超细玻璃棉、开孔型聚氨酯泡沫塑料、微孔吸声砖以及木丝板等。常阻性消声器有管式、片式、蜂窝(格)式、小室式、折板式和声流式等,图 8.3 所示为常见阻性消声器外观图,图 8.4 所示为常见阻性消声器结构图。

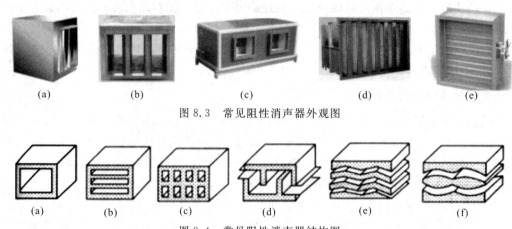

(a) (b) (c) (d) (e)

图 8.3　常见阻性消声器外观图

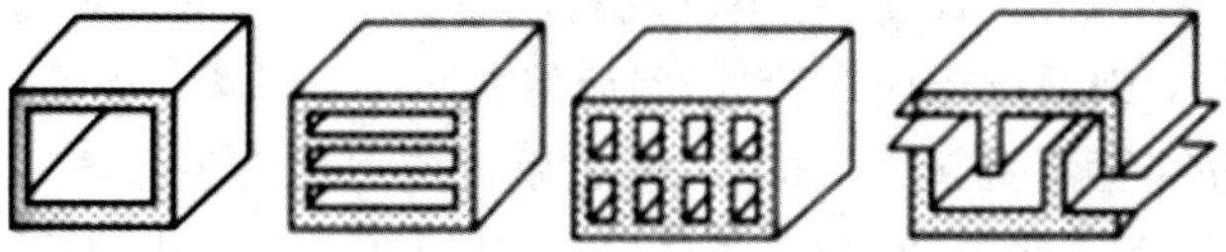

(a) (b) (c) (d) (e) (f)

图 8.4　常见阻性消声器结构图

(a)管式;(b)片式;(c)蜂窝式;(d)小室式;(e)折板式;(f)声流式

a. 管式消声器。管式消声器是一种最简单的阻性消声器,它仅在管壁内周贴上一层吸声材料即可制成,故又称“管衬”,如图 8.3(a)、图 8.4(a)所示。

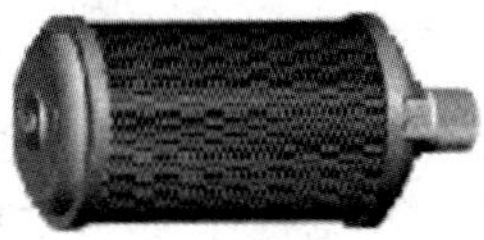

图 8.5　管式消声器

除此之外,有一种最简单的消声器,它仅在管壁内周贴上一层吸声材料,故又称“管衬”,如图 8.5 所示。这种消声器的优点是制作方便、阻力小,但只适用于较小的风道,直径一般不大于 400mm,对于大断面的风道消声效果较低。此外,管式消声器仅对中、高频噪声有一定消声效果,对低频性能较差。因此,对于较大断面的风道,可将断面划分成几个格子,这样就成为片式或格式消声器。

管式消声器制作方便,阻力小,但只适用于断面较小的风管,直径一般不大于 400mm。当管道断面面积较大时,将会影响对高频噪声的消声效果。这是由于高频声波波长短,在管内以窄束传播,当管道断面积较大时,声波与管壁吸声材料的接触减少,从而使消声量骤减。

b. 片式、蜂窝式(格式)消声器。为了改善对高频声的消声效果,可将大断面风管的断面划分成几个格子,就成为片式(见图 8.3(b)、图 8.4(b))或蜂窝式(格式)消声器(见图 8.3(c)、图 8.4(c))。

片式消声器应用比较广泛,它构造简单,对中、高频吸声性能较好,阻力也不大。这类消声器中的空气流速不宜过高,以防气流产生涡流噪声而使消声无效,同时增加了空气阻力。格式消声器具有同样的特点,但因要保证有效断面不小于风管断面,故体积较大。这类消声器的空气流速不宜过高,以防气流产生湍流噪声而使消声无效,同时增加了空气阻力。

片式消声器的片距一般为 100～200mm,蜂窝式消声器的每个通道约为 200mm×200mm,吸声材料厚度一般为 100mm 左右。

为了进一步提高高频消声的性能,还可将片式消声器改成折板式消声器或声流式消声器,如图 8.6 所示。将片式消声器的吸声板改制成曲折式,就成为折板式消声器,如图 8.3(e)、图 8.4 中(e)所示。声波在折板内往复多次反射,增加了与吸声材料接触的机会,从而提高了中、高频噪声的消声量，但折板式消声器的阻力比片式消声器的阻力大。为了使消声器既具有良好的吸声效果，又具有尽量小的空气阻力，可将消声器的吸声片横截面制成正弦波状或近似正弦波状，这种消声器称为声流式消声器，如图 8.4(f)所示。

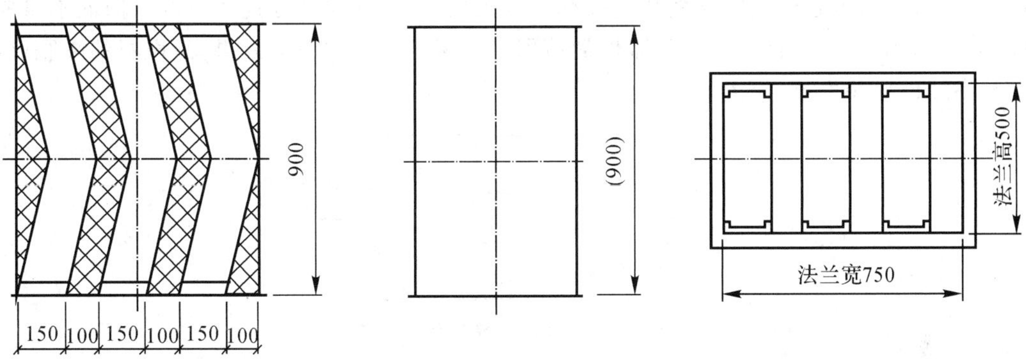

图 8.6　折板式消声器

c. 室式消声器。在大容积的箱(室)内表面粘贴吸声材料，并错开气流的进、出口位置，就构成室式消声器(见图 8.3(d)、图 8.4(d))。室式消声器也可以被看作将风道扩大成小室，内贴吸声材料的设备。如多个室式消声器串联，即成迷宫式消声器，如图 8.7 所示。

图 8.7　迷宫室式消声器

图 8.8(a)所示为单室式消声器的原理示意图，多室式消声器又称为迷宫式消声器，其原理如图 8.8(b)所示。它们的消声原理除了主要的阻性消声作用外，还因气流断面变化而具有一定的抗性消声作用。单室式消声器的特点是吸声频程较宽，安装维修方便，但阻力大，占空间大。

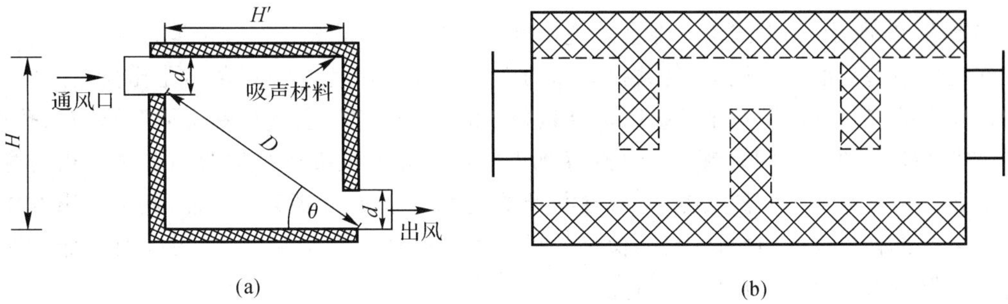

图 8.8　室式消声器原理图

(a)单室式；(b)迷宫式

2)抗性消声器。抗性消声器又称膨胀式消声器，由小室和管道相连而构成。抗性消声器对低频噪声具有较好的消声效果，且构造简单，不受高温和腐蚀气体的影响，具有阻性消声器所不具备的优点，但存在气流阻力大、断面比大、占用空间多且消声频带窄等缺点。

如图 8.9 所示，抗性消声器由管和小室相连而成。它是利用风管截面的突然扩张、收缩或旁接共振腔，使沿风管传播的某些特定频率或频段的噪声，在突变处返回声源方向而不再向前传播，从而达到消声的目的，又称膨胀性消声器。为保证一定的消声效果，消声器的膨胀比（大断面与小断面面积之比）应大于 5。

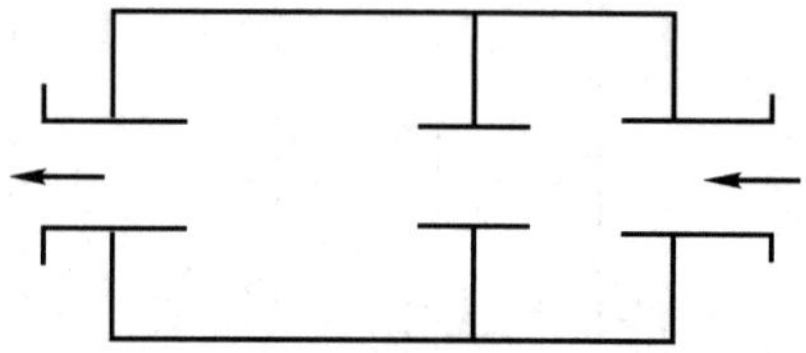

图 8.9　抗性消声器结构示意图

抗性消声器对中、低频噪声有较好的消声效果，且结构简单；另外，由于不使用吸声材料，所以不受高温和腐蚀性气体的影响。但这种消声器消声频程较窄，空气阻力大，占用空间多，一般宜在小尺寸的风管上使用。

3）共振式消声器。共振式消声器如图 8.10 所示。它是利用穿孔板上小孔颈处的空气柱和共振腔内的空气构成了一个共振吸声结构，当外界噪声频率与共振吸声结构的固有振动频率相同时，引起小孔孔颈处空气柱强烈共振，空气柱与孔壁发生剧烈摩擦，从而消耗了声能。这种消声器消声量大，空气阻力小，无填料，不起尘，对低频噪声有较好的消声效果，但它的消声频率范围比较窄。

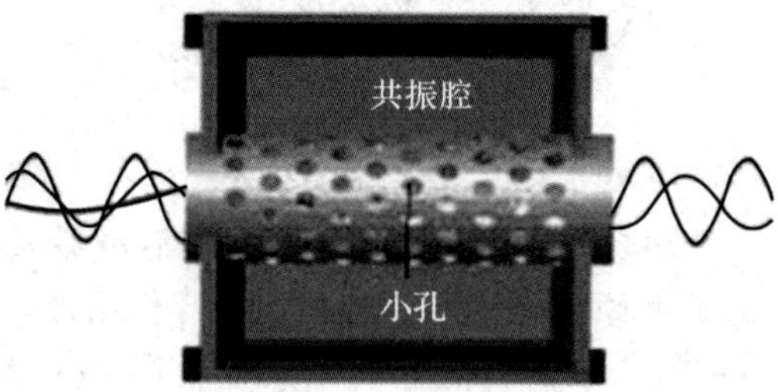

图 8.10　共振式消声器

如图 8.11 所示，共振式消声器在管道上开孔，并与共振腔相连。在声波作用下，小孔孔颈中的空气像活塞似的往复运动，使共振腔内的空气也发生振动，这样，穿小孔孔径处的空气柱和共振腔内的空气构成了一个共振吸声结构（见图 8.11(b)）。它具有由孔颈直径（d）、孔颈厚（t）和腔深（D）所决定的固有频率。当外界噪声的频率和共振吸声结构的固有频率相同时，会引起小孔孔颈处空气柱强烈共振，空气柱与颈壁剧烈摩擦，从而消耗了声能，起到消声的作用。这种消声器具有较强的频率选择性，消声效果显著的频率范围很窄，一般用以消除低频噪声，具有空气阻力小，不用吸声材料的特点。

4）宽频程复合式消声器。为了在较宽的频程范围内获得良好的消声效果，可把阻性消声器对中、高频噪声消除显著的特点，与抗性或共振式消声器对消除低频噪声效果显著的特点进行组合，设计出了复合型消声器，如阻抗复合式消声器、阻抗共振复合式消声器以及微孔板消声器等。

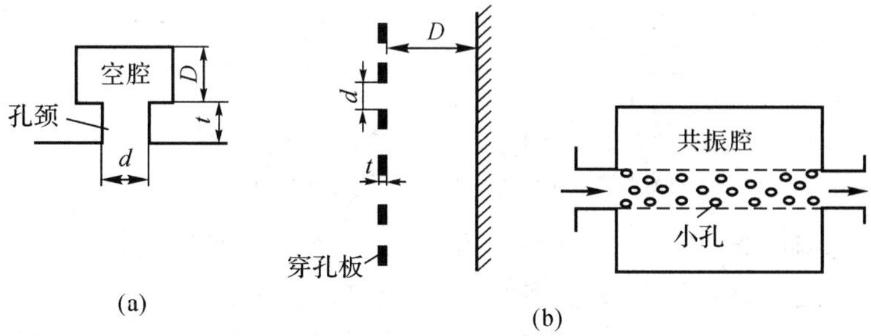

图 8.11　共振式消声器

(a)结构示意图;(b)共振吸声结构

具体来说,阻性消声器对中、高频噪声的消声效果显著,对低频噪声的效果较差;抗性消声器和共振式消声器则相反,对低频噪声的消声效果较好,对高频噪声的效果较差。实际上空调系统中的噪声频带范围较宽,既有低频、中频噪声,又有高频噪声,为了使消声器在较宽的频带有效,常常将阻性和抗性消声器结合起来,或将阻性和共振式消声器结合起来,成为宽频带复合式消声器。

宽频带复合式消声器对低频及部分中频噪声的降低是利用管道截面突变的抗性原理,和腔面构成的共振消声原理来达到的,对高频及大部分中频噪声的降低则是利用多孔吸声材料来吸收的。阻抗复合式消声器是按阻性与抗性两种消声原理通过适当的结构复合起来而构成的。常用的阻抗复合式消声器有"阻性-扩张室复合式"消声器、"阻性-共振腔复合式"消声器、"阻性-扩张室-共振腔复合式"消声器以及"微穿孔板"消声器。在噪声控制工作中,对一些高强度的宽频带噪声,几乎都采用这几种复合式消声器来消除,图 8.12 所示是常见的一些阻抗复合式消声器。

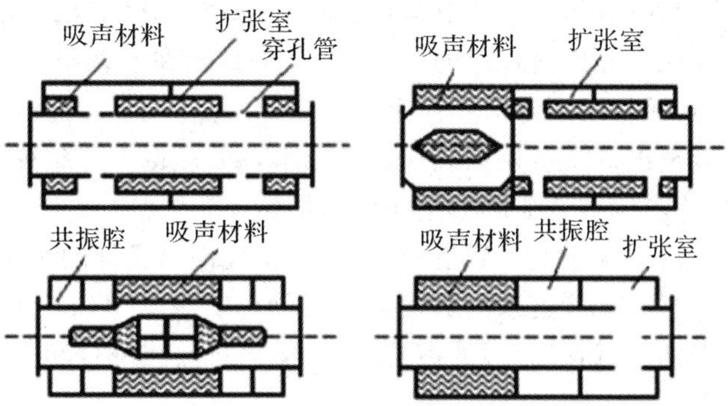

图 8.12　常见的阻抗复合式消声器结构示意图

微穿孔板消声器是一种特殊的消声结构,它利用微穿孔板吸声结构而制成,是我国噪声控制工作者研制的一种新型消声器,如图 8.13 所示。微穿孔板的板厚和孔径均小于 1mm,微孔有较大的声阻,吸声性能好,并且由于消声器边壁设置共振腔,微孔与共振腔组成一个共振系统,通过选择微穿孔板上的不同穿孔率与板后的不同腔深,能够在较宽的频率范围内获得良好的消声效果。又因其不使用消声材料,故不起尘,一般多用于有特殊要求的场合,如高温、高速管道及净化空调系统中。

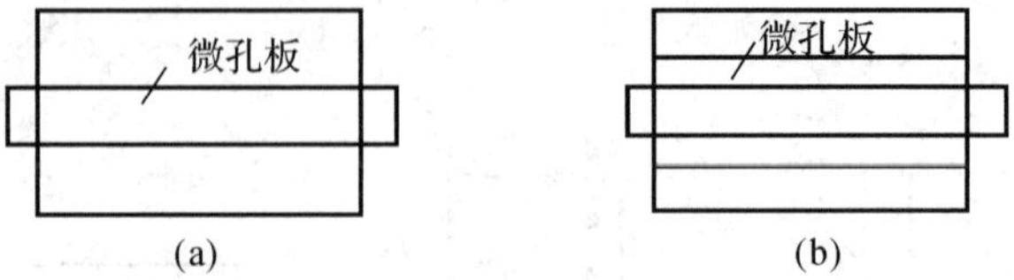

图 8.13　两种微孔板消声器结构示意图

(a)单层微孔板消声器;(b)双层微孔板消声器

5)其他形式的消声器。除上述各种常见消声器外,空调工程中还有一些经过适当处理后兼有消声功能的管道部件和装置,如消声弯头、消声静压箱和消声百叶窗等,如图 8.14 所示。它们具有一物两用,节约空间的特点,适合位置受到限制无法设置消声器的场合,或者在对原有风管系统进行改造以提高消声效果的工程中使用。比如,在风道弯头内贴吸声材料即成为消声弯头。由于弯头对声波的反射作用和吸声材料对噪声的吸收作用使弯头后的声压级得以减小,同时,这种消声方法并不用占用额外的建筑空间。

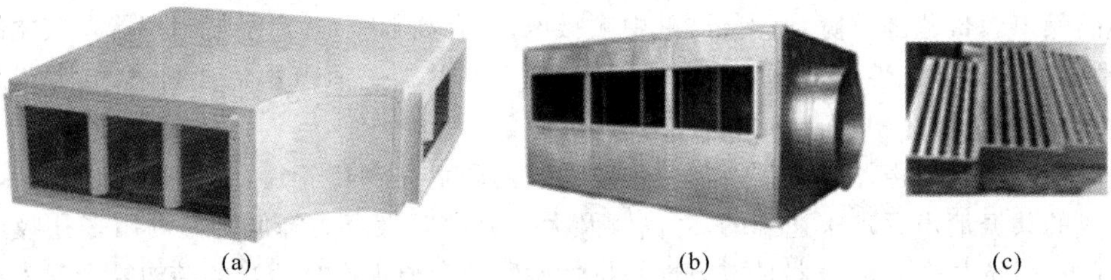

图 8.14　其他形式的消声器外观图

(a)消声弯头;(b)消声静压箱;(c)消声百叶窗

5. 消声器的应用

空调系统所需的消声量确定后,可根据具体情况(如消声器配置的环境和部位)选择消声器的型式,然后根据已知的通风量、消声器设计流速和消声量,确定消声器的型号和数量。消声器一般设置在靠近通风机侧气流稳定的管段上,且不宜设在空调机房内。否则机房噪声会传给消声器后面的管道,而使消声器失去应有的作用;此外,为防止空调房间互相串声,宜在管道接入空调房间前加装消声器。空调系统回风管的消声处理也不应忽视,在系统内,无论是送风管道还是回风管道,均应设置性能和数量相同的消声器。

下面是如何将消声器应用于实际管道中,即管道系统消声设计的步骤。

第一,根据噪声源的频谱、管道系统的噪声衰减量和实际的室内容许噪声标准,确定消声器所需的消声量。要特别注意,噪声源的声功率级、噪声自然衰减量和室内容许噪声值均应分别按各倍频程确定。

第二,根据给定的管道空气流量,选择适当的流速,从而确定消声器的有效流通截面积。选择流速时应注意兼顾消声器的消声性能、空气动力性能以及气流再生噪声。一般通过室式消声器的风速不宜大于 5m/s,通过消声弯头的风速不宜大于 8m/s,通过其他类型消声器的风速不宜大于 10m/s。

6. 消声器使用中应注意的问题

(1)消声器宜设置在靠近空调机房气流稳定的管道上,当消声器直接布置在机房内时,消声器检修门及消声器后的风道应具有良好的隔声能力。若主风道内风速太大,消声器靠近通风机设备，势必增加消声器的气流再生噪声，这时以分别在气流速度较低的分支管上设置消声器为宜。

(2)选择消声器时，宜根据系统所需的消声量、噪声源频率特性和消声器的声学性能及空气动力性能等因素，经技术经济比较，分别采用阻性、抗性或阻、抗复合式消声器。

(3)在消声设计时，一般多选用消声弯头这类阻性消声器。抗性消声器使用条件要求严格，结构较复杂，体积较大，费用也高，它的消声范围很窄，多用于吸收某一范围的低频噪声。室内消声器的消声量一般比较小，要达到较大的消声量，则要多个室内消声器串联，这时气流阻力会增大，所以应尽量少用这种形式的消声器。

(4)近年来国内开始采用微穿孔板消声器。微穿孔板上的孔径小于 1mm，板厚也小于 1mm，微孔有足够大的声阻，从而具有良好的吸声性能。与一般穿孔板比较，可省掉板后的多孔吸声材料，并可用不同穿孔率和不同后腔的双层微孔板使消声频带范围变宽，同时由于这种消声器的流动阻力小，又没有填料，不起灰尘，因此适合在高温高速风道和超净车间或防尘车间的通风道中使用。

8.1.3　空调系统的隔振

空调装置产生的振动，除了以噪声形式通过空气传播到空调房间，还可能通过建筑物的结构和基础进行传播。例如，运转中的通风机所产生的振动可能传给基础，再以弹性波的形式从通风机基础沿房屋结构传入其他房间，又以噪声的形式把能量传给了空气，这种噪声被称为固体声。如果在振源和它的基础之间安装弹性构件，可以减轻通过基础传出的振动力，被称为积极隔振；也可以在仪器和它的基础之间安装弹性构件，来减轻外界振动对仪器的影响，被称作消极隔振。

1. 隔振原理

评价隔振效果的物理量中，最常用的是振动传递率 K，它表示通过隔振元件传递的力与振源的总干扰力之比值。K 值越小，隔振效果越好。

振动传递率与振源的振动频率 f、振源与减振器组成的系统的固有频率 f_0 和隔振材料的阻尼比 D 有关。一般橡胶减振器，$D = 0.07 \sim 0.15$；金属弹簧减振器，$D = 0.005 \sim 0.015$。在工程设计中，有时为了简化起见，只需粗略估计减振效果，常将阻尼比 D 的影响忽略。忽略阻尼比 D 的影响后，振动传递率 K 的数学表达式为

$$K = \frac{1}{\left(\frac{f}{f_0}\right)^2 - 1} \tag{8.13}$$

式中　K—— 振动传递率；

f—— 振源的振动频率，Hz，$f = \frac{n}{60}$；

f_0—— 弹性减振系统的固有频率，Hz，$f_0 = \frac{5}{\sqrt{\delta}}$；

n—— 通风机或其他振源的转速，r/min；

δ—— 振源不振动时，弹性构件(或隔振材料)的静态压缩量，cm。

从式(8.13)可以看出，f/f_0 值越大，则 K 值越小，即隔振越好。当 $f = f_0$ 时，K 值无穷大，

即系统产生共振，机组传给基础的力量会增加很大。

要得到好的隔振效果，就必须使固有频率 f_0 比振源的干扰频率 f 小很多，通常在工程上选用 $f/f_0 = 2.0 \sim 5.0$。

在设计隔振时，可以根据工程性质确定其减振标准，即确定 K 值，然后选择减振材料和减振器。

在设计和选用减振器时，应注意以下几个问题：

(1) 当设备转速 $n > 1\,500$r/min时，宜选用橡胶、软木等弹性材料垫块或橡胶减振器；当设备转速 $n \leqslant 1\,500$r/min 时，宜选用弹簧减振器。

(2) 减振器承受的荷载应大于允许工作荷载的 $5\% \sim 10\%$，但不应超过允许工作荷载。

(3) 选择橡胶减振器时，应考虑环境温度对减振器压缩变形量的影响，计算压缩变形量宜按制造厂提供的极限压缩量的 $1/3 \sim 1/2$ 采用。设备的振动频率 f 与橡胶减振器垂直方向的固有频率 f_0 之比应大于或等于 3.0。橡胶减振器应尽量避免太阳直射或与油类接触。

(4) 选择弹簧减振器时，设备的振动频率 f 与弹簧减振器垂直方向的固有频率 f_0 之比应大于或等于 2.0。当其共振振幅较大时，宜与阻尼比大的材料联合使用。

(5) 使用减振器时，设备重心不宜太高，否则容易发生摇晃。当设备重心偏高时，或设备重心偏离几何中心较大且不易调整时，或减振要求严格时，宜加大减振台座的质量及尺寸，使系统重心下降，确保机器运转平稳。

(6)支撑点数目不应少于 4 个。机器较重或尺寸较大时，可用 6～8 个。

(7)为了减少设备的振动通过管道的传递量，通风机和水泵的进、出口宜通过隔振软管与管道相连。

(8)在自行设计减振器时，为了保证稳定，对弹簧减振器，弹簧应尽量做的短胖些。一般来说，对于压缩性荷载，弹簧的自由高度不应大于直径的两倍。橡胶、软木类的减振垫，其静态压缩量不能过大，一般在 10mm 以内；这些材料的厚度也不宜过大，一般在几十毫米以内。

2. 隔振措施

通风空调系统中，各类运转设备如风机、水泵和冷水机组等，会由于转动部件的质量中心偏离轴中心而产生振动，该振动又传给支撑结构(基础或楼板)或管道，引起后者振动。振动一方面直接向外辐射噪声，另一方面以弹性波的形式通过与之相连的结构向外传播，并在传播的过程中向外辐射噪声。这些振动将影响人的身体健康、产品质量，有时还会破坏支承结构。因此，通风空调系统中的一些运转设备，应采取隔振措施。

减弱空调装置振动的办法是在设备基础处安装与基础隔开的弹性构件，如弹簧、橡胶、软木等，以减轻通过基础传出的振动力，称之为积极隔振法，空调装置的隔振都属积极隔振；属于工艺自身隔振的装置，如精密仪器、仪表等，防止外界振动对装置带来影响而采取措施，被称作消极隔振法。

(1)隔振材料及隔振装置。隔振材料的品种很多，有软木、橡胶、玻璃纤维板、毛毡板、金属弹簧和空气弹簧等。在空调工程中，最常用的隔振材料是橡胶及金属弹簧，或两者合成的隔振装置。下面介绍空调工程中常用的隔振装置。

1)弹簧隔振器。弹簧隔振器是由单个或数个相同尺寸的弹簧加铸铁或塑料护罩构成的，图 8.15 为弹簧隔振器的构造示意图。弹簧隔振器由于结构简单，加工容易，固有频率低，静态压缩量大，承载能力大，性能稳定、可靠，安装方便，隔振效果好，使用寿命长，具有良好的耐油性、耐老化性和耐高低温性能，所以应用广泛。但它的阻尼比小，容易传递高频振动，并在运转启动时转速通过共振频率会产生共振，水平方向的稳定性较差，价格较贵。如果将弹簧隔振器与橡胶组合起来使用，减振效果会更好。

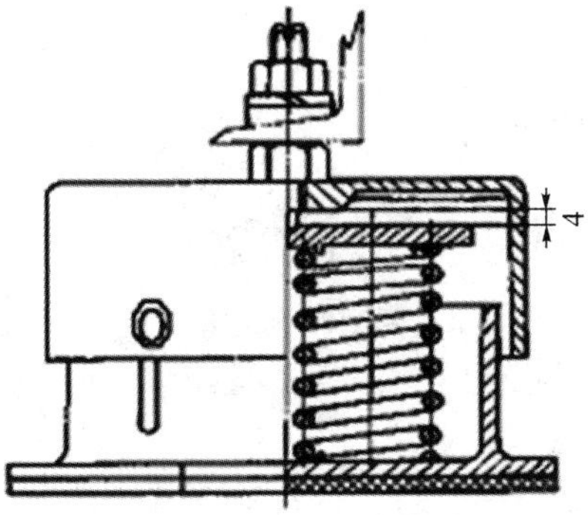

图 8.15　弹簧隔振器构造示意图

2)橡胶隔振装置。橡胶是一种常用的隔振材料，弹性好、阻尼比大、成形简单、造型和压制方便，可多层叠合使用，能降低固有频率且价格低廉。但橡胶不耐低温和高温，易老化，使用年限较短，这些缺点也限制了它的应用范围。做隔振用的橡胶主要采用经硫化处理的耐油丁腈橡胶制成，主要有橡胶隔振垫和橡胶隔振器两种，分别属于压缩型和剪切型橡胶隔振装置，如图 8.16 所示。

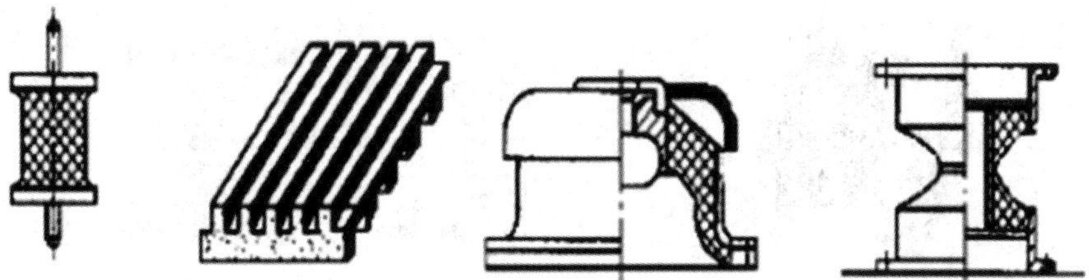

(a)　(b)

图 8.16　不同形式的橡胶隔振器结构示意图

(a)压缩型；(b)剪切型

3)弹簧与橡胶组合隔振器。当采用橡胶隔振装置满足不了隔振要求，采用弹簧隔振器阻尼又不足时，可采用弹簧与橡胶组合隔振器。这类隔振器有并联、串联及复合型等形式，如图 8.17 所示。

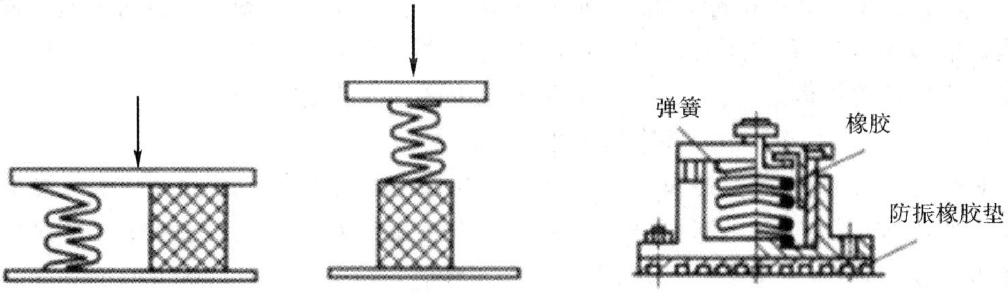

(a)　(b)　(c)

图 8.17　弹簧与橡胶组合隔振器

(a)并联；(b)串联；(c)复合型

4)悬吊隔振器。悬吊隔振器又称隔振吊架，主要用于悬吊安装的设备、装置和管道的隔振，以减少设备、装置和管道传递给悬吊支承结构(如楼板)的振动。其形式有弹簧悬吊隔振器和橡胶悬吊隔振器两种。图 8.18 所示为 ZTW 型阻尼弹簧悬吊减振器。悬吊隔振器结构简单，刚度低，隔振效果好，安装比较方便。

图 8.18　弹簧悬吊隔振器外观图

5)软接头。为了消除或减少冷(热)水机组、水泵、风机和空调设备通过所连接水管或风管向外传递的振动，通常在这些设备的冷热流体进、出口与管道的连接处设置软接头来过渡，使设备与管道的刚性连接变为柔性连接。

软接头又称为隔振软管，常用的有橡胶挠性接管(俗称橡胶软接头)和不锈钢波纹管两种(见图 8.19)。橡胶软接头具有弹性好，位移量大，吸振能力强等特点，但受水温和水压的限制，且易老化；不锈钢波纹管能耐高温、高压，耐腐蚀，经久耐用，但价格较高。

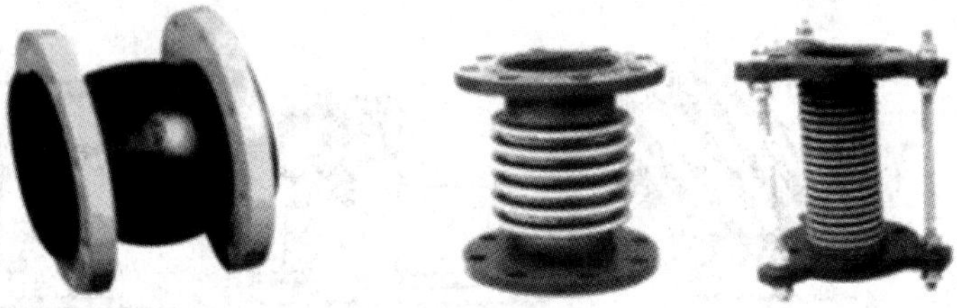

(a)　　(b)　　(c)

图 8.19　软接头外观图

(a)KXT 型可曲挠橡胶软接头；(b)JZ 型不锈钢波纹管

(2)空调系统的隔振设计。空调系统的隔振设计应包括设备隔振和管道隔振。设备隔振包括冷水机组、空调机组、水泵、风机(包括落地式和吊装式风机)以及其他可能产生较大振动设备的隔振；管道隔振主要是防止设备的振动通过管道进行传递。图 8.20 所示为水泵机组的减振示意图。图中设备隔振措施为：在介于基座和支撑结构之间，安装水泵机组减震器。图中管道隔振措施为：在水泵进水管和出水管处，安装挠性接管，减弱水泵向管道的振动传递，另外在主要产生振动的管道处，安装支撑杆和钢板，加固结构并且减弱振动。

一般来说，空调系统隔振的基本原则主要有以下几点：

1)必须对所有的空调、制冷设备做有效的隔振处理。隔振台座通常采用钢筋混凝土预制件或型钢架，可采用平板和 T 形两种，其尺寸应满足设备安装(包括地脚螺栓长度)的要求。当设备重心较低时，宜采用平板型；当设备重心较高时，宜采用 T 形。尽可能增加隔振台座的质量，一般以 2～5 倍的机器质量为宜。对于地震区，应有防止隔振台座水平位移的措施。

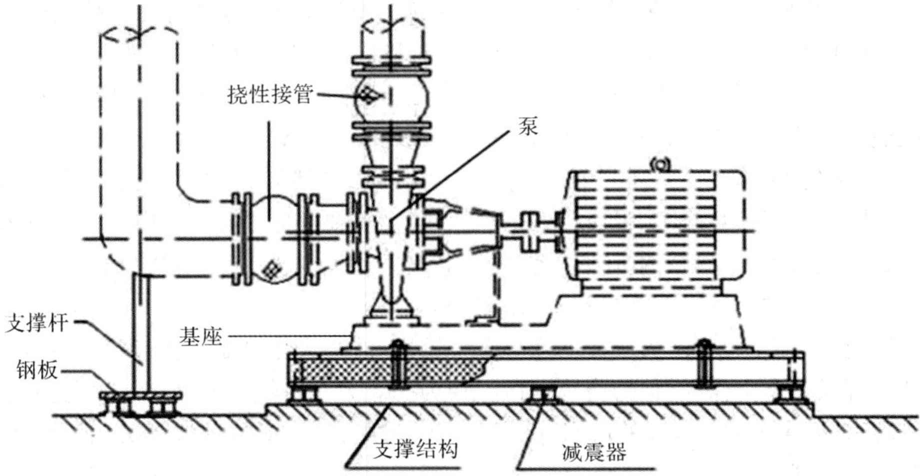

图 8.20　水泵机组的减振示意图

2)冷水机组等质量较大(数吨以上)的设备,可以不设隔振台座,设备直接设于隔振器上。每个设备所配的减振器设置数量宜为 4 个,最多不应超过 6 个,且每个减振器的受力及变形应均匀一致。空调机组可直接采用橡胶隔振垫隔振。

3)隔振要求高的设备(如风机)吊装时,应采用金属弹簧或金属弹簧-橡胶复合型隔振吊钩;隔振要求较小的设备(如风机盘管等)吊装时,若有必要,可采用橡胶隔振吊钩。冷热源机房的上层为噪声和振动要求标准较高的房间时,机房内水管宜采用橡胶隔振吊钩吊装。

4)一般管道隔振是通过设备与管道之间的软连接实现的,软管可以起到温度、压力和安装的补偿作用。通风机出风口或回风口与管道之间的连接一般可采用人造革材料或帆布材料制作的软接头;清水泵的进出水管上可设置各种橡胶软管;而对于管内高温、高压和氟利昂介质的冷冻机、水泵和空压机等则采用不锈钢的全金属波纹软管,都可以起到较好的隔振效果。软接双向配置软管的降噪效果比单向的要好;管道的固定方式对降噪影响也很大。

8.2　空调建筑的防火排烟系统

8.2.1　防火排烟基础

在民用建筑设计中,不仅需要妥善处理防火方面的问题,而且必须慎重考虑防烟、排烟问题。防、排烟设施对减少人员的伤亡、有效控制火灾的扩大和蔓延、保证人员的安全疏散和扑救工作的进行等是非常重要的。《建筑设计防火规范》(GB 50016—2014)规定,凡住宅建筑物高度大于 100m,设有防烟楼梯及消防电梯的建筑物均应有防、排烟设施。

需要设置防烟、排烟的部位包括以下几方面:

(1)防烟楼梯间及其前室、消防电梯前室和合用前室。防烟楼梯间和消防电梯设置前室的目的是阻挡烟气进入防烟楼梯和消防电梯;作为人员临时避难场所;降低建筑物本身由于热压差而产生的烟囱效应,以减缓烟火垂直蔓延的速度。据国外资料介绍,发生火灾时,烟气水平方向流动的速度约有 0.3～0.8m/s,垂直方向的扩散速度约为 3～4m/s。当烟气无阻拦时,只要 1min 左右,就可以通过楼梯扩散到几十层高的楼面。

(2)一类建筑和建筑高度超过32m的二类建筑的下列走道或房间：无直接天然采光和自然通风，且长度超过20m的内走道或虽有直接采光和自然通风，但长度超过60m的内走道；面积超过100m^2，且经常有人停留或可燃物较多的无窗房间、设固定窗扇的房间和地下室的房间。一类建筑包括高级住宅(建筑标准高、可燃装修多、设有空调的住宅)、19层及19层以上的普通住宅、医院、百货楼、展览楼、财贸金融楼、电信楼、广播楼、省级邮政楼、高级旅馆(建筑标准高、功能复杂、可燃装修多、设有空调的旅馆)以及重要的办公楼、科研楼、图书楼和档案楼等。二类建筑包括10～18层的普通住宅，建筑高度不超过50m的教学楼和普通的旅馆、办公楼、科研楼、图书楼、档案楼和省级以下的邮政楼等。

在高层建筑物内，为了把火灾控制在一定范围内，防止火势蔓延扩大，减少火灾危害，用防火墙和楼板分成若干个分区，称为防火分区。而为了着火时将烟气控制在一定范围内，须设排烟设施的走道、净高不超过6m的房间，应当用挡烟垂壁、隔墙或从顶棚下突出不少于500mm的梁在防火区内划分几个分区，称为防烟分区。每个防烟分区的建筑面积不宜超过500m^2，且防烟分区不应跨越防火分区。

通常的防、排烟方式有下列四种：自然排烟、机械排烟、防烟加压送风和密闭防烟。

1. 自然排烟

自然排烟就是利用与室外相邻的窗、阳台、凹廊或专用排烟口将室内的烟气排出。自然排烟不使用动力，结构简单，运行可靠，但是当火势猛烈时，火焰有可能从开口部分喷出，从而使火势向上层蔓延。自然排烟还容易受室外风力的影响。

自然排烟口的面积，一般可取地板面积的2%。排烟口应设在防烟分区顶棚上或靠近顶棚的墙面上，距顶棚800mm以内，因为不管窗的高度有多高，起排烟作用的有效高度是顶棚以下的800mm。排烟口的平面位置应使防烟分区内的任何地点至排烟口的水平距离在30m以内。

不靠外墙的防烟楼梯间前室、消防电梯前室和合用前室或虽靠外墙但不能开窗者，可采用排烟竖井进行自然排烟。这时必须同时设置竖井进风通道，以便直接将室外空气引入室内。

自然排烟竖井的断面积不宜小于6m^2，合用前室时不宜小于9m^2。排烟口的开口面积不宜小于4m^2，合用前室时不宜小于6m^2。

采用自然进风时，进风竖井的面积不宜小于2m^2，合用前室时不宜小于3m^2。进风口有效面积不宜小于1m^2，合用前室时不宜小于1.5m^2。进风口应设在前室靠近地面的墙上。

2. 机械排烟

机械排烟就是使用排烟风机进行强制排烟。它由挡烟垂壁(活动式或固定式)、排烟口(或带有排烟阀门的排烟口)、防火排烟阀门、排烟风机和排烟出口组成。机械排烟可分为局部排烟和集中排烟两种。局部排烟方式是在每个房间内设置风机直接进行排烟；集中排烟方式是将建筑物划分为若干区，在每个区内设置排烟风机，通过风道排除各房间的烟气。

挡烟垂壁应用非燃材料制作，如钢板、夹丝玻璃和钢化玻璃等。活动挡烟垂壁从顶棚垂下应不小于500mm(地下室不小于800mm)。活动挡烟垂壁应由烟感探测器控制，或与排烟口联动，或受消防控制中心控制，但同时应能就地手动控制。活动挡烟垂壁落下时，其下端距地面的高度应大于1.8m。

走道或房间采用机械排烟时，排烟风机的风量按下述方法确定：当排烟风机负担一个防烟分区时(包括不划分防烟分区的大空间房间),应该按防烟分区面积每平方米不少于 0.017m^3/s 计算;当负担两个或两个以上防烟分区时,应按最大防烟分区面积每平方米不少于 0.03m^3/s 计算。一个排烟风机可以负担几个防烟分区,其最大排烟量为 16.7m^3/s,最小为 2m^3/s。

选择排烟风机时,应附加漏风系数,一般采用 10%～30%。排烟风道应按最不利条件考虑,即按最大两个排烟口同时开启的条件计算。机械排烟管道内的风速,采用金属管道时,不应大于 20m/s;采用内表面光滑的混凝土等非金属风道时,不应大于 15m/s。排烟口风速不宜大于 10m/s。

防烟楼梯间前室、消防电梯前室和合用前室的机械排烟,其排烟风机的排烟量不宜小于 4m^3/s(合用前室时不宜小于 6m^3/s)。

3. 防烟加压系统

楼梯间及其前室对火灾时疏散人员、灭火救护工作有重要意义。为了保证火灾时烟气不侵入楼梯间及其前室,用风机向楼梯间送风,使其压力高于防烟楼梯间前室或消防电梯前室,而前室的压力又比走道的火灾房间要高些,这种防止烟气侵入的方式称为防烟加压方式。

对加压空间的送风,通常是依靠通风机通过管道送入被加压空间。这种空气必须吸自室外,并不应受到烟气污染。这种空气不需做过滤、消声或加热等任何处理。

加压空气从建筑物排出的方式通常有以下几种:

(1)建筑物周边设有专用的排风口。在正常状态时,排风口阀门处于关闭状态,发生火灾时,加压系统开始运行,同时将火灾层的排风口打开。

(2)竖风道自然排风。供加压系统排风用的风道,不允许安装防火阀,所有楼层上的排风口经常处于关闭状态。当火灾发生时,只打开失火那层的排风口。

(3)竖风道机械排风。着火层的排风量应大于该层的加压送风量。排风口经常处于关闭状态。

(4)外窗排风。利用房间或走道的可开启外窗排风。

防烟楼梯间及其前室宜分别设置送风竖井(管)。为了使楼梯间的压力趋向均匀,减少超压现象,楼梯间的送风竖井(管)宜每隔 2～3 层设一个送风口,前室送风竖井每层设一个送风口。送风口的面积大小,根据风速要求经计算确定。送风口的风速不宜大于 7m/s。

4. 密闭防烟

这种防烟方式一般适用于面积较小,且其墙体、楼板耐火性能较好,密封性好并采用防火门的房间。在发生火灾时,人员很快疏散出来,并立即用防火门将着火房间关闭起来,与周围隔绝,使之缺氧而达到灭火的目的。目前国内尚无先例,在国外有少数建筑、局部房间采用过此种排烟方式。

8.2.2　建筑设计的防火和防烟分区原则

目前我国城市公共建筑正在朝着大型化、高层化和多功能化的方向发展,在这样的建筑物中,火灾所带来的危害是严重的。随着人们生活水平的提高,建筑物内各种室内用品及家具使用合成材料的数量和品种越来越多,合成材料不仅热量释放速率变化快,其燃烧产生的有害气体也变得更为复杂,火灾烟气已成为对人的生命安全威胁最大的因素。据统计,因火灾而死亡的人员中 80%是由于吸入毒性气体而致死的。

因此，人们日益重视建筑防火与防排烟问题，而空调系统的防火与防排烟是建筑防火设计的重要组成部分。空调设计中如果不充分考虑防火与防排烟，就会留下危险隐患，使空调系统可能成为火灾及烟气蔓延的通道。控制火灾烟气的目的是使烟气合理流动，不向疏散通道、安全区和非着火区流动，以便发生火灾时人们能安全疏散。采取的主要措施有划分防火分区和防烟分区；加压送风防烟；疏导排烟等。

1. 防火分区

防火分区是指采用防火分隔措施划分出的，能在一定时间内防止火灾向同一建筑的其余部分蔓延的局部区域(空间单元)。其目的是有效地把火势控制在一定的范围内，减少火灾损失，同时可以为人员安全疏散、灭火、扑救提供有利条件。

防火分区按照防止火灾向防火分区以外扩大蔓延的方向可分为两类：一类为垂直防火分区，用以防止多层或高层建筑物层与层之间竖向发生火灾蔓延；另一类为水平防火分区，用以防止火灾在水平方向扩大蔓延。

竖向防火分区是指用耐火性能较好的楼板及窗间墙(含窗下墙)，在建筑物的垂直方向对每个楼层进行的防火分隔。水平防火分区是指用防火墙或防火门、防火卷帘等防火分隔物将各楼层在水平方向分隔出的防火区域。

防火分区划分原则：

(1)防火分区的面积规定，为了防止失火后火势的蔓延和扩散，建筑设计时应进行防火分区。每个防火分区之间用防火墙、耐火楼板和防火门隔断。防火分区面积大小的确定应考虑建筑物的使用性质、重要性、火灾危险性、建筑物高度、消防扑救能力以及火灾蔓延的速度等因素。

(2)高层建筑内防火分区划分原则。

1)根据我国现行《建筑设计防火规范》(GB 50016—2014)中规定，防火区的最大允许建筑面积为，高层民用建筑 1 500m^2；单、多层民用 2 500m^2；地下室 500m^2。

2)设有自动灭火系统时，其允许最大建筑面积可按上述规定增加一倍，当局部设置自动灭火系统时，增加面积可按该局部面积的一倍计算。

3)高层建筑内的营业厅、展览厅等，当设有火灾自动报警系统和自动灭火系统且采用不燃烧或难燃烧材料装修时，地上部分分区的最大建筑面积为 4 000m^2，地下部分为 2 000m^2。

4)高层建筑内设有上、下层相连的部分，如开敞楼梯、自动扶梯等，应按上下连通层作为一个防火分区。

2. 防烟分区

防烟分区是为有利于建筑物内人员安全疏散和有组织排烟，而采取的技术措施。依靠防烟分区，使烟气封闭于设定空间，通过排烟设施将烟气排出至室外。

防烟分区则是对防火分区的细分化，防烟分区内不能防止火灾的扩大，它仅能有效地控制火灾产生的烟气流动。

公共建筑的防烟分区不应超过 500m^2，而且防烟分区不得跨越防火分区。防烟分区的分隔，可用隔墙，也可用挡烟垂壁(从顶棚下突出约 500mm 的用非燃材料制作)，当发生火灾时由人工放下。挡烟垂壁也可用透明材料制作，并固定安装。或用从顶棚下突出不小于 0.5m 的梁划分防烟分区。

设置防烟分区时，面积划分必须合适，如果面积过大，会使烟气波及面积扩大，增加受灾面，不利于安全疏散和扑救；如果面积过小，不仅影响使用，还会提高工程造价，应按以下原则划分：

(1)垂直防烟区。通常每层楼作为一个垂直防烟区(与防火分区划分相同)。

(2)水平防烟区。每层楼防烟区按照每个水平防火分区划分数个防烟区，防烟区的划分不能跨越防火分区。

(3)防烟区面积。规定每个防烟分区的面积不宜大于 $500m^2$。

(4)防烟分区的划分应注意以下几点：

1)凡需要设置排烟设施的走道、净空不超过 6m 的房间，应采用挡烟垂壁、隔墙或从顶棚下突出不小于 50cm 的梁划分防烟分区。

2)走道排烟面积即走道的地面积与连通走道的无窗房间或固定窗的房间面积之和，不包括有开启外窗的房间面积。同一防火分区内连接走道的门可以是一般门，不规定必须是防火门。

3)走道和房间(包括地下室)按规定均设排烟设施时，可根据具体情况分设或合设排烟设施，按分设或合设排烟设施的情况划分防烟分区。

在防火、防烟分区的划分中，还应当根据建筑物的具体情况，从防火、防烟的角度把建筑物中不同用途的部分划分开。特别是高层建筑中空调系统的管道，火灾发生时容易成为烟气扩散的通道，在开始进行设计时就要考虑尽量不要让空调管道穿越防火、防烟分区。防烟分区的前提是设置排烟设施，只有设了排烟设施，防烟分区才有意义。做法是在各防烟分区内分别设置一个排烟口，排烟口到防烟分区内各点的距离在 30m 以内。图 8.21 是某百货大楼空调系统与防火、防烟分区结合布置的实例图。

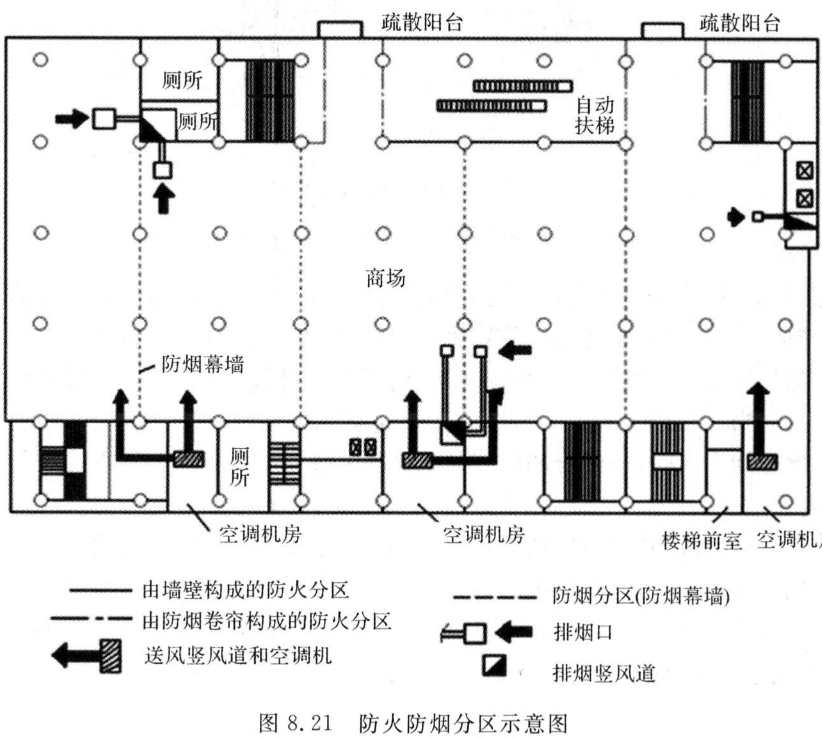

图 8.21　防火防烟分区示意图

8.2.3 防排烟方式

高层建筑的防烟方式分为机械加压送风的防烟方式和可开启外窗的自然排烟方式。自然排烟是利用房间内可开启的外窗或排烟竖井或屋顶的天窗或阳台，依靠火灾时所产生的热压及风压的作用，将室内所产生的烟气排出。这种排烟方式具有不需要电源、设施简单、平时可用于建筑物的通风换气等优点，但受风压、热压等因素的影响，排烟效果不稳定，设计不当时无法达到排烟的目的。如当着火房间的开口处于迎风侧时，室内的烟气难以排除，甚至会扩散到其他房间或走廊里。虽然如此，但根据我国目前的经济条件和管理水平，自然排烟还是得到了广泛的应用。

1.高层建筑的自然排烟方式

利用高温烟气产生的热压和浮力以及室外风压造成的抽力，把火灾产生的高温烟气通过阳台、凹廊或在楼梯间外墙上设置的外窗和排烟窗排至窗外，如图 8.22 所示。

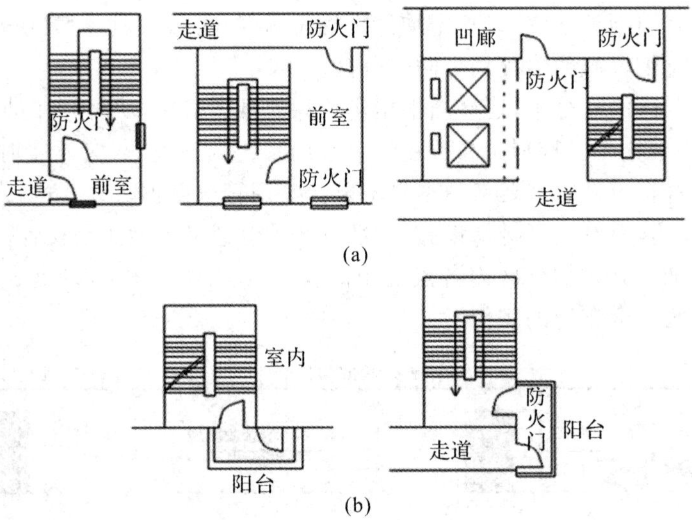

图 8.22 自然防排烟示意图

(a)靠外墙的防烟楼梯间及前室；(b)室外阳台排烟

采用自然排烟时，热压的作用较稳定，而风压因受风向、风速和周围遮挡物的影响变化较大。当自然排烟口的位置处于建筑物的背风侧(负压区)，烟气在热压和风压造成的抽力作用下，迅速排至室外。但自然排烟口如果位于建筑物的迎风侧(正压区)，自然排烟的效果会视风压的大小而降低，当自然排烟口处的风压大于或等于热压时，烟气将无法从排烟口排至室外。因此，采用自然排烟方式时，应结合相临建筑物对风的影响，将排烟口设在建筑物常年主导风向的负压区内。

采用自然排烟的高层建筑前室或合用前室，如果在两个或两个不同朝向上有可开启的外窗(或自然排烟口)，火灾发生时，通过有选择地打开建筑物背风面的外窗(或自然排烟口)，则可利用风压产生的抽力获得较好的自然排烟效果，图 8.23 所示就是两个这样布置的前室自然排烟外窗的建筑平面示意图。

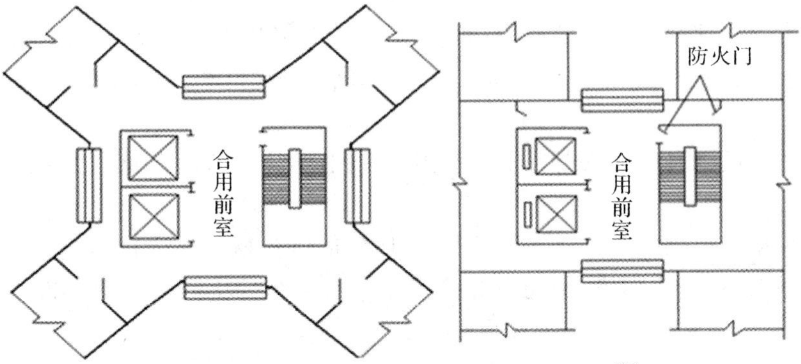

图 8.23　可开启外窗的前室示意图

(a)四周有可开启外窗的前室；(b)两个不同朝向有开启外窗的前室

2.机械加压送风防烟

设置机械加压送风防烟系统的目的，是为了在建筑物发生火灾时，提供不受烟气干扰同时应保证在打开加压部位的门时，在门洞断面处有足够大的气流速度，能有效地阻止烟气的入侵，保证人员安全疏散与避难。

根据《建筑设计防火规范》(GB 50016—2014)规定，下列部位应设置独立的机械加压送风的防烟设施：不具备自然排烟条件的防烟楼梯间、消防电梯间前室或合用前室；采用自然排烟措施的防烟楼梯间，其不具备自然排烟条件的前室；封闭避难层(间)。

(1)机械加压送风防烟的计算方法。机械防烟是向防烟楼梯间及其前室加压送风，造成与走道之间一定的压力差，防止烟气入侵，其计算方法有压差法和风速法两种。压差法是采用机械加压送风的防烟楼梯间及其前室，消防电梯间前室及合用前室的加压送风量按门关闭时保持一定正压值计算。风速法采用机械加压送风的防烟楼梯间及其前室，消防电梯间前室及合用前室，当门开启时，门洞处保持一定的风速。以上按压差法和风速法分别计算出的风量，取其中较大值作为系统计算加压送风量。

单独的消防电梯前室加压送风系统，如按保持开启门洞处一定风速，所需风量远大于保持正压所需风量时，可能造成消防电梯前室超压，宜考虑设置泄压阀，其阀板开启面积按前室和走道静压差值不超过 60Pa 计算。

(2)机械加压送风防烟系统的基本要求。

1)机械加压送风风机可以采用轴流式风机或中、低压离心式风机，其安装位置根据供电条件、风量分配均衡、新风入口不受烟火威胁等因素确定。

2)楼梯间宜每隔 2～3 层设一个加压送风口；前室的加压送风口应每层设一个。

3)送风口不宜设置在被门挡住的部位，送风口的风速不宜大于 7m/s。

4)只在前室设机械加压送风时，宜采用顶送风口或采用空气幕形式。

5)送风管道应采用不燃烧材料制作，当采用金属风道时，管道风速不应大于 20m/s；当采用内表面光滑的混凝土等非金属材料风道时，管道风速不应大于 15m/s。

6)当加压送风管穿越有火灾可能的区域时，风管的耐火极限应不小于 1h。

7)送风井道应采用耐火极限不小于 1h 的隔墙与相邻部位分隔，当墙上必须设置检修门时应采用丙级防火门。

8)超过 32 层或建筑高度超过 100m 的高层建筑，其送风系统和送风量应分段设计。

9)剪刀楼梯间可合用一个机械加压送风道，其风量应按两个楼梯间风量计算，送风口应分别设置。

10)封闭避难层(间)的机械加压送风量应按避难层(间)净面积每平方米不少于 $30m^3/h$ 计算。

11)机械加压送风机的全压，除计算最不利环管道压头损失外，尚应有余压。其余压值应符合下列要求：前室、合用前室、消防电梯前室和封闭避难层(间)为 25～30Pa；防烟楼梯间为 40～50Pa。

3. 机械排烟

采用排风机进行强制排烟称为机械排烟。它由挡烟壁、排烟口、排烟防火阀、排烟道、排烟风机和排烟出口组成。

(1)机械排烟的实施部位。根据《建筑设计防火规范》(GB 50016—2014)的规定，对一类建筑和建筑高度超过 32m 的二类建筑的下列走道和房间设置机械排烟设施：

1)无直接自然通风，且长度超过 20m 的内走道。

2)虽有直接自然通风，但长度超过 60m 的内走道。

3)面积超过 $100m^2$，且经常有人停留或可燃物较多的地上无窗房间或设固定窗的房间。

4)不具备自然排烟条件或净空高度超过 12m 的中庭。

5)除利用窗井等采用可开窗自然排烟措施的房间除外，房间总面积超过 $200m^2$ 或一个房间面积超过 $50m^2$，且经常有人停留或可燃物较多的地下室。

(2)排烟系统的基本要求。

1)排烟系统的布置。走道的排烟系统宜竖向布置；房间的排烟系统宜按防烟分区布置。排烟气流应与机械加压送风的气流合理组织，并尽量考虑与疏散人流方向相反。机械排烟系统与通风和空气调节系统宜分开设置。若合用时，必须采取可靠的防火安全措施，并应符合排烟系统要求。设置机械排烟的地下室，应同时设置送风系统，且送风量不宜小于排烟量的 50%。

2)排烟口。当用隔墙或挡烟垂壁划分防烟分区时，每个防烟分区应分别设置排烟口。防烟分区内的排烟口距最远点的水平距离不应超过 30m，在排烟支管上应设有当烟气超过 280℃自行关闭的排烟防火阀。排烟口应设在顶棚上或靠近顶棚的墙面上，且与附近安全出口沿走道方向相邻近边缘之间的最小水平距离不应小于 1.5m。设在顶棚上的排烟口，距可燃构件或可燃物的距离不应小于 1m。排烟口平时应关闭，并应设有手动和自动开启装置。排烟口的尺寸，可根据烟气通过排烟口有效断面时的速度不宜大于 10m/s 进行计算。

为防止顶部排烟口处的烟气外溢，可在靠近排烟口的来烟气流的另一侧装设防烟幕墙，起到排烟口蓄烟和防止向别处扩散的作用。同一分区内设置数个排烟口时，要求做到所有排烟口能同时开启，排烟量应等于各排烟口排烟量的总和。机械排烟系统中，当任一排烟口或排烟阀开启时，排烟风机应能自行启动。

3)排烟管道必须采用不燃材料制作，安装在吊顶内的排烟管道，其隔热层应采用不燃材料制作，并应与可燃物保持不小于 150mm 的距离。

4)烟气排出口的材料，可采用 1.5mm 厚钢板或用具有同等耐火性能的材料制作。烟气排出口的设置，应根据建筑物所处的条件（风向、风速、周围建筑物以及道路等情况）考虑确定，既不能将排出的烟气直接吹在其他火灾危险性较大的建筑物上，也不能妨碍人员避难和灭火活动的进行，更不能让排出的烟气再被通风或空调设备等吸入。此外，必须避开有燃烧危险的部位。当烟气排出口设在室外时，应防止雨水、虫鸟等侵入，并要求在排烟时坚固而且不会脱落。

8.2.4　防火排烟装置

空调系统的风道是火灾蔓延的重要途径，尤其在设有空气调节的高层建筑中更为突出。为了保证建筑及人员安全，必须十分重视空调系统的防火问题。我国在 1982 年颁布了《高层民用建筑设计防火规范》(GRJ 45—82)，首次写入了有关通风和空气调节的条文。设计通风和空气调节系统时，从防火的角度来看，应注意以下一些问题，其中就包括了一些必要设备、装置的采用。

(1)通风与空气调节系统，横向应按每个防火分区设置，竖向不宜超过 10 层。当排风道上有防止回流的措施，且各层设有自动喷水灭火装置时，新风道可不受此限制。目前，旅游宾馆、医院和办公楼等建筑，大多采用风机盘管加新风或诱导式空调系统，其风道断面较小，例如排风采取防回流措施，其新风道竖向穿越可超过 10 层。

防止回流的方法有：加大各层垂直排风支管的穿越高度，使各层排风支管穿越两层楼板；把排风竖管分成大小两个管道，总竖管直通屋面；将支管顺气流方向插入排气竖管道（支管出口的高度不应小于 600mm)；在支管上安装止回阀；在支管上装防火阀装置等。

其中的防火阀门属于一种防火装置。防火阀门如图 8.24 所示。当发生火灾时，火焰侵入风道，高温使阀门上的易熔合金熔解，或使记忆合金产生变形，而使阀门自动关闭，以防止火灾沿风道蔓延。一般规定防火墙与防火风门之间的风道须用 1.5mm 厚的钢板制作，以防其受热变形。防火阀门若与一般风门结合使用时，可兼起风量调节的作用，称为防火调节阀门。

图 8.24　防火阀门

(2)垂直风道应设在管道井内，该井壁应为耐火极限不低于 1h 的非燃烧体，井壁上的检查门设备，应采用丙级防火门。管道井应在每隔 2～3 层楼板处用相当于楼板耐火等级的非燃烧体做防火分隔。

(3)通风及空气调节系统的风道不宜穿过防火墙和变形缝，如必须穿过时，应在风道上设防火阀。穿过变形缝时，应在变形缝两侧的风道上设防火阀。防火阀的阀板应顺气流方向能自行严密关闭，防火阀处应有独立的支架、吊架，应有防止风道变形而影响关闭的措施。防火阀易熔环的作用温度宜为70℃。

(4)通风和空气调节系统的送、回风总管,在穿越机房和重要的或火灾危险性较大的房间的隔墙、楼板处,以及垂直风道与每层水平风道交接处的水平支管上,均应设防火阀。

(5)厨房、浴室和厕所等的排风道与竖井相连接时,应有防止回流的措施。

(6)风道内设有电加热器时,电加热器前后各800mm范围内的风道和穿过有火源等容易发生火灾房间的风道,均应采用非燃烧保温材料(包括黏结剂)进行保温。电加热器应设置无风断电保护装置。目前,常用的非燃保温材料有矿渣棉、超细玻璃棉、玻璃纤维、膨胀珍珠岩制品、泡沫玻璃和石棉制品等。

(7)通风与空调系统的风道,应采用非燃材料制作,保温或消声材料应采用非燃或阻燃材料。若采用阻燃材料作保温材料时,则风道穿越防火墙或楼板处的一段管道(前后各2m)应采用非燃材料,其穿墙和楼板处的空隙应采用非燃材料填塞。目前,常用的阻燃保温材料有自熄性聚氨酯泡沫塑料、自熄性聚苯乙烯泡沫材料等。

(8)通风与空气调节的进风口应设在不受火灾威胁的安全部位。

(9)通风与空气调节机房应与其他部分隔开,并分别采用耐火极限不低于3h和2h的隔墙和楼板,门应采用耐火极限不小于0.9h的防火门。高层民用建筑的空调机房应设火灾自动报警装置。

(10)风道应考虑可靠的接地措施,防止静电积聚。

(11)防火阀及排烟阀、排烟风机等均应定期检修和运行,以备紧急情况下使用。

除去防火设备及注意事项外,防排烟装置与机械送风系统直接相关,其中,设置机械加压送风系统的条件,需要根据《建筑设计防火规范》(GB 50016—2014)的规定,在下列部位应设置独立的机械加压送风的防烟设备:不具备自然排烟条件的防烟楼梯间、消防电梯间前室或合用前室;采用自然排烟措施的防烟楼梯间,其不具备自然排烟条件的前室;封闭避难层(间)。

在机械加压送风系统设计中,应注意排烟装置的运行和维护问题。加压送风机装置、设备的全压,除克服风道系统的阻力外,其流出压头对于防烟楼梯间应该设置为50Pa,前室或合用前室为25Pa,封闭避难层为25Pa。就各部位的空气压力而言,防烟楼梯间应大于前室,而前室应大于走廊,走廊的压力相对为零。

防烟楼梯间的加压送风口,宜每隔2～3层设一个。风口应该采用自垂百叶风口装置或常开式百叶风口装置,其位置应设置在下部。

前室的加压送风口装置,应每层设一个,每个风口的有效面积按系统总风量的1/3确定。风口应设计为常闭型,发生火灾时,需开启着火层的送风口以及与着火层相邻的上下两层送风口。风口的位置应设置在下部。

防烟楼梯间和合用前室,已分别独立设置机械加压送风系统,因为它们要求维持的正压值不同。

以上的装置在进行设计、选择时,需要参照送风量的大小,机械加压送风量的确定采用基于压差法的计算加压送风量计算公式。具体来说,是按照当门关闭时,为了保证一定的正压值,所需的送风量为

$$L = 0.827F\Delta P(1/b) \times 1.25 \tag{8.14}$$

式中　ΔP——压差值，按加压方式和部位取 25Pa 或 50Pa；

F——门、窗缝隙的计算漏风面积，m^3；

b——指数，对于门缝或漏风面积较大者取 2，对于窗缝取 1.6。

按式(8.14)计算出的加压风量，还应满足《建筑设计防火规范》(GB 50016—2014)所规定的风量。

通风空调系统的防排烟措施如下：

1)通风空调系统横向应按每个防火分区设置，竖向不宜超过 5 层，垂直风管应设在管道井内，井壁为耐火极限大于 1h 的非燃烧材料。

2)对于高度不超过 100m 的高层建筑，管道井应每隔 2～3 层在楼板处用相当于楼板耐火极限的不燃烧体作防火隔断。

3)高度超过 100m 的超高层建筑，管道井应在每层楼板处用相当于楼板耐火极限的不燃烧体作防火隔断，以减少热压对烟气的传播作用。

4)通风空调系统的风管不宜穿过防火分区和变形缝，如必须穿过时，应在穿越防火分区隔墙的风管装设 70℃时自动关闭的防火阀，穿越防火墙和变形缝的风管两侧 2m 范围内应采用不燃烧材料及其黏结剂。在防火阀处，必须设置独立的支、吊架。防火墙和防火阀之间的风管用大于 1.5m 厚的钢板制作，以防受热变形。

厨房、浴室和厕所的排风管与竖向风道连接时，应采取防止回流的措施，通常有以下几种处理方法：

1)增加各层排风支管的高度，使各层排风支管穿过上面一层楼板后再接入竖向风管。

2)把竖向排风道分为大、小两个管道，主排风道直上屋面，小排风管分层与主排风道相连。

3)把排风支管顺着气流方向插入竖向排风道，排风支管进口到出口的高度不小于 600mm。

4)风管内设有电加热器时，电加热器前后各 800mm 范围内的风管和穿过易发生火灾房间的风管，都应采用非燃烧的保温材料进行保温。电加热器应设置无风断电保护装置。

5)通风空调机房应与其他部分隔开，隔墙与楼板的耐火极限应分别大于 2h 和 3h。门应采用耐火极限不小于 1.2h 的防火门。

6)通风空调系统的风管、通风机等设备，应采用非燃烧材料制作。保温和消声材料也应采用非燃烧和难燃烧材料。

7)通风空调系统的送、回风总管在穿越通风、空调机房和火灾危险性较大房间的隔墙、楼板处，以及垂直风管于每层水平分枝干风管上，都应设置 70℃时自动关闭的防火阀。

8)排烟系统风道(管)内的风速采取如下：金属风管 $v \leqslant 20m/s$；内表面光滑的混凝土风道 $v \leqslant 15m/s$；排烟口 $v \leqslant 10m/s$；进风口 $q \leqslant 7m/s$。

8.2.5　空调设计与防排烟配合

近年来，我国颁布的有关建筑防火方面的法则主要有：2018 年颁布的《建筑设计防火规范修订版》(GB 50016—2014)和《人民防空工程设计防火规范》(GB 50098—2009)。

《建筑设计防火规范修订版》(GB 50016—2014)适用于 10 层及 10 层以上的住宅和建筑

高度超过24m的其他民用建筑，包括底层设置商业服务网点的住宅，但不适用于建筑高度超过100m的民用建筑和单层主体建筑高度超过24m的体育馆、会堂、剧院等公共建筑以及高层民用建筑中的人民防空地下室。

现将该规范防烟、排烟和通风、空气调节的主要内容简介如下：

1. 防烟楼梯间、消防电梯及它们的前室

防烟楼梯间及其前室、消防电梯前室和合用前室，应设独立的防烟、排烟设施。它们是防火救灾所必需的重点部位，其排烟系统要重点保证，不应与其他部位的防、排烟系统合用。

靠外墙的防烟楼梯间前室、消防电梯前室和合用前室，宜采用自然排烟方式。这种自然排烟方式具有投资少、效果较好、维护管理简单等优点。鉴于我国的经济技术和管理水平都比较低，这种方式值得推广。采用自然排烟方式时，应在阳台、凹廊或在外墙的上部设置有便于开启装置的排烟窗，其开窗面积不宜小于$2m^2$，合用前室时不宜小于$3m^2$。

采用机械排烟的防烟楼梯间前室、消防电梯前室和合用前室，其排烟量不宜小于$4m^3/s$（合用前室时不宜小于$6m^3/s$）。

采用机械加压送风的防烟楼梯间及其前室、消防电梯前室和合用前室，应保持正压，且楼梯间的压力应略高于前室的压力。

2. 排烟风机

排烟风机宜采用离心式风机，并应保持在280℃能连续工作30min。排烟风机应与排烟口设连锁装置，当任何一个排烟口开启时，排烟风机即能自动起动。排烟风机应有备用电源，并应能自动切换。

排烟风机的入口处，应设置当烟气温度超过280℃时能自动关闭的装置。因为当烟道内的烟气温度达到280℃时，在一般情况下，房间人员已疏散完毕，而且这时烟气中已带火，如不停止排烟，烟火就有扩大到其上层的危险，造成新的危害，如果这时只关闭排烟风机，将不能阻止烟火的垂直蔓延。若在排烟风机入口处设置自动关闭装置，就能起到不使烟火蔓延到排烟风机所在层（通常在顶层）的作用。

3. 排烟管道材料

排烟口、排烟阀门、排烟管道等与烟气接触的部分，必须采用非燃性材料制成，并应与可燃物保持不小于150mm的距离。

4. 排烟风机系统与通风、空调系统

机械排烟系统宜与通风、空气调节系统分开独立设置。有可能利用通风、空气调节系统进行排烟时，必须采取可靠的安全措施，并应设有在火灾时能将通风机、空气调节系统自动切换为排烟系统的装置。

如利用空气调节系统作为排烟用时，要把风道与风机连接位置改变，需要装设旁通管与自动切换阀。这样，平常运行时，会增大漏风量和阻力。另外，空气调节系统的风口都是常开的，若在火灾时作为排烟口，只允许起火处的排烟口开启排烟，其他都要关闭，这就要求空气调节系统每个风口上都装设自动控制阀门，才能满足排烟的要求。

5. 具体针对建筑设计与防火防烟的注意事项

(1)防火分区。水平分区用防火墙、防火门在水平方向分多个单元；高层塔楼一般不超过 1 000m²；裙房允许最大 2 500m²；营业厅、展览厅等有自动报警、灭火系统可允许 4 000m² 以下。

纵向分区用耐火楼板进行分隔，每层一个分区，如图 8.25 所示。

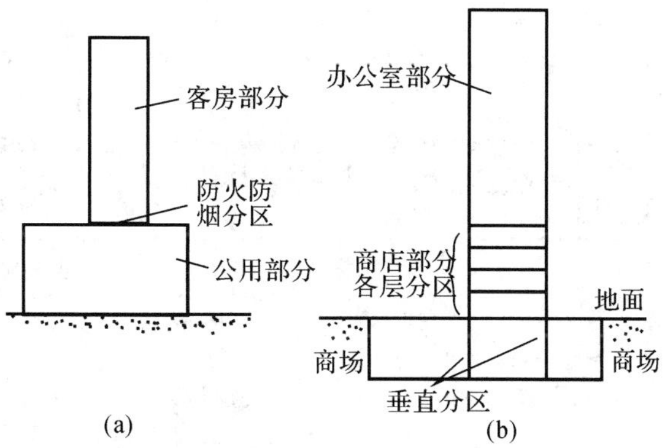

图 8.25　防火分区

(2)防烟分区。500m² 以下，用防烟墙、防烟垂壁、防烟挡板和防烟梁等分隔。

(3)防火卷帘。用于面积超出防火分区的公共建筑，发生火灾时降下。

(4)变形缝。一般有伸缩缝、沉降缝、抗震缝。

(5)避难层。高度超过 100m 的建筑应设避难层，并用防火材料封闭。

6. 具体针对空调设计与防火排烟

(1)重要性。韩国首尔一饭店火灾：火焰沿风道从 2 层烧到 21 层顶层，死伤 224 人。美国亚特兰大一饭店火灾，3 楼走道着火，全部烧毁，死伤 220 人。杭州一宾馆火灾：电焊烧着风道保温材料，从一层烧到顶层。1996 年 4 月 11 日下午，德国杜塞尔多夫机场火灾：电焊作业引起大火，半小时内火焰沿空调管道扩散到 2/3 面积，乘客与员工 16 人丧生，60 多人受伤。1998 年 3 月，伦敦 Heathrow 机场火灾：厨房排烟风道沉积油渍着火，火焰沿风管蔓延到 200m 以外。

(2)火灾伤亡原因。烟气是造成火灾死亡事故的主要原因，比例高达 80%。空调风道是火灾蔓延和烟气传播的主要途径。

(3)设备工程师防患于未然的责任。合理的系统选择；合理的系统布置；防火阀、防烟阀正确安装；合理设计排烟系统。

(4)空调系统的选择与布置。大面积空调最好用水作媒介；系统划分尽量与防火、防烟分区一致；垂直风道均走竖井；风道尽量不穿越防火墙和变形缝，否则要设置防火防烟阀；系统最好不要穿越楼层，如图 8.26 所示。

(5)防火防烟阀的安装。风管穿越防火墙时应安装防火阀，尽量贴近防火墙；变形缝有“拔火”作用，穿越变形缝的风道两侧都要加防火阀；防火墙和变形缝两侧 2m 范围内用不燃材料作保温和黏结剂。垂直风管与每层水平风管的交接处的水平风管上都应安装防火阀。

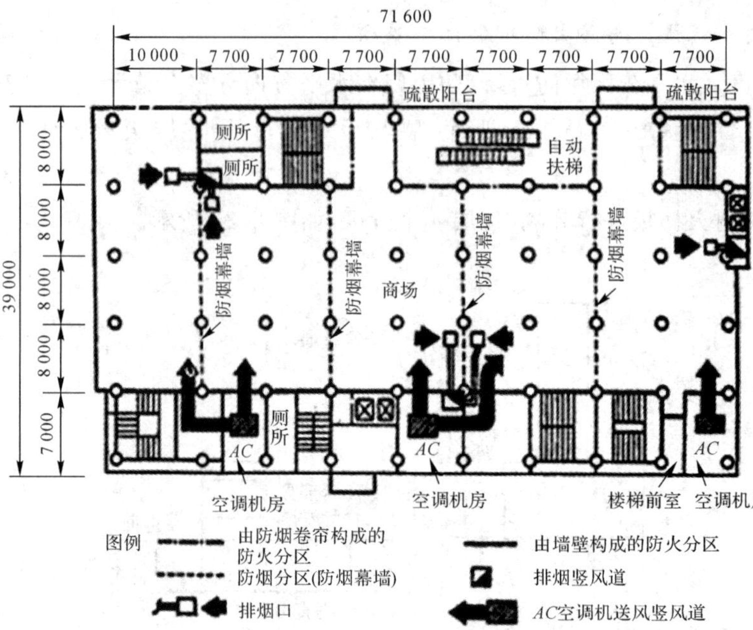

图 8.26　空调系统防火防烟分区图

7. 防排烟系统设计的注意事项

(1)排烟系统类型。独立的排烟系统:独立控制,设计管理方便,但久置易失效;

空调兼用排烟系统:保证火灾时能够运行,设计复杂;

自然排烟系统:初投资低,效果受自然条件影响,适用于小型建筑。

(2)对排烟风机的要求。排烟风机需要耐热:要求排烟风机耐温每小时 280℃。

(3)排烟模式。

加压排烟:保护区(非火灾区、避难层)正压。

负压排烟:把烟气抽出去,自然进风,如下进上排。注意着火区位置,避免火灾蔓延。缺点是气流组织困难,不够安全。

对于自然排烟:自然排烟竖井、门窗,热压。

空调系统排烟:空调器旁通,吊顶送风口排烟。并使着火区负压,非着火区正压,如图 8.27 所示。

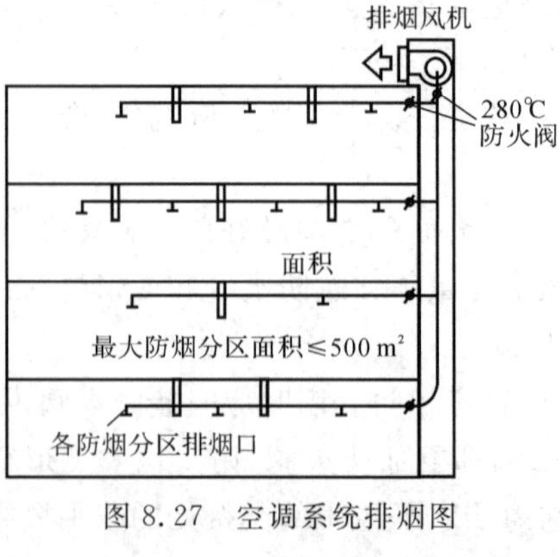

图 8.27　空调系统排烟图

8.3　空调系统的防腐保温

8.3.1　空调系统的防腐保温概述

空调系统管道和设备的防腐是指在系统管道或者设备表面刷防腐油漆，以及制造、安装时采用防腐材料。

空调系统中的风管材料一般采用各种复合材料或者金属材料，目前以钢管、铜管为主。除此之外，空调系统中的区域管件和设备一般采用的黑铁板或焊管。处理空调系统设备的防腐工艺时，按照要求需要按规范对钢板双面或者焊管内外，完成刷除锈漆三遍的工艺。如果空调系统的风管采用镀锌钢板，虽然钢管成本高，但是具有材料的防腐效果良好和施工工艺简单的优点。

管道保温的目的主要是为了减少管道系统的热损失、防止管路表面结霜。另外，管道系统采取防腐措施的目的是防止金属管道表面的外部腐蚀并保护好相应的涂层。

通常空调管道和空调设备的保温结构，主要是由保温层和保护层构成的，如图 8.28 所示。另外，在实际工程，根据所处环境的不同，会对管道上增加一些其他的保护措施。例如，在外表面增加防潮层。各种保护层应具有保护和防水性能，同时要求容重轻、并且强度高、化学稳定性好、不易燃烧等。

图 8.28　管道界面保温层图

空调管道和空调设备的防腐工艺是在管道或者设备内外表面采用耐腐蚀涂料。常用的耐腐蚀涂料是一种有机高分子混合物有机涂料。在实际工程中，将耐腐蚀涂料涂覆在管道或者设备表面形成连续的薄膜，在干燥后，形成坚硬的固态薄膜，随后就可以起到缓蚀和电化学保护的作用。需要强调的是，保温管道在保温前需要进行防锈处理，同时，在表面至少刷 1～2 层防锈漆，如图 8.29 所示。一般在实践中，采用铁红酚醛防锈漆进行处理。

图 8.29　涂覆耐腐蚀涂料的管道

8.3.2 绝热层设计

在空调系统中，为了控制送风的温度，减少热量和冷量损失，保证空调的设计运行参数，并为防止其表面因结露而加速传热，以及结露对风道的腐蚀，有必要对通过非空调房间的风管和安装的通风机进行保温。

空调风管常用的保温结构由防腐层、保温层、防潮层和保护层组成。防腐层一般为1～2道防腐漆；保温层目前为阻燃性聚苯乙烯或玻璃纤维板，以及较新型的高倍率独立气泡聚乙烯泡沫塑料板，其具体厚度可参考有关设计手册；保温层和防潮层都要用铁丝或箍带捆扎后，再敷设保护层；保护层可由水泥、玻璃纤维布、木板或胶合包裹后捆扎。

设置风管及制作保温层时，应注意其外表的美观和光滑，尽量避免露天敷设和太阳直晒。保护层应具有防止外力损坏绝热层的能力，并应符合施工方便、防火、耐久和美观等要求，室外设置时还应具有防雨雪能力。

1. 保温材料与保温层厚度确定

(1)保温材料。风管的保温材料应具有较低的导热系数，质量轻，难燃烧，耐热性能稳定，吸湿性小，并易于成形等特点。一般通风空调工程中最常用的保温材料有矿渣棉、软木板等，也可用聚氨酯泡沫橡塑作保温材料，其导热系数$\lambda=0.033\ 75+0.000\ 125t_m$，式中$t_m$为保温层的平均温度。

(2)保温层厚度与施工。保温层厚度的选择原则上应计算保温层防结露的最小厚度和保温层的经济厚度，然后取其较大值，可参考相关规范推荐值来确定。对于矩形风管、设备以及$D>400$mm的圆形管道，按平壁传热计算保温层厚度。

空调风管的保温层，应根据设计选用的保温材料和结构形式进行施工。为了达到较好的保温效果，保温层的厚度不应超过设计厚度的10%或低于5%。保温层的结构应结实，外表平整，无张裂和松弛现象。风管保温前，应把表面的铁锈等污物除净，并刷好防锈底漆或用热沥青和汽油配制的沥青底漆刷敷。

2. 风管保温及保冷要求

管道与设备的保温、保冷应符合下列要求：

(1)保冷层的外表面不得产生凝结水。

(2)冷管道与支架之间应采取防止“冷桥”措施

(3)穿越墙体或楼板处的管道绝热层应连续不断。

3. 绝热层的设置

(1)设备、直管道、管件等无须检修处宜采用固定式保温结构；法兰、阀门和人孔等处采用可拆卸式的保温结构。

(2)绝热层厚度大于100mm时，绝热结构宜按双层考虑，双层的内外层缝隙应彼此错开。

4. 隔气层与保护层的设置

隔气层与保护层的设置应根据保温、保冷材料和使用环境等因素确定。具体如下：

(1)采用非闭孔材料保冷时，外表面必须设隔气层和保护层。

(2)保温时，外表面应设保护层。

(3)室内保护层可采用难燃型的玻璃钢、铝箔玻璃薄板或玻璃布。

(4)室外空调管道保护层一般采用金属薄板，宜采用0.5～0.7mm厚的镀锌钢板或0.3～0.5mm防锈铝板制成外壳，外壳的接缝必须顺坡搭接，以防雨水进入。

(5)室内防潮层可采用阻燃型聚乙烯薄膜、复合铝箔等；条件恶劣时，可采用CPU防水防腐敷面材料。

5.空调水管道保温

为了减少管道的能量损失，防止冷水管道表面结露以及保证进入空调设备和末端空调机组的供水温度，空调水管道及其附件均应采用保温措施。保温层的经济厚度的确定与很多因素有关，需要详细计算时可以查阅有关技术资料。一般情况下可以参考表8.4选用。目前，空调工程中常用的保温材料及其主要技术特性见表8.5。

表8.4　保温层厚度选用参考表

冷水管(或热水管)的公称直径 D_g/mm		≤32	40～55	80～150	200～300	>300
保温层厚度mm	聚苯乙烯(自熄型)	40～45	45～50	55～60	60～65	70
	玻璃棉	35	40	45	50	50

注：其他管道如冷凝水管、室外明装的冷却塔出水管以及膨胀水箱的保温层厚度取25mm。

表8.5　常用保温材料及其主要技术特性

材料名称	密度 kg/m³	导热系数 W/(m²·℃)	适用温度 ℃	备注
可发性聚苯乙烯塑料板、管壳	18～25	0.041～0.044	−40～70	有自熄型和非自熄型两种，订货时须明确指出
软质聚氨酯泡沫塑料制品	30～36	0.040	−20～80	可以现场发泡浇注成型，强度较大，但成本也高
酚醛树脂矿渣棉管壳	150～180	0.042～0.049	<300	难燃、价廉、货源广，施工时刺激皮肤且尘土大
岩棉保温管壳	100～200	0.052～0.058	−268～350	适应温度范围大，施工容易，但需注意岩棉对人体的危害
水泥珍珠岩管壳	250～400	0.058～0.087	≤600	不燃、不腐蚀、化学稳定性好，且价廉
玻璃棉管壳	120～150	0.035～0.058	≤250	耐腐蚀、耐火、吸水性很小，有良好的化学稳定性。但施工时刺激皮肤
聚乙烯高分子架桥发泡体	33～45	0.036	≤100	难燃、燃烧无毒性、极佳的防水性、优良的耐候性、加工容易、优良的结构强度

管道保温结构的施工方法很多，详细内容可参阅施工规范和有关手册。

保温结构的设计和施工质量直接影响到保温效果、投资费用和使用寿命，应予以重视。管道和设备的保温结构一般由保温层和保护层组成。对于敷设在地沟内的管道和输送低温水的管道还需加防潮层。

管道保温结构的施工应在管道系统试压和涂漆合格后进行。在施工前应先清除管子表面的脏物和铁锈,涂上防锈漆两道,要保护管道外表面的清洁并使其干燥。在冬、雨季进行室外管道施工时应有防冻和防雨的措施。

保温结构的形式很多,视选用的保温材料、管径大小和管径的外界环境条件而异。目前,空调工程中水管大多用管壳式保温材料,并采用绑扎式结构,在管壳的外面应包裹油毡玻璃丝布保护层涂抹石棉水泥保护壳。应该指出,在用矿渣棉或玻璃棉制的管壳作保温层时,宜使用油毡玻璃丝布保护层,而不宜选用石棉水泥保护壳。

6.冷凝水管保温

所有冷凝水管都应保温,以防冷凝水管温度低于局部空气露点温度时,其表面结露滴水,从而影响房间卫生条件。冷凝水管的保温常采用带有网络线铝箔贴面的玻璃棉保温,保温层厚度可取25mm。

本章小结

本章详细介绍了空调系统的消声、防振与空调建筑的防火排烟的基础知识,空调系统中的部件和设备产生的振动和噪声的原因以及空调系统的多种噪声源,进一步给出了空调系统的噪声标准。以噪声标准为参考,讲解了噪声控制方法以及空调装置的隔振处理方法。最后,考虑到空调房间内部防火排烟的设计也是空调设计中的重要环节之一,对防火规范以及现代空调设计中的防火排烟设计应用进行了讲解。

思考与练习题

1.何谓空调系统的噪声?空调系统的主要噪声源有哪些?

2.风机的声功率级与哪些因素有关?

3.何谓室内噪声标准?如何确定室内的噪声标准?

4.什么是噪声的自然衰减?

5.空调用消声器有哪几类?它们的消声原理和消声特性是什么?

6.吸声材料与隔声材料有何不同?

7.工程上常用的减振器有哪几种类型?它们各适用于什么场合?

8.试列举出一些实际工程中的隔振措施。

9.空调系统在设计上应考虑哪些防火排烟问题?

10.在建筑设计中为什么要划分防火分区和防烟分区?

11.防火阀、防火调节阀与排烟阀有何不同?它们各设在哪些部位?

12.防烟、排烟系统的方式有哪几种?它们各有什么特点?

第9章　空调系统的运行调节

教学目标与要求

空调系统安装好后，经过调试，一般都能达到设计要求。但是，实际运行过程中，室外空气参数因气候的变化会与设计计算参数有差异，而室内冷、热、湿负荷也会因室外气象参数条件的变化以及室内人员的变化、灯光和设备的使用情况而变化。因此，空调系统若不根据实际的负荷变化情况做出调整，而始终按最大负荷工作，则室内空气参数达不到设计要求，也会造成空调系统冷量和热量的不必要浪费，增加系统运行的能耗。因此，一个完善的空调系统应根据室外气象参数和室内负荷变化情况随时运行调节，保证空调系统既能发挥最大效能满足用户需求，又能用最经济节能的方式运行，且使用寿命长。空调系统的运行调节实质上是研究在部分负荷条件下空调系统工况及可能采取的节能措施。本章主要讲述集中式和半集中式空调系统的运行调节方法，通过本章的学习，学生应达到以下目标：

(1)掌握定风量空调系统在室外参数和室内负荷变化时的调节方法；

(2)掌握定风量空调系统中一、二次回风系统的调节方法；

(3)了解变风量空调系统的调节方法；

(4)掌握风机盘管机组的局部调节及全年运行调节方法。

教学重点与难点

(1)定风量空调系统在室外参数变化时的运行调节；

(2)定风量空调系统在室内负荷变化时的运行调节；

(3)一、二次回风空调系统的运行调节；

(4)风机盘管机组的局部调节及全年运行调节。

工程案例导入

从前面可以看出，空调系统的设计工况一般都是按照一年气候中最不利状态考虑的，负荷的计算也是一种最不利条件的负荷，而空调系统的计算负荷是空调系统设备选型、管路设计的重要依据，这表明空调系统具有在最不利条件下工作的能力。然而，系统运行工作期间能够在室内外设计工况状态下进行工作的时间并不多，即使在一天之中，室外空气状态参数也是在不断发生变化的，并随时影响着室内状态参数的变化。因此，空调系统若不根据实际的负荷变化情况做出相应的调整，而始终按最大负荷工作，则室内空气参数达不到设计要求，另外，还会造成不必要的能量浪费。为避免上述现象的产生,空调系统应根据室外气象条件的变化,适时地进行调节,以达到一种供需之间的平衡,并提高空调系统的工作质量及降低能量的消耗。

空调房间一般允许室内参数有一定的波动范围,根据空调精度的不同,范围的大小也不同。如图 9.1 所示,图中的阴影面积称为“室内气象区”,只要室内空气参数落在这一阴影面积内,就可认为满足要求,在实际运行调节中应充分利用该波动区进行运行调节。

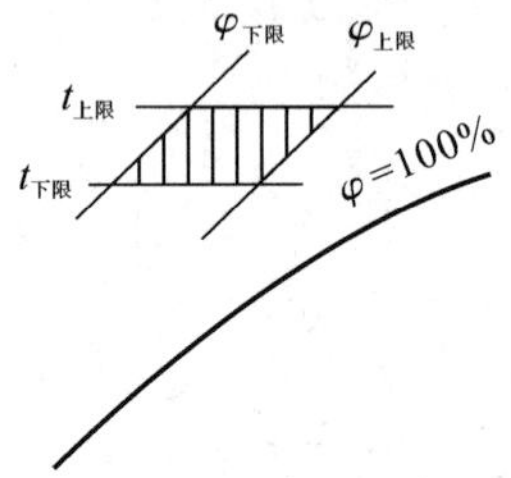

图 9.1　室内空气温湿度允许波动区

在空调系统运行过程中,往往同时存在室外空气参数的变化和室内负荷的变化,为便于分析,下面分别讨论室内负荷变化和室外空气参数变化时的运行调节。

9.1　负荷变化时空调系统的运行调节

空调系统的空气处理方案、设备选型和输送管道的设计等,都是根据夏、冬季室内外设计计算参数和相应室内最大负荷确定的,是空调系统的最不利工况。而实际运行中,室内冷热负荷大小及室外空气状态参数都在实时发生变化,因此,空调系统应根据这些变化进行运行调节,才能保证室内空气参数达到设计要求。

9.1.1　室内负荷变化时的运行调节

室内热湿负荷变化是指室内余热量和余湿量随着室内外条件的变化而改变。变化主要来自两个方面:一是由于工作条件发生变化而造成室内余热及余湿量发生变化;二是由于室外空气状态发生变化后,通过外围护结构的传热量发生变化而造成室内余热余湿量的改变。上述情况发生后为保证室内空气状态稳定,就应及时调整空调设备的送风状态,来适应室内负荷的变化,以确保室内空气参数在“室内气象区内”。下面分别介绍室内负荷变化时空调系统的调节方法。

1. 室内余热量改变,余湿量不变的调节方法

在实际工作中常常会遇到这样的情况,空调房间内的某些产热设备因故停机,或建筑围护结构失热或得热随室外气象条件而变化,则余热量随之发生变化,而一般来说,室内湿负荷的变化较小,因此余湿量则相对比较稳定。当室内仅有余热量变化而余湿量不变时,常用的调节方法是定机器露点变再热调节法。此种调节方法适用于围护结构传热变化或室内设备散热发生变化,而人体、设备散湿量相对比较稳定等情况。

这种变化过程的分析如图 9.2 所示。在设计工况下,G kg/h 的空气从送风状态 L 沿 ε 线到达 N 点,在夏季,当室外气温下降,则 Q 减少,而室内余湿量不变,则热湿比 ε 也减小,即 $\varepsilon\rightarrow\varepsilon'$。

由图可知，室内状态点将由 N 点移动到 N' 点。对于一般空调系统而言，它的送风量固定不变，即 G 不变，若机器露点不变即 $d_{L1}=d_L$，则有 $d_n'-d_{L1}=1\ 000W/G=d_N-d_L$，由于 d_L,W,G 均不变，则有 d_N 不变，即 $d_N=d_N'$，则过 L 点作 ε' 线与 d_N 线的交点即为变化后的室内状态 N' 点，此时它的焓值变为 $h'_N=h_N+\frac{Q'}{G}$，由于 $Q'<Q$，故 N' 低于 N，若变化后的 N' 仍在室内气象区内，则可不调节；若 Q' 过少，N' 超出 N 的允许范围，则可采用“定露点”调节再热量的方法，即 $L \longrightarrow O \overset{\varepsilon'}{\rightsquigarrow} N''$，使得偏移的室内状态点重新回到室内气象区。具体的调节过程为：先使送风状态点由 L 预热到 O，再由 O 点送风，达到室内状态点 N。由图 9.3 可看出，N 对 N'' 偏离程度远小于 N 对 N' 的偏离程度，且 N'' 在室温允许波动范围之内。

在实际工作中也会出现这种情况，即室内仅有余热量而没有余湿量产生或余湿量极小时可视为零，此时的 ε 就趋近于无穷大。于是送风状态就必然在通过 N 点的等含湿量线上变化，随着室内余热量的减小，送风温度就应逐渐提高，补充室内余热量的减小，以便使室内状态保持设计状态。

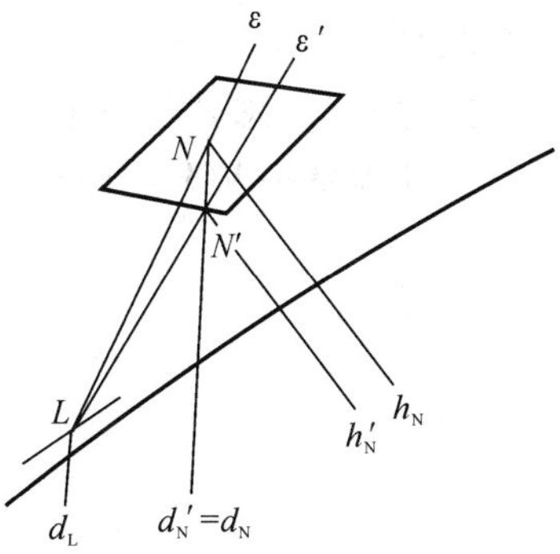

图 9.2　室内状态点变化（定露点）

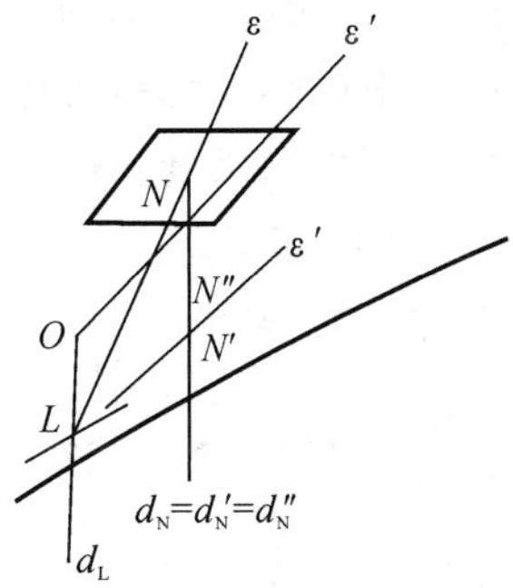

图 9.3　调节再热量（定露点）

2. 室内余热量和余湿量均变化

在空调房间内，由于生产设备的工作间隔等因素的变化，常常会出现室内余热量和余湿量同时发生变化的情况，此时，不仅 ε 发生变化，而且送风状态的两个主要参数也将发生变化。当余热量和余湿量都发生变化时，由热湿比的定义可知，随着余热量和余湿量的减少程度的不同，热湿比可能减小也可能增大。这时如果送风状态点不变，室内状态点就会发生偏移，而且偏移的情况也不像上述室内余湿量不变那样有规律地沿着送风含湿量线变化。若热湿负荷变化不大，且室内无严格精度要求，或 N' 在允许范围内，则不必调节，否则用变露点调节方法，如图 9.4 所示。

而常用的变露点调节方法有调节预热器的预热量、调节一两次回风混合比、调节空调箱旁通风门以及调节送风量的调节方法。

(1) 调节预热器的预热量。冬季当新风比不变时，可调节预热器的加热量，将新风与回风的混合状态点 C，由原来加热到 M 点改变为 M' 点，即加热到过新机器露点 L' 的等焓线上，然后再绝热加湿到 L' 点，即可达到变露点的目的，如图 9.5 所示。

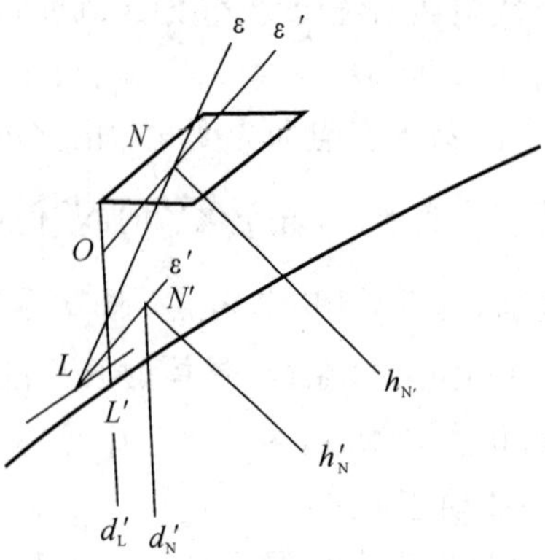

图 9.4　室内空气变化(变露点)

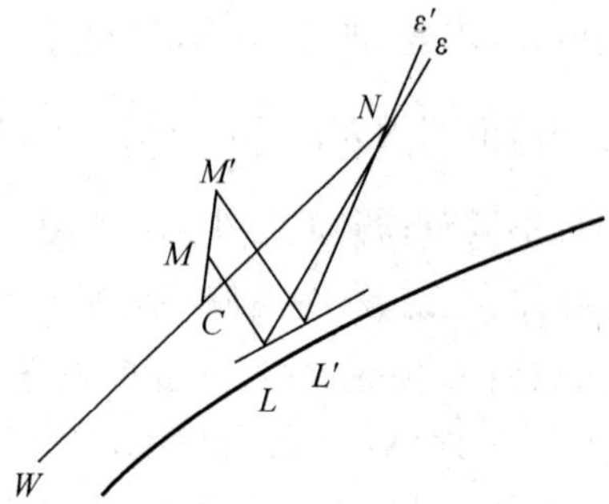

图 9.5　调节预热器的加热量(变露点)

(2)调节一、二次回风混合比。

1)不调冷冻水温度。当热湿比减小时的调节方法为开大二次回风门,减小一次回风门,结果露点有所降低,可用图 9.6(a)所示的不调节冷冻水温度的调节方法。

2)调节喷水室(或表冷器)的冷冻水温变露点送风。送入房间的总风量一定,当负荷变化时,同时改变一、二次回风量和进入空调设备的冷冻水温度,使得室内状态点回到室内气象区内,具体如图 9.6(b)所示。

字母流程如下所示:

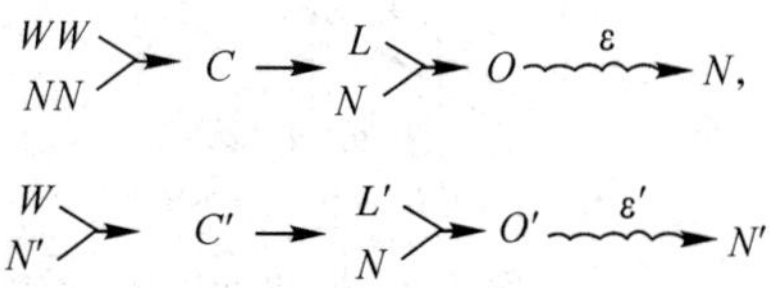

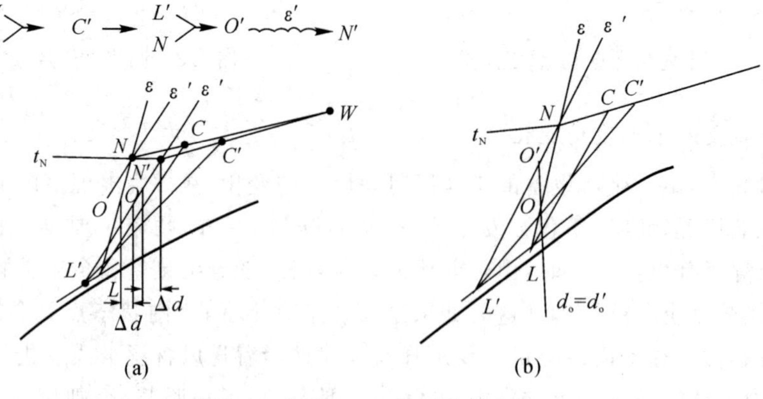

图 9.6　调节一、二次回风混合比

(a)不调节冷冻水温度;(b)调节冷冻水温度

(3)调节空调箱旁通风门。这种方法是在新风和一次回风混合后,对部分已经混合的空气不经处理而旁通过空调处理箱的风量进行调节的方法。空调箱旁通方式与一、二次回风混合方式相比,由于部分室外空气未经任何热湿处理而直接旁通进入室内,故当室外空气参数发生变化时对室内相对湿度影响较大。当热湿比减小时可打开旁通风门进行调节。当旁通的新回风量较多时,室内的相对湿度会偏高,因而此调节方法适用于室内相对湿度要求不高的场合。具体的调节过程如图 9.7 所示。

字母流程如下所示：

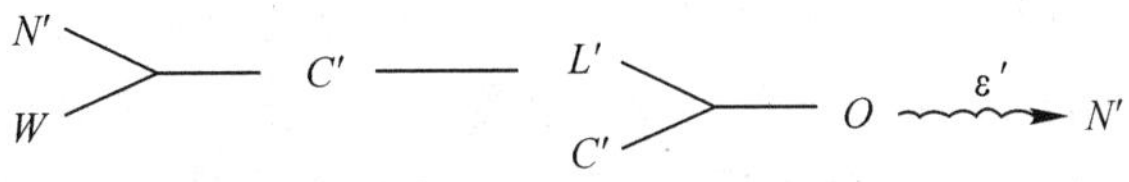

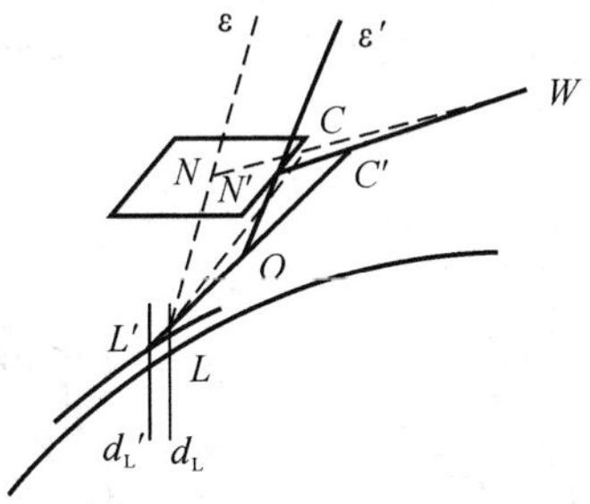

图 9.7　调节空调旁通门

(4)调节送风量。前面所介绍的几种方法都是在送风量不变的条件下进行的，它属于定风量系统的运行调节，不是很节能。但是，从第 3 章的送风量公式可知，当室内负荷减少时，变露点调节方法也可采用减少风量而保持送风温差不变来适应室内负荷的变化。当室内负荷量减少时，该系统在减少送风量、满足舒适需要的同时，还具有良好的节能效果。调节过程在 $h-d$ 图上的表示如图 9.8 所示。

1)不调节冷冻水温度。若室内湿负荷不变，则减少风量就降低了风量吸收湿负荷的能力，从而会使室内相对湿度增加，如图 9.8(a)所示。

2)调节冷冻水温度。从上面的调节方法可看出，用单纯的变风量调节方法只能保证房间的温度恒定，而不能保证房间的湿度恒定。因此要保证房间恒温恒湿的要求，则必须在减少风量的基础上，再联合其他的调节方法才能满足要求。如图 9.8(b)所示，在变风量的同时，再通过降低冷冻水温度来调节室内的湿度。

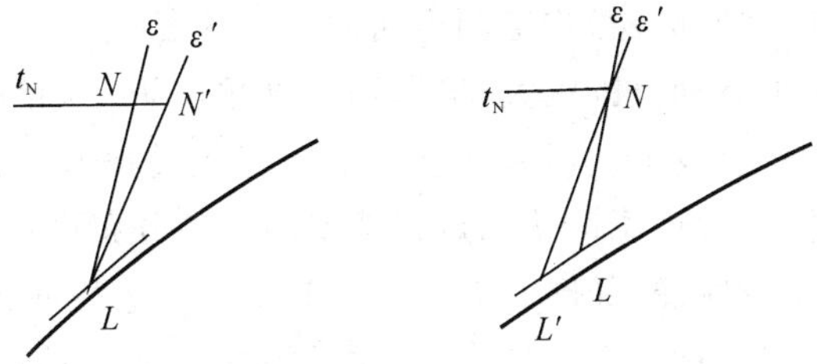

(a)　　(b)

图 9.8　调节送风量

(a)不调节冷冻水温度；(b)调节冷冻水温度

3. 多服务对象空调系统的调节

上述的各种调节方法都是针对一个服务对象。但实际的空调系统面对的是多个服务对象，即多个房间，而多房间空调系统的运行调节的特点是送风量保持全年固定不变，即风量不能随负荷的变化而改变，故这种系统的运行调节只能从改变送风温度、调节新回风混合比等方法来考虑。前面我们在利用焓湿图分析空气处理过程时，常常认为室内空气状态参数是一点，但实际上室内状态参数是一个以该点为中心，以空调精度为波动范围的近似菱形区域。空调系统在调节过程中，只要温、湿度参数在允许波动区内即可。下面以如图 9.9 所示的三个房间为例，它们的室内设计参数相同，但各房间负荷不同，热湿比分别为 ε_1，ε_2 和 ε_3。如果取同样的送风温差而要保持三个房间的参数都是 N 点，就需要三个露点，这对于一个系统来说，显然是不可能的。因此，在它们相差不大的情况下，可根据其中一个最主要房间的热湿比确定送风状态点，另外两个房间的状态点虽然偏离了设计工况，但仍在允许波动范围内，就认为符合设计要求。图 9.9(a)所示为多房间的运行调节。

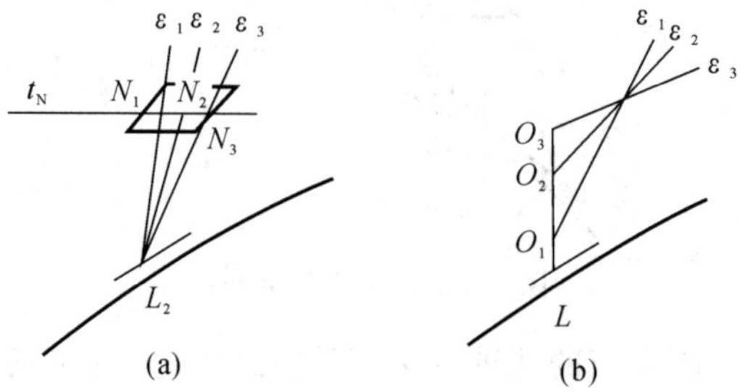

图 9.9　多房间的运行调节

(a)同一送风状态；(b)不同送风状态

当 ε_1，ε_2 和 ε_3 相差较大时，可在每个空调房间的末端送风口处增加再热器，对空气进行再热，根据需要采用不同的送风状态点，如图 9.9(b)所示。如仍不能满足要求，则应按实际情况把负荷相近的房间划分为一个系统，每个系统分别进行调节。

9.1.2　室外空气状态变化时的运行调节

一年四季气候的变更，使得室外气象参数发生很大的变化，空调系统应随其变化做相应的调整。室外空气状态的变化可以引起两种变化：一种是空气处理方案不变的情况下，会造成送风状态的变化。另一种是由于外围护结构的传热量随着外界空气状态的变化而使室内负荷发生改变。上述因素中任何一种都会影响空调房间的室内状态。

室外空气状态在一年中波动范围很大，根据当地气象站近 10 年的逐时实测统计资料，可得到室外空气状态的全年变化范围。而室外空气状态变化过程通常在焓湿图上进行分析，若把全年各时刻室外空气的干、湿球温度状态点在焓湿图上的分布进行统计，算出这些点全年出现的频率值，就可得到一张焓频图，如图 9.10 所示，其中点的边界线称为室外气象包络线。由室外气象包络线所包围的区域称为室外气象区，它是根据一系列具有代表性的点经过一段时间测量后确定的。

在我国大多数地区，全年室外空气参数是按春、夏、秋、冬作季节性的变化。对于每一个空调系统，在空调系统确定后，可根据焓值把焓频图划分为若干个空调工况区。划分空调工况区的原则是在保证室内温、湿度要求的前提下，使运行经济、调节设备简单可靠，同时应考虑各分区在一年中出现的累计小时数，以便减少不必要的分区。由于空气的焓值是衡量冷、热量的依据，且其测量起来比较方便，可用干、湿球温度计测得。为分析和转换方便起见，暂以焓作为室外空气状态变化时分区的指标。图 9.10(b)所示为季节变化时工况的分区图，从该图可看出室外空气焓值的频率分布规律。由于工况区不同，所以相应的运行调节方法也不同，在空气处理时应尽可能按最经济的运行方式进行调节，且相邻的空调工况要能够自动实现转换。

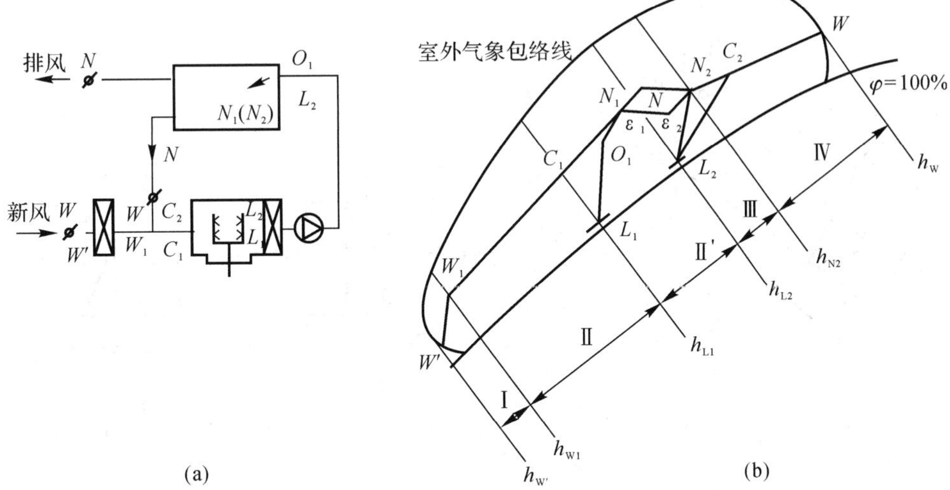

图 9.10　一次回风空调系统的运行调节

9.2　集中式空调系统的运行调节

9.2.1　定风量系统的运行调节

关于定风量空调系统的运行调节，接下来分别围绕一次回风系统和二次回风系统进行分别讲解。

1. 一次回风系统的运行调节

冬、夏季允许有不同的室内状态点，图 9.10 所示为典型的一次回风喷水空调系统在室外设计参数情况下的冬、夏季运行工况。其中 N_1 和 N_2 分别为冬、夏季室内设计状态点，而菱形区域为室内状态点的允许范围即室内气象区。全年分成以下几个空调工况区进行调节：

(1) 第Ⅰ区域。室外空气焓值在 h_{w1} 以下，属于冬季寒冷季节。从节能角度考虑，可把新风阀开得最小，且保持不变。而当保持室内卫生要求的最小新风百分比为 $m\%$ 时，室外状态点则必须位于 $h_{w1}=h_{N1}-\dfrac{h_{N1}-h_{L1}}{m\%}$ 上，才能用喷循环水的方法使混合点沿 h_{L1} 线进行等焓加湿到机器露点 L_1 上。在一些冬季特别寒冷的地区，按最小新风比送风，还应对新风进行预热，以防止过冷的新风和室内回风混合产生结露现象，此时加热器应投入工作。根据室外气象条件的不同则加热量不同，但都可通过调节一次加热使其达到 h_{w1} 线上。预热的方式有先预热后混合和先混合后预热两种方式。常规的处理过程如图 9.11 和图 9.12 所示。

也可在室外空气和室内空气混合后进行，处理过程如图 9.11 中虚线所示。如果冬季不用喷水而采用喷蒸汽实现等温加湿，则一次加热量比较大，此时只有把室外空气加热到 t 等温线上，然后与室内空气混合到 C 点，才能用喷蒸汽加湿到 O_1 点。当室外空气温度低于 t 时，根据室外空气温度的高低调节一次加热量，则预热的条件为 $t=t_{N1}-\dfrac{t_{N1}-t_{o1}}{m\%}$，当 $t_w<t$ 时则需预热。对于有蒸汽源的地方，这是比较经济实用的方法。

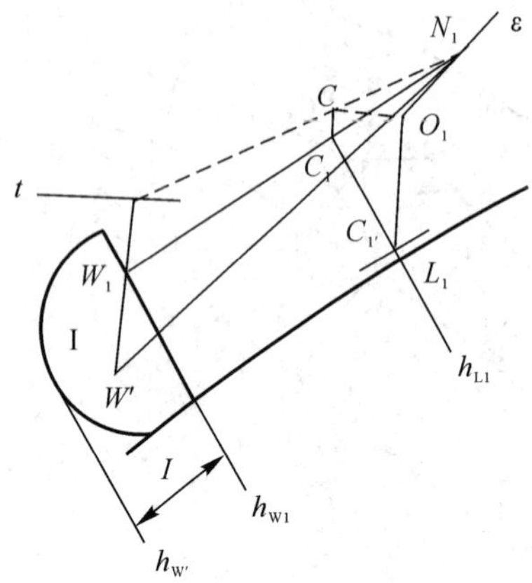

图 9.11　第 Ⅰ 区域

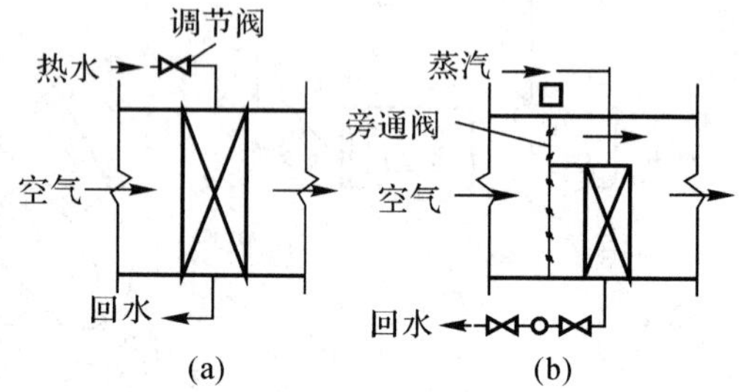

图 9.12　调节加热器加热量的方法

字母流程如下所示：

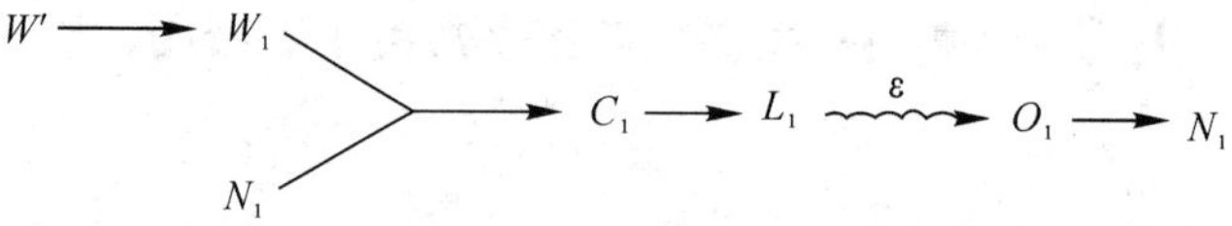

(2) 第 Ⅱ 区域。如图 9.13 所示，室外空气的焓值位于 h_{w1} 和 h_{L1} 之间，当室外空气状态到达该阶段时，这时应是所谓的冬季区。如果仍按最小新风比混合新风，则混合点 C 在 h_{L1} 以上，此时若不进行相应的调节，则需开启冷冻站，在冬季这显然是不节能的。此时应增大新风量，使新、回风混合点自动重新回到 h_{L1} 线上。之后再用喷循环水的方法把空气处理到露点 L_1 上，然后经二次加热后沿热湿比线送到室内。这种方法不但节约能量，而且符合卫生要求。当室外气温不断回升，使得室外空气的焓值等于 h_{L1} 时，此时可采用 100% 的全新风。另外，为防止室内正压过大，此时可开大排风阀门，使正压值维持在比较合理的水平。该季节的调节方法为：新风阀(最小) 逐渐加大(改变新回风混合比)，直到 100% 的新风。

(3)第Ⅱ′区域。该区域是室外焓值在冬、夏季的露点焓值之间的区域。这时应是所谓的过渡季，即春、秋两季。如果室内送风参数允许在一定的范围内波动，则新回风阀门不用调节，室内状态点随新风状态的变化而变化。如果室内参数允许波动范围较小，即工艺性空调要求室内参数有相对稳定性，则可将室内状态点整定到夏季的参数，这样就可采用 Ⅱ 区的方法，即改变新风比进行调节，从而使混合后的空气状态点落在 h_{L2} 线上，并经绝热加湿到 L_2 点上，再经二次加热送入室内。如果机器露点仍保持在 L_1 点上，则在 Ⅱ′ 区内就要启动冷源。从上述分析可以看出，用改变室内整定值的方法，可推迟使用冷源，从而节约冷量。具体的处理过程如图 9.14 所示。

(4)第Ⅲ区域。如图 9.15 所示，室外空气在 h_{L2} 和 h_{N2} 之间时，此时已进入夏季，从图中可看出室内空气焓值始终大于室外空气的焓值，如果再利用室内回风将会使混合点的焓值比原有室外空气的焓值更高，这显然是不合理的。因此，为了节约冷量此时应全部关闭一次回风，而采用 100% 的全新风，但因新风状态点已超过 h_{L2} 线上，用循环喷水已不能处理到 L_2 点上，所以冷冻水在此时应投入使用。而且随着室外空气状态焓值的增加，可由高到低地调节喷水温度来保证混合后的空气能够处理到所要求的 L_2 点上，对空气处理过程也会由降温加湿慢慢变为降温减湿。调节喷水温度可用喷水三通阀改变冷水量和循环水量的混合比来进行调节，如图 9.16 所示。

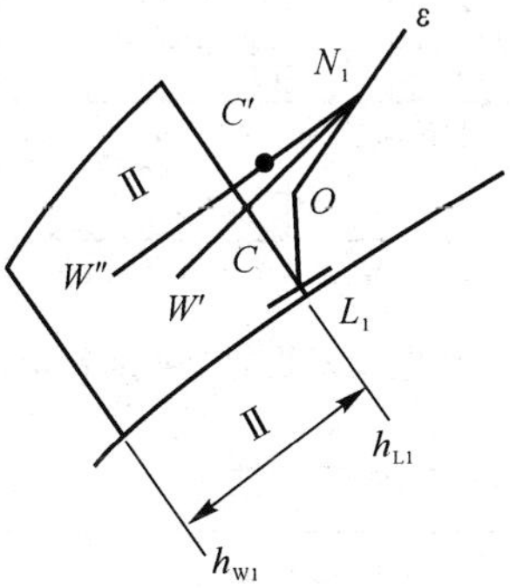

图 9.13　第Ⅱ区域

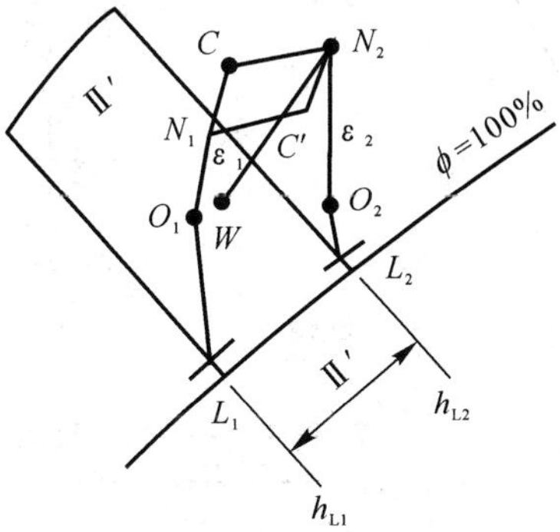

图 9.14　第Ⅱ′区域

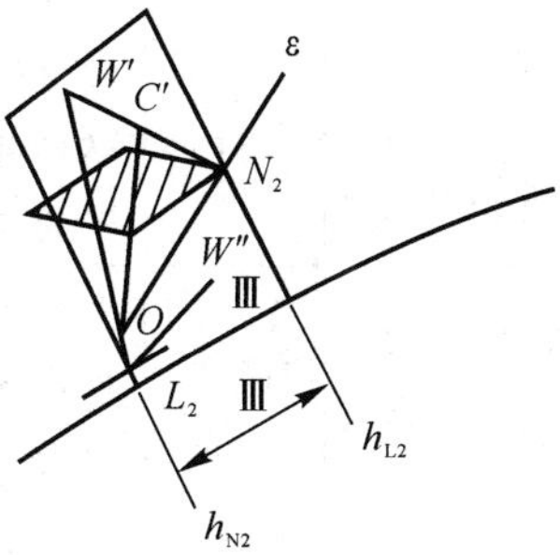

图 9.15　第Ⅲ区域

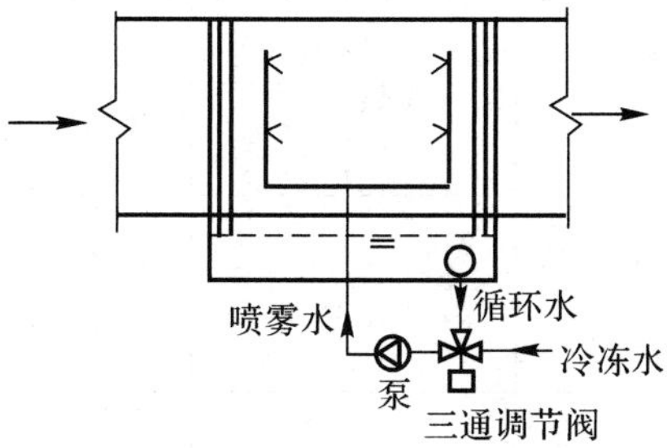

图 9.16　三通调节阀调节喷水温度

(5)第Ⅳ区域。如图 9.17 所示，室外空气焓值在 h_{N2} 和 h_w 之间，此时已进入夏季炎热区。在这一阶段内，室外空气的焓值始终高于室内空气的焓值。如果继续全部使用室外新风，将会增加冷量的消耗，因此为了节约冷量，应充分利用回风并采用最小新风比 $m\%$ 送风。在此阶段喷水室或表冷器进行的是冷冻减湿处理，而且是采用改变喷水温度的调节方法，而新风比不变(最小新风比 $m\%$)。

需要说明的是，对于不同的全年气候变化情况，不同的空调系统和设备、不同的室内参数要求以及不同的控制方法，可以有各种不同的分区方法和相应的最佳运行工况，应视具体情况加以确定。

通过对以上区域的分析，一次回风喷水空调系统的全年运行调节的分区及全年运行中的热、风量和冷量的变化情况归纳为图 9.18 和表 9.1。

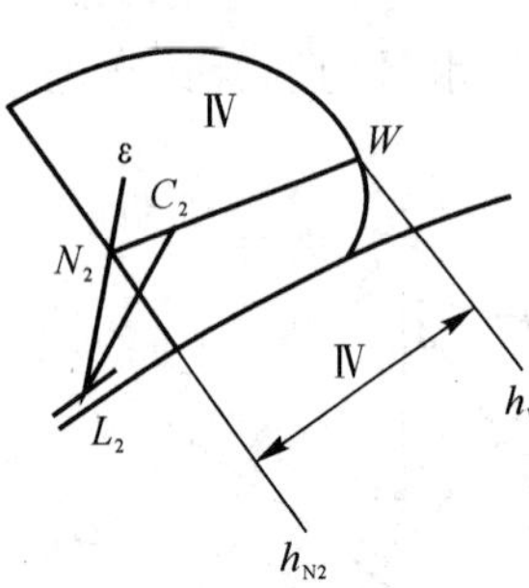

图 9.17　第Ⅳ区域

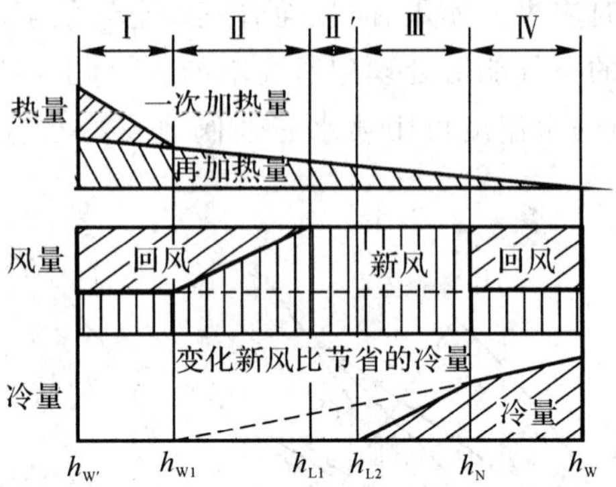

图 9.18　一次回风空调系统的全年运行调节图

表 9.1　一次回风喷水系统的调节方法

气象区	室外空气参数范围	房间相对湿度控制	房间温度控制	调节内容					换条件
				一次加热	二次加热	新风	回风	喷雾过程	
Ⅰ	$h_w < h_{w1}$	一次加热	二次加热	φ_N ↑ 加热量 ↓	t_N ↑ 加热量 ↓	最小 (mG)	最大 (G_1)	喷循环水	一次加热器全关后转到 Ⅱ 区
Ⅱ	$h_{w_1} \leqslant h_w < h_{L1}$	新、回风比例	二次加热	停	t_N ↑ 加热量 ↓	φ_N ↑ 新风量 ↓	φ_N ↑ 回风量 ↓	喷循环水	新风阀门关至最小后转到 Ⅰ 区；$h_w \geqslant h_{L1}$；转到 Ⅱ′ 区
Ⅱ′	$h_{L_1} \leqslant h_w < h_{L2}$	新、回风比例	二次加热	停	t_N ↑ 加热量 ↓	φ_N ↑ 新风量 ↑	φ_N ↑ 回风量 ↓	喷循环水	$h_w < h_{L_1}$；转到 Ⅱ 区；回风阀门全关后转到 Ⅲ 区
Ⅲ	$h_{L_2} < h_w \leqslant h_N$	喷水温度	二次加热	停	t_N ↑ 加热量 ↓	φ_N ↑ 新风量 ↓	φ_N ↑ 回风量 ↓	喷循环水	冷水全关转 Ⅱ′ 区，$h_w \geqslant h_N$ 转 Ⅳ 区
Ⅳ	$h_w > h_N$	喷水温度	二次加热	停	t_N ↑ 加热量 ↓	最小 (mG)	最大 (G_1)	φ_x ↑ 喷水温度 ↓	$h_w \leqslant h_N$ 转到 Ⅲ 区

注：当室外空气 $h_w < h_{L1}$ 时，采用冬季整定值 $N_1(t_{N1}、\varphi_{N1})$；当 $h_w \geqslant h_{L1}$ 时，采用夏季整定值 $N_2(t_{N2}、\varphi_{N2})$，Ⅱ′ 区 $h_{L2} \leqslant h_w < h_{L2}$ 调节方法与 Ⅱ 区相同。

2. 二次回风系统的运行调节

从前面的讨论可知，一次回风系统由于使用再热，多耗费了冷量和热量。如果采用二次回风系统，特别是在回风量较大的场合，则可利用部分回风的热量，节省运行能耗。

与一次回风系统的全年运行调节工况相似，二次回风采用喷水室处理空气时的全年运行调节也分为以下几个阶段进行，如图 9.19 所示。

(1)第Ⅰ区域——预热量调节阶段。在这个阶段里，室外空气的焓值在 $h_w' \leqslant h_w \leqslant h_{w1}$ 之间变化，空气的处理过程如图 9.20 所示。图中，h_w' 是冬季室外设计参数下的焓值，h_{w1} 是判别是否设一次加热器的临界室外空气状态的焓值，可由下式确定：

$$h_{w1} = h_N - (h_N - h_{C1})/m \tag{9.1}$$

式中　h_N——室内空气的焓值，kJ/kg；

h_{C1}——一次回风混合点的焓值，kJ/kg；

m——最小新风比。

当室外空气焓值 $h_w < h_{w1}$ 时，需要用预加热器把新风预热到 h_{w1} 等焓线上，这样，与一次回风混合后，一次回风混合点就可落在过机器露点 L 的等焓线上，经绝热加湿到 L 点，就可保证与二次回风混合后达到所设计的送风状态点。

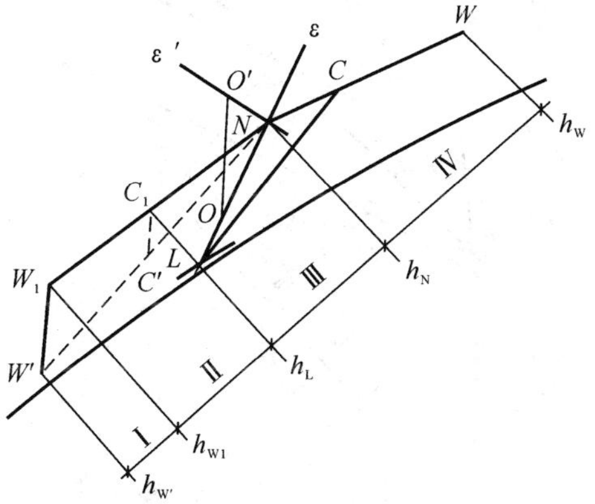

图 9.19　二次回风空调系统的全年运行调节

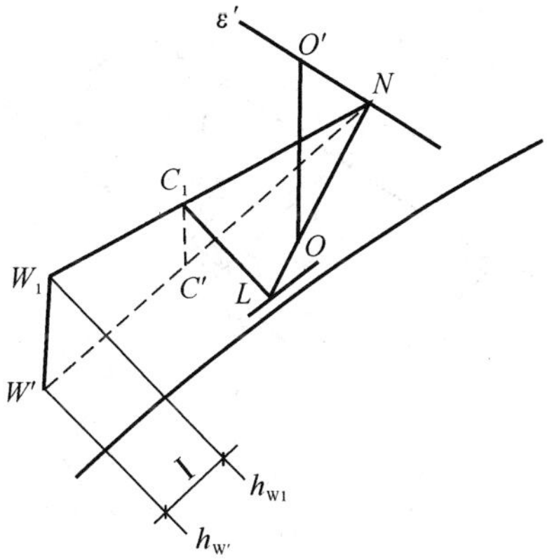

图 9.20　第Ⅰ区域

在这个阶段里，随着室外新风状态的变化，只需调节预热器的加热量即可，预热器的加热量由下式确定：

$$Q_1 = G_w(h_{w1} - h_w{}') \tag{9.2}$$

式中　$h_w{}'$——设计状态时的室外空气的焓值，kJ/kg；

h_{w1}——设预热器的临界室外空气焓值，kJ/kg；

G_w——设计最小新风量，kg/s。

当室外空气的焓值 $h_w = h_{w1}$ 时，预加热量为零，这时预热器调节阶段结束。

(2)第Ⅱ区域——新风、一次回风混合比调节阶段。在这个阶段里，室外空气的焓值在 $h_{w1} < h_w \leqslant h_L$ 之间变化，空气的处理过程如图 9.21 所示。这时，如果室外新风和一次回风仍然按照最小新风比进行混合，一次回风混合点就会落在过机器露点 L 的等焓线上方的 C' 点，绝热加湿后的机器露点将偏离到 L' 点，使室内空气的相对湿度增大。为了保证机器露点 L 不变和推迟制冷设备的启动时间，节省运行费用，可采用下面的调节方法，即保持二次回风 G_2 不变，用增加新风量 G_w 和减少一次回风量 G_1 的办法，使一次回风混合点 C 调整到过机器露点 L 的等焓线 h_L 上来，经绝热加湿把空气处理到 L 点后，与二次回风混合达到所设计的送风状态的含湿量 $d_O{}'$ 线上。

在这个调节阶段中，一次回风逐渐减少到零，新风逐渐增加到 $G_L(G_L = G - G_2)$，当室外空气的焓值 h_w 等于机器露点的焓值 h_L 时，新风阀门全开，一次回风阀门全关，新风和一次回风混合比调节阶段结束。

(3)Ⅱ′阶段——春秋两季。需要注意的是，如果空调系统的冬、夏季工况的设计参数不同，也存在着一个Ⅱ′区，为了继续利用室外新风的冷量，推迟使用制冷设备的时间，节省运行费用，可把室内控制的整定值转入夏季工况，这样，当室外空气的焓值在冬、夏季设计工况的机器露点的焓值 $h_L' < h_w \leqslant h_L$ 之间时，就可以继续用改变新风和一次回风混合比的方法把混合状态点调整到过夏季工况的机器露点 L 的等焓线 h_L 上，再与二次回风混合到所要求的送风状态点 O，处理图可参考第 Ⅱ 区域。

(4)第Ⅲ阶段——喷水温度调节阶段 $(G_w = G_L)$。当室外空气的焓值 $h_w > h_L$ 时，室内参数转入夏季工况，这时，室外空气的焓值在 $h_L < h_w \leqslant h_N$ 之间变化，空气的处理过程如图 9.22 所示。

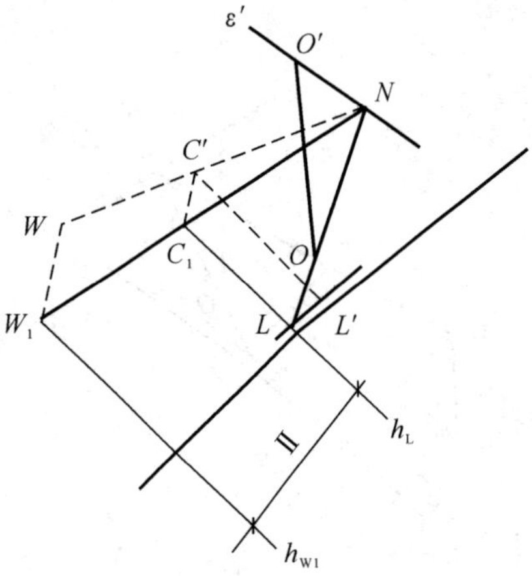

图 9.21　第 Ⅱ 区域

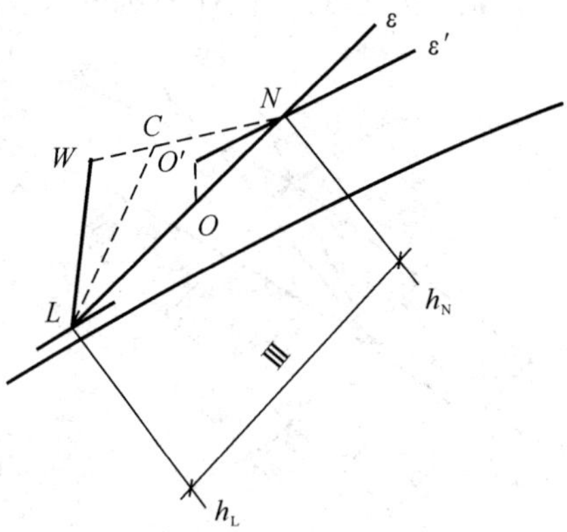

图 9.22　第 Ⅲ 区域

由于新风的焓值 $h_w > h_L$，开始启动制冷设备，把空气处理到所要求的机器露点 L。从 $h-d$ 图上可以看到，在这个阶段里，如果使用回风，所需要的冷量比把室外空气直接处理到机器露点所需要的冷量大，这显然是不经济的。因此，为了节省空气处理所需要的冷量，在这一个调节阶段里，应当尽量多用新风，即新风量 $G_w = G - G_2$，一次回风 $G_1 = 0$，二次回风量 G_2 保持不变。随着室外空气焓值的升高，逐渐降低喷水温度来保证所要求的机器露点 L，二次回风混合后调节再热量保证送风状态点。

(5)第Ⅳ阶段——喷水温度调节阶段($G_w = mG$)。当室外空气的焓值 $h_w > h_N$ 时，空气的处理过程如图 9.23 所示。这时如果继续采用最大新风量$(G_w = G_L)$运行，把空气减焓降温处理到机器露点 L 所需要的冷量就要比采用一次回风时需要的冷量大，而且从图 9.23 中还可以看到，如果使用的回风越多，则需要的冷量就越少。因此，在这个阶段里，应当采用最小新风量运行，即新风量、一次回风量和二次回风量都为设计值，仍然是通过调节喷水温度来控制机器露点 L，调节补充再热量保证送风状态点 O。喷水温度调节的合适与否，可根据机器露点 L 的温度进行判断。

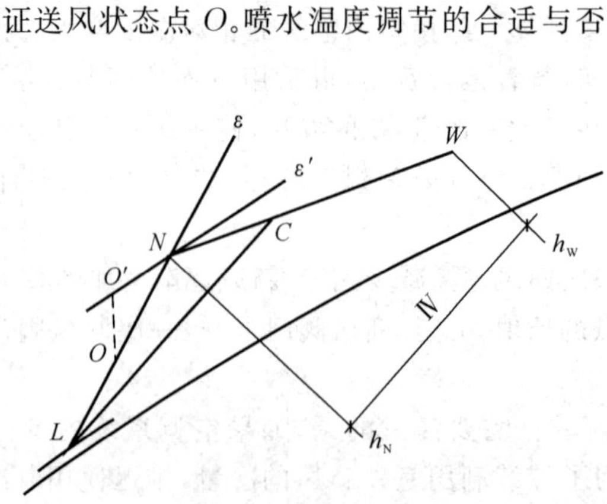

图 9.23　第Ⅳ区域

以上所分析的采用喷水室处理空气时，二次回风空调系统的全年运行调节的分区，及全年运行中热量、风量和冷量的变化情况可用图 9.24 和表 9.2 来反映。

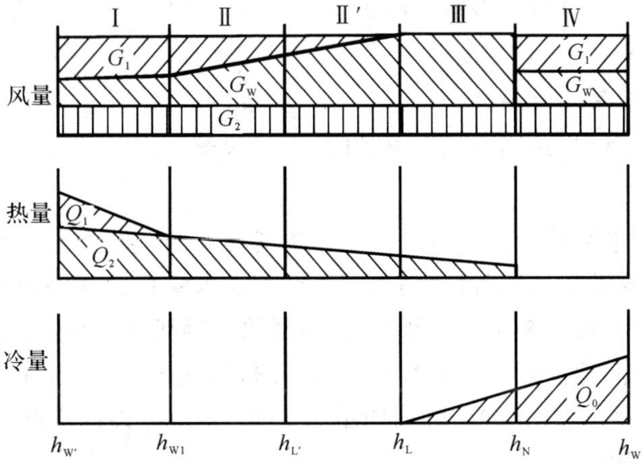

图 9.24　二次回风空调系统的全年运行调节图

表 9.2　二次回风喷水系统的调节方法

调节阶段 调节量	Ⅰ	Ⅱ	Ⅱ′	Ⅲ	Ⅳ
	$h_{w'} \leqslant h_w \leqslant h_{w1}$	$h_{w1} < h_w \leqslant h_{L'}$	$h_{L'} < h_w \leqslant h_L$	$h_L < h_w \leqslant h_N$	$h_w > h_N$
G_W	mG	$mG \longrightarrow G-G_2$		$G-G_2$	mG
G_1	$G_{1,max}$	$G_{1,max} \longrightarrow 0$		0	$G_{1,max}$
G_2	$G_{2,max}$				
Q_1	$Q_{1,max} \longrightarrow 0$	0	0	0	0
Q_0	0	0	0	$0 \longrightarrow Q_{0,max}$	
Q_2	$Q_{2,max} \longrightarrow 0$				0

从上面的分析还可以看到，采用喷水室处理空气时，二次回风空调系统的全年运行调节与一次回风空调系统的全年运行调节相似，两者的主要区别是：一次回风系统是从露点开始调节再热量以保证送风状态点；而二次回风系统是从二次混合状态点调节再热量来保证送风状态点 O，只是由于利用了二次回风的热量，节省了部分冷量和再热量，付出的代价是使二次回风系统的机器露点比一次回风系统低，从而使开启制冷装置的时间提前。

9.2.2　变风量空调系统的运行调节

从前面可知定风量空调系统随着显热负荷的变化，通常是通过调节再热量的大小来适应负荷的变化，这容易造成能量损失。而变风量空调系统则随着显热负荷的减少，往往是通过末端装置减少送风量来调节室温的，基本没有再热损失，同时随着系统风量的减少，也可相应减少风机所耗的电能，从而进一步节约能量。变风量系统主要适应于室内温度控制较高、相对湿度可允许较大波动、送风温差可不受限制的舒适性空调。国外在高层和大型建筑物中，通常在内区使用这种系统，因为它没有多变的建筑传热、太阳辐射等负荷。对于全年需送冷风的情况，用变风量系统比较合适。

变风量空调系统的运行调节可从室内负荷变化时的运行调节以及全年运行调节两个方面进行讨论。

1.室内负荷变化时的运行调节

根据变风量空调系统使用的末端装置不同，其调节方法亦不同，但归纳起来主要有如下3种方式：

(1)使用节流型末端装置进行调节。当房间负荷变化时，装在房间内的温控器发出指令，使末端装置内的节流阀动作，改变通道断面积来调节送入室内的送风量，以满足室温的要求。如果多个房间负荷减少，那么多个节流阀节流，则风管内静压升高，压力变化信号送给控制器，控制器按一定规律计算，把控制信号送给变频器，降低风机转速，进而减少总风量。其系统原理如图9.25(a)所示。调节过程的焓湿图如图9.25(b)所示。设计工况下处理过程如图所示，负荷减少时处理过程为

设计负荷时 $\left.\begin{matrix} W \\ N \end{matrix}\right\rangle \rightarrow C \rightarrow L \xrightarrow{\varepsilon} N$　　冷负荷减少时 $\left.\begin{matrix} W \\ N' \end{matrix}\right\rangle \rightarrow C' \rightarrow L' \xrightarrow{\varepsilon'} N'$

节流型变风量末端装置最大缺点是存在风压耦合。几个房间节流减少风量后，会造成风管内总压升高，导致一些没有负荷变化的房间风量增大，如此形成连锁效应，造成系统振荡。

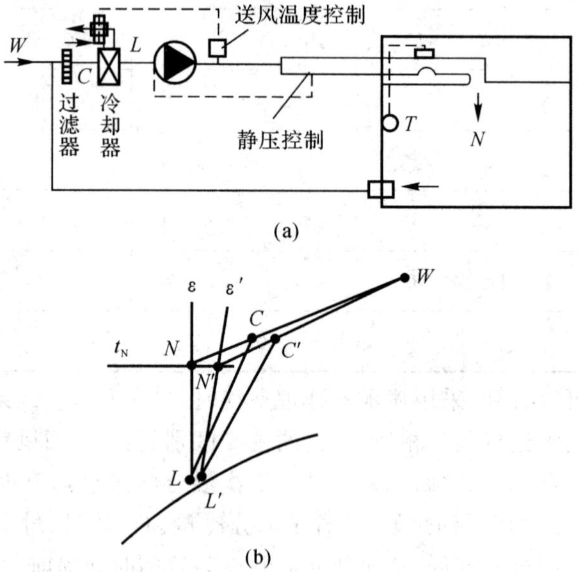

图9.25　节流型末端装置变风量空调系统运行工况

(2)使用旁通型末端装置进行调节。旁通型变风量空调系统原理是在顶棚内安装旁通型末端装置，并根据室内恒温器的指令使装置的执行机构动作。当室内负荷减少时，部分空气回至顶棚，并由回风道返回至空调器，而系统的总风量不变。它的优点是在一定程度上可解决风压耦合问题。旁通型变风量系统随负荷变化的调节过程如图9.26所示。其处理流程如下所示：

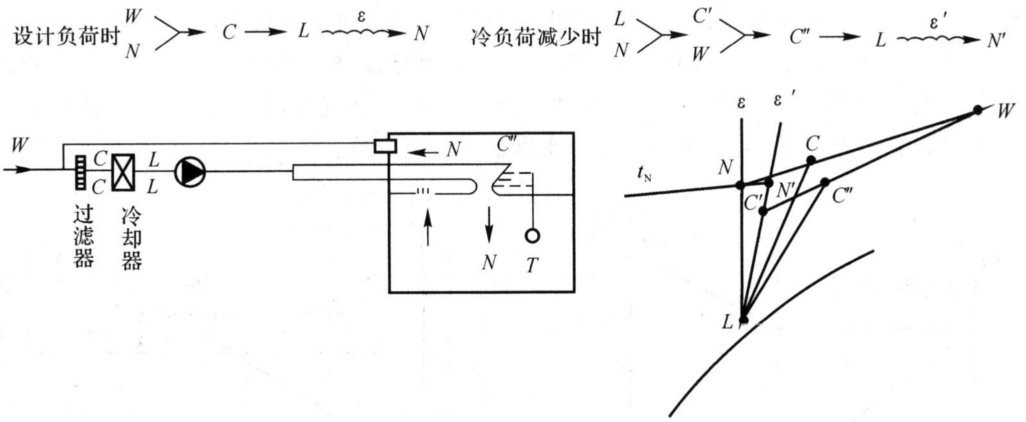

图 9.26　旁通型末端装置变风量空调系统运行工况

(3)使用诱导型末端装置进行调节。在顶棚内安装诱导型末端装置，并根据室内恒温器的指令调节二次空气侧的阀门，诱导室内或顶棚内的高温二次空气，满足负荷变化需要。诱导型末端变风量空调系统如图 9.27 所示。

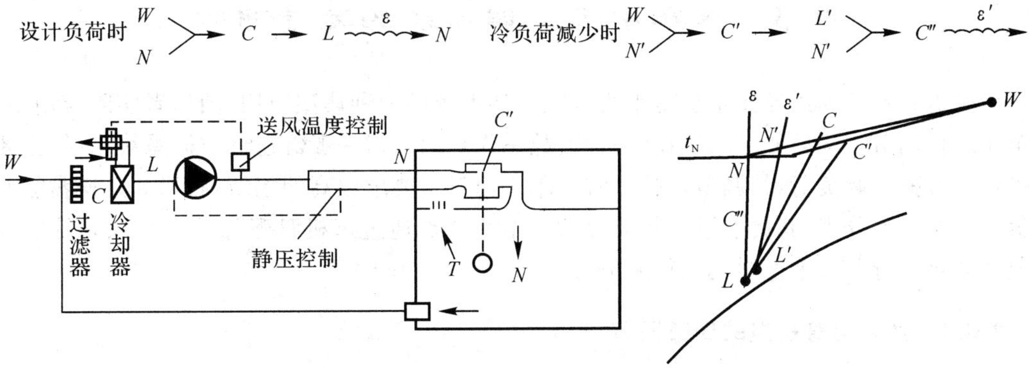

图 9.27　诱导型末端装置变风量空调系统运行工况

2. 全年运行调节

变风量空调系统全年运行调节有下列 3 种情况：

(1)全年有恒定冷负荷，或负荷变化不大时。可以用没有末端再热的变风量系统，由室内恒温器调节送风量，温控器根据室内温度变化调节送风量，控制室内参数维持在允许波动区。在过渡季节可充分利用新风来"自然冷却"，既节能，又能保证室内空气品质。

(2)系统各房间冷负荷变化较大时。可以用有末端再热的变化量系统。送风量不能随着负荷的减少而无限制降低，因为风量减少到一定程度后，会带来一系列问题，如风量过少，室内温度分布不均等。为避免风量极端减少而造成换气量不足，新风量过少和温度分布不均匀等现象，当负荷很小时，通常启动末端再热装置来加热空气，向室内补充热量来保持一定的室温。最小送风量应不小于 4 次/h 的换气量。其调节过程如图 9.28 所示。

(3)夏季冷却和冬季加热的变风量系统。用于供冷和供热季节转换的变风量空调系统的调节工况。夏季冷却和冬季加热的变风量空调系统调节过程如图 9.29 所示。在最炎热的季节送风量最大，随着室内冷负荷的不断降低，送风量逐渐减少，在减至最小送风量时，风量不再减少，而通过末端再热来调节室温。随着季节的变换，当进入冬季后，系统则由送冷风转为送热风，开始仍以最小送风量进行，随着气温进一步降低，送风量逐渐增大，直至最大。在大型建筑物中(冬季)，周边区常设单独的供热系统(定风量、诱导、风机盘管或暖气系统)，该供热系统一般承担围护结构的传热损失，而风温或水温则根据室外空气温度进行调节；内部区常有灯光、人体和设备的散热量，则一年四季均由变风量系统送冷风。

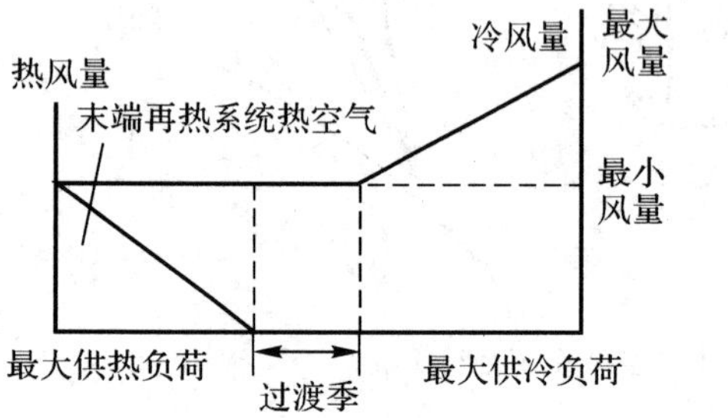

图 9.28　末端再热变风量空调系统全年运行工况

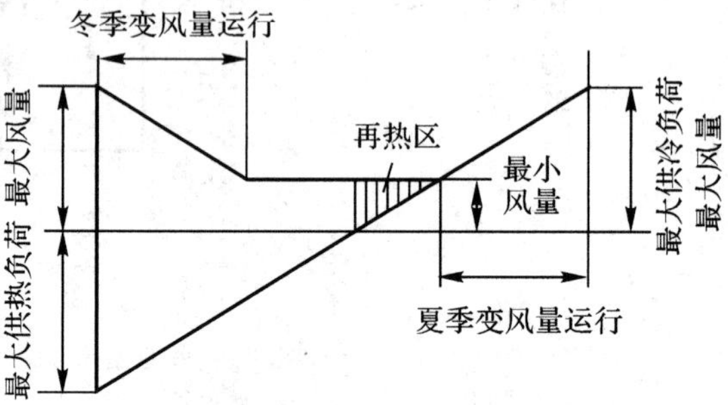

图 9.29　季节转换的变风量空调系统全年运行工况

9.3　半集中式空调系统的运行调节

风机盘管系统和诱导器系统是半集中式空调系统的两种典型应用，因后者实际应用很少，且全年运行调节方法类似于风机盘管系统，故不作介绍。对一般舒适性空调系统来说，主要由风机盘管负担空调负荷，其调节过程非常简单。而对于要求较高的场所，新风和风机盘管对空调负荷有明确的分工，其调节过程相对复杂。本节重点通过风机盘管加独立新风系统的局部调节和全年运行调节来说明其运行调节方法。

9.3.1　风机盘管机组的局部调节

风机盘管空调系统中风机的转速有高、中、低三挡，冷、热水系统又可以调节水温和水量，因此，可以灵活地调节各空调房间的温度。风机盘管机组负担室内全部负荷的调节方法适用于大多数风机盘管承担。为了适应房间瞬变负荷的变化，该调节主要有以下三种局部调节方法：水量调节、风量调节和旁通风门调节。

1. 水量调节

当室内冷负荷减少时，通过水量调节阀减少进入盘管的水量，以减少冷水在盘管内的吸热量。如表 9.3 所示，在设计工况下，空气在盘管内进行冷却减湿处理，从 N 变化到 L，然后送到室内。当负荷减少时，室内温控器自动调节电动直通或三通阀，以减少进入盘管的水量，盘管中的水温随之上升。露点从 L 变为 L_1，室内状态点从 N 变为 N_1，新的室内状态点含湿量较原来的所增加。由于送风的含湿量增大，故使室内相对湿度随之增大。水量调节法负荷调节范围小，一般为 75% ～ 100%。此外，这种系统中的温控器和电动阀的造价较高，故系统总投资较大。

2. 风量调节

当室内冷负荷减少时，降低风机转速，减少通过盘管的风量，以减少室内循环空气在盘管中的放热量。如表 9.3 所示，在设计工况下，风机盘管对空气的处理过程为从 N 至 L。如果系统负荷减少，则应降低风机转速，以减少风量。风机转速可根据需要在三速开关的高、中、低三挡之间进行切换(也有的风机盘管可进行无级调速)。风速降低后，盘管内冷水温度下降，露点由 L 下移到 L_2，通过送风达到室内要求。调节过程中，室内相对湿度不会变化太大，但当风机在最低挡运行时，风量最小，室内温度偏低，容易在风口表面结露，且室内气流分布不理想。风量法负荷调节范围小，一般为 70% ～ 100%，且应用广泛。

3. 旁通风门调节

这种方式的负荷调节范围大(20%～100%)，且初投资低，调节质量好，可使室内达到 ±1℃ 的精度。如表 9.3 所示，因为负荷减小时，旁通风门开启，而使流经盘管的风量较少，冷水温度低，L 点位置降低，再与旁通空气混合，送风含湿量变化不大，所以室内相对温度较稳定，室内气流分布也较均匀。但总风量不变，风机消耗功率并不降低。故这种调节方法仅用在室内参数控制要求较高的场合。

表 9.3　风机盘管机组不同调节方式的调节质量(其中 Q_0 为设计负荷)

内容	水量调节	风量调节	旁通风门调节
调节范围	30%～100%	50%,75%,100%	旁通阀门开度 0～100%
负荷范围	75%～100%	70%,85%,100%	20%～100%
风机盘管的空气处理过程	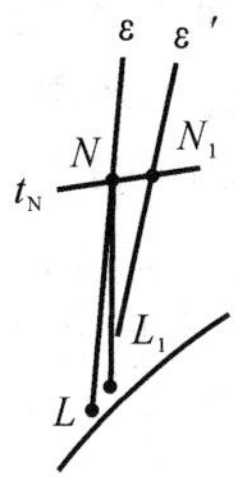 设计负荷时：$N \to L \rightsquigarrow \xrightarrow{\varepsilon} N$ 部分负荷时：$N_1 \to L_1 \rightsquigarrow \xrightarrow{\varepsilon'} N_1$	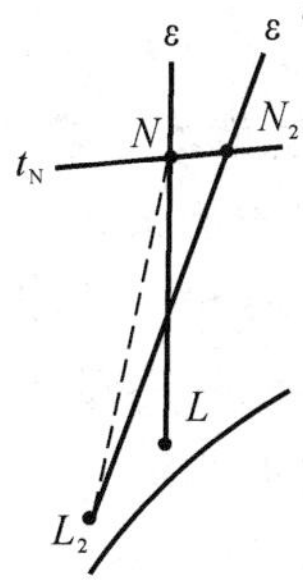 设计负荷时：$N \to L \rightsquigarrow \xrightarrow{\varepsilon} N$ 部分负荷时：$N_2 \to L_2 \rightsquigarrow \xrightarrow{\varepsilon'} N_2$	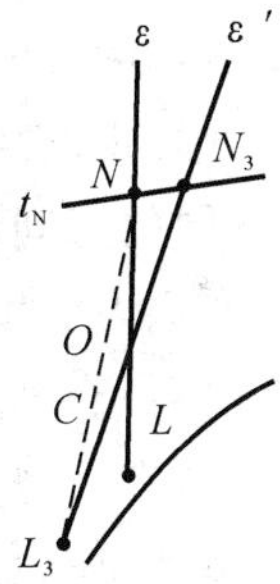 设计负荷时：$N \to L \rightsquigarrow \xrightarrow{\varepsilon} N$ 部分负荷时：$N_3 \to \begin{matrix} L_3 \\ N_3 \end{matrix} \to C \rightsquigarrow \xrightarrow{\varepsilon'} N$
显热冷负荷变化时的调节质量	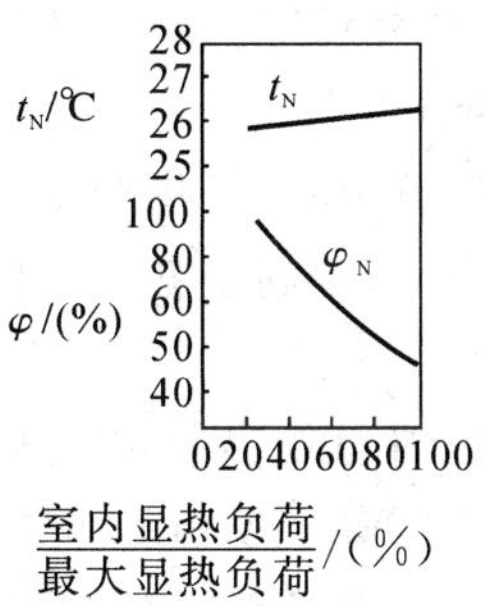	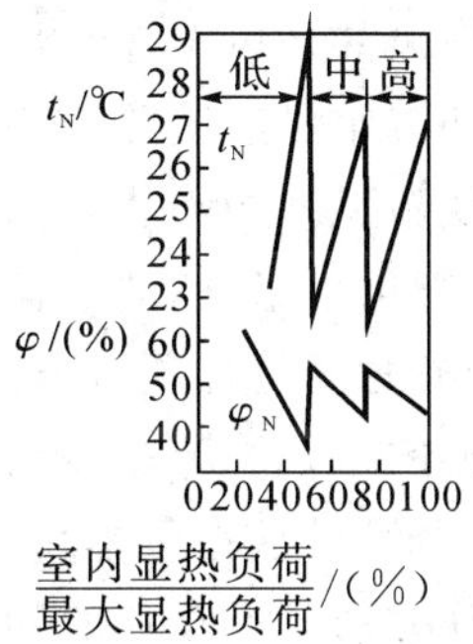	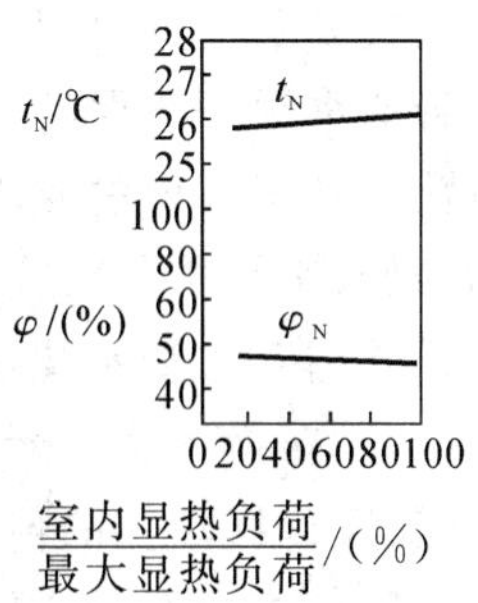

9.3.2　风机盘管机组的全年运行调节

无独立新风系统，或新风不负担室内冷(热)负荷时，靠风机盘管局部调节来满足室内温度要求。当新风系统与风机盘管共同承担室内冷(热)负荷时，随着室外空气温度的下降或上升，可相应提高或降低新风机组的送风温度，以适应室内负荷的变化。风机盘管空调系统按取用新风方式可分为就地取用新风系统和独立新风系统。就地取用新风系统其冷热负荷全部由通入盘管的冷、热水来承担。独立新风系统按其负担室内负荷的方式分为新风处理到室内空气焓值，不承担室内负荷；新风处理后的焓值低于室内空气焓值，承担部分室内负荷；新风系统只承担围护结构传热负荷，盘管承担其他瞬时变化负荷。

1. 负荷性质和调节方法

室内负荷分为瞬变负荷和渐变负荷两部分。瞬变负荷是指室内照明、设备、人体散热和太阳辐射热产生的负荷。这部分负荷具有随机性大的特点，房间不同差异很大，可由风机盘管来承担。风机盘管的调节可根据室内恒温器调节水温或水量(通过二通或三通调节阀)，或调节盘管旁通风门的开启程度。渐变负荷是通过围护结构的室内外温差传热。和瞬变负荷相比较，渐变负荷比较稳定，且大多数房间差异不大。这部分负荷可通过集中调节新风温度来适应，即由新风负担室内的渐变负荷。

2. A/T 比和系统分区的关系

A/T 比是指新风量与通过该房间外围护结构(内外温差为 1℃)的传热量之比。显然，对于同一个系统，要进行集中的再热调节，必须建立在每个房间都有相同的 A/T 比的基础上。对于一个建筑物的所有房间来说，A/T 比不一定都是一样的，那么不同的 A/T 比的房间随室外温度的变化要求新风升温的规律也就不一样了。为了解决这个矛盾，可采用两种方法：一是把 A/T 比不同的房间统一取它们中的最大 A/T 比(加大 A 新风量)，对于这些房间来说，加大送风量会使室内温度偏低即偏于安全；二是把 A/T 比相近的房间划为一个区，每个区采用一个分区再热器(有利于节约一次风量和冷量)，一个系统就可以按几个分区来调节不同的新风温度，这对节省一次风量和冷量是有利的。

3. 双水管系统的调节

双水管风机盘管系统在同一时刻只能供应冷水或热水，不能满足同时供冷、供热的需要(如加大型建筑的内区可能全年要求供冷，而外区在冬季却要求供热)。三水管系统和四水管系统具有同时供冷、供热的功能，但造价较高，使用减少。对于双水管系统，夏季运行时，随着室外空气温度的变化，集中调节新风的送风温度，以抵消室内外温差传热的负荷变化。进入风机盘管的水温一般保持不变，靠调节水量以消除室内因照明、设备、人员散热及太阳辐射的瞬变负荷。到了春秋过渡季节，只供新风就能吸收室内冷(热)负荷时，可供全新风。随着室外温度的降低，实行季节转换，提高盘管供水温度，调节盘管加热量，以满足冬季室内负荷要求。下面主要介绍双水管系统在季节转换时的两种调节方法。

(1)不转换系统。所谓不转换的运行调节是将新风和风机盘管负担的负荷做较严格的区分，即新风负担渐变的传热负荷，而风机盘管负担瞬变的室内负荷，互相不作转换，不为对方负担。不转换系统的投资较少，管理方便。但存在的问题是当冬季特别冷时，温差传热占最主要的地位，如果不作转换，则新风负担室内全部热负荷，造成新风管道尺寸过大，集中加热设备的容量过大。图 9.30 所示为不转换系统随季节变化的调节过程。在夏季运行时，该系统使用冷的新风和冷水。随着室外气温的降低，集中调节再热量适应渐变的负荷的减少。

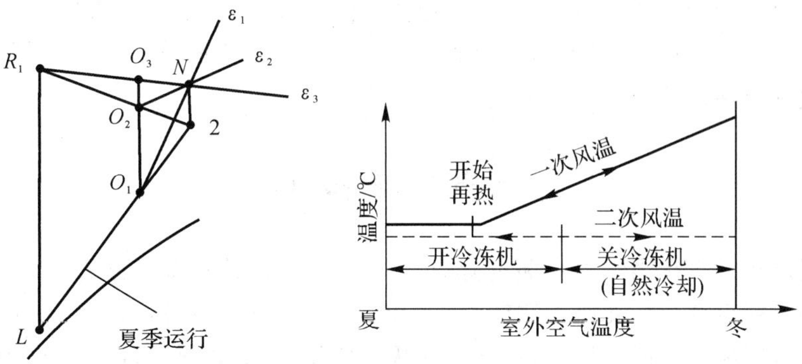

图 9.30　不转换系统

(2)转换系统。转换系统的特点是在适当的时候，对新风和风机盘管作以转换，互相承担对方的角色，它比较节能。夏季运行时，转换系统仍采用冷的新风和冷水，新风和风机盘管各自承担相应的负荷。当室外气温降低到某一温度时，可关闭盘管，转换为由新风承担室内的瞬变负荷，如图 9.30 所示。调节过程随着室外气温的进一步降低，可能达到这样一种情况，即瞬变负荷和传热负荷相比已很小。这时可由风机盘管供热水，即由风机盘管承担传热负荷。转换系统可根据负荷的性质对系统运行做相应调整，但它也存在一定的缺点，如因为室外气温的变化，可能在短期内发生多次转换的现象，这对于系统运行的稳定很不利。

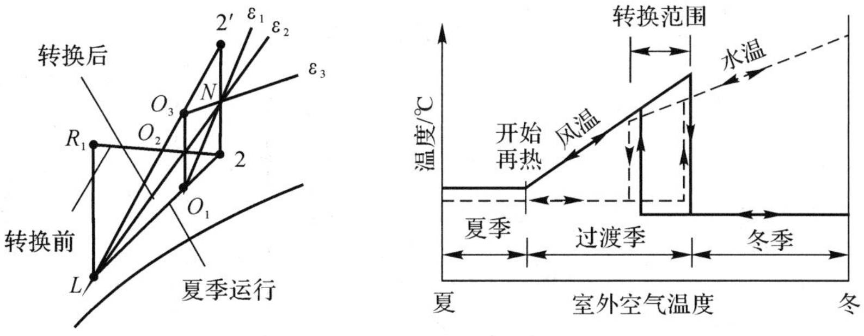

图 9.31　转换系统

因此，系统是否转换，应在全面分析比较后确定。采用转换与不转换系统有一个技术经济比较的问题，它主要考虑要充分节省运行调节费用，从而使在冬季或较冷的季节里，尽量少使用制冷系统。

本 章 小 结

本章系统地讲述了各种空调系统的运行调节方法，其中包括定风量系统的运行调节方法、变风量系统的运行调节方法以及风机盘管加新风系统的运行调节方法。对于定风量系统来说，随着室内热湿负荷的变化的情况不同，可采用定机器露点和变机器露点调节的调节方法。当室外气象条件变化时，则针对不同的空调工况区采用不同的调节方法，目的是使系统更加节能，并使室内参数相对稳定。变风量系统的运行调节主要从两方面进行，即室内负荷变化时的运行调节和全年运行调节。其中室内负荷变化时的运行调节方法主要是利用不同的末端装置来进行调节。而风机盘管加新风系统的运行调节主要分为局部调节和全年运行调节，其中局部调节方法主要有水量调节、风量调节以及旁通风门调节方法，不同的调节方法适用的范围不同，应根据房间的具体情况选择不同的调节方法。总之通过不同方法的运行调节可提高空调系统的工作效率及降低系统能量的消耗。

思考与练习题

1. 一次回风空调系统当室内热湿负荷变化时，可以采用几种调节方法？

2. 什么是定露点调节和变露点调节？各有什么特点？改变机器露点的方法都有哪些？

3. 具有一次回风的空调系统，当室外空气状态变化时，应如何进行全年运行调节？

4. 具有二次回风的空调系统，当室外空气状态变化时，应如何进行全年运行调节？

5. 调节一、二次回风混合比和调节空调箱旁通风门各有什么优缺点？它们的优点一般在什么季节更突出？

6. 当室内负荷变化时，变风量系统如何进行调节，在 $h-d$ 图上分析其过程。

7. 试讨论变风量空调系统的全年运行调节过程。

第 10 章　空调工程设计案例

教学目标与要求

一项空调工程能否成功运行，涉及设计、施工、管理等很多环节，而正确的设计是诸多环节中最重要、最基础的一个部分。空调工程种类繁多，每一个工程都有其自身的特点，即使设计者具有丰富的设计经验，对新的工程也不能马虎大意，空调工程的设计是一项严肃认真的工作。通过本章的学习，学生应达到以下目标：

(1)了解空调方面的有关规范和技术标准；

(2)会根据建筑类型选择最优的空调方案；

(3)掌握民用建筑空调工程的设计步骤。

教学重点与难点

(1)熟悉空调工程现行设计规范和标准；

(2)空调工程设计文件编写；

(3)大型及重要的民用建筑空调工程设计步骤；

(4)小型民用建筑空调工程设计步骤。

工程案例导入

空调工程设计质量不仅决定着工程投资的大小，而且还会影响空调系统的性能好坏和能耗高低。如某宾馆客房采用风机盘管加新风的空调系统，且风机盘管采用卧式暗装，夏季经常从吊顶上有水流下来。分析原因主要是设计风机盘管时顶上的空间不能满足凝结水管坡度的要求，造成无坡甚至反坡，使滴水盘中的水排不出去，水满后往吊顶溢流，造成室内环境变差。因此对于设计者而言，在设计前应熟悉有关规范和技术标准，了解设计任务书对空调的要求，并收集相关资料，准备好必要的设计资料，这些是确定设计方案、保证设计质量、加快设计速度、保证设计具有一定先进性的前提条件。

10.1　空调工程设计概述

10.1.1　暖通空调工程现行设计与施工规范和标准

设计质量决定着空调工程投资大小、空调系统的性能好坏和能耗高低。为了使空调工程设计能与社会、经济发展水平相适应，达到经济效益、社会效益和环境效益相统一的目标，在设计时应做到既要设计合理，又要满足建设方要求；既要积极采用先进技术、先进设备和新型材料，又要注意节能和环保。

设计规范是设计工作必须遵循的准则。规范规定的原则、技术数据以及设计方法，是设计的重要依据，也是评价设计文件的主要标准，设计规范集中反映了本专业技术、经济方面的重要问题，同时也贯彻了政府部门有关国家现行经济、能源安全和环保等方面的政策。

设计规范条文在执行过程中，一般有两种情况：一种是必须执行的规范条文，如《建筑设计防火规范》(GB 50016—2014)(2008 版)、《工业企业设计卫生标准》等，尤其是对人民生命财产安全有重要影响的条文，应该坚决执行，如果遇到特殊原因，在条文执行过程中确实存在困难或严重不合理而不能执行时，应该提出新的技术或可靠的措施，而且应该通过上级主管职能部门审批同意后方可采用。另一类，原则上应该执行，如一般的技术数据、布置形式等。如果执行中与规范规定有抵触时，应事先提出，经技术会议研究，单位主管部门审定同意后方可进行设计。

由于行业之间的特点差异较大，目前，国内制定了许多专业性的行业标准、规范设计中可以参考执行。下面抄录暖通空调工程部分常用的设计规范和标准。

(1)通用设计规范。

1)《民用建筑供暖通风与空气调节设计规范》(共 2 册)(GB 50736—2012)；

2)《暖通空调制图标准》(GB/T 50114—2010)；

3)《建筑设计防火规范》(GB 50016—2014)；

4)《建筑设计防火规范》(GB 50016—2014)(2008 版)；

5)《绿色建筑评价标准》(GB/T 50378—2014)；

6)《公共建筑节能设计标准》(GB 50189—2015)。

(2)专用设计规范。

1)《宿舍建筑设计规范》(JGJ 36—2005)；

2)《旅馆建筑设计规范》(JGJ 62—2014)；

3)《办公建筑设计规范》(JGJ 67—2006)；

4)《商店建筑设计规范》(JGJ 48—2014)；

5)《2007 全国民用建筑工程设计技术措施节能专篇——暖通空调动力》；

6)《2009 全国民用建筑工程设计技术措施——暖通空调·动力》。

(3)专用设计标准图集。

1)《暖通空调标准图集》；

2)《暖通空调设计选用手册》(上、下册)。

10.1.2 空调工程设计前期准备工作

1.熟悉有关设计规范与标准

空调工程的设计应符合暖通专业有关的设计规范、施工验收规范、设计技术措施、制图标准及当地的有关技术规定及法规，在着手设计前应收集资料并熟悉其中的主要内容。

2.收集有关的产品样本

空调工程(含冷、热站、防排烟、通风)的设计一般应用到下面主要设备和附件：制冷机组，包括压缩式(活塞式、离心式、螺杆式)和吸收式(单、双效式，直燃式)，水冷式和风冷式，单制冷机和冷热水热泵等；空气处理机，包括组合式机组、变风量机组、新风机组、风机盘管机组和单元式空调机组等；冷却塔、热交换器、燃油、燃气锅炉、分集水器、除污器、循环水泵、风机、自动排气阀、风量调节阀、防火阀、送回风口、保温材料、消声器、水过滤器、减压阀、蒸汽调节阀等。以上设备部件应在设计开始前准备好相关样本资料。

3. 准备有关设计手册及标准图集

有关的设计手册、规范、措施详见“之前各章节内容”。空调工程的设计会用到下列标准图集：膨胀水箱、分(集)水器、除污器、风机安装、水泵安装、风管保温、水管保温和风管水管支吊架等。学生可以在设计前与各设计院资料室或书店联系购买。

4. 熟悉本工程的有关原始资料

(1)开始设计前必须对设计的任务了如指掌，包括了解各建筑的位置、朝向、房屋使用功能、建筑物的性质、档次、运行的班次、围护结构材料、门窗结构层次、房间布置、室内人员分布、照明、空调制冷、通风、防排烟的要求及范围等，也包括冷(热)媒、热源和冷源的种类及位置，以及甲方的基本情况(包括资金情况)等，并充分了解甲方在设计委托中对该系统的要求，如有问题应在设计之前沟通并确定下来。

(2)假如其他专业设计没有同步进行，则应该注意与这些专业的设计人员进行沟通，如果这些图纸已经出来，应该仔细看图。

(3)收集同类型建筑的空调设计资料，吸取国内、外好的经验及做法。

(4)如果是改造项目，还应该到现场进行一番勘察，进行拍照、量取实际尺寸、了解现在系统运行状态等。

5. 收集室外气象资料

收集室外气象资料主要包括当地冬、夏季室外空调计算干球温度、湿球温度、相对湿度、室外风速、主导风向、日照率和当地大气压等。

10.1.3　空调工程设计内容与步骤

10.1.3.1　空调工程设计内容

1. 初步设计内容

初步设计阶段应将本专业内容的设计方案或重大技术问题的解决方案进行综合技术经济分析，讨论技术上的先进性、适应性和经济上的合理性。

(1)设计说明书。

1)设计依据。

a. 摘录设计总说明书所列批准文件和依据性资料中与本专业设计有关的内容。

b. 室外空气计算参数及房间室内设计计算参数。

c. 遵循的规程、规范。

2)设计范围。根据设计任务要求和有关设计资料，说明本专业设计的内容及有关专业的设计分工。

3)暖通空调设计计算部分。

a. 论述冷、热源方案的选择，冷、热媒参数的确定。

b. 水系统形式，划分压力分布及承压情况。

c. 暖通空调冷热负荷。

d. 暖通空调系统的形式及区域划分，空气处理或净化方式，气流组织及控制方法。

e.新风系统的形式、新风量及处理方式。

f.主要设备选型。

g.防排烟系统的划分、设计方案及设备选型。

h.防、排烟系统构件的选型。

i.防、排烟系统的控制方式。

j.设备消声、隔振措施及环境保护。

k.余热回收及节能措施。

(2)设计图纸。复杂的空调工程初步设计应给出图纸(规模较小、内容简单的工程可不出图),图纸内容可视工程繁简及技术复杂程度确定,图纸一般包括平面图、机房平面图、系统流程图和设备表,各种管道可用单线绘制。

1)通风、空调平面图表示主要设备位置、管道走向、系统分区及编号等。必要时应标注风管的主要标高。

2)通风空调、制冷机房平面图表示设备的位置、主要管道布置及走向、交叉复杂处需绘局部剖面图,控制设备管道安装高度。

3)系统流程图。表示空调、制冷系统的热力、冷冻水、冷却水系统流程及控制原理。

4)防排烟平面、系统图。表示设备的布置、管道走向、管道尺寸、风口形式和防火阀门型号等。

(3)设备表。列出主要设备的名称、型号、规格和数量等。大型工程选用设备规格,数量多时应按专业内容分项列表。

(4)概算。

(5)计算书(供内部使用)。空调工程有关的冷负荷、热负荷、风量、冷冻水量、冷却水量、主要风道尺寸、管径及主要设备的选择等,可简化计算或按经验指标估算确定。

2.施工图设计内容

(1)图纸目录。先列新绘制图纸,后列选用的标准图或重复利用图。

(2)首页。内容包括设计概况、设计说明及施工安装说明、图例和设备表等。

大型复杂工程可按采暖通风和空调不同内容各立首页。简单工程首页内容少,可合并在底层平面图上。设计概况和说明应有暖通空调室内外设计参数,冷源和热源情况,冷媒和热媒参数;暖通空调冷负荷和热负荷;系统形式和控制方法;消声和隔振措施;防腐和保温要求;防、排烟系统的组成;主要设计数据;设备和构件的选型和控制方法等;安装要求及遵循的施工及验收规范等需要说明的问题。

(3)平面图。

1)绘出建筑轮廓,主要轴线号、轴线尺寸、室内外地面标高、房间名称、底层平面图右上角的指北针。

2)二层以上的多层或高层建筑,其建筑平面及专业内容相同的层次,可合用一张图纸,散热器数量应分层标注。

3)空调平面图用双线绘出风管,单线绘出冷、热水管等水管,按设备外形或图例绘出设备图形、标注风管及风口的尺寸(圆形风管标管径,矩形风管标宽×高),风机盘管、风柜等空调设备的定位尺寸及其关系尺寸,标注设备编号、消声器、调节阀、防火阀、管件、过滤器和软接管等各部件的位置。

(4)剖面图。

1)风管或管道交叉复杂的部位应绘剖面图或局部剖面图。

2)绘出风管、管道、风口、设备等与建筑梁、板、柱及地面的尺寸关系。

3)标注风口,管道等的尺寸和标高。

(5)系统图。

1)空调冷、热水系统、冷却水系统、凝结水系统的管道按45°或30°轴侧投影绘制,冷水机组、风机盘查、风柜、热交换器和水泵冷却塔等设备用图例表示,或用细实线绘出外形轮廓,绘出整个系统的管道及阀门等全部部件、配件,所有管道应标注管径坡度、坡向、标高及设备编号。

2)大型空调、制冷系统设备管道复杂,可绘制系统流程图,按设备管道所在层数绘出设备阀门、仪表、部件和介质流向,管径上设备编号、设备和管道相同的楼层可适当简化,流程图可不按比例绘制。

3)风管系统在平、剖面图中无法表示清楚时,可按45°或30°轴侧投影绘制系统图。

4)二层以上的多层或高层建筑,其建筑平面及各项内容相同的层次,可只绘其中一层,其他层次省略,用附注说明。

5)图中相同管道和构件非常多,标注很困难时,可用附注加说明,例如,“风机盘管供、回水支管管径均为DN20”。

(6)制造图。

1)简单的设备、支架,当无定型产品,又无标准图、通用图可利用时,应绘制制造图,如水箱、设备支架等。

2)绘出单体设备的构造图形,标注设备、附上尺寸和要求,并说明使用材料类型规格。

(7)安装图。

1)安装图是指在安装过程中指导安装的图纸,配有设备、构件与建筑物的安装方法与关系,并给出安装所用的材料。

2)安装图应标注所安装设备与安装有关的建筑物之间的关系尺寸。

(8)计算书。

空调工程应配有建筑围护结构传热量计算、人体、照明、设备散热量及散湿量计算,送、回风量、新风量计算,冷、热负荷计算,冷水机组、冷水泵、冷却水泵、冷却塔、组合式空调器、新风机组、风机盘管、消声和隔振装置等设备的选择计算,气流组织计算,风道尺寸及阻力计算,水系统管径及水力计算等。

10.1.3.2　空调工程设计步骤

1.方案设计阶段

方案设计阶段主要是优选建筑设计方案,暖通空调专业进行配合设计。

(1)主机房位置。在建筑方案设计过程中,暖通专业根据建设项目内容和规模,初步考虑冷、热源方案,粗略估算冷、热负荷和冷、热水机组数量,计算水机房和热水机房及其辅助设备布置所需要的面积,冷却塔布置所需面积,配合建筑专业确定冷水机组房,热水机组房、冷却塔的位置和建筑面积。

(2)确定管井位置。根据建筑布置和使用功能,初步考虑系统划分,委托建筑设计专业在适合位置设计管道井(包括有冷水、冷却水、凝结水和新风井等),并确定管井个数。

(3)防、排烟风井位置。根据建筑专业平面布置,确定需要设置防、排烟的位置,要求建筑在合适的地方留出机械加压送风和机械排烟的竖风道或风道井。

(4)确定烟囱位置。

(5)估算本工程总耗电功率、耗水量,并提供给相关专业机构,以便进行设计工作。

2.初步设计

(1)根据建筑专业提供的建筑平、剖面图和文字资料以及其他专业提出的设计任务资料,详细了解房间使用功能、使用特点和对暖通专业设计所提出的要求。

(2)冷、热负荷计算。以空调房间为单元,确定空调室内外空气设计参数,计算房间空调冷、热负荷,内容包括建筑传热量、人体散热量、照明散热量、设备散热量及新风负荷。

(3)水系统设计。

1)根据建筑总高度和设备的承压能力确定水系统是否需要进行竖向分区,对水系统进行水压分布分析,确定膨胀水箱设置位置,冷水泵是压入式或是吸入式。

2)根据房间的功能、空调使用时间、使用性质及特点,确定水系统供水区域的划分。

3)确定水系统形式,如双管或四管、水平式或垂直式、同程式或异程式。

4)确定供、回水温度。

5)确定供水方式,如变流量或定流量;一级泵或二级泵系统。

6)水系统控制方式。

(4)新风系统设计。

1)按标准和要求确定新风量、新风处理终状态参数。

2)新风系统的划分和组成。

3)新风系统风量、阻力计算,选择新风机组。

(5)排风系统设计。

(6)空气处理设备的计算和选择。

1)根据空调房间的特点和使用要求及安装条件,确定空气处理类型,如风机盘管、风柜和组合式空调器。

2)根据房间的热、湿负荷及系统的组成选择空气处理设备的规格、型号。

(7)空调冷源系统。

1)计算出建筑最大负荷时的冷负荷(考虑同期使用参数和安全系数),考虑到负荷特点、调节性能,经过技术经济比较确定冷水机组类型、数量及规格型号。

2)计算冷冻水量、水系统阻力、运行特点,选择冷冻水泵的机型、规格、型号及数量。

3)计算冷却水量、冷却水系统阻力、运行特点,选择冷却水泵的机型、规格、型号及数量。

4)计算并选择附属设备。

(8)冷却塔计算、选择。根据冷却水量、冷却水系统计算阻力、冷却水温度及进、出水温差、环境噪声要求,计算、选择冷却塔的类型、规格、型号及数量。

(9)空调热源系统。

1)计算出建筑最大负荷时的热负荷(考虑同期使用参数和安全系数),考虑到负荷特点及调节性能,经过技术经济比较选择热源设备(蒸汽锅炉、无压热水锅炉、真空热水锅炉等)的类型、数量及规格型号。

2)附属设备的计算和选择。

(10)防、排烟系统设计方案及设备选型。

1)根据高层民用建筑防火设计规范要求,确定建筑防、排烟设计部位。

2)计算防、排烟风量及风道阻力,选择机械加压送风机和排烟风机。

3)选择进风口、排烟口及防火阀等部件。

4)确定防、排烟系统的控制方法。

设计计算和设备选择完毕后,需要向有关专业提出设计要求。

土建专业:冷水机站、热水机站、冷却塔、大型空调设备安装位置和占用建筑面积,水管井和竖向风道井位置等。

电力:专业暖通工程总耗电量。

水道:专业暖通工程总耗水量。

弱电:专业防、排烟系统控制要求。

(11)绘制图纸。

1)冷水机站平(剖)面图、工艺流程图。

2)热水机站平(剖)面图、工艺流程图。

3)主要楼层空调平面图。

4)防、排烟系统平面图、系统图。

(12)编制设备表。

(13)编制概算书。

最后,编制初步设计说明书。

3.施工图

(1)根据初步设计审批意见,建筑专业提供的平、剖面图和文字资料以及其他专业提出的设计要求,对初步设计计算和设备选择进行详细计算。如果设计条件改变,则根据变更条件,修正设计方案和设备选择。

(2)绘制暖通空调平面图、剖面图。

(3)向有关专业提出设计要求。

1)土建专业核实初步设计阶段所提出的资料,设备基础(包括基础外形尺寸、预埋件位置、设备质量等),墙和墙上孔洞等。

2)电力专业:按设备为单位提出耗电量和供电位置。

3)给排水专业:供水点、供水量、供水压力。

4)弱电专业:防、排烟系统的控制要求。

(4)绘制暖通空调剖面图、水系统图、安装图等施工图纸。

(5)编制设备表、材料表。

(6)编制工程预算。

(7)施工图设计完成后,提交各级审核。

(8)施工图会审。参加设计的有关专业会审图纸,会审内容一般是:互相委托的设计要求是否完成,各专业设计内容是否协调,如相互碰撞等,然后进行会签。

(9)资料整理、归档。

10.1.4　空调工程设计文件的编写整理

10.1.4.1　初步设计文件的编写

在初步设计阶段,采暖通风与空气调节设计文件应有设计说明书,除小型、简单工程外,初步设计还应包括设计图纸、设备表及计算书。

1.设计说明书

(1)设计依据。

1)与本专业有关的批准文件和建设单位提出的符合有关法规、标准的要求；

2)本专业设计所执行的主要法规和所采用的主要标准(包括标准的名称、编号、年号和版本号)；

3)其他专业提供的设计资料等。

(2)简述工程建设地点、规模、使用功能、层数和建筑高度等。

(3)设计范围。根据设计任务书和有关设计资料，说明本专业设计的内容、范围以及与有关专业的设计分工。

(4)设计计算参数。

1)室外空气计算参数；

2)室内空气设计参数。

(5)空调工程设计。

1)空调冷(热)、湿负荷；

2)空调系统冷源及冷媒选择，冷水、冷却水参数；

3)空调系统热源供给方式及参数；

4)各空调区域的空调方式，空调风系统简述，必要的气流组织说明；

5)空调水系统设备配置形式和水系统方式，系统平衡、调节手段；

6)洁净空调注明净化级别；

7)监测与控制简述；

8)管道材料及保温材料的选择，

(6)通风。

1)设置通风的区域及通风系统形式；

2)通风量或换气次数；

3)通风系统设备选择和风量平衡。

(7)防排烟及暖通空调系统的防火措施。

1)简述设置防排烟的区域及方式；

2)防排烟系统风量的确定；

3)防排烟系统及设施配置；

4)控制方式简述；

5)暖通空调系统的防火措施。

(8)节能设计。

按节能设计要求采用的各项节能措施。

1)节能措施包括计量与调节装置的配备、调节全空气空调系统新风比数据、热回收装置的设置、选用的制冷和供热设备的性能系数或热效率(不低于节能标准要求)、变风量或变水量设计等。

2)节能设计除满足现行国家节能标准的要求外，还应满足工程所在省、市现行地方节能标准的要求。

(9)废气排放处理和降噪、减振等环保措施。

(10)需提请在设计审批时解决或确定的主要问题。

2.设备表

列出主要设备的名称、性能参数和数量等。

3. 设计图纸

(1)通风与空气调节初步设计图纸一般包括图例、系统流程图和主要平面图。各种管道、风道可绘单线图。

(2)系统流程图包括冷热源系统、空调水系统、通风及空调风路系统、防排烟等系统的流程。应表示系统服务区域名称、设备和主要管道、风道所在区域和楼层,标注设备编号、主要风道尺寸和水管干管管径,表示系统主要附件、建筑楼层编号及标高。

注:当通风及空调风道系统、防排烟等系统跨越楼层不多,系统简单,且在平面图中可较完整地表示系统时,可只绘制平面图,不绘制系统流程图。

(3)通风、空调、防排烟平面图。绘出设备位置,风道和管道走向,风口位置,大型复杂工程还应标注出主要干管控制标高和管径,管道交叉复杂处需绘制局部剖面。

(4)冷热源机房平面图。绘出主要设备位置、管道走向,标注设备编号等。

4. 计算书

对于通风与空调工程的冷负荷、热负荷、风量、空调冷(热)水量、冷却水量及主要设备的选择,应做初步计算。

10.1.4.2　施工图设计文件的编写

在施工图设计阶段,建筑环境与能源应用工程专业设计文件应包括图纸目录、设计说明和施工说明、设备表、设计图纸和计算书。

1. 图纸目录

应先列新绘图纸,后列选用的标准图或重复利用图。

2. 设计说明和施工说明。

(1)设计说明。

1)简述工程建设地点、规模、使用功能、层数和建筑高度等。

2)列出设计依据,说明设计范围。

3)根据工程所在地理位置,查《民用建筑供暖通风与空气调节设计规范》(GB 50736—2012)确定室内外设计参数。

4)热源、冷源设置情况,热媒、冷媒及冷却水参数,空调冷热负荷、折合冷热量指标,系统水处理方式、补水定压方式和定压值(气压罐定压时注明工作压力值)等。

注:气压罐定压时工作压力值指补水泵启泵压力、补水泵停泵压力、电磁阀开启压力和安全阀开启压力。

5)各空调区域的空调方式,空调风系统及必要的气流组织说明。空调水系统设备配置形式和水系统制式、系统平衡、调节手段,洁净空调净化级别,监测与控制要求;有自动监控时,确定各系统自动监控原则(就地或集中监控),说明系统的使用操作要点等。

6)通风系统形式,通风量或换气次数,通风系统风量平衡等。

7)设置防排烟的区域及其方式,防排烟系统及其设施配置、风量确定、控制方式,暖通空调系统的防火措施。

8)设备降噪、减振要求,管道和风道减振做法要求,废气排放处理等环保措施。

9)在节能设计条款中阐述设计采用的节能措施,包括有关节能标准、规范中强制性条文和以“必须”“应”等规范用语规定的非强制性条文提出的要求。

(2)施工说明。

施工说明应包括以下内容：

1）设计中使用的管道、风道、保温等材料选型及做法；

2）设备表和图例没有列出或没有标明性能参数的仪表、管道附件等的选型；

3）系统工作压力和试压要求；

4）图中尺寸、标高的标注方法；

5）施工安装要求及注意事项，大型设备安装要求参照国家标准《通风与空调工程施工质量验收规范》（GB 50243—2016）；

6）采用的标准图集、施工及验收依据。

（3）设备表，施工图阶段性能参数栏应注明详细的技术数据。

（4）平面图。

1）绘出建筑轮廓、主要轴线号、轴线尺寸、室内外地面标高、房间名称，底层平面图上绘出指北针。

2）通风、空调、防排烟风道平面用双线绘出风道，标注风道尺寸（圆形风道注明管径、矩形风道注明宽×高）、主要风道定位尺寸，标高及风口尺寸。各种设备及风口安装的定位尺寸和编号，消声器、调节阀、防火阀等各种部件位置，标注风口设计风量（当区域内各风口设计风量相同时也可按区域标注设计风量）。

3）风道平面应表示出防火分区，排烟风道平面还应表示出防烟分区。

4）空调管道平面单线绘出空调冷（热）水、冷媒、冷凝水等管道，绘出立管位置和编号，绘出管道的阀门、放气、泄水、固定支架和伸缩器等，注明管道管径、标高及主要定位尺寸。

5）需另做二次装修的房间或区域，可按常规进行设计，风道可绘制单线图，不标注详细定位尺寸，并注明按配合装修设计图施工。

（5）通风、空调、制冷机房平面图和剖面图。

1）机房应根据需要增大比例，绘出通风、空调、制冷设备（如冷水机组、新风机组、空调器、冷热水泵、冷却水泵、通风机、消声器、水箱等）的轮廓位置和编号，注明设备外形尺寸和基础距离墙或轴线的尺寸。

2）绘出连接设备的风道、管道及走向，注明尺寸和定位尺寸、管径、标高，并绘制管道附件（各种仪表、阀门、柔性短管、过滤器等）。

3）当平面图不能表达复杂管道、风道相对关系及竖向位置时，应绘制剖面图。

4）剖面图应绘出对应于机房平面图的设备、设备基础、管道和附件，注明设备和附件编号以及详图索引编号，备注竖向尺寸和标高；当平面图设备、风道、管道等尺寸和定位尺寸标注不清时，应在剖面图标注。

（6）系统图、立管或竖风道图。

1）冷（热）源系统、空调水系统及复杂的或平面表达不清的风系统应绘制系统流程图。系统流程图应绘出设备、阀门、计量和现场观测仪表、配件，标注介质流向、管径及设备编号。流程图可不按比例绘制，但管路分支及与设备的连接顺序应与平面图相符。

2）空调冷、热水分支水路采用竖向输送时，应绘制立管并编号，注明管径、标高及所接设备编号。

3）空调冷、热水立管应标注伸缩器、固定支架的位置。

4）空调、制冷系统有自动监控时，宜绘制控制原理图，图中以图例绘出设备、传感器及执行器位置；说明控制要求和必要的控制参数。

5）对于层数较多、分段加压、分段排烟的防排烟系统，或平面表达不清竖向关系的风系统，应绘制系统示意或风道图。

(7)通风、空调剖面图和详图。

1)风道或管道与设备连接交叉复杂的部位,应绘剖面图或局部剖面图。

2)绘出风道、管道、风门、设备等与建筑梁、板、柱与地面的尺寸关系。

3)注明风道、管道、风口等的尺寸和标高,以及气流方向及详图索引编号。

4)通风、空调、制冷系统的各种设备及零部件施工安装,应注明采用的标准图、通用图的图名图号。凡没有现成图纸可选,且需要交代设计意图的,均需绘制详图。简单的详图,可就图引出,绘制局部详图。

(8)计算书。

1)采用计算程序计算时,计算书应注明软件名称,打印出相应的简图、输入数据和计算结果。

2)通风、防排烟设计计算应包括以下内容:

a.通风、防排烟风量计算。

b.通风、防排烟系统阻力计算。

c.通风、防排烟系统设备选型计算。

3)空调设计计算应包括以下内容:

a.空调冷热负荷计算(冷负荷按逐项逐时计算)。

b.空调系统末端设备及附件(包括空气处理机组、新风机组、风机盘管、变制冷剂流量室内机、变风量末端装置、空气热回收装置和消声器等)的选择计算。

c.空调冷(热)水、冷却水系统的水力计算。

e.风系统阻力计算。

f.必要的气流组织设计与计算。

g.空调系统的冷(热)水机组、冷(热)水泵、冷却水泵、定压补水设备、冷却塔、水箱、水池等设备的选择计算,必须有满足工程所在省、市有关部门要求的节能设计计算内容。

10.2　大型空调工程设计案例

下面介绍大型空调工程中的一次回风系统的设计过程,从中了解设计步骤,整理有关空气调节技术方面知识。

西安市某商贸大楼,砖混结构共12层,地下室为车库和设备间,1～3层为商场,4～11层为写字间,12层为商务会所。首层层高为5.4m,2～3层为4.5m,4层至12层为3.6m。单层建筑面积约1 300m²。首层建筑平面图如图10.1所示,要求设计本商贸大楼夏季和冬季中央空调系统和通风系统,从而为整个建筑提供一个舒适的购物工作环境。因篇幅所限,这里只对商场首层夏季供冷用中央空调系统的设计过程进行介绍。

10.2.1　原始资料

1.地点:西安市(34°18′N,108°56′E)

2.室外气象条件

(1)夏季室外空气调节干球温度为35.2℃。

(2)夏季室外空气调节湿球温度为26.0℃。

(3)夏季室外空气调节日平均温度为 30.7℃。

(4)夏季大气压力为 95.920kPa。

3. 夏季室内设计计算参数

(1)夏季室内设计计算干球温度为 $t_n=26$℃。

(2)夏季室内设计计算相对湿度为 $\varphi_N=55\%\sim65\%$。

4. 土建条件(围护结构)

(1)平面尺寸:见建筑平面图 10.1。

(2)层高:商场首层为 5.4m。

(3)外墙:砖墙,厚度为 240mm,结构由外向内依次为砖墙、泡沫混凝土、木丝板、白灰粉刷,外表面涂中色涂料,属Ⅱ型。

(4)外窗:高度为 1 800mm,单层 3mm 透明玻璃。

(5)外门: 高度为 2 800mm,单层 3mm 玻璃门。

5. 室内负荷条件

(1)人员:室内人数按照 3 m^2/人计算。

(2)照明:商场首层采用明装荧光灯照明,功率为 30W/ m^2。

(3)散热设备:室内散热设备忽略不计。

6. 冷源条件

空调制冷机房位于地下室,设备已配备,供所需条件的冷水到空调机房。

7. 其他条件

空调工作时间为 9:00～21:00,室内压力稍高与室外压力。

10.2.2 空调系统冷负荷计算

商贸大楼首层冷负荷计算采用冷负荷系数法,它由围护结构传热、门窗日射及传热、室内照明和人员产热等部分组成。

(1)外墙瞬变传热引起的冷负荷

$$LQ_{C,\tau}=KF\left[(t_{L,\tau}+t_d)K_\alpha K_\rho-t_n\right]$$

式中 F——外墙的面积,m^2,尺寸见图 10.1 标注(外墙长 48m,宽 26.6m,高 5.4m);

K——外墙的传热系数,W/(m^2 · ℃),查附录 2.5 表中的序号为 3 的外墙构造,得传热系数为 0.90W/ (m^2 · ℃);

t_n—— 室内计算温度,℃,取 26℃,

$t_{L,\tau}$——外墙冷负荷计算温度的逐时值,℃,查附录 2.2 表Ⅱ型外墙,由于工作时间在 9:00～21:00 之间,而最大冷负荷也应出现在此范围内,所以计算负荷时间段取 9:00～21:00;

t_d—— 地点修正值,由附录 2.7 表查取西安东西南北四个方位的修正值;

K_α——外表面换热系数修正值, 查表 2.4 取 $K_\alpha=1.0$;

K_ρ——外表面吸收系数修正值,中色墙体取 $K_\rho=0.97$。

计算结果见表 10.1～表 10.4。

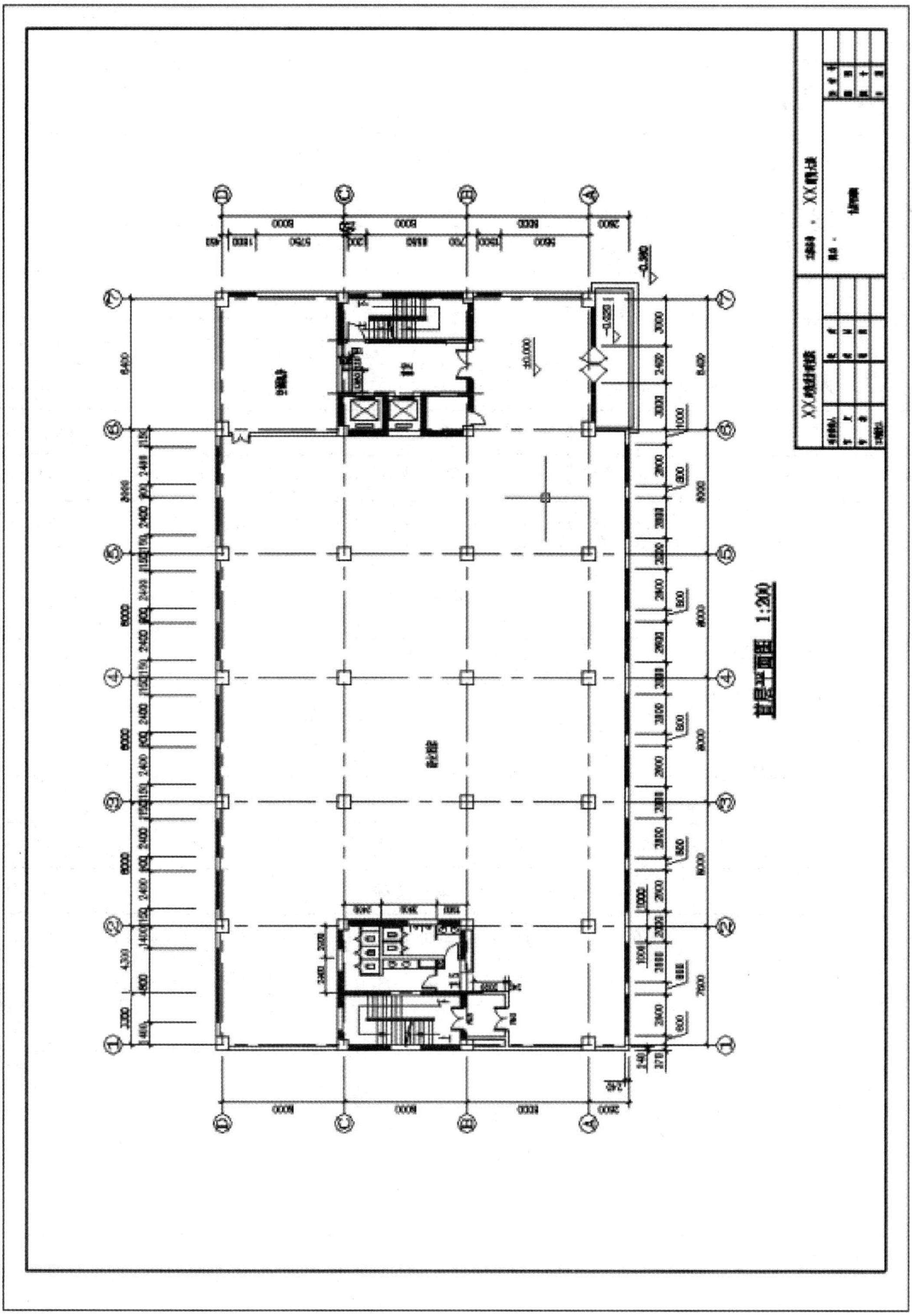

图 10.1　西安某商贸大楼建筑平面图

表 10.1 东外墙冷负荷 单位:W

时 间	9:00	10:00	11:00	12:00	13:00	14:00	15:00	16:00	17:00	18:00	19:00	20:00	21:00
$t_{L,\tau}$	35.5	35.2	35	35	35.2	35.6	36.1	36.6	37.1	37.5	37.9	38.2	38.4
t_d	0.9												
K_α	1.0												
K_ρ	0.97												
t_n	26												
K	0.90												
F	135.54												
$LQ_{C,\tau}$	1135.45	1099.95	1076.28	1076.28	1099.95	1147.28	1206.44	1265.60	1324.77	1372.10	1419.43	1454.93	1478.59

表 10.2 西外墙冷负荷 单位:W

时 间	9:00	10:00	11:00	12:00	13:00	14:00	15:00	16:00	17:00	18:00	19:00	20:00	21:00
$t_{L,\tau}$	37.30	36.80	36.30	35.90	35.50	35.20	34.90	34.80	34.80	34.90	35.30	35.80	36.50
t_d	0.9												
K_α	1.0												
K_ρ	0.97												
t_n	26												
K	0.90												
F	143.64												
$LQ_{C,\tau}$	1429.02	1366.32	1303.62	1253.46	1203.30	1165.68	1128.06	1115.52	1115.52	1128.06	1178.22	1240.92	1328.70

表 10.3 南外墙冷负荷 单位:W

时 间	9:00	10:00	11:00	12:00	13:00	14:00	15:00	16:00	17:00	18:00	19:00	20:00	21:00
$t_{L,\tau}$	34.20	33.90	33.50	33.20	32.90	32.80	32.90	33.10	33.40	33.90	34.40	34.90	35.30
t_d	0.5												
K_α	1.0												
K_ρ	0.97												
t_n	26												
K	0.90												
F	181.44												
$LQ_{C,\tau}$	1250.68	1203.16	1139.81	1092.29	1044.77	1028.93	1044.77	1076.45	1123.97	1203.16	1282.36	1361.56	1424.92

表 10.4　北外墙冷负荷　　单位:W

时间	9:00	10:00	11:00	12:00	13:00	14:00	15:00	16:00	17:00	18:00	19:00	20:00	21:00
$t_{L,\tau}$	32.10	31.80	31.60	31.40	31.30	31.20	31.20	31.30	31.40	31.60	31.80	32.10	32.40
t_d	1.8												
K_α	1.0												
K_ρ	0.97												
t_n	26												
K	0.90												
F	216												
$LQ_{C,\tau}$	1338.06	1281.48	1243.77	1206.06	1187.20	1168.34	1168.34	1187.20	1206.06	1243.77	1281.48	1338.06	1394.63

首层外墙传热总负荷计算结果见表 10.5。

表 10.5　首层外墙传热总冷负荷　　单位:W

时间	9:00	10:00	11:00	12:00	13:00	14:00	15:00	16:00	17:00	18:00	19:00	20:00	21:00
东墙 $LQ_{C,\tau}$	1135.45	1099.95	1076.28	1076.28	1099.95	1147.28	1206.44	1265.60	1324.77	1372.10	1419.43	1454.93	1478.59
西墙 $LQ_{C,\tau}$	1429.02	1366.32	1303.62	1253.46	1203.30	1165.68	1128.06	1115.52	1115.52	1128.06	1178.22	1240.92	1328.70
南墙 $LQ_{C,\tau}$	1250.68	1203.16	1139.81	1092.29	1044.77	1028.93	1044.77	1076.45	1123.97	1203.16	1282.36	1361.56	1424.92
北墙 $LQ_{C,\tau}$	1338.06	1281.48	1243.77	1206.06	1187.20	1168.34	1168.34	1187.20	1206.06	1243.77	1281.48	1338.06	1394.63
外墙 $LQ_{C,\tau}$	5153.21	4950.92	4763.48	4628.08	4535.22	4510.23	4547.61	4644.77	4770.32	4947.10	5161.50	5395.47	5626.84

2. 外玻璃门窗温差瞬变传热引起的冷负荷

由于首层门窗均为单层玻璃，在这里放到一起计算，有

$$LQ_{c,\tau} = FK[(t_{L,\tau} + t_d) \cdot K_\alpha - t_n]$$

式中 K——外玻璃门窗传热系数，W/(m^2·℃)，查附录 2.8，在基准条件 $\alpha_w = 18.6$W/(m^2·℃)，$\alpha_n = 8.7218.6$W/(m^2·℃)下，单层玻璃门窗的传热系数 $K = 5.94$ W/(m^2·℃)，因根据设计要求，商场窗户有内遮阳，故系数 K 减少 25%，则 $K = 5.94 \times (1 - 25\%) = 4.455$ W/(m^2·℃)；

F——门窗面积，m^2，尺寸见图 10.1 标注；

$t_{L,\tau}$——外玻璃门窗的冷负荷温度的逐时值，℃，由表 2.5 或附录 2.4 查得；

t_d—— 玻璃门窗的地点修正系数，℃；见附录 2.10，取值 $t_d = 2$。

K_α——外表面换热系数修正值，查表 2.4，$\alpha_W = 18.6$W/(m^2·℃)时，取值 $K_\alpha = 1.0$。

外玻璃门窗温差瞬变传热引起的冷负荷计算结果见表 10.6。

表 10.6　门窗传热冷负荷　　单位：W

时间	9:00	10:00	11:00	12:00	13:00	14:00	15:00	16:00	17:00	18:00	19:00	20:00	21:00
$t_{L,\tau}$	26	26.9	27.9	29	29.9	30.8	31.5	31.9	32.2	32.2	32	31.6	30.8
t_d	2												
K_α	1.0												
t_n	26												
K	4.455												
东 F	8.1												
南 F	77.76												
北 F	43.2												
门窗 $LQ_{C,\tau}$	1149.92	1667.39	2242.35	2874.81	3392.28	3909.74	4312.22	4542.20	4714.69	4714.69	4599.70	4369.71	3909.74

3. 外玻璃门窗日射得热引起的冷负荷

同理，首层门窗透过玻璃的日射得热引起的冷负荷放到一起计算，有

$$LQ_{f,\tau} = FC_aC_sC_nD_{j,max}C_L$$

式中　C_L——门窗玻璃冷负荷系数，无因数，西安北纬 34°18′窗内有遮阳，查附录 2.12 东、南、北；

$D_{j,max}$——日射得热因数，查表 2.7 得西安东、南、北的日射得热因数；

C_a——面积系数，查表 2.8 得 $C_a=0.85$；

C_s——窗玻璃的遮阳系数，查表 2.9 得 $C_s=1.00$；

C_n——窗内遮阳设施的遮阳系数，查表 2.10 得 $C_n=0.60$；

F——窗口面积，m^2，尺寸见图 10.1 标注；

透过门窗玻璃的日射得热引起的冷负荷计算结果列入表 10.7～表 10.9。

表 10.7　东外窗日射冷负荷　　单位：W

时间	9:00	10:00	11:00	12:00	13:00	14:00	15:00	16:00	17:00	18:00	19:00	20:00	21:00
C_L	0.79	0.59	0.38	0.24	0.24	0.23	0.21	0.18	0.15	0.11	0.08	0.07	0.07
$D_{j,max}$	599												
C_a	0.85												
C_s	1.00												
C_n	0.60												
F	8.1												
$Q_{F,\tau}$	1954.83	1459.94	940.30	593.87	593.87	569.13	519.64	445.40	371.17	272.19	197.96	173.21	173.21

表 10.8　南外门窗日射冷负荷　　单位:W

时间	9:00	10:00	11:00	12:00	13:00	14:00	15:00	16:00	17:00	18:00	19:00	20:00	21:00
C_L	0.4	0.58	0.72	0.84	0.8	0.62	0.45	0.32	0.24	0.16	0.1	0.09	0.09
$D_{j,max}$	302												
C_a	0.85												
C_s	1.00												
C_n	0.60												
F	77.76												
$Q_{F,\tau}$	4 790.64	6 946.43	8 623.15	10 060.34	9 581.28	7 425.49	5 389.47	3 832.51	2 874.38	1 916.26	1 197.66	1 077.89	1 077.89

表 10.9　北外窗日射冷负荷　　单位:W

时间	9:00	10:00	11:00	12:00	13:00	14:00	15:00	16:00	17:00	18:00	19:00	20:00	21:00
C_L	0.65	0.75	0.81	0.83	0.83	0.79	0.71	0.6	0.61	0.68	0.17	0.16	0.15
$D_{j,max}$	114												
C_a	0.85												
C_s	1.00												
C_n	0.60												
F	43.2												
$Q_{F,\tau}$	1 632.57	1 883.74	2 034.43	2 084.67	2 084.67	1 984.20	1 783.27	1 506.99	1 532.11	1 707.92	426.98	401.86	376.75

首层外门窗玻璃的日射得热引起的总冷负荷结果列入表 10.10:

表 10.10　首层门窗玻璃日射得热总冷负荷　　单位:W

时间	9:00	10:00	11:00	12:00	13:00	14:00	15:00	16:00	17:00	18:00	19:00	20:00	21:00
东 $Q_{F,\tau}$	1 954.83	1 459.94	940.30	593.87	593.87	569.13	519.64	445.40	371.17	272.19	197.96	173.21	173.21
南 $Q_{F,\tau}$	4 790.64	6 946.43	8 623.15	10 060.34	9 581.28	7 425.49	5 389.47	3 832.51	2 874.38	1 916.26	1 197.66	1 077.89	1 077.89
北 $Q_{F,\tau}$	1 632.57	1 883.74	2 034.43	2 084.67	2 084.67	1 984.20	1 783.27	1 506.99	1 532.11	1 707.92	426.98	401.86	376.75
日射 $LQ_{F,\tau}$	8 378.04	10 290.10	11 597.88	12 738.88	12 259.82	9 978.82	7 692.38	5 784.90	4 777.66	3 896.37	1 822.60	1 652.97	1 627.85

4.照明得热引起的瞬时冷负荷

荧光灯得热引起的瞬时冷负荷为 $LQ_\tau = n_1 n_2 N C_L$

式中　N—— 照明灯具所需功率,W,$N = 30\text{W/ m}^2 \times (48 \times 26.6 - 8.4 \times 2.6)\text{m}^2 = 37\ 648.8$ W;

n_1—— 镇流器消耗公率系数,明装荧光灯 $n_1 = 1.2$;

n_2—— 灯罩隔热系数;$n_2 = 1.0$;

C_L—— 照明散热冷负荷系数,查附录 2.15,空调工作时间为 12h;

照明得热引起的瞬时冷负荷计算结果见表 10.11。

表 10.11 照明得热冷负荷 单位:W

时 间	9:00	10:00	11:00	12:00	13:00	14:00	15:00	16:00	17:00	18:00	19:00	20:00	21:00
C_L	0.63	0.90	0.91	0.93	0.93	0.94	0.95	0.95	0.95	0.96	0.96	0.37	
n_1	1.2												
n_2	1.0												
N	37648.8												
灯 LQ_τ	28 462.49	40 660.70	41 112.49	42 016.06	42 016.06	42 467.85	42 919.63	42 919.63	42 919.63	43 371.42	43 371.42	16 716.07	0.00

5. 人体散热量及引起的瞬时冷负荷

(1)人体显热散热量为

$$Q_s = n_1 n_2 q_s = 21\ 680.4$$

式中 q_s—— 不同室温和活动强度下,成年男子的显热散热量,查表 2.12 得 $q_s = 58$ W;

n_1—— 室内全部人数,室内人数按照 3 m²/人计算,取 $n_1 = 420$;

n_2—— 群集系数,查表 2.11 得 $n_2 = 0.89$。

(2)人体潜热散热量为

$$Q_r = n_1 n_2 q_r = 45\ 977.4$$

式中 q_r—— 不同室温和活动强度下,成年男子的潜热散热量,查表 2.12 得 $q_r = 123$ W。

(3)人体得热引起的瞬时冷负荷为

$$LQ_\tau = Q_s C_L + Q_r$$

式中 C_L——人体的冷负荷系数,查附录 2.16。

人体散热量及引起的瞬时冷负荷计算结果见表 10.12。

表 10.12 人体散热冷负荷 单位:W

时间	9:00	10:00	11:00	12:00	13:00	14:00	15:00	16:00	17:00	18:00	19:00	20:00	21:00
C_L	0.08	0.55	0.64	0.70	0.75	0.79	0.81	0.84	0.86	0.88	0.89	0.91	0.92
Q_s	21 680.4												
Q_r	45 977.4												
人体 LQ_τ	47 711.83	57 901.62	59 852.86	61 153.68	62 237.70	63 104.92	63 538.52	64 188.94	64 622.54	65 056.15	65 272.96	65 706.56	65 923.37

6. 设备散热得热量及引起的瞬时冷负荷

由于室内散热设备忽略不计,此项为零。

7. 夏季空调冷负荷计算结果汇总

表 10.13　冷负荷汇总　　单位：W

时间	9:00	10:00	11:00	12:00	13:00	14:00	15:00	16:00	17:00	18:00	19:00	20:00	21:00
外墙 $LQ_{C,\tau}$	5 153.21	4 950.92	4 763.48	4 628.08	4 535.22	4 510.23	4 547.61	4 644.77	4 770.32	4 947.10	5 161.50	5 395.47	5 626.84
门窗 $LQ_{C,\tau}$	1 149.92	1 667.39	2 242.35	2 874.81	3 392.28	3 909.74	4 312.22	4 542.20	4 714.69	4 714.69	4 599.70	4 369.71	3 909.74
日射 $LQ_{F,\tau}$	8 378.04	10 290.10	11 597.88	12 738.88	12 259.82	9 978.82	7 692.38	5 784.90	4 777.66	3 896.37	1 822.60	1 652.97	1 627.85
灯 LQ_{τ}	28 462.49	40 660.70	41 112.49	42 016.06	42 016.06	42 467.85	42 919.63	42 919.63	42 919.63	43 371.42	43 371.42	16 716.07	0.00
人体 LQ_{τ}	47 711.83	57 901.62	59 852.86	61 153.68	62 237.70	63 104.92	63 538.52	64 188.94	64 622.54	65 056.15	65 272.96	65 706.56	65 923.37
总 LQ_{τ}	90 855.5	115 470.7	119 569.1	123 411.5	124 441.1	123 971.6	123 010.4	122 080.4	121 804.8	121 985.7	120 228.2	938 40.8	770 87.8

由此可见，最大冷负荷出现在 13:00，其冷负荷为 12 4441.1 W。

10.2.3　空调系统湿负荷计算

仅考虑人体湿负荷

$$W = n_1 n_2 w$$

式中　w—— 成年男子的小时散湿量，g/h，查表 2.12 得 $w = 184$ g/h；

n_1—— 室内全部人数；室内人数按照 3m²/ 人计算，取 $n_1 = 420$ 人；

n_2—— 群集系数，查表 2.11 得 $n_2 = 0.89$。

则　$W = n_1 n_2 w = (420 \times 0.89 \times 184)\text{g/s} = 68\ 779.2\text{g/h} = 19.11\text{g/s}$

10.2.4　空调系统方案确定

1. 空调系统方案

因为商场的特点是空间大、人员密集、热(湿)负荷大和新风需求量大，为达到以上要求，可采用全空气系统，且工程证明，全空气系统是商场最适合的空调方式，所以本工程实例选择一次回风的定风量全空气系统处理方案，为节约能源和投资，进行露点送风。

理由如下：

(1)适用于室内负荷较大时。

(2)与二次回风相比，处理流程简单，操作管理方便。

(3)有利于冷源选择与运行节能。

(4)设备简单，最初投资少。

(5)可以充分进行通风换气，室内卫生条件好。

2. 空气处理方案

商场东北角设为空调机房，空气处理设备安装于此。商场室内空气状态点 N 与室外新风状态点 W 混合后，达到状态点 C 点，混合空气经表冷器冷却，并冷却减湿到点机器露点 L，将露

点 L 空气由送风系统送入房间,冷空气吸收房间内的余热余湿后,变为室内空气状态点 N,一部分空气由卫生间排风排到室外,另一部分由回风系统返回到空调机组与新风混合,整个过程如图 10.2 所示的 $h-d$ 图。

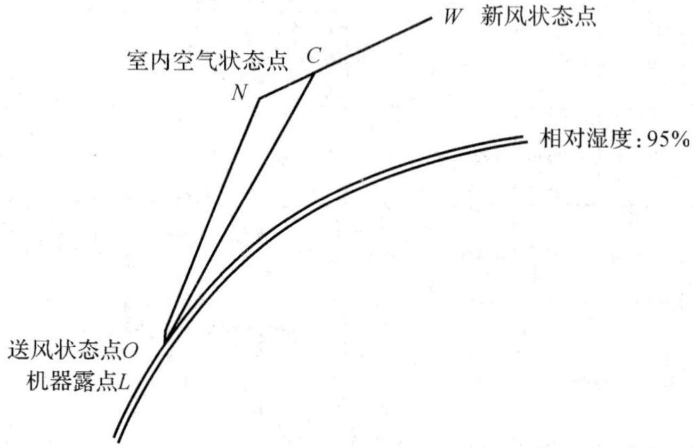

图 10.2 空气处理过程焓湿图

10.2.5 空调系统风量确定

1.送风状态点的确定

已知室外状态参数:$t_W = 35.2℃$,$t_{WS} = 26.0℃$。

室内状态参数:$t_n = 26℃$,$\varphi_n = 60\%$。

商场一层夏季室内总余热量为 124 441.1 W,总余湿量为 19.11 g/s。

则热湿比为

$$\varepsilon = \frac{Q}{W} = \frac{124\ 441.1\text{W}}{19.11\text{g/s}} = 6\ 512\ \text{kJ/kg}$$

本工程采用露点送风,风机管道温升设为 2℃。

在 $h-d$ 图上确定出室内状态点 N,过 N 点作出的热湿比线 $\varepsilon = 6\ 512$ kJ/kg 的过程线,与 $\varphi = 95\%$ 相对湿度等值线升温 2℃ 相交,其交点为送风状态点 O。

在 $h-d$ 图上查得送风状态点 O 参数:$h_O = 43$ kJ/kg,$d_O = 10.2$ g/kg。

室内状态点 N 参数:$h_N = 58$ kJ/kg,$d_N = 12.5$ g/kg。

室外状态点 W 参数:$h_W = 80$ kJ/kg,$d_W = 17.2$ g/kg。

机器露点 L 参数:$h_L = 41$ kJ/kg,$d_L = 10.2$ g/kg 。

2.计算送风量

(1)按消除余热计算:$G = \dfrac{Q}{h_N - h_O} = \dfrac{124.4411}{58-43}$ kg/s≈8.30 kg/s

(2)按消除余湿计算:$G = \dfrac{W}{d_N - d_O} = \dfrac{19.11}{12.5-10.2}$ kg/s≈8.31 kg/s

按消除余热和消除余湿求出的送风量基本相同,计算正确。则送风量可取值 8.3 kg/s。

查附录 1.1 得西安市夏季室外空气密度为 $\rho = 1.161\text{kg/m}^3$(西安夏季室外日平均温度 30.7℃)。则商场首层的送风量为

$$G = (8.3 \times 3\ 600/1.161)\text{m}^3/\text{h} = 25\ 736\text{m}^3/\text{h}$$

所以确定送风量为 26 000 m^3/h。

3.新风量的确定

新风量的确定按照“关于公共建筑空调新风量的规定”设计，查表3.5公共建筑新风量标准可知，新风量均按 $20m^3/h \cdot p$ 计算

$$G_W = (20 \times 420) m^3/h = 8400 m^3/h$$

校核新风占总送风量的百分比为

$$\frac{G_W}{G} = 8\,400 \div 26\,000 = 32\%$$

则新风量计算满足要求。

4.混合状态点 C 的确定

$$\frac{G_W}{G} = \frac{NC}{NW} = 32\%$$

计算可得混合状态点 C 参数：$h_C = 65$ kJ/kg，$d_C = 14$ g/kg

10.2.6　空气处理设备选配

空气处理过程为

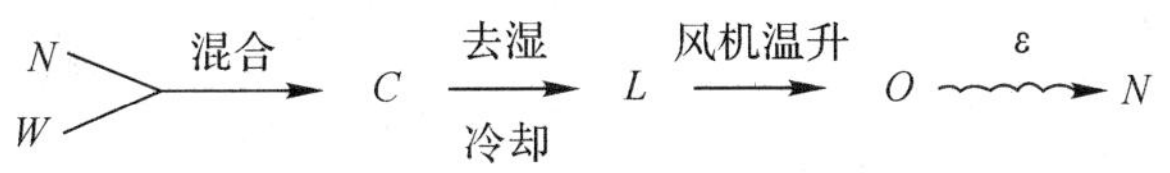

因此空气处理过程为：新、回风在混合室内混合，经过滤器净化后，由表冷器降温除湿，最后由风机引入送风管道。该商场可采用组合式空调机组进行空气处理，在本设计中，参考某人工环境设备股份有限公司的产品样本来选取设备。

空调机组设计应注意：

1)处理空气应与冷冻水逆向流动。

2)风速较大时，表冷器后应设挡水板。

3)表冷器下设滴水盘和泄水管。

4)选择表冷器时应考虑表面积灰、内壁结垢等因素，从而附加一定安全系数，增大传热面积，保证处理效果。

空调机组的选择可根据前面计算的工程所需风量和冷负荷来选择。查产品样本选 ZK－30 型空调机组，其结构如图10.3所示。

机组各功能段及主要技术参数如下：

(1)结构组成及功能。

混合段：配有新风、回风调节阀，用户可根据需要调节新风、回风比例。

排风、回风、新风调节段：适用于双风机机组，顶部设有排风阀和新风阀，内部有一个回风调节阀，使它们可以按一定比例调节。

板式初效过滤段：段内配国际通用规格尺寸的无纺布的板式过滤器。

中效袋式过滤段：段内配有国际通用规格尺寸的无纺布多折袋式过滤器，过滤器容尘量大、阻力变化平缓，用户根据过滤要求选配合适的过滤器，过滤段选配压差指示仪表，用户根据需要及时清洗或更换过滤器。

表冷段：紫铜管套铝翅片的高效热交换器，进出水管及集管镀锌处理，表冷段凝结水盘采用不锈钢干式水盘。

消声段：采用超细离心玻璃棉和内贴玻璃布的穿孔板组成的片式消声器，具有消声效果好、耐高温、不怕潮和不起尘等特点；还可以起到一定的均流作用。

风机段：风机采用高效节能型双进风离心式风机，叶片为前倾式，经严格动、静平衡试验，保证空调机组低噪声运行。

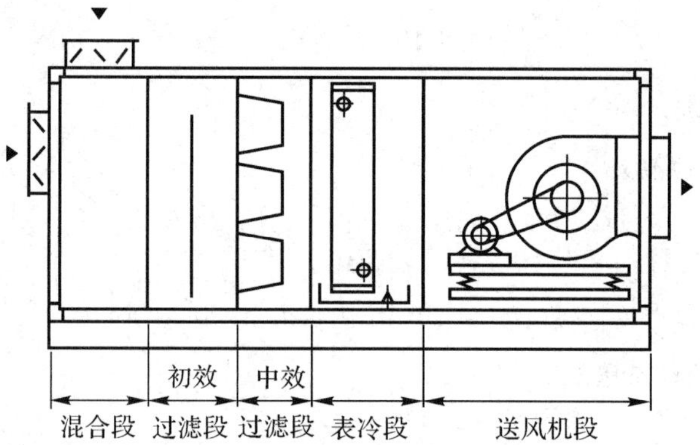

图 10.3　空调机组结构组成示意图

(2)空调机组主要技术参数。

与建筑预留空间匹配，其各段如图 10.3 所示。

风量：30 000m^3/h；

冷量：167.3kW(采用 4 排冷却排管)；

风压：1 050Pa；

电机功率：18.5kW；

噪声：81dB(A)；

阻力：初效过滤器 150 Pa；

　　　中效过滤器 150 Pa；

　　　4 排表冷器 90 Pa；

　　　消声器 35 Pa；

表冷器水管：水流量 28.77T/h；

　　　　　　水阻力 25.81 Pa；

　　　　　　冷冻水进出温度为 7～12℃。

10.2.7　空调系统风路系统设计

1. 气流组织形式确定

本建筑因层高较高，所以可充分利用吊顶。在考虑满足舒适性，又不影响室内美观的前提下，本设计在吊顶内布置风管，采用上送上回方式。

2. 风管材料和形状的确定

对于民用舒适性空调，风管材料一般采用薄钢板涂漆或镀锌薄钢板，本设计采用镀锌薄钢板，该种材料做成的风管使用寿命长，摩擦阻力小，风道制作快速方便，通常可在工厂预制后送至工地，也可在施工现场临时制作。矩形风管有占有空间较小，易于布置、明装较美观的特点。本设计采用矩形风管，而且矩形风管的高宽比控制在2.5以下。

3.送风口选型及布置

送风选择方形散流器作为送风口设备，方形散流器的特点是线条挺直，表面光洁，叶片角度采用固定式，整个叶片与边框采用分离式结构，方便安装和调节，并可与风阀配套使用。根据《空气调节设计手册》，采用散流器上送上回方式的空调房间，为了确保射流有必需的射程，并不产生较大的噪声，风口风速控制在3～4m/s之间，最大风速不得超过6m/s。

初选A4SD型、铝制、四面吹散流器，共设43个散流器，风口布置见图10.4。商场首层面积约1 255m^2，则每个散流器负责面积约30m^2；商场首层总送风量26 600m^2，则每个散流器的送风量约为620m^3/h；商场首层层高5.4m，设吊顶1m，则散流器射程应达到3m左右；由此查阅产品样本书，选择A4SD—22×22型散流器。其技术参数为颈部风速4m/s；全压损35Pa；送风区域半径3.7m；风量716m^3/h；射程3.4m；出口尺寸0.049 7m^2。

校核：经过计算风口风速为3.5 m/s，满足要求，可以使用。

4.送风系统布置

风管采用镀锌钢板制作，用带玻璃布铝箔防潮层的离心玻璃棉板材（容量为48kg/m^3）保温，保温层厚度δ=30mm。按房间的空间结构布置送风管的走向（见图10.4和图10.5），并计算各管段的风量。吊顶中留给空调的高度约为700mm。根据室内允许噪声的要求，风管干管流速取5～6.5m/s，支管取3～4.5m/s来确定管径。

5.回风、排风系统布置

回风口位置设在空调机房的上部，采用房间回风。回风选择单层百叶回风口。回风百叶风口风速取4～5m/s。排风设在卫生间，采用排风扇排除室内多余空气。

6.风路系统水利计算

商场首层的风管布置见图10.5，风系统水力计算采用假定流速法，从而确定风管的尺寸和系统阻力。

(1)对各管段进行编号，选定最不利环路1→2→3→4→5→6→7→8→9→10→11。

(2)初选各管段风速。根据风管设计原则，初步选定各管段风速，风管干管流速取6m/s，支管取4m/s。

(3)确定各风管断面尺寸。根据风量和风速，计算管道断面尺寸，使其符合通风管道统一规格，再用规格化了的断面尺寸及风量算出管道内的实际风速。计算结果列入表10.14。

(4)对各管段进行阻力计算。根据风量和管道断面尺寸，采用图表法，查得单位长度摩擦阻力R_m（采用镀锌薄钢板，粗糙度为0.15），计算各管段的沿程阻力，再利用局部阻力计算公式计算出局部阻力。

(5)汇总各管路总阻力，并使各并联管路之间的不平衡率不超过15%。在本工程中借助风阀调节各管路之间的风量。

(6)风路系统总阻力包括设备阻力，所有这些阻力均由空调机组配的风机提供动力来完成，根据总阻力计算结果与风机动力进行校核，确定前面所选风机满足要求。

表 10.14 风管水力计算表

编号	风量 m^3/h	管长 m	风管尺寸 mm×mm	实际风速 m/s	ΔP_d Pa	Rm Pa/m	ΔP_l Pa	ζ	Z Pa	ΔP/Pa
管段 1→2	30 000	5.4	2 700×500	6.2	22.86	0.3	1.62	2.1	48.01	49.63
管段 2→3	20 200	5.2	2 400×400	5.8	20.50	0.3	1.56	2.1	43.05	44.61
管段 3→4	11 800	10.8	2 000×400	4.1	10.07	0.17	1.84	0.45	4.53	6.37
管段 4→5	9 800	3.3	1 500×320	5.7	19.30	0.4	1.32	2.1	40.53	41.85
管段 5→6	8 400	4.8	1 500×320	4.9	14.18	0.34	1.63	0.05	0.71	2.34
管段 6→7	7 000	4.8	1 500×320	4.1	9.85	0.25	1.20	0.05	0.49	1.69
管段 7→8	5 600	5.4	1 250×320	3.9	9.07	0.22	1.19	0.15	1.36	2.55
管段 8→9	4 200	5.4	1 250×320	2.9	5.10	0.13	0.70	0.05	0.26	0.96
管段 9→10	2 800	4.8	1 250×320	1.9	2.27	0.05	0.24	0.15	0.34	0.58
管段 10→11	1 400	4.8	1 000×200	1.9	2.27	0.1	0.48	0.25	0.57	1.05
管段 11→12	700	2.4	500×150	2.6	4.03	0.38	0.91	35.21	142.00	142.91
当前最不利环路的阻力损失为										294.53

10.2.8 确定消声减振措施和风管保温防腐

空调系统的消声和减振是空调设计中的重要一环，它对于减小噪声和振动、提高人们舒适感和工作效率、延长建筑物的使用年限有着极其重要的意义。

噪声的控制方法主要有隔声、吸声和消声三种。本空调系统的噪声主要是风道系统中气流噪声和空调设备产生的噪声。隔声是减少噪声对其他室内干扰的方法。一个房间隔声效果的好坏取决于整个房间的隔墙、楼板及门窗的综合处理，因此，凡是管道穿过空调房间的围护结构其孔洞四周的缝隙必须用弹性材料填充密实。

1. 空调系统的消声设计

(1)由风管内气流流速和压力的变化以及对管壁和障碍物的作用而引起的气流噪声，设计中相应考虑风速选择，总干管风速 6 m/s，支管风速 4m/s，新风管风速＜3m/s，从而降低气流噪声。

(2)在机组和风管接头及吸风口处都采用软管连接，同时管道的支架、吊架均采用橡胶减振。

(3)空调机组和新风机组静压箱内贴有 5mm 厚的软质海绵吸声材料。

空调系统的噪声除了通过空气传播到室内外，还可以通过建筑物的结构和基础进行传播，即所谓的固体声。可以用非刚性连接来达到削弱由机器传给基础的振动，即在振源和基础之间设减振装置。

2. 空调系统减振设计

(1)空调机组和新风机组风机进出口与风管间的软管采用帆布材料制作，软管的长度为 200～250mm。

(2)管道敷设时，在管道支架、吊卡、穿墙处作隔振处理。管道与支吊、吊卡间应有弹性料垫层，管道穿过围护结构处，其周围的缝隙应用弹性材料填充。

10.2.9　设计图纸部分

商场首层空调系统设计图纸见附图。

如图 10.4 所示为商场首层空调系统设计平面图。

如图 10.5 所示为商场首层空调系统设计系统图。

如图 10.6 所示为商场首层空调机房平面图及剖面图。

10.3　小型空调工程设计案例

10.3.1　小型空调工程设计简介

随着国民经济的发展，小型商业及民用建筑越来越广泛，中央空调产品的需求越来越扁平化，小型和技术要求简单的建筑工程设计越来越具有商业价值。目前小型空调工程负荷计算一般采用估算法，其设计主要包括以下步骤：项目定义、熟悉图纸、勘查现场、冷负荷概算、设备选型、系统设计、主机选型、概算成本和方案交底。

1. 项目定义

(1)了解工程项目的名称，建设地点、规模、使用功能、层数和建筑层高等。

(2)了解建设(业主)单位性质的性质，例如机关、企业、医院和学校等。

(3)资金要求。建设单位对本项目的预算。

(4)品牌要求。业主方对空调设备的品牌有无倾向。

(5)功能要求。建筑本身是否具备采暖条件或是否具备热源动力站房，若具备采暖条件，空调负荷计算时则主要考虑制冷要求，若不具备采暖条件，空调负荷计算时需要考虑采暖需求。若建筑具备热源，选用空调设备时考虑水系统(冬季制热舒适度高)；若不具备热源的条件，则需考虑空气源系统或 VRV 多联空调系统。

2. 熟悉图纸

(1)确定建筑的结构。砖混结构、框架结构、框架剪力墙结构、剪力墙结构、筒体结构和排架结构。

(2)功能分区。起居室、会议室、教室、办公室、档案室和库房(一般不考虑空调)等。

(3)建筑装修顶面图。根据装修图确定内机安装位置和出风方式。

3. 勘查现场

(1)校核图纸。

1)确定建筑朝向及该建筑周围是否有其他建筑物。

2)校核建筑层高。

3)确定建筑的围护结构。

4)确认建筑的平面功能区。

(2)主机机房。

1)确定建筑有无空调专用机房。有机房时主要勘察机房的位置、承重结构(设计时考虑空调外机机型及外机安装方式)。

若建筑的空调机位比较密闭，且外机冷凝器采用顶出风形式，则要注意勘察机房的层高，因为顶出风室外机需要加装导风罩。

风冷型 VRV 多联主机的安装一般无需专用机房。勘查现场时首先考虑屋面，建筑的背阳侧等散热效果好的空置区域，勘查现场时注意测量安装位置尺寸及基础承重。

空调主机安装在空旷地面时，不仅需要制作设备基础，还应在外机周围安装护栏。

安装于屋面时，首先需要考虑屋面的承重能力，再确定安装位置，通常外机位置靠近管道井。

2）建筑物无空调机房且需要新建机房。与业主协商在建筑室内（靠窗区域便于通风散热）或地下室区域单独划分新建空调机房，具体如下：

室内声学要求高的建筑物如广播、电视、录音棚等以及大空间，机组风量很大的公共建筑物如体育馆等，空调机房最好设在地下室中。机房新建在地下室时要处理好隔声防震问题，主要是水泵及支架的震动。在地下室中选制冷机房的位置时，应与低压配电间邻近，最好靠近电梯或坡道入口。如果是大型高层建筑，有塔楼也有裙房时，如塔楼为筒体或剪力墙结构，制冷机房最好放在裙房的地下室中，而且在其上边（一层）的房间应是对消声隔振无严格要求者。

一般的办公楼、旅馆公共部分（裙房）的空调机房可以分散在每层楼上，但是机房不应紧靠休息室、贵宾室、会议室等室内声音要求严格的房间。空调机房的划分应不穿越防火区。大中型建筑应在每个防火区内设空调机房，最好能在防火区的中心地位。针对商住楼改造的酒店建筑物的各层的空调机房最好能在同一位置上即垂直成一串布置，这样可缩短冷媒管道的长度，减少与其他管道的交叉，既减少投资又节约能耗。

空调机房的位置应选择最靠近主风道之处，靠近管井使风管尽量缩短，既可降低投资也可减少风机的功率。

在室内新建机房时，着重考虑建筑的层高是否满足空调外机的散热需求，优先考虑侧出风机型，顶出风机型需添加导风罩。

（3）管路走向。有暖通管道井时，空调立管走管道井至外机；无管道井时，应根据主机的位置确定最近的管道路线，路线设计时遵循“小让大”的原则。

4.负荷概算

空调冷负荷为

$$Q = SW$$

式中 Q—— 总的制冷量，W；

S—— 空调使用面积，m^2；

W—— 冷负荷指标，W/m^2；

不同建筑及房间冷负荷指标参看第 2 章冷负荷指标表，随着各种节能标准的贯彻执行，建筑外围护结构的热工性能正在逐步改善，围护结构的温差传热明显减少，今后的空调负荷设计指标必然将相应地减小。因此，进行负荷估算时，应充分考虑这个因素，一般宜取下限值或中间值。

5.方案确定

对于小型空调工程来说，系统分两大系统，即水系统和 VRV 系统（多联机系统）。水系统是空调品类中舒适度较高的产品，优于氟机，主要是因为它是通过水为媒介进行室内温度调控的，因此室内的湿度会相对高，没有氟机工作那么干燥，这样人体会感觉更加舒适。另外，其可与采暖设备，比如壁挂炉连接，可提高能效，更加节能。其缺点主要有：由于水机是采用水为媒介，所以还需有水泵，外机设备体积颇大、噪声大、维护麻烦，由于是通过水循环来调控温度，一旦发生问题，需对整个系统进行清洗维护；机组整体效率较低，由于存在水泵工作时换热器结垢传热能效较低、水的导热性不好等问题，能效相对不高。综上所述，水系统适用于大中型办公楼、宾馆、医院、饭店、商场和厂房等各种场所，也适用于商场、酒店等大型场所。

VRV 系统应用较为广泛，其特点主要有：设计安装方便、布置灵活多变、占建筑空间小、使用方便、高效节能、运行成本低；方式先进，系统具有的自动诊断功能和先进的管路连接技术(系统本身连接部件少)，使年维修费用有所降低。但其也存在一定的缺点，如设备初投资高；需要另外设置新风系统，使空调冷量有所浪费。

(1)VRV 冷媒系统。目前上市的各大品牌的 VRV 空调产品机型分为两大类：家用与商用。

对于家用多联空调系列，其室外机组大都采用 R410A 冷媒，采用直流变频调节压缩机技术与 CAN 网络多联机通信技术，通信响应速度更快、更可靠；辅有自动寻址功能、可无极性自由配线；通过改变压缩机排气量实现从 10%～100%范围内的容量无级调节；机组种类齐全，可满足现代家庭、别墅等对空气调节、生活热水的需求。目前 VRV 系统室内机一般都配置超高精度控制电子膨胀阀，高精度温、湿度传感器，无极性自动寻址技术，搭配丰富多样的内机安装形式，有风管式、天井式、壁挂式和柜式，制冷量范围为 2.2～14kW。

对于商用多联机空调系列，室外机组一般可模块化设计，容量范围为 22.4～246kW，8～88HP。容量范围宽，组合灵活，可广泛用于大型办公楼，生产车间、大型商场等商用场合。外机冷凝器出风方式有侧出风系列和上出风系列多联机组，侧出风容量一般制冷量在 8.0～50.0kW 范围，可广泛用于家庭、别墅、小型办公楼和小型商业等，无须设备间安装。上出风机型容量一般制冷量在 25～90kW 范围，运行范围宽、组合灵活，广泛应用于中小型办公楼、生产车间、大型商场等商用场合。室内机安装形式主要有风管式和天井式，制冷量范围 2.2～56kW，可适用于任何现代家居、商业场所和办公空间等场所。室内机选型时主要考虑与建筑装修风格的契合度。一般而言，不吊顶装修时宜选用四面出风及两面出风形式内机；全部吊顶装修风格时采用四面出风及风管暗藏式内机；采取局部吊顶时宜采用薄型风管式内机(家庭中央空调典型的气流组织布局)。

(2)风冷型冷(热)水系统(模块机)。模块式风冷冷(热)水机组广泛应用于新建和改建的大小工业和民用建筑空调工程，如宾馆、公寓、酒店、餐厅、办公大楼、购物商场、影剧院、体育馆、厂房及医院等。机组设计采用模块化，型号范围有 30kW，65kW，130kW，160kW，可以拼接增加机组的制冷能力，一般可以设计 8 台主机拼接，可实现 1 040kW 的制冷能力。

6.设备选型

(1)VRV 系统。根据房间的功能、使用时间及空调负荷的特性、大小等因素，初步划分空调系统，计算每个空调系统或每台室外机所负担区域的最大总冷负荷与总热负荷值，综合名义制冷量、名义制热量来进行选择。实际生活中，空调的使用情况各不相同，例如，家庭中不是所有的空调都会在同一时间打开，因此在为家庭中央空调选择外机时，可以将外机选择小一些，比如房间内总制冷量为 16kW，可以将外机选择为 14kW 的，在这里就会存在一个配比率(开启率）的问题。$P = Q_{内} / Q_{外}$，其中 $Q_{内}$ 表示室内机总制冷（制热）量；$Q_{外}$ 表示室外机总制冷（制热）量。一般来说 $P = 1 \sim 1.3$（各个品牌的配比率不同），如为教室、办公室等场所选择时，基本都是按照1∶1来选择，因为这些场所很多都是同时开启的，可根据实际情况来进行选择。

（2）水系统。按照冷负荷和热负荷两者中较大的一个来选型。因为水系统不仅有外机的选择，还有相对应的水泵选择，在选择水系统外机时和氟系统大同小异。水泵根据系统与主机的流量及扬程来综合选择。

7. 管道选型计算

对于VRV系统而言，由于其是一次冷媒系统，系统管道材质多为铜管，冷媒通过铜管输送到需冷（热）空间内经过相态变化实现吸热与放热过程，达到制冷与制热目的。其管道计算包括冷媒管的选型计算及VRV系统室内侧分歧管的选型计算。

8. 概算成本

现实生活中快速地概算成本能缩短业主的项目决策时间，为了尽可能地提高概算成本的准确性，设计人员应掌握市场的主要人工及材料费用，灵活运用企业定额与预算定额，在控制成本的设计思想下帮助企业快速获得业主的信任赢得合作协议。一般地，成本的计算如下：

成本＝设备价格＋室内机安装费用＋室外机安装费用＋材料费用＋运费（吊装费）＋税金

9. 方案技术交底

方案技术交底是指对本企业业务人员或业务部门交底，并非对施工方交底。交底文件包含空调负荷配置表、内外机的电功率表、系统的分区设计说明、项目概算成本表和方案布置图。

10.3.2 VRV空调系统设计案例

本工程位于西安市，为某大学图书馆，共六层，建筑面积为47 000m²，层高为5m，其中底层建筑平面图如图10.7所示。本项目为多功能建筑，包括办公、数据中心和阅览室等，属于常规办公建筑舒适性空调系统（数据机房存在设备散热空调负荷，需要适当放大设计），以下为工程设计选型过程。

1. 项目定义

经初步沟通，本项目位于西安市北郊大学城，圆形建筑图书馆，共六层，总建筑面积为47 000m²，层高为5m。建设单位是某重点大学，建设资金财政拨款，本图书馆冬季采暖采用市政集中供暖，采暖设备暖气片，空调系统主要承担夏季制冷需要。

2. 熟悉图纸

根据业主方提供的建筑结构图判断本建筑为框架结构，外墙采用聚氨酯泡沫复合板保温。本项目为改造工程，建筑装饰简单大方，吊顶采用复合矿棉板平顶。

3. 勘查现场

（1）校核图纸。经现场勘察，本图书馆为独立建筑，坐北朝南，圆形，建筑与其相邻建筑间距30m，满足可移动式汽车吊的作业。现场测定建筑层高4.85～4.9m，框架结构，承重梁高为500mm，功能区域划分与图纸相符。

（2）确定机房位置。本工程是改造工程，其特点如下：建筑物为成熟装修建筑，建筑无专用机房，建筑周围为花园式校园，屋面空间闲置结构为混凝土现浇，可以承重。考虑以最小的作业面破坏装修吊顶，从而缩短工期。本项目空调系统选用热泵型 VRV 多联机组，室内末端设备选用四面出风天井式内机，该设备为成品安装，一次成型。

注：从理论来讲，风冷冷（热）水模块机组与 VRV 多联式空调机组都适用于本工程，考虑后期运行的经济性及超短的工期要求，本案选用热泵 VRV 多联式空调机组。

4. 负荷概算

(1)设计原始资料。

1)地点：西安市(34°18′N，108°56′E)。

2)室外气象条件。

a. 夏季室外空气调节干球温度为 35.2℃。

b. 夏季室外空气调节湿球温度为 26.0℃。

c. 夏季室外空气调节日平均温度为 30.7℃。

d. 夏季大气压力为 95.920kPa。

3)夏季室内设计计算参数。

a. 夏季室内设计计算干球温度为 $t_n=26$℃。

b. 夏季室内设计计算相对湿度为 $\varphi_N=55\%\sim65\%$。

4)室内负荷条件。

a. 人员：室内人数按照 3 m^2/人计算(本案实际 7m^2/人)；

b. 照明：采用明装荧光灯照明，功率为 40W/ m^2；

c. 散热设备：室内散热设备忽略不计(机房适当扩大空调冷负荷设计)；

d. 根据《实用供热空调设计手册》(第二版)，空调冷负荷采用快速估算法计算。

5)冷源条件：空调外机置于建筑屋面。

6)其他条件：空调工作时间为 9:00～21:30，室内压力稍高与室外压力。

(2)负荷概算。估算公式为

$$Q = SW$$

式中　Q—— 总的制冷量，W；

S—— 空调使用面积，m^2；

W—— 冷负荷指标，W/m^2；依据《实用供热空调设计手册》(第二版)19.4 查询相近的建筑功能区域的空调冷负荷设计指标。

考虑本工程建筑为图书馆建筑，其中阅览室、办公室等房间散热设备少，设计冷负荷指标 160 W/m^2；数据库机房和门厅区域冷指标适度放大，采用 180W/m^2。

以一层 KT-1-3 空调系统为例：KT-1-3 空调系统主要满足一层门厅和消防控制室的制冷需要，由于门厅与室外能量交换频繁，空调负荷适度放大，冷指标取 180 W/m^2，设计消防控制室主要是办公，按冷指标 160 W/m^2 设计。具体如下：

$$Q_{门厅}=229m^2\times180\ W/m^2=41\ 220.0W$$

$$Q_{消防控制}=62.2m^2\times160W/m^2=9\ 952.0W$$

计算结果，一层门厅与消防控制室区域需要总冷量 $Q=Q_{门厅}+Q_{消防控制}\approx51.1kW$

5. 方案确定

VRV 空调系统被广泛用于大型办公楼，生产车间和大型商场等商用场合，考虑建筑特点，本方案选用风冷热泵型 VRV 多联空调机组，主机安装于建筑屋面。

6. 设备选型

(1)空调系统的划分及空调主机的选型。目前市场主流品牌的 VRV 多联空调机组一般可模块化安装，制冷量范围 22.4～246.0kW。依据主机冷凝器的出风方式不同，有上出风和侧出风两种结构，如图 10.8，图 10.9 所示。根据该建筑实际负荷大小，本图书馆项目选用制冷量 40.0kW 的 VRV 主机 17 台，选用 45.0kW 的 VRV 主机 11 台，50.4kW 的 VRV 主机 25 台，56.0kW 的 VRV 主机 2 台，78.5kW 的 VRV 主机 6 台，合计 61 台。

图 10.8　上出风式外机

图 10.9　侧出风式外机

VRV 多联空调为一次冷媒系统，它具有制冷损失小、能效高、后期运行维护简便等特点，而且据大量工程实际可知：VRV 多联空调系统区域划分越多，使用时节性能越强，售后稳定性越好。本图书馆是集办公、阅览室、网络中心和播音室为一体的多功能区域，考虑到实际面积较多，因此在设计时将图书馆空调系统划分为 4 个区，共 61 个子系统。

(2)本方案空调主机的选型(以 KT－1－3 系统为例)。依据估算法计算得出门厅与消防控制室区域需要冷量 51.17kW，依据计算负荷选择制冷量参数最接近的 VRV 多联冷机主机。主机的选型参考各厂家的技术手册：如××品牌的 560 型号的冷机设备，制冷量 56.0kW，额定功率 16.2kW，气液冷媒管尺寸 φ28.6mm/15.9mm，风量 16 000m^3/h，机组外形尺寸：宽×深×高＝1 340mm×765mm×1 740mm，质量为 375kg。

(3)空调系统的末端设备选型。经过现场勘察图书馆已经有成熟的装修吊顶。建筑层高近 5m，吊顶完成面层高 3m，吊顶内有足够空间来安装设备。本案中选用成熟稳定一次成型的四面出风多联式内机，如图 10.10，图 10.11 所示，末端设备吊装于梁下，设备面板与吊顶完成面等高，具有施工作业面破坏小，施工方便，运行维护容易的优点。室内机的数量、型号依据各系统的总制冷量 Q 对照单台末端设备的制冷量 $Q_{设备}$ 计算选取

$$L = Q/Q_{设备}$$

式中　L—— 设备数量，台(套)；

Q—— 空调系统总冷负荷，kW；

$Q_{设备}$—— 设备制冷量，kW(查阅具体设备厂家提供的技术手册)；

本案图书馆门厅区域面积为 229m^2，需求冷量 Q_1＝41.22kW，消防控制室 66.2m^2，需求冷量 Q_2＝9.95kW，门厅区域选用制冷量 $Q_{设备}$＝14.0kW 的天井式内机 3 台，消防控制室选用制冷量 $Q_{设备}$＝5.0kW 的天井式内机 2 台。

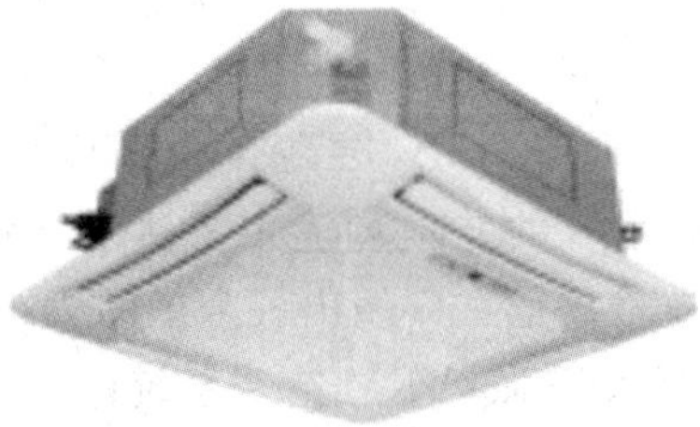

图 10.10　四面出风型天井式室内机

图 10.11　360°环绕型天井式室内机

7. 管道选型计算

(1)VRV 系统的管道、分歧管选型计算。VRV 多联式空调系统是一次冷媒系统,系统管道材质为铜管,冷媒(氟氯昂)通过铜管输送到需冷(热)空间内经过相态变化实现吸热与放热过程,达到制冷与制热目的。铜管的连接方式通常采用钎焊,支、干管采用分歧管(器)连接,焊接完成后需要氮气进行压力试验来检漏。

1)VRV 系统室内外机配管示意如图 10.12 所示。

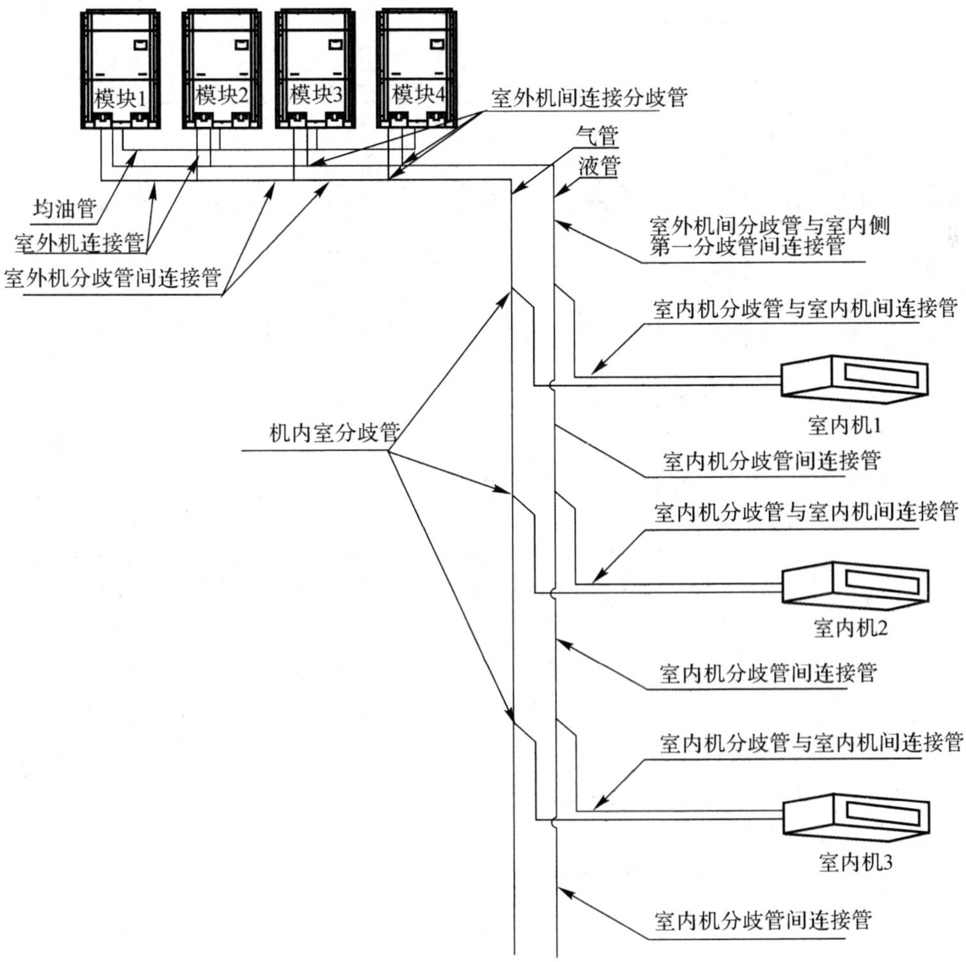

图 10.12　VRV 系统室内外机配管示意图

(2)VRV 系统室内外机配管允许长度与落差设计。VRV 系统在跨楼层设计时要注意铜管高差的技术要求。一般而言,室外机在上时内外机高差≤50m,室外机在下时内外机高差≤90m,室内机与室内机最大高差≤30m。本项目建筑共计六层,层高为 5m,总高差为 30m,VRV 空调系统技术完全满足要求。注意的是 VRV 系统的技术竞逐主要体现在各大空调生产企业之间,设计人员在设计时要依据不同厂家的技术规范文件做出最合理的管路高差方案。随着科技的进步 VRV 一次冷媒系统的管路承载力越发增强,VRV 空调系统的适用范围越发宽广。下面是某品牌的 VRV 系统的高差管长的技术要求,如图 10.13 所示。

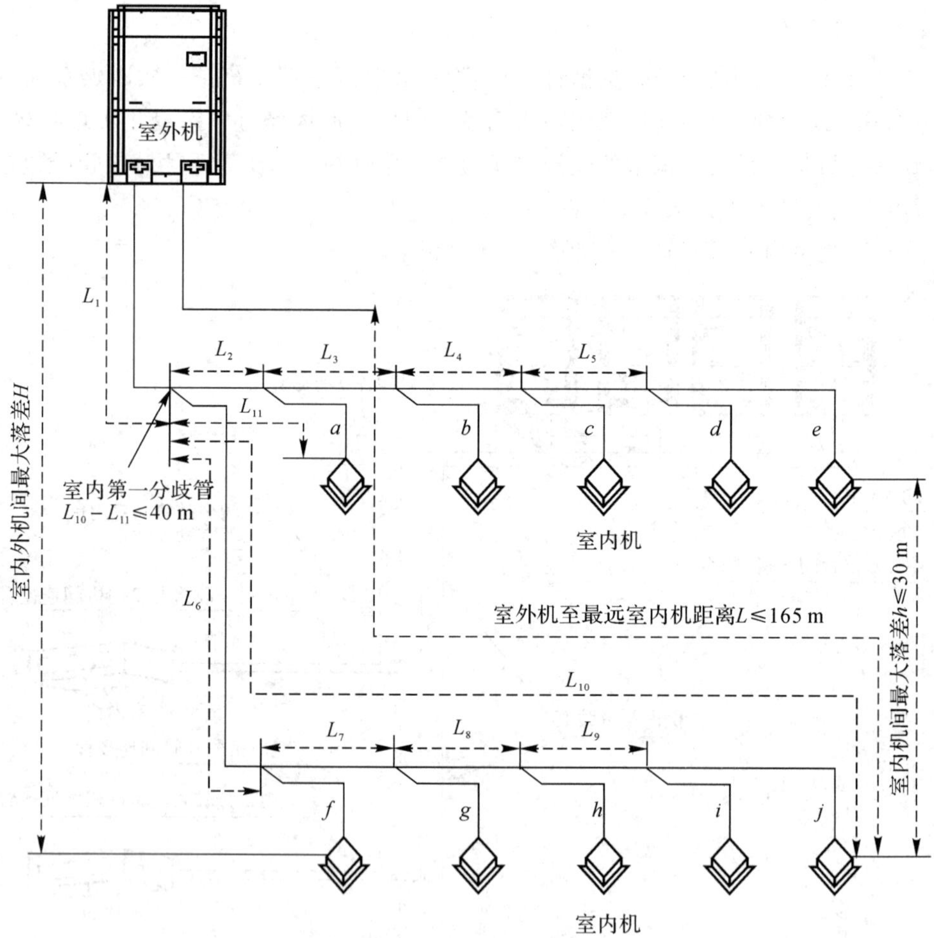

图 10.13　某品牌的 VRV 系统的高差管长示意图

L_{10} 为第一分歧管至最远室内机距离;

L_{11} 为第一分歧管至最近室内机距离;

室内分歧管的等效距离为 0.5m。

该品牌的 VRV 系统室内外机配管长度见表 10.15。

表 10.15　VRV 系统室内外机配管长度

项目名称		长度/m	备注
实际总连接管长度		≤1 000	$L_1+L_2+L_3+L_4+\cdots L_9+a+b+\cdots i+j$
室外机至最远室内机长度	实际长度	≤165	$L_1+L_6+L_7+L_8+L_9+j$
	等效长度	≤190	——
距离室内第一分歧管最远内机与最近内机管长差		≤40	$L_{10}-L_{11}$
室内第一分歧管距离最远室内机距离(1)		≤40	$L_6+L_7+L_8+L_9+j$
室内外机间最大落差 H	室外机在上时	≤50	——
	室外机在下时	≤90	——
室内机间最大落差 h		≤30	——
主管最大长度(2)		≤90	L_1
室内机与距离其最近分歧管长度(3)		≤10	a,b,c,d,e,f,g,h,i,j

(3)VRV 系统室内侧分歧管的选型计算。分歧管是 VRV 管道系统连接的主要配件，顾名思义就是为一端输入，有多条输出的管子，目前有 U，Y 两种形式(见图 10.14、图 10.15)。其作用就是将管道中的制冷剂准确地分流到室内机中，实现空调的制冷制热。分歧管的选型原则是依据下游室内机总容量的大小来确定的。图 10.16 为分歧管系统位置图。

图 10.14　U 形分歧管实物图

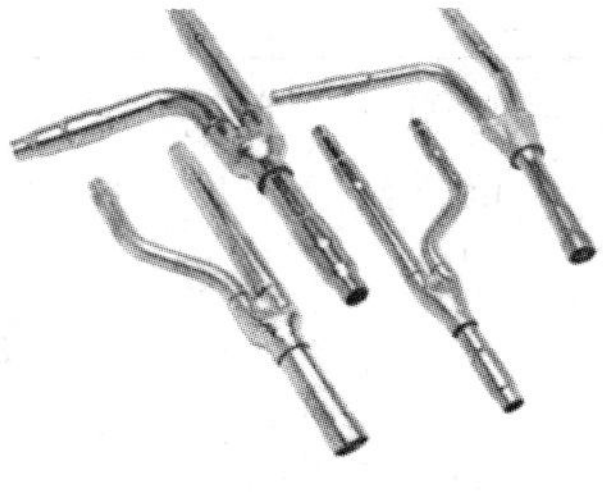

图 10.15　Y 形分歧管实物图

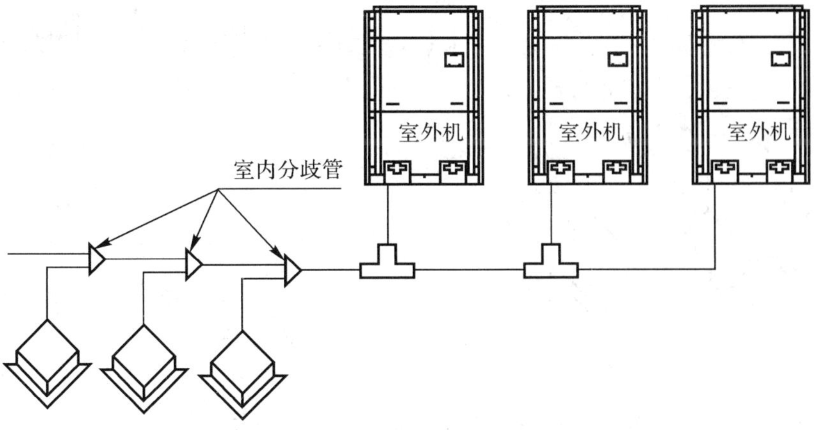

图 10.16　分歧管系统位置图

以某品牌为例的分歧管选型技术参数见表10.16。

表10.16　某品牌为例的分歧管选型技术参数表

型号	下游室内机合计额定总容量 X/kW	外观	
		气管	液管
FQ01A	$X \leqslant 20.0$	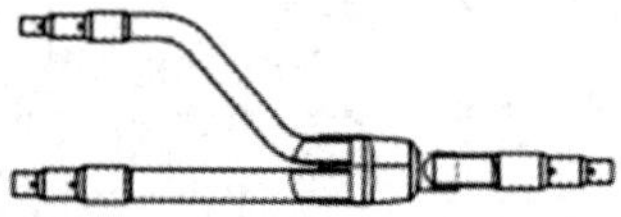	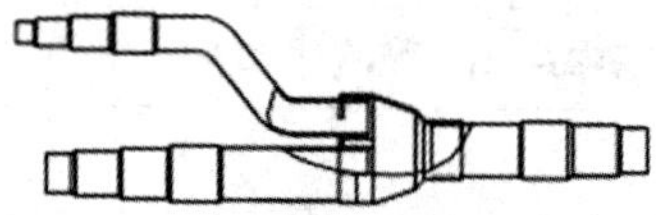
FQ01B	$20.0 < X \leqslant 30.0$	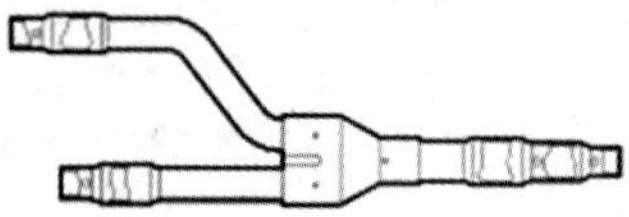	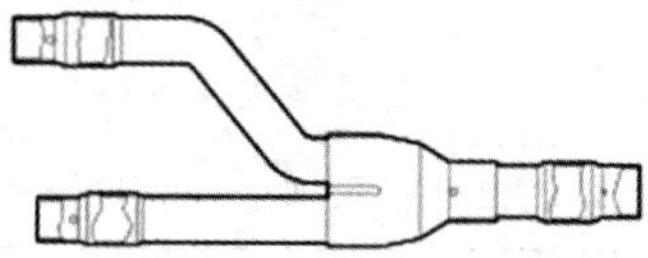
FQ02	$30.0 < X \leqslant 70.0$	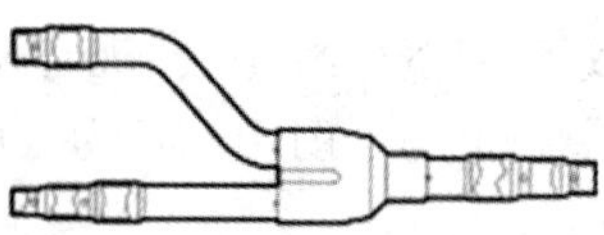	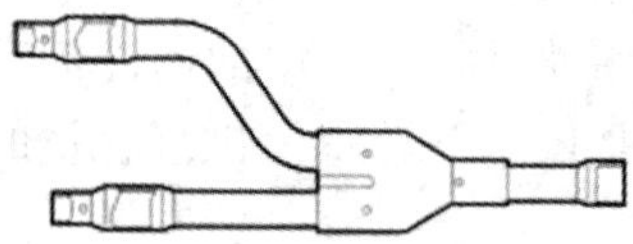

(4)VRV系统室内侧分歧管间配管的选型计算。室内侧分歧管间配管选型原则同分歧管。依据下游室内机总容量的大小来确定的。分歧管间配管的系统位置如图10.17所示。

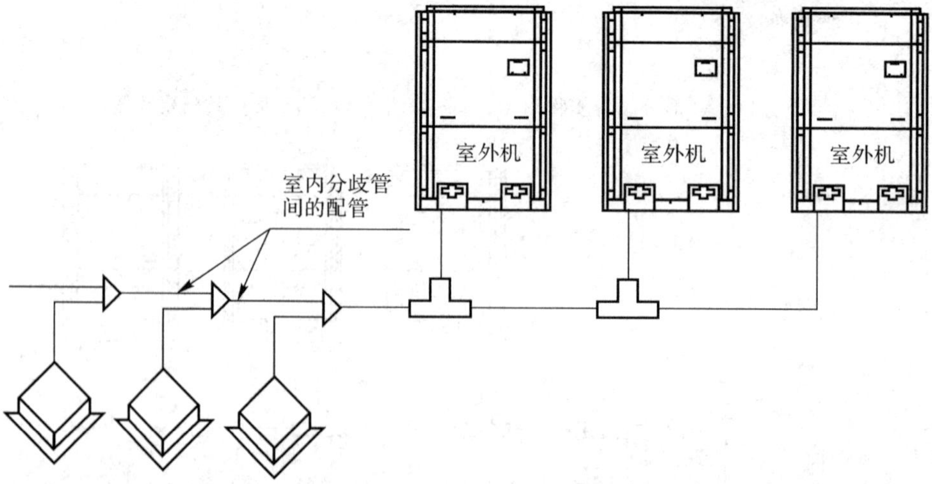

图10.17　分歧管间配管的系统位置图

以某品牌为例的分歧管配管选型技术参数如表10.17所示。

表 10.17　某品牌为例的分歧管选型技术参数表

下游室内机合计额定总容量 X/kW	室内分歧管间的配管尺寸	
	气管/mm	液管/mm
$X \leqslant 5.6$	Φ12.7	Φ6.35
$5.6 < X \leqslant 14.2$	Φ15.9	Φ9.52
$14.2 < X \leqslant 22.4$	Φ19.05	Φ9.52
$22.4 < X \leqslant 28.0$	Φ22.2	Φ9.52
$28.0 < X \leqslant 40.0$	Φ25.4	Φ12.7
$40.0 < X \leqslant 45.0$	Φ28.6	Φ12.7
$45.0 < X \leqslant 68.0$	Φ28.6	Φ15.9
$68.0 < X \leqslant 96.0$	Φ31.8	Φ19.05
$96.0 < X \leqslant 135.0$	Φ38.1	Φ19.05
$135.0 < X$	Φ44.5	Φ22.2

(5)以本项目 KT-1-3 空调系统为例具体计算如下。

第一步:冷媒管道选型计算。KT-1-3 空调系统由 5 台内机组成(门厅 3 台 14.0kW 制冷量的内机,消防控制室 2 台 5.0kW 制冷量的内机),由最远末端(离主机最远)开始计算下游内机的冷量参数,见表 10.18。

表 10.18　下游内机的冷量参数计算表

序号	编号	下游内机型号	下游内机容量 X/kW
1	管段 1	140T	14.0
2	管段 2	140T+140T	28.0
3	管段 3	140T+140T+140T	42.0
4	管段 4	50T	5.0
5	管段 5	50T+50T	10.0
6	管段 6	50T+50T+140T+140T+140T	52.0

根据计算结果对照选型表得出相应的冷媒气液管型号,见表 10.19。

表 10.19　冷媒气液管选型表

序号	编号	下游内机型号	下游内机容量 X/kW	冷媒管道型号
1	管段 1	140T	14.0	Φ15.9/9.52
2	管段 2	140T+140T	28.0	Φ22.2/9.52
3	管段 3	140T+140T+140T	42.0	Φ28.6/12.7
4	管段 4	50T	5.0	Φ12.7/6.35
5	管段 5	50T+50T	10.0	Φ15.9/9.52
6	管段 6	50T+50T+140T+140T+140T	52.0	Φ28.6/15.9

第二步：分歧管选型计算。KT－1－3空调系统由5台内机组成(门厅3台14kW制冷量的内机，消防控制室2台5.0kW制冷量的内机)，由最远末端(离主机最远)开始计算下游内机的冷量参数，见表10.20。

表10.20 分歧管选型表

序号	编号	下游内机型号	下游内机容量(X/kW)	分歧管型号
1	分歧1	140T＋140T	28.0	FQ01B
2	分歧2	140T＋140T＋140T	42.0	FQ02
3	分歧3	50T＋50T	10.0	FQ01A
4	分歧4	50T	52.0	FQ02

结论：分歧管的数量＝内机数量－主机(系统)数量。针对独立主机的单个VRV系统而言，分歧管的数量＝内机数量－1，模块化VRV系统的单个模块之间的管道连接也需要专用分歧管，计算方法大致相同，具体参考各厂家技术文件，这里不详述。

KT－1－3空调设计图纸如图10－18至图10－24所示。

第 11 章　空调工程实践

教学目标与要求

空调工程是建筑环境与能源应用工程专业中不可缺少的一门专业课，该课程有其自身的理论体系，同时具有很强的实践性，空调工程实践章节能给学生的工程实践提供一个很好的平台，是本门课程理论联系实际的重要环节。通过本章的学习，学生应达到以下目标：

(1)掌握家用空调拆装的技巧；

(2)了解测试空调系统的仪器仪表的调试方法；

(3)掌握空调系统的风量、风压的测试方法；

(4)了解空调设备容量的测试技巧；

(5)了解空调房间的噪声测试方法及空调系统的减振措施；

(6)掌握空调系统调试中可能出现的故障分析及其排除方法。

教学重点与难点

(1)家用空调的拆装步骤及技巧；

(2)空调系统风量及风压的测试方法；

(3)空调系统调试中故障分析及其排除方法。

工程案例导入

随着社会的发展，降低建筑能耗是如今面临的重大挑战，同时也是一件不可忽视的核心问题。建筑环境专业教育是提高我国空调系统设计、运行水平、降低空调运行能耗的重要基础。对于工科专业的学生来说，要将工程理论与实践有机结合，就需要给学生提供一些实践动手项目。分体式家用空调已成为人们日常生活的必备产品，通过设置家用空调的拆装项目，让学生熟悉家用空调的结构及工作原理，并掌握拆装技巧，加强学生的实践动手能力，提高学生对空调工程的兴趣。除此之外，任何一个大型空调工程在安装完成后，均需要进行测定与调整，通过测定与调整可以发现系统设计、施工和设备自身性能等方面存在的问题，同时可使运行管理人员熟悉和了解系统的性能和特点，为解决初调中出现的问题和系统的经济合理运行提供条件。因此，对空调系统进行测定与调整是整个工程建设过程中的重要组成部分。当已经投入使用的空调系统出现问题或进行改造时，测定与调整也是解决问题、检查系统是否达到预期效果的重要手段。这项工作不仅对设计、施工重要，而且对于运行管理技术人员也是非常重要的。

11.1 分体式家用空调拆装

空调拆装是一项专业空调实践项目，看似简单的空调移机工作，在不同的空调移机人员手里有着不同的操作结果，如果操作不当，就会给空调带来损害。空调行业流行的一句话“空调三分质量，七分安装”，由此可见空调的拆装对于一个空调有多重要。空调拆装还有一个叫法，即空调移机。

11.1.1 拆空调前的准备

1.拆家用空调时的准备工作

(1)无论冬季还是夏季移机，都必须把空调器中的制冷剂收集到室外机中去。

(2)拆机前应启动空调器，设定制冷状态，待压缩机运转5～10min，制冷状态正常后，用扳手拧下外机的液体管与气体管接口上的保帽，用内六角关闭高压管(细)的截止阀门，1min后管外表结露，立即关闭低压管(粗)截止阀门，同时迅速关机，拔下电源插头，用扳手拧紧保险帽，至此回收制冷剂工作完成。

2.安装空调前的准备工作

(1)要确保空调运行的电量充足，也就是配电方面要做好预留。

(2)必须预留单独的空气开关给空调单独使用，不要与家居照明用电混合在一起。

(3)室内机排水管的墙洞必须要低于室内机挂机的高度。避免室内机的冷凝水无法顺畅排出。

(4)室外机要有充足的散热空间，室外机的风扇处不要有任何的遮挡物。同样的，室外机的换热翅片处也不可以有任何遮挡网。

11.1.2 拆装的注意事项

1.拆前的注意事项

(1)如果是冬季，宜先用温热的毛巾盖住室内机的温度传感器探头，然后控制冷状态设定开机。也可采用室内机上的强制启动按钮开机，同时观察室内、外机是否还有其他故障，避免移机后带来麻烦。

(2)将拆下的高、低压铜管头与接口用胶布封好，防止灰尘及污物进入导致毛细管堵塞从而导致不制冷。

(3)运输前内机连接管线一定要盘大圈，防止铜管出现死折或裂纹，从而导致氟流通不畅或管道漏氟。

2.安装前的注意事项

(1)冷媒管必须做好保温处理。一般的冷媒管套只有1m长，如果安装空调需要用到2根以上的冷媒管套，那么冷媒管套之间必须要做好处理(加强处理)。就是两根冷媒管套之间还要外加一小截冷媒管套，然后再用扎带扎紧处理。这一点很多安装人员容易忽视。如果处理不好，有可能出现该位置冷凝水渗水的情况。

(2)如果是安装变频空调或是使用R410A冷媒的空调，在充填冷媒时，必须要做好抽真空的工作。R410A 冷媒是由多种化学混合物组成的，如果没有抽真空就充填冷媒，那么冷媒在该空调机器内的成分如果混有空气，比例成分就易受影响。这样会严重影响制冷效果，对压缩机的寿命也会带来严重的影响。

(3)如果是安装变频空调或者是使用 R410A 冷媒的空调，必须要选用 R410A 冷媒的专用铜管(俗称脱油铜管)。该铜管的特点：同样直径的铜管，R410A 冷媒铜管的内壁要比普通铜管的内壁厚；管壁内没有油。如需焊接此类铜管，安装人员必须一边充氮气一边焊接，绝对不可以直接焊接。如果直接焊接，在焊接处一定会产生氧化物，这些氧化物会进入到压缩机，造成压缩机的烧坏。

11.1.3　拆装步骤

家用分体式空调拆装的步骤如下。

空调拆装第一步：回收制冷剂。

必须把空调器中的制冷剂收集到室外机中去。具体见拆机前的准备工作(2)。也可采用室内机上的强制启动按钮开机，同时观察室内、外机是否还有其他故障。避免空调移机后带来麻烦。

空调拆装第二步：拆室内机。

1)制冷剂回收后，可拆卸室内机。用扳手把室内机连接锁母拧开，用准备好的密封钠子旋好护住室内机连接接头的丝纹，防止在搬运中碰坏接头丝纹；再用十字起拆下控制线。同时应做标记，避免在安装时接错。如果信号线或电源线接错，会造成外机不运转，或机器不受控制。内机挂板一般固定得比较牢固，卸起来比较困难；卸完取下挂板，置于平面水泥地再轻轻拍平、校正。

2)拧开外机连接锁母后，应用准备好的密封钠子旋好护住外机连接接头的丝纹。再用扳手松开外机底脚的固定螺丝。拆卸后放下室外机时，最好用绳索吊住，卸放的同时应注意平衡，避免振动、磕碰，并注意安全。应慢慢捋直室外空调器的接管，用准备好的四个堵头封住连接管的四个端口，防止空气中灰尘和水分进入。堵头上最好再用塑料袋扎好，盘好以便于搬运。

空调拆装第三步：空调安装。

确定内、外机位置后，立即安装好内机挂板，待外机与内机挂板安装牢固以后，再把连接管捋平直，查看管道是否有弯瘪现象；接下来检查两端喇叭口，如有裂纹，应重新扩口，否则会漏氟。最后，检查控制线，在确定管路、控制线、出水管良好后，把它们绑扎在一起并将连接管口密封好。过墙时应两个人在墙内、外配合缓慢穿出，避免拉伤；连接好管道与内、外机，并接好控制线。接下来排除管道和内机中的空气。空调安装步骤流程如下：

1)把连接好的外机接头拧紧(细)，用专用扳手松开截止阀门的阀杆 1 圈左右；

2)听到外机接头(粗)吱吱响声，30s 左右，用板手拧紧(粗)接头。

3)松开(粗)管上截止阀门的阀杆。

4)彻底松开(细)管上截止阀门的阀杆，这时空调器排空结束。

5)最后用洗涤剂进行检漏，仔细观察每一个接头有无气泡冒出，验明系统确无泄漏后，旋紧阀门保险帽，即可开机试运行。

6)如空调正常运行制冷效果不好，室内机出风口温度不符合要求，须考虑补充氟立昂制冷剂。

7)制冷剂充注完成,至此移机工作全部结束。

11.1.4 拆装后的检查

(1)检查是否“漏电”。空调漏电检验办法:看安装人员有没有携带相关的电源检测工具,并对电源进行检测。

1)测量电压。确认电压及频率是否在正常范围内,电压过高或过低都会导致空调故障。

2)检查室外机运行电流。

3)空调主机运行压力检测。

(2)空调运行时噪声是否过大。空调运行时会发出一定的噪声,但其噪声必须要小于48dB。如果现场开机后噪声过大,则可能是安装不当造成的。

(3)试运行一段时间,确保制冷效果是否满足用户要求。

11.2 空调系统测定前准备工作

对于大型空调系统而言,安装后就要运行调试,系统的测定与调整应遵照《通风与空调工程施工质量验收规范》(GB 50243—2016)规定进行。空调系统的服务对象不同对空调的具体要求不同,因而测试调整要求也不同。舒适性空调的测定调整要求低。工艺性空调,尤其是恒温恒湿及高洁净度的空调系统要求较高,相应地要使用满足测试精度的仪表和符合要求的测试方法。测定与调整是对设计、安装及运行管理质量的综合检验,设计、安装、建设单位要密切配合,现场冷、热源供应部门和自动控制人员联合工作,才能按照系统测试调整的要求,全面地完成测试任务。

空调系统的测试与调整是实践性很强的技术内容,本章主要阐述空调系统常用的测定与调整的基本原理和方法,以及在测定调整中经常会遇到的问题和对策。

11.2.1 调试前的准备

空调系统安装完成后的测定与调整简称调试,调试的质量直接影响到空调系统功能的实现。调试工作应在土建工程验收、通风、空调工程施工完毕之后,各系统单机试运转、外观检查、现场清洁工作合格后进行。在调试前必须做好以下几方面的准备工作:

(1)熟悉通风空调系统设计图纸、相关技术资料、设计施工规范及各项设计的技术指标。

只有熟悉空调系统的全部设计资料,才能了解设计意图,设计参数及系统全貌。在熟悉资料中应重点了解与调试有关的部分,例如,整个系统的组成,系统包括哪些设备,设备的性能怎样及如何使用设备的方法等。另外,还要搞清楚送、回风系统,供冷和供热系统及自动控制系统的组成、走向及各自的特点,明确各种调节装置和检测仪表的位置。

(2)与设计单位、建设单位、监理单位和设备厂家取得联系,做好详细的调试运转方案。

详细的调试方案是指导调试人员按规定的程序、正确的方法与进度实施调试的安全保障,同时也有利于监理对调试过程的监督。调试方案的主要内容有调试的依据,调试的目的、内容、程序及要求,调试的方法、使用的仪器和仪表,调试的时间、进度安排和安全防范措施,调试人员及其资质等级。

(3)现场准备。

1)组织专人对整个系统做全面检查。检查内容包括:设备的安装是否符合使用和设计要求;风、水系统的阀门安装是否正确;开关是否灵活;通风机转向是否正确;电源绝缘性能是否良好;自控设备运转是否符合设计要求等。如发现问题,应记录在案,及时修理。

2)清理水池、水箱内积存的施工垃圾。清扫风管、水管和水泵等管道设备表面的杂物、灰尘、油污。清洗新风机组进口过滤网、回风口过滤网在装修阶段积聚的灰尘。

3)校准温度计、压力表等测量仪表。对重要的部件如安全阀等应送到锅炉检验所或专业检测部门进行检验。

11.2.2　测试的类型

通风空调系统的测试分为两种类型:新安装的通风空调系统和正在运行的旧通风空调系统。对于刚安装好的通风与空调系统,通过测定与调整,一方面可以检验设计是否正确,施工是否可靠以及设备是否合格,发现系统设计、施工和设备性能等方面存在的问题,从而采取相应的措施,保证系统达到设计要求;另一方面也可以使运行人员熟悉和掌握系统的性能和特点,并为系统的经济合理运行积累资料。

对于已经投入运行的旧系统也应在适当的时候进行测试,以检查系统运行的稳定情况及系统运行中存在的问题,以便及时发现问题,解决问题。

11.2.3　空调系统测定仪表调试

在通风空调系统的实训项目中均需要各种测试仪表,如测量温度、相对湿度及风速等的仪表。根据空调系统的精度要求,选择相应精度等级的测定仪表,对空调系统进行相关的校验与标定,并将测定的数据与设计数据相对比,作为对整个空调系统进行调试的依据,以保证测定数据的准确性。因此,作为测试和调试人员必须了解各种常用测试仪表的使用性能和构造原理,这样才能在测试中得出比较准确的数据,为运行调试打下良好的基础。

1.温度测量仪表

在通风空调工程的系统调试过程中,温度作为空调系统测试中一项重要的参数,其测量值的大小,直接影响着空调系统的好坏,用于测量温度的仪表称为温度计。温度计按测温物质的测温原理不同分为许多类型,根据测温物质的热胀冷缩原理制成的液体膨胀式和固体膨胀式温度计,如水银、酒精和双金属温度计等,它们可以直接测读出被测介质的温度;根据导体和半导体电阻的温变特性制成的半导体温度计和热电阻温度计;根据物体热电效应特性制成的热电偶温度计。

(1)液体温度计。

液体温度计是利用液体受热膨胀、遇冷收缩的原理,将其装在玻璃管中制成的一种直读式测量仪表,也称为玻璃液体温度计。玻璃液体温度计由充液体的温包、毛细管膨胀器和刻度尺等组成,常分为液体膨胀式和固体膨胀式温度计两种。它经常被用来在工程中测量冷热水、空气等流体的温度。

1)水银温度计。它是通风空调工程中经常选用的液体温度计,其测量范围为−30～70℃,量程一般为0～50℃,其分度值为0.1℃,0.2℃,0.5℃,1℃等几种,在高精度测量中也常使用0.01℃,0.02℃及0.05℃等不同分度值的温度计。使用水银温度计测量温度时应注意以下几点：

a. 应根据所测量的温度范围和精度，选择相对应的分度值温度计，并在使用前对其进行刻度校验。

b. 由于水银的热惰性较大，所以在使用时应提前10～15min将温度计放到被测的介质中去。读数时，人体不要太靠近温度计，更不要正对温度计急促呼吸，以避免人体温度对读数造成影响。而且读数要快，先读小数，后读整数，如被测温度是25.2℃，则应先读0.2℃，再读25℃。

c. 读数时视线应和水银柱面成一条直线，以免造成读数的误差。

d. 一旦出现水银柱断开现象，则可采用冷却、加热或冲击等方法加以消除。断柱消除以后，应对温度计进行校验。

2)电接点式玻璃液体温度计。它除能指示温度外，还可用作自动控制元件。在温度双位调节中能起到敏感元件及调节器的双重作用。电接点式玻璃液体温度计是在普通水银液体温度计的基础上，加了两根电极接点制成。钨丝接点烧结在温度计的下部毛细管中，与水银柱接触作为电接点的固定端，钨丝插在上部毛细管中作为电解点的另一端。电解点式玻璃液体温度计分为可调式和固定式两种，可调式是上部那根钨丝可用磁钢调节其插入毛细管的深度，因而可以调节被控制的温度值。固定式是上部那根钨丝在加工定制时就将其固定在某一需要控制的温度数值上，不能进行调节。烧结在毛细管上的两根电极通过铜导线引出。

(2)双金属自记式温度计。它是一种固体膨胀式温度计，是由两根线膨胀系数不同的金属片焊接在一起作为感温元件再和杠杆及由杠杆带动的指针等组合在一起所构成的一种机械传动式测温仪表，如图11.1所示。该温度计的测量范围是－35～40℃，测量精度为±1℃，一般用来记录室外温度及恒温室技术夹层的温度和室温允许温度波动范围大于±1℃的场所，而不能用于温度变化小于±1℃的场所。使用时应注意下列事项：

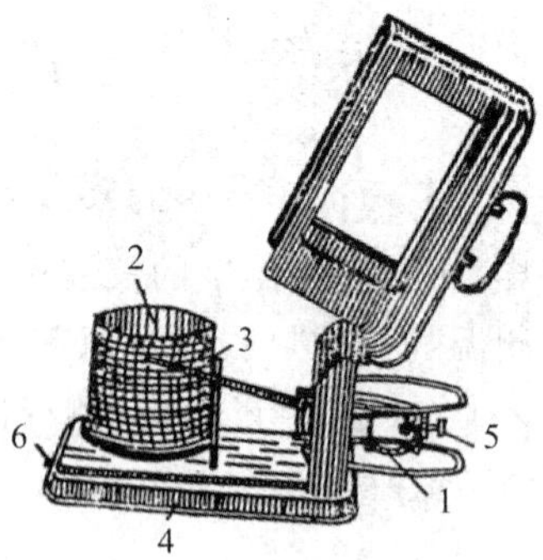

图11.1　双金属自记温度计

1—双金属片；2—自记钟；3—记录笔；4—笔挡手柄；5—调节螺钉；6—按钮

1)温度计应水平放置在事先选好的测点处，不要靠近热源或门窗处，同时要避免阳光直接照射。

2)仪器使用前，应该用0.1℃的标准水银温度计进行校对，防止出现计量误差。

3)记录纸、记录笔等均应按规定处理好，避免出现记录错误。

4)自记中出现走时误差，当每天快慢超过10min时，应推开记录筒上的快慢调节孔，根据快慢情况拨动调节针进行调节。

(3)热电偶温度计。它的测量范围广,便于远距离传送和集中检测,其外观图如图11.2所示。它的热惰性小,能较快地反映出被测介质的温度变化,而且可在短时间内测出许多点的温度。只要正确地掌握与热电偶相连接的二次仪表的操作方法,就能准确测出数值。热电偶的金属导线种类繁多,空调工程常采用铜-康铜热电偶,它在常温下性能比较稳定。

其测温原理是将两种不同性质的金属导体的两端焊在一起,构成一个闭合回路。若两端点的温度不同,在闭合回路中就会有热电势产生,这种现象称为热电效应,而这两种不同导体的组合体则称为热电偶。如果将一端点的温度恒定,另一端点置于被测的空气环境中,另接一个毫伏级电压表,所测得的热电势即为被测空气温度的函数值。

(4)电阻温度计。它是由利用导体或半导体的电阻值能随温度的变化而变化的特性制成的感温仪表(一次仪表)及自动记录温度变化值的记录仪表(二次仪表)组成的测温仪表,其外观如图11.3所示。热电阻的材料有铂、铜、镍、铁等,常用的是铂和铜。使用时应注意下列事项:

1)仪表应放在环境温度稳定的地方,且测温时应开动仪器预热1～2h。

2)仪表导线接触应良好,线路电阻配制要准确。

3)一个测点工作结束需转移到第二个测点时,仪表应整体搬运,连接导线、一次仪表等均不应拆散。

4)选择与被测环境温度变化情况相匹配量程的自动记录仪,防止测量与记录不匹配而造成漏记等事故影响测量的顺利进行。

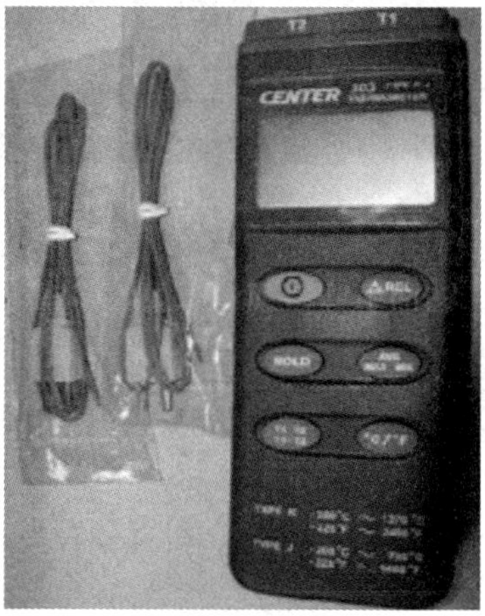

图11.2　热电偶温度计

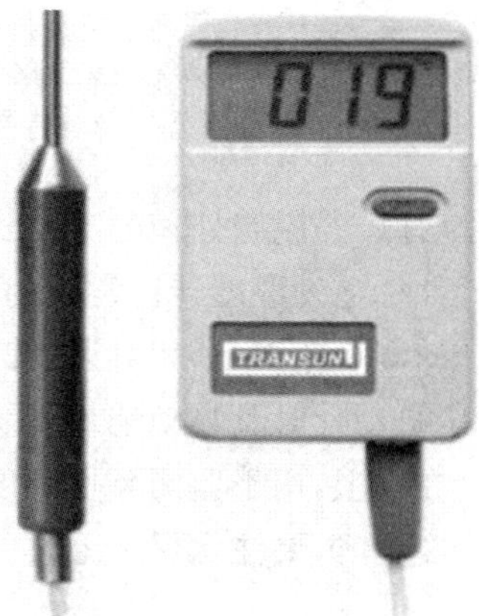

图11.3　电阻温度计

2.湿度测量仪表

在通风空调系统的测试过程中,相对湿度也是一个重要的参数指标,测量相对湿度的仪表有很多,例如普通干湿球温度计、毛发湿度计和电动干湿球温度计等。

(1)普通干湿球温度计。普通干湿球温度计是由两支完全相同的水银温度计组成的,价格便宜,使用方便,但精度较低。其中一支温度计的感温包球部包上细纱布,纱布的末端浸在盛水的小瓶里,称为湿球温度计。另一支为普通液体温度计,称为干球温度计。干湿球温度计的测温原理是由于毛细作用,纱布将水从瓶中吸上来,使温包周围经常处于湿润状态,而湿球温度计球部潮湿纱布的水分不断蒸发,带走了热量,使其温度降低,而温度降低多少取决于湿球周围空气环境的干湿程度。空气越干燥,其降低值越大。干球温度计指示的温度与空气的干湿程度无关。这样,干湿球温度计的差值和空气的相对湿度之间存在着必然的关系。通过查阅焓湿图或相关图表即可确定空气的相对湿度。实践证明,该湿度计处于 2～4m/s 风速状态下工作时,其测量误差较小,干湿球温度计的构造如图 11.4 所示。

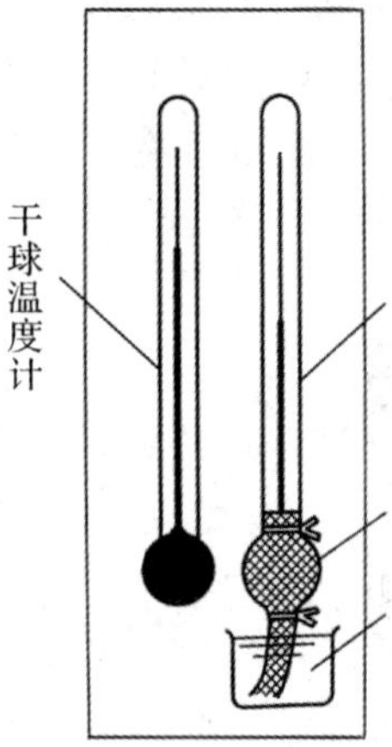

图 11.4　普通干湿球温度计

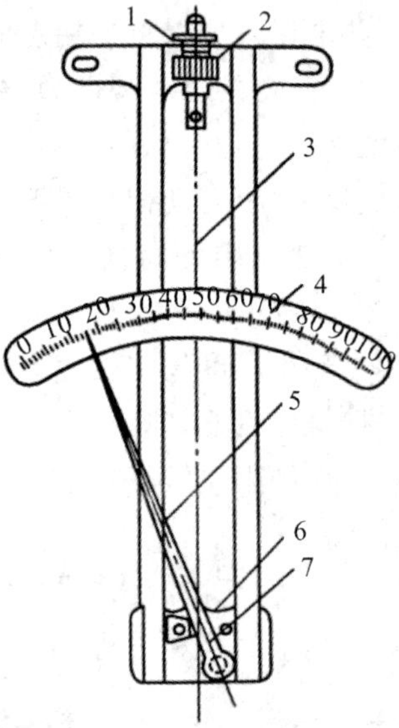

图 11.5　毛发湿度计

1—紧固螺母;2—调整螺母;3—毛发;4—刻度尺;5—接线端子;6—重锤

(2)毛发湿度计。经脱脂处理的毛发长度能随着环境湿度的变化而变化,以这一特性为原理制成的感湿元件称毛发湿度计。常用的有指示式和自记式毛发湿度计,如图 11.5 所示。指示式毛发湿度计的测量范围是,相对湿度为 0～100%,分度值为 1%。自记式毛发湿度计的结构复杂,且设置了自动计时及自动记录系统,可连续进行相对湿度的测量,并能将每一时刻的相对湿度值记录在纸上,用于监测环境湿度变化时很方便。

使用毛发湿度计时,要注意保持毛发的清洁,不要人为拉伸毛发;移动仪器时,应使毛发处于放松状态。

(3)电阻湿度计。电阻湿度计是利用氯化锂吸湿后电阻值发生变化的特性制成的,它是由测头和指示仪表两部分组成,测头是仪器的感应部分,使用时放在被测定的空间。空气中相对湿度的变化,引起测头电阻值变化,用电桥并通过表头的读数反映出相对湿度。

(4)电动干湿球温度计。为了能自动显示空气的相对湿度和远距离传送湿度信号,可采用电动干湿球温度计。它的干湿球是用金属镍电阻代替膨胀式温度计,并设置一个微型轴流风机,以便在热电阻周围造成 2.5m/s 的风速,提高测量精度。电动干湿球温度计的传感器如图 11.6 所示,图中的两只镍电阻一只测量空气温度,称干球镍电阻,另一支包有纱布称为湿球镍电阻,都正对空气入口。当湿球镍电阻表面水分蒸发达到稳定状态时,干湿球镍电阻同时发出对应于干湿球温度的电阻信号,将信号输入显示仪表或调节仪表,就能进行远距离测量和调节。

(5)电容温度计。空调系统的测试中也常用电容温度计来测温、湿度，它是一种数字式温、湿度计，它的准确度较高，一般为湿度±3%RH，温度为±0.8℃，测温上限为60℃。而它的湿度传感器多用电容式薄片传感器，具有性能稳定、测湿范围宽，响应快、线性及互换性能好，寿命长、几乎不需要维护保养和安装方便等优点，是理想的湿度传感器。

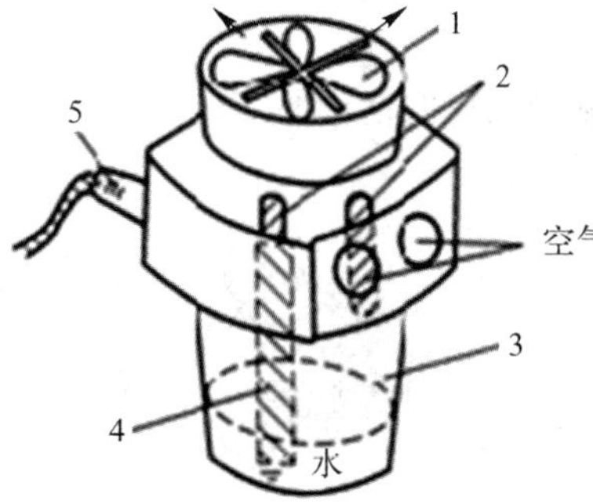

图 11.6　电动干湿球温度计的传感器

1—轴流风机；2—干球镍电阻；3—盛水杯；4—包有纱布的湿球镍电阻；5—接线端子

3. 风速测量仪表

测量风速的仪表种类很多，下面主要介绍能直接测量风速的仪表，如叶轮风速仪和热电风速仪等。

(1)叶轮风速仪。叶轮风速仪是由叶轮和计数机构所组成的，如图 11.7 所示。它有自记式和不自记式两种。自记叶轮风速仪是内部自带计时装置，可以直接读出风速的仪表。它的叶轮处于气流中，受到气流的动压力的作用而产生旋转运动，其转速由轮轴上的齿轮传递给指针和读数器，便可测出风速的大小，而叶轮的转数与气流的速度成正比。这种仪器在表盘左面有一红色计时指针，走一圈为 120s，故此时的读数为每分钟风速，有的在计数机构内已经进行换算，使所得风速为每秒风速。不自记叶轮风速仪在使用时，应先关闭风速仪的开关，并将风速仪指针的原始读数记录下来，然后将风速仪放在选定的测点上，使风速仪的表面垂直于气流的方向，转动数分钟，风速仪叶轮回转稳定后，再把风速仪的开关和秒表同时开启，经一定时间后，再同时关闭，然后根据风速仪的读数和秒表所记的时间，即可计算风速。

自记式叶轮速仪的测试灵敏度为 0.5m/s 以下，测速范围为 0.5～10m/s，主要用于送、回风口及空调设备的风速测量，它的工作原理为风速仪在工作过程中，由于气流带动叶轮转动，而叶轮转动时又带动记数装置转动，于是便记录了所测风速的大小，它是通过叶轮转动速度来反映气流速度的。

另一种电子式叶轮风速仪可将叶轮转动速度转换成电信号，在仪表液晶面显示气流速度，测量精度高于自记式风速仪。不自记式叶轮风速仪在使用时要拿秒表配合，其测量风速的准确程度与操作人员的熟练程度有关。叶轮风速仪在使用中，严禁用手触摸叶轮或与其他物发生碰撞，并防止发生摔碎，用后擦拭干净轻放入专用盒内，同时还必须注意所测气流速度不能超过风速仪的测量上限。

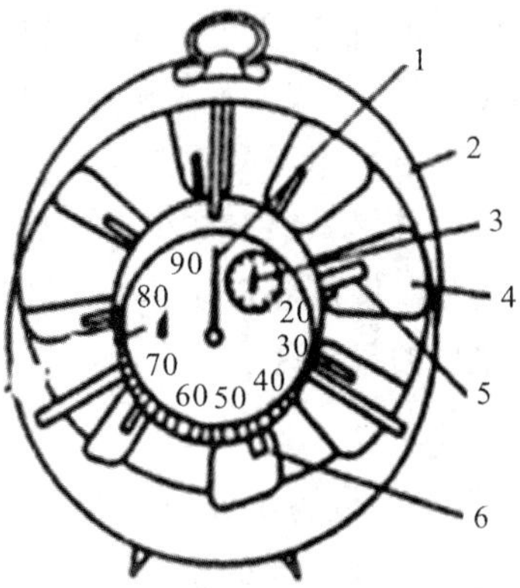

图 11.7　叶轮风速仪

1—长指针；2—外壳；3—短指针；4—叶轮；5—回零压杆；6—起动

叶轮风速仪测量风速的范围一般为 0.5～10 m/s，较精密的叶轮风速仪只适用于测量 0.3～5.0 m/s 范围内的风速，因为测量风速较大时叶片容易受损和弯曲。

(2)转杯风速仪。转杯风速仪的原理与叶轮风速仪相似，它具有四个半圆球形的杯形叶片。它们的凹面朝向一方，装置在垂直于气流方向的轴上，并通过机械传动的方式连接到计数机构，如图 11.8 所示。转杯风速仪的使用方法与叶轮风速仪相同，由于它的结构较牢固，所以测量风速的范围为 1～20m/s。

图 11.8　转杯风速仪

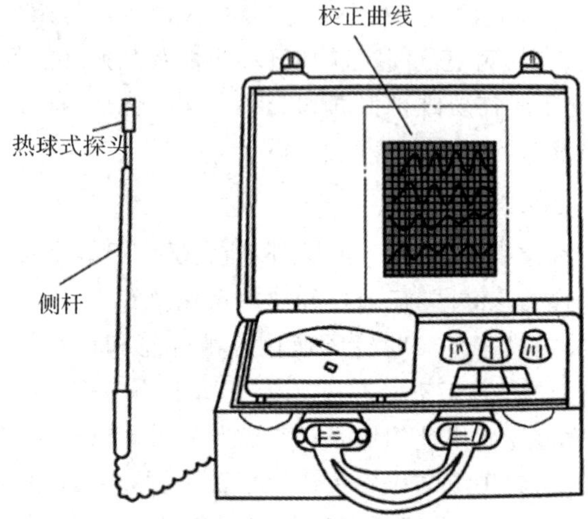

图 11.9　热电风速仪

(3)热电风速仪。热电风速仪由测头和显示仪表两部分组成如图 11.9 所示，是一种测量风速的新型仪表。它具有灵敏度高，反应速度快，使用方便等特点。该仪器由两个独立回路组成。一个是以探头(玻璃球、电热线圈、热电偶)中电热线圈为主体的加热电路，另一个是以测头中热电偶为主体的测温电路。在加热回路里，可通过调节电阻 R 的大小达到调节电热丝温度的目的，而热电偶回路中连接的微安级电流表则可直接指示出与电势相应的热电流的大小。加热恒定时，流体吹过测头使玻璃球散热。流速不同，玻璃球温度也不同。测温电路中二次仪表根据玻璃球温度间接反映气流速度值。

这类仪表热惰性小，反应快，测速范围为 0.05～30m/s，尤其适用于低速测量。风速提高，其测量灵敏度将随之降低，因此，它主要用于测量空调室内的气流速度。

4. 压力测量仪表

(1)毕托管也称测压管。测压管是用来测定通风管道中空气流动的全压、静压和动压的辅助仪器，它是与压力计配合使用的一次性测压仪表，其构造如图 11.10 所示。毕托管有内管和外管，分别由一根内径为 3.5mm 和另一根内径为 6～8mm 的紫铜管同心套接焊制而成，其中内管用以测量全压，外管用于测量静压。它的作用是采集被测气体并由压力计反映出被测气体的压力值，它也可间接测定空气的流速。

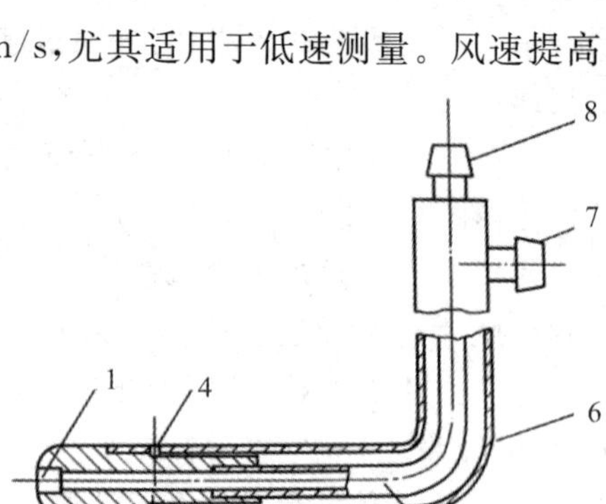

图 11.10　毕托管

1—全压测孔；2—测头；3—外管；4—静压测孔；5—内管；6—管柱；7—静压接口；8—全压接口

(2)U 形管压力计和倾斜式微压计。U 形压力计如图 11.11 所示。它是用其玻璃量管的形状来命名的，它用一根等径的玻璃管被弯成 U 型后，将其固定在标有刻度的底上，再灌入工作液并使之处于零位状态而制成的，根据流体静力学原理进行压力测量，常用于较精确的空气压力测量。倾斜式微压计(见图 11.12)是 U 形管压力计的另一种形式，只不过它的一边变成大液面，另一边倾斜。因此增加了液柱的长度，提高了该压力计测压的灵敏度和精确度。

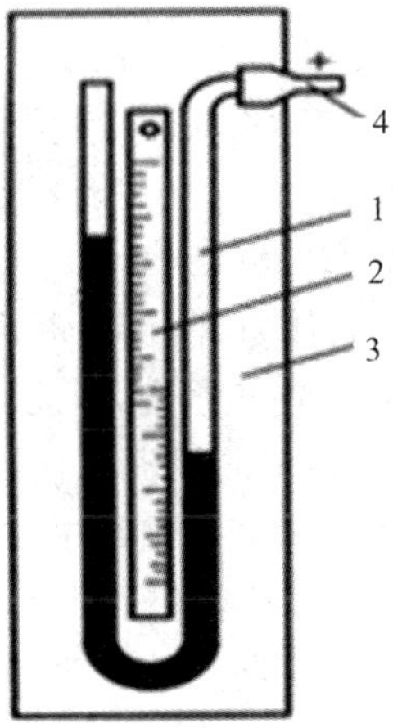

图 11.11　U 形管压力计

1—U 形玻璃管；2—刻度尺；3—固定平板；4—接头

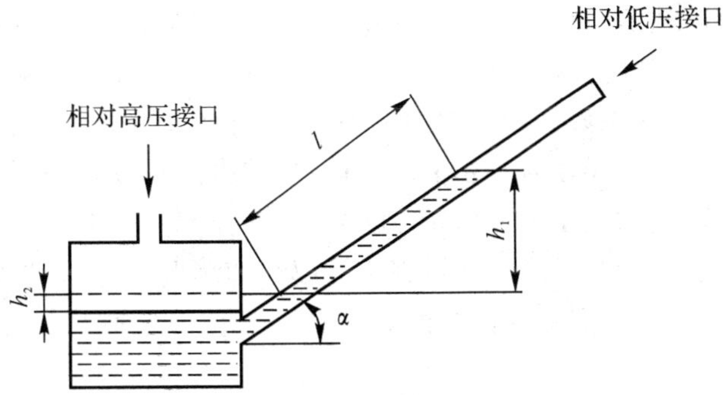

图 11.12　倾斜式微压计原理图

(3)杯形压力计。它是在 U 形压力计的基础上，将一根量管用较大的容器代替，测量管与底部容器相连通，并固定在底板上，在它的一侧有带刻度的标尺，其零位就在下部。容器内可注入水、酒精或水银。被测压力由连接管接入，而测量管的另一端则与大气相通。杯形压力计不像 U 形压力计那样既可测正压又可测负压，它只能用于测量正压值。

11.3　空调系统动力工况测定与调整

通风与空调系统的测试，对新系统安装结束后，投入运行之前，是非常必要的，其中风量与风压的测定是保证整个系统正常运行的重要基础，它是进行系统其他测试的必要条件。系统的风量主要与风机、风管及空气处理设备的空气动力特性有关，而与这些设备是否加热及湿处理作用关系不大，因此，风量测定可以在不开启处理设备的情况下独立进行。

11.3.1　空调系统风量的测量

空调风系统风量的测定是其调整的依据和基础。空调系统的送风量、回风量、新风量、风口风量及分支风管的风量都应进行测定。风量的测定内容虽然很多，但是，概括起来可分为管道内风量测定和管道外风量测定两部分，下面分别作详细介绍。

1. 风管内部风量的测定

由于通过风管道的风量为

$$L = 3\,600V_{p}F \tag{11.1}$$

式中 L——风量,m^3/h;

V_p——风管内的平均风速,m/s;

F——测定断面面积,m^2。

从式(11.1)可看出,风管风量测定的关键是测风管道内空气的流速,进而求出断面的平均风速,以及进行断面的选择,然后确定测点及进行测定。

(1)测定断面的选择。对于确定测量断面原则上应选在气流均匀、稳定的直管段上,即尽可能地选在远离产生涡流的局部构件(如三通、弯头及风口等)的地方,且在以上异型部件前面大于或等于1.5倍管道直径的平直管道处,或在这些部件后面,距离大于4～5倍直径的平直管道处,尽可能避免将测试截面布置在调节阀前后,这样测出的结果比较准确。根据三通、弯头、变径等局部配件对管内流动流场分布的影响,并考虑到现场的具体条件,测量断面可参照图11.13选择。在测定的过程中,实际的现场条件不满足图11.13规定的距离,因此只能缩短距离,并尽量使测量断面距上游局部管件的距离大些。局部配件处出现的涡流会使测量数据不准确,如图11.14所示,如果测定断面为Ⅰ—Ⅰ,可通过增加测点来提高测定结果的准确性;当测定断面为Ⅱ—Ⅱ时,则不仅要增加测点,还要对测量数据做合理处理才能得到较为准确的结果。如果涡流区部分的测点出现0值或负值时,工程上的简化方法为将负值取为0。

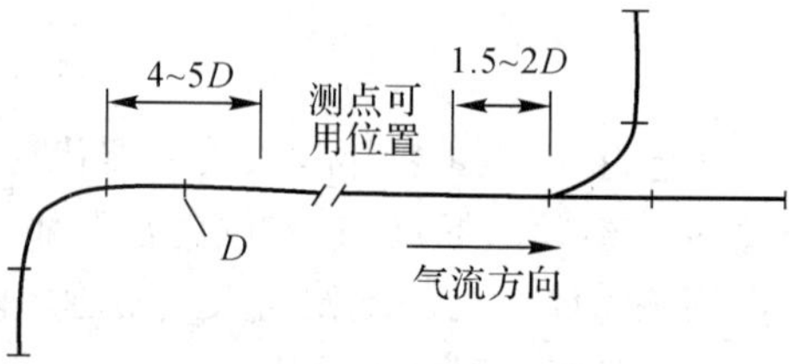

图11.13 测量断面选择要求

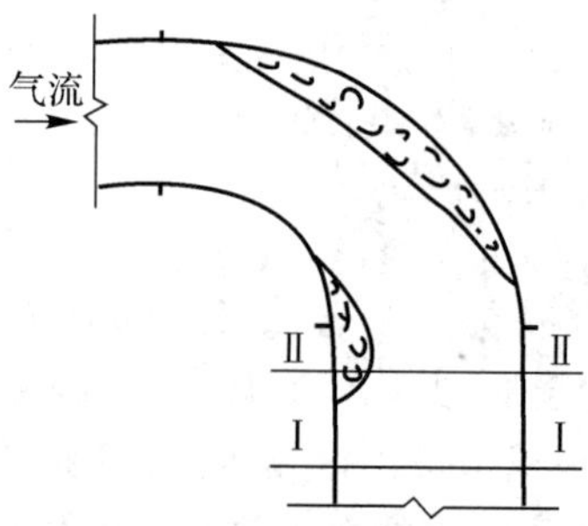

图11.14 测定断面的取法

(2)测点的确定。风管断面上的气流是不均匀的,因此测点越多,结果就越准确。风管道形状及材料等原因,使得测定断面上各点的风速不完全相等,因此一般不能只以一个点的数值代表整个断面。显然测点越多,测得的平均风速值越接近实际,但是测点不能太多,一般都采取等面积布点法。一般情况下,矩形风管内测定断面内的测点位置如图11.15所示。测定孔的孔径为12～15cm,孔开在短边,圆形风管应根据风管管径的大小分成若干个相等面积的同心圆环,并在每个圆环上两个相互垂直的直径上取2～4点测量,测点位置的确定可参照图11.16和表11.1。风管内测点的位置确定以后,即可利用毕托管测出各点的风速,得到风速的算术平均值。

表11.1 各种管道直径的分环数

管径/mm	＜200	200～400	400～700	＞700
环数	3	4	5	6

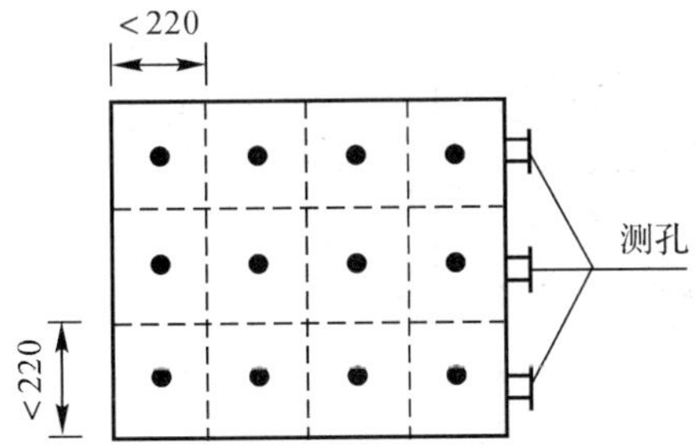

图 11.15　矩形风管测点位置

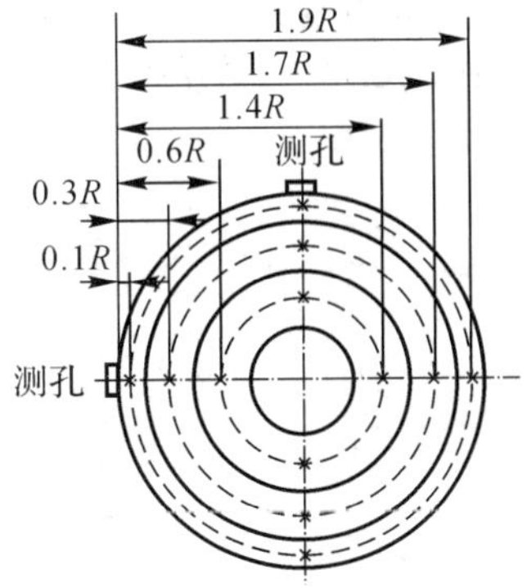

图 11.16　矩形风管测点位置

(3)断面平均风速的测定。断面平均风速常用直接式和间接式两种方法来测量。间接测定是采用皮托管和微压计通过测量管内动压力，在现场测定中，测定断面的选择受到条件的限制，个别点测定的动压值可能出现负值或零值，但在计算平均动压时，宜将负值当零值处理，而测点数目就包括动压为负值及零值在内的全部测点，然后再换算求得断面平均风速。直读式是采用热球风速仪或旋桨轮式风速仪直接测得各点的风速。

2. 风口处风量的测定

风口处的气流一般比较复杂，测定工作难度较大。只有不能在分支管处测量时，才在风口处测定。它的测定实质上是进行风口的风速测量，测得风速后就可用公式计算出风量。

送风口平均风速可用叶轮风速仪或热球式电风速计测定，当风口装有格栅或网格时，可用叶轮风速仪紧贴风口，再用匀速移动的方法按一定线路移动测得整个风口截面上的平均风速，如图 11.17 所示。此法一般须进行三次且取其平均值。对于面积不大的风口可采用累计值的叶轮风速仪来测量，而当风口面积较大时则可采用定点测定法，即把边长划分为等于 2 倍风速仪直径的小方块，在每个小方块的中心逐个测定风速，最后取其平均值。这种方法的误差较大，在必要的时候应进行修正，但修正系数的确定需一些实验室典型风口的数据，一般不容易做到。当送风口气流偏斜时，可临时安装一截长度为 0.5～1m，断面尺寸与风口相同的短管进行测定。

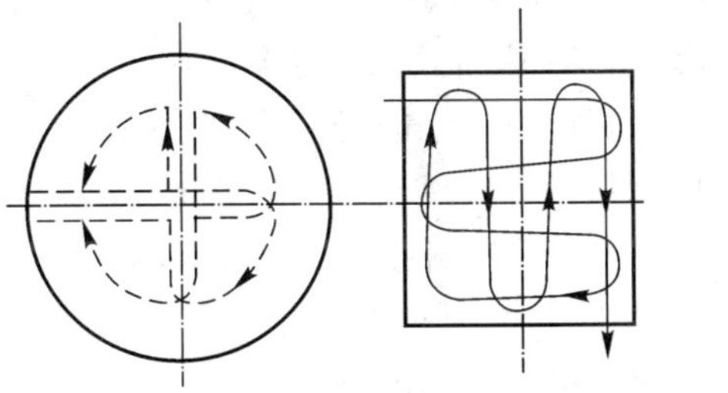
图 11.17　匀速移动测量路线图

另一种更加简便的风口风量测定方法是在送风口加罩直接测定风量，它可以提高测量精度，目前已有定型产品，如图 11.18 所示。但加罩会增加系统阻力，使测定风量小于实际风量。因此这种方法只适用于系统原有阻力很大的情况，此时加罩对风量的影响很小，可忽略不计。

回风口风量的测定方法比较简单，由于回风口的吸气范围较小，且气流比较均匀，故在测定回风量时，只要将叶轮式风速仪贴近格栅或网格处进行测试，就可以测得较准确的结果，而其风量计算与送风口的计算方法相同。

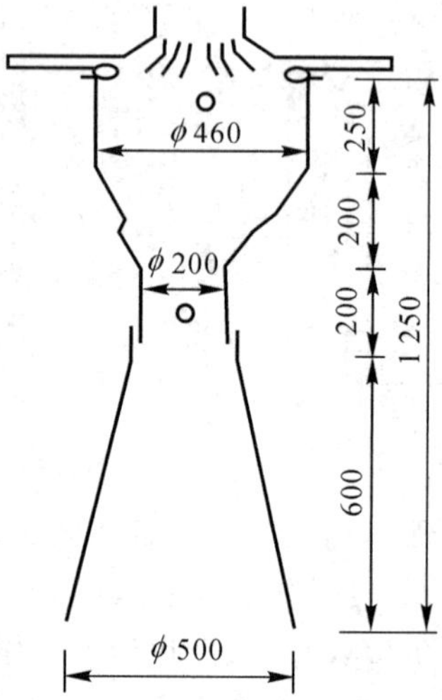

图 11.18　加罩法测定散流器风量

11.3.2　风压的测定

风压的测定比较简单，可直接利用毕托管和微压计测得各测点的动压、静压和全压。压力的计算公式为

$$P_q = P_d + P_j \tag{11.2}$$

式中　P_q—— 全压，Pa；

P_d—— 动压，Pa；

P_j—— 静压，Pa。

一般情况下，通风机压出段的全压、静压均是正值。吸入段的全压、静压均是负值。而动压全是正值。为了准确测定风压值，可取多个测点的压力算术平均值作为压力平均值。

11.3.3　空调风量的调整

施工现场条件千变万化，不可能保证所有的管路都按原设计进行施工。即使全部按原设计进行，因空气系统具有难以精确控制的特点，也会出现一些部位的实测风量和原设计风量出现较大的偏差。这时应进行认真调整，使其达到设计要求。

空调系统风量调整的目的是使经空调设备处理后的空气能按设计要求，沿着主干管、支干管及支管，通过送风口送入各空调房间，并按要求排出和部分回用，为空调房间建立所需要的温、湿度环境提供良好保证。空调系统风量的调整是通过调整系统中的风门来实现的，但不能采用局部调整法，这是因为系统风量之间存在较大的耦合性，在对某局部进行调整的过程中，会对未调整部分造成影响，这样反反复复，很难达到期望的效果。对于一个空调系统而言，如不考虑漏风问题，则送风机送出的总风量，应沿系统的干管和支管以及各个送风口，按设计要求或实际需要进行分配，故各房间送风口的实测送风量总和等于总送风量，回风机吸入的总回风量应等于各房间回风口实测风量之和。对于空气处理室而言，由处理室处理后的风量，应等于处理室前的回风量与新风量之和。

1. 系统风量测定和调整的步骤

(1)初测各干管、支管及送、回风口的风量。

(2)按设计要求调整送风、回风干管在支干管及各送风口和回风口的风量。

(3)在进行送风、回风系统的风量调整时，应同时测定与调整新风量，检查系统新风比是否满足要求。

(4)按设计要求调整送风机的总风量。

(5)在系统风量达到平衡后，进一步调整送风机的总风量，使其满足空调系统的设计要求。

(6)调整后，在空调系统各部分调节阀不变动的情况下，重新测定各处的风量，以作为最后的实测风量。

(7)空调系统风量测定和调整完毕后，用红漆在所有阀门把柄上做好标记，并将阀门位置固定，不要随意变动。

2. 系统风量调整的原理

风量调整是通过调节阀门的开启度来改变管路的阻力特性，使系统的总风量、新风量和回风量以及各支路的风量分配满足设计要求。在风量的调整中，允许各房间全部送风口测得的风量之和与送风机出口处测得的总送风量之间有±10%的误差。

3. 空调系统的风量调整方法

风量调整的方法有多种，常见的有流量等比分配法、基准风口法和逐段分支调整法。其中流量等比分配法是从最远管段，即最不利风口开始，逐步向风机段调整。基准风口法则是以系统风量与设计风量比值最小的风口风量为基础，对其他风口进行调整的方法。而逐段分支调整法则是针对较小的风系统，通过逐段反复调整各段，使风量达到设计要求。

(1)流量等比分配法。下面以较简单系统为例简单介绍流量等比分配风量调整方法。如图 11.19 所示，有一简单的单风机控制两个支路的系统，管路 A 的阻力系数为 k_A，风量为 L_A，阻力为 H_A；管路 B 的阻力系数为 k_B，风量为 L_B，阻力为 H_B。据流体力学可知，风管系统的阻力与风量的关系为

$$H = kL^2 \tag{11.3}$$

式中　H—— 风管系统的阻力 Pa；

L—— 风管内的风量 m^3/h；

k—— 风管阻力特性系数，它与风管局部阻力情况和摩擦阻力情况有关，对于同一风管，如果只改变其风量，其他条件不变，则 k 值基本不变。

调节过程如下：风机起动后，打开总风阀，将三通阀(见图 11.20) 置于中间位置，分别测量两支管的风量 L_A 和 L_B，由于管段 A 和管段 B 为并联管段，则有如下关系式：

$$H_A = H_B \tag{11.4}$$

即

$$k_A L_A^2 = k_B L_B^2 \tag{11.5}$$

则有

$$k_A / k_B = L_B^2 / L_A^2 \tag{11.6}$$

如果三通阀的位置(图 11.19 中 C 处) 不变，则 k_A/k_B 不变，如改变风机出口处总阀门，由于总风量的改变，使 L_A，L_B 变为 L_A'，L_B'，仍有 $k_A L_A'^2 = k_B L_B'^2$，即有 $k_A/k_A = L_B'^2/L_A'^2$。

从上式可以看出，只要 C 处的三通阀位置不变，不论总风量如何变化，两支管的风量总是按一定的比例进行分配，空调系统风量的调整就是根据这一原理进行的。

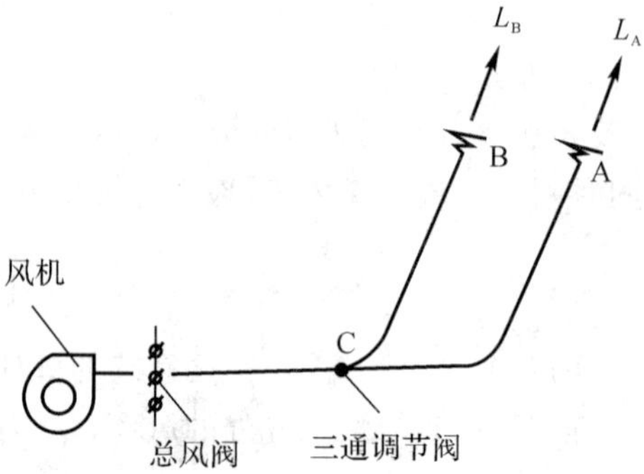

图 11.19　流量等比分配法风量调整

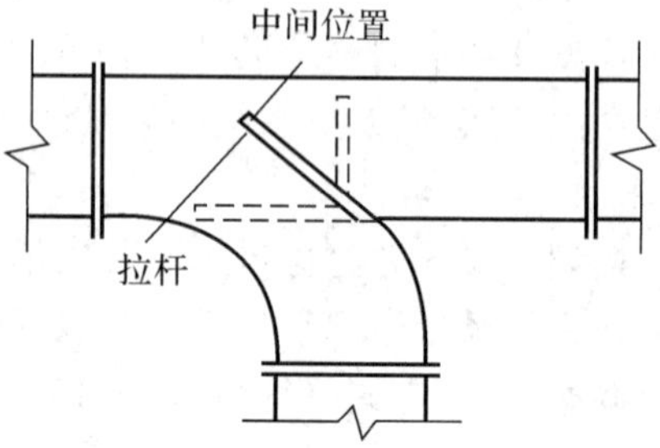

图 11.20　三通调节阀

(2)基准风口调整法。下面介绍用基准风口调整法进行空调系统风量的调整过程。这种方法多用于空调系统送、回风口数目较多的情况,它是在系统风量调整前先对全部风口的风量初测一遍,并且计算出各个风口的初测风量与设计风量的比值,并将其进行比较后找出比值最小的风口,将此比值最小的风口作为基准风口,由此风口开始进行调整。这种方法的优点是不必像流量等比分配法那样在每条管段上打测孔,故可减少工作量,并提高调试速度。如图 11.21 所示,系统在风机出口设有总风阀,在三通管 A,B 处及各风口分支处设有三通调节阀。风量调节之前,把三通阀置于中间位置,总风阀置于某一开度。起动风机,初测各风口风量并计算初测风量与设计风量的比值,测量与计算结果见表 11.2。

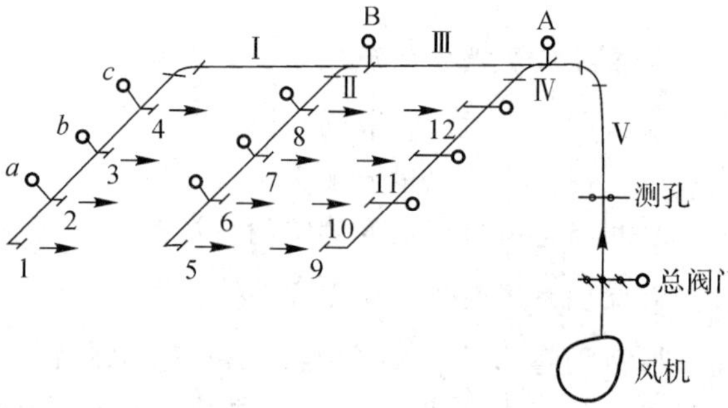

图 11.21　多支管系统风量调整

表 11.2　风量分配的初测结果

风口编号	设计风量/(m^3/h)	初测风量/(m^3/h)	初测风量/设计风量×100%
1	200	160	80
2	200	180	90
3	200	220	110
4	200	250	115
5	200	190	95
6	200	210	105
7	200	230	115
8	200	240	120
9	200	240	80
10	300	270	90
11	300	330	110
12	300	360	120

对表 11.2 的数据进行分析，发现最远的支路Ⅰ的风量最小，同时每个支路最远的风口的风量最小。首先调节支路Ⅰ，以风口 1 为基准，将风口 2 的风量调整到与风口 1 相同，进而将风口 3 的风量调节到与风口 2 相同，依此类推，将支管Ⅰ上的各风口风量调整均匀。采用同样的方法将支路Ⅱ和Ⅳ上的各风口风量调整均匀。然后以风口 1，5，9 为代表，调整 A，B 三通阀，使各支路间的风量分配达到 2∶2∶3的设计要求。最后将总风阀调整到设计风量，风量的测定与调整工作全部完成。

(3)逐段分支调整法。这种方法是先从风机开始，将风机送风量先调整到大于设计总风量的 5%～10%，再调整离风机最远的两分支管，使之依次接近于设计风量，将最不利环路调整近似平衡后，再调整其他近处支管，最后调整总风量，使之接近于设计风量。此方法实际上为逐步渐近法，经反复逐段调整各管段来使风量达到设计要求，一般用于有经验的调试人员调试较小的系统。在空调系统风量调整完毕后，应将各调节阀的手柄用红油漆作出标记，并加以位置固定，以防其他人员随意改变阀门位置，使系统风量的平衡受到破坏时能及时发现进而进行修复。

11.4　空调系统热力工况测定

空调系统的热力工况测定是在空气动力工况测定与调整的基础上进行的。其目的是检验空气处理设备的容量是否能达到设计要求，以及检查系统能否处理出设计要求的送风参数，为全面检验空调系统效果及进行故障分析打下一个坚实的基础。

11.4.1　空调设备容量的测定

空气处理设备的处理过程通常包括冷却、加热、加湿及减湿等过程，但对于一般空调系统来说，使用最多的是冷却装置和加热装置。而实现以上过程的空气处理设备主要有表冷器、喷水室和加热器。下面主要介绍对冷却装置(表冷器)、加热装置(表面加热器)及加湿装置容量的测定方法。

1. 表冷器容量的测定

表冷器容量的测定应在设计工况下进行，它主要是测定实际冷却能力是否达到设计能力，但因实际条件的限制，往往难以做到。实际的测定主要有如下两种情况：

(1)空调系统已投入运行，而且实际室内热、湿负荷比较接近设计条件，即测定时的热湿比与设计工况下的热湿比相等，但室外气象条件很难与设计条件相同，这时可调整新、回风的混合比，使混合点的值接近设计值，并采用设计条件下的水量与水温处理空气，然后测出通过表冷器的空气终状态。如果此时空气终状态的焓值也接近设计工况下的焓值，则说明该冷却装置的容量基本能满足设计要求。

(2)空调系统尚未投入使用，这时室内负荷和室外气象参数均和设计条件相差较大，此时仍然可采用调节新、回风混合比的方法使混合点的值接近设计值。并用设计条件下的水量与水温处理空气，如果空气处理的焓差比较接近设计工况，那么可对测定结果进行适当的修正，即可作为设计工况下的容量。

由于空气经冷却装置处理后失去的热量就是冷却装置使用的冷媒得到的热量，所以冷却装置容量的测定既可在水侧，也可在空气侧。但为了提高测定的准确程度，一般在两侧同时进行。空气侧的测定方法为，当系统工况稳定后，测出空气流过冷却装置前、后断面的平均干球温度和湿球温度，并由焓湿图查出相应的焓值，就可用如下公式计算：

$$Q_0 = G(h_1 - h_2)/3.6 \tag{11.7}$$

式中 Q_0—— 冷却能力，W；

G—— 通过表冷器的风量，kg/s；

h_1, h_2—— 表冷器前后空气的焓值，kJ/kg。

但是在空气侧测定时有一定的难度，主要是由于空气中含有水雾，它可能会使干、湿球温度测量不准，必要时应采取一些防水措施以取得较好的测量效果。而水侧的测定相对比较容易，因水温、水量易于测定，进出口水温可直接用温度计测出。水量测定可采用容积法，即根据水池、水箱等容器水位的变化，利用如下公式求得水量：

$$W = 3\,600F\Delta h/\Delta t \tag{11.8}$$

式中 W —— 水量，m^3；

F—— 容器的断面积，m^2；

Δt—— 测定的时间，s；

Δh——Δt 时间间隔内水位的变化量，m。

2.表面加热器容量的测定

加热器容量的测定应在冬季设计工况下进行，能对空气进行加热处理的设备主要有热水加热器、蒸汽加热器和电加热器。但为了能与冷却装置的容量一起测量，并加快调试进度，也可在非工况条件下进行测量，此时为使测定结果准确则应使测试的工况尽量接近设计工况，则加热器容量的测定应在冬季气温较低的情况下进行。如果不具备此条件，应对测试结果加以修正，作为设备在设计工况下的负荷。系统正常运行后，在热力工况比较稳定的情况下，开始检测。加热量可通过测量加热器前后空气温差及风量，用下述公式计算得到：

$$Q' = G(h_2 - h_1) \tag{11.9}$$

式中 G ——通过加热器的空气量，kg/s；

h_1, h_2 ——加热器前、后空气的焓值，kJ/kg。

设计条件下加热器放热量为

$$Q = KF\left(\frac{t_C + t_Z}{2} - \frac{t_1 + t_2}{2}\right) \tag{11.10}$$

测定条件下加热器的放热量为

$$Q' = KF\left(\frac{t_C' + t_Z'}{2} - \frac{t_1' + t_2'}{2}\right) \tag{11.11}$$

可通过下式把测定条件下的加热量换算为设计条件下的加热量：

$$Q = Q'\,\frac{(t_C + t_Z) - (t_1 + t_2)}{(t_C' + t_Z') - (t_1' + t_2')} \tag{11.12}$$

式中 K ——加热器的传热系数，$W/m^2 \cdot ℃$；

F ——加热器的传热面积，m^2；

t_C, t_C' ——设计条件与测定条件下热媒的初温，℃；

t_Z, t_Z' ——设计条件与测定条件下热媒的终温，℃；

t_1, t_1' ——设计条件与测定条件下空气初温，℃；

t_2, t_2'——测定条件下空气的初、终温度,℃。

如果 Q 值和设计值相近,则可认为加热器的容量可满足要求。

3. 空气加湿装置的测定

空调中采用喷蒸汽进行等温加湿,为了测试加湿能力和热、湿交换效率则需要测定加湿前后空气的温湿度,进而调节加湿蒸汽量。在测试加湿器后的干湿球温度时,应该防止蒸汽或雾滴附于温度计感应球上。因此,往往采用空气取样测定,或者在干湿球温度计段上设遮雾护套,且护套应有良好的导热性,以减少热惰性对温度测定的影响。

11.4.2　空调效果的测定

空调系统综合效果的测定主要指工作区内空气温度、相对湿度、风速、洁净度和气流组织等多项内容的测试,是整个测试过程的最终目的。它的测定应在系统正常运行后,送风状态参数已符合设计要求,室内热、湿负荷及室外气象条件接近设计工况的条件下进行。而且是由建设单位负责,设计、施工单位配合,试验测定与调整的项目,应由建设单位根据工程性质、工艺和设计的要求进行确定。

1. 室内气流组织测定

室内气流组织测定包括室内气流速度的测定和气流流型的测定两部分内容。对于空调精度等级高于±0.5℃的房间,以及对气流速度有特殊要求的房间,一般均需要进行气流组织的测定。其中气流速度测定的主要任务是测定工作区内的气流流速是否满足要求,以及了解整个空调房间内射流的衰减过程、贴附情况、作用距离及室内涡流区的情况等。而气流速度的测试方法则与对室内气流组织的要求有关,如果空调室对气流的均匀性要求很高,则应先对室内气流流型进行测试,在测试之初,应先选择平面及纵剖断面并确定测点的位置,测点应该布置密些,而后采用烟雾法或逐点法描绘,并将测试结果绘制成图。

对于舒适性空调系统来说,工作区气流速度的测定主要在于检查是否超过规范或设计要求即可。如果某些局部区域风速过大,则就对风口的出流方向进行适当调整。测点的布置方法:侧送风以送风口轴线和两个风口之间的中心线确定纵断面,沿房间全高确定水平面,间距0.5～1.0m,工作区取小值,垂直于送风口轴线,沿房间全长确定横断面,间距为 0.25～1.0m,靠近风口取小值,各平面交线的交点为测点。而下送风水平面与侧送风确定方法相同,也可选择有代表性的断面或按以下方法布点测量:

(1)侧送风口。在纵断面布置测点时,测点间距为 0.25～0.5m,在靠近风口、顶棚、墙面和射流轴线处可适当增加测定点。在水平面布置测点,当在工作区(即在 2m 以下范围内)内选择若干水平面时,则应按等面积法分区,通常分区面积为 $1m^2$,在其内进行均匀布点测量。

(2)下送风口。在纵、横断面和在工作区内选择水平面布置测点时,测点间距一般为0.5～1.0m。

(3)对于精度要求较高的恒温室或洁净室。在布置测点时,要求在工作区内划分若干个横向或竖向测量断面,形成交叉网格。

常用气流流型的测定方法有两种,它们分别是烟雾法和逐点描绘法。烟雾法是将棉花球蘸上发烟剂(如四氯化钛、四氯化锡等)放在送风口,烟雾随气流在室内流动,仔细观察流动的方向,并根据烟的飘移轨迹,绘制气流流形图。此法较粗略,但测试速度快。当对测试要求不高时可采用，并且发烟剂具有腐蚀性，对于已投产或安装好工艺设备的房间禁止使用。而逐点描绘法是在测杆头部绑上一支热球风速仪测头，并捆上一股直径为 10μm 细的合成纤维丝，将其置于各断面的测点位置上，在各断面上从上至下逐点进行测量，记录气流速度值，并观察纤维丝的飘移轨迹及时绘制成图，如图 11.22 所示，还可以进一步绘制射流速度衰减曲线。根据图对气流流型进行分析可以看出送风射流与室内空气的混合情况，及此时送风状态能否满足工作区内各项状态参数的要求。

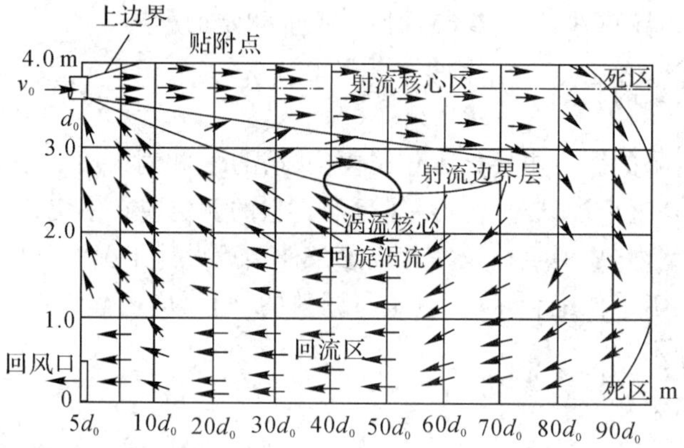

图 11.22　纵断面气流流型图

2. 室内空气温度和相对温度的测定

在空调系统全面投入运行，系统工作稳定后，即空调系统至少应已继续运行 24h 后，就可以测量室内温、湿度。对有恒温恒湿要求的场所，根据对温度和相对湿度的要求，选择相应的具有足够精度的仪表。一般的选择原则是仪表误差应小于室温要求的精度，例如对于有±0.5℃精度要求的房间，则可用温度计量程为 0～50℃、分度为 0.1℃的水银温度计即可；而如果需要了解昼夜室温变化的情况则应用 0.01℃的分度或小量程温度自动记录仪表测定；如果只看温度变化规律，则可用经校正的半导体温度计快速测试。而相对湿度则可用干湿球温度计或直接选用数字式温、湿度计。测定时系统必须连续稳定运行且测定时间应不间断进行8～48h，每次测定间隔不大于 30～60min。

测点选择的要求是：在要求精度高的空调房间内，需沿房间的宽度方向选择几个纵断面，并沿房间高度方向选择几个有代表性的横断面来进行。纵断面一般选择在送风口射流中心断面上，且靠近送风口的测点应布置得密一些，离送风口远的就布置稀一些。测点间距一般为 0.5m。横断面一般在工作区即离地面 2m 以下选择几个断面，并按等面积法均匀布点进行测试。

没有恒温要求的系统，测点放在房间中心即可。要求较高时，应多点测定。所有的测点宜在同一高度，一般位于离地面 0.8m 处；也可根据恒温区（离地面 0.5～2m 范围内的工作区）的大小，分别布置在离地面不同高度的几个平面上，测点数目一般按 1m² 布一个点来确定。

无恒温恒湿要求的场所，温度、湿度符合要求即可。有恒温恒湿要求的场所，室温波动范围按各测点的各次测温偏离控制点温度的最大值，占测点总数的百分比整理成累积统计曲线，如果 90%以上的测点偏差在允许范围内，则符合设计要求。反之则为不合格。而相对湿度的波动范围可按室温波动范围的原则确定。

3. 工作区洁净度的测定

对于洁净房间工作区的洁净度测定，可依照我国现行的“空气洁净技术措施”中的有关规定进行。由于洁净空调内微粒数量较少，具有分布的随机性，所以国内外有关标准中多有对采样点数、采样的最小容积的具体规定。考虑到这部分内容专业性较强，而且国内外的有关规定不完全一致，建议在需要时参考我国的上述“空气洁净技术措施”及美国联邦标准 FS－209E。

总之，室内空调效果的检验不仅是对既定的空调系统工作效果的客观评价，而且也包含着对其不良效果的改进。通过对工作区空气参数的测量，常会发现气流分布、自动控制甚至整个空调系统合理匹配方面的问题。因此，一项完整的测试调整，既是保证空调系统良好工作效果所需要的，也是改进系统设计的可靠依据。

11.5　空调系统消声与隔振检测

11.5.1　室内噪声的测定

室内噪声测量目的是为分析产生噪声的原因，以便消除噪声，创造出安静的工作环境。测量噪声的仪器较多，常用的有声级计、频率分析仪和自动记录仪等。带倍频程分析仪的声级计是噪声测量中最常用的仪器，该仪器体积比较小，质量较轻，能单独进行声级测量，还可与相应的仪器配套进行频谱分析、振动测量等工作。它的测量原理是声压信号通过传声器转换成电信号，再经过放大器放大进而在表头上显示出分贝值。空调系统的消声效果，最终反映在空调房间内的声级大小。空调系统的噪声测量属于一般性的测量，主要测量噪声的 A 声级，必要时才测量倍频程频谱。进行噪声测量时，测点的选择，即传声器的放置正确与否将直接影响到测量的准确性，所以一般噪声测点位置应根据声源性质、噪声大小及防噪声的要求而定。室内噪声测量时以声级计测定空调房间的噪声级，其测点一般均选取距地面 1.2m 左右适当数量的测点进行测量，较大面积的民用空调的测点应按设计要求选择测点数。而测定洁净室噪声时，测点布置应按洁净室面积均分，每 $50m^2$ 设一点，测点位于其中心，且距地面 1.1～1.5m 高度处或按工艺要求确定。

在室内噪声测定以前，应先测出空调系统在没有运行（各种发声设备没有启动）时的本底噪声，然后再测定由于空调系统运行产生的噪声。噪声检测时要排除本底噪声对测量的干扰，如果被测房间的噪声级比本底噪声级（指 A 挡）高出 10dB 以上，则本底噪声的影响可忽略不计；如果二者相差小于 3dB，则所测结果没有实质性的意义；如果二者相差在 4～9dB 之间，则可按表 11.3 进行修正。

表 11.3　排除本底噪声影响的修正表

被测噪声级与本底噪声级的差值/dB	3	4～5	6～9
修正值/dB	－3	－2	－1

在条件允许时，室内噪声级不仅以 A 挡数值来评价，而且可按倍频程中心频率分挡测定，并在噪声评价曲线上画出各频带的噪声级，以检查被测房间是否满足设计要求。同时，可利用所测数据，分析影响室内噪声级的主要声源。

在噪声测量中，应尽可能避开反射声的影响，使传声器尽量远离反射面 2～3m 以上，同时为减少测量误差，还应注意振动、电磁场、气流、气候条件以及仪器输入电源电压等的影响，当然，在对所有噪声进行测量前，都要对仪器进行校验，以保证测量值的准确性。

11.5.2 空调系统振动的检测

风机、水泵或制冷压缩机一类运动设备的隔振效果，要通过空调房间地面振动位移量或加速度测定来确定。测点一般选在房间中心或在必要控制振动的位置处。对于洁净室有时还须测定各壁面的振动量。

11.6 空调系统调试中故障分析及其排除

大型建筑空调系统复杂，设备部件众多，设计施工都有一定的难度，调整测试一次成功的机会很小，在空调系统的测试与调整过程中，可能会出现送风量、送风状态参数、室内空气状态参数不符合设计要求的多种问题。因此，施工人员应对空调系统调整测试过程中出现的问题做认真的分析，弄清这些问题产生的原因，并结合现场情况，应用理论知识提出切实可行的解决问题的方案，这不仅有助于系统的调试工作，也有利于系统的运行管理与维护。下面简单介绍一般常见的故障及其产生的原因，并提出相应的解决排除故障的方法，以供参考。

11.6.1 送风量不符合设计要求

空调送风量设计不符合要求一般可分为两种情况：

1. 系统实测风量大于设计风量

系统实测风量大于设计风量的主要原因有两个：第一，设计时风机参数选择不当，风机压头过高造成风量偏大；第二，系统风管的实际阻力小于风机提供压头，使风机通过增大流量来克服剩余压头，造成风量高于设计值。

相应的解决方法：如果系统实际送风量稍大于设计风量，在室内气流组织和噪声允许的情况下，可不做调整，认为符合设计要求。如果实际风量远大于设计风量，这时应采取相应的调节措施，如改变风机转速，降低送风量；若无条件改变风机转速时，可用风机入口调节阀调节。

2. 系统实测风量小于设计风量

系统实测风量小于设计风量的原因大致有以下三个方面：

(1)系统实际阻力大于设计值。如果是风管阻力过大，则应对部分风管重新加工安装，或在弯头等局部构件中增加导流叶片来减少局部阻力。如果是设备阻力过大，则应检查设备是否有堵塞现象，过滤器积尘量是否过大等。

(2)送风系统漏风。需要对送风管道及空调箱等空气处理装置进行认真检漏。系统每个部分都做漏风实验比较麻烦，也难以做到。对于低速送风系统可对一些重点部位进行检查，如法兰接口、人孔和检查孔等，如果漏风，应及时堵塞。对于高速送风系统应做检漏实验。

(3)由于风机选择不当、质量不好或安装及运行不善，造成风机反转或转速未达到设计要求等。相应解决方案为在可能的条件下适当提高风机转数或及时和厂家取得联系，进行更换或维修。如果是安装不当的原因，应对有问题部分整改。

(4)对于皮带传动的送风机，皮带松弛和打滑造成风机转数下降造成的风量减小，则应采取调紧皮带的方法。

11.6.2　送风状态参数不符合要求

送风状态参数不符合设计要求，大多是空气处理过程没有达到设计要求所造成的。一般的原因有如下几种情况：

1. 空气处理设备的最大容量未达到设计值

它的原因可能是因热工计算有误，导致选择的空气处理设备的能力过大或过小，从而造成设备性能不良或冷、热媒的参数不符合设计规范。具体解决方法如下：

如果实测容量远大于设计容量，可通过调节冷、热媒参数及流量来满足要求，但会有不必要的浪费；如果设备容量过小无法满足要求，可考虑更换或增加设备；如果是冷热媒的流量不足，则可能是由于管道阻力过大，通路堵塞或水泵扬程下降所致。

2. 风机或风管温升温降值超标

通风机或风管的温升温降超标，会使送风温度过高或过低，通风机风压偏高或风管保温不好都出现这种情况。可通过降低管道系统的阻力来降低风机的风压，并做好风管的保温措施来解决问题。

3. 处于负压下的空气处理室或回风处理室漏风

未经处理的空气漏进回风系统，会使混合点偏离设计值，造成送风状态不符合要求。如夏季喷水室后检查门关闭不严，导致机房中较热的空气吸入空调设备，使机器露点偏离设计值，从而使送风状态不能保证，因此应加强管理，堵塞漏洞，防止漏风。

4. 空气冷却设备出口带水

如果挡水板的过水量超过设计值，就会造成水分再次蒸发，从而影响空调设备出风口空气参数。挡水板过水量超过设计值会使送风状态含湿量偏高，其原因有以下 3 个方面：

1)挡水板加工质量不好或安装有误。如挡水板间距太大，折数不够，挡水板与边框有较大的缝隙，挡水板的下面未插入水面等。

2)空气通过挡水板时速度过高造成带水量过大。

3)表冷器滴水盘安装质量不好及迎面质量流速大于 $3kg/(m^2 \cdot s)$，也会使送风含湿量过高。

对于上述几种情况除可对挡水板的加工、安装稍做调整以降低空气流速外，还应检查挡水板是否插入池底及挡水板与空调箱内壁间是否存在漏风等。

11.6.3　房间内空气状态参数不符合设计要求

室内空气参数不符合设计要求时可从以下几个方面进行分析：

1. 室内实际热、湿负荷与设计值有较大的出入

设计者在设计过程所采用的设计指标具有一般性，可能与一些特殊情况不符。为了使测定简便可靠，应选择送回风较少、门窗可密封的有代表性的房间进行热、湿负荷的测定。若房间实测负荷小于设计负荷，说明系统偏于安全，通过调节就能满足要求。若房间实测负荷大于设计负荷，应采用以下适当措施：减少维护结构的传热量和房间的产热量；在围护结构上增加

保温层；将工艺设备加局部排气罩以减少产热量以及给玻璃窗加遮阳等。

2. 风口气流分布不合理，造成工作区流速过大或不均匀

如风口面积过小或位置分布不合理，会造成工作区流速过大或不均匀系数过大。调整方法是增大风口面积，改变风口出流方向，必要时可改变风口的结构形式。

3. 其他影响因素

如过滤器未检漏，系统未清洗，会造成室内静压不能保证，洁净度低于设计要求。相应的调整措施是过滤器检漏，清理风道，调节室内风口的分布等。

11.6.4 室内噪声超过允许值

室内噪声超过允许值的原因较多，如风口部件松动造成风口风速过高；消声器消声能力未达到预期效果；消声器后的风道未正确进行隔离噪声源等。

具体的解决方法：如果是因为风口部件松动，风口风速过高而使噪声超过允许值，可紧固松动部件，适当减少送风量；如果是消声器选择不合理，消声能力低造成噪声较大，应检测消声器的消声能力，更换不合适的消声器；经消声后的风道未正确隔离噪声源，也会使噪声值超过允许值，此时，可检查消声器的位置，若隔离不佳可采取管外隔离，以减少机房噪声通过风管进行的传递。

11.6.5 空气品质不佳

室内空气品质不良的主要原因是新风量不足，室内正压未保证，使得室外污染空气进入室内。其原因可能是室内人数超过设计值或对某些房间产生的有害物估计不足；系统过滤器安装质量不佳，系统未清洗；新风阀没有完全开启；采风口被污染等。应根据具体情况提出相应的解决办法。

对于改善室内空气品质的相应措施有增加新风量，保证室内正压；进行过滤器检漏，保证其过滤的效率以及对房间产生严重有害物的设备进行局部处理，减少其对房间的污染。

总之，空调系统在现场的测定和调整中可能碰到多种多样的问题，这里不可能全部提及。只要进入深入细致地调查，具体问题具体分析，并找出问题存在的原因，对症下药，才能使问题得到较圆满的解决。

本章小结

本章主要讲述了空调系统的工程实践项目，它是在系统安装完成并正式投入使用之前所进行的必要步骤，是检查空调系统设计是否达到预期效果的重要途径。主要包括分体式家用空调的拆装，空调系统测定仪表，空调系统风量风压的测定，空调系统风量调整，空调系统设备容量的测定，空调系统综合效果测定，空调系统故障分析及排除。其中空调风量测定与调整的目的是使系统和各房间的风量达到设计要求，其内容包括送风量、回风量、排风量及新风量的测定与调整；空调系统设备容量的测定，既可以在空气侧进行，亦可以在冷媒侧或两侧同时进行，相应的测定方法有测空气参数法和测媒介质参数法两种；空调效果的测定包括空调房间内空气各个参数的测定，该测定应在系统风量和设备均已调整完毕，送风状态参数已符合设计要

求，室内热、湿负荷及室外气象条件接近设计工况条件下进行。空调系统故障分析及排除实训项目主要是指在空调系统的测试与调整过程中，可能会出现送风量、送风状态参数和室内空气状态参数不符合设计要求的多种问题，因此，施工人员应对空调系统调整测试过程中出现的问题做认真的分析，弄清这些问题产生的原因，并结合现场情况，应用自己的理论知识提出切实可行的解决方案。总之，在空调系统经过全面的测定和调整后，将空气状态变化过程中各状态点描绘在焓湿图上，通过对空调全过程的分析，及时发现问题，为系统运行的可靠性和经济性打下良好的基础。

思考与练习题

1. 空调系统测定调整前需做哪些准备工作？做这些准备工作的意义是什么？

2. 简述电动干湿球温度计的工作原理。

3. 毕托管压力计的构造和特点是什么？

4. 某空调系统在调试过程中发现冷却水温度超过设计要求，试分析其原因。

5. 某会议室风机盘管空调系统在运行过程中发现风机盘管出风口处结露，分析其原因。

6. 某超市采用风机盘管加新风系统，在调试阶段发现新风严重不足，而新风机组的额定风量完全满足设计要求。分析出现问题的原因，并提出解决问题的方案。

7. 空调系统测定与调整的目的是什么？分别在什么情况下进行？

8. 空调系统测定与调整有哪些类型？调试的内容和要求分别有哪些？

9. 空调风系统风量的测定与调整包括哪些相关项目？

10. 测定风管道内空气流量应注意哪些问题？

11. 如何较精确地测定送风口的出风量？

12. 空调风系统需要进行哪些风量的测定与调整？

13. 为什么两支路的三通阀定位后，无论总管内风量如何变化，两支路的风量比维持不变？

14. 风量调节时为什么要以分支干管各风口的初测风量与要求风量之比较小的风口作为基准风口？

15. 室内气流速度超过允许值时，可以采取哪些措施加以改进？

16. 空调效果的测定有哪些项目？是否一定都要测？为什么？

附　　录

附录 1.1　湿空气的密度、水蒸气分压力、含湿量和焓(B=101 325Pa)

空气温度 t ℃	干空气密度 ρ kg/m³	饱和空气密度 ρ_b kg/m³	饱和空气的水蒸气分压力 $P_{q,b}$ (×10² Pa)	饱和空气含湿量 d_b (g/kg 干空气)	饱和空气焓 i_b (kJ/kg 干空气)
−20	1.396	1.395	1.02	0.63	−18.55
−19	1.394	1.393	1.13	0.70	−17.39
−18	1.385	1.384	1.25	0.77	−16.20
−17	1.379	1.378	1.37	0.85	−14.99
−16	1.374	1.373	1.50	0.93	−13.77
−15	1.368	1.367	1.65	1.01	−12.60
−14	1.363	1.362	1.81	1.11	−11.35
−13	1.358	1.357	1.98	1.22	−10.05
−12	1.353	1.352	2.17	1.34	−8.75
−11	1.348	1.347	2.37	1.46	−7.45
−10	1.342	1.341	2.59	1.60	−6.07
−9	1.337	1.336	2.83	1.75	−4.73
−8	1.332	1.331	3.09	1.91	−3.31
−7	1.327	1.325	3.36	2.08	−1.88
−6	1.322	1.320	3.67	2.27	−0.42
−5	1.317	1.315	4.00	2.47	1.09
−4	1.312	1.310	4.36	2.69	2.68
−3	1.308	1.306	4.75	2.94	4.31
−2	1.303	1.301	5.16	3.19	5.90
−1	1.298	1.295	5.61	3.47	7.62
0	1.293	1.290	6.09	2.78	9.42
1	1.288	1.285	6.56	4.07	11.14
2	1.284	1.281	7.04	4.37	12.89
3	1.279	1.275	7.57	4.70	14.74
4	1.275	1.271	8.11	5.03	16.58
5	1.270	1.266	8.70	5.40	18.51
6	1.265	1.261	9.32	5.79	20.51
7	1.261	1.256	9.99	6.21	22.61
8	1.256	1.251	10.70	6.65	24.70
9	1.252	1.247	11.46	7.13	26.92
10	1.248	1.242	12.25	7.63	29.18
11	1.243	1.237	13.09	8.15	31.52

续表

空气温度 t ℃	干空气密度 ρ kg/m^3	饱和空气密度 ρ_b kg/m^3	饱和空气的水蒸气分压力 $P_{q,b}$ ($\times 10^2$ Pa)	饱和空气含湿量 d_b (g/kg 干空气)	饱和空气焓 i_b (kJ/kg 干空气)
12	1.239	1.232	13.99	8.75	34.08
13	1.235	1.228	14.94	9.35	36.59
14	1.230	1.223	15.95	9.97	39.19
15	1.226	1.218	17.01	10.6	41.78
16	1.222	1.214	18.13	11.4	44.80
17	1.217	1.208	19.32	12.1	47.73
18	1.213	1.204	20.59	12.9	50.66
19	1.209	1.200	21.92	14.7	54.01
20	1.205	1.195	23.31	14.7	57.78
21	1.201	1.190	24.80	15.6	61.13
22	1.197	1.185	26.37	16.6	64.06
23	1.193	1.181	28.02	17.7	67.83
24	1.189	1.176	29.77	18.8	72.01
25	1.185	1.171	31.60	20.0	75.78
26	1.181	1.166	33.53	21.4	80.39
27	1.177	1.161	35.56	22.6	84.57
28	1.173	1.156	37.71	24.0	89.18
29	1.169	1.151	39.95	25.6	94.20
30	1.165	1.146	42.32	27.2	99.65
31	1.161	1.141	44.82	28.8	104.67
32	1.157	1.136	47.43	30.6	110.11
33	1.154	1.131	50.18	32.5	115.97
34	1.150	1.126	53.07	34.4	122.25
35	1.146	1.121	56.10	36.6	128.95
36	1.142	1.116	59.26	38.8	135.65
37	1.139	1.111	62.60	41.1	142.35
38	1.135	1.107	66.09	43.5	149.47
39	1.132	1.102	69.75	46.0	157.42
40	1.128	1.097	73.58	48.8	165.80
41	1.124	1.091	77.59	51.7	174.17
42	1.121	1.086	81.80	54.8	182.96
43	1.117	1.081	86.18	58.0	192.17
44	1.114	1.076	90.79	61.3	202.22
45	1.110	1.070	95.60	65.0	212.69
46	1.107	1.065	100.61	68.9	223.57
47	1.103	1.059	105.87	72.8	235.30
48	1.100	1.054	111.33	77.0	247.02
49	1.096	1.048	117.07	81.5	260.00
50	1.093	1.043	123.04	86.2	273.40
55	1.076	1.013	156.94	114	352.11
60	7.060	0.981	198.70	152	456.36
65	1.044	0.946	249.38	204	598.71
70	1.029	0.909	310.82	276	795.50
75	1.014	0.868	384.50	382	1080.19
80	1.000	0.823	472.28	545	1519.81
85	0.986	0.773	576.69	828	2281.81
90	0.973	0.718	699.31	1400	3818.36
95	0.959	0.656	843.09	3120	8436.40
100	0.947	0.589	1013.00	—	—

附录 2.1　我国部分城市的室外设计计算参数

序号	地名	台站位置			大气压力/hPa		年平均温度/℃	室外计算(干球温度)								夏季空气调节室外计算湿球温度/℃
								冬季				夏季				
		北纬	东经	海拔/m	冬季	夏季		采暖	空气调节	最低日平均温度	通风	通风	空气调节	空气调节日平均	计算日较差	
1	2	3	4	5	6	7	8	9	10	11	12	13	14	15	16	17
01	北京	39°48′	116°28′	31.2	1020.4	998.6	11.4	−9	−12	−15.9	−5	30	33.2	28.6	8.8	26.4
02	天津	39°06′	117°10′	3.3	1026.6	1004.8	12.2	−9	−11	−13.1	−4	29	33.4	29.2	8.1	26.9
03	沈阳	41°46′	123°26′	41.6	1020.8	1007.7	7.8	−19	−22	−24.9	−12	28	31.4	27.2	8.1	25.4
04	大连	38°54′	121°38′	92.8	1013.8	994.7	10.2	−11	−14	−18.6	−5	26	28.4	25.5	5.6	25.0
05	哈尔滨	45°41′	126°37′	171.7	1001.5	985.1	3.6	−26	−29	−33.0	−20	27	30.3	26.0	8.3	23.4
06	上海	31°10′	121°26′	4.5	1025.1	1005.3	15.7	−2	−4	−6.9	3	32	34.0	30.4	6.9	28.2
07	南京	32°00′	118°48′	8.9	1025.2	1004.0	15.3	−3	−6	−9.0	2	32	35.0	31.4	6.9	28.3
08	武汉	30°37′	114°08′	23.3	1023.3	1001.7	16.3	−2	−5	−11.3	3	33	35.2	31.9	6.3	28.2
09	广州	23°03′	113°19′	6.6	1.19.5	1004.5	21.8	7	5	2.9	13	31	33.5	30.1	6.5	27.7
10	重庆	29°35′	106°28′	259.1	991.2	973.2	18.3	4	2	0.9	7	33	36.5	32.5	7.7	27.3
11	昆明	25°01′	102°41′	1891.4	811.5	808.0	14.7	3	1	−3.5	8	23	25.8	22.2	6.9	19.9
12	西安	34°18′	108°56′	396.9	978.7	959.2	13.3	−5	−8	−12.3	−1	31	35.2	30.7	8.7	26.0
13	兰州	36°03′	103°53′	1517.2	851.4	843.1	9.1	−11	−13	−15.8	−7	26	30.5	25.8	9.0	20.2
14	乌鲁木齐	43°47′	87°37′	917.9	919.9	906.7	5.7	−22	−27	−33.3	−15	29	34.1	29.0	9.8	18.5
15	承德	40°58′	117°56′	375.2	980.0	962.8	8.9	−14	−17	−19.8	−9	28	32.3	26.7	10.8	24.2
16	石家庄	38°02′	114°25′	80.5	1016.9	995.6	12.9	−8	−11	−17.1	−3	31	35.1	29.7	10.4	26.6
17	太原	37°47′	112°33′	777.9	932.9	919.2	9.5	−12	−15	−17.8	−7	28	31.2	26.1	9.8	23.4
18	延安	36°36′	109°30′	957.6	913.3	900.2	9.4	−12	−15	−18.0	−6	28	32.1	25.8	12.1	22.9
19	宝鸡	34°21′	107°08′	612.4	953.1	936.1	12.9	−5	−8	−11.0	−1	30	33.7	28.7	9.6	24.8
20	西宁	36°37′	101°46′	2261.2	775.1	773.5	5.7	−13	−15	−20.3	−9	22	25.9	20.7	10.0	16.4

附录 2.2　北京气象条件为依据的外墙逐时冷负荷计算温度　　单位：℃

时间	朝向							
	Ⅰ型外墙				Ⅱ型外墙			
	S	W	N	E	S	W	N	E
0	34.7	36.6	32.2	37.5	36.1	38.5	33.1	38.5
1	34.9	36.9	32.3	37.6	36.2	38.9	33.2	38.4
2	35.1	37.2	32.4	37.7	36.2	39.1	33.2	38.2
3	35.2	37.4	32.5	37.7	36.1	39.2	33.2	38.0
4	35.3	37.6	32.6	37.7	35.9	39.1	33.1	37.6
5	35.3	37.8	32.6	37.6	35.6	38.9	33.0	37.3
6	35.3	37.9	32.7	37.5	35.3	38.6	32.8	36.9
7	35.3	37.9	32.6	37.4	35.0	38.2	32.6	36.4
8	35.2	37.9	32.6	37.3	34.6	37.8	32.3	36.0
9	35.1	37.8	32.5	37.1	34.2	37.3	32.1	35.5
10	34.9	37.7	32.5	36.8	33.9	36.8	31.8	35.2
11	34.8	37.5	32.4	36.6	33.5	36.3	31.6	35.0
12	34.6	37.3	32.2	36.4	33.2	35.9	31.4	35.0
13	34.4	37.1	32.1	36.2	32.9	35.5	31.3	35.2
14	34.2	36.9	32.0	36.1	32.8	35.2	31.2	35.6
15	34.0	36.6	31.9	36.1	32.9	34.9	31.2	36.1
16	33.9	36.4	31.8	36.2	33.1	34.8	31.3	36.6
17	33.8	36.2	31.8	36.3	33.4	34.8	31.4	37.1
18	33.8	36.1	31.8	36.4	33.9	34.9	31.6	37.5
19	33.9	36.0	31.8	36.6	34.4	35.3	31.8	37.9
20	34.0	35.9	31.8	36.8	34.9	35.8	32.1	38.2
21	34.1	36.0	31.9	37.0	35.3	36.5	32.4	38.4
22	34.3	36.1	32.0	37.2	35.7	37.3	32.6	38.5
23	34.5	36.3	32.1	37.3	36.0	38.0	32.9	38.6
最大值	35.3	37.9	32.7	37.7	36.2	39.2	33.2	38.6
最小值	33.8	35.9	31.8	36.1	32.8	34.8	31.2	35.0

附录 2.3　北京市气象条件为依据的屋顶逐时冷负荷计算温度　　单位:℃

时间	屋面类型					
	Ⅰ型	Ⅱ型	Ⅲ型	Ⅳ型	Ⅴ型	Ⅵ型
0	43.7	47.2	47.7	46.1	41.6	38.1
1	44.3	46.4	46.0	43.7	39.0	35.5
2	44.8	45.4	44.2	41.4	36.7	33.2
3	45.0	44.3	42.4	39.3	34.6	31.4
4	45.0	43.1	40.6	37.3	32.8	29.8
5	44.9	41.8	38.8	35.5	31.2	28.4
6	44.5	40.6	37.1	33.9	29.8	27.2
7	44.0	39.3	35.5	32.4	28.7	26.5
8	43.4	38.1	34.1	31.2	28.4	26.3
9	42.7	37.0	33.1	30.7	29.2	28.6
10	41.9	36.1	32.7	31.0	31.4	32.0
11	41.1	35.6	33.0	32.3	34.7	36.7
12	40.2	35.6	34.0	34.5	38.9	42.2
13	39.5	36.0	35.8	37.5	43.4	47.8
14	38.9	37.0	38.1	41.0	47.9	52.9
15	38.5	38.4	40.7	44.6	51.9	57.1
16	38.3	40.1	43.5	47.9	54.9	59.8
17	38.4	41.9	46.1	50.7	56.8	60.9
18	38.8	43.7	48.3	52.7	57.2	60.2
19	39.4	45.4	49.9	53.7	56.3	57.8
20	40.2	46.7	50.8	53.6	54.0	54.0
21	41.1	47.5	50.9	52.5	51.0	49.5
22	42.0	47.8	50.3	50.7	47.7	45.1
23	42.9	47.7	49.2	48.4	44.5	41.3
最大值	45.0	47.8	50.9	53.7	57.2	60.9
最小值	38.3	35.6	32.7	30.7	28.4	26.5

附录 2.4　玻璃窗逐时冷负荷计算温度　　单位:℃

时间/h	0	1	2	3	4	5	6	7	8	9	10	11
$_{Lr}$	27.2	26.7	26.2	25.8	25.5	25.3	25.4	26.0	26.9	27.9	29.0	29.9
时间/h	12	13	14	15	16	17	18	19	20	21	22	23
t_{Lr}	30.8	31.5	31.9	32.2	32.2	32.0	31.6	30.8	29.9	29.1	28.4	27.8

附录 2.5　外墙的构造类型

序号	构造	壁厚 δ mm	导热热阻 (m² · ℃)/W	传热系数 W/ (m² · ℃)	质量 kg/m²	热容量 kJ/(m² · ℃)	类型
1	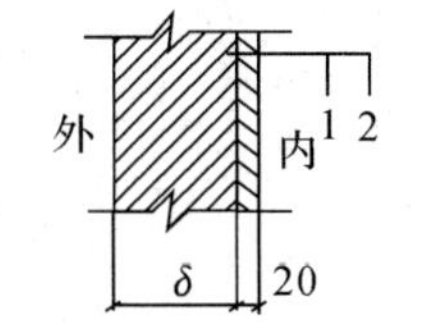 1—砖墙； 2—白灰粉刷	240	0.32	2.05	464	406	Ⅲ
		370	0.48	1.55	698	612	Ⅱ
		490	1.63	1.26	914	804	Ⅰ
2	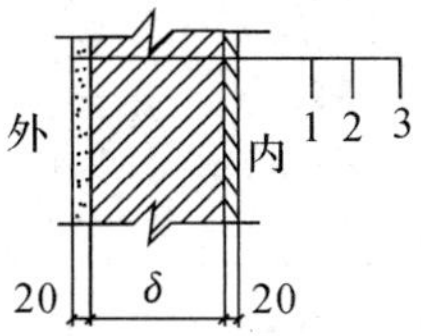 1—水泥砂浆； 2—砖墙； 3—白灰粉刷	240	0.34	1.97	500	436	Ⅲ
		370	0.50	1.50	734	645	Ⅱ
		490	0.65	1.22	950	834	Ⅰ
3	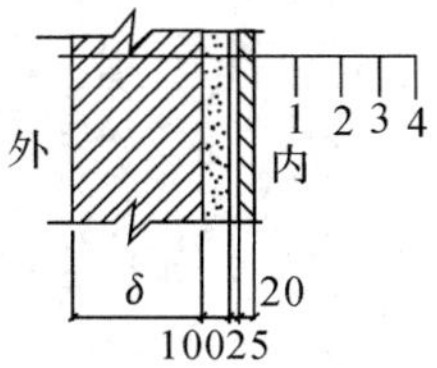 1—砖墙； 2—泡沫混凝土； 3—木丝板； 4—白灰粉刷	240	0.95	0.90	534	478	Ⅱ
		370	1.11	0.78	768	683	Ⅰ
		490	1.26	0.70	984	876	0
4	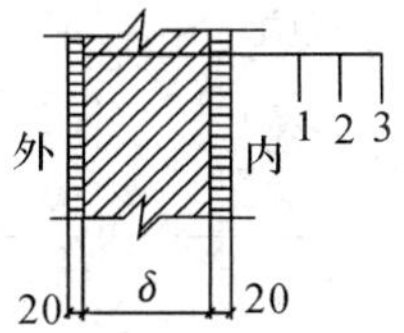 1—水泥砂浆； 2—砖墙； 3—木丝板	240	0.47	1.57	478	432	Ⅲ
		370	0.63	1.26	712	608	Ⅱ

附录 2.6 屋顶的构造类型

序号	构造	壁厚δ mm	保温层 材料	保温层 厚度 mm	导热热阻 $(m^2 \cdot ℃)/W$	传热系数 $W/(m^2 \cdot ℃)$	质量 kg/m	热容量 $kJ/(m^2 \cdot ℃)$	类型
1	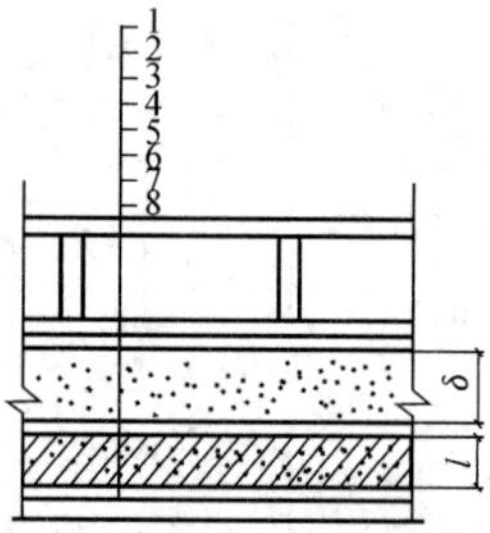 1. 预制细石混凝土板25mm，表面喷白色水泥浆； 2. 通风层≥200mm； 3. 卷材防水层； 4. 水泥砂浆找平层 20mm； 5. 保温层； 6. 隔气层； 7. 现浇钢筋混凝土板； 8. 内粉刷	35	水泥膨胀珍珠岩	25	0.77	1.07	292	247	Ⅳ
				50	0.98	0.87	301	251	Ⅳ
				75	1.20	0.73	310	260	Ⅲ
				100	1.41	0.64	318	264	Ⅲ
				125	1.63	0.56	327	272	Ⅲ
				150	1.84	0.50	336	277	Ⅲ
				175	2.06	0.45	345	281	Ⅱ
				200	2.27	0.41	353	289	Ⅱ
			沥青膨胀珍珠岩	25	0.82	1.01	292	247	Ⅳ
				50	1.09	0.79	301	251	Ⅳ
				75	1.36	0.65	310	260	Ⅲ
				100	1.63	0.56	318	264	Ⅲ
				125	1.89	0.49	327	272	Ⅲ
				150	2.17	0.43	336	277	Ⅲ
				175	2.43	0.38	345	281	Ⅱ
				200	2.70	0.35	353	289	Ⅱ
			加气混凝土泡沫混凝土	25	0.67	1.20	298	256	Ⅳ
				50	0.79	1.05	313	268	Ⅳ
				75	0.90	0.93	328	281	Ⅲ
				100	1.02	0.84	343	293	Ⅲ
				125	1.14	0.76	358	306	Ⅲ
				150	1.26	0.70	373	318	Ⅲ
				175	1.38	0.64	388	331	Ⅲ
				200	1.50	0.59	403	344	Ⅱ
2	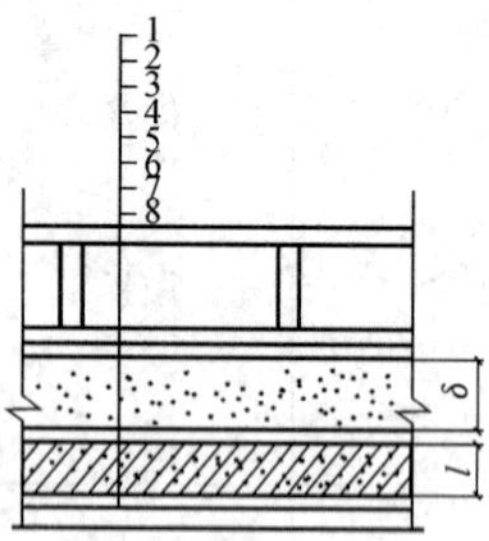 1. 预制细石混凝土板25mm，表面喷白色水泥浆； 2. 通风层≥200mm； 3. 卷材防水层； 4. 水泥砂浆找平层 20mm； 5. 保温层； 6. 隔气层； 7. 现浇钢筋混凝土板； 8. 内粉刷	70	水泥膨胀珍珠岩	25	0.78	1.05	376	318	Ⅲ
				50	1.00	0.86	385	323	Ⅲ
				75	1.21	0.72	394	331	Ⅲ
				100	1.43	0.63	402	335	Ⅱ
				125	1.64	0.55	411	339	Ⅱ
				150	1.86	0.49	420	348	Ⅱ
				175	2.07	0.44	429	352	Ⅱ
				200	2.29	0.41	437	360	Ⅰ
			沥青膨胀珍珠岩	25	0.83	1.00	376	318	Ⅲ
				50	1.11	0.78	385	323	Ⅲ
				75	1.38	0.65	394	331	Ⅲ
				100	1.64	0.55	402	335	Ⅱ
				125	1.91	0.48	411	339	Ⅱ
				150	2.18	0.43	420	348	Ⅱ
				175	2.45	0.38	429	352	Ⅱ
				200	2.72	0.35	437	360	Ⅰ
			加气混凝土泡沫混凝土	25	0.69	1.16	382	323	Ⅲ
				50	0.81	1.02	397	335	Ⅲ
				75	0.93	0.91	412	348	Ⅲ
				100	1.05	0.83	427	360	Ⅱ
				125	1.17	0.74	442	373	Ⅱ
				150	1.29	0.69	457	385	Ⅰ
				175	1.41	0.64	472	398	Ⅰ
				200	1.53	0.59	487	411	Ⅰ

附录 2.7　Ⅰ～Ⅳ型构造外墙、屋顶地点修正值　单位：℃

编号	城市	S	SW	W	NW	N	NE	E	SE	水平
1	北京	0.0	0.0	0.0	0.0	0.0	0.0	0.0	0.0	0.0
2	天津	−0.4	−0.3	−0.1	−0.1	−0.2	−0.3	−0.1	−0.3	−0.5
3	石家庄	0.5	0.6	0.8	1.0	1.0	0.9	0.8	0.6	0.4
4	太原	−3.3	−3.0	−2.7	−2.7	−2.8	−2.8	−2.7	−3.0	−2.8
5	呼和浩特	−4.3	−4.3	−4.4	−4.5	−4.6	−4.7	−4.4	−4.3	−4.2
6	沈阳	−1.4	−1.7	−1.9	−1.9	−1.6	−2.0	−1.9	−1.7	−2.7
7	长春	−2.3	−2.7	−3.1	−3.3	−3.1	−3.4	−3.1	−2.7	−3.6
8	哈尔滨	−2.2	−2.8	−3.4	−3.7	−3.4	−3.8	−3.4	−2.8	−4.1
9	上海	−0.8	−0.2	0.5	1.2	1.2	1.0	0.5	−0.2	0.1
10	南京	1.0	1.5	2.1	2.7	2.7	2.5	2.1	1.5	2.0
11	杭州	1.0	1.4	2.1	2.9	3.1	2.7	2.1	1.4	1.5
12	合肥	1.0	1.7	2.5	3.0	2.8	2.8	2.4	1.7	2.7
13	福州	−0.8	0.0	1.1	2.1	2.2	1.9	1.1	0.0	0.7
14	南昌	0.4	1.3	2.4	3.2	3.0	3.1	2.4	1.3	2.4
15	济南	1.6	1.9	2.2	2.4	2.3	2.3	2.2	1.9	2.2
16	郑州	0.8	0.9	1.3	1.8	2.1	1.6	1.3	0.9	0.7
17	武汉	0.4	1.0	1.7	2.4	2.2	2.3	1.7	1.0	1.3
18	长沙	0.5	1.3	2.4	3.2	3.1	3.0	2.4	1.3	2.2
19	广州	−1.9	−1.2	0.0	1.3	1.7	1.2	0.0	−1.2	−0.5
20	南宁	−1.7	−1.0	0.2	1.5	1.9	1.3	0.2	−1.0	−0.3
21	成都	−3.0	−2.6	−2.0	−1.1	−0.9	−1.3	−2.0	−2.6	−2.5
22	贵阳	−4.9	−4.3	−3.4	−2.3	−2.0	−2.5	−3.5	−4.3	−3.5
23	昆明	−8.5	−7.8	−6.7	−5.5	−5.2	−5.7	−6.7	−7.8	−7.2
24	拉萨	−13.5	−11.8	−10.2	−10.0	−11.0	−10.1	−10.2	−11.8	−8.9
25	西安	0.5	0.5	0.9	1.5	1.8	1.4	0.9	0.5	0.4
26	兰州	−4.8	−4.4	−4.0	−3.8	−3.9	−4.0	−4.0	−4.4	−4.0
27	西宁	−9.6	−8.9	−8.4	−8.5	−8.9	−8.6	−8.4	−8.9	−7.9
28	银川	−3.8	−3.5	−3.2	−3.3	−3.6	−3.4	−3.2	−3.5	−2.4
29	乌鲁木齐	0.7	0.5	0.2	−0.3	−0.4	−0.4	0.2	0.5	0.1
30	台北	−1.2	−0.7	0.2	2.6	1.9	1.3	0.2	−0.7	−0.2
31	二连浩特	−1.3	−1.9	−2.2	−2.7	−3.0	−2.8	−2.2	−1.9	−2.3
32	汕头	−1.9	−0.9	0.5	1.7	1.8	1.5	0.5	−0.9	0.4
33	海口	−1.5	−0.6	1.0	2.4	2.9	2.3	1.0	−0.6	1.0
34	桂林	−1.9	−1.1	0.0	1.1	1.3	0.9	0.0	−1.1	−0.2
35	重庆	0.4	1.1	2.0	2.7	2.8	2.6	2.0	1.1	1.7
36	敦煌	−1.7	−1.3	−1.1	−1.5	−2.0	−1.6	−1.1	−1.3	−0.7
37	格尔木	−9.6	−8.8	−8.2	−8.3	−8.8	−8.3	−8.2	−8.8	−7.6
38	和田	−1.6	−1.6	−1.4	−1.1	−0.8	−1.2	−1.4	−1.6	−1.5
39	喀什	−1.2	−1.0	−0.9	−1.0	−1.2	−1.9	−0.9	−1.0	−0.7
40	库车	0.2	0.3	0.2	−0.1	−0.3	−0.2	0.2	0.3	0.3

附录 2.8　单层玻璃窗的传热系数 K 值　　单位：W/（m²·℃）

α_w/W/（m²·K）	α_n/W/（m²·K）									
	5.8	6.4	7.0	7.6	8.1	8.7	9.3	9.9	10.5	11
11.6	3.87	4.13	4.36	4.58	4.79	4.99	5.16	5.34	5.51	5.66
12.8	4.00	4.27	4.51	4.76	4.98	5.19	5.38	5.57	5.76	5.93
14.0	4.11	4.38	4.65	4.91	5.14	5.37	5.58	5.79	5.81	6.16
15.1	4.20	4.49	4.78	5.04	5.29	5.54	5.76	5.98	6.19	6.38
16.3	4.28	4.60	4.88	5.16	5.43	5.68	5.92	6.15	6.37	6.53
17.5	4.37	4.68	4.99	5.27	5.55	5.82	6.07	6.32	6.55	6.77
18.6	4.43	4.76	5.07	5.61	5.66	5.94	6.20	6.45	6.70	6.93
19.8	4.49	4.84	5.15	5.47	5.77	6.05	6.33	6.59	6.34	7.08
20.9	4.55	4.90	5.23	5.59	5.86	6.15	6.44	6.71	6.98	7.23
22.1	4.61	4.97	5.30	5.63	5.95	6.26	6.55	6.83	7.11	7.36
23.3	4.65	5.01	5.37	5.71	6.04	6.34	6.64	6.93	7.22	7.49
24.4	4.70	5.07	5.43	5.77	6.11	6.43	6.73	7.04	7.33	7.61
25.6	4.73	5.12	5.48	5.84	6.18	6.50	6.83	7.13	7.43	7.69
26.7	4.78	5.16	5.54	5.90	6.25	6.58	6.91	7.22	7.52	7.82
27.9	4.81	5.20	5.58	5.94	6.30	6.64	6.98	7.30	7.62	7.92
29.1	4.85	5.25	5.63	6.00	6.36	6.71	7.05	7.37	7.70	8.00

附录 2.9　双层窗玻璃的传热系数 K 值　　单位：W/（m²·℃）

α_w/W/（m²·℃）	α_n/W/（m²·℃）									
	5.8	6.4	7.0	7.6	8.1	8.7	9.3	9.9	10.5	11
11.6	2.37	2.47	2.55	2.62	2.69	2.74	2.80	2.85	2.90	2.73
12.8	2.42	2.51	2.59	2.67	2.74	2.80	2.86	2.92	2.97	3.01
14.0	2.45	2.56	2.64	2.72	2.79	2.86	2.92	2.98	3.02	3.07
15.1	2.49	2.59	2.69	2.77	2.84	2.91	2.97	3.02	3.08	3.13
16.3	2.52	2.63	2.72	2.80	2.87	2.94	3.01	3.07	3.12	3.17
17.5	2.55	2.65	2.74	2.84	2.91	2.98	3.05	3.11	3.16	3.21
18.6	2.57	2.67	2.78	2.86	2.94	3.01	3.08	3.14	3.20	3.25
19.8	2.59	2.70	2.80	2.88	2.97	3.05	3.12	3.17	3.23	3.28

续表

α_w/W/（m^2 · ℃）	α_n/W/（m^2 · ℃）									
	5.8	6.4	7.0	7.6	8.1	8.7	9.3	9.9	10.5	11
20.9	2.61	2.72	2.83	2.91	2.99	3.07	3.14	3.20	3.26	3.31
22.1	2.63	2.74	2.84	2.93	3.01	3.09	3.16	3.23	3.29	3.34
23.3	2.64	2.76	2.86	2.95	3.04	3.12	3.19	3.25	3.31	3.37
24.4	2.06	2.77	2.87	2.97	3.06	3.14	3.21	3.27	3.34	3.40
25.6	2.67	2.79	2.90	2.99	3.07	3.15	3.20	3.29	3.36	3.41
26.7	2.69	2.80	2.91	3.00	3.09	3.17	3.24	3.31	3.37	3.43
27.9	2.70	2.81	2.92	3.01	3.11	3.19	3.25	3.33	3.40	3.45
29.1	2.71	2.83	2.93	3.04	3.12	3.20	3.28	3.35	3.41	3.47

附录 2.10　玻璃窗的地点修正值　　单位:℃

编 号	城 市	t_d	编 号	城 市	t_d
1	北京	0	21	成都	−1
2	天津	0	22	贵阳	−3
3	石家庄	1	23	昆明	−6
4	太原	−2	24	拉萨	−11
5	呼和浩特	−4	25	西安	2
6	沈阳	−1	26	兰州	−3
7	长春	−3	27	西宁	−8
8	哈尔滨	−3	28	银川	−3
9	上海	1	29	乌鲁木齐	1
10	南京	3	30	台北	1
11	杭州	3	31	二连浩特	−2
12	合肥	3	32	汕头	1
13	福州	2	33	海口	1
14	南昌	3	34	桂林	1
15	济南	3	35	重庆	3
16	郑州	2	36	敦煌	−1
17	武汉	3	37	格尔木	−9
18	长沙	3	38	和田	−1
19	广州	1	39	喀什	0
20	南宁	1	40	库车	0

附录 2.11 北区(北纬 27°30′以北)无内遮阳窗玻璃冷负荷系数

朝向	时间																							
	0	1	2	3	4	5	6	7	8	9	10	11	12	13	14	15	16	17	18	19	20	21	22	23
S	0.16	0.15	0.14	0.13	0.12	0.11	0.13	0.17	0.21	0.28	0.39	0.49	0.54	0.65	0.60	0.42	0.36	0.32	0.27	0.23	0.21	0.20	0.18	0.17
SE	0.14	0.13	0.12	0.11	0.10	0.09	0.22	0.34	0.45	0.51	0.62	0.58	0.41	0.34	0.32	0.31	0.28	0.26	0.22	0.19	0.18	0.17	0.16	0.15
E	0.12	0.11	0.10	0.09	0.09	0.08	0.29	0.41	0.49	0.60	0.56	0.37	0.29	0.29	0.28	0.26	0.24	0.22	0.19	0.17	0.16	0.15	0.14	0.13
NE	0.12	0.11	0.10	0.09	0.09	0.08	0.35	0.45	0.53	0.54	0.38	0.30	0.30	0.30	0.29	0.27	0.26	0.23	0.20	0.17	0.16	0.15	0.14	0.13
N	0.26	0.24	0.23	0.21	0.19	0.18	0.44	0.42	0.43	0.49	0.56	0.61	0.64	0.66	0.66	0.63	0.59	0.64	0.64	0.38	0.35	0.32	0.30	0.28
NW	0.17	0.15	0.14	0.13	0.12	0.12	0.13	0.15	0.17	0.18	0.20	0.21	0.22	0.22	0.28	0.39	0.50	0.56	0.59	0.31	0.22	0.21	0.19	0.18
W	0.17	0.16	0.15	0.14	0.13	0.12	0.12	0.14	0.15	0.16	0.17	0.17	0.18	0.25	0.37	0.47	0.52	0.62	0.55	0.24	0.23	0.21	0.20	0.18
SW	0.18	0.16	0.15	0.14	0.13	0.12	0.13	0.15	0.17	0.18	0.20	0.21	0.29	0.40	0.49	0.54	0.64	0.59	0.39	0.25	0.24	0.22	0.20	0.19
水平	0.20	0.18	0.17	0.16	0.15	0.14	0.16	0.22	0.31	0.39	0.47	0.53	0.57	0.69	0.68	0.55	0.49	0.41	0.33	0.28	0.26	0.25	0.23	0.21

附录 2.12 北区(北纬 27°30′以北)有内遮阳窗玻璃冷负荷系数

朝向	时间																							
	0	1	2	3	4	5	6	7	8	9	10	11	12	13	14	15	16	17	18	19	20	21	22	23
S	0.07	0.07	0.06	0.06	0.06	0.05	0.11	0.18	0.26	0.40	0.58	0.72	0.84	0.80	0.62	0.45	0.32	0.24	0.16	0.10	0.09	0.09	0.08	0.08
SE	0.06	0.06	0.06	0.05	0.05	0.05	0.30	0.54	0.71	0.83	0.80	0.62	0.43	0.30	0.28	0.25	0.22	0.17	0.13	0.09	0.08	0.08	0.07	0.07
E	0.06	0.05	0.05	0.05	0.04	0.04	0.47	0.68	0.82	0.79	0.59	0.38	024	0.24	0.23	0.21	0.18	0.15	0.11	0.08	0.07	0.07	0.06	0.06
NE	0.06	0.05	0.05	0.05	0.04	0.04	0.54	0.79	0.79	0.60	0.38	0.29	0.29	0.29	0.27	0.25	0.21	0.16	0.12	0.08	0.07	0.07	0.06	0.06
N	0.12	0.11	0.11	0.10	0.09	0.09	0.59	0.54	0.54	0.65	0.75	0.81	0.83	0.83	0.79	0.71	0.60	0.61	0.68	0.17	0.16	0.15	0.14	0.13
NW	0.08	0.07	0.07	0.06	0.06	0.06	0.09	0.13	0.17	0.21	0.23	0.25	0.26	0.26	0.35	0.57	0.76	0.83	0.67	0.13	0.10	0.09	0.09	0.08
W	0.08	0.07	0.07	0.06	0.06	0.06	0.08	0.11	0.14	0.17	0.18	0.19	0.20	0.34	0.56	0.72	0.83	0.77	0.53	0.11	0.10	0.09	0.09	0.08
SW	0.08	0.08	0.07	0.07	0.06	0.06	0.09	0.13	0.17	0.20	0.23	0.28	0.38	0.58	0.73	0.63	0.79	0.59	0.37	0.11	0.10	0.10	0.09	0.09
水平	0.09	0.09	0.08	0.08	0.07	0.07	0.13	0.26	0.42	0.57	0.69	0.77	0.85	0.84	0.73	0.84	0.49	0.33	0.19	0.13	0.12	0.11	0.10	0.09

附录 2.13　南区(北纬 27°30′以南)无内遮阳窗玻璃冷负荷系数

朝向	时间																							
	0	1	2	3	4	5	6	7	8	9	10	11	12	13	14	15	16	17	18	19	20	21	22	23
S	0.21	0.19	0.18	0.17	0.16	0.14	0.17	0.25	0.33	0.42	0.48	0.54	0.59	0.70	0.70	0.57	0.52	0.44	0.35	0.30	0.28	0.26	0.24	0.22
SE	0.14	0.13	0.12	0.11	0.11	0.10	0.20	0.36	0.47	0.52	0.61	0.54	0.39	0.37	0.36	0.35	0.32	0.28	0.23	0.20	0.19	0.18	0.16	0.15
E	0.12	0.11	0.10	0.09	0.09	0.08	0.24	0.39	0.48	0.61	0.57	0.38	0.31	0.30	0.29	0.28	0.27	0.23	0.21	0.18	0.17	0.15	0.14	0.13
NE	0.12	0.12	0.11	0.10	0.09	0.09	0.26	0.41	0.49	0.59	0.54	0.36	0.32	0.32	0.31	0.29	0.27	0.24	0.20	0.18	0.17	0.16	0.14	0.13
N	0.28	0.25	0.24	0.22	0.21	0.19	0.38	0.49	0.52	0.55	0.59	0.63	0.66	0.68	0.68	0.68	0.69	0.69	0.60	0.40	0.37	0.35	0.32	0.30
NW	0.17	0.16	0.15	0.14	0.13	0.12	0.12	0.15	0.17	0.19	0.20	0.21	0.22	0.27	0.38	0.48	0.54	0.63	0.52	0.25	0.23	0.21	0.20	0.18
W	0.17	0.16	0.15	0.14	0.13	0.12	0.12	0.14	0.16	0.19	0.18	0.19	0.20	0.28	0.40	0.50	0.54	0.61	0.50	0.24	0.23	0.21	0.20	0.18
SW	0.18	0.17	0.15	0.14	0.13	0.12	0.13	0.16	0.19	0.23	0.25	0.27	0.29	0.37	0.48	0.55	0.67	0.60	0.38	0.26	0.24	0.22	0.21	0.19
水平	0.19	0.17	0.16	0.15	0.14	0.13	0.14	0.19	0.28	0.37	0.45	0.52	0.56	0.68	0.67	0.53	0.46	0.38	0.30	0.27	0.25	0.23	0.22	0.20

附录 2.14　南区(北纬 27°30′以南)有内遮阳窗玻璃冷负荷系数

朝向	时间																							
	0	1	2	3	4	5	6	7	8	9	10	11	12	13	14	15	16	17	18	19	20	21	22	23
S	0.10	0.09	0.09	0.08	0.08	0.07	0.14	0.31	0.47	0.60	0.69	0.77	0.87	0.84	0.74	0.66	0.54	0.38	0.20	0.13	0.12	0.12	0.11	0.10
SE	0.07	0.06	0.06	0.05	0.05	0.05	0.27	0.55	0.74	0.83	0.75	0.52	0.40	0.39	0.36	0.33	0.27	0.20	0.13	0.09	0.09	0.08	0.08	0.07
E	0.06	0.05	0.05	0.05	0.04	0.04	0.36	0.53	0.81	0.81	0.63	0.41	0.27	0.27	0.25	0.23	0.20	0.15	0.10	0.08	0.07	0.07	0.07	0.06
NE	0.06	0.06	0.05	0.05	0.05	0.04	0.40	0.57	0.82	0.76	0.56	0.38	0.31	0.30	0.28	0.25	0.21	0.17	0.11	0.08	0.08	0.07	0.07	0.06
N	0.13	0.12	0.12	011	0.10	0.10	0.47	0.57	0.70	0.72	0.77	0.82	0.85	0.84	0.81	0.78	0.77	0.75	0.56	0.18	0.17	0.16	0.15	0.14
NW	0.08	0.07	0.07	0.06	0.06	0.06	0.08	0.13	0.17	0.21	0.24	0.26	0.27	0.34	0.54	0.71	0.84	0.77	0.46	0.11	0.10	0.09	0.09	0.08
W	0.08	0.07	0.07	0.06	0.06	0.06	0.07	0.12	0.16	0.19	0.21	0.22	0.23	0.37	0.60	0.75	0.84	0.73	0.42	0.10	0.10	0.09	0.09	0.08
SW	0.08	0.08	0.07	0.07	0.06	0.06	0.09	0.16	0.22	0.28	0.32	0.35	0.36	0.50	0.69	0.84	0.83	0.61	0.34	0.11	0.10	0.10	0.09	0.09
水平	0.09	0.08	0.08	0.07	0.07	0.06	0.09	0.21	0.38	0.54	0.67	0.76	0.85	0.83	0.72	0.61	0.45	0.28	0.16	0.12	0.11	0.10	0.10	0.09

附录 2.15　照明散热冷负荷系数

灯具类型	空调设备运行时数 h	开灯时数 h	开灯后的小时数																							
			0	1	2	3	4	5	6	7	8	9	10	11	12	13	14	15	16	17	18	19	20	21	22	23
明装荧光灯	24	13	0.37	0.67	0.71	0.74	0.76	0.79	0.81	0.83	0.84	0.86	0.87	0.89	0.90	0.92	0.29	0.26	0.23	0.20	0.19	0.17	0.15	0.14	0.12	0.11
	24	10	0.37	0.67	0.71	0.74	0.76	0.79	0.81	0.83	0.84	0.86	0.87	0.29	0.26	0.23	0.20	0.19	0.17	0.15	0.14	0.12	0.12	0.10	0.09	0.08
	24	8	0.37	0.67	0.71	0.74	0.76	0.79	0.81	0.83	0.84	0.29	0.26	0.23	0.20	0.19	0.17	0.15	0.14	0.12	0.11	0.10	0.10	0.08	0.07	0.06
	16	13	0.60	0.87	0.90	0.91	0.91	0.93	0.93	0.94	0.94	0.95	0.95	0.96	0.96	0.97	0.29	0.26								
	16	10	0.60	0.82	0.83	0.84	0.84	0.84	0.85	0.85	0.86	0.88	0.90	0.32	0.28	0.25	0.23	0.19								
	16	8	0.51	0.79	0.82	0.84	0.85	0.87	0.88	0.89	0.90	0.29	0.26	0.23	0.20	0.19	0.17	0.15								
	12	10	0.63	0.90	0.91	0.93	0.93	0.94	0.95	0.95	0.95	0.96	0.96	0.37												
暗装荧光灯或明装白炽灯	24	10	0.34	0.55	0.61	0.65	0.68	0.71	0.74	0.77	0.79	0.81	0.83	0.39	0.35	0.31	0.28	0.25	0.23	0.20	0.18	0.16	0.15	0.14	0.12	0.11
	16	10	0.58	0.75	0.79	0.80	0.80	0.81	0.82	0.83	0.84	0.86	0.87	0.39	0.35	0.31	0.28	0.25								
	12	10	0.69	0.86	0.89	0.90	0.91	0.91	0.92	0.93	0.94	0.95	0.95	0.50												

附录 2.16　人体显热散热冷负荷系数

在室内的总小时数 h	每个人进入室内后的小时数																							
	1	2	3	4	5	6	7	8	9	10	11	12	13	14	15	16	17	18	19	20	21	22	23	24
2	0.49	0.58	0.17	0.13	0.10	0.08	0.07	0.06	0.05	0.04	0.04	0.03	0.03	0.02	0.02	0.02	0.02	0.01	0.01	0.01	0.01	0.01	0.01	0.01
4	0.49	0.59	0.66	0.71	0.27	0.21	0.16	0.14	0.11	0.10	0.08	0.07	0.06	0.06	0.05	0.04	0.04	0.03	0.03	0.03	0.02	0.02	0.02	0.01
6	0.50	0.60	0.67	0.72	0.76	0.79	0.34	0.26	021	0.18	0.15	0.13	0.11	0.10	0.08	0.07	0.06	0.06	0.05	0.04	0.04	0.03	0.03	0.03
8	0.51	0.61	0.67	0.72	0.76	0.80	0.82	0.84	0.38	0.30	0.25	0.21	0.18	0.15	0.13	0.12	0.10	0.09	0.08	0.07	0.06	0.05	0.05	0.04
10	0.53	0.62	0.69	0.74	0.77	0.80	0.83	0.85	0.87	0.89	0.42	0.34	0.28	0.23	0.20	0.17	0.15	0.13	0.11	0.10	0.09	0.80	0.07	0.06
12	0.55	0.64	0.70	0.75	0.79	0.81	0.84	0.86	0.88	0.89	0.91	0.92	0.45	0.36	0.30	0.25	0.21	0.19	0.16	0.14	0.12	0.11	0.09	0.08
14	0.58	0.66	0.72	0.77	0.80	0.83	0.85	0.87	0.89	0.90	0.91	0.92	0.93	0.94	0.47	0.38	0.31	0.26	0.23	0.20	0.17	0.15	0.13	0.11
16	0.62	0.70	0.75	0.79	0.82	0.85	0.87	0.88	0.90	0.91	0.92	0.93	0.94	0.95	0.95	0.96	0.49	0.39	0.33	0.28	0.24	0.20	0.18	0.16
18	0.66	0.74	0.79	0.82	0.85	0.87	0.89	0.90	0.92	0.93	0.94	0.94	0.95	0.96	0.96	0.97	0.97	0.97	0.50	0.40	0.33	0.28	0.24	0.21

附录 2.17　有罩设备和用具显热散热冷负荷系数

连续使用小时数/h	每个人进入室内后的小时数																							
	1	2	3	4	5	6	7	8	9	10	11	12	13	14	15	16	17	18	19	20	21	22	23	24
2	0.27	0.40	0.25	0.18	0.14	0.11	0.09	0.08	0.07	0.06	0.05	0.04	0.04	0.03	0.03	0.30	0.02	0.02	0.02	0.02	0.01	0.01	0.01	0.01
4	0.28	0.41	0.51	0.59	0.39	0.30	0.24	0.19	0.16	0.14	0.12	0.10	0.09	0.08	0.07	0.06	0.05	0.05	0.04	0.04	0.03	0.03	0.02	0.02
6	0.29	0.42	0.52	0.59	0.65	0.70	0.48	0.37	0.30	0.25	0.21	0.18	0.16	0.14	0.12	0.11	0.09	0.08	0.07	0.06	0.05	0.05	0.04	0.04
8	0.31	0.44	0.54	0.61	0.66	0.71	0.75	0.78	0.55	0.43	0.35	0.30	0.25	0.22	0.19	0.16	0.14	0.13	0.11	0.10	0.08	0.07	0.06	0.06
10	0.33	0.46	0.55	0.62	0.68	0.72	0.76	0.79	0.81	0.84	0.60	0.48	0.39	0.33	0.28	0.24	0.21	0.18	0.16	0.14	0.12	0.11	0.09	0.08
12	0.36	0.49	0.58	0.64	0.69	0.74	0.77	0.80	0.82	0.85	0.87	0.88	0.64	0.51	0.42	0.36	0.31	0.26	0.23	0.20	0.18	0.15	0.13	0.12
14	0.40	0.52	0.61	0.67	0.72	0.76	0.79	0.82	0.84	0.86	0.88	0.89	0.91	0.92	0.67	0.54	0.45	0.38	0.32	0.28	0.24	0.21	0.19	0.16
16	0.45	0.57	0.65	0.70	0.75	0.78	0.81	0.84	0.86	0.87	0.89	0.90	0.92	0.93	0.94	0.94	0.69	0.56	0.46	0.39	0.34	0.29	0.25	0.22
18	0.52	0.63	0.70	0.75	0.79	0.82	0.84	0.86	0.88	0.89	0.91	0.92	0.93	0.94	0.95	0.95	0.96	0.96	0.71	0.58	0.48	0.41	0.35	0.30

附录 2.18　无罩设备和用具显热散热冷负荷系数

连续使用小时数/h	每个人进入室内后的小时数																							
	1	2	3	4	5	6	7	8	9	10	11	12	13	14	15	16	17	18	19	20	21	22	23	24
2	0.56	0.64	0.15	0.11	0.08	0.07	0.06	0.05	0.04	0.04	0.03	0.03	0.02	0.02	0.02	0.02	0.01	0.01	0.01	0.01	0.01	0.01	0.01	0.01
4	0.57	0.65	0.71	0.75	0.23	0.18	0.14	0.12	0.10	0.08	0.07	0.06	0.05	0.05	0.04	0.04	0.03	0.03	0.02	0.02	0.02	0.02	0.01	0.01
6	0.57	0.65	0.71	0.76	0.79	0.82	0.29	0.22	0.18	0.15	0.13	0.11	0.10	0.08	0.07	0.06	0.06	0.05	0.04	0.04	0.03	0.03	0.03	0.02
8	0.58	0.66	0.72	0.76	0.80	0.82	0.85	0.87	0.33	0.26	0.21	0.18	0.15	0.013	0.11	0.10	0.09	0.08	0.07	0.06	0.05	0.04	0.04	0.03
10	0.60	0.68	0.73	0.77	0.81	0.83	0.85	0.87	0.89	0.90	0.36	0.29	0.24	0.20	0.17	0.15	0.13	0.11	0.10	0.08	0.07	0.07	0.06	0.05
12	0.62	0.69	0.75	0.79	0.82	0.84	0.86	0.88	0.89	0.91	0.92	0.93	0.38	0.31	0.25	0.21	0.18	0.16	0.14	0.12	0.11	0.09	0.08	0.07
14	0.64	0.71	0.76	0.80	0.83	0.85	0.87	0.89	0.90	0.92	0.93	0.93	0.94	0.95	0.40	0.32	0.27	0.23	0.19	0.17	0.15	0.13	0.11	0.10
16	0.67	0.74	0.79	0.82	0.85	0.87	0.89	0.90	0.91	0.92	0.93	0.94	0.95	0.96	0.96	0.97	0.42	0.34	0.28	0.24	0.20	0.18	0.15	0.13
18	0.71	0.78	0.82	0.85	0.87	0.99	0.90	0.92	0.93	0.94	0.94	0.95	0.96	0.96	0.97	0.97	0.97	0.98	0.43	0.35	0.29	0.24	0.21	0.18

附录 3.1　喷水室热交换效率实验公式的系数和指数

[实验条件:离心喷嘴;喷嘴密度 $n=13$ 个/(m^2·排);$v_\rho=1.5\sim3.0kg/(m^2\cdot s)$;喷嘴前水压 $P_0=0.1\sim0.25MPa$(工作压力)]

喷嘴排数	喷孔直径 mm	喷水方向	热交换效率	冷却干燥			减焓冷却加湿			绝热加湿			等温加湿			增焓冷却加湿			加热加湿			逆流双级喷水室的冷却干燥		
				A 或 A′	m 或 m′	n 或 n′	A 或 A′	m 或 m′	n 或 n′	A 或 A′	m 或 m′	n 或 n′	A 或 A′	m 或 m′	n 或 n′	A 或 A′	m 或 m′	n 或 n′	A 或 A′	m 或 m′	n 或 n′	A 或 A′	m 或 m′	n 或 n′
1	5	顺喷	η_1	0.635	0.245	0.42	—	—	—	—	—	—	0.87	0	0.05	0.885	0	0.61	0.86	0	0.09	—	—	—
			η_2	0.662	0.23	0.67	—	—	—	0.8	0.25	0.4	0.89	0.06	0.29	0.8	0.13	0.42	1.05	0	0.25	—	—	—
		逆喷	η_1	0.73	0	0.35	—	—	—	—	—	—	—	—	—	—	—	—	—	—	—	—	—	—
			η_2	0.88	0	0.38	—	—	—	0.8	0.25	0.4	—	—	—	—	—	—	—	—	—	—	—	—
	3.5	顺喷	η_1	—	—	—	—	—	—	—	—	—	—	—	—	—	—	—	0.875	0.06	0.07	—	—	—
			η_2	—	—	—	—	—	—	—	—	—	—	—	—	—	—	—	1.01	0.06	0.15	—	—	—
		逆喷	η_1	—	—	—	—	—	—	—	—	—	—	—	—	—	—	—	0.923	0	0.06	—	—	—
			η_2	—	—	—	—	—	—	1.05	0.1	0.4	—	—	—	—	—	—	1.24	0	0.27	—	—	—
2	5	一顺	η_1	0.745	0.07	0.265	0.76	0.124	0.234	—	—	—	0.81	0.1	0.135	0.82	0.09	0.11	—	—	—	0.945	0.1	0.36
		一逆	η_2	0.755	0.12	0.27	0.835	0.04	0.23	0.75	0.15	0.29	0.88	0.03	0.15	0.84	0.05	0.21	—	—	—	1	0	0
		二逆	η_1	0.56	0.29	0.46	0.54	0.35	0.41	—	—	—	—	—	—	—	—	—	—	—	—	—	—	—
			η_2	0.73	0.15	0.25	0.62	0.3	0.44	—	—	—	—	—	—	—	—	—	—	—	—	—	—	—
	3.5	一顺	η_1	—	—	—	—	—	—	—	—	—	—	—	—	—	—	—	0.931	0	0.13	—	—	—
		一逆	η_2	—	—	—	—	—	—	0.873	0.1	0.3	—	—	—	—	—	—	0.89	0.95	0.125	—	—	—
		二逆	η_1	—	—	−0.655	0.33	0.33	—	—	—	—	—	—	—	—	—	—	—	—	—	—	—	
			η_2	—	—	−0.783	0.18	0.38	—	—	—	—	—	—	—	—	—	—	—	—	—	—	—	

注:$\eta_1=A(v\rho)^m,\mu^n$;$\eta_2=A'(v\rho)^{m'},\mu^{n'}$。

附录 3.2 部分空气加热器的传热系数和阻力计算公式

加热器型号		传热系数 $K/[W/(m^2 \cdot ℃)]$		空气阻力 ΔH/Pa	热水阻力/kPa
		蒸汽	热水		
SRZ 型	5、6、10D	$13.6(v\rho)^{0.49}$		$1.76(v\rho)^{1.998}$	D 型：$15.2w^{1.96}$ Z、X 型：$19.3w^{1.83}$
	5、6、10Z	$13.6(v\rho)^{0.49}$		$1.47(v\rho)^{1.98}$	
	5、6、10X	$14.5(v\rho)^{0.532}$		$0.88(v\rho)^{2.12}$	
	7D	$14.3(v\rho)^{0.51}$		$2.06(v\rho)^{1.97}$	
	7Z	$14.3(v\rho)^{0.51}$		$2.94(v\rho)^{1.52}$	
	7X	$15.1(v\rho)^{0.571}$		$1.37(v\rho)^{1.917}$	
SRL 型	B×A/2	$15.2(v\rho)^{0.40}$	$16.5(v\rho)^{0.24}$ *	$1.71(v\rho)^{1.67}$	
	B×A/3	$15.1(v\rho)^{0.43}$	$14.5(v\rho)^{0.29}$ *	$3.03(v\rho)^{1.62}$	
SYA 型	D	$15.4(v\rho)^{0.297}$	$16.6(v\rho)^{0.226}$	$0.86(v\rho)^{1.96}$	
	Z	$15.4(v\rho)^{0.297}$	$16.6(v\rho)^{0.226}$	$0.82(v\rho)^{1.94}$	
	X	$15.4(v\rho)^{0.297}$	$16.6(v\rho)^{0.226}$	$0.78(v\rho)^{1.87}$	
Ⅰ 型	2C	$25.7(v\rho)^{0.375}$		$0.80(v\rho)^{1.985}$	
	1C	$26.3(v\rho)^{0.423}$		$0.40(v\rho)^{1.985}$	
GL 或 GL－Ⅱ		$19.8(v\rho)^{0.608}$	$31.9(v\rho)^{0.46}w^{0.5}$	$0.84(v\rho)^{1.862}\times N$	$10.8w^{1.854}\times N$
B、U 型或 U－Ⅱ 型		$19.8(v\rho)^{0.608}$	$25.5(v\rho)^{0.556}w^{0.0115}$	$0.84(v\rho)^{1.862}\times N$	$10.8w^{1.854}\times N$

注：①$v\rho$——空气质量流速，$kg/(m^2 \cdot s)$；w——水流速，m/s；N——排数；

②用 130°过热水，$w=0.023\sim0.037$m/s。

附录 3.3　部分水冷表面冷却器的传热系数和阻力试验公式

型号	排数	作为冷却用之传热系数 K/[W/(m² · ℃)]	干冷时空气阻力 ΔH_g 和湿冷时空气阻力 ΔH_s/Pa	水阻力 kPa	作为热水加热用之传热系数 K W/(m² · ℃)	试验时用的型号
B 或 U－Ⅱ 型	2	$K=\left[\frac{1}{34.3V_y^{0.781}\xi^{1.03}}+\frac{1}{207\omega^{0.8}}\right]^{-1}$	$\Delta H_s=20.97V_y^{1.39}$			B－2B－6－27
B 或 U－Ⅱ 型	6	$K=\left[\frac{1}{34.3V_y^{0.857}\xi^{0.87}}+\frac{1}{281.7\omega^{0.8}}\right]^{-1}$	$\Delta H_g=29.75V_y^{1.98}$ $\Delta H_s=38.93V\ 1.84_y$	$\Delta h=64.68\omega^{1.854}$		GL－6R－8－24
GL 或 GL－Ⅱ 型	6	$K=\left[\frac{1}{21.1V_y^{0.845}\xi^{1.15}}+\frac{1}{216.6\omega^{0.8}}\right]^{-1}$	$\Delta H_g=64.68\omega_y^{1.84}$	$\Delta h=64.68\omega^{1.854}$		B－6R－8－24
W	2	$K=\left[\frac{1}{42.1V_y^{0.52}\xi^{1.03}}+\frac{1}{332.6\omega^{0.8}}\right]^{-1}$	$\Delta H_g=5.68V_y^{1.89}$ $\Delta H_s=25.28V_y^{0.895}$	$\Delta h=8.18\omega^{1.93}$	$K=34.77V_y^{0.4}\omega^{0.079}$	小型试验样品
JW	4	$K=\left[\frac{1}{39.7V_y^{0.52}\xi^{1.03}}+\frac{1}{332.6\omega^{0.8}}\right]^{-1}$	$\Delta H_g=11.96V_y^{1.72}$ $\Delta H_s=42.8V_y^{0.992}$	$\Delta h=12.54\omega^{1.93}$	$K=31.87V_y^{0.48}\omega^{0.08}$	小型试验样品
JW	6	$K=\left[\frac{1}{41.5V_y^{0.52}\xi^{1.02}}+\frac{1}{325.6\omega^{0.8}}\right]^{-1}$	$\Delta H_g=16.66V_y^{1.75}$ $\Delta H_s=62.23V_y^{1.1}$	$\Delta h=14.5\omega^{1.93}$	$K=30.7V_y^{0.485}\omega^{0.08}$	小型试验样品
JW	8	$K=\left[\frac{1}{35.5V_y^{0.58}\xi^{1.0}}+\frac{1}{353.6\omega^{0.8}}\right]^{-1}$	$\Delta H_g=23.8V_y^{1.74}$ $\Delta H_s=70.56V_y^{1.21}$	$\Delta h=20.19\omega^{1.93}$	$K=27.3V_y^{0.58}\omega^{0.075}$	小型试验样品
SXL－B	2	$K=\left[\frac{1}{27V_y^{0.425}\xi^{0.74}}+\frac{1}{157\omega^{0.8}}\right]^{-1}$	$\Delta H_g=17.35V_y^{1.54}$ $\Delta H_s=35.28V_y^{1.4}\xi^{0.183}$	$\Delta h=15.48\omega^{1.97}$	$K=\left(\frac{1}{21.5V_y^{0.526}}+\frac{1}{319.8\omega^{0.8}}\right)^{-1}$	
KL－1	4	$K=\left[\frac{1}{32.6V_y^{0.57}\xi^{0.987}}+\frac{1}{350.1\omega^{0.8}}\right]^{-1}$	$\Delta H_g=24.21V_y^{1.828}$ $\Delta H_s=24.01V_y^{1.913}$	$\Delta h=18.03\omega^{2.1}$	$K=\left(\frac{1}{28.6V_y^{0.656}}+\frac{1}{286.1\omega^{0.8}}\right)^{-1}$	小型试验样品
KL－2	4	$K=\left[\frac{1}{29V_y^{0.622}\xi^{0.758}}+\frac{1}{385\omega^{0.8}}\right]^{-1}$	$\Delta H_g=27V_y^{1.43}$ $\Delta H_s=42.2V_y^{1.2}\xi^{0.18}$	$\Delta h=22.5\omega^{1.8}$	$K=11.16V_y+15.54\omega^{0.276}$	KL－2－4－10/600
KL－3	6	$K=\left[\frac{1}{27.5V_y^{0.778}\xi^{0.843}}+\frac{1}{460.5\omega^{0.8}}\right]^{-1}$	$\Delta H_g=26.3V_y^{1.75}$ $\Delta H_s=63.2V_y^{1.2}\xi^{0.15}$	$\Delta h=27.9\omega^{1.81}$	$K=12.97V_y+15.08\omega^{0.13}$	KL－3－6－10/600

附录 3.4 SRZ 型空气加热器技术数据

规格	散热面积 m^2	通风有效截面积 m^2	热媒流通截面 m^2	管排数	管根数	连接管径 in①	质量/kg
5×5D	10.13	0.154	0.004 3	3	23	$1\frac{1}{4}$	54
5×5Z	8.78	0.155					48
5×5X	6.23	0.158					45
10×5D	19.92	0.302					93
10×5Z	17.26	0.306					84
10×5X	12.22	0.312					76
12×5D	24.86	0.378					113
6×6D	15.33	0.231	0.005 5	3	29	$1\frac{1}{2}$	77
6×6Z	13.29	0.234					69
6×6X	9.43	0.239					63
10×6D	25.13	0.381					115
10×6Z	21.77	0.385					103
12×6D	15.42	0.393					93
12×6D	31.35	0.475					139
15×6D	37.73	0.572					164
15×6Z	32.67	0.579					146
15×6X	23.13	0.591					139
7×7D	20.31	0.320	0.006 3	3	33	2	97
7×7Z	17.60	0.324					87
7×7X	12.48	0.329					79
10×7D	28.59	0.450					129
10×7Z	24.77	0.456					115
10×7X	17.55	0.464					104
12×7D	35.67	0.563					156
15×7D	42.93	0.678					183
15×7Z	37.18	0.685					164
15×7X	26.32	0.698					145
17×7D	49.90	0.788					210
17×7Z	43.21	0.797					187
17×7X	30.58	0.812					169
22×7D	62.75	0.991					160
15×10D	61.14	0.921	0.008 9	3	47	$2\frac{1}{2}$	255
15×10Z	52.95	0.932					227
15×10X	37.48	0.951					203
17×10D	71.06	1.072					293
17×10Z	61.54	1.085					260
17×10X	43.66	1.106					232
20×10D	81.27	1.226					331

① 1in=2.54cm。

附录 3.5 水冷式表面冷却器 ε_1 值线算图(适用于 $N\geqslant4$ 排逆交叉流)

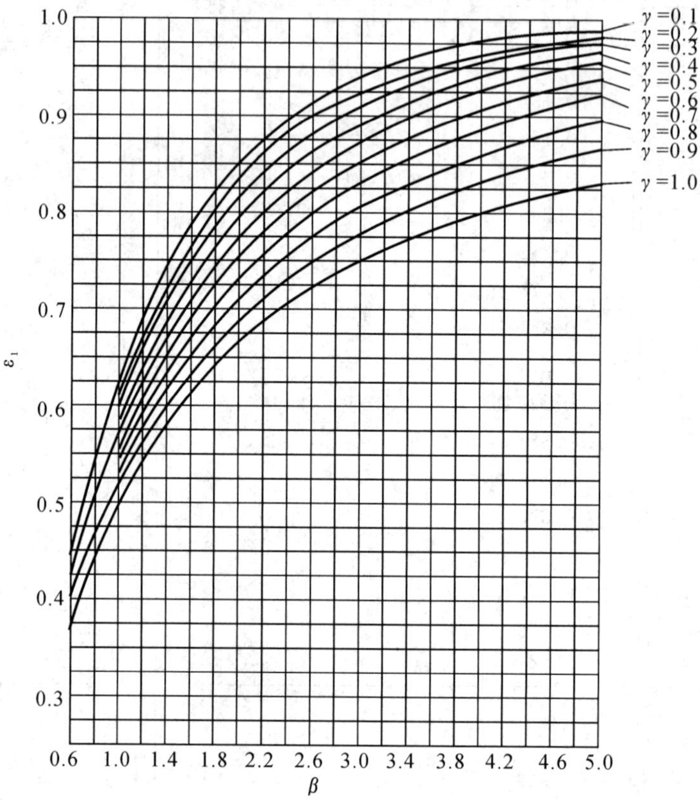

附录 3.6 水冷式表面冷却器的 ε_2 值

冷却器型号	排数	迎面风速 v_y/(m/s)			
		1.5	2.0	2.5	3.0
B或U-Ⅱ型 GL或GL-Ⅱ型	2	0.543	0.518	0.499	0.484
	4	0.791	0.767	0.748	0.733
	6	0.905	0.887	0.875	0.863
	8	0.957	0.946	0.937	0.930
JW型	2*	0.590	0.545	0.515	0.490
	4*	0.841	0.797	0.768	0.740
	6*	0.940	0.911	0.888	0.872
	8*	0.977	0.964	0.954	0.945
SXL-B型	2	0.826	0.440	0.423	0.408
	4*	0.97	0.686	0.665	0.649
	6	0.995	0.800	0.806	0.792
	8	0.999	0.824	0.887	0.877
KL-2型	2	0.553	0.530	0.511	0.493
	4*	0.800	0.780	0.762	0.743
	6	0.909	0.896	0.886	0.870
KL-3型	2	0.450	0.439	0.429	0.416
	4	0.700	0.685	0.672	0.660
	6*	0.834	0.823	0.813	0.802

注:表中有*号的为试验数据,无*号的是根据理论公式计算出来的。

附录 3.7 JW型表面冷却器技术数据

型号	风量 L / m^3/h	每排散热面积 F_d / m^2	迎风面积 F_y / m^2	通水断面积 f_w / m^2	备注
JW10-4	5 000～8 350	12.15	0.944	0.004 07	共有四、六、八十排四种产品
JW20-4	8 350～16 700	24.05	1.87	0.004 07	
JW30-4	16 700～25 000	33.40	2.57	0.005 53	
JW40-4	25 000～33 400	44.50	3.43	0.005 53	

附录 4.1 圆形风管线算图

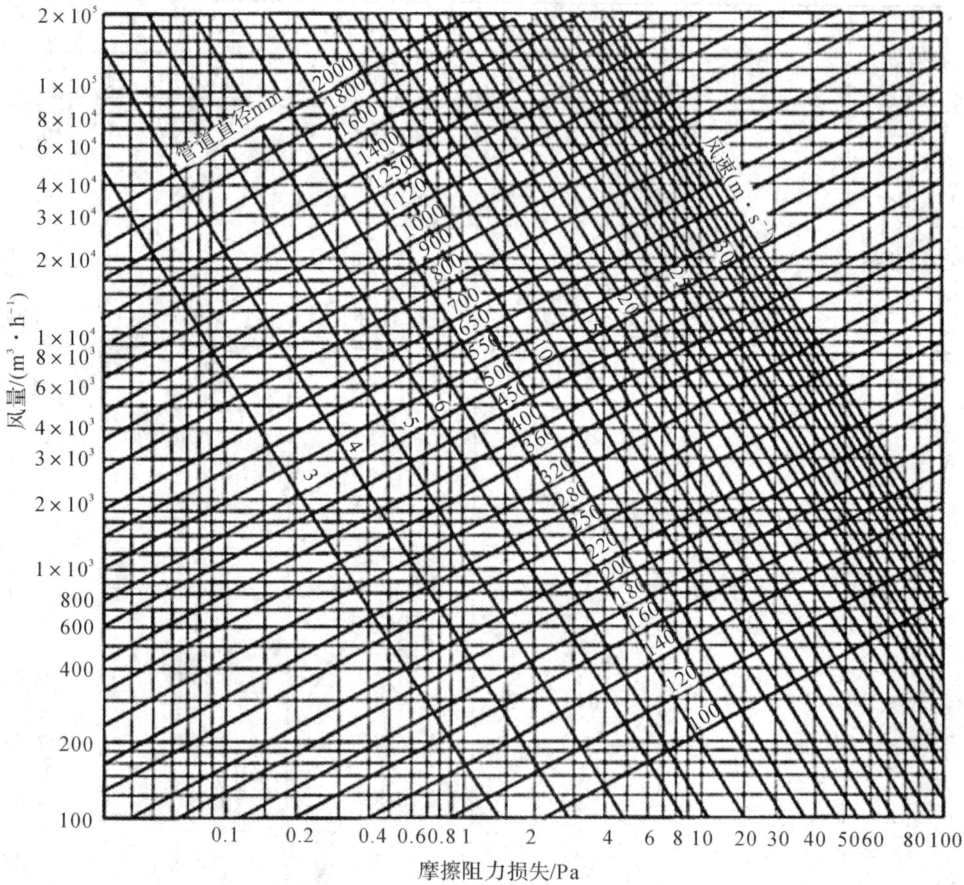

附录 4.2　钢板矩形风管计算表

风管断面尺寸 宽×高 mm×mm		120×120	160×120	200×120	160×160	250×120	200×160	250×160	200×200	250×200
速度 m/s	动压 Pa	上行风量/(m^3/h) 下行单位摩擦阻力/(Pa/m)								
1.0	0.60	50 / 0.18	67 / 0.15	84 / 0.13	90 / 0.12	105 / 0.12	113 / 0.11	140 / 0.09	141 / 0.09	176 / 0.08
1.5	1.35	75 / 0.36	101 / 0.30	126 / 0.27	135 / 0.25	157 / 0.25	169 / 0.22	210 / 0.19	212 / 0.19	264 / 0.16
2.0	2.40	100 / 0.61	134 / 0.51	168 / 0.46	180 / 0.42	209 / 0.41	225 / 0.37	281 / 0.33	282 / 0.32	352 / 0.28
2.5	3.75	125 / 0.91	168 / 0.77	210 / 0.68	225 / 0.63	262 / 0.62	282 / 0.55	354 / 0.49	353 / 0.47	440 / 0.42
3.0	5.40	150 / 1.27	201 / 1.07	252 / 0.95	270 / 0.88	314 / 0.87	338 / 0.77	421 / 0.68	423 / 0.66	528 / 0.58
3.5	7.35	175 / 1.68	235 / 1.42	294 / 1.26	315 / 1.16	366 / 1.15	394 / 1.02	491 / 0.91	494 / 0.88	616 / 0.77
4.0	9.60	201 / 2.15	268 / 1.81	336 / 1.62	359 / 1.49	419 / 1.47	450 / 1.30	561 / 1.16	565 / 1.12	704 / 0.99
4.5	12.15	226 / 2.67	302 / 2.25	378 / 2.01	404 / 1.85	471 / 1.83	507 / 1.62	631 / 1.45	635 / 1.40	792 / 1.23
5.0	15.00	251 / 3.25	336 / 2.74	421 / 2.45	449 / 2.25	523 / 2.23	563 / 1.97	702 / 1.76	706 / 1.70	880 / 1.49
5.5	18.15	276 / 3.88	369 / 3.27	463 / 2.92	494 / 2.69	576 / 2.66	619 / 2.36	772 / 2.10	776 / 2.03	968 / 1.79
6.0	21.60	301 / 4.56	403 / 3.85	505 / 3.44	539 / 3.17	628 / 3.13	676 / 2.77	842 / 2.48	847 / 2.39	1 056 / 2.10
6.5	25.35	326 / 5.30	436 / 4.47	547 / 4.00	584 / 3.68	681 / 3.64	732 / 3.22	912 / 2.88	917 / 2.78	1 144 / 2.44
7.0	29.40	351 / 6.09	470 / 5.14	589 / 4.59	629 / 4.23	733 / 4.18	788 / 3.70	982 / 3.31	988 / 3.19	1 232 / 2.81
7.5	33.75	376 / 6.94	503 / 5.86	631 / 5.23	674 / 4.82	785 / 4.77	845 / 4.22	1 052 / 3.77	1 059 / 3.64	1 320 / 3.20
8.0	38.40	401 / 7.84	537 / 6.62	673 / 5.91	719 / 5.44	838 / 5.39	901 / 4.77	1 123 / 4.26	1 129 / 4.11	1 408 / 3.61
8.5	43.35	426 / 8.79	571 / 7.42	715 / 6.63	764 / 6.10	890 / 6.04	957 / 5.35	1 193 / 4.78	1 200 / 4.61	1 496 / 4.06
9.0	48.60	451 / 9.80	604 / 8.27	757 / 7.39	809 / 6.80	942 / 6.73	1 014 / 5.96	1 263 / 5.32	1 270 / 5.14	1 584 / 4.52
9.5	54.15	476 / 10.86	638 / 9.17	799 / 8.19	854 / 7.54	995 / 7.46	1 070 / 6.61	1 333 / 5.90	1 341 / 5.70	1 672 / 5.01

续表

风管断面尺寸 宽×高 mm×mm		120×120	160×120	200×120	160×160	250×120	200×160	250×160	200×200	250×200
速度 m/s	动压 Pa	上行风量/(m^3/h) 下行单位摩擦阻力/(Pa/m)								
1.0	0.60	180/0.08	221/0.07	226/0.07	283/0.06	283/0.06	354/0.06	354/0.05	363/0.05	443/0.05
1.5	1.35	270/0.17	331/0.14	339/0.14	424/0.13	424/0.12	531/0.12	531/0.11	544/0.10	665/0.10
2.0	2.40	360/0.29	441/0.24	451/0.24	565/0.22	566/0.21	707/0.20	708/0.18	726/0.18	887/0.17
2.5	3.75	450/0.44	551/0.36	564/0.37	707/0.33	707/0.31	884/0.30	885/0.28	907/0.26	1 108/0.25
3.0	5.40	540/0.61	662/0.50	677/0.51	848/0.46	849/0.43	1 061/0.42	1 063/0.39	1 089/0.37	1 330/0.35
3.5	7.35	630/0.81	772/0.66	790/0.68	989/0.61	990/0.58	1 238/0.56	1 240/0.51	1 270/0.49	1 551/0.46
4.0	9.60	720/1.04	882/0.85	903/0.87	1 130/0.79	1 132/0.74	1 415/0.72	1 417/0.66	1 452/0.63	1 773/0.60
4.5	12.15	810/1.29	992/1.06	1 016/1.08	1 272/0.98	1 273/0.92	1 592/0.90	1 594/0.82	1 633/0.78	1 995/0.74
5.0	15.00	900/1.57	1 103/1.29	1 129/1.32	1 413/1.19	1 414/1.12	1 769/1.09	1 771/1.00	1 815/0.95	2 216/0.90
5.5	18.15	990/1.88	1 213/1.54	1 242/1.57	1 554/1.42	1 556/1.33	1 945/1.31	1 948/1.19	1 996/1.13	2 438/1.08
6.0	21.60	1080/2.22	1 323/1.81	1 354/1.85	1 696/1.68	1 697/1.57	2 122/1.54	2 125/1.40	2 177/1.33	2 660/1.27
6.5	25.35	1170/2.57	1 433/2.11	1 467/2.15	1 837/1.95	1 839/1.83	2 299/1.79	2 302/1.63	2 359/1.55	2 881/1.48
7.0	29.40	1260/2.96	1 544/2.42	1 580/2.47	1 978/2.24	1 980/2.10	2 476/2.06	2 479/1.87	2 540/1.78	3 103/1.70
7.5	33.75	1 350/3.37	1 654/2.76	1 693/2.82	2 021/2.55	2 122/2.39	2 653/2.34	2 656/2.13	2 722/2.03	3 325/1.93
8.0	38.40	1 440/3.81	1 764/3.12	1 806/3.18	2 261/2.88	2 263/2.70	2 830/2.65	2 833/2.41	2 903/2.30	3 546/2.19
8.5	43.35	1 530/4.27	1 874/3.50	1 919/3.57	2 402/3.23	2 405/3.03	3 007/2.97	3 010/2.71	3 085/2.58	3 768/2.45
9.0	48.60	1 620/4.76	1 985/3.90	2 032/3.98	2 544/3.61	2 546/3.38	3 184/3.31	3 188/3.02	3 266/2.87	3 989/2.73
9.5	54.15	1 710/5.28	2 095/4.32	2 145/4.41	2 685/4.00	2 687/3.75	3 360/3.67	3 365/3.34	3 448/3.18	4 211/3.03

续表

风管断面尺寸 宽×高 mm×mm		120×120	160×120	200×120	160×160	250×120	200×160	250×160	200×200	250×200
速度 m/s	动压 Pa	上行风量/(m^3/h) 下行单位摩擦阻力/(Pa/m)								
1.0	0.60	454 0.04	558 0.04	569 0.04	569 0.04	712 0.03	716 0.04	891 0.03	896 0.03	910 0.03
1.5	1.35	682 0.09	836 0.09	853 0.08	853 0.08	1 068 0.07	1 073 0.07	1 377 0.06	1 344 0.06	1 364 0.07
2.0	2.40	909 0.15	1 115 0.15	1 137 0.14	1 138 0.13	1 424 0.12	1 431 0.12	1 782 0.10	1 792 0.10	1 819 0.11
2.5	3.75	1136 0.23	1 394 0.23	1 422 0.21	1 422 0.20	1 780 0.17	1 789 0.19	2 228 0.15	2 240 0.16	2 274 0.17
3.0	5.40	1363 0.32	1 673 0.32	1 706 0.29	1 706 0.28	2 136 0.24	2 147 0.26	2 673 0.21	2 688 0.22	2 729 0.24
3.5	7.35	1 590 0.43	1 951 0.43	1 990 0.38	1 991 0.37	2 492 0.33	2 504 0.35	3 119 0.28	3 136 0.29	3 183 0.32
4.0	9.60	1817 0.55	2 230 0.55	2 275 0.49	2 275 0.47	2 848 0.42	2 862 0.44	3 564 0.36	3 584 0.37	3 638 0.40
4.5	12.15	2 045 0.68	2 509 0.68	2 559 0.61	2 560 0.59	3 204 0.52	3 220 0.55	4 010 0.45	4 032 0.46	4 093 0.50
5.0	15.00	2 272 0.83	2 788 0.83	2 843 0.74	2 844 0.72	3 560 0.63	3 578 0.67	4 455 0.55	4 481 0.56	4 548 0.61
5.5	18.15	2 499 0.99	3 066 0.99	3 128 0.89	3 129 0.86	3 916 0.76	3 935 0.80	4 901 0.65	4 929 0.67	5 002 0.73
6.0	21.60	2 726 1.17	3 345 1.17	3 412 1.04	3 413 1.01	4 272 0.89	4 293 0.94	5 346 0.77	5 377 0.79	5 457 0.86
6.5	25.35	3 953 1.36	3 624 1.36	3 696 1.21	3 697 1.18	4 627 1.03	4 651 1.10	5 792 0.90	5 825 0.92	5 912 1.00
7.0	29.40	3 180 1.57	3 903 1.56	3 980 1.40	3 982 1.35	4 983 1.19	5 009 1.26	6 237 1.03	6 273 1.06	6 367 1.15
7.5	33.75	3 408 1.78	4 181 1.78	4 265 1.59	4 266 1.54	5 339 1.36	5 366 1.44	6 682 1.17	6 721 1.21	6 822 1.31
8.0	38.40	3 635 2.02	4 460 2.01	4 549 1.80	4 551 1.74	5 695 1.53	5 724 1.63	7 128 1.33	7 169 1.36	7 276 1.48
8.5	43.35	3 862 2.26	4 739 2.25	4 833 2.02	4 835 1.96	6 051 1.72	6 082 1.82	7 574 1.49	7 617 1.53	7 731 1.67
9.0	48.60	4 089 2.52	5 018 2.51	5 118 2.25	5 119 2.18	6 407 1.92	6 440 2.03	8 019 1.66	8 065 1.71	8 186 1.86
9.5	54.15	4 316 2.80	5 297 2.78	5 402 2.49	5 404 2.42	6 763 2.13	6 798 2.25	8 465 1.84	8 513 1.89	8 641 2.06

续表

风管断面尺寸 宽×高 mm×mm		120×120	160×120	200×120	160×160	250×120	200×160	250×160	200×200	250×200
速度 m/s	动压 Pa	上行风量/(m^3/h) / 下行单位摩擦阻力/(Pa/m)								
1.0	0.60	1 122 / 0.03	1 138 / 0.03	1 139 / 0.03	1 415 / 0.02	1 425 / 0.02	1 426 / 0.02	1 780 / 0.02	1 784 / 0.02	1 799 / 0.02
1.5	1.35	1 683 / 0.05	1 707 / 0.06	1 709 / 0.06	2 123 / 0.04	2 137 / 0.05	2 139 / 0.05	2 670 / 0.05	2 676 / 0.04	2 698 / 0.04
2.0	2.40	2 240 / 0.09	2 276 / 0.10	2 278 / 0.09	2 831 / 0.08	2 850 / 0.09	2 852 / 0.08	3 560 / 0.08	3 568 / 0.07	3 598 / 0.07
2.5	3.75	2 805 / 0.13	2 844 / 0.16	2 848 / 0.14	3 538 / 0.11	3 562 / 0.13	3 565 / 0.12	4 450 / 0.12	4 460 / 0.11	4 497 / 0.10
3.0	5.40	3 365 / 0.19	3 413 / 0.22	3 417 / 0.20	4 246 / 0.16	4 275 / 0.18	4 278 / 0.16	5 340 / 0.17	5 351 / 0.15	5 397 / 0.14
3.5	7.35	3 926 / 0.25	3 982 / 0.29	3 987 / 0.26	4 953 / 0.21	4 987 / 0.24	4 991 / 0.22	6 229 / 0.22	6 243 / 0.20	6 296 / 0.19
4.0	9.60	4 487 / 0.32	4 551 / 0.38	4 556 / 0.33	5 661 / 0.27	5 700 / 0.31	5 704 / 0.28	7 119 / 0.29	7 135 / 0.25	7 196 / 0.24
4.5	12.15	5 048 / 0.39	5 120 / 0.47	5 126 / 0.42	6 369 / 0.34	6 412 / 0.38	6 417 / 0.35	8 009 / 0.36	8 027 / 0.32	8 095 / 0.30
5.0	15.00	5 609 / 0.48	5 689 / 0.57	5 695 / 0.51	7 076 / 0.41	7 125 / 0.47	7 130 / 0.42	8 899 / 0.43	8 919 / 0.39	8 995 / 0.36
5.5	18.15	6 170 / 0.57	6 258 / 0.68	6 265 / 0.61	7 784 / 0.49	7 837 / 0.56	7 843 / 0.51	9 789 / 0.52	9 811 / 0.46	9 894 / 0.43
6.0	21.60	6 731 / 0.68	6 827 / 0.80	6 834 / 0.71	8 492 / 0.58	8 549 / 0.60	8 556 / 0.60	10 679 / 0.61	10 703 / 0.54	10 794 / 0.51
6.5	25.35	7 292 / 0.79	7 396 / 0.93	7 404 / 0.83	9 199 / 0.68	9 262 / 0.76	9 269 / 0.70	11 569 / 0.71	11 595 / 0.63	11 693 / 0.59
7.0	29.40	7 853 / 0.90	7 964 / 1.07	7 974 / 0.95	9 907 / 0.78	9 974 / 0.88	9 982 / 0.80	12 459 / 0.82	12 487 / 0.73	12 593 / 0.68
7.5	33.75	8 414 / 1.03	8 533 / 1.22	8 543 / 1.09	10 614 / 0.89	10 687 / 1.00	10 695 / 0.91	13 349 / 0.93	13 379 / 0.93	13 492 / 0.77
8.0	38.40	8 975 / 1.16	9 102 / 1.38	9 113 / 1.23	11 322 / 1.00	11 399 / 1.13	11 408 / 1.03	14 239 / 1.05	14 271 / 0.94	14 392 / 0.87
8.5	43.35	9 536 / 1.31	9 671 / 1.55	9 682 / 1.38	12 030 / 1.12	12 112 / 1.27	12 121 / 1.16	15 129 / 1.18	15 163 / 1.05	15 291 / 0.98
9.0	48.60	10 096 / 1.46	10 240 / 1.73	10 252 / 1.54	12 737 / 1.25	12 824 / 1.41	12 834 / 1.29	16 019 / 1.32	16 054 / 1.17	16 191 / 1.09
9.5	54.15	10 657 / 1.61	10 809 / 1.92	10 821 / 1.70	13 445 / 1.39	13 537 / 1.57	13 547 / 1.43	16 909 / 1.46	16 946 / 1.30	17 090 / 1.21

续表

风管断面尺寸 宽×高 mm×mm		120×120	160×120	200×120	160×160	250×120	200×160	250×160	200×200	250×200
速度 m/s	动压 Pa	上行风量/(m^3/h) 下行单位摩擦阻力/(Pa/m)								
1.0	0.60	2 229 0.02	2 250 0.02	2 287 0.02	2 812 0.02	2 854 0.02	2 861 0.01	3 575 0.01	3 578 0.01	3 602 0.01
1.5	1.35	3 343 0.04	3 376 0.03	3 430 0.03	4 218 0.03	4 282 0.04	4 291 0.03	5 362 0.03	5 368 0.03	5 402 0.06
2.0	2.40	4 457 0.07	4 501 0.06	4 574 0.06	5 624 0.05	5 709 0.06	5 721 0.05	7 150 0.04	7 157 0.04	7 203 0.05
2.5	3.75	5572 0.01	5 626 0.09	5 717 0.09	7 030 0.08	7 136 0.09	7 151 0.07	8 937 0.07	8 946 0.06	9 004 0.07
3.0	5.40	6 686 0.14	6 751 0.12	6 860 0.12	8 436 0.11	8 563 0.13	8 582 0.10	10 725 0.09	10 735 0.09	10 805 0.10
3.5	7.35	7 800 0.18	7 876 0.17	8 004 0.16	9 842 0.15	9 990 0.17	10 012 0.14	12 512 0.12	12 525 0.12	12 605 0.14
4.0	9.60	8 914 0.23	9 002 0.21	9 147 0.20	11 248 0.19	11 417 0.22	11 442 0.18	14 300 0.16	14 314 0.16	14 406 0.18
4.5	12.15	10 029 0.29	10 127 0.26	10 290 0.25	12 654 0.24	12 845 0.27	12 873 0.22	16 087 0.20	16 103 0.19	16 207 0.22
5.0	15.00	11 143 0.35	11 252 0.32	11 434 0.31	14 060 0.29	14 272 0.33	14 303 0.27	17 875 0.24	17 892 0.24	18 008 0.27
5.5	18.15	12 257 0.42	12 377 0.39	12 577 0.37	15 466 0.35	15 699 0.39	15 733 0.33	19 662 0.29	19 681 0.28	19 809 0.32
6.0	21.60	13 372 0.50	13 503 0.45	13 721 0.44	16 872 0.41	17 126 0.46	17 164 0.38	21 450 0.34	21 471 0.33	21 609 0.38
6.5	25.35	14 486 0.58	14 628 0.53	14 864 0.51	18 278 0.48	18 553 0.54	18 594 0.45	23 237 0.40	23 260 0.39	23 410 0.44
7.0	29.40	15 600 0.67	15 753 0.61	16 007 0.58	19 684 0.55	19 880 0.62	20 024 0.51	25 025 0.46	25 049 0.44	25 211 0.50
7.5	33.75	16 715 0.70	16 878 0.69	17 151 0.66	21 090 0.63	21 408 0.71	21 454 0.58	26 812 0.52	26 838 0.51	27 012 0.57
8.0	38.40	17 829 0.86	18 003 0.78	18 294 0.75	22 496 0.71	22 835 0.80	22 885 0.66	28 600 0.59	28 627 0.57	28 812 0.65
8.5	43.35	18 943 0.97	19 129 0.88	19 437 0.84	23 902 0.80	24 262 0.89	24 315 0.74	30 387 0.66	30 417 0.64	30 613 0.73
9.0	48.60	20 058 1.08	20 254 0.98	20 581 0.94	25 308 0.89	25 689 1.00	25 745 0.83	32 175 0.74	32 206 0.72	32 414 0.81
9.5	54.15	21 172 1.20	21 379 1.08	21 724 1.04	26 715 0.99	27 116 1.11	27 176 0.92	33 962 0.82	33 995 0.79	34 215 0.90

续表

风管断面尺寸 宽×高 mm×mm		120×120	160×120	200×120	160×160	250×120	200×160	250×160	200×200	250×200
速度 m/s	动压 Pa	上行风量/(m^3/h) 下行单位摩擦阻力/(Pa/m)								
1.0	0.60	4 473 0.01	4 579 0.01	5 726 0.01	5 728 0.01	7 163 0.01	7 165 0.01	8 960 0.01		
1.5	1.35	6 709 0.02	6 868 0.02	8 589 0.02	8 592 0.02	10 745 0.02	10 748 0.02	13 440 0.02		
2.0	2.40	8 945 0.04	9 157 0.04	11 452 0.04	11 456 0.03	14 327 0.03	14 330 0.03	17 921 0.03		
2.5	3.75	11 181 0.06	11 447 0.06	14 314 0.06	14 321 0.05	17 908 0.05	17 913 0.04	22 401 0.04		
3.0	5.40	13 418 0.08	13 736 0.08	17 177 0.08	17 185 0.07	21 490 0.06	21 495 0.06	26 881 0.05		
3.5	7.35	15 654 0.11	16 025 0.11	20 040 0.10	20 049 0.09	25 072 0.09	25 078 0.08	31 361 0.07		
4.0	9.60	17 890 0.14	18 315 0.14	22 903 0.13	22 913 0.12	28 653 0.11	28 661 0.10	35 841 0.09		
4.5	12.15	20 126 0.17	20 604 0.18	25 766 0.16	25 777 0.15	32 235 0.14	32 243 0.13	40 321 0.12		
5.0	15.00	22 363 0.21	22 893 0.22	28 629 0.20	28 641 0.18	35 817 0.17	35 826 0.16	44 801 0.14		
5.5	18.15	24 599 0.25	25 183 0.26	31 492 0.24	31 505 0.22	39 398 0.20	39 408 0.19	49 281 0.17		
6.0	21.60	26 835 0.29	27 472 0.31	34 355 0.28	34 369 0.26	42 980 0.24	42 991 0.22	53 762 0.20		
6.5	25.36	29 071 0.34	29 761 0.36	37 218 0.33	37 233 0.30	46 562 0.27	46 574 0.26	58 242 0.23		
7.0	29.40	31 308 0.39	32 051 0.41	40 080 0.48	40 098 0.35	50 143 0.31	50 156 0.30	62 722 0.27		
7.5	33.75	33 544 0.45	34 340 0.47	42 943 0.43	42 962 0.39	53 725 0.36	53 739 0.34	67 202 0.30		
8.0	38.40	35 780 0.50	36 629 0.53	45 806 0.49	45 826 0.45	57 307 0.41	57 321 0.38	71 682 0.34		
8.5	43.35	38 016 0.57	38 919 0.60	48 669 0.55	48 690 0.50	60 888 0.46	60 904 0.43	76 162 0.38		
9.0	48.60	40 253 0.63	41 208 0.66	51 532 0.61	51 552 0.61	64 470 0.51	64 486 0.48	80 642 0.43		
9.5	54.15	42 489 0.70	43 497 0.74	54 395 0.68	54 418 0.62	68 052 0.56	68 069 0.53	85 122 0.47		

附录 4.3 局部阻力系数表

序号	名称	图形和断面	局部阻力系数 ζ（ζ 值以图内所示的速度计算）											
1	带有倒锥体的伞形风帽	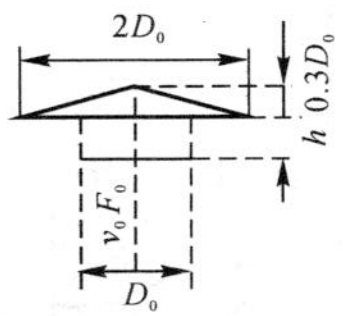		h/D_0										
				0.1	0.2	0.3	0.4	0.5	0.6	0.7	0.8	0.9	1.0	∞
			进风	2.9	1.9	1.59	1.41	1.33	1.25	1.15	1.10	1.07	1.06	1.06
			排风	—	2.9	1.9	1.50	1.30	1.20	—	1.10	—	1.00	—
2	伞形罩	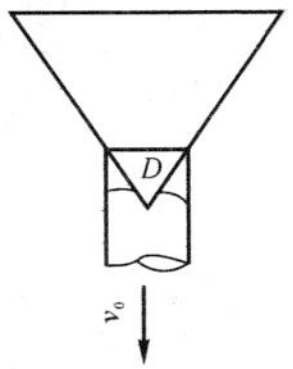	$\alpha°$	10	20	30	40	90	120	150				
			圆形	0.14	0.07	0.04	0.05	0.11	0.20	0.30				
			矩形	0.25	0.13	0.10	0.12	0.19	0.27	0.37				
3	渐扩管	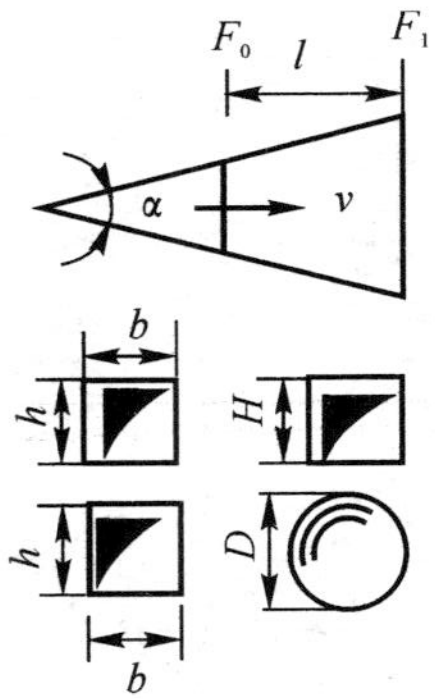	F_1/F_0	α										
				10	15	20	25	30						
			1.25	0.02	0.03	0.05	0.06	0.07						
			1.50	0.03	0.06	0.10	0.12	0.13						
			1.75	0.05	0.00	0.14	0.17	0.19						
			2.00	0.06	0.13	0.20	0.23	0.26						
			2.25	0.08	0.16	0.26	0.38	0.33						
			3.50	0.09	0.19	0.30	0.36	0.39						
4	渐缩管	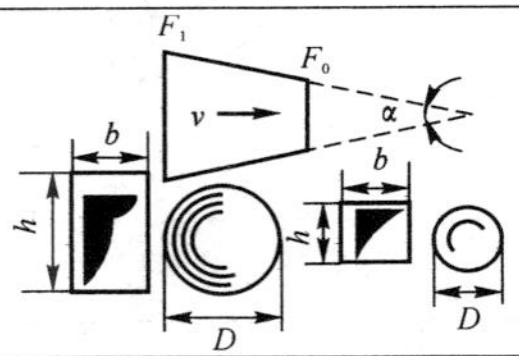	当 $\alpha \leqslant 45°$ 时，$\zeta = 0.10$											

续表

序号	名称	图形和断面	局部阻力系数 ζ(ζ 值以图内所示的速度计算)											
5	90° 圆形弯头（及非 90° 弯头）	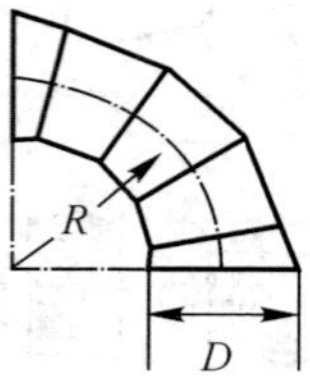	$\alpha = 90°$											
			R/D	二中节二端节	三中节二端节	五中节二端节	八中节二端节							
			1.0	0.29	0.28	0.24	0.24							
			1.5	0.25	0.23	0.21	0.21							
			非 90° 弯头的阻力系数修正值											
			$\zeta_\alpha = C_\alpha \zeta_{90°}$	α	60°	45°	30°							
				C_α	0.8	0.6	0.4							
6	90° 矩形弯头	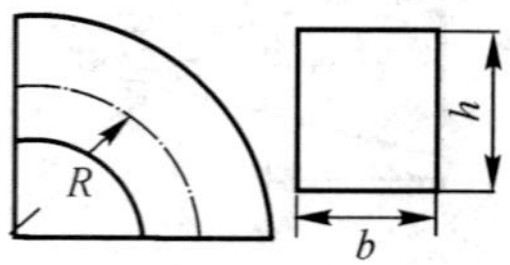	$\alpha = 90°(R/b = 1.0)$											
			h/b	0.32	0.40	0.50	0.53	0.80	1.00	1.20	1.60	2.00	2.50	3.20
			ζ	0.34	0.32	0.31	0.30	0.29	0.28	0.28	0.27	0.26	0.24	0.20
7	圆形弯头	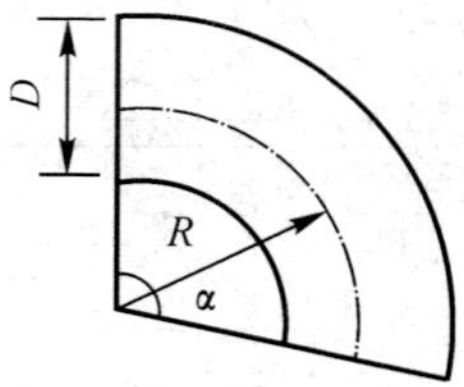	α^n \ R	D	$1.5D$	$2.0D$	$2.5D$	$3D$	$6D$	$10D$	$\zeta = 0.008\dfrac{\alpha^{0.78}}{n^{0.6}}$ 式中 $n = \dfrac{R}{D}$			
			7.5	0.028	0.021	0.018	0.016	0.014	0.010	0.008				
			15	0.058	0.044	0.037	0.033	0.029	0.021	0.016				
			30	0.11	0.081	0.069	0.061	0.054	0.038	0.030				
			60	0.18	0.41	0.12	0.10	0.091	0.064	0.051				
			90	0.23	0.18	0.15	0.13	0.12	0.083	0.066				
			120	0.27	0.20	0.17	0.15	0.11	0.084					
			150	0.30	0.22	0.19	0.17	0.15	0.11	0.084				
			180	0.33	0.25	0.21	0.18	0.16	0.12	0.092				

续表

序号	名称	图形和断面	局部阻力系数 ζ(ζ 值以图内所示的速度计算)												
			局部阻力系数 ζ(ζ_1/ζ_2 值以图内所示速度 v_1/v_2 计算)												
			L_2/L_3												
			F_2/F_3	0	0.03	0.05	0.1	0.2	0.3	0.4	0.5	0.6	0.7	0.8	1.0
			ζ_2												
8	合流三通	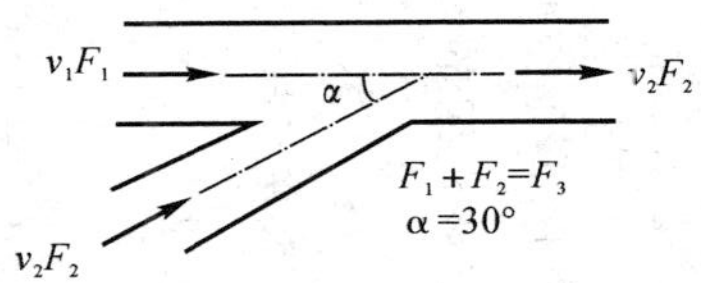	0.06	−1.13	−0.07	−0.30	+1.82	10.1	23.3	41.5	65.2	—	—	—	—
			0.10	−1.22	−1.00	−0.76	+0.02	2.88	7.34	13.4	21.1	29.4	—	—	—
			0.20	−1.50	−1.35	−1.22	−0.84	+0.05	+1.4	2.70	4.46	6.48	8.70	11.4	17.3
			0.33	−2.00	−1.80	−1.70	−1.40	−0.72	−0.12	+0.52	1.20	1.89	2.56	3.30	4.80
			0.50	−3.00	−2.80	−2.6	−2.24	−1.44	−0.91	−0.36	0.14	0.58	0.84	1.18	1.53
			ζ_1												
			0.01	0	0.06	+0.04	−0.10	−0.81	−2.10	−4.07	−6.60	—	—	—	—
			0.10	0.01	0.10	0.08	+0.04	−0.33	−1.05	−2.14	−5.60	5.40	—	—	—
			0.20	0.06	0.10	0.13	0.16	+0.06	−0.24	−0.71	−1.40	−2.30	−3.34	−3.59	−8.64
			0.33	0.42	0.45	0.48	0.51	0.52	+0.32	+0.07	−0.32	−0.83	−1.47	−2.19	−4.00
			0.50	1.40	1.40	1.40	1.36	1.26	1.09	+0.10	+0.50	+0.16	−0.52	−0.82	−2.07

序号	名称	图形和断面	$\frac{L_2}{L_3}$	F_2/F_3						
				0.1	0.2	0.3	0.4	0.6	0.8	1.0
				ζ_2						
9	合流三通（分支管）	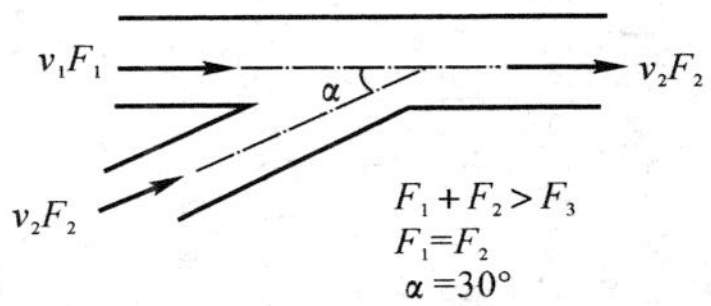	0	−1.00	−1.00	−1.00	−1.00	−1.00	−1.00	−1.00
			0.1	+0.21	−0.46	−0.57	−0.60	−0.62	−0.63	−0.63
			0.2	3.1	+0.37	−0.06	−0.20	−0.28	−0.30	−0.35
			0.3	7.6	1.5	+0.50	+0.20	+0.05	−0.08	−0.10
			0.4	13.50	2.95	1.15	0.59	0.26	+0.18	+0.16
			0.5	21.2	4.58	1.78	0.97	0.44	0.35	0.27
			0.6	30.4	6.42	2.60	1.37	0.64	0.46	0.31
			0.7	41.3	8.5	3.40	1.77	0.76	0.56	0.40
			0.8	63.8	11.5	4.22	2.14	0.85	0.53	0.45
			0.9	58.0	14.2	5.30	2.58	0.89	0.52	0.40
			1.0	83.7	17.3	6.33	2.92	0.89	0.39	0.27

参考文献

[1] 战乃岩,王建辉.空调工程[M].北京:北京大学出版社,2014.
[2] 黄翔.空调工程[M].3版.北京:机械工业出版社,2017.
[3] 黄晨.建筑环境学[M].2版.北京:机械工业出版社,2016.
[4] 王汉青.通风工程[M].2版.北京:机械工业出版社,2008.
[5] 陆亚俊,马最良,邹平华.暖通空调[M].3版.北京:中国建筑工业出版社,2016.
[6] 赵荣义,范存养,薛殿华,等.空气调节[M].4版.北京:中国建筑工业出版社,2009.
[7] 马最良,姚杨.民用建筑空调设计[M].3版.北京:化学工业出版社,2003.
[8] 民用建筑供暖通风与空气调节设计规范编.宣贯辅导教材[M].北京:中国建筑工业出版社,2012.
[9] 魏龙.制冷与空调设备[M].北京:机械工业出版社,2020.
[10] 李娥飞.暖通空调设计与通病分析[M].2版.北京:中国建筑工业出版社,2004.
[11] 林惠阳.集中空调水系统整体特性研究[D].北京:北京建筑大学,2019.
[12] 陈焰华,武笃福.冷水机组水系统的配置及设计[J].暖通空调,2003,33(6):67-69.
[13] 龚光彩.流体输配管网[M].2版.北京:机械工业出版社,2013.
[14] 褚俊杰,黄翔,杜冬阳,等.几种蒸发冷却冷水机组的实测、分析与对比[J].建筑热能通风空调,2017,36(10):38-41.
[15] 贾曼,黄翔,杨立然,等.从2017年中国制冷展看蒸发冷却技术[J].制冷与空调,2017,17(8):1-9.
[16] 黄翔,吕伟华,董恺.蒸发冷却技术在绿色工业建筑中的应用探讨[J].暖通空调,2016,46(9):2-6.
[17] 刘婷.分层空调在洁净厂房中的应用研究[D].合肥:合肥工业大学,2015.
[18] 黄翔,夏青,孙铁柱.蒸发冷却空调技术分类及术语探讨[J].暖通空调,2012,42(9):52-57.
[19] 吴生,黄翔,王伟.管式间接+直接组合式蒸发冷却空调机组的改进优化[J].西安工程大学学报,2012,26(4):502-506.
[20] 王皓天.OC厂房空气净化方案设计应用[D].西安:西安科技大学,2019.
[21] 刘成毅.空调系统调试与运行[M].北京:中国建筑工业出版社,2005.
[22] 付小平.空调技术[M].北京:机械工业出版社,2005.
[23] 中国气象局气象信息中心气象资料室,清华大学建筑技术科学系.中国建筑热环境分析专用气象数据集[M].北京中国建筑工业出版社,2005.
[24] 陆耀庆.实用供热空调设计手册[M].2版.北京:中国建筑工业出版社,2008.
[25] 住房和城乡建设部工程质量安全监管司.全国民用建筑工程设计技术措施:暖通空调·动力[M].北京:中国计划出版社,2009.
[26] 住房和城乡建设部工程质量安全监管司.全国民用建筑工程设计技术措施节能专篇:暖

通空调·动力[M].北京:中国计划出版社,2007.

[27] 吴若飒.公共建筑中蓄冷空调系统能效经济性评价与保障体系研究[D].北京:清华大学,2015.